Konflikthafte Vergemeinschaftung

Jana Türk

Konflikthafte Vergemeinschaftung

Aushandlung von Vorstellungen einer nachhaltigeren Zukunft in zwei ländlichen Alpengemeinden

Jana Türk
München, Deutschland

Dissertation an der Ludwig-Maximilians-Universität München, 2021

ISBN 978-3-658-39683-1 ISBN 978-3-658-39684-8 (eBook)
https://doi.org/10.1007/978-3-658-39684-8

Die Deutsche Nationalbibliothek verzeichnet diese Publikation in der Deutschen Nationalbibliografie; detaillierte bibliografische Daten sind im Internet über http://dnb.d-nb.de abrufbar.

© Der/die Herausgeber bzw. der/die Autor(en), exklusiv lizenziert an Springer Fachmedien Wiesbaden GmbH, ein Teil von Springer Nature 2022
Das Werk einschließlich aller seiner Teile ist urheberrechtlich geschützt. Jede Verwertung, die nicht ausdrücklich vom Urheberrechtsgesetz zugelassen ist, bedarf der vorherigen Zustimmung des Verlags. Das gilt insbesondere für Vervielfältigungen, Bearbeitungen, Übersetzungen, Mikroverfilmungen und die Einspeicherung und Verarbeitung in elektronischen Systemen.
Die Wiedergabe von allgemein beschreibenden Bezeichnungen, Marken, Unternehmensnamen etc. in diesem Werk bedeutet nicht, dass diese frei durch jedermann benutzt werden dürfen. Die Berechtigung zur Benutzung unterliegt, auch ohne gesonderten Hinweis hierzu, den Regeln des Markenrechts. Die Rechte des jeweiligen Zeicheninhabers sind zu beachten.
Der Verlag, die Autoren und die Herausgeber gehen davon aus, dass die Angaben und Informationen in diesem Werk zum Zeitpunkt der Veröffentlichung vollständig und korrekt sind. Weder der Verlag, noch die Autoren oder die Herausgeber übernehmen, ausdrücklich oder implizit, Gewähr für den Inhalt des Werkes, etwaige Fehler oder Äußerungen. Der Verlag bleibt im Hinblick auf geografische Zuordnungen und Gebietsbezeichnungen in veröffentlichten Karten und Institutionsadressen neutral.

Planung/Lektorat: Stefanie Probst
Springer VS ist ein Imprint der eingetragenen Gesellschaft Springer Fachmedien Wiesbaden GmbH und ist ein Teil von Springer Nature.
Die Anschrift der Gesellschaft ist: Abraham-Lincoln-Str. 46, 65189 Wiesbaden, Germany

Danksagung

Viele Menschen haben dazu beigetragen, dass die vorliegende Arbeit entstehen konnte. Allen voran möchte ich den Forschungsteilnehmer*innen meinen herzlichen Dank aussprechen, dass sie mir so aufgeschlossen und freundlich begegnet sind und mir wiederholt Einblick in ihre Kenntnisse, das Leben in den jeweiligen Alpengemeinden und ihr eigenes Wirken dort gegeben haben.

Meine Erstbetreuerin Prof. Dr. Hella von Unger hat mich während des langen Entstehungsprozesses dieser Arbeit immer unterstützt. Von ihrer Expertise, den vielen Einzelgesprächen und dem Zugang zu ihrem Lehrbereich für qualitative Methoden der empirischen Sozialforschung an der LMU habe ich beim Anfertigen dieser Arbeit sehr profitiert. Mit welcher Leidenschaft für qualitative Forschung und Sinn für konstruktive Kritik dort gearbeitet wird hat mich sehr beeindruckt und motiviert. Dass ich schließlich als Mitarbeiterin Teil des Teams werden durfte und in die Strukturen des Lehrbereichs mit eingebunden wurde, hat entscheidend dazu beigetragen, dass ich diese Arbeit fertigstellen konnte und mein Ziel fest im Auge behalten habe. Ohne meinen Zweitbetreuer Prof. Dr. Sighard Neckel, der mein Promotionsprojekt von Anfang an unterstützt hat, gäbe es diese Arbeit heute sicherlich auch nicht. Insbesondere zu Beginn des Promotionsprojektes waren sein Rat und seine Expertise ausschlaggebend dafür, dass ich mein Vorhaben in die Tat umsetzen konnte. Beiden Betreuenden gebührt daher mein herzlicher Dank. Darüber hinaus danke ich auch allen Teilnehmer*innen der qualitativen Forschungswerkstatt am Lehrbereich von Prof. Dr. Hella von Unger sowie dem Kolloquium von Prof. Dr. Sighard Neckel dafür, dass sie unterschiedliche Stände meiner Arbeit mit mir diskutiert und wertvolle Ratschläge dazu gegeben haben.

Sehr dankbar bin ich außerdem der Heinrich-Böll-Stiftung für das vierjährige Stipendium, das es mir ermöglichte, mich auf die Arbeit an meiner Promotion zu konzentrieren und sie auch als junge Mutter weiterzuverfolgen. Die Stiftung eröffnete mir außerdem Austauschmöglichkeiten und Kontakte, die zum Teil von wissenschaftlichen Austauschpartner*innen zu unverzichtbaren Freundinnen wurden: Dr. Arwen Colell und Dr. Angela Pohlmann, die ich im Rahmen der Förderung kennenlernen durfte, haben mich in einer gemeinsamen Schreibgruppe sehr bei der Anfertigung dieser Arbeit unterstützt und inspirieren und motivieren mich als Wissenschaftler*innen und Persönlichkeiten bis heute.

Dafür, dass sie mich für die sozialwissenschaftliche Transformationsforschung begeisterte, mich als wissenschaftliche Mitarbeiterin wertvolle Feldforschungserfahrungen sammeln und mich danach meine eigenen Wege gehen ließ und auch dafür, dass ich so vieles von ihr lernen durfte, danke ich von Herzen Prof. Dr. Cordula Kropp.

Prof. Dr. Susanne Becker, Prof. Dr. Yvonne Berger und Dr. Lisa Abbenhardt haben mich als Freundinnen, die immer ein offenes Ohr für meine Anliegen hatten und mit ihrer Expertise als Soziologinnen sehr unterstützt.

Emotional und lebenspraktisch konnte ich immer auf die bedingungslose Unterstützung meiner Familie zählen, was für ein unermessliches Glück! Meine Eltern und Schwiegereltern standen mir, meinem Partner und meinen Kindern immer zur Seite. Ob Kinderbetreuung, Mitreise zu einer Tagung als Stillbegleitung, Korrekturlesen – sie waren immer da. Auch meinen Schwestern und meiner Schwägerin danke ich dafür, dass sie immer da waren, wenn ich sie brauchte.

Mein innigster Dank gilt meinem Partner, der mich immer unterstützt und bestärkt hat sowie meinen beiden Kindern für ihre Geduld, ihre Liebe und ihre Freude am Leben, die sie jeden Tag mit mir teilen.

Inhaltsverzeichnis

1	**Einleitung**	1
1.1	Gesellschaftliche Aktualität, soziologische Relevanz	1
1.2	Einführung in das Forschungsfeld	3
1.3	Erkenntnisinteresse und forschungsleitende Fragen	5
1.4	Aufbau der Studie	6
2	**Hintergrund – sensibilisierende Konzepte und Forschungsstand**	9
2.1	„Nachhaltigkeit" – eine kontroverse Debatte	9
	2.1.1 Gesellschaftliche und politische Hintergründe – Zur Entwicklung der Begriffe „Nachhaltigkeit" und „nachhaltige Entwicklung"	10
	2.1.2 Nachhaltigkeit und unterschiedliche politische Ebenen	13
	2.1.3 Konkurrierende Konzepte von Nachhaltigkeit	16
	2.1.4 Aktuelle (sozial-)wissenschaftliche Auseinandersetzung mit Nachhaltigkeit	19
2.2	Sozial-ökologischer Wandel und Transformation(en)	26
2.3	Große Transformationen im Kleinen – Nachhaltige Entwicklung in Alpengemeinden	32
	2.3.1 Alpenforschung in den Sozialwissenschaften	35
	2.3.2 Alpen-Community Studies im Bereich nachhaltige Entwicklung	38
	2.3.3 Positionierung der eigenen Arbeit	42
3	**Theoretische Fokussierung**	45
3.1	Raumsoziologische Konzepte	47

		3.1.1 Raum in der (Stadt-)Soziologie	48
		3.1.2 Gemeinde, Gemeinschaft und Raum	49
	3.2	Gemeinschaft und Vergemeinschaftung in Gemeinden	54
		3.2.1 Gemeinschaft und Vergemeinschaftung – eine soziologische Begriffsgeschichte	55
		3.2.2 Gemeinde und Community (Studies)	64
		3.2.3 Vereine, bürgerschaftliches Engagement, zivilgesellschaftliche Partizipation	68
		3.2.4 Zusammenfassung	70
	3.3	Konflikt und Kooperation	72
		3.3.1 Modelle zu Konflikt und Kooperation aus der Community-Power-Forschung	73
		3.3.2 Theoretische Konzepte zu Kooperation	77
		3.3.3 Theoretische Konzepte zu Konflikt	80
		3.3.4 Zusammenfassung	82
4	**Methodologie und Methode – Zur Erforschung, wie Akteure in ländlichen Alpengemeinden sozial-ökologischen Wandel erfahren und gestalten**		**85**
	4.1	Studiendesign – Die Tradition der Community Studies	86
	4.2	Methodologie – Zur Verbindung von konstruktivistischer Grounded Theory und soziologischer Ethnografie	91
	4.3	Verfahren der Erhebung	96
		4.3.1 Feldzugang und Vorarbeiten – Forschung in ländlichen Alpengemeinden	97
		4.3.2 Leitfadeninterviews	99
		4.3.3 Teilnehmende Beobachtung	103
		4.3.4 Sammlung von Felddokumenten	105
	4.4	Der Datenkorpus – Das empirische Material dieser Arbeit	105
	4.5	Praxis der Auswertung – Grounded Theory und Situationsanalyse	107
	4.6	Methodische und ethische Reflexivität im Forschungsprozess	116
		4.6.1 Ethische Grundsätze	116
		4.6.2 Weitere Gütekriterien	118
	4.7	Zusammenfassung	120
5	**Prozesse konflikthafter Vergemeinschaftung – Kommunale Entwicklungsprozesse im Vergleich**		**123**
	5.1	Kurzdarstellung der Gemeinden	123

	5.1.1 Wiesental in Bayern	124
	5.1.2 Kirchdorf in Südtirol	132
5.2	Gemeinsam Ziele finden – Die Leitbildprozesse in Wiesental und Kirchdorf	143
	5.2.1 Die Kooperationsprozesse	144
	5.2.2 Weiterentwicklungen aus den Leitbildprozessen	152
	5.2.3 Wandel bewältigen – entwickeln oder bewahren	159
	5.2.4 Gemeinschaft und Vergemeinschaftung im Zuge der Leitbilddiskussionen	183
	5.2.5 Vergemeinschaftung als andauernder, konflikthafter Prozess	204
5.3	Den Dorfkern erhalten und gestalten	210
	5.3.1 Die Kooperationsprozesse: Der Dorfladen in Wiesental und die Tiefgarage in Kirchdorf	211
	5.3.2 Bilder von Wandel in Bezug auf Dorfladen und Tiefgarage	221
	5.3.3 Bilder von Gemeinschaft in beiden Prozessen	230
	5.3.4 Vergemeinschaftung durch Gestaltung kommunaler Infrastrukturen	255
5.4	Demografischem Wandel begegnen – Alt werden in Kirchdorf und Wiesental	265
	5.4.1 Seniorenwohnen und Nachbarschaftshilfe	267
	5.4.2 Bilder von Wandel – Bezüge zwischen demographischem Wandel und weiteren Veränderungen	277
	5.4.3 Bilder von Gemeinschaft – Abgrenzungen und Zusammengehörigkeit	282
	5.4.4 Vergemeinschaftungsprozesse durch gemeinsame Interaktionsräume und die Kenntnis örtlicher Zusammenhänge	288
5.5	Regenerative Energiequellen nutzen	293
	5.5.1 Diskussionen um Wasserkraft und Fernwärme	295
	5.5.2 Bilder von Wandel im Kontext regenerativer Energieerzeugung	300
	5.5.3 Bilder von Gemeinschaft in der Diskussion um Eigentümerschaft und Naturschutz	307
	5.5.4 Vergemeinschaftungsprozesse angesichts konfligierender Interessen	314

6 Aushandlung nachhaltiger Entwicklung als Prozesse konflikthafter Vergemeinschaftung 319
6.1 Nachhaltige Entwicklung als kollektives Ziel 326
6.2 Muster kollektiven Handelns 328
6.3 Vergemeinschaftung und nachhaltige Entwicklung 335
    6.3.1 Vergemeinschaftung entlang spezifischer Commitments und konfligierender Positionen 336
    6.3.2 Gemeinwohlorientierung als prominentes Commitment 337
    6.3.3 Zum Verhältnis von Gemeinwohl und nachhaltiger Entwicklung 339
    6.3.4 Kollektive Identitäten und die Repräsentation einer „starken" Gemeinschaft 340
    6.3.5 Die Rolle historischer Zusammenhänge und politisch-institutioneller Gegebenheiten 342
6.4 Soziale Räume für Aushandlungsprozesse 343
6.5 Einbettung in lokale soziale Welten und (bestehende) Organisationsstrukturen 345
6.6 Synthese – Nachhaltige Entwicklung als Prozess konflikthafter Vergemeinschaftung 345

7 Fazit und Ausblick 349
7.1 Zusammenfassung 349
7.2 Limitationen 356
7.3 Praxisimplikationen 357
7.4 Ausblick auf weitere Forschung 358

Literatur und Internetquellen 361

Abkürzungsverzeichnis

ARL	Akademie für Raumforschung und Landesplanung
BMBF	Bundesministerium für Bildung und Forschung
BMEL	Bundesministerium für Ernährung und Landwirtschaft
BMELV	Bundesministerium für Ernährung, Landwirtschaft und Verbraucherschutz
BMU	Bundesministerium für Umwelt, Naturschutz und nukleare Sicherheit/ Bundesministerium für Umwelt, Naturschutz und Reaktorsicherheit
BMZ	Bundesministerium für wirtschaftliche Zusammenarbeit und Entwicklung
bzw.	beziehungsweise
CIPRA	Internationale Alpenschutzkommission CIPRA
CO_2	Kohlendioxid
DFG	Deutsche Forschungsgemeinschaft
EU	Europäische Union
IUCN	International Union for Conservation of Nature and Natural Resources
LEP	Landesentwicklungsprogramm Bayern
LEROP	Landesentwicklungs- und Raumordnungsplan der Autonomen Provinz Bozen-Südtirol
NGO	Nicht-Regierungsorganisation
SDG	Sustainable Development Goal
StMUG	Bayerisches Staatsministerium für Umwelt und Gesundheit
StMUV	Bayerisches Staatsministerium für Umwelt und Verbraucherschutz
SVP	Südtiroler Volkspartei
UBA	Umweltbundesamt
UN	United Nations
UNEP	United Nations Environmental Programme

WBGU	Wissenschaftlicher Beirat der Bundesregierung Globale Umweltveränderungen
WCED	World Commission on Environment and Development

Abbildungsverzeichnis

Abbildung 4.1 Beispiel für eine geordnete Situationsmap, Arbeitsversion 112
Abbildung 4.2 Beispiel für eine ungeordnete Situationsmap mit Relationen, Arbeitsversion 113
Abbildung 4.3 Beispiel für eine Positionsmap, Arbeitsversion 115
Abbildung 6.1 Visualisierung konzeptioneller Schlussfolgerungen 325

Einleitung 1

1.1 Gesellschaftliche Aktualität, soziologische Relevanz

Aktivist*innen von Fridays for Future engagieren sich für Klimaschutz und Klimagerechtigkeit und fordern die Regierenden aller Nationen auf, sich entschieden dafür einzusetzen. Wissenschaftliche Regierungsbeiräte (WBGU 2011), transnationale Einrichtungen, etwa die Vereinten Nationen und zahlreiche NGOs, feilen an Konzepten, wie eine nachhaltigere und (klima-)gerechtere Gesellschaft aussehen könnte. Bücher wie „Heißzeit" von Mojib Latif (2020), in dem der Professor für Ozeanforschung den Klimawandel samt einhergehender Risiken leicht verständlich erklärt und mit einem flammenden Appell zum Handeln verknüpft, erscheinen in Bestseller-Listen und werden mit Preisen ausgezeichnet – im genannten Fall mit dem Max-Planck-Preis für öffentliche Wissenschaft. Die Vereinten Nationen haben mit der Verabschiedung ihrer Sustainable Development Goals (SDGs) eine breit angelegte mediale Kampagne für nachhaltige Entwicklung angestoßen (UN-Generalversammlung 2015). Zum Thema Klimawandel wird viel Wissen produziert und gesellschaftlich verfügbar gemacht. Es ist nicht mehr wegzureden, dass die Gesellschaften der Gegenwart mit komplexen Problemen zu kämpfen haben, die mit der „Vernutzung für sie grundlegender Ressourcen" in Zusammenhang stehen (Neckel 2018: 11), „seien es die natürlichen Ressourcen des Ökosystems, die ökonomischen Ressourcen gesellschaftlichen Wohlstands, die sozialen Ressourcen von Sorge, Fürsorge und Solidarität oder die subjektiven Ressourcen von beruflicher Leistungsfähigkeit und privater Lebensführung" (ebd.). Dementsprechend hat das Streben nach nachhaltiger Entwicklung viele Facetten. Es verbinden sich darin Bemühungen um soziale Aspekte (wie etwa das Streben nach sozialer Gerechtigkeit) mit ökonomischen und ökologischen Anliegen. Und dennoch – oder vielleicht auch deshalb – ist

© Der/die Autor(en), exklusiv lizenziert an Springer Fachmedien Wiesbaden GmbH, ein Teil von Springer Nature 2022
J. Türk, *Konflikthafte Vergemeinschaftung*,
https://doi.org/10.1007/978-3-658-39684-8_1

es ein zähes Ringen um die Zukunft des Planeten und künftiger Generationen. Denn die genannten Probleme schüren Ängste und gleichzeitig polarisieren sich gesellschaftliche Debatten in ganz zentralen Fragen. So wird immer erbitterter darum gestritten, was gültige Fakten sind und was gefühlte Wahrheit, welche sich keineswegs belegen lässt. „Postfaktisch" wurde von der Gesellschaft für deutsche Sprache gar zum Wort des Jahres 2016 erhoben. Die Jury begründete dies damit, „dass es in politischen und gesellschaftlichen Diskussionen heute zunehmend um Emotionen anstelle von Fakten" gehe (vgl. Gesellschaft für deutsche Sprache 2016). Immer mehr Menschen seien bereit dazu, „Tatsachen zu ignorieren und sogar offensichtliche Lügen bereitwillig zu akzeptieren" (ebd.). Wissensbestände sind also hart umkämpft, von der kleinen sozialen Lebenswelt bis hin zur großen Politik. In verschiedenen Regionen der Welt etablieren sich zunehmend populistische Regierungen, die verunsicherte Wähler*innen mit einfachen und keineswegs immer von belegbaren Daten gestützten Thesen für sich gewinnen. Die USA als Nation, die historisch großen Anteil am anthropogenen Klimawandel haben, verließen im Jahr 2019 das Pariser Klimaabkommen; der damals verantwortlich zeichnende amerikanische Präsident leugnet die Existenz eines menschengemachten Klimawandels rundheraus. In der Corona-Krise finden Verschwörungsmytholog*innen und rechtsradikale Kräfte mit kruden Thesen großen Zulauf und fordern mit ihrem Agieren das demokratische System heraus. Angesichts diametral entgegengesetzter Bereitschaften in der Bevölkerung, Fakten anzuerkennen, gestaltet sich ein gemeinsames Handeln für nachhaltige Entwicklung äußerst schwierig. Das hehre Ziel, eine gerechte, friedliche und inklusive Gesellschaft zu fördern (vgl. SDG 16, UN-Generalversammlung 2015), scheint oft in großer Ferne.

Angesichts komplexer Probleme sind auch die Problemdiagnosen und Lösungsansätze aus der Sphäre der Wissenschaft vielstimmig, doch operieren sie zumindest alle auf dem Boden überprüfbarer Fakten. Es haben sich Transformationswissenschaften etabliert, die allerdings vielfach die Komplexität von Transformationsprozessen nicht ausreichend einbeziehen (vgl. Pohlmann 2018: 5; Fuchs/Hinderer 2014; Shove/Walker 2007). Zahlreiche Ansätze und Modelle beziehen sich beispielsweise auf lineare Konzepte von Transformationsprozessen (beispielsweise Westley et al. 2011; Moore et al. 2014). Betrachtet man etwa die propagierten Antworten auf den anthropogenen Klimawandel, so sehen die einen die „Lösung" vor allem in technologischer Forschung (DFG 2012), andere dagegen warnen, dieses Vorgehen könne ohne eine fundierte Analyse der Ursachen zu einer „entpolitisierte[n] Technisierung" (Beck et al. 2014: 37) führen, und verweisen auf die Wichtigkeit sowohl sozialwissenschaftlicher als auch inter- (Böschen/Gill/Kropp 2014: 17) oder gar transdisziplinärer Forschung

(Schneidewind/Singer-Brodowski 2013). Zudem beschreiben wissenschaftliche Publikationen eine Blockade transnationaler Politik, was den Umgang mit dem anthropogenen Klimawandel betrifft, und fordern begleitend zum oft zähen Ringen um nachhaltige Entwicklung auf dem internationalen Verhandlungsparkett die Erforschung von (vergleichsweise pragmatischen) Handlungskonzepten auf subnationaler, regionaler und lokaler Ebene (vgl. Böschen/Gill/Kropp 2014: 17–15).

1.2 Einführung in das Forschungsfeld

Auf der lokalen Ebene setzt auch die vorliegende Studie an, die auf dem Forschungsprojekt „Soziale Transformationsprozesse für Klimaschutz und Klimaanpassung"[1] aufbaut. Während in Letzterem vor allem Antworten auf die Frage nach dem Umgang mit dem Klimawandel auf lokaler und regionaler Ebene gesucht wurden, wurden hier verschiedene Entwicklungsprojekte in ländlichen Alpengemeinden begleitet, um zu explorieren, wie Bewohner*innen die verschiedenen, gleichzeitig auftretenden und miteinander verwobenen Dynamiken sozial-ökologischen Wandels wahrnehmen und diskutieren und wie sie angesichts dieser Komplexität nachhaltige Entwicklung aushandeln. Als sozialökologische Wandlungsprozesse werden in der vorliegenden Studie insbesondere folgende Phänomene betrachtet: der sozio-ökonomische Strukturwandel (Wandel des Arbeitsmarktes, Abwanderungs- bzw. Schrumpfungsdynamiken, zunehmender wirtschaftlicher Wettbewerbsdruck, etc.), der demografische Wandel und Veränderungen, die mit dem anthropogenen Klimawandel in Verbindung stehen (unter anderem damit assoziierte Umweltveränderungen, aber auch Folgen für die lokale Wirtschaft und Handlungsmotive der Bürger*innen) sowie Bemühungen um regenerative Energieerzeugung im Zeichen der Energiewende. Die Exploration der Wahrnehmung und Diskussion wird als notwendig erachtet, da Wissen generiert werden muss, wie potenzielle Zukünfte ausgehandelt werden (können), bevor es an die Umsetzung von Maßnahmen für nachhaltigere Zukünfte gehen kann. Es ging in der vorliegenden Studie deshalb explizit nicht um individuelle Strategien, sondern um eine kollektive Auseinandersetzung mit lokalen Entwicklungsfragen.

Als Forschungsfeld wurden zwei ländliche Alpengemeinden gewählt, die in unterschiedlichen Nationalstaaten situiert sind: Wiesental (Pseudonym) in Bayern,

---

[1] Gefördert vom Bundesministerium für Bildung und Forschung, Laufzeit 9/2010 bis 12/2013.

Deutschland, und Kirchdorf (Pseudonym) in Südtirol, Italien. Dies ermöglichte, auch die politisch-institutionellen Kontexte von etwaigen Transformationsprozessen zu variieren und deren Einfluss zu reflektieren. Bereits im Vorgängerprojekt wurden Alpengemeinden bewusst als Untersuchungsfeld gewählt, da die Alpenregion als besonders vulnerabel in Bezug auf den Klimawandel gilt (vgl. Bundesregierung 2008: 43): So steigt dort die Jahresmitteltemperatur schneller an als in tieferen Lagen, zudem treten dort Extremwetterereignisse, wie beispielsweise Hangrutsche und Steinschläge, vermehrt auf. Insgesamt hat dies negative Auswirkungen auf Flora, Fauna und die lokale Ökonomie, etwa auf den Wintertourismus (vgl. ebd.: 47). Die relativ kleinen Siedlungsformen (keine der beiden erforschten Gemeinden hat mehr als 2.000 Einwohner*innen) ermöglichten einen vergleichsweise guten Überblick über die vor Ort lebenden Akteure und auf dessen Basis die qualitative Untersuchung von kollektiven Aushandlungsprozessen. Mit der Entscheidung für die Erforschung solch kleiner und spezifisch gelagerter sozialer Einheiten gehen zugleich Limitationen einher. So bleibt am Ende zu reflektieren, inwieweit gewonnene Erkenntnisse generalisierbar sind, beispielsweise inwieweit Befunde aus ländlichen Kommunen auf urbane Kontexte übertragbar sind (vgl. Kap. 7 Fazit und Ausblick). Durch die rekonstruierten Modi konflikthafter Vergesellschaftung und entsprechender Kooperationsmuster lassen sich wertvolle Erkenntnisse auch für andere rurale Alpengemeinden gewinnen. Es soll Wissen zu gesellschaftlichen Transformationsprozessen, genauer gesagt der kollektiven Gestaltung einer nachhaltigen lokalen und regionalen Entwicklung, erlangt werden, auch wenn keine direkte Übertragbarkeit möglich ist.

In beiden Gemeinden konnten keine Akteure ausgemacht werden, die den Klimawandel leugnen. Die Feldforschung war bereits abgeschlossen, als die gesellschaftliche und international geführte Fake-News-Debatte mit der Wahl Donald Trumps zum Präsidenten der Vereinigten Staaten von Amerika im Januar 2017 an Fahrt aufnahm. Der anthropogene Klimawandel wurde von den Forschungsteilnehmer*innen in den Alpengemeinden als Phänomen der globalen Erderwärmung, zu dem jeder Einzelne mit seinem Lebensstil beiträgt, durchaus anerkannt. Zu lokal spürbaren Auswirkungen gab es unterschiedliche Einschätzungen: Viele beschrieben sich nicht als ausreichend kompetent, um das einschätzen zu können, andere machten eher kleine und graduelle Veränderungen aus. In jedem Fall aber wurde der anthropogene Klimawandel nicht als eine drängende Herausforderung vor Ort wahrgenommen. Manche sahen ihn in erster Linie als ein Phänomen, das in anderen (Welt-)Regionen für Probleme sorgt.

Zunächst einmal ging es in der vorliegenden Studie um die Exploration, wie sozial-ökologische Wandlungsprozesse eingeschätzt und nachhaltige Entwicklung vor Ort verhandelt werden. Dem explorativen Ansatz folgend wurden vorgefertigte Theorien oder Kategorien zu beidem zunächst hintangestellt. Durch die eigene Tätigkeit im Feld sozialwissenschaftlicher Klimaforschung sowie durch eine lange persönliche und lebenspraktische Auseinandersetzung mit Nachhaltigkeitsthemen lagen hierzu bereits viele explizite und implizite Theorien vor, die an dieser Stelle jedoch bewusst ausgeklammert blieben, sollten doch hier Aushandlungsprozesse als solche erforscht und in ihrer Komplexität rekonstruiert werden. Hierzu bedurfte es größtmöglicher Offenheit im Forschungsprozess und folglich eines qualitativen Ansatzes. Es wurden qualitative Gemeindestudien durchgeführt und die Befunde zu den Gemeinden vergleichend analysiert, um durch den Vergleich den Blick für die Eigenheiten jedes Falls beziehungsweise jeder einzelnen Fallstudie zu schärfen. Vom Forschungsdesign bis hin zur Auswertung folgte die Studie der Grounded-Theory-Methodologie. Um insbesondere der Komplexität und Verwobenheit der Dynamiken sozial-ökologischen Wandels wie auch dessen Wahrnehmung und darauf gerichteten Bewältigungsstrategien gerecht zu werden, bediente sich die Studie zusätzlich der Mittel der Situationsanalyse nach Adele Clarke (2005). Deren Mappingverfahren bieten die Möglichkeit Komplexitäten und Widersprüchlichkeiten zu visualisieren, sie dadurch als solche zu erkennen und so der sozialwissenschaftlichen Analyse zugänglich zu machen.

1.3 Erkenntnisinteresse und forschungsleitende Fragen

Die vorliegende Arbeit liefert also bewusst einen Vergleich von verschiedenen Dynamiken sozial-ökologischen Wandels, deren Wahrnehmung und Bewältigung durch unterschiedliche Akteure. Dabei werden sowohl soziale als auch ökonomische und ökologische Veränderungen in den Blick genommen. Auf diese Weise nimmt die Studie eine integrative Perspektive auf nachhaltige Entwicklung ein und lässt gleichzeitig den Raum dafür, die Wahrnehmung sozial-ökologischer Veränderungsprozesse aus der Perspektive der jeweiligen Dorfbewohner*innen nachzuvollziehen und deren implizite oder explizite Nachhaltigkeitskonzepte zu rekonstruieren.

Die Studie bearbeitet folgende forschungsleitende Fragen: Welche Positionen hinsichtlich der der Gestaltung sozial-ökologischen Wandels werden eingenommen? Wer interagiert mit wem auf welches Ziel hin orientiert? Wer wird dabei sichtbar, wem wird in dem Konflikt/dem Kooperationsprozess zugestanden, sich zur Sache zu äußern, und damit Legitimation zugesprochen oder aber entzogen? Wie wird Teilnahme, Teilhabe beziehungsweise Partizipation an der Gestaltung der lokalen Entwicklung legitimiert? Und was bedeutet dies für die weitere kommunale Entwicklung, die kollektive Bewältigung sozial-ökologischen Wandels in der betreffenden Kommune? Gibt es einen Zusammenhang zwischen Nachhaltigkeitsbestrebungen und Gemeinschaftsbildung? Diese Unterfragen kulminieren schließlich in der übergreifenden Frage: Unter welchen Bedingungen kann kollektives Handeln in den untersuchten ländlichen Alpengemeinden aus der Perspektive der Akteure eine nachhaltige Entwicklung der Gemeinden befördern oder behindern? Und daran anschließend: Welche Rolle spielen hierbei Prozesse konflikthafter Vergemeinschaftung?

1.4 Aufbau der Studie

Die Studie ist folgendermaßen aufgebaut: Kapitel 2 führt zunächst in die Hintergründe und sensibilisierenden Konzepte ein. Dabei wird die kontroverse gesellschaftliche sowie (sozial-)wissenschaftliche Debatte um Nachhaltigkeit, genauer gesagt nachhaltige Entwicklung, skizziert und das eigene Nachhaltigkeitsverständnis definiert (Abschn. 2.1). Hierauf folgt die Einführung und Diskussion von Konzepten zu sozial-ökologischem Wandel und darauf gerichteten Transformationsprozessen (Abschn. 2.2). Schließlich wird der Fokus auf Transformationsprozesse in Alpengemeinden verengt und der entsprechende Forschungsstand diskutiert (Abschn. 2.3). Kapitel 3 führt in die theoretischen Konzepte ein, die mit fortschreitender Analyse herangezogen wurden. Gleichsam als Rahmenkonzept dient hierbei die Annahme, dass jegliches Handeln räumlich und zeitlich situiert ist. Deshalb werden im folgenden Unterkapitel raumsoziologische Konzepte diskutiert und relevante analytische Aspekte benannt (Abschn. 3.2). Es folgt eine kritische Auseinandersetzung mit Konzepten zu Gemeinschaft und Vergemeinschaftung (Abschn. 3.3). Den Abschluss des Theorieteils bildet ein Kapitel, welches hilfreiche Konzepte und Modelle zu Kooperation und Konflikt vorstellt (Abschn. 3.4). Es endet mit einer Reformulierung der Forschungsfragen und leitet zur Darstellung der angewandten Methodologie und Methode in Kapitel 4 über. Dort wird erläutert, inwiefern sich die vorliegende Studie in ihrem Design an der Tradition der Community Studies orientiert (Abschn. 4.1) und wie die methodologischen Grundprinzipien von konstruktivistischer Grounded Theory und soziologischer Ethnografie miteinander verbunden werden (Abschn. 4.2). Ein weiteres Unterkapitel informiert ausgehend von den erbrachten Vorarbeiten und dem Feldzugang über die Verfahren der Erhebung (Abschn. 4.3), zu denen leitfadengestützte Interviews, teilnehmende Beobachtung und die Sammlung von Felddokumenten zählen. Anschließend

1.4 Aufbau der Studie

wird der Datenkorpus vorgestellt (Abschn. 4.4) sowie die Praxis der Auswertung nachvollziehbar gemacht (Abschn. 4.5). Letztere folgt den Prinzipien der konstruktivistischen Grounded Theory sowie dem Verfahren der Situationsanalyse nach Adele Clarke. Ein eigenes Unterkapitel diskutiert die methodische und ethische Reflexivität im Forschungsprozess (Abschn. 4.6). Der Methodenteil schließt mit einer Zusammenfassung und erklärt die Implikationen des erläuterten Vorgehens für die Darstellung der empirischen Befunde, die in Kapitel 5 vorgestellt werden. Die Präsentation der empirischen Befunde beginnt mit einer Einführung in die jeweilige Gemeinde (Abschn. 5.1). Sie informiert über die jeweils rekonstruierbaren ökonomischen, ökologischen und sozialen Bedingungen vor Ort sowie über historische Zusammenhänge und politisch-institutionelle Gegebenheiten. Die weitere Darstellung der Befunde erfolgt entlang von rekonstruierten Kooperationsprozessen in den Gemeinden: Abschnitt 5.2 diskutiert die in beiden Gemeinden abgelaufenen Leitbildprozesse, Abschnitt 5.3 widmet sich den jeweiligen Kooperationsprozessen zur Gestaltung des Dorfkerns, Abschnitt 5.4 analysiert die Perspektiven auf und Herangehensweisen an Prozesse demografischen Wandels und Abschnitt 5.5 präsentiert die Befunde zur Nutzung regenerativer Energiequellen in der jeweiligen Gemeinde. In Kapitel 6 werden die empirischen Ergebnisse vor dem Hintergrund der in den Kapiteln 2 und 3 vorgestellten Konzepte diskutiert. Dabei wird deutlich gemacht, dass das Handeln für nachhaltige Entwicklung in den untersuchten ländlichen Alpengemeinden als Prozess konflikthafter Vergemeinschaftung gelesen werden kann. Die Arbeit schließt mit einem kurzen Fazit und dem Ausblick auf weitere Forschung.

Hintergrund – sensibilisierende Konzepte und Forschungsstand

Die Debatte um nachhaltige Entwicklung findet mittlerweile, wie in Abschnitt 2.1 dargelegt, Eingang in alle gesellschaftlichen Bereiche. Nachhaltigkeit (sowohl Konzepte hierzu als auch das Forschungsfeld) wird in den folgenden Unterkapiteln deshalb immer wieder aufgegriffen, im Zusammenhang mit anderen theoretischen Konzepten weiter diskutiert und so sukzessive für die vorliegende Studie aufbereitet. Insbesondere wird das Verhältnis der Begriffe Nachhaltigkeit (Abschn. 2.1), sozial-ökologischer Wandel und Transformation(en) (Abschn. 2.2) für die vorliegende Arbeit bestimmt. Im letzten Unterkapitel (2.3 „Große Transformationen im Kleinen: nachhaltige Entwicklung in Alpengemeinden") werden konkrete Forschungsprojekte im relevanten Feld eingebunden. Das zweite Kapitel schließt mit einer Rekapitulation der vorgestellten Ansätze und präzisiert, inwiefern die besprochenen Konzepte und Zusammenhänge die Fragestellung dieser Arbeit beeinflusst haben.

2.1 „Nachhaltigkeit" – eine kontroverse Debatte

Um sich der Debatte um Nachhaltigkeit, genauer gesagt nachhaltige Entwicklung, zu nähern, beginnt dieses Kapitel zunächst mit einer Darstellung der entsprechenden Begriffskarrieren im historischen Kontext (Abschn. 2.1.1). Denn die Termini „Nachhaltigkeit" und „nachhaltige Entwicklung" werden nicht nur in der Wissenschaft genutzt, sondern auch im Alltagsdiskurs sehr kontrovers diskutiert und sowohl ich als Wissenschaftlerin als auch die Personen in meinem empirischen Feld wurden und werden von dem gesellschaftlichen Diskurs zu Nachhaltigkeit (potenziell) beeinflusst. Die Vorstellung der verschiedenen politischen Ebenen, auf denen Nachhaltigkeit verhandelt wird (Abschn. 2.1.2), verdeutlicht, dass

Nachhaltigkeit nicht nur kontrovers diskutiert wird, sondern auch ein Multi-Level-Problem ist. Dabei wird die Komplexität potenzieller politisch-institutioneller Einflüsse auf die Akteure in den untersuchten ländlichen Alpengemeinden evident. Das nächste Unterkapitel stellt konkurrierende Konzeptualisierungen von Nachhaltigkeit vor (Abschn. 2.1.3). Es folgt darauf eine zusammenfassende Darstellung, wie sich die wissenschaftliche Forschung zum Themenfeld konstituiert und entwickelt hat, mit besonderer Berücksichtigung der Soziologie als Disziplin (Abschn. 2.1.4). Hier werden erste Bezüge zwischen Nachhaltigkeit, Gemeinwohl und Partizipation aufgezeigt.

2.1.1 Gesellschaftliche und politische Hintergründe – Zur Entwicklung der Begriffe „Nachhaltigkeit" und „nachhaltige Entwicklung"

In der Darstellung der gesellschaftlichen und politischen Hintergründe beziehe ich mich vor allem auf den deutschsprachigen Diskurs zu Nachhaltigkeit und nachhaltiger Entwicklung, denn meine Forschungspartner*innen sprachen fast ausnahmslos Deutsch als Erst- oder Alltagssprache. Um die Entwicklung und jeweilige inhaltliche Bestimmung der Begriffe nachzuzeichnen, werden ausgewählte Meilensteine im internationalen Ringen um nachhaltige Entwicklung vorgestellt.

Im deutschsprachigen Raum tauchte das Prinzip der Nachhaltigkeit zum ersten Mal in einer forstwirtschaftlichen Abhandlung des Oberberghauptmanns Hans Carl von Carlowitz auf. In der Abhandlung „Sylvicultura Oeconomica" aus dem Jahr 1713 beschrieb er als Prinzip nachhaltiger Forstwirtschaft beziehungsweise einer „nachhaltende[n] Nutzung" (von Carlowitz, zitiert nach Grober 2013: 20), dem Wald pro Jahr nicht mehr Holz zu entziehen, als nachwachse. So sollte eine Nutzung des Waldes gewährleistet werden, die einerseits hohe Erträge erzielt, andererseits aber auch ökologische Bedingungen berücksichtigt und dadurch dauerhaft möglich ist. Das Prinzip, von den Erträgen und nicht von der Substanz zu leben, wurde zu Beginn des 20. Jahrhunderts in das Fischereiwesen übernommen, fand aber jenseits steuerlicher Abschreibungsmodelle kaum Eingang in die Wirtschaftswissenschaften (vgl. Grunwald/Kopfmüller 2012: 18 ff.). Die Auseinandersetzung mit Nachhaltigkeit blieb lange Zeit eine innerwissenschaftliche Angelegenheit. Nachhaltigkeit wurde bis ins 19. Jahrhundert fast ausschließlich in der Forstwirtschaft diskutiert, dann sei es lange Zeit – bis nach dem Zweiten Weltkrieg – „ruhig um den Begriff" (Zimmermann 2016: XIII) geworden. Das Erscheinen des Sachbuchs „Silent Spring" der amerikanischen

2.1 „Nachhaltigkeit" – eine kontroverse Debatte

Biologin Rachel Carson (1962), in dem sie die drastischen Auswirkungen von Menschen erzeugter Chemikalien auf Menschen, Tiere und Pflanzen beschreibt, sowie die internationale Diskussion, welche sich darum entspann, werten manche Autor*innen als wichtigen Beitrag zum Entstehen einer globalen Umweltbewegung (vgl. Mauch 2012). In der Nachhaltigkeitsliteratur wird außerdem der Bericht des Club of Rome „Limits to Growth" (Meadows/Meadows/Randers 1972) als wichtiger Impulsgeber für die gesellschaftliche Auseinandersetzung mit dem Thema Nachhaltigkeit benannt. Spätestens seit dessen Veröffentlichung sei eine breite Debatte über unbegrenztes Wachstum in einem begrenzten System entfacht worden (vgl. Howaldt/Schwarz 2012: 47). In der Folge der ersten großen Umweltkonferenz der Vereinten Nationen (UN) im Jahr 1972, auf der das Umweltprogramm der UN initiiert wurde, wurden in vielen Ländern eigenständige Umweltministerien eingerichtet (vgl. Grunwald/Kopfmüller 2012: 21). Im Jahr 1980 erarbeitete die International Union for the Conservation of Nature die „World Conservation Strategy" (IUCN/UNEP/WWF 1980). Dort erschien der Begriff „sustainable development" erstmals für ein größeres Publikum von Wissenschaftler*innen und Politiker*innen (Grunwald/Kopfmüller 2012: 21). Die grundlegende These dieses Strategiepapiers war, dass wirtschaftliche Entwicklung nicht unendlich möglich ist, ohne die Ökosysteme funktionsfähig zu erhalten, auf denen sie letztlich fußt (vgl. ebd.). Als ein weiterer Meilenstein und Impulsgeber in der Nachhaltigkeitsdebatte gilt der Bericht der Brundtland-Kommission (benannt nach ihrer Vorsitzenden Gro Harlem Brundtland) von 1987. Aufgabe der Kommission war es, Handlungsempfehlungen zu erarbeiten, wie eine dauerhafte Entwicklung erreicht werden könne (vgl. Hauff 1987). Durch den Bericht wurde der Begriff „nachhaltige Entwicklung" erstmals einer breiteren nichtwissenschaftlichen Öffentlichkeit nahegebracht (Grunwald/Kopfmüller 2012: 23 f.). Er adressierte neben dem bereits in den Vorgängerberichten aufgezeigten Zusammenhang zwischen wirtschaftlicher und technologischer Entwicklung einerseits und den Grenzen der Ökosysteme andererseits vor allem Fragen der inter- sowie intragenerationalen Gerechtigkeit (vgl. ebd.). Besonders bekannt ist der Bericht sicherlich auch wegen seiner bis heute vielfach zitierten Definition nachhaltiger Entwicklung als „development that meets the needs of the present without comprising the ability of future generations to meet their own needs" (WCED 1987). Der Bericht wurde vielfach kritisiert, unter anderem da er besonders optimistische Annahmen zu wirtschaftlichem Wachstum und technologischem Fortschritt traf (vgl. Grunwald/Kopfmüller 2012: 25). Ein weiterer Effekt, der sich aus diesem Prozess der kontroversen Diskussionen um Nachhaltigkeit ergab, ist: Man spricht heute eher von „nachhaltiger Entwicklung" als von „Nachhaltigkeit" und betont damit den Prozesscharakter, also eine Entwicklung hin zu einem (End-)

Zustand der Nachhaltigkeit (vgl. z. B. Becker/Jahn/Stiess 1999). Dabei gibt es unterschiedliche Positionen zu einem potenziellen Endzustand der Nachhaltigkeit, gegen dessen Annahme sich beispielsweise Florian Keil und Diana Hummel verwahren, da der Prozesscharakter und die „Analyse und Bewertung von *alternativen* Entwicklungspfaden" (Keil/Hummel 2006: 244, Hervorh. i. Original) im Vordergrund stehen sollte.

Anders als den Vorgängerkonferenzen kam dem Weltgipfel von Rio 1992, der auf Empfehlung der Brundtland-Kommission abgehalten wurde, weltweit besonders große mediale Aufmerksamkeit zu. Dort wurden zahlreiche Erklärungen ausgearbeitet und unterzeichnet: die Rio-Deklaration zu Umwelt und Entwicklung, die Agenda 21, die Klimarahmenkonvention, die Konvention über biologische Vielfalt und die Walderklärung. Die Rio-Deklaration, die Agenda 21 und die Walderklärung sind allerdings ohne jede völkerrechtliche Verbindlichkeit (vgl. Grunwald/Kopfmüller 2012: 26). Noch auf der Rio-1992-Konferenz wurden Folgeaktivitäten und -konferenzen vereinbart, die die Umsetzung der benannten Ziele zum Gegenstand hatten. So gehen die seither abgehaltenen Klimakonferenzen (angefangen mit der ersten Konferenz in Berlin 1995 bis hin zur fünfundzwanzigsten in Madrid 2019) ursprünglich auf diesen Prozess zurück. Die 20 Jahre später abgehaltene Rio + 20-Konferenz in Kopenhagen fand mit Blick auf die bis dahin erlangten Fortschritte ein geteiltes Echo: Es wurden dort keine bindenden Beschlüsse gefasst und zahlreiche NGOs erklärten die Verhandlungen für gescheitert (vgl. Powers 2012: 403–408). Spätestens bei dieser Konferenz im Jahr 2012 wurde außerdem deutlich, dass es den Staaten nicht gelungen war, Vereinbarungen bis dahin in eine entsprechende Nachhaltigkeitspolitik zu übersetzen (vgl. ebd.: 410). Im Jahr 2015 beschlossen die Vereinten Nationen ihre Agenda 2030, deren Herzstück 17 Ziele für nachhaltige Entwicklung bilden (UN-Generalversammlung 2015). Sie verbanden darin zwei bis dahin separat laufende Prozesse: die Armuts- und Entwicklungsagenda der UN und ihre Nachhaltigkeitsagenda (vgl. BMZ). Die Agenda soll einen Aktionsplan darstellen, der sich den drängendsten globalen Herausforderungen stellt und gleichzeitig ökologische, ökonomische und soziale Aspekte nachhaltiger Entwicklung berücksichtigt (vgl. UN-Generalversammlung 2015: 1). Begleitet von internationalen und nationalen Kampagnen fanden die 17 Sustainable Development Goals (SDGs) breite gesellschaftliche Aufmerksamkeit.

Obwohl das Leitbild nachhaltiger Entwicklung immer weiter in die Gesellschaft diffundiert, wird es durchaus unterschiedlich wahrgenommen und bewertet. So eint die vorgestellten Strategiepapiere und Berichte zwar die Diagnose tiefgreifender und multipler Krisen, denen es zu begegnen gilt, doch diese Sichtweise wird nicht zwingend und unwidersprochen von allen gleichermaßen geteilt.

2.1 „Nachhaltigkeit" – eine kontroverse Debatte

Besonders plastisch zeigt sich dies etwa an der anhaltenden medialen Fake-News-Debatte und der Einstellung zum Klimawandel der US-Regierung von Präsident Trump. Wie sehr Nachhaltigkeitsfragen polarisieren können, spiegeln auch die Reaktionen auf die von Greta Thunberg initiierte Bewegung „Fridays for Future" (vgl. Brand/Welzer 2019; Rüther 2019). Die Initiative, die mit einem Schulstreik für Klimaschutz begann, tritt für Klimaschutz und Klimagerechtigkeit ein, wobei Klimagerechtigkeit hier insbesondere als Frage von Generationengerechtigkeit artikuliert wird (Backhouse/Tittor 2019: 307). Die so entstandene Bewegung wurde binnen kürzester Zeit Gegenstand eines breiten medialen Diskurses und von der lokalen bis zur globalen Ebene durch zahlreiche Aktionen sichtbar. Angelehnt an und sympathisierend mit den Schüler*innenaktivist*innen kamen außerdem schnell weitere Gruppierungen hinzu, wie beispielsweise „Scientists for Future" oder „Parents for Future".

2.1.2 Nachhaltigkeit und unterschiedliche politische Ebenen

Für die Akteure in ländlichen Alpengemeinden sind neben dem gesellschaftlichen Diskurs um nachhaltige Entwicklung insbesondere die politisch-institutionellen Bedingungen auf den verschiedenen Ebenen des politischen Systems relevant. Sie setzen den Rahmen für potenzielle Bemühungen um nachhaltige Entwicklung in Kommunen, den untersten Verwaltungseinheiten im politischen System. Staatliche Akteure und Institutionen können auf verschiedenen Ebenen wirksam werden (von der globalen bzw. UN-Ebene, über die internationale und nationale bis hinab zur kommunalen Ebene) und Entwicklungsimpulse geben. Zugleich können auf den entsprechenden Ebenen aber auch Blockaden eintreten, wie aus den Ausführungen im vorherigen Abschnitt zu den Nachhaltigkeitsdebatten und -beschlüssen auf UN-Ebene zu ersehen war.

Auf der europäischen Ebene kam es im Jahr 2001 erstmals zur Formulierung einer EU-Nachhaltigkeitsstrategie (European Commission 2001). Bereits im Jahr 1997 hatte man sich bei der Formulierung des neuen Amsterdamer Vertrags darauf geeinigt, die Entwicklungsziele der Europäischen Gemeinschaft neben den ökonomischen, sozialen und institutionellen Aspekten um die ökologischen Dimensionen zu ergänzen (vgl. Grunwald/Kopfmüller 2012: 171). Als größte Gefahren für eine nachhaltige Entwicklung wurden folgende Phänomene genannt: die globale Erwärmung im Zuge des Klimawandels, Armut, Überalterung der Bevölkerung, Bedrohungen der öffentlichen Gesundheit, Rückgang der Biodiversität, Verkehrsüberlastung und ungleiche regionale Entwicklung (vgl.

European Commission 2001: 4). Nach vielfacher Kritik und einem Konsultationsprozess wurde 2006 eine überarbeitete Strategie vorgestellt, die anders formulierte Schwerpunktsetzungen sowie ein fortlaufendes Monitoring-Verfahren beinhaltete (vgl. Council of the European Union 2006: 7–21, 26). Zu den veränderten Schwerpunkten zählten fortan: Klimawandel und saubere Energie, nachhaltiger Verkehr, nachhaltiger Konsum und ebensolche Produktion, Bewahrung und Management der natürlichen Ressourcen, Gesundheit, soziale Eingliederung, Demografie und Migration sowie globale Armut (vgl. ebd.: 7–21). Zudem wurden Querschnittsthemen benannt, wie beispielsweise Bildung, Forschung und Entwicklung, Partizipation der Bürger*innen, Finanzierungsinstrumente (vgl. ebd.: 22–29). Während in früheren Dokumenten der EU noch von einer „relativen Entkoppelung von Wachstum und Ressourcenverbrauch" die Rede war, wurde im Jahr 2009 zum ersten Mal eine „absolute Entkoppelung von Wirtschaftswachstum und Umweltzerstörung" als Ziel beschlossen (Environmental Council 2009: 4; Steurer/Trattnigg 2010: 17 f.). „Wachstum", so konstatieren es Reinhard Steurer und Rita Trattnigg im Jahr 2009, bleibe allerdings „die zentrale politische Zielsetzung" auf EU-Ebene, auch wenn ein größeres Bewusstsein zu verzeichnen sei, dass dieses „nicht beliebig oder rein quantitativ angetrieben werden kann" (Steurer/Trattnigg 2010: 20). Da die vereinten Nationen im Jahr 2015 ihre Nachhaltigkeitsstrategie für das Jahr 2030 verabschiedeten, bemühte man sich um eine entsprechende Berücksichtigung der UN-Nachhaltigkeitsziele auf EU-Ebene (European Commission 2016) und nahm die SDGs als Grundlage für die regelmäßig erscheinenden Monitoring Reports (vgl. European Union 2017).

Auf der nationalstaatlichen Ebene kam es durch die Empfehlung der von den UN ausgearbeiteten Agenda 21 (Kap. 7) und der darin festgelegten Kernprinzipien in vielen Ländern zur Ausarbeitung einer nationalen Nachhaltigkeitsstrategie (Grunwald/Kopfmüller 2012: 167). Auf diese Weise sollte das Leitbild nachhaltiger Entwicklung möglichst in alle Politikbereiche einfließen und die ausgeprägte Sektorpolitik dahingehend harmonisieren (vgl. ebd.). Das Resultat waren sehr unterschiedliche Strategien, die sich in ihrem Nachhaltigkeitsverständnis ebenso unterschieden wie in der Vorstellung von dessen Implementierung, korrespondierenden Indikatoren und Zielwerten (vgl. ebd.: 168). Nicht nur in Deutschland wurde im Rahmen dieses Prozesses im Jahr 2001 ein Nachhaltigkeitsrat eingesetzt (vgl. Rat für Nachhaltige Entwicklung 2007). Im Jahr 2002 wurde die deutsche Nachhaltigkeitsstrategie vorgestellt (vgl. Deutsche Bundesregierung 2002). Wachstum wird hier vorrangig als Möglichkeit der Problemlösung adressiert und nicht kritisch hinterfragt (vgl. Grunwald/Kopfmüller 2012: 169). Seither wurde die Strategie mehrmals überarbeitet. In der aktuellen Fassung der deutschen Nachhaltigkeitsstrategie (Bundesregierung 2021) wird mit dem Bekenntnis

2.1 „Nachhaltigkeit" – eine kontroverse Debatte

zu einem „qualitativen Wachstum" zumindest darauf hingewiesen, dass Wirtschaftswachstum „die planetaren Grenzen und sozialen Belange gleichermaßen" berücksichtigen müsse (ebd.: 219). In Italien wurde im Jahr 2002 erstmals eine nationale Nachhaltigkeitsstrategie verabschiedet (Ministero dell'Ambiente e della Tutela del Territorio 2002). Als zentral galt das langfristige Ziel der Regierung, Wirtschaftswachstum und negative Umwelteinflüsse voneinander zu entkoppeln (vgl. Baumgartner/Eser/Schausberger 2005: 24). Auch diese Strategie wurde und wird regelmäßig aktualisiert (vgl. Ministero dell' Ambiente e della Tutela del Territorio e del Mare 2017).

In Deutschland wie in Italien wurden auf der Ebene der Bundesländer beziehungsweise Provinzen nochmals eigens Strategiepapiere für eine nachhaltige Entwicklung verfasst, die sich an den Nachhaltigkeitsstrategien übergeordneter Ebenen orientieren. Sie werden in Abschnitt 5.1 als Hintergrund für die Einordnung der empirischen Ergebnisse dieser Studie detaillierter in den Blick genommen. Für die Ebene der Kommunen ist außerdem die auf UN-Ebene initiierte und bereits mehrfach erwähnte Agenda 21 relevant, welche zu lokalen Agenda-Prozessen führte. Die Beteiligung und das Engagement der Bürger*innen ist ein wesentlicher Bestandteil der lokalen Agenda-21-Prozesse. In Kapitel 28 der Agenda 21 wird die Bedeutung der Kommunen für die Realisierung einer nachhaltigen Entwicklung betont (vgl. BMU 1992: 252). Sie werden als die Politik- und Verwaltungsebene angesprochen, die den Bürger*innen am nächsten sei; viele Probleme wie auch Lösungen im Zusammenhang mit nachhaltiger Entwicklung seien auf der lokalen Ebene zu verorten (vgl. ebd.). Die lokalen Initiativen, zu denen sich zahlreiche Kommunen, Bundes- oder Landesregierungen im Zuge des Agenda-Prozesses verpflichtet haben, sind darauf ausgelegt, Aktionspläne zu entwerfen, wie die jeweiligen Kommunen zu einer globalen nachhaltigen Entwicklung beitragen können (vgl. BMU/UBA 1998: 7, 133). Bestandteile dieser Aktionspläne sind unter anderem die Erarbeitung von Leitbildern, die konkrete Benennung von Zielwerten, die Entwicklung von Instrumenten und Maßnahmen, wie diese Ziele umgesetzt werden können, sowie Kriterien und Verfahren der Erfolgskontrolle (vgl. ebd.: 134). Außerdem zielen die Initiativen auf einen konsensorientierten Dialog zwischen Kommunalverwaltungen und Bürger*innen – dazu zählen neben zivilgesellschaftlichen auch privatwirtschaftliche Organisationen und Unternehmungen (vgl. BMU 1992: 252, Agenda 21, Abschn. 28.3).

2.1.3 Konkurrierende Konzepte von Nachhaltigkeit

Im Folgenden werden zentrale Konzepte zu Nachhaltigkeit beziehungsweise nachhaltiger Entwicklung erläutert, die Akteuren in Gemeinden als Hintergrundfolie dienen können. Aktuell koexistieren in der gesellschaftlichen Debatte ebenso wie in der wissenschaftlichen Forschung verschiedene Modelle und Schwerpunktsetzungen. Jenseits ihrer Diagnose der Krisenhaftigkeit aktueller Entwicklungen eint diese Ansätze eine breite Definition von Nachhaltigkeit, die wohl einer Konsensfähigkeit in internationalen Protokollen geschuldet ist – jede Verschärfung des Konzeptes ginge möglicherweise zu Lasten der Zustimmung (vgl. Weidner 2008: 10 f.). Mit den verschiedenen Konzepten von Nachhaltigkeit beziehungsweise nachhaltiger Entwicklung koexistieren also unterschiedliche Fokusse und normative Grundannahmen. Im Wesentlichen betreffen diese die unterschiedlichen Haltungen zur jeweiligen Wichtigkeit und zur Substituierbarkeit der sozialen, ökologischen und ökonomischen Dimension von Nachhaltigkeit. Sie unterscheiden sich, je nachdem ob es sich um ein Ein-Säulen-Modell, mehrdimensionale oder aber integrative Konzepte von Nachhaltigkeit handelt.

Dimensionen nachhaltiger Entwicklung
Rein ökologische Nachhaltigkeitskonzepte sind sehr eng gefasst; sie bieten keinen Raum für Fragen von Gerechtigkeit, Partizipation und viele weitere Aspekte (Grunwald/Kopfmüller 2012: 56). Es geht ihnen in erster Linie darum, „die Natur als Lebens- und Wirtschaftsgrundlage" (ebd.: 54) auch für zukünftige Generationen zu erhalten. Mehrdimensionale Konzepte dagegen betrachten auch die ökonomische und soziale Dimension von nachhaltiger Entwicklung, die sie gleichrangig mit der ökologischen stellen. Manche Konzepte fügen auch noch eine politisch-institutionelle Dimension hinzu. In der wissenschaftlichen Nachhaltigkeitsdebatte haben sich mehrdimensionale Modelle durchgesetzt. Sehr oft wird nachhaltige Entwicklung noch als Drei-Säulen-Modell konzeptualisiert (vgl. Brunner 2016: 177), auch wenn es mittlerweile weitere Modelle und Visualisierungen von Nachhaltigkeit beziehungsweise nachhaltiger Entwicklung gibt – beispielsweise dreibeiniger Stuhl, Tetraeder oder das unter anderem an der Idee planetarischer Grenzen (vgl. Rockström et al. 2009) orientierte Doughnut-Modell von Kate Raworth (2017). Kontroverse Diskussionen entzündeten sich in der Vergangenheit bei den Säulen-Modellen unter anderem daran, dass letztlich bei komplexen Problemlagen einer bestimmten Säule oder Dimension der Vorrang eingeräumt wurde (vgl. Brunner 2016: 177). Bei der Betrachtung der ökonomischen Dimension wird betont, dass die menschliche Wirtschaftsweise maßgeblich

unseren Energie- und materiellen Ressourcenverbrauch beeinflusst und damit Folgen für weitreichende Lebensbereiche und künftige Generationen zeitigt (vgl. Grunwald/Kopfmüller 2012: 57). Kontrovers wird nach wie vor diskutiert, welche Rolle unbegrenztem Wirtschaftswachstum zukommt. In der sozialen Dimension von Nachhaltigkeit werden sogenannte „soziale Grundgüter" sowie deren Weiterentwicklung und Weitergabe an künftige Generationen betrachtet (vgl. ebd.: 58). Dazu zählen Gesundheit, eine Grundversorgung mit Nahrungsmitteln, Kleidung, Wohnraum, grundlegende politische Rechte und soziale Ressourcen. Letztere umfassen beispielsweise „Toleranz, Solidarität, Integrationsfähigkeit, Gemeinwohlorientierung, Rechts- und Gerechtigkeitssinn" (ebd.). Sie werden als förderlich für den gesellschaftlichen Zusammenhalt und den „Erhalt des sozialen Friedens" (ebd.) angesehen. Auch Aspekte von inter- und intragenerationaler Verteilungsgerechtigkeit werden dabei in den Blick genommen. Einen Brückenschlag zwischen sozialer Nachhaltigkeit „zur Verantwortung gegenüber Natur und Umwelt" leistet die Debatte zu Gemeingütern, auch Commons genannt (Opielka 2016: 38). „[D]er Blick auf das Gemeinschaftliche in einer konkreten kleineren bis zur Weltgesellschaft schließt die ganze Ökologie des Sozialen ein, von der Natur bis hin zum geistigen Welterbe." (Ebd.: 38 f.). Greift man den bei den sozialen Grundgütern genannten Aspekt der Gemeinwohlorientierung heraus, ist im empirisch-konkreten Fall meines Erachtens stets kritisch zu hinterfragen, wessen Wohl tatsächlich unter Anwendung des Begriffs „Gemeinwohl" gemeint ist. Dafür, den Begriff „Gemeinwohl" sowie die Argumentation damit sehr differenziert zu betrachten, plädiert beispielsweise auch Claus Offe (2002). Zu den Fragen, die in der institutionell-politischen Dimension mehrdimensionaler Nachhaltigkeitskonzepte betrachtet werden, gehören solche nach der Steuerung und Regulierung nachhaltiger Entwicklung und letztlich nach entsprechenden „Institutionen" (vgl. Grunwald/Kopfmüller 2012: 59). Zu letzteren zählen neben formalen Institutionen und Organisationen auch „Konventionen, Gewohnheiten, Sitten, ethische Normen und Regeln/Verfahren, Verabredungen privater Akteure sowie Institutionen des gesetzten Rechts" (ebd.).

„Starke", „schwache" und „angemessene" Nachhaltigkeit sowie integrative Konzepte
Aufgrund unterschiedlicher Konzeptualisierungen und Gewichtungen von Gesellschaft und Natur werden in der Literatur zu nachhaltiger Entwicklung Konzepte „schwacher", „starker" oder „angemessener" Nachhaltigkeit

(strong/weak/reasonable sustainability)[1] unterschieden. Manche Autoren sprechen angesichts der sich teils fundamental in ihren Grundannahmen unterscheidenden Konzeptionen von verschiedenen „Paradigmen" der Nachhaltigkeit (vgl. Steurer/Trattnigg 2010: 20). Konzepte einer „schwachen" Nachhaltigkeit geben sich fortschrittsoptimistisch und nehmen an, dass man durch den Einsatz von ökonomischen und technologischen Mitteln den Zusammenbruch des globalen Ökosystems verhindern kann (vgl. Krämer 2008: 15; Görgen/Wendt 2015: 5). In diesem auch als anthropozentrisch bezeichneten Blick auf Nachhaltigkeit wird „Wirtschaftswachstum als Voraussetzung" sowohl für technologischen Fortschritt, die Steigerung von Effizienz und damit auch des Umweltschutzes angesehen (Steurer/Trattnigg 2010: 18). Vertreter*innen von Konzepten schwacher Nachhaltigkeit gehen davon aus, dass Umweltprobleme durch Wirtschaft und Technik in der Zukunft gelöst werden können. Nachhaltigkeit ist aus dieser Perspektive gegeben, wenn die Summe aus ökonomischem, ökologischem und sozialem Kapital insgesamt gleichbleibt (vgl. Weidner 2002: 8). Konzepte einer „starken" Nachhaltigkeit gehen nicht von einer Austauschbarkeit oder Kompensierbarkeit von künstlichen und natürlichen Ressourcen aus (vgl. Grunwald/Kopfmüller 2012: 66). Reinhard Steurer und Rita Trattnigg (2010) beschreiben starke Nachhaltigkeit als „ökozentristisches (d. h. die Natur in den Mittelpunkt stellendes) Paradigma, das einen unauflöslichen Konflikt zwischen Wirtschaftswachstum und Umweltschutz sieht" (ebd. 17 f.). Sie berufen sich auf Untersuchungen zum sogenannten „Rebound-Effekt", wonach aufgrund technischen Fortschritts gesteigerte Effizienz sehr oft durch gesteigerten Verbrauch überkompensiert wird (vgl. ebd.). In Zusammenhang mit diesem Paradigma stehen auch die Postwachstums-Debatte (vgl. Seidl/Zahrnt 2010; AK Postwachstum 2017), die Degrowth-Bewegung (vgl. Latouche 2010) oder Forderungen nach Nullwachstum (vgl. Jackson 2009). Konzepte, die eine „angemessene" oder „ausgewogene" Nachhaltigkeit vertreten, nehmen an, dass eine Entkoppelung von Wirtschaftswachstum, Ressourcenverbrauch und Umweltproblemen möglich ist (Steurer/Trattnigg 2010: 18 f.).[2] Dass dies wegen des Rebound-Effekts bisher realiter nicht der Fall war, erklären Vertreter*innen dieser Perspektive mit einer bisher zu schwachen Umweltpolitik, die künftig dafür sorgen müsse, dass umweltschädliche Leistungen und Güter entsprechend teurer würden (vgl. ebd. 19). Im Unterschied zu Konzepten, die eine

---

[1] Manche Autor*innen sprechen statt von reasonable von balanced sustainability oder „ausgewogener Nachhaltigkeit" (vgl. Steurer/Trattnigg 2010: 18).

[2] Das Konzept der angemessenen Nachhaltigkeit wurde maßgeblich von der Weltbank miterarbeitet (vgl. Weidner 2002: 8).

2.1 „Nachhaltigkeit" – eine kontroverse Debatte

starke Nachhaltigkeit propagieren, wird von Vertreter*innen angemessener Nachhaltigkeit kein (Konsum-)Verzicht eingefordert (vgl. ebd.). Die unterschiedlichen Kapitalarten werden als teilweise gegeneinander ersetzbar betrachtet, wobei „sogenannte essentielle Teile des Naturkapitals" davon ausgenommen sein sollen (vgl. Weidner 2002: 8).

Integrative Konzepte nachhaltiger Entwicklung treffen keine prinzipielle Entscheidung über die generelle Substituierbarkeit natürlicher und sozialer Aspekte. Sie nehmen die Ergebnisse der Brundtland-Kommission, des Rio-Prozesses und der darauffolgenden Aktivitäten auf und beziehen keine grundsätzliche Stellung für ein starkes oder schwaches Konzept von Nachhaltigkeit (vgl. Grunwald/Kopfmüller 2012: 66 f.). Grunwald und Kopfmüller (2012: 68) beispielsweise favorisieren diese Herangehensweise und fordern in Anlehnung an Serageldin/Steer (1994), sich in all jenen Fällen, in denen kritische Grenzen für die Ausbeutung bestimmter Ressourcen nicht eindeutig bestimmbar sind, aus dem Prinzip der Vorsorge bei der Nutzung zurückzuhalten (vgl. Grunwald/Kopfmüller 2012: 68). Die Verwendung eines integrativen Nachhaltigkeitskonzepts, das keiner Dimension von nachhaltiger Entwicklung per se Vorrang einräumt, kann zudem den Vorteil bergen, dass es in der politischen Diskussion leichter anschlussfähig ist als Positionen, die sich bereits auf die Priorisierung der ökologischen Dimension festlegen und sich ob dieser Festlegung viel stärker rechtfertigen müssen (vgl. ebd.: 67).

2.1.4 Aktuelle (sozial-)wissenschaftliche Auseinandersetzung mit Nachhaltigkeit

Im Bereich der Wissenschaft (aus dem der Begriff „Nachhaltigkeit", wie in Abschnitt 2.1.1 beschrieben, seinen Ausgang nahm) formierte sich sukzessive das Feld der „sustainability science" (vgl. Jerneck et al. 2011: 70). Sustainability Science bezeichnet zusammenfassend die wissenschaftliche Auseinandersetzung mit dem Begriff „Nachhaltigkeit" und damit assoziierten Herausforderungen. Das als interdisziplinär verstandene Forschungsfeld erhebt den Anspruch responsiver zu sein, also stärker dem Austausch zwischen Wissenschaft und Gesellschaft zu dienen (vgl. ebd.). Der Plural Sustainability Sciences erscheint mir angesichts des sehr weiten und heterogenen Feldes angemessener und findet sich auch in anderen Veröffentlichungen wieder (vgl. u. a. Opielka 2016: 41). Eine diverse und reichhaltige wissenschaftliche Debatte kann unter diesem begrifflichen Dach aus verschiedensten disziplinären und thematischen Strängen zusammengeführt werden – von manifesten und antizipierten Problemen wie Wasserknappheit über

Naturgefahren, die infolge des Klimawandels zunehmen, bis hin zu Biodiversitätsverlusten, um nur eine kleine Auswahl zu nennen. Im Kern der Sustainability Sciences gehe „es darum, die verschiedenen Rollen des Menschen als Auslöser, Betroffener und potenzieller Bewältiger von Umweltveränderungen theoretisch und empirisch zu begreifen und abzubilden" (Michelsen/Adomßent 2014: 43). Eine besonders kontroverse Debatte über Ziele und Wege von Nachhaltigkeitsforschung entspann sich anhand der Frage, ob derartige Forschung nicht nur inter-, sondern auch transdisziplinär (und damit unter Einbezug von Stakeholdern jenseits der Wissenschaft) forschen solle (vgl. Schneidewind/Singer-Brodowski 2013; Strohschneider 2014).[3] Zentrale Erkenntnisse der Sustainability Sciences beziehen sich beispielsweise auf die Erdsystemforschung (hierunter fällt interdisziplinäre, hauptsächlich naturwissenschaftliche Forschung zum Erhalt der Ökosysteme), welche die Verwobenheit sozialer und ökologischer Systeme anerkennt (Jerneck et al. 2011: 74). Auf dem UN-Weltgipfel 2002 in Johannesburg wurden unter dem Schlagwort Sustainability Science die „Handlungsfelder Wasser, Energie, Gesundheit, Landwirtschaft und Biodiversität als vordringlich" und damit als prioritär zu erforschend identifiziert (Michelsen/ Adomßent 2014: 43). Zwar gibt es mittlerweile ebenfalls eine wachsende sozialwissenschaftliche Expertise (etwa was die sozialwissenschaftliche Klimaforschung angeht, vgl. Böschen et al. 2015; Knierim/Baasch/Gottschick 2013; Pohlmann 2011), doch tatsächlich war sozialwissenschaftliche Forschung im entstehenden Feld der Nachhaltigkeitswissenschaften lange Zeit eher unterrepräsentiert (vgl. Jerneck et al. 2011: 70; Michelsen/Adomßent 2014: 40). Anna Henkel und Kolleg*innen (2017) konstatieren in jedem Fall für die Soziologie noch im Jahr 2017 eine vergleichsweise Zurückhaltung im Bereich der Nachhaltigkeitswissenschaft[4] und Michael Opielka stellt im Jahr 2016 fest, „eine sozialtheoretische, auch zeitdiagnostische Soziologie der Nachhaltigkeit" stehe noch aus (Opielka 2016: 33). Mit ihrer programmatischen Schrift „Die Gesellschaft der Nachhaltigkeit" wagen sich Sighard Neckel und Kolleg*innen (Neckel et al. 2018) zu eben jener Unternehmung vor. Nachhaltigkeit, so konstatiert Neckel, werde „zu einer sozial umkämpften Kategorie, auf deren konflikthafte Aushandlung sich das soziologische Interesse in besonderer Weise" richte (ebd.: 14). Es mag an den Diskussionen um die explizite Normativität von Nachhaltigkeitskonzepten liegen, dass Soziolog*innen sich kaum als Nachhaltigkeitswissenschaft verorten (vgl. Henkel et al.

---

[3] Auf diese Kontroverse wird in Abschnitt 2.3 „Große Transformationen im Kleinen" näher eingegangen.
[4] Kritisch hierzu Karl-Werner Brand (2018).

2.1 „Nachhaltigkeit" – eine kontroverse Debatte

2017). Soziologische Auseinandersetzungen mit nachhaltiger Entwicklung fanden in der Vergangenheit am ehesten in der Umweltsoziologie (vgl. Brand 2018; Heinrichs 2011; Kraemer 2007 und 2008) statt. Soziolog*innen beteiligten und beteiligen sich außerdem rege an der interdisziplinär geführten Debatte um nachhaltige Stadtentwicklung (beispielsweise Kropp 2017; Kropp/Stinner 2018). Anna Henkel und Kolleg*innen jedenfalls nehmen ihre Diagnose zum Anlass, darauf hinzuweisen, dass die Soziologie mit ihrer Kernkompetenz, der „Verortung sozialen Handelns in einem gesellschaftlichen Kontext" (ebd.: 5) dazu beitragen könne, „die dezidert handlungsorientierte Debatte [um Nachhaltigkeit] sozial- und gesellschaftstheoretisch zu informieren" (ebd.). Und Thomas Jahn betont die Bedeutung des Einzelfalls, aus dessen kritischer Analyse Erkenntnisse über Prozesse nachhaltiger Entwicklung zu gewinnen seien (vgl. Jahn 2013: 30).

Während einerseits die Problemdiagnosen zu Nachhaltigkeit die öffentliche Debatte prägen, stellt sich also andererseits die Frage nach möglichen Lösungsansätzen und den diesbezüglichen Perspektiven soziologischer und sozialwissenschaftlicher Forschung insgesamt. Denn wir befinden uns, wie Sighard Neckel (2013) es beispielhaft formuliert, in einer mehrfachen Krise, „die jede Aussicht auf einen grundlegenden gesellschaftlichen Wandel scheinbar verstellt". In wirtschaftlicher Hinsicht meint Neckel die „Finanzkrise des europäischen Staatensystems" mit all ihren Folgen, in ökologischer die Krise in der durch das Wachstumsregime evozierten „Vernutzung der Biosphäre und ihrer Ressourcen". Die soziale Krise verortet er darin, dass viele Bevölkerungsgruppen den „Gefahren wirtschaftlicher Deklassierung" nicht zu entkommen vermögen, während andere im ständigen Wettbewerb um Lebenschancen ihre Kräfte bis zum Burnout aufzehrten (vgl. ebd.). Ein „Weiter so" (vgl. Beck 1986) angesichts der beschriebenen multiplen Krisen scheint demnach zu kaum noch bewältigbaren Problemen zu führen. Zugleich wird in der Nachhaltigkeitsliteratur oft diskutiert, dass die internationale/globale Ebene blockiert sei, was ihre Wirksamkeit und Verhandlungsfähigkeit betrifft, weshalb oft Hoffnung in lokale und regionale Aktivitäten für Nachhaltigkeit gesetzt wird (vgl. Kropp/Türk 2017; Pohlmann 2011).

Mit der Frage nach möglichen Lösungsansätzen geht auch die Frage nach den Akteuren einher, die diese Lösungen finden und/oder umsetzen (können) (vgl. Beck/Kropp 2012). Sie lassen sich analytisch in den Sphären Staat/Politik, Markt/Wirtschaft und Zivilgesellschaft/Bürger*innen verorten. Da zivilgesellschaftliche Akteure/Bürger*innen in den untersuchten ländlichen Gemeinden beispielsweise oft auch Unternehmer*innen in Landwirtschaft und Handwerk sind, kommt ihnen angesichts hier getroffener analytischer Trennungen von Politik, Zivilgesellschaft und Wirtschaft in vielen Fällen eine Mehrfachrolle zu. Dies gilt es zu bedenken, wenn man darauf blickt, wie sie sich beispielsweise vor dem Hintergrund weltumspannender Wirtschaftsdynamiken verorten. Die Möglichkeiten der (lokalen) Politik, nachhaltige Entwicklung zu befördern, werden in der sozialwissenschaftlichen Nachhaltigkeitsliteratur auch unter dem Aspekt diskutiert, inwieweit sie zivilgesellschaftliche Partizipation ermöglicht (Oels 2007; Baasch et al. 2012). Partizipation wird in der Agenda 21 als „grundlegendes Prinzip" nachhaltiger Entwicklung gesehen und soll letztlich einen „gesellschaftlichen Konsens über Nachhaltigkeitsziele" ermöglichen (vgl. Walk 2007: 18). In der Agenda 21 heißt es dazu:

> „Eine Grundvoraussetzung für die Erzielung einer nachhaltigen Entwicklung ist die umfassende Beteiligung der Öffentlichkeit an den Entscheidungsprozessen" (BMU 1992, Agenda 21, Kap. 23, Präambel).

Hier liegt ein klassisch normatives Verständnis von Partizipation vor, demzufolge Partizipation und Kooperation als Voraussetzungen für Nachhaltigkeit betrachtet werden. Auf diesen Zusammenhang weisen insbesondere Jens Newig, Katina Kuhn und Harald Heinrichs (2011) im Zuge ihrer kritischen Analysen zum Verhältnis von Partizipation und nachhaltiger Entwicklung in der wissenschaftlichen Literatur hin. Sie konstatieren die Dominanz eines substanziellen Nachhaltigkeitsverständnisses beziehungsweise eines normativen Nachhaltigkeitsdiskurses (vgl. ebd.: 27). Dieser sei geprägt von Ansätzen, die Partizipation grundsätzlich als förderlich für nachhaltige Entwicklung halten, beispielsweise hinsichtlich der Schonung von Ressourcen oder in Bezug auf Verteilungsgerechtigkeit (vgl. ebd.). Man kann aber durchaus bezweifeln, dass Partizipation per se immer zu nachhaltigeren Zuständen führt (vgl. ebd.: 31; Oels 2007). Uta von Winterfeld und Kolleg*innen (2012) etwa führen als Beispiel an, dass kommunale Verständigungsprozesse mit dem Ziel der Energieautonomie unter Umständen auch in einem gemeinsamen Beschluss von ökologisch bedenklichen Energiepflanzen-Monokulturen enden können (ebd.: 16).[5] Welche Rolle der Zivilgesellschaft beziehungsweise Bürger*innen bei der Gestaltung von Prozessen nachhaltiger Entwicklung zukommen kann, ist auch eine Frage impliziter oder expliziter Demokratiekonzepte der handelnden Akteure (vgl. van Deth 2009: 143). Die weitgefächerte Literatur zu Demokratieverständnissen lässt sich nach Alcántara und Kolleg*innen (2014) zwischen zwei Polen verorten: Vertreter*innen einer „starke[n] Demokratie" nach

---

[5] Eine Revision von kritischen Ansätzen, die das Verhältnis von Partizipation und Nachhaltigkeit empirisch und theoretisch ausleuchten (v. Braunmühl 2010; Walk 2014; Newig/Kuhn/Heinrichs 2011), zeigt, dass in beiden Ansätzen bzw. Themenfeldern vor allem folgende Aspekte von Partizipation betrachtet werden: Legitimität, Effektivität, Transparenz, Repräsentation, Kontrolle und Rechenschaftslegung bzw. Accountability.

2.1 „Nachhaltigkeit" – eine kontroverse Debatte 23

Barber (1984), die politische Beteiligung zum normativen Ziel erheben, und zwar „möglichst vieler über möglichst vieles und zwar im Sinne von Teilnehmen, Teilhaben und seinen-Teil-Geben [sic] [... sowie] innerer Anteilnahme am Geschehen und am Schicksal des Gemeinwesens" (Schmidt 2000: 251, zitiert nach Alcántara et al. 2014: 96) und Vertreter*innen einer „schwachen" Demokratie andererseits, die der oben genannten Partizipation der Vielen skeptisch gegenüber stehen (vgl. Alcántara et al. 2014: 96). Die Frage nach der Stellung zivilgesellschaftlicher Akteure ist außerdem stark von den jeweils gerade dominanten gesellschaftlichen Diskursen geprägt. Newig/Kuhn/Heinrichs (2011) unterscheiden drei „Kerndiskurse" zur Partizipation, in denen unterschiedliche Aspekte oder Bedeutungen der Letzteren akzentuiert werden: Emanzipation, Legitimation und Effektivität (vgl. ebd.: 29 f.). Partizipation als emanzipatorisches Motiv prägte demnach in den 1960er-Jahren die Debatte in der Umweltbewegung (vgl. ebd.). Mitte der 1960er-Jahre ging es nach Heike Walk (2007) vor allem um Partizipation in Planung und Verwaltung: Partizipation (von Bürger*innen) als „Instrument politischer Steuerung [...] ,von oben'" (Walk 2007: 15). Die Bewegungsforschung interessierte sich vor allem für eine Konzeption von Partizipation als Recht, das von „unten", also seitens sozialer Bewegungen oder zivilgesellschaftlicher Akteure, eingefordert wird (vgl. ebd. 15 f.). Auch im Zuge der Agenda 21-Bewegung und der entwicklungspolitischen Diskussion spielte das emanzipatorische Motiv eine tragende Rolle und Bottom-up-Initiativen zählen hierzu. Heute dominiere hingegen der Diskurs einer zivilgesellschaftlichen Einbindung „von oben" (vgl. Newig/Kuhn/Heinrichs 2011: 29): Entscheidungsträger öffnen Prozesse für „üblicherweise nicht entscheidungsbefugte[n]" (ebd.) Individuen und Gruppen. Der zweite Kerndiskurs um Partizipation nach Newig und Kolleg*innen (ebd.) basiert auf der Vermutung, dass man durch Beteiligung eine größere Legitimität gefällter Entscheidungen erreichen könne.[6] Die UN-Charta 92 (Rio-Erklärung) fordert beispielsweise die Zugänglichkeit von Informationen zu Umwelt-Themen. Der dritte Diskurs (Effektivität) schließlich dreht sich vor allem um Partizipation als Mittel zur Akzeptanzsicherung, indem etwa die vielfältigen, (lokalen) Wissensbestände und Perspektiven unterschiedlichster Akteure einbezogen werden (vgl. ebd.: 30). Auf diese Weise soll letztlich die Effektivität von bereits gesetzten Nachhaltigkeitszielen gesteigert werden (vgl. ebd.: 29). Nach Walk (2014) würde in vielen sogenannten Governance-Systemen eher eine „Output-Orientierung" verfolgt, da der Austausch zwischen verschiedenen Stakeholdern vor allem dazu

---

[6] Dieser Ansatz spielte und spielt insbesondere in der politikwissenschaftlichen Auseinandersetzung mit dem Thema Partizipation eine wichtige Rolle (vgl. Newig/Kuhn/Heinrichs 2011: 29).

diene, Problemlösungen zu generieren, die konsensfähig seien und damit die „Leistungsfähigkeit des politischen Systems" (Blatter 2007) erhöhen (vgl. Walk 2014: 86). Angelika Vetter (2008) bemerkt im Zusammenhang mit lokaler Bürgerbeteiligung, dass es meist „um die Steigerung politischer Legitimität durch die Schaffung von Responsivität, Effektivität und Effizienz" gehe (Vetter 2008: 16).

Die Rolle der Wirtschaft beziehungsweise von Wirtschaftsakteuren und Wirtschaftswachstum wird insbesondere in den Definitionen und Zielsetzungen der UN-Protokolle und den darauf aufbauenden jeweiligen Nachhaltigkeitsstrategien (jenseits der Erkenntnis, dass sie ihre eigenen Grundlagen nicht zerstören sollten) nicht grundsätzlich hinterfragt (Grunwald/Kopfmüller 2012: 25). Das Wachstumsparadigma nimmt weiterhin eine zentrale Stellung, beispielsweise in den Strategiepapieren der EU, ein (vgl. Steurer/Trattnigg 2010: 20). Profitmaximierung ist nach wie vor die Richtschnur in weiten Teilen der Wirtschaft, trotz alternativer Ansätze zu Commons und solidarischer Ökonomie (vgl. v. Winterfeld et al. 2012; Elsen 2011).

Schlussfolgerungen für die eigene wissenschaftliche Auseinandersetzung
In kritischer Distanz zu etablierten Nachhaltigkeitskonzepten widmet sich die vorliegende Arbeit der soziologischen Analyse zweier Einzelfälle, indem sie zwei Gemeinden und deren kollektiven Umgang mit Prozessen sozial-ökologischen Wandels zu ihrem Gegenstand macht. Ich teile hierbei die mittlerweile etablierte Perspektive auf nachhaltige Entwicklung als Prozess im Sinne eines Wegs hin zu nachhaltigeren Zuständen. In der vorliegenden Arbeit geht es vor allem darum, zu rekonstruieren, was die Akteure in meinem empirischen Feld mit Nachhaltigkeit verbinden und was sie gegebenenfalls als geeignete Wege dorthin erachten. Zu fragen bleibt dann, ob und inwieweit sie diese letztlich auch gemeinsam einschlagen wollen oder können. In diesem Zusammenhang halte ich das von Egon Becker, Thomas Jahn und Immanuel Stiess (1999) vorgeschlagene Bild eines Korridors für anschlussfähig, innerhalb dessen es unterschiedliche oder alternative Entwicklungspfade hin zu nachhaltigeren Zuständen geben kann (vgl. ebd.: 6). Die Zielgrößen oder einen potenziellen Endzustand definiere ich nicht ich ex ante, vielmehr lote ich zunächst die Zielbestimmungen der jeweiligen Akteure aus.

Erst zu einem fortgeschrittenen Punkt der Analyse greife ich dann auf die hier präsentierten theoretischen Ausführungen zu nachhaltiger Entwicklung zurück und diskutiere die aus dem Vergleich zwischen Empirie und Theorie zu gewinnenden theoretischen Implikationen (vgl. Kap. 5 und 6). Dies geschieht, um in meinem empirischen Feld potenziell wirksamen Aspekten von nachhaltiger Entwicklung Rechnung zu tragen sowie aus weiteren heuristischen Gründen

2.1 „Nachhaltigkeit" – eine kontroverse Debatte

(vgl. Abschn. 3.1). Politisch-institutionelle Rahmenbedingungen greife ich in der Ergebnisdarstellung nur dann auf, wenn sie im Feld von Akteuren relevant gemacht wurden. Um den Rahmen dieser Studie und ihrer spezifischen Fragestellung nicht zu sprengen, werden nicht alle theoretisch denkbaren Einflüsse der unterschiedlichen politischen Ebenen auf das Handeln in den untersuchten Kommunen berücksichtigt.

Die verschiedenen hier vorgestellten Zugänge zu nachhaltiger Entwicklung bilden eine wichtige Hintergrundfolie für die Betrachtung der impliziten und expliziten Vorstellungen der Akteure von einer wünschenswerten Entwicklung in den untersuchten ländlichen Alpengemeinden. Wie bereits ausgeführt, werden die Akteure in meinem empirischen Feld potenziell von den gesellschaftlichen Diskursen zu Nachhaltigkeit und den (förder-)politischen Richtlinien beeinflusst, gleichzeitig entwickeln sie möglicherweise divergierende Konzepte und mitunter unterschiedliche „Lösungen" für konfligierende Entwicklungsbestrebungen. Wie mit derartigen Entwicklungsansinnen umgegangen wird, bleibt eine empirische Frage, für die es keine Lösungsschablone gibt. Dennoch lassen sich aus dem Einzelfall oder den Einzelfällen der vorliegenden Studie Muster und Zusammenhänge extrapolieren, aus denen für andere ländliche Alpengemeinden und die dortige Entwicklung Lehren gezogen werden können.

Im Zentrum steht dabei die Frage nach der Richtung zukünftiger Entwicklungen, die als keineswegs vorab determiniert verstanden werden und mit sozialen Verwerfungen einhergehen können. Fritz Reusswig (2010: 92) gibt zu bedenken: Eine „konfliktfreie und sozial einfache „Solarutopie" sei nicht erwartbar, kritische soziologische Forschung, die neben „Systemwissen" durch zurückhaltende Beobachtung auch „Transformationswissen" zur konkreten Gestaltung der Zukunft liefere, umso mehr notwendig (vgl. ebd.). Hierzu sei nochmals explizit festgehalten: „Nachhaltigkeit" und „nachhaltige Entwicklung" sind normative Begriffe. Ich schließe mich der vielfach vertretenen Perspektive an, dass jeder Begriff in gewisser Weise normativ ist und es demnach keine wertfreie Wissenschaft (vgl. Weber 1904) geben kann: Folgt man beispielsweise Donna Haraway, ist Wissen immer standortgebunden (vgl. Haraway 1988) und dadurch in gewisser Weise immer subjektiv (vgl. Abschn. 4.2 in dieser Arbeit). Nicht zuletzt rühren Auseinandersetzungen um die Normativität der Begriffe „Nachhaltigkeit" und „nachhaltige Entwicklung" auch daher, dass sie keine rein wissenschaftlichen Termini sind, sondern wie bereits skizziert gesellschaftliche und politische Leitbilder (vgl. Ziegler/Ott 2011: 35f; Grunwald/Kopfmüller 2012: 11).[7]

---

[7] Die in dieser Hinsicht besonders kontroverse und andauernde Diskussionen um „Nachhaltigkeit" lässt sich an dieser Stelle nur schlaglichtartig abbilden: So warnt beispielsweise Peter

Dennoch: Im Verlauf dieses Kapitels wurde gezeigt, dass die Begriffe „Nachhaltigkeit" und „nachhaltige Entwicklung" (sowohl in der gesellschaftlichen Debatte als auch in der Diskussion der vorliegenden empirischen Ergebnisse) unumgänglich sind. Deshalb möchte ich transparent machen, dass ich mich inhaltlich einer integrativen Konzeption von Nachhaltigkeit anschließe, die keine Dimension von Nachhaltigkeit durch eine andere für ersetzbar hält. Da es sich bei der vorliegenden Arbeit aber um eine explorative Studie handelt, findet kein „Abprüfen" oder Bewerten von Nachhaltigkeitsbezügen der Akteure statt. Der empirische Fokus und das heuristische Interesse dieser Studie liegen vielmehr auf Bildern von sozial-ökologischem Wandel und darauf gerichteten Bewältigungsstrategien.

2.2 Sozial-ökologischer Wandel und Transformation(en)

Die explorative Herangehensweise in dieser Studie nimmt die Kritik an zahlreichen Bemühungen um nachhaltige Entwicklung auf. Denn Lösungsversuche, die sich nur auf eine Dimension nachhaltiger Entwicklung konzentrieren, verschieben die Probleme oft in andere gesellschaftliche Bereiche oder verstärken sie gar krisenhaft (Becker/Jahn 2006: 59). Ich folge der Sichtweise von Becker/Jahn/Hummel (2006), die sich kritisch gegen Konzepte wenden, welche Gesellschaft und Natur als Dualität ansehen. Stattdessen gehen sie von einem komplexen Beziehungsmuster aus (vgl. ebd.: 182), das sie auch als „gesellschaftliche Naturverhältnisse" (ebd.: 174) beschreiben und als historisch variabel betrachten (vgl. ebd.: 193). Gesellschaftliche Naturverhältnisse

---

Strohschneider (2014) in Verbindung mit seiner Lesart von transformativer Forschung, wie sie Uwe Schneidewind und Mandy Singer-Brodowski (2013) propagieren, vor der Rückbindung derartiger Forschung an einen gleichsam unhintergehbaren normativen „Letztwert" von Nachhaltigkeit (Strohschneider 2014: 185). Damit wendet er sich gegen eine Vorstellung von Nachhaltigkeit, welche die Wahrnehmung von Problemen und infrage kommenden Lösungen bereits ex ante begrenze (vgl. ebd.). Strohschneider verwahrt sich in diesem Zusammenhang gegen eine Argumentation mit „Faktengewalt" (ebd.: 181): Demnach würde seines Erachtens in diesem Fall der klassische Anspruch in der Wissenschaft, „wahres" (ebd.) und zugleich potenziell widerlegbares Wissen zu produzieren, unterlaufen durch die vordringliche Einteilung der wissenschaftlichen Forschung nach deren Nützlichkeit für „außerwissenschaftliche[r] Verwertungszusammenhänge" (ebd.) und den daraus abgeleiteten Anspruch auf dauerhafte Anerkennung ihrer Ergebnisse (vgl. ebd.). Den Ausweg aus dem von Strohschneider ausgemachten potenziellen Dilemma weist beispielsweise Thomas Jahn (2013), indem er auch hinsichtlich Forschung für nachhaltige Entwicklung explizit auf das Prinzip des methodischen Zweifels verweist und dieses als essenziellen Bestandteil jeglicher Wissenschaft hervorhebt (vgl. ebd. 33).

2.2 Sozial-ökologischer Wandel und Transformation(en)

bezeichnen also Verschränkungen von Gesellschaft und Natur, die sich in vielgestaltigen und dynamischen Beziehungen oder Beziehungsmustern ausdrücken (vgl. Becker/Hummel/Jahn 2011: 77). Dabei betonen Becker und Kolleg*innen, dass die Unterscheidung von Gesellschaft und Natur (welche sie anerkennen und verwenden) keineswegs global und ex ante bestimmt werden kann, sondern dass es der Forschung an unterschiedlichen Phänomenen und Zusammenhängen bedarf, um die „Vielzahl besonderer gesellschaftlicher Naturverhältnisse" fassen zu können (vgl. Becker/Jahn/Hummel 2006: 176). Das Konzept der gesellschaftlichen Naturverhältnisse hebt die „Materialität sämtlicher Naturverhältnisse", also ihren stofflich-materiellen Aspekt, hervor. Gleichzeitig wird auf ihre „Einbettung in symbolische Ordnungen, Deutungszusammenhänge und soziale Konstruktionen" verwiesen (Becker/Hummel/Jahn 2011: 78). Verbunden damit ist die Haltung, dass Stofflich-Materielles nicht einfach so in der Realität existiert, sondern als Resultat von sozialen und kognitiven Konstruktionsleistungen gedeutet werden muss (vgl. ebd.). Für die vorliegende Studie implizierte die Prämisse der Verschränkung von Gesellschaft und Natur, dass in jeder der untersuchten Gemeinden darauf geachtet wurde, inwieweit das Verhältnis zur naturräumlichen Umwelt und ökologische Belange relevant (gemacht) wurden.

Als soziale Ökologie bezeichnen Becker/Jahn (2006) „die Wissenschaft von den gesellschaftlichen Naturverhältnissen" (ebd.: 31). Sie nehmen damit eine Definition auf, die für das „Rahmenkonzept Sozial-ökologische Forschung" erarbeitet wurde:

> „Soziale Ökologie ist die Wissenschaft von den Beziehungen der Menschen zu ihrer jeweiligen natürlichen und gesellschaftlichen Umwelt. In der sozial-ökologischen Forschung werden die Formen und die Gestaltungsmöglichkeiten dieser Beziehungen in einer disziplinübergreifenden Perspektive untersucht. Ziel der Forschung ist es, Wissen für gesellschaftliche Handlungskonzepte zu generieren, um die zukünftige Reproduktions- und Entwicklungsfähigkeit der Gesellschaft und ihrer natürlichen Lebensgrundlagen sichern zu können." (BMBF 2000, zitiert nach Becker/Jahn 2006: 78 f.)

Mit dem Verweis auf die Sicherung „der zukünftigen Reproduktions- und Entwicklungsfähigkeit der Gesellschaft und ihrer natürlichen Lebensgrundlagen" werde das Konzept der sozialen Ökologie normativ an das Konzept der Nachhaltigkeit gebunden (vgl. Becker/Jahn 2006: 80). Soziale und ökologische Problemlagen sind demnach eng miteinander verschränkt und nicht unabhängig voneinander zu bearbeiten, geschweige denn zu lösen – „Soziale und ökologische Frage bedingen sich gegenseitig." (Görgen/Wendt 2015: 9).

Der Begriff „sozial-ökologischer Wandel" ist nicht genau definiert. Je nach Forschungsbezug sind damit globale Zusammenhänge oder eher kleinräumige Bezüge gemeint. Das Feld sozial-ökologischer Forschung ist bemerkenswert breit und interdisziplinär. Die Etablierung sozial-ökologischer Forschung wurde in Deutschland seit den 1980er-Jahren vorangetrieben, zunächst maßgeblich von außeruniversitären Forschungseinrichtungen (vgl. Becker/Jahn 2006: 75), und hat durch die Einrichtung einer Förderlinie für „Sozial-ökologische Forschung" (BMBF 2000) im Bereich „Forschung für nachhaltige Entwicklung" am Bundesministerium für Bildung und Forschung (BMBF) im Jahr 2000 institutionelle Rückendeckung erfahren.

Der Modus der Bewältigung sozial-ökologischen Wandels kann sehr unterschiedlich ausfallen und beispielsweise auch in einem „Weiter-so" bisheriger Praktiken bestehen. Frank Adloff und Frank Adloff und Sighard Neckel (2019) beschreiben mit Blick auf denkbare Zukünfte der Nachhaltigkeit drei Pfade oder „Möglichkeitsräume gesellschaftlichen Wandels" (ebd.: 168): Modernisierung, Transformation und Kontrolle. Unter Modernisierung subsumieren sie Bestrebungen von Akteuren, bestehende Institutionenordnungen möglichst effizient und vielfach unter Wahrung des Postulats wirtschaftlichen Wachstums umzubauen. Demgegenüber sehen sie Akteure, die eine grundlegendere gesellschaftliche Transformation fordern. Unter dem Stichwort Kontrolle fassen Adloff und Neckel Bemühungen zusammen, die ihre Vorstellung von nachhaltigeren Zuständen durch eine „umfassende Politik der Kontrolle" (ebd.) zu erlangen versuchen, beispielsweise durch soziotechnische Überwachung.

Während sich in der sozialwissenschaftlichen Literatur kaum Eingrenzungen oder dezidierte Beschreibungen finden, was genau unter sozial-ökologischem Wandel (jenseits der Annahme einer Verschränkung von ökologischen und sozialen Veränderungsprozessen) zu verstehen ist, finden sich zahlreiche Ausführungen dazu, wie sozial-ökologischen Wandlungsdynamiken zu begegnen sei, etwa durch „sozial-ökologische Transformationen" (Becker/Hummel/Jahn 2011: 82; Kluge/Hummel 2006), also Transformationen hin zu nachhaltigeren Zuständen. Zahlreiche Forschungsarbeiten zu Transformationen Richtung Nachhaltigkeit finden sich beispielsweise im Bereich Transition Management (Rotmans/Kemp/van Asselt 2001; Geels 2002; Geels/Schot 2007). Die Arbeiten zu globalen Umweltveränderungen konzentrieren sich meist auf einen spezifischen Bereich, den sie untersuchen. Ein Überblick über zentrale englischsprachige Arbeiten zu „transformations towards sustainability" (Patterson et al. 2015) im Bereich von „global environmental change" zeigt, dass der Begriff „Transformation" hier vor allem für Analysen innerhalb bestimmter Felder angewendet wird: Energiesysteme, Wassersysteme, Lebensmittelversorgung, Städte und urbane Nachhaltigkeit (vgl.

2.2 Sozial-ökologischer Wandel und Transformation(en)

ebd.: 6). Die Forschung zu sozialen Veränderungsprozessen Richtung Nachhaltigkeit beziehungsweise sozialwissenschaftliche Transformationsforschung ist im Feld der Transformationsforschung noch vergleichsweise jung. Sie geht von einer Systemkrise aus und erkennt an, dass die unterschiedlichen Gesellschaftsbereiche und Dynamiken unauflöslich miteinander verknüpft sind (vgl. Becker/Jahn 2006; Böschen et al. 2015; Grin et al. 2010; Kropp 2014).

Transformation ist ähnlich wie Nachhaltigkeit ein Begriff, der aufgrund seiner oftmals expliziten (und nicht nur impliziten) Normativität kontrovers diskutiert wird. So unterscheiden Forscher*innen im Umgang mit dem Konzept oftmals zwischen dem normativen Leitbild einerseits und dem Begriff als analytischem Instrument andererseits (vgl. Patterson et al. 2015). In Deutschland wurde die Debatte um Transformation(en) zu mehr Nachhaltigkeit durch das im Jahr 2011 vorgelegte Gutachten des Wissenschaftlichen Beirats der Bundesregierung Globale Umweltveränderungen (WBGU) belebt: „Welt im Wandel – Gesellschaftsvertrag für eine große Transformation" (WBGU 2011). Es nimmt die bereits in Abschnitt 2.1 „Nachhaltigkeit" dargelegte Diagnose multipler Krisen zum Anlass und Ausgangspunkt für zahlreiche Überlegungen, wie der Weg in eine nachhaltigere Zukunft aussehen könnte. Der Beirat fordert notwendige bahnbrechende Veränderungen, denen er in Anlehnung an Karl Polanyi (1944) den Charakter einer „großen Transformation" zuschreibt (vgl. WBGU 2011: 2). Damit stellt er sie neben tiefgreifende und umfassende gesellschaftliche Umwälzungen wie die neolithische Revolution (die das Agrarzeitalter einläutete) und die industrielle Revolution (vgl. ebd.: 5). Während Polanyi die „Entbettung" des Marktes aus der Gesellschaft und die damit einhergehenden Folgen beschreibt, findet er ex post zu einem Erklärungsversuch für die tiefe Krise, in die die Welt durch Ersten Weltkrieg, Weltwirtschaftskrise und die Ausbreitung des Faschismus geriet (vgl. Polanyi 1944; Sachs 2013). Der WBGU begreift mit seiner Anlehnung an Polanyi die (nächste) große Transformation hingegen als ein Zukunftsprojekt (vgl. Sachs 2013: 19) und zudem als „Wiedereinbettung" des Marktes durch die bereits zitierte Forderung nach einer klimaverträglichen und ressourcenschonenden Ökonomie. Im Fokus steht dabei vor allem der „Übergang zu einer klimaverträglichen und ressourceneffizienten Wirtschaft" (ebd.: 88). Hierbei sollen Technologien explizit nicht den „einzige[n] Schlüssel" (ebd.: 89) für eine derartige Entwicklung darstellen. Gefragt sei nicht weniger als die „Veränderung von Lebensstilen, eine globale Kooperationsrevolution, die Überwindung von Politikblockaden sowie ein verantwortungsvoller Umgang mit generationenübergreifenden Langfristveränderungen" (ebd.). Allerdings findet das Gutachten zu keinen wachstumskritischen Tönen (vgl. Biesecker/v. Winterfeld 2013). Kritische

Reflexionen zu (unbegrenztem) Wirtschaftswachstum bietet die Abschlusspublikation des DFG-Kollegs „Postwachstumsgesellschaften"[8], die den Titel „Große Transformation? Zur Zukunft moderner Gesellschaften" (Dörre et al. 2019) trägt. Eine ihrer Grundthesen lautet, dass die früh-industrialisierten kapitalistischen Gesellschaften in einer sowohl ökonomischen als auch ökologischen Krise (von Dörre und Kolleg*innen wegen der Verschränkung der Krisen auch als Zangenkrise bezeichnet) befänden: Deshalb, so Klaus Dörres These, stünde die kapitalistische Logik dieser Länder vor nichts weniger als einer Nachhaltigkeitsrevolution mit offenem Ausgang (vgl. Dörre 2019: 4). Das nach bisheriger kapitalistischer Logik wichtigste Mittel zur Überwindung von wirtschaftlichen Krisen sei weiteres Wirtschaftswachstum gewesen; dies wirke sich allerdings in ökologischer und sozialer Hinsicht mehr und mehr zerstörerisch aus (vgl. ebd.). Es sei eine Richtungsentscheidung notwendig, um „Wirtschaftswachstum ökologisch und sozial nachhaltig zu gestalten" oder aber „Stabilität ohne rasches Wachstum zu gewährleisten" (ebd.).

Eine „Große Transformation" oder viele kleine?
Während Dörre und Kolleg*innen „Große Transformation" in ihrem Buchtitel mit einem Fragezeichen versehen, legt die titelgebende Polanyi-Analogie des WBGU-Gutachtens nahe, es handele es sich um eine große Transformation im Singular, die zu schaffen sei. Zu dieser Lesart tragen Sätze wie dieser bei: „Dies ist die erste große Transformation in der Menschheitsgeschichte, die bewusst politisch herbeigeführt werden muss" (WGBU 2011: 97). Gleichzeitig, so der WBGU, erfordere die Transformation damit „die Beteiligung aller gesellschaftlichen Akteure in Staat und Verwaltung, Politik, Unternehmen, Zivilgesellschaft sowie der Konsumenten" (ebd.: 289). Dabei setzt der Beirat auf einen „gestaltende[n] Staat mit erweiterten Partizipationsmöglichkeiten" (ebd.: 215). Bei fortgeschrittener Lektüre ist durchaus Raum für die Lesart zahlreicher, kleinerer Transformationen, gerade auch in dem Abschnitt zu den „Pioniere[n] des Wandels" (ebd.: 256), die es zu unterstützen gelte. Die Rahmung durch einen gestaltenden, das Ganze gleichsam orchestrierenden und in die richtigen Bahnen lenkenden Staat aber bleibt bestehen. Laut WGBU-Gutachten besteht die zentrale Herausforderung darin, den komplexen Prozess der Transformation zu gestalten (vgl. WGBU

---

[8] Das Kolleg mit dem Langtitel „Landnahme, Beschleunigung, Aktivierung – Zur (De)-Stabilisierung moderner Wachstumsgesellschaften" wurde im Oktober 2011 auf Antrag von Klaus Dörre, Stephan Lessenich und Hartmut Rosa mit Fördergeldern der Deutschen Forschungsgemeinschaft am Institut für Soziologie der Universität Jena eingerichtet (vgl. Kolleg Postwachstum).

2.2 Sozial-ökologischer Wandel und Transformation(en)

2011: 90). Dies trug dem Gutachten viel Kritik ein, etwa es sei „machbarkeitsselig" (Sachs 2013: 22) oder zu wenig demokratietheoretisch unterfüttert (vgl. Walk 2014: 84 f.). Nicht alle Theorien und Konzepte zu Transformation(en) gehen von der Steuerbarkeit letzterer aus. Transformation kann in einer sehr breit gefassten Definition demnach auch unkoordiniert und unbeabsichtigt auftreten, als Folge eines Prozesses oder Ereignisses wie einer Krise oder eines Regimewechsels (vgl. Siriwardane/Schulz 2015: 8). Mit Transformation im Sinne von Veränderungsprozessen durch Regimewechsel und weniger im Kontext nachhaltiger Entwicklung setzen sich verschiedene Literaturstränge auseinander (vgl. Kollmorgen/Merkel/Wagener 2015). Transformationsforschung in diesem Sinne betreibt beispielsweise Sighard Neckel mit seiner soziologischen Studie „Waldleben" (1999), die sich mit der Doxa der Demokratie in der Nachwendezeit in einer ostdeutschen Gemeinde auseinandersetzt.

Vor allem in der englischsprachigen Nachhaltigkeitsliteratur wird meist zwischen Transformation und Transition unterschieden. Umfassender Wandel, der ganze sozio-technische Systeme verändert, wird in der Regel als Transition bezeichnet, Phasen oder kleinere/konkretere Veränderungsprozesse innerhalb dieses umfassenden Prozesses werden als Transformation(en) benannt (vgl. Child/Breyer 2017; Grin et al. 2010). Im deutschen Wissenschaftsdiskurs werden die beiden Begriffe oft synonym verwendet für umfangreiche gesellschaftliche, kulturelle, wirtschaftliche und politische Veränderungsprozesse (vgl. Nohlen 2005). Zahlreiche Forscher*innen im Bereich Transformation(en) Richtung Nachhaltigkeit postulieren außerdem interdisziplinäre Forschung. Einzelne Autor*innen fordern darüber hinaus auch transdisziplinäre Forschung, also Forschung unter Einbindung von nicht wissenschaftlichen Akteuren (vgl. Schneidewind/Singer-Brodowski 2013). Für die Einbindung nicht wissenschaftlicher Akteure plädieren außerdem Vertreter*innen partizipativer Forschung, beispielsweise im Bereich Public Health (v. Unger 2012; Wright/v. Unger/Block 2010).

Um meine Fragen nach der kollektiven Bewältigung sozial-ökologischen Wandels in ländlichen Alpengemeinden beantworten zu können, liegt der Fokus auf dem lokalen Geschehen und den rekonstruierbaren Aushandlungsprozessen und damit auf möglichen Anknüpfungspunkten für Transformationen Richtung Nachhaltigkeit. Es interessiert, wo die Dimensionen und Dynamiken sozialökologischen Wandels an einem Ort zusammentreffen oder gleichzeitig auftreten und welche Herausforderungen dies mit sich bringt: Wie priorisieren die Akteure im Feld beispielsweise, welcher Themen sie sich annehmen? Und inwiefern stellen sie Zusammenhänge her beziehungsweise zeigen sich übergreifende Bewältigungsmuster, die eine sektorale Betrachtung eventuell gar nicht zu Tage fördern könnte? Das Kapitel zu Nachhaltigkeit zeigte bereits: Die internationale/globale Ebene ist oftmals blockiert, weshalb die Analyse von Lernen und Handeln auf niedrigeren Ebenen bis hinab zur Verwaltungseinheit Gemeinde oder zu lokalen Communities bereits aus diesem Grund vielversprechend erscheint. Trotzdem vertrete ich die Position, dass Transformationen hin zu nachhaltigeren Zuständen eine entsprechende Auseinandersetzung und Aktion auf unterschiedlichen gesellschaftlichen Ebenen und in unterschiedlichen gesellschaftlichen Sphären erfordern (vgl. Abschn. 3.1 zur theoretischen Unterfütterung des Arguments). Mein Anschluss an die Diskussion um eine neuerliche „Große Transformation" ist folgender: Ich teile die Sichtweise, dass „Transformation" im Gegensatz zu sozialem oder sozial-ökologischem Wandel viel stärker mit einem Gestaltungsanspruch verknüpft ist, dass Transformation gestaltbar ist und gestaltet werden sollte – über das Wie allerdings lässt sich streiten. Hierbei müssen nach meinem Verständnis Ungleichheitsaspekte in ihren vielen auftretenden Dimensionen, geografischen Verhältnissen und Zeitlichkeiten mit aufgearbeitet werden, denn wie bereits aufgezeigt, sind diese ein inhärenter Bestandteil der Krisendiagnose (vgl. hierzu auch Neckel 2018). Meine Analyse von lokalen Aushandlungs- und Kooperationsprozessen fragt somit nach den Möglichkeiten und den Grenzen von Transformationen hin zu einer nachhaltigeren Zukunft (vgl. Kap. 4 bis 6).

2.3 Große Transformationen im Kleinen – Nachhaltige Entwicklung in Alpengemeinden

In diesem Kapitel wird der Forschungsstand zu Gemeindestudien in den Alpen präsentiert. Dabei wird aufgezeigt, dass es kaum Studien gibt, die die Herausforderungen sozial-ökologischen Wandels in ihrer Gleichzeitigkeit und den kollektiven Umgang damit in einer Alpengemeinde untersuchen. Es gibt keine einzige Gemeindestudie, die sich im Kontext nachhaltiger Entwicklung mit einer Alpengemeinde beschäftigt und sich gleichzeitig auf dort stattfindende Vergemeinschaftungsprozesse fokussiert. Es werden daher auch Arbeiten aus der Stadtsoziologie und dem Bereich nachhaltiger Stadtentwicklung in den Literaturüberblick einbezogen. Anschließend werden in groben Zügen die sozial- und kulturwissenschaftlichen Forschungsrichtungen und -fragen skizziert, die den Alpenraum zu ihrem Untersuchungsfeld mach(t)en, um dann spezifischer auf bisher in der Alpenregion durchgeführte Gemeindestudien eingehen zu können.

2.3 Große Transformationen im Kleinen – Nachhaltige Entwicklung ...

Abschließend wird die identifizierte Forschungslücke nochmals erläutert und die eigene Untersuchung als Möglichkeit, diese Leerstelle zu bearbeiten, präsentiert. Das Kapitel schließt mit einer Reformulierung der Forschungsfragen.

Die Debatte zu nachhaltiger Stadtentwicklung wird interdisziplinär geführt. Dabei geht es beispielsweise um Fragen, welche Rolle bürgerschaftliches Engagement oder kommunale Infrastrukturen spielen (vgl. Engels et al. 2017) und inwieweit Stadtentwicklung als Gemeinschaftsaufgabe (im Sinne einer Beteiligung der Zivilgesellschaft) begriffen werden kann (Selle 2013; Kropp 2017). Im Fokus von sozialwissenschaftlichen Nachhaltigkeitsbetrachtungen im Zusammenhang mit Städten stehen oft auch einzelne Quartiere (vgl. Drilling/Schnur 2012). Obwohl an vielen Stellen die Beteiligung der Zivilgesellschaft an kommunalen Entwicklungsprozessen – auch im Sinne der UN-Nachhaltigkeitsagenda – gefordert wird, wird deutlich, dass Beteiligung in Planungsverfahren nicht automatisch dafür sorgt, dass lokale Demokratiedefizite abgebaut werden (vgl. Selle 2013: 371). Publikationen im Themenbereich Stadtentwicklung setzen sich zunehmend und dezidiert mit Transformationen hin zu nachhaltigeren Zuständen auseinander (vgl. Knieling 2018; Hahne 2014), beispielsweise der transformativen Kraft urbaner Ernährungsbewegungen (vgl. Kropp/Stinner 2018) oder der urbanen Energiewende (vgl. Norck 2018). Doch das Konzept der Transformation ist nach Ulf Hahne (2014: 7) in der raumbezogenen Transformationsforschung bereits sehr lange als Heuristik im Einsatz, um systemische Veränderungen zu beschreiben. Ein Beispiel ist etwa die Beschäftigung mit „industrialisierungsbedingten Urbanisierungsschübe[n, ...] der postsozialistischen Transformation, mit modernisierungsbedingten Strukturwandlungsprozessen in der Wirtschaft [... oder] mit der Auflösung der Städte durch mobilitätsorientierte Lebensstile" (ebd.). Auch ein Blick in die Tradition der Community Studies (vgl. Abschn. 4.1) bestätigt dies. In deutschen Studien wurden beispielsweise Topoi wie der Wandel der Industriegesellschaft (Mayntz 1958), die Doxa der Demokratie in der Nachwendezeit (Neckel 1999) oder Fragen von Urbanisierung und Integration (Schwonke/Herlyn 1967) bearbeitet.

Neben dem sozialwissenschaftlichen Literaturkorpus zur nachhaltigen Entwicklung von Städten findet sich außerdem aktuelle Forschung zu nachhaltiger Entwicklung in ländlichen Gemeinden – auch sie ist ein vergleichsweise interdisziplinäres Feld, das von Soziolog*innen mitgeprägt wird, und knüpft an Forschung zum und im ländlichen Raum an. So entstand in den USA bereits Ende des 19. Jahrhunderts zwar die Rural Sociology – also noch vor den ersten Community Studies der Chicago School (vgl. Laschewski 2005: 201). Allerdings entwickelte diese sich als eigenständige Disziplin außerhalb der Soziologie weiter und verfolgte Fragestellungen wie etwa die nach der betrieblichen Organisation in der Landwirtschaft und damit verknüpften Entwicklungen (ebd.: 204). Doch auch Fragen im Zusammenhang mit globalen Agri-food Systems sind heute Gegenstand der Rural Sociology (vgl. ebd.: 206), die sich auch in Europa etablierte und seit den 1980er-Jahren in Form eines „research committee on agriculture and food" einen Platz innerhalb der internationalen Soziologie beansprucht (ebd.: 202). Erste deutschsprachige Studien zu ländlichen Gemeinden gehen ähnlich weit zurück wie die Anfänge der amerikanischen Rural Sociology (Struff 1999: 38). Als Pionierarbeiten gelten Gottlieb Schnapper-Arndts Studie über Dorfgemeinde im Hohen Taunus[9] von 1883 und die Marienthal-Studie[10] von Marie Jahoda und Kolleg*innen von 1933. Im Bereich der ländlichen Sozialforschung ging es in den Gemeindestudien der deutschsprachigen Soziologie seit dem Zweiten Weltkrieg um Stadt-Land-Verflechtungen (etwa in den Darmstadt-Studien, vgl. Kötter 1952), um den Einfluss der Industrialisierung auf „Institutionen des dörflichen Lebens" (vgl. Vonderach 2005: 220), um „ländliche[11] Lebensverhältnisse im Wandel" (vgl. die gleichnamige Wiederholungsstudie von 1952, 1973, 1993/95, 2012, vgl. BMEL 2015) oder um den sozialen Wandel durch den erstarkenden Tourismus (Hahn/Reuter/Vonderach 1987). Nach der deutsch-deutschen Wiedervereinigung interessierten beispielsweise dörfliche Mentalitäten (Gebhardt/Kamphausen 1994). Nachhaltige Entwicklung in oder von ländlichen Gemeinden wurde erst viel später zum expliziten Thema und häufig ist dann von „ländlichen Räumen" die Rede, denn eine Unterscheidung zwischen Stadt und Land erwies sich angesichts fließender Übergänge und ähnlicher Phänomene für viele Forschungsfragen bald als obsolet (vgl. Abschn. 3.1 Raumsoziologische Konzepte). Meist wird dabei sogar eine ganze Region in den Blick genommen. Publikationen beschäftigen sich etwa mit sogenannten regionalen Entwicklungskonzepten (REKs), die als auf Raumplanungsaspekte ausgelegte Handlungsprogramme beziehungsweise Strategiepapiere zu einer nachhaltigen Entwicklung beitragen sollen (vgl. Keim/Kühn 2002: 6; Dehne 2002: 26). Einige Studien wurden zu Ökodörfern verfasst (Andreas 2015; Kunze 2003, 2009) und erforschen, wie in solchen eigens gegründeten sozialen Gemeinschaften Transformationen hin zu einer nachhaltigeren Zukunft gestaltet werden können. Angesichts ihrer überschaubaren Größe und ihres Gründungsziels sind Ökodörfer

---

[9] Hier standen sozialstatistische Erhebungen zu „Kleinbauerntum, Hausindustrie und Volksleben" (ebd.) im Fokus.

[10] Hier interessierten insbesondere das Phänomen der Massenarbeitslosigkeit und dessen soziale und psychologische Auswirkungen.

[11] Bis 1995 lautete der Studientitel noch „Dörfliche Lebensverhältnisse im Wandel".

dabei weniger als Dörfer denn als Lebensgemeinschaften zu verstehen und werden in Forschungszusammenhängen eher als intentionale Gemeinschaften gefasst (vgl. Andreas 2009: 62).

2.3.1 Alpenforschung in den Sozialwissenschaften

Lenkt man den Blick auf sozialwissenschaftliche Forschung zur Entwicklung von und in (ländlichen) Alpengemeinden, verringert sich die Literaturauswahl noch weiter, wenngleich Alpenforschung insgesamt ein vergleichsweise breites Feld ist. Sie wird durch internationale Vereinbarungen wie die Alpenkonvention (Übereinkommen zum Schutz der Alpen, vgl. Ständiges Sekretariat der Alpenkommission 1991)[12], alpenraumübergreifende Einrichtungen (insbesondere die Internationale Alpenschutzkommission CIPRA) und europäische Förderlinien (etwa in Gestalt der Alpine-Space-Programme[13]) ideell und finanziell unterstützt. Die lange Liste der in diesem Rahmen durchgeführten anwendungsorientierten Projekte versammelt Ideen zu den unterschiedlichsten Bereichen, beispielsweise Raumplanung, Mobilität, Baukultur, Tourismus, Gesundheit und vielem mehr. Darüber hinaus etablierten sich Forschungsinstitutionen und -assoziationen, die sich dezidiert mit dem Alpenraum befassen, beispielsweise das „Forum Landschaft, Alpen, Pärke" (vormals „Interacademic Commission for Alpine Studies", eine nationale Forschungsplattform in der Schweiz) oder das „Journal of Alpine Research" (mit Sitz in Frankreich).

Die Ursprünge der sozialwissenschaftlichen Alpenforschung reichen bis mindestens in die 1940er-Jahre zurück. Volkskundliche Studien von Richard Weiss (1941) und Arnold Niederer (1956) beispielsweise widmeten sich der alpinen Kultur in verschiedenen Schweizer Kantonen. Im Bereich der Kulturgeografie begleitet Werner Bätzing seit vielen Jahrzehnten kritisch die Entwicklungen im

---

[12] Die Alpenkonvention ist eine völkerrechtliche Übereinkunft zum Schutz der Alpen. In der Rahmenkonvention verpflichteten sich die Alpenländer einer nachhaltigen Entwicklung. Die einzelnen Protokolle sind (noch) nicht von allen Ländern ratifiziert. Bisher erarbeitete Protokolle beziehen sich auf die Themen Raumplanung und nachhaltige Entwicklung, Berglandwirtschaft, Naturschutz und Landschaftspflege, Bergwald, Tourismus, Energie, Bodenschutz und Verkehr. (Vgl. Ständiges Sekretariat der Alpenkonvention)

[13] Das Alpenraumprogramm wird vom Europäischen Fonds für regionale Entwicklung (EFRE) und durch öffentliche und private Gelder aus den sieben Alpenstaaten finanziert; Institutionen aus dem öffentlichen und privaten Sektor können Mittel für gemeinsame länderübergreifende Forschungsvorhaben einwerben (vgl. Interreg Alpine Space).

Alpenraum (Bätzing 2015a, 2015b, 2000) und unternimmt unter Nachhaltigkeitsaspekten kritische Analysen zur Entwicklung von Alpengemeinden ebenso wie der alpinen Kulturlandschaft und zur politischen Steuerung dieser Entwicklung. Im Folgenden werden sozialwissenschaftliche Studien angeführt, die sich Alpengemeinden zunächst als Entitäten nähern und sich den vielfältigen dort ablaufenden Prozessen widmen.

Schon immer spielten nach John W. Cole in der Alpenforschung die lokale Geschichte und das Verhältnis der Bewohner zu ihrer naturräumlichen Umgebung (bzw. die Ausbeutung natürlicher Ressourcen) eine zentrale Rolle; auch die politischen und ökonomischen Wandlungsprozesse in den Dörfern wurden berücksichtigt (Cole 1977: 370 ff.). Cole selbst publizierte zusammen mit seinem Kollegen Eric R. Wolf die Studie „The Hidden Frontier. Ecology and Ethnicity in an Alpine Village" (Cole/Wolf 1999). Sie untersuchten für ihre Studie zwei Alpengemeinden in Südtirol durch intensive ethnografische Feldaufenthalte. In ihrer umfangreichen Publikation beschreiben sie Identitätsbildungsprozesse, die wirtschaftliche und historische Entwicklung beider Orte sowie die beobachtbaren sozialen Prozesse. Cole und Wolf positionierten ihre Arbeit bewusst gegen den seinerzeitigen anthropologischen Mainstream der Forschung zu „complex societies", welcher Communities eher als geschlossene Entitäten und Miniatur-Abbilder einer Nation betrachtete und kausale Modelle zu den Beziehungen in den Communities entwarf, während er die Forschung zum „Außen" dieser Gemeinschaften anderen Sozialwissenschaftlern überließ (vgl. ebd.: 20). Im Fokus des Interesses von Cole und Wolf stand die „local ecology" (ebd.: 21), was sich nicht mit Ökologie im engeren naturwissenschaftlichen Sinne übersetzen lässt, sondern viel umfassender für lokal ablaufende Prozesse gilt. Die Forscher gehen davon aus, dass letztere einerseits von den Anforderungen der konkreten physischen Umwelt und andererseits von Kräften aus der „larger world" beeinflusst werden (vgl. ebd.). In komplexen Gesellschaften, so die beiden Autoren, dominierten oft jene „externen" Kräfte und formten diejenigen Kräfte, welche die lokale Ökologie kreieren (vgl. ebd.). Zu ihrer eigenen Überraschung stellten Cole und Wolf fest, dass sich die Befunde in den Gemeinden stark voneinander unterschieden: „[T]hat social structure – conceived as a template of ideas for the ordering of social life – and actual practice, as apparent in the data when ordered numerically, were to a surprising degree antithetical" (ebd.: 19). Sie wählten deshalb eine historische Perspektive und fokussierten auf Konvergenzen zwischen den beiden Gemeinden hinsichtlich ökologisch verankerter Praxis und „politically grounded ideology" (ebd.: 19). Denn beide Kommunen waren ähnlichen „ecological imperatives" unterworfen und hatten ähnliche technologische Antworten darauf gefunden (vgl. ebd.: 263). Bemerkenswert waren für Cole und

Wolf die Unterschiede „in the social and ideological realms" (ebd.): Die Forscher konnten zeigen, wie sich diese Unterschiede zu verschiedenen Mustern in Bezug auf Landbesitz und Vererbungsregeln verhielten, und dies historisch erklären. Insbesondere die Berücksichtigung der Dorfgeschichte und der prägenden Erfahrungen der Dorfbewohner*innen in der politisch umkämpften Grenzregion Südtirol sowie die darin verankerten Identitätsbildungsprozesse, welche Cole und Wolf herausarbeiten, sensibilisieren dafür, dass eine soziologische Studie zu aktuellen und zukünftigen Entwicklungen, zu sozial-ökologischen Wandlungsprozessen und damit verknüpften Bemühungen um Nachhaltigkeit nicht gänzlich ohne Berücksichtigung historischer Gegebenheiten auskommen kann.[14]

Einzelne kulturhistorische Studien, wie etwa die Studie „Sommergetreide. Vom Untergang der bäuerlichen Kultur" von Roland Girtler (1996), lieferten weitere Einblicke in das alltägliche Leben in alpinen Dörfern. Während Girtlers Veröffentlichung sehr deskriptiv bleibt, führte Urs Jaeggi (1965) mit „Berggemeinden im Wandel" eine soziologische Studie durch, in der er vier Berggemeinden in der Schweiz miteinander vergleicht. Es ging Jaeggi darum, die „Selbstdeutung und Selbstinterpretation" der verschiedenen Gruppen in den jeweiligen Alpengemeinden zu rekonstruieren (ebd.: 277), um insbesondere die Agrarpolitik zu informieren und zu deren Verbesserung beizutragen (vgl. ebd.). Die Studie liefert ein dichtes, durch qualitative Interviews, Beobachtungen sowie quantitative Umfrage- und Strukturdaten gewonnenes Bild der vier Gemeinden und des dort stattfindenden Wandels und zeichnet so die durchaus stark differierende „ökonomische und soziale Struktur in Berg- und Kleinbauerndörfern" (ebd.: 275) nach. Das Bild der Einwohner*innen von ihrer Gemeinde (aktuell wie auch in der Zukunft) wird ebenso zum Thema gemacht wie Einstellungen und alltägliche Gewohnheiten. Darüber hinaus werden einzelne Gruppen charakterisiert und der Modus des Zusammenlebens soziologisch reflektiert, etwa unter Schlagwörtern wie „Normen" (ebd.: 84) und „soziale Kontrolle und Sanktionen" (ebd.: 85). Die Rolle verschiedener Institutionen im Dorfleben (z. B. Schule, Kirche) werden beleuchtet und unter dem Titel „Das Gesellschaftsbild des Berg- und Kleinbauern" (ebd.: 258) werden Einstellungen und Zukunftsperspektiven des Bauernstandes rekonstruiert. Die Studie schließt mit konkreten Handlungsempfehlungen, wie die Lebenssituation in den vielfach von wirtschaftlichem Niedergang und Abwanderung bedrohten Berggemeinden zu verbessern sei (ebd.:

---

[14] Welche Rolle der geschichtlichen Gewordenheit des jeweiligen Dorfes zukommt, ist letztlich eine empirische Frage und wird deshalb auch in den entsprechenden Kapiteln verhandelt (vgl. Kap. 5 und 6). Der Ergebnispräsentation vorangestellt ist für jede Gemeinde eine kurze Einführung, die auch historische Eckpunkte enthält und eine entsprechende Hintergrundfolie für die Einordnung und Diskussion der Befunde liefert (vgl. Abschn. 5.1).

266–273). Die detaillierten Analysen von Jaeggi bieten einen sehr guten Einblick in alpine Dorfgesellschaften in den 1950er-Jahren und in deren lokale soziale und ökonomische Herausforderungen. Sie liefern jedoch keine detaillierten Beobachtungen, ob und wie Entwicklungsprozesse in den Kommunen miteinander diskutiert und kollektiv bearbeitet wurden. Ökologische Wandlungsprozesse (etwa im Gefolge des Klimawandels) und die verschiedenen Dimensionen und Konzepte von Nachhaltigkeit oder Transformation spielten damals selbstverständlich noch keine Rolle, denn die Forschung zu nachhaltiger Entwicklung setzte erst später ein (vgl. Abschnitt 2.2). Als hilfreiches Beispiel für die vorliegende Studie dient hingegen Jaeggis Rekonstruktion der je unterschiedlichen Bilder, welche die Bürger*innen von ihrer Gemeinde hatten, sowie die Analyse verschiedener Akteursgruppen und der ablaufenden sozialen Prozesse und ihrer Normierung.

2.3.2 Alpen-Community Studies im Bereich nachhaltige Entwicklung

Erst vergleichsweise spät kam es in der Alpenforschung zu sozialwissenschaftlichen Forschungen in Alpengemeinden, die sich mit Prozessen nachhaltiger Entwicklung beschäftigen. Im Jahr 2010 veröffentlichte eine österreichische Forscher*innengruppe die Ergebnisse ihres interdisziplinären Forschungsvorhabens: „Zwei Alpentäler im Klimawandel" (Auer et al. 2010). Von ausgebildeten Naturwissenschaftler*innen wurden hierzu detaillierte klimatologische Forschungen angestellt. Ein Forscher*innenteam mit sozialwissenschaftlicher Expertise führte qualitative Interviews mit der Bevölkerung und erarbeitete gemeinsam mit den Bürger*innen die Geschichte des jeweiligen Tals und der Hauptorte. Zudem wurden gemeinsam mit der Bevölkerung Zukunftsszenarien zur Entwicklung des jeweiligen Tals diskutiert. In der Publikation werden die klimatischen Bedingungen in den beiden Alpentälern vorgestellt und mit Interviewdaten angereichert. Anhand klimatologischer Daten und Modelle werden beispielsweise der Gletscherwandel im Lauf von Jahrhunderten nachvollzogen (ebd.: 38–52) und die Bedeutung der Gletscher für das Leben vor Ort veranschaulicht. Unter dem Stichwort „Leben mit Wetterextremen" werden anhand von Interviews und historischen Aufzeichnungen prägende Wetterereignisse in der Geschichte der jeweiligen Gemeinde rekonstruiert (ebd.: 53–64) und modellbasiert lokale Abschätzungen in Bezug auf Schneefall und Gletscherentwicklung in der Zukunft vorgenommen (ebd.: 65–78). Auch zur Landschaft in den beiden Tälern, sowohl zur Geologie und Geomorphologie als auch zu den Naturgefahren und deren erforderlichem Management gibt es detaillierte Ausführungen

2.3 Große Transformationen im Kleinen – Nachhaltige Entwicklung ... 39

(ebd.: 83–103). Anhand deskriptiver Statistik wird außerdem die wirtschaftliche Situation in den Gemeinden beider Alpentäler nachgezeichnet (ebd.: 119–160). Einschätzungen zu Wirtschaftsstruktur und Beschäftigung, Erreichbarkeit und Infrastruktur sowie verschiedenen Wirtschaftszweigen werden mit qualitativen Interviewdaten illustriert und mit verfügbaren überregionalen Modelldaten verglichen (vgl. ebd.: 123–153). Der „Wetterabhängigkeit des Einkommens und [der entsprechenden] Verwundbarkeit" (ebd.: 154 ff.) der lokalen Ökonomie ist eigens ein Abschnitt gewidmet. So wird über einen Zeitraum von über 30 Jahren ein signifikanter Zusammenhang zwischen „Wettervariablen" und dem Tourismus beziehungsweise den Übernachtungszahlen vor Ort festgestellt (vgl. ebd. 159). Die Tourismusbranche in den Bergorten ist angesichts klimainduzierter Veränderungen also durchaus vulnerabel. Bei der Erstellung möglicher Zukunftsszenarien stützten sich die Forscher*innen auf bereits vorliegende Modelle (unter anderem des IPCC, des Intergovernmental Panel on Climate Change) und passten diese in einem umfangreichen Szenarioprozess, der qualitative Interviews ebenso wie die Auswahl von lokal relevanten (sozio-ökonomischen, klimatologischen und landnutzungsspezifischen) „Deskriptoren" erfordert, an die örtlichen Gegebenheiten an (ebd.: 163–196). Mit der Bevölkerung wurden schließlich drei Szenarien diskutiert, die von den Forscher*innen nach einer „umfangreichen Konsistenzanalyse" (ebd.: 173) als „wahrscheinlichste bzw. konsistenteste Zukunftsszenarien" (ebd.) befunden wurden. So ging es beispielsweise darum, welches der Szenarien die Bürger*innen für am wahrscheinlichsten und welches für am wünschenswertesten hielten. Ziel des Szenarioprozesses sei es gewesen, so die Autor*innen, „mögliche Entwicklungstendenzen durch den Konnex kausaler Zusammenhänge für die zukünftige Entwicklung der beiden ländlichen, stark vom Tourismus geprägten Gemeinden […] aufzuzeigen" (ebd.: 194), welche „drei mögliche, wenn auch die wahrscheinlichsten und in sich konsistenten Pfadabhängigkeiten widerspiegeln" (ebd.): Zeitalter der Nachhaltigkeit („Authentischer Nachhaltigkeitsstandort"), Triumph der globalen Märkte („Seitengang des globalen Supermarktes"), Kulturerbe Europa („Kulturhabitat")[15].

---

[15] Im Szenario „Authentischer Nachhaltigkeitsstandort" wird die forcierte Nutzung von erneuerbaren Energieträgern und biologischen Rohstoffen angenommen. Dabei wird davon ausgegangen, dass Technologien entwickelt werden, durch die Wirtschaftswachstum und Energieverbrauch entkoppelt werden können. Dem Szenario „Seitengang des globalen Supermarktes" liegt die Annahme zugrunde, dass sozialstaatliche Leistungen weitgehend zurückgefahren werden, es zu einer weitreichenden Liberalisierung der Märkte kommt und in Ermangelung nachhaltiger Produktionsmethoden Umweltprobleme zunehmen. Dem Szenario „Kulturhabitat" zufolge hat die Wirtschaft auf veränderte Alters- und Nachfragestrukturen mit der Spezialisierung auf Kultur-, Medizin- und Freizeitdienstleistungen reagiert,

Insgesamt beeindruckt die Studie durch die Kombination von natur- und sozialwissenschaftlichen Techniken. Doch zu der spannenden und für die vorliegende Dissertation relevanten Frage, wie Zukunftsszenarien innerhalb der Bevölkerung diskutiert werden, zum Ablauf der Diskussionen, zu Argumentationsmustern, (impliziten) Normen und Werten, dazu, welche Positionen bezogen oder nicht bezogen werden, finden sich leider kaum Hinweise. Als wichtige Einsicht kann die implizite These der Pfadabhängigkeit gelten, welcher laut den Autor*innen jedes der Szenarien unterliegt – inwiefern sie zutrifft, ist letztlich eine empirische Frage. In jedem Fall liefert die Studie eine Auseinandersetzung mit komplexen sozial-ökologischen Wandlungsprozessen und untersucht sie in ihrer Gleichzeitigkeit – auch wenn dann leider keine detaillierten Ausführungen folgen, wie mit dieser Simultanität von Prozessen umgegangen wird.

Und schließlich ist das vom BMBF geförderte Forschungsprojekt „Klima Regional – soziale Transformationsprozesse für Klimaschutz und Klimaanpassung"[16] als wichtigste abgeschlossene Forschung für die vorliegende Dissertation zu nennen, an der ich als wissenschaftliche Mitarbeiterin beteiligt war (vgl. Kap. 4 Methodologie und Methode). Im Verbund dreier Hochschulen (Institut für Soziologie, LMU München; Hochschule München; Wissenschaftszentrum Umwelt, Universität Augsburg) wurden vergleichend in sechs Alpengemeinden klimabezogene Transformationsprozesse untersucht (vgl. Universität Augsburg). An der LMU München wurden unter der Leitung von Prof. Dr. Bernhard Gill vor allem anhand von statistischen Primär- und Sekundärdaten Fragen von Energieverbrauch und Lebensstil in zwei Alpenstädten (München und Bozen) exploriert (vgl. Wolff/Schubert 2014), in den Teilprojekten am WZU Augsburg und der Hochschule München wurden qualitative Untersuchungen in ländlichen Gemeinden in Bayern (Deutschland) und Südtirol (Italien) durchgeführt, die sich sowohl mit der Wahrnehmung des Klimawandels als auch mit darauf bezogenen Handlungsstrategien beschäftigten (vgl. Universität Augsburg; Brickmann/Türk 2014; Kropp 2014; Vogel/Elixhauser 2014; Böschen et al. 2014a). Hierzu wurden zunächst anhand digital verfügbarer Inhalte alle Gemeinde im bayerischen und südtiroler Alpenraum dahingehend betrachtet, inwieweit dort Aktivitäten in Bezug auf Klimaschutz- und Klimaanpassung festzustellen sind, und schließlich vier ländliche Gemeinden für eingehendere vergleichende qualitative Feldstudien ausgewählt (vgl. Kropp 2014: 218). Es wurden Leitfadeninterviews geführt, sowohl

---

weshalb große Teile der Produktion ins nichteuropäische Ausland verlagert werden, während vor Ort mehr Personen im Dienstleistungsbereich tätig sind. (vgl. ebd.: 163).

[16] Gefördert vom Bundesministerium für Bildung und Forschung, Laufzeit: 9/2012 bis 12/2013.

2.3 Große Transformationen im Kleinen – Nachhaltige Entwicklung ...

mit den beteiligten Bürger*innen in den Gemeinden als auch mit Funktionsträger*innen aus übergeordneten Organisationen und Behörden (vgl. ebd.). Während mehrtägiger Forschungsaufenthalte wurden teilnehmende Beobachtungen (beispielsweise von lokalen Veranstaltungen) angestellt und postalisch eine quantitative Haushaltsbefragung durchgeführt (vgl. ebd.: 218 f). Am Ende des Projektes wurden die Ergebnisse schließlich vor Ort mit den Bürger*innen diskutiert (vgl. ebd.). Die Frage nach der Wahrnehmung des Klimawandels in Alpengemeinden wurden beispielsweise mit ethnografischen Mitteln exploriert und anhand der lokalen Mensch-Wasser-Beziehungen illustriert (vgl. Vogel/Elixhauser 2014). So konnte gezeigt werden, dass und wie der globale Klimawandel auf „Wahrnehmungen, Wissensformen, Bedeutungen, Bewertungen sowie Praktiken im Kontext von Wasser und damit Wasser selbst" (ebd.: 378) wirkt. Die aus den vertieften qualitativen Einzelstudien gewonnenen Einsichten wurden außerdem unter dem Aspekt der Governance des Klimawandels und sozialer Innovationen diskutiert (vgl. Kropp 2014). Als zentrales Ergebnis wurde festgehalten, dass die lokalen Prozesse, welche als relevant für Transformationen für Klimaschutz und Klimaanpassung betrachtet werden, nicht durch eine eindimensionale Betrachtung zu erfassen sind, sondern, dass vielmehr „Bereichslogiken und Handlungsmöglichkeiten sowie -barrieren unterschiedlicher Ebenen netzwerkartig" (ebd.: 219) zusammenfließen. Außerdem wurde deutlich, dass weniger der in den Alpen durchaus Spuren hinterlassende Klimawandel die Menschen vor Ort beschäftigt, auch wenn er wahrgenommen wird und darauf bezogene Maßnahmen ergriffen werden, sondern dass vielmehr angesichts von befürchteten Schrumpfungsprozessen Probleme im Vordergrund stehen, die stärker mit dem wirtschaftlichen und demografischen Wandel sowie mit der zukünftigen Sicherung der Daseinsvorsorge assoziiert werden (vgl. ebd.: 222; Brickmann/Türk 2014). Es wurden deshalb in Anlehnung an die Akteur-Netzwerk-Theorie von Michel Callon und Bruno Latour (vgl. Callon/Latour 1981; Callon 1986) sowohl „günstige Transformationsmilieus" (Kropp 2014: 232) als auch typische Transformationsphasen rekonstruiert. Als Anlässe für Transformationen wurden wirtschaftliche Zwänge rekonstruiert (etwa sinkende Wettbewerbsfähigkeit der lokalen Landwirtschaft oder der Tourismusangebote vor Ort) oder sich bietende Gelegenheiten (wie etwa die Möglichkeiten zu regenerativer Energieerzeugung), doch wurde von den Feldteilnehmer*innen „nirgends die Angst vor Klimafolgen" als Anlass genannt (ebd.: 233 f.). Charismatische Schlüsselpersonen und eine aktive Zivilgesellschaft wurden als wichtige Treiber der Entwicklung in diesem Stadium ausgemacht (ebd.: 234). Für die Überführung in „größere Zusammenhänge" (ebd.) sei schließlich ein bereits etablierter, „grundsätzliche[r] Entwicklungskonsens" (ebd.) wichtig. In den Gemeinden habe man Entwicklungsvisionen vorgefunden, die „besonders für Motive des Bewahrens religiös, ländlich und familiär geprägter Traditionen sowie des Akteursgruppen übergreifenden Zusammenhalts aufgeschlossen sind" (ebd.: 229), weshalb es kaum Konkurrenz um sonst eher polarisierende Themen wie Umwelt, Heimat oder Klima gebe (vgl. ebd.). Zudem kämen in dieser Phase räumlich, zeitlich und sozial weiter „ausgreifendere[n] Netzwerke[n]" eine tragende Rolle zu (ebd.: 234). Erst in der Stabilisierungsphase komme es dann zur Bildung neuer Organisationsformen (etwa in Gestalt neuer Vereine, Genossenschaften etc.), wenngleich sich der Handlungsspielraum dann wieder verenge und die treibenden Akteure nach und nach ihr Interesse an Veränderung verlören (vgl. ebd.: 235). Investitionen, die viel Kapital und Organisationsaufwand bänden, machten es außerdem schwieriger, Kehrtwenden (im Sinne des Verlassens eines einmal beschrittenen Transformationspfads) zu vollziehen oder auch sinnvolle Verbesserungen anzubringen (vgl. ebd.). Insgesamt zeichnet sich das Forschungsprojekt durch seine Herangehensweise aus, den Klimawandel und die von ihm mitinduzierten Folgen viel umfassender zu sehen, als es bis dato in einem großen Teil der technologisch-naturwissenschaftlichen Klimaforschung der Fall war (vgl. Deppisch 2015: 371; Böschen/Gill/Kropp 2014; Kropp 2014). Als zentrales Ergebnis, das zu weiterführender Forschung anregt, gilt für die vorliegende Studie insbesondere der Befund, dass nicht der Klimawandel und damit einhergehende Herausforderungen im Fokus der Aufmerksamkeit vor Ort liegen, sondern stattdessen Probleme im Vordergrund stehen, die „mit weiteren Dynamiken sozial-ökologischen Wandels in Verbindung stehen (vgl. Kropp 2014: 222).

2.3.3 Positionierung der eigenen Arbeit

In der vorliegenden Studie werden daher gleichzeitig auftretende Dynamiken sozial-ökologischen Wandels, deren lokale Gewichtung und Priorisierung betrachtet. Insbesondere sind dies der sozio-ökonomische Strukturwandel (Wandel des Arbeitsmarktes, Abwanderungs- bzw. Schrumpfungsdynamiken, zunehmender wirtschaftlicher Wettbewerbsdruck, etc.), der demografische Wandel und Veränderungen, die mit dem anthropogenen Klimawandel in Verbindung stehen (unter anderem damit assoziierte Umweltveränderungen, aber auch Folgen für die lokale Wirtschaft und Handlungsmotive der Bürger*innen), sowie Bemühungen um regenerative Energieerzeugung im Zeichen der Energiewende (vgl. auch Abschn. 3.1.2). Wie die angesprochene lokale Gewichtung beziehungsweise Priorisierung nun aber genau vonstattengeht und welche sozialen Prozesse – im Sinne von konflikthafter Vergemeinschaftung – dem zugrunde liegen, daran schließt meine eigene empirische Studie an. Sie liefert also eine gleichzeitige Betrachtung von verschiedenen Dynamiken sozial-ökologischen Wandels und deren Bewältigung. Das Augenmerk liegt auf sozialen, ökonomischen und ökologischen Veränderungen und folgt damit einer integrativen Perspektive auf nachhaltige Entwicklung (vgl. Abschn. 2.1.3 und 2.1.4). Ich habe mich bewusst dafür entschieden, die angeführten Dynamiken nicht isoliert zu betrachten, sondern sie vielmehr als eng verflochtene Phänomene zu untersuchen. Der Umgang mit regenerativen Energien, dem Klimawandel oder der Auseinandersetzung mit dem lokalen sozialen Ungleichheitsgefüge wurde nicht unabhängig voneinander betrachtet, da die Herausforderungen stets gleichzeitig auftreten und eng miteinander verwoben sind, und deshalb auch zugleich bewältigt werden müssen. Damit schließe ich direkt an die Ergebnisse aus dem Forschungsprojekt „Klima regional" und auch an frühe Community Studies in den Alpen an, die diese Gleichzeitigkeit interessierte. Auf diese Weise positioniert sich meine Arbeit im Feld der Transformationsforschung und ergänzt diese durch den Fokus auf Prozesse der konflikthaften Vergemeinschaftung im Zuge der kollektiven Gestaltung nachhaltiger Entwicklung um einen eigenen Beitrag.

Theoretische Fokussierung 3

Im Folgenden werden nun grundlegende theoretische Konzepte vorgestellt, die im Laufe dieser Studie herangezogen wurden. Als Klammer beziehungsweise grundsätzliche Überlegung, unter der sich die Ausführungen zu Raumsoziologie (Abschn. 3.1), Gemeinschaft und Vergemeinschaftung (3.2) sowie Kooperation und Konflikt (3.3) versammeln lassen, dient die Theorie der Strukturierung von Anthony Giddens (1984). Denn sie geht nicht von einem Dualismus – im Sinne eines Gegensatzes von Handeln und Struktur – aus, sondern davon, dass beide sich gegenseitig bedingen und das eine das andere beeinflusst (Giddens beschreibt dies als Rekursivität, vgl. Giddens 1997a: 77). Dies ist mit der Grundannahme dieser Arbeit gut vereinbar, dass sozial-ökologischer Wandel handelnd gestaltet werden kann (Transformationen zu nachhaltigeren Zuständen), dass dieses Handeln jedoch gleichzeitig eingebettet ist in Strukturen, mit denen es eng verflochten ist. Diese Strukturen hegen die Handlungsspielräume ein und ermöglichen sie, ohne sie allerdings zu determinieren (vgl. Giddens 1984: 174). Vielmehr spricht Giddens von einer „Dualität von Struktur" (Giddens 1997a: 67, 77). Handeln und Strukturen stellen nach Giddens eine Dualität dar (keinen Dualismus im Sinne eines Gegensatzes, vgl. ebd.: 68); Strukturmomente sozialer Systeme seien „sowohl Medium wie Ergebnis der Praktiken, die sie rekursiv organisieren" (ebd.: 77) und Struktur sei nichts, was als den Individuen äußerlich begriffen werden könne (vgl. ebd.). Strukturen können nach Giddens also nur durch soziale Praxen (re-)produziert werden.

Was in den großen Sozialtheorien meist als Struktur oder gesellschaftliche Strukturen bezeichnet wird (alle dauerhaften Aspekte sozialer Systeme, etwa gesellschaftliche Institutionen), benennt Giddens in seiner Theorie als „Strukturmomente sozialer Systeme" (ebd.: 76). Struktur besteht ihm zufolge aus Regeln und Ressourcen, während er Strukturen (im Plural) als „isolierbare[n] Mengen von Regeln und Ressourcen" (ebd.: 69) beschreibt. Regeln seien aber nicht als

© Der/die Autor(en), exklusiv lizenziert an Springer Fachmedien Wiesbaden GmbH, ein Teil von Springer Nature 2022
J. Türk, *Konflikthafte Vergemeinschaftung*,
https://doi.org/10.1007/978-3-658-39684-8_3

Vorschriften oder Kodizes zu verstehen, sondern vielmehr als „Verfahrensweisen des Handelns, Aspekte der *Praxis*" (ebd.: 73, Hervorh. i. Original). Regeln könnten nicht ohne Bezug zu Ressourcen konzeptualisiert werden (vgl. ebd.: 69 f.). Letztere unterteilt Giddens in zwei unterschiedliche Typen: So gebe es sowohl allokative als auch autoritative Ressourcen. Von allokativen Ressourcen spricht er, wenn es darum geht etwas (um-)zugestalten[1] und hierfür „Herrschaft über Objekte, Güter oder materielle Phänomene" (ebd.: 86) erlangt werden soll, Rohstoffe oder Land beispielsweise. Doch könnten sie erst dann als allokative Ressourcen bezeichnet werden, wenn sie in Strukturierungsprozesse einbezogen würden. Autoritative Ressourcen wiederum beziehen sich nach Giddens auf jenes Umgestaltungsvermögen, das „Herrschaft über Personen oder Akteure" (ebd.) erzeugt.

Blickt man genauer auf den Handlungsbegriff bei Giddens und das angesprochene Umgestaltungsvermögen, so zeigt sich, dass seine Theorie sehr gut kompatibel ist mit den bereits in den Abschnitte 2.2 und 2.3 erläuterten Konzepten zu sozial-ökologischem Wandel und (Nachhaltigkeits-)Transformationen. Akteure haben in seiner Perspektive transformative Fähigkeiten, denn Giddens geht von einem „grundlegend transformatorischen Charakter menschlichen Handelns" (Giddens 1997a: 169) aus. Klaus Kraemer weist explizit darauf hin, dass in der englischen Originalausgabe von Giddens „Konstitution der Gesellschaft" Macht als „transformative capacity" (Giddens 1984: 15; vgl. Kraemer 2008: 97) gefasst wird: „we can say that action logically involves power in the sense of transformative capacity" (Giddens 1984: 15). Eine weitere wichtige Implikation von Giddens' Theorie für diese Arbeit ist, dass Handeln als Tun konzeptualisiert wird, welches beabsichtigte, aber auch unbeabsichtigte Folgen zeitigen kann und demnach nicht durch Intentionalität bestimmt wird (vgl. Giddens 1997a: 58–60). Unbeabsichtigte Handlungsfolgen können also strukturbildend wirken (vgl. das Nebenfolgentheorem bei Ulrich Beck, welches besagt, dass reflexive Modernisierungsprozesse durch nicht intendierte Nebenfolgen in Gang kommen[2]). So lässt sich etwa anmerken, dass insbesondere Krisen und Konflikte (und diese

---

[1] Im Englischsprachigen Original spricht Giddens von der „transformative capacity" (Giddens 1984: 35).

[2] Beck geht es hierbei um „Nebenfolgen zweiter Ordnung, die gesellschaftliche Institutionen von innen her in Frage stellen" (Beck/Bonß/Lau 2001: 32). So würden Institutionen zunehmend vor Handlungs- und Entscheidungsprobleme gestellt, die sie nach bisherigem Verfahren und bis dato angewandten Mitteln nicht mehr lösen könnten (ebd.). Die Traditionen und Sicherheiten der Industriemoderne selbst würden durch den von Nebenfolgen angetriebenen Wandel „überrollt" (Beck 1996: 39). Damit vollziehe sich der Wandel von der ersten zur zweiten, reflexiven Moderne durch zwei unterschiedliche, sich ergänzende und durch nicht intendierte Nebenfolgen losgetretene Krisen, samt deren Bewältigungsmechanismen:

sind, wie in Kap. 2 herausgearbeitet, im Ringen um nachhaltige Entwicklung und Transformationen zu nachhaltigeren Zuständen sehr präsent) strukturverändernd wirken können (vgl. hierzu auch Abschn. 3.3 Kooperation und Konflikt). Im Zuge dessen stellt sich außerdem die Frage nach dem Stellenwert von Prozessen der Vergemeinschaftung (vgl. Abschn. 3.2 Gemeinschaft und Vergemeinschaftung).

In Anlehnung an Giddens' Einteilung in autoritative und allokative Ressourcen wäre dann zu fragen: Wer (einzelne Akteure oder Akteursgruppen) agiert in den untersuchten Gemeinden beziehungsweise wird dort überhaupt als handelnd sichtbar? Welche materiellen (allokativen) Ressourcen kommen ins Spiel, wie etwa monetäre Ressourcen, aber auch, wie wird mit (natur-)räumlichen Ressourcen umgegangen? Die Theorie der Strukturierung beinhaltet auch eine raumsoziologische Komponente, immer wieder wird Giddens als Mitbegründer des Spatial Turn in den Sozial- und Kulturwissenschaften ausgewiesen (vgl. Werlen 2012: 164; Döring/Thielmann 2008: 25). So baut er seine Überlegungen auf der Grundannahme auf, dass jegliches menschliches Handeln zeit-räumlich kontextualisiert sei (vgl. Kraemer 2008: 102) und Interaktionen stets zeitlich und räumlich situiert (vgl. Giddens 1984: 110). Es folgen daher zuerst raumsoziologische Überlegungen.

3.1 Raumsoziologische Konzepte

Die vorliegende Dissertation betrachtet, wie Akteure in ländlichen Alpengemeinden mit der Gleichzeitigkeit sozial-ökologischer Wandlungsdynamiken umgehen, genauer gesagt mit den folgenden, als besonders drängend identifizierten Dynamiken: dem sozio-ökonomischen Strukturwandel, dem demografischen Wandel sowie (auch vom Klimawandel induzierten) Umweltveränderungen und Bemühungen um regenerative Energieerzeugung. Diese Bemühungen sind räumlich voraussetzungsvoll, denn räumliche Bedingungen können nachhaltige Entwicklung vor Ort ermöglichen oder behindern. Und zugleich, so die ebenfalls im Folgenden genauer zu erläuternde These, können durch das gestaltende Eingreifen der Menschen auch mitunter neue physisch-materielle wie soziale Räume geschaffen werden (vgl. die Ausführungen zur Theorie der Strukturierung im vorangegangenen Abschnitt). Deshalb bedarf diese Dissertation auch einer raumtheoretischen Unterfütterung.

---

eine „institutionelle Funktionskrise" und eine (wegen ständig präsenter und gesellschaftlich rezipierter) Risikokonflikte „auf Dauer gestellte Legitimationskrise der Institutionen" (Beck/Bonß/Lau 2001: 33).

Ein Großteil der raumsoziologischen Forschung befasst sich mit Städten, wohingegen die vorliegende Studie sich mit kleinen Alpengemeinden, also ländlichen Räumen beschäftigt. Dies führt zu der Frage, ob raumsoziologische Überlegungen auf beide Felder gleichermaßen anwendbar sind. Zunächst wird deshalb die Kategorie des Raums in der stadtsoziologischen Forschung betrachtet (Abschn. 3.1.1), um dann mit Blick auf die Tradition der ländlichen Sozialforschung zu präzisieren, dass räumliche Überlegungen sowohl in stärker städtisch als auch in stärker ländlich geprägten Räumen überaus relevant sind für die Frage, wie konflikthafte Vergemeinschaftung vonstattengeht (Abschn. 3.1.2). Hierzu werden Raumkonzepte diskutiert, die auf dem Ansatz Henri Lefebvres (1974) basieren, dass (soziale) Räume stets sozial konstruiert sind.

3.1.1 Raum in der (Stadt-)Soziologie

Raum und noch genauer sozial-räumliche Verhältnisse spielten bereits in der Feldforschung der Chicago School eine wichtige Rolle. So interessierte dort bereits die Verbindung von sozialem und physischem Raum – Ansinnen und zentrale methodische Praxis war es, die Lebensverhältnisse in (meist benachteiligten Stadtvierteln) zu kartieren (vgl. Offenberger 2019: 38). Durchaus kritisiert wird an den Arbeiten der frühen Chicago School, dass bei den jeweils erforschten „communities" oder „neighbourhoods" Raum scheinbar unhinterfragt mit den von den Community-Mitgliedern bewohnten Gebieten gleichgesetzt und entlang deren physisch-materiellen Grenzen gleichsam als Behälter gedacht wird (vgl. Dangschat/Frey 2005: 149; Löw 2001b: 124). In der Soziologie wurden räumliche Aspekte dennoch vergleichsweise lange kaum adressiert – für den deutschsprachigen Raum konstatiert dies etwa Martin Kronauer (2002: 135) – oder mit theoretischem Misstrauen bedacht (vgl. Neckel 2009: 45), bis schließlich immer häufiger die Bedeutung „des Raumes" hervorgehoben wurde.[3] Das führte dazu, dass seit den 1980er Jahren von einem Spatial Turn in der Soziologie (vgl. kritisch hierzu Schroer 2008: 129; Lossau 2012) sowie „von einer Renaissance des Raumbegriffs in den Kultur- und Sozialwissenschaften" (Bachmann-Medick 2006: 286) gesprochen wird. Daraus lässt sich im Umkehrschluss allerdings nicht ableiten, Räume hätten bis dahin in sozialwissenschaftlichen Studien keine Rolle gespielt (vgl. die obigen Ausführungen zur Chicago School sowie insgesamt für die Stadtsoziologie: Lossau 2012: 195). Zentrale Arbeiten in der deutschen Stadt- und

---

[3] Foucault (1990) sprach beispielsweise davon, dass wir im 20. Jahrhundert in der „Epoche des Raumes" lebten (vgl. ebd.: 34).

3.1 Raumsoziologische Konzepte

Regionalforschung beschäftigten sich beispielsweise seit den 1990er-Jahren mit der Herausforderung der Deindustrialisierung, mit Prozessen des Schrumpfens und in diesem Kontext auch mit dem Schrumpfen als Chance (vgl. Alisch 2008: 31). Meistens geht es dabei um schrumpfende Städte, seltener um den ländlichen Raum (vgl. Alisch 2008: 31). Dies leitet über zu der Frage, ob es für die Analyse von räumlichen wie sozialen Verhältnissen überhaupt einen Unterschied ergibt, eher urbane oder eher ländliche Gemeinden zu untersuchen. Auch deshalb lohnt sich ein Blick auf die Verknüpfung raumsoziologischer Überlegungen mit Begrifflichkeiten wie „Gemeinde" und „Gemeinschaft". Eine ausführliche Diskussion der multiplexen Konzepte Gemeinde und Gemeinschaft schließt sich in Kapitel 3 dieser Arbeit an.

3.1.2 Gemeinde, Gemeinschaft und Raum

Gemeindestudien bieten sich nach Martina Löw als Mittel par excellence an, um Prozesse sozialen Wandels zu erforschen (vgl. Löw 2001b: 123). So lassen sich über die Rekonstruktion von Konflikten und Kooperation (vgl. auch Abschn. 3.3) zwischen Akteuren schließlich Überlegungen zu einer etwaigen Gemeinschafts- oder Community-Bildung anstellen, die einer Konzeption von Raum als schlichtem Hintergrund oder Container entgehen. Gemeindeforscher*innen blicken auf „Konflikte zwischen Gruppen und Milieus vor Ort, [deren...] Aushandlungen und Abgrenzungen" (Löw 2001b: 123). Für die Exploration von sozial-räumlichen Verhältnissen ist es gleichzeitig wichtig sich zu vergegenwärtigen, dass (in der amerikanischen Sozialforschung bzw. deren Community Studies) lokale Gemeinschaft „als Motor des Zusammenlebens lange unterstellt" (Alisch 2008: 25) wurde, aber tatsächlich keineswegs selbstverständlich ist. Auch sind Gemeinschaften keineswegs an einen gemeinsamen physischen Raum gebunden, wie beispielsweise die Arbeiten von Ronald Hitzler und Kolleg*innen (2008) zu posttraditionalen Gemeinschaften sowie Abschnitt 3.3 in dieser Studie aufzeigen. Die (Wieder-)herstellung von Gemeinschaft ist heute vor allem in der sozialraumorientierten sozialen Arbeit und Programmen zur sozialen Stadtentwicklung präsent (vgl. Alisch 2008: 27).

Im Bereich der ländlichen Sozialforschung ging es in Gemeindestudien der deutschsprachigen Soziologie seit dem Zweiten Weltkrieg um Stadt-Land-Verflechtungen (etwa in den Darmstadt-Studien, vgl. Kötter 1952), um den Einfluss der Industrialisierung auf „Institutionen des dörflichen Lebens" (vgl.

Vonderach 2005: 220) beziehungsweise „ländliche[4] Lebensverhältnisse im Wandel" (vgl. die gleichnamige Wiederholungsstudie von 1952, 1973, 1993/95, 2012, vgl. BMEL 2015) oder den sozialen Wandel durch den erstarkenden Tourismus (Hahn/Reuter/Vonderach 1987). Nach der deutsch-deutschen Wiedervereinigung interessierten beispielsweise dörfliche Mentalitäten (vgl. Gebhardt/Kamphausen 1994). Raumsoziologische Aspekte spielten nur in einzelnen der genannten Studien zum ländlichen Raum eine prominentere Rolle – was allerdings durchaus in Einklang mit der allgemeinen Entwicklung in den Kultur- und Sozialwissenschaften steht, in denen wie eingangs beschrieben in den 1980er-Jahren ein Spatial Turn diagnostiziert wurde. Dabei ist es in der Forschungslandschaft mittlerweile etablierter Konsens, dass eine scharfe Abgrenzung oder gar Gegenüberstellung von „Stadt" und „Land" längst obsolet ist (vgl. Alisch 2008: 28; Hofmeister/Klee 2015: 77). Die stadt- und regionalsoziologische Forschung operierte eine Zeit lang mit Überlegungen zu einem Stadt-Land-Kontinuum (vgl. Pahl 1967), was sich jedoch bald als wenig aussagekräftig herausstellte für die Exploration und ordnende Analyse lebensweltlicher wie physisch-materieller und institutioneller Strukturen (vgl. Alisch 2008: 28). Bereits im Jahr 1965 prägte Herbert Gans im Zuge seiner Forschung zum italienischen Viertel in Boston, USA, den Begriff der „urban villages", womit er dorfähnliche Strukturen innerhalb vergleichsweise großer Städte, genauer gesagt in deren Stadtvierteln konzeptualisierte (vgl. Gans 1982 [1965]). So brachte er das von ihm rekonstruierte Vorkommen von lokaler Identität und Gemeinschaft auf eine Formel (vgl. Alisch 2008: 32). In jüngerer Zeit etablierten sich Begriffe wie etwa „Regionale StadtLandschaften" (vgl. Hofmeister/Klee 2015): Er bezeichnet ein Konzept, das die Überlagerung und Vermischung der obsoleten Raumkategorien „Stadt" und „Land" anzeigen und vielmehr ein Konglomerat beschreiben soll (ebd.: 77). Nach Klee und Hoffmeister prägen „Megatrends wie Globalisierung, demographischer Wandel, Pluralisierung der Lebensstile, Klimawandel und Energiewende […] diese Regionen in differenzierter Weise" (ebd.). Bevor Konzepte wie die Regionalen Stadtlandschaften Einzug in die wissenschaftliche Diskussion hielten, wurde außerdem immer wieder auf Prozesse der „Peripherisierung" (Keim 2006) verwiesen, wonach „Landgesellschaften" von bestimmten Entwicklungen abgekoppelt würden (vgl. Alisch 2008: 31). Neben den bereits angeführten Megatrends kämen dort dann unter anderem folgende Dynamiken zu Tragen: die Erosion und der Rückgang der Erwerbsarbeit sowie die Ausdünnung der Infrastruktur (bezogen auf die Erreichbzw. Verfügbarkeit von Einrichtungen für Bildung, Versorgung und Gesundheit) (vgl. Hauss/Land/Willisch 2006: 34 ff.). Mit den aufgeführten Megatrends und

---

[4] Bis 1995 lautete der Studientitel noch „Dörfliche Lebensverhältnisse im Wandel".

3.1 Raumsoziologische Konzepte

den kontrovers diskutierten Dynamiken der Peripherisierung wird eine empirische Gemengelage adressiert, die in der vorliegenden empirischen Studie konzeptuell mit Dynamiken sozial-ökologischen Wandels umschrieben wird.

Dies führt schließlich zu der Frage, in welchen theoretischen Begrifflichkeiten sich Beziehungen zwischen Community und Raum in der vorliegenden Studie am besten analytisch fassen und diskutieren lassen. Angelehnt an die strukturationstheoretische Argumentation von Giddens, wonach sowohl Strukturen das Handeln beeinflussen als auch Strukturen durch Handeln hervorgebracht werden (vgl. Abschn. 3.1), wird für eine Raumkonzeption plädiert, die (soziale) Räume sowohl als durch soziale Praxis hervorgebracht sieht, Räume gleichzeitig aber auch als handlungsprägend auffassen kann – Raum wird also weder als bloßer Container des Handelns noch als ein Produkt unbegrenzten Voluntarismus' begriffen (vgl. Schroer 2008: 137–139).

Auf die soziale Konstruktion von Räumen weist beispielsweise Martina Löw mit dem von ihr etablierten Begriff des „Spacing" hin (vgl. Löw 2001a). Demnach entsteht Raum „durch das Platzieren von sozialen Gütern und Menschen bzw. das Positionieren primär symbolischer Markierungen, um Ensembles von Gütern und Menschen als solche kenntlich zu machen (zum Beispiel Ortseingangs- und -ausgangsschilder)" (Löw/Sturm 2019: 17). Mit Spacing wird also jegliche Aktivität des Errichtens, Bauens oder Positionierens bezeichnet (vgl. ebd.). Löw geht in ihrer Argumentation noch weiter, indem sie eine konstruktivistische Haltung einnimmt: „Wenn Menschen wie Pflanzen, Steine oder Berge Teil einer Raumkonstruktion sein können," argumentiert sie, „dann verliert die Unterscheidung von sozialen und materiellen/physischen Räumen ihren Sinn" (ebd.). Räume seien, da sie immer auf Konstruktionsleistungen beruhen „stets sozial" (ebd.). Dennoch argumentieren Löw und Sturm nicht völlig ohne einen Bezug zu (möglichweise widerständigen) Strukturen. Sie betonen, dass Räume „als (An)Ordnungen von Lebewesen und sozialen Gütern an Orten" zu verstehen seien und dadurch „auch eine gesellschaftliche Ordnung vorgeben" (ebd.: 15). Als Argumentationshilfe dient Löw in ihrer Monografie „Raumsoziologie" (2001a) das bereits im Jahr 1974 ausgearbeitete Raumkonzept des Philosophen Henri Lefebvre (1974). Von ihm stammt auch die programmatische These, dass „der (soziale) Raum ein (soziales) Produkt ist" (Lefebvre 2006: 330).

Nach Lefebvre (2006: 333) besteht Raum letztlich aber aus einer „Dreiheit" von räumlicher Praxis, Raumrepräsentationen und Repräsentationsraum. Räumliche Praxis bezeichnet die Produktion und Reproduktion von Raum und zeigt sich etwa in Alltagsroutinen. Es geht also um den von uns wahrgenommenen Raum (espace perçu) unserer Alltagswirklichkeit, welchen wir stets handelnd reaktualisieren (ebd.: 335). Raumrepräsentationen bezeichnen nach Lefebvre jeglichen

„konzipierte[n] Raum" (espace conçu) im Sinne von Nachdenken über oder Planen von Raum (ebd.: 336). Repräsentationsräume entstehen also durch kognitive Leistungen und fungieren als Sammelbegriff für geplante Räume, die eigens, beispielsweise in Wissenschaft, Raumplanung und Technik, konzeptualisiert wurden (vgl. ebd.) – Stadtpläne sind hierfür ein Beispiel. Repräsentationsräume schließlich zeichnen sich durch komplexe Symbolisierungen aus (vgl. ebd.: 333); sie beschreiben den gelebten Raum (espace vécu), wie er durch Bilder und Symbole vermittelt wird (vgl. ebd. 336). Dies können etwa von Schriftstellern oder Künstlern beschriebene oder erschaffene Räume sein. Der marxistisch orientierte Lefebvre erkennt darüber hinaus an, dass es räumliche Strukturen gibt, die widerständig und umkämpft sind (vgl. Kipfer/Saberi/Wieditz 2012: 178).

Schließt man sich Lefebvres Lesart von Räumen an (also in Anerkennung ihrer Konstruiertheit und beständigen Rekonstruktion), so hilft das von dem Ökonomen und Stadtforscher Dieter Läpple (1991) entworfene Konzept des Matrixraums bei der Anwendung auf Gemeinden im Sinne von Siedlungen als abgegrenzten Verwaltungseinheiten. Läpple entwirft das Konzept eines sich selbst strukturierenden Matrixraums. Er nimmt hier auf den Begriff der Raummatrix von Poulantzas (1978) Bezug, demzufolge historische gesellschaftliche Verhältnisse raumstrukturierend wirken, und entwickelt sie wie folgt weiter: Ein gesellschaftlicher Raum kann demnach durch vier verschiedene Komponenten beschrieben werden (vgl. Läpple 1991: 196): 1.) das materiell-physische Substrat, 2.) gesellschaftliche Interaktions- und Handlungsstrukturen, 3.) ein institutionalisiertes und normatives Regulationssystem, 4.) ein räumliches Zeichen-, Symbol- und Repräsentationssystem. Als materiell-physisches Substrat (1) bezeichnet Läpple die „materielle Erscheinungsform des gesellschaftlichen Raums" (ebd.: 196). Es bestehe sowohl aus von Menschen geschaffenen Artefakten und materiellen Nutzungsstrukturen der Natur als auch aus menschlichen Körpern selbst (vgl. ebd.). In den untersuchten Alpengemeinden ließe sich dies beispielsweise gut anhand der Nutzung der Kulturlandschaft für Tourismus und Landwirtschaft illustrieren. Die gesellschaftlichen Interaktions- und Handlungsstrukturen (2) kommen nach Läpple durch die gesellschaftliche Praxis zustande. Gemeint ist damit die den jeweiligen Machtverhältnissen folgende „Produktion, Nutzung und Aneignung des Raumsubstrats" (ebd.) durch die Menschen. Hier sei nur schlaglichtartig auf mögliche Nutzungskonflikte in ländlichen Gemeinden verwiesen, etwa zwischen Landschaft als Erholungs- oder aber als Produktionsraum für die Nahrungsmittelerzeugung. Das institutionalisierte und normative Regulationssystem (3) wiederum dient nach Läpple der Vermittlung zwischen materiellem Substrat und der gesellschaftlichen Praxis von Aneignung, Produktion und Nutzung (vgl. ebd.: 196 f.). Hierzu zählten etwa rechtliche Regelungen, Planungsrichtlinien aber auch

3.1 Raumsoziologische Konzepte

soziale und ästhetische Normen (ebd.). Auch hierfür ließen sich mannigfache Beispiele finden, so lässt sich etwa auf die Vorschriften bezüglich Siedlungs- und Bauplanung in Kommunen verweisen. Mit dem räumlichen Zeichen-, Symbol- und Repräsentationssystem (4) ist die Summe all jener Artefakte gemeint, die „das räumliche Verhalten der Menschen vorstrukturieren" (ebd.: 197). So könnte man etwa danach fragen, wie eine Gemeinde räumlich aufgebaut ist und welche baulichen Möglichkeiten des Zusammentreffens von Bürger*innen es gibt (einen Bürgertreff oder ähnliches) oder aber inwieweit das Verhalten der Bevölkerung im öffentlichen Raum durch Hinweisschilder geleitet wird.

In Bezug auf die sozialen Implikationen von Raumpraxen sind außerdem die Ausführungen der Geografin Doreen Massey (2005) hilfreich. Mit ihr lässt sich auch noch einmal besser verstehen, dass Gemeinschaften nicht zwingend einen gemeinsam geteilten physischen Raum benötigen. Raum („space") ist nach Massey ein Produkt komplexer Wechselbeziehungen („a product of interrelations", ebd. 2005: 9) und konstituiert sich durch Interaktionen (vgl. ebd.). Außerdem zeichne er sich durch Multiplizität und Heterogenität aus und werde kontinuierlich (re-)produziert (vgl. ebd.). Raumbildung, wenn man so will, ist also nie abgeschlossen. Bestimmte räumliche Identitäten, zum Beispiel Nationen seien ebenfalls relational zu verstehen (vgl. ebd.: 10). „A space" schreibt Massey sei „neither a container for always-already constituted identities nor a completed closure of holism." (Ebd.: 12). Orte („places") begreift sie als offene und durchlässige Netzwerke sozialer Beziehungen (vgl. ebd. 1994: 121). Dies bedeute, dass ihre Identitäten durch spezifische Interaktionen mit anderen Orten zustande kämen (vgl. ebd.). Orte kann man sich demnach nicht als fix eingrenzbare Areale vorstellen (vgl. ebd.: 154). Massey beschreibt Orte als eine „arena where negotiation is forced upon us" (2005: 154). „Place-identities" seien allerdings niemals fix und für alle gleich. Vielmehr gebe es multiple Identitäten, da die unterschiedlichen sozialen Gruppen an einem Ort unterschiedliche Positionen in Bezug auf die komplexen sozialen Beziehungen einnähmen und sie auch unterschiedlich lesen und unterschiedlich mit ihnen umgehen würden (vgl. ebd.). Orte selbst besäßen keine Identität (vgl. Massey 1994: 155). Was als dominantes Bild („image") eines Ortes haften bleiben sollte, sei vielmehr eine Streitfrage und verändere sich über die Zeit (vgl. ebd.: 121.). Masseys Schlussfolgerung aus dieser Überlegung ist, dass sich eher so etwas wie ein „global sense of place" (ebd.) konzeptualisieren lasse und man eher aus einer Satelliten-Perspektive auf Orte blicken müsse (vgl. ebd. 154). Dann sehe man, dass soziale Beziehungen über Orte hinausreichten und in Strukturen eingebettet seien, die um den gesamten Globus reichten: „from the household to the local area to the international" (ebd.). Selbst dort, wo Gemeinschaften an einem gemeinsam geteilten Ort existierten, sei es keineswegs so, dass alle dasselbe gegenüber diesem Ort empfänden: „Even where they [communities, Anm. J.T.] do exist, this in no way implies a single sense of place. For people occupy different positions within any community" (ebd.: 153). Folgt man dieser Annahme, so lassen sich allenfalls unterschiedliche Bilder von einem Ort rekonstruieren, müssen bei der Analyse von Vergemeinschaftungsprozessen verschiedene Positionen rekonstruiert werden (vgl. Abschn. 4.5) und Prozesse von Konflikt und Kooperation (vgl. Abschn. 3.3) genauer unter die Lupe genommen werden. Befunde aus der sozialwissenschaftlichen Raumforschung legen nahe, dass Raum – sozialer wie auch physisch-materieller – ein notwendiger Bezugspunkt für kollektives Handeln oder doch zumindest für kollektive Handlungsfähigkeit (vgl. Cools/Fürst/Zimmermann 2004: 79) ist. Wie auch immer geartete Raumkonstruktionen durch Akteure können Handlungskoordinierungen beeinflussen (vgl. Christmann 2010; Gailing 2010). Für die vorliegende Arbeit bedeutet dies, dass sowohl die physisch-materiellen als auch die sozialen Aspekte von Raum in die Analyse einfließen müssen. In Rekurs auf Läpple und Poulantzas wird auch die jeweilige geschichtliche Gewordenheit einer Gemeinde berücksichtigt (dies beinhaltet die Rekonstruktion prägender Ereignisse und Konflikte).

3.2 Gemeinschaft und Vergemeinschaftung in Gemeinden

Im „Handwörterbuch zur ländlichen Gesellschaft in Deutschland" konstatieren Stephan Beetz, Kai Brauer und Claudia Neu (2005), dass „[d]ie ländliche Gesellschaft [sic] [...] nicht mehr per se traditioneller [...] und keinesfalls mehr mit Gemeinschaftlichkeit zu assoziieren" sei, wie dies in der Vergangenheit oft für den ländlichen Raum unterstellt wurde (ebd.: VIII). Gemeinschaft kann für ländliche beziehungsweise dörfliche Lebenszusammenhänge demnach nicht von vornherein als gegeben angenommen werden. Da verschiedene Autoren davon ausgehen, dass Prozesse der (sozialen) Gemeinschaftsbildung einen positiven Einfluss im Sinne nachhaltiger Entwicklung haben können, aber nicht zwingend haben müssen (vgl. Dierschke et al. 2006: 192; Simon 2006: 155), lohnt dennoch ein Blick auf potenziell stattfindende Prozesse der Vergemeinschaftung und Lesarten von Gemeinschaft in ländlichen Gemeinden. Die theoretische Reflexion von Gemeinschaft und Vergemeinschaftung in diesem Kapitel soll dabei helfen herauszuarbeiten, wann und wie Akteure sich für ein bestimmtes (kommunales) Entwicklungsansinnen zusammenschließen, und inwieweit dies zur Bewältigung

3.2 Gemeinschaft und Vergemeinschaftung in Gemeinden

sozial-ökologischen Wandels beitragen kann. Offen bleiben dabei zunächst die empirisch zu beleuchtenden Fragen, inwieweit Gemeinschaftsbildung tatsächlich für die angesprochene Bewältigung relevant ist und wann eine Gemeinschaft „stark" genug ist, um als kollektiver Akteur agieren zu können.

Bereits im vorangegangenen Kapitel wurden zahlreiche voraussetzungsreiche Begriffe verwandt, die es im weiteren Verlauf zu klären, zueinander in Beziehung zu setzen und schließlich für die vorliegende Arbeit nutzbar zu machen gilt: Gemeinschaft, Vergemeinschaftung, Gemeinde. Zunächst werden daher soziologische Ausgangsüberlegungen zu den Begriffen Gemeinschaft, Gemeinde, aber auch Community vorgestellt, welche zudem Überlegungen zum Prozess der Vergemeinschaftung beinhalten (Abschn. 3.2.1). Anschließend werden in Abschnitt 3.2.2 Gemeinschaft und Vergemeinschaftung als „sensitizing concepts" (Blumer 1954: 7) für die vorliegende Studie erläutert. Prozesse der Vergemeinschaftung in Gemeinden werden außerdem anhand möglicher Arenen bürgerschaftlichen Engagements betrachtet (Abschn. 3.2.3). Das Kapitel schließt mit einer Zusammenfassung der verschiedenen Aspekte von Gemeinschaft und Vergemeinschaftung und rekapituliert, inwiefern die theoretischen Überlegungen in der vorliegende Studie nützlich sind (Abschn. 3.2.4).

3.2.1 Gemeinschaft und Vergemeinschaftung – eine soziologische Begriffsgeschichte

Bei der Auseinandersetzung mit dem Begriff „Gemeinschaft" in der deutschsprachigen Soziologie stößt man unweigerlich auf das klassische Werk „Gemeinschaft und Gesellschaft" von Ferdinand Tönnies (1887), der darin Gemeinschaft, welche sich für ihn vor allem durch Traditionalität auszeichnet und als hoch integriert begriffen wird, der Gesellschaft, die auf anonymen Vertragsbeziehungen beruht, gegenüberstellt (vgl. Wetzel 2008: 44). Seinen Begriff von Gemeinschaft entfaltet Tönnies beginnend mit der Geburt entlang der Gemeinschaft des Blutes, und weitet ihn davon ausgehend dann auf die Gemeinschaft des Ortes und des Geistes aus (vgl. Tönnies 2005: 12). Verwandtschaft, Nachbarschaft und Freundschaft zählen nach Tönnies zu Formen der Gemeinschaft (vgl. ebd.). Tönnies trifft außerdem die basale Annahme, dass es ein menschlicher Wesenszug sei, nach Gemeinschaft zu streben (vgl. ebd.). In der Rezeption wurde Tönnies oft so gelesen, dass sich Gemeinschaft und Gesellschaft geradezu ausschlössen. Auch wurden seine in „Gemeinschaft und Gesellschaft" artikulierten Vorbehalte gegen „die" organisierte Gesellschaft herausgestellt, welche weniger integriert und solidarisch sei (Wetzel 2008: 44; Gertenbach et al. 2010: 40 f.). Überlegungen zu Gesellschaft und in Abgrenzung dazu Konzeptionen von Gemeinschaft finden sich auch bei den Mitbegründern der deutschsprachigen Soziologie, Max Weber, Georg Simmel und Emile Durkheim. Auch sie problematisieren mögliche Fehlentwicklungen von Gesellschaft. Dies spiegelt sich in ihren Diagnosen bestimmter, im Prozess der Modernisierung entstehender Pathologien: Bei Durkheim ist es „Anomie", bei Simmel „Vermassung" und bei Weber „Sinnverlust" (vgl. Gertenbach et al. 2010: 47). Für Weber (1947 [1922]) beispielsweise zeichnet sich Gemeinschaft durch „subjektiv gefühlte[r] (affektuelle[r] oder traditionale[r]) Zusammengehörigkeit" aus. Gesellschaft dagegen basiert auf „rational motiviertem Interessenausgleich oder auf ebenso motivierter Interessenverbindung" (Weber 1947: 21). Bei der Lektüre soziologischer Klassiker kann leicht der Eindruck entstehen, dass „die organisierte Gesellschaft" nicht ohne Preisgabe von Gemeinschaftlichkeit möglich sei (vgl. Wetzel 2008: 44). Die bereits bei Tönnies angelegte Dichotomie von Gesellschaft und Gemeinschaft wird in der soziologischen Theoriebildung bis heute immer wieder aufgegriffen und insbesondere in Konzeptionen von System und Lebenswelt (re-)aktualisiert (vgl. ebd.; Gertenbach et al. 2010: 52). Karl-Siegbert Rehberg (1993) und andere halten allerdings dagegen, dass Tönnies vielmehr analytisch zwischen Gemeinschaft und Gesellschaft unterschied (vgl. ebd.: 27 f.). Matthias Grundmann (2006: 14) stellt fest, Tönnies habe in seinen Schriften deutlich herausgearbeitet, dass Gemeinschaft „nicht außerhalb […] des Gesellschaftlichen steht, […] sondern vielmehr] eine besondere Form der sozialen Bezugnahme von Individuen" darstelle, und verweist darauf, dass Tönnies auch Vereine und Verbünde als Formen von gemeinschaftlichem Leben begriff (vgl. ebd.).

Insbesondere zu Zeiten der NS-Herrschaft wie auch von kommunistischen Regimen wurde der Begriff der Gemeinschaft instrumentalisiert und ist seitdem immer wieder mit Totalitarismus assoziiert worden (vgl. Wetzel 2008: 45). Soziolog*innen in Deutschland vereinnahmten zu Beginn der 1930er-Jahre den Begriff „Gemeinschaft", indem einige von ihnen die Soziologie als „Wissenschaft von der Gemeinschaft" (Eschmann 1934: 966, zitiert nach Breuer 2002: 354) oder Gemeinschaft als deren primären Gegenstand bezeichneten (vgl. Breuer 2002: 354).[5] Anhänger*innen dieser Idee grenzten sich scharf gegen die in ihren Augen „individualistische Soziologie" und deren Vertreter*innen ab (vgl. ebd.: 366). Stefan Breuer (2002) zeigt, dass diese Soziolog*innen mit einem „doppelten Gemeinschaftsbegriff" operierten (ebd.: 369). Demnach sahen sie eine Gemeinschaft aus „natürlichen Bindungen" und den darauf beruhenden

---

[5] Für einen detaillierten Überblick zur Verwendung des Begriffs „Gemeinschaft" in der Soziologie in Deutschland von 1933–1945 vgl. Breuer 2002.

3.2 Gemeinschaft und Vergemeinschaftung in Gemeinden

Zusammenhalt als Vergangenheit und wieder anzustrebendes Ideal an (vgl. ebd.). Diese „primäre Gemeinschaft" sollte durch bewusste Planung in Form einer „sekundären Gemeinschaft" wiederhergestellt werden und irgendwann wieder zu einer gleichsam primären Gemeinschaft werden (vgl. ebd.). Mit dieser Auffassung machten sich besagte Soziologen zu „wissenschaftlichen Handlanger[n]" (ebd.: 368) des NS-Regimes. Ihr Anspruch war es nach der Machtübernahme durch die Nationalsozialisten, dass die Soziologie zur Herausbildung einer „deutschen Volksgemeinschaft" beitragen würde (vgl. Schauer 2018: 134 f.).[6] Auch im aktuellen medialen Diskurs ist die Vereinnahmung und Ideologisierung des Gemeinschaftsbegriffs durch Nationalisten und Rechtspopulisten wieder präsent: Sie beziehen sich auf eine imaginäre Volksgemeinschaft, aufgrund derer sie andere auszuschließen, sich selbst auf- und andere abzuwerten versuchen. In der theoretischen Auseinandersetzung mit „Gemeinschaft" lassen sich im deutschsprachigen Raum von Beginn an immer wieder Bezüge zu drei „Mythen" (Wetzel 2008: 54) von Gemeinschaft und ihrer Entstehung identifizieren: die Gemeinschaft des Geistes, die Gemeinschaft qua Blut beziehungsweise Abstammung und die Gemeinschaft durch Boden oder Güter (vgl. ebd.; Hitzler/Honer/Pfadenhauer 2008: 10 f.). Die Rede von Mythen der Gemeinschaftsbildung verweist darauf, dass Gemeinschaften nicht zwangsläufig durch Verwandtschaft, Lokalität oder ähnliche Kriterien definiert sind,[7] sondern „dass das auf der Schnittmenge individueller Selbstbilder beruhende kollektive Selbstbild eine Gemeinschaft konstituiert" (Gläser 2007: 86) und demnach quasi als deren Voraussetzung „eine geteilte Vorstellung von Gemeinschaft existiert" (ebd.). Illustrierend und zur Untermauerung dieser Annahme kann Benedict Andersons Studie zu „imagined communities" (Anderson 1983) im Kontext von Nationalstaatenbildung herangezogen werden. Sie führt die Imagination als konstitutives Moment von Gemeinschaften vor Augen: Die Nation gilt ihm als „vorgestellte politische Gemeinschaft – vorgestellt als begrenzt und souverän" (Anderson 1996: 15), da sich die meisten ihrer Mitglieder untereinander niemals kennen, begegnen oder

---

[6] Den angestrebten Vergemeinschaftungsprozess nannte Hans Freyer damals „Volkwerdung" (Freyer 1935: 141, zitiert nach Dyk/Schauer 2010: 933). Die Berichterstattung zu einem Treffen von Soziolog*innen in Jena im Jahr 1934 zeugt von der Unterstützung der rassistischen NS-Ideologie durch manche Fachvertreter*innen. Der Völkische Beobachter vom 11. Januar 1934 hält die dort vertretenen Thesen fest, dass nur eine Soziologie der Gemeinschaft zur Gestaltung einer Volksgemeinschaft etwas sagen könne, und dass Rasse und Gemeinschaftsgestaltung aufs Engste zusammenhingen (vgl. ebd., zitiert nach Schauer 2018: 134).

[7] Auch Tönnies beschreibt, dass Gemeinschaften nicht zwangsläufig aus diesen Gründen entstehen, und verweist auf den menschlichen Wesenswillen, der dafür notwendig sei (vgl. Hitzler/Honer/Pfadenhauer 2008: 10).

voneinander hören würden (vgl. ebd.). Dennoch hätte jede*r Einzelne eine Vorstellung ihrer Gemeinschaft im Kopf (vgl. ebd.). Dörfliche Sozialzusammenhänge nimmt Anderson allerdings aus: „[A]lle Gemeinschaften, die größer sind als die dörflichen mit ihren Face-to-Face-Kontakten", seien vorgestellte Gemeinschaften (ebd.: 16). Anderson weist mit seinem Buch außerdem auf die realitätskonstruierende Funktion der nationalen Geschichtsschreibung hin (vgl. Gertenbach et al. 2010: 85). Durch sie angestoßene Mythen und Legenden seien prägend für die alltägliche Wahrnehmung der Mitglieder einer nationalen Gemeinschaft (vgl. ebd.). Nach der NS-Zeit wurde der Begriff „Gemeinschaft" in der Soziologie eher skeptisch-distanziert behandelt und nicht mehr als eine zentrale Kategorie verwandt, denn er galt als ideologisch belastet (vgl. Gertenbach et al. 2010: 45, 53; Wetzel 2008: 45).

Mit der Kommunitarismus-Debatte, die in den 1980er-Jahren in den USA ihren Ausgang nahm, fand Gemeinschaft als Begriff schließlich nach und nach wieder Eingang in theoretische Diskussionen in der deutschsprachigen Soziologie (vgl. Gertenbach et al. 2010: 53). Da die theoretische Auseinandersetzung mit Gemeinschaft durch kommunitaristische Positionen mitgeprägt wurde, werden im Folgenden grundlegende Ansichten dieser Schule skizziert. Hierbei gilt es allerdings zu berücksichtigen, dass der deutsche Begriff „Gemeinschaft" und der englische Terminus „Community" sehr unterschiedlich konnotiert sind. Dies lässt sich gut am jeweiligen Verhältnis von „Gemeinschaft" und „Community" zu „Demokratie" illustrieren (vgl. Joas 1992: 859 f.): So dachte beispielsweise John Dewey (1927) Demokratie nicht als alternativ, sondern vielmehr als „Idee der Gemeinschaft selbst" (ebd.: 148). Der deutsche Terminus „Gemeinschaft" wurde in der historischen Betrachtung, wie beschrieben, oft in Zusammenhang mit Totalitarismus und Unfreiheit gebracht, oder aber einer ideologisch verbrämten, erstrebenswerten Zukunft. Im Unterschied dazu entwickelte sich der englische Begriff in erster Linie in der Assoziation mit einer liberalen amerikanischen Gesellschaft (vgl. Wetzel 2008: 45; Breuer 2002; Joas 1992), wobei sich im Laufe der Zeit und auch unter dem Eindruck von Emigrant*innen aus dem nationalsozialistischen Deutschland zunehmend kritische Stimmen zu der positiven Konnotation von „Gemeinschaft" beziehungsweise „community" im US-amerikanischen Diskurs meldeten (vgl. Joas 1992: 861). Die grundlegende Annahme des Kommunitarismus ist, dass Gemeinschaften unverzichtbar für die menschliche Sozialität seien, insofern als sie die Grundlage für die Ausbildung einer individuellen/persönlichen Identität einerseits und andererseits für die Ausbildung abstrakterer, vertragsförmiger Beziehungen seien, wie sie der modernen Gesellschaft zugeschrieben werden (vgl. Gertenbach et al. 2010: 91 f.). In der kommunitaristisch geprägten Literatur wird insbesondere die affektive Bindung

3.2 Gemeinschaft und Vergemeinschaftung in Gemeinden

an oder in einer/r Gemeinschaft und eine darin gemeinsam geteilte Kultur betont (vgl. Lange 2007: 262; Etzioni 1997: 177). Ein zentrales kommunitaristisches Argument ist, dass Gemeinschaften stets auch Sprachgemeinschaften seien; die gemeinsam geteilte Sprache sei gleichsam der Besitz einer Kulturgemeinschaft (vgl. Gertenbach et al. 2010: 94). Laut einigen Vertreter*innen einer kommunitaristischen Perspektive existiere und bilde sich das Selbst erst im sprachlichen Austausch mit anderen aus (vgl. Taylor 1996: 71; Gertenbach et al. 2010: 95). Andere kommunitaristische Positionen gehen so weit, dass sie identitätsstiftende Erzählungen sowie gemeinsam erzählte und weitergegebene Geschichten als konstitutiv für die Persönlichkeitsbildung und damit letztlich für den Fortbestand von Gemeinschaften betrachten (vgl. McIntyre 1987; Gertenbach et al. 2010: 97). Aus den angeführten Zusammenhängen erklärt sich auch die kommunitaristische Grundauffassung, dass soziale Gemeinschaften wegen ihrer Funktion besonders schützenswert und beispielsweise gegenüber neoliberalen Einflüssen und Prozessen der Vereinzelung und Entsolidarisierung zu verteidigen seien (vgl. Gertenbach et al. 2010: 97–101).

Nach Dietmar Wetzel (2008) geht es in kommunitaristischen Perspektiven auf Gemeinschaft oft um die „aktive Herstellung" verloren geglaubter Gemeinschaften (vgl. ebd.: 46). Hinrich Fink-Eitel (1993) kritisiert kommunitaristische Einheitsfiktionen zu Gemeinschaft und attestiert dem kommunitaristischen Blick auf Gemeinschaft eine gewisse Machtblindheit. „Gemeinschaftliche Einheit" sei nichts Gegebenes; sie müsse „konfliktreich permanent hergestellt werden" (ebd.: 309). Gemeinschaft würde oft darauf reduziert „eine Werte-, Erzähl- und Interpretationsgemeinschaft zu sein, in welcher um das gute Leben gerungen" (ebd.: 311) werde, ungeachtet der Konflikte, die sie durchzögen, und der weiteren gesellschaftlichen Strukturen, in die sie eingebettet seien (vgl. ebd.). Fink-Eitel untermauert seine Skepsis mit dem Hinweis, dass Gemeinschaften historisch bisher meist „hierarchische Machtgebilde" (ebd.: 319) waren. Er illustriert dies an einer patriarchalen Familie oder einem „kastenartig strukturierten Stamm" (ebd.: 309). Weniger als durch „Gemeinsinn, Teilnahme und Solidarität", zeichneten sie sich vor allem durch „Gegensätze, Repressionen und Konflikte" (ebd.) aus. Andere Autoren weisen hingegen darauf hin, dass Kommunitarist*innen, wie beispielsweise Etzioni, sich durchaus allgegenwärtiger sozialer Konflikte bewusst seien und vielmehr nach den Möglichkeiten fragten, „die Konflikte produktiv zu nutzen bzw. in einem Rahmen einzugrenzen, der eine Konsensbildung über grundlegende Werte noch zuläßt" (Adloff 2005: 376). Eine weitere im Zusammenhang mit kommunitaristischen Positionen kontrovers diskutierte Frage ist, inwieweit Gemeinschaften kollektive Identitäten formen. Nach Gertenbach et al. (2010) vollzieht sich die Ausbildung individueller Identität nicht nur durch persönliche Identifikationsprozesse, sondern auch durch Zuschreibungen von „außen" (ebd.: 101). Dementsprechend seien „Individuen und Gruppen [...] stets zu einer dialogischen (und konflikthaften) Klärung kollektiver Identität gezwungen" (ebd.). Aus dekonstruktivistischer Perspektive (Nancy 1988) lässt sich konstatieren, dass Gemeinschaft eben gerade kein identitäres Konzept und deshalb prinzipiell unvollendbar sei (vgl. Gertenbach et al. 2010: 166). Vielmehr setze „eine Gemeinschaft [...] nicht die vermeintliche Homogenität, sondern eine innere Differenz, eine *nicht einholbare Besonderheit ihrer Mitglieder* konstitutiv voraus" (Wetzel 2003: 252). Aus dieser Perspektive kann es auch nicht darum gehen, Gemeinschaft (wieder-)herzustellen, wie es Vertreter*innen des Kommunitarismus einfordern, sondern stattdessen sei es wichtig, die „Frage [...] nach dem ‚Wir' [...] immer wieder" zu stellen und sie „als politische Frage erkennbar werden zu lassen" (Gertenbach et al. 2010: 173).

Zuletzt wurden Fragen von Gemeinschaft innerhalb der (deutschsprachigen) Soziologie vor allem anhand von Fragen oder Phänomenen posttraditionaler Vergemeinschaftung diskutiert. Posttraditionale Gemeinschaften werden als freiwillig, flüchtig und eventbasiert und in Zusammenhang mit ekstatischen Erlebnissen beschrieben (vgl. Hitzler/Honer/Pfadenhauer 2008; Keller 2008, Gebhardt 2008). Ronald Hitzler und Kolleginnen (2008: 10) kommen in ihrer Auseinandersetzung mit posttraditionalen Gemeinschaften zu einer sehr breiten und inhaltlich offen gehaltenen Definition von Gemeinschaft (also für traditionale wie posttraditionale Gemeinschaften gleichermaßen). Hierzu zählen sie erstens die „Abgrenzung gegenüber einem wie auch immer gearteten ‚Nicht-Wir'" (ebd.), zweitens ein Zu- oder Zusammengehörigkeitsgefühl, drittens ein gemeinsam geteiltes Interesse oder Anliegen der Gemeinschaftsmitglieder, viertens von Letzteren anerkannte Wertsetzungen sowie fünftens ihnen „zugängliche Interaktions(zeit)räume" (ebd.). Nimmt man das mit Hitzler und Kolleginnen eingeführte „Nicht-Wir" in den Blick, treten außerdem Aspekte sozialer Schließung durch Gemeinschaften hervor[8] und die Tatsache, dass Gemeinschaft nicht nur ein Innen, sondern auch stets ein Außen hat – von manchen Autor*innen auch als

---

[8] Soziale Schließung wird in diesem Sinne nicht mehr wie in den klassischen Theorien hierzu (Frank Parkin, Raymond Murphy) durch funktionalistische Konzepte erklärt, sondern vielmehr durch eine „handlungszentrierte" Wendung derselben (Mackert 1999: 161), welche soziale Akteure (und damit auch Gemeinschaften) als handlungsmächtig begreift und nicht etwa von einer „‚objektive[n] Schließungsstruktur'" (ebd.) ausgeht. Dies korrespondiert mit der dieser Arbeit zugrunde gelegten Perspektive einer Rekursivität von Strukturen, wie Anthony Giddens sie ausgearbeitet hat (vgl. Abschn. 3.1).

3.2 Gemeinschaft und Vergemeinschaftung in Gemeinden

„dunkle" Seite[9] (vgl. Wetzel 2008: 48) bezeichnet, weil damit Prozesse der Ab- oder Ausgrenzung in Verbindung stehen. Hitzler und Kolleginnen (2008) sprechen vom „*distinktive[n]* Wir-Bewusstsein" (ebd.: 15; Hervorhebung im Original) von Gemeinschaften. In ihrer Unterscheidung zwischen traditionalen und posttraditionalen Gemeinschaften differenzieren sie entlang „kohäsionssichernde[r] Sanktionspotentiale und Zwangsstrukturen" (ebd.: 17), die in posttraditionalen Gemeinschaften weitaus weniger, wenn überhaupt anzutreffen seien und welche die klare Abgrenzung von Innen und Außen regelten. Damit werden Fragen der sozialen Kontrolle aufgeworfen. Posttraditionale Gemeinschaften sind nach Hitzler und Kolleginnen vielmehr individuell aus-„gewählte" Gemeinschaften (ebd.: 18), sie konstituieren sich in der „Entwicklung eines – als reziprok unterstellten – Wir-Bewusstseins" (ebd.: 21). Formen der traditionalen Vergemeinschaftung zeichnen sich nach Andreas Dörner und Ludgera Vogt (2008: 154) dadurch aus, dass man sich zu Gemeinschaften zugehörig fühle, „die *nicht* gewählt, zeitlich begrenzt und folglich auch nicht nach Belieben wieder zu verlassen sind. [Hervorhebung im Original]". Als Beispiel führen die Autor*innen „die konfessionell definierte Gemeinschaft mit dem Zentrum der Kirchengemeinde" und daran angegliederte Organisationen an (ebd.). Dörner/Vogt (2008), die in einer „explorativen Stadt-Studie" zu „Gestalt und Funktionsweise von Bürgergesellschaft im Prozess reflexiver Modernisierung und weitergehender Individualisierung" (ebd.: 63) forschten, stellen fest, „Lokalpatriotismus" schaffe mitunter eine „verpflichtende Bindung an die heimatliche Gemeinde" (ebd.: 155). Diese zeige sich beispielsweise dergestalt, dass manche ältere Bürger*innen artikulierten, sie wollten ihrer Heimatgemeinde etwas „zurückgeben" (ebd.). Damit stifte dieser „Lokalpatriotismus" traditionale Gemeinschaft: Denn die besagte Bezugsgemeinschaft sei weder zeitlich beschränkt noch wählbar, weshalb auch hier eher – wenngleich auch weniger bindungswirksam als im kirchlichen Kontext – „das Moment der Verpflichtung." (ebd.) greife. Im Vergleich mit posttraditionalen Gemeinschaften ist nach Clemens Albrecht (2008) ein konstitutives Merkmal von traditionalen Gemeinschaften Vertrauen (vgl. ebd.: 331) – oder, wie er formuliert, die „zum sicheren Wissensbestand geronnene[n] Erfahrung, daß in diesen Gemeinschaftsformen (Familien etwa) Reziprozität jenseits des Tauschprinzips, durch Vertrauen stabilisiert wird" (ebd.: 331). Traditionale Gemeinschaften, so ein weiteres Argument, bedürften keiner Transparenz, da „von ihrer Gefolgschaft Vertrauen in die Institution erwartet" (Brauer 2005: 302) würde, welches weder eine interne noch eine externe Kontrolle notwendig mache (vgl. ebd.). Mit Fragen von Transparenz

---

[9] Wohl, wenn auch nicht an dieser Stelle explizit referenziert, in Anlehnung an Putnam (2000: 21 f.), der von der dunklen Seite des Sozialkapitals spricht.

von und in Gemeinschaften beschäftigt sich Kai Brauer (2005), der in einer amerikanischen (Land-)Gemeinde zu „Gemeinschaften zivilen Engagements" (ebd.: 297) forschte. Neben Heterogenität, Optionalität und Statuspotenzial[10] rekonstruiert er Transparenz als ein Strukturprinzip besagter Gemeinschaften. Transparenz zeigt sich nach Brauer an der „Möglichkeit, die Leistungen der Akteure präsentieren zu können, die Nachvollziehbarkeit von Entscheidungen nach innen und außen herzustellen und die interne Rechnungsführung so einfach wie möglich zugriffsfähig zu machen" (ebd.: 302). Intransparenz wirke sich negativ auf das Engagement aus (vgl. ebd.).

In den soziologischen Diskussionen darüber, wann eine Gemeinschaft eher traditionalen oder aber posttraditionalen Charakters sei, setzen sich viele Autor*innen außerdem immer wieder mit den Stereotypen von traditionaler Gemeinschaft auseinander, die mit ländlichen Gemeinden oder Dörfern assoziiert werden. Ihre Reflexionen schärfen den Blick dafür, wie Gemeinschaften heute ‚funktionieren' und betonen den Aspekt der Lokalität von Gemeinschaften – das bedeutet nicht zwangsläufig, dass Gemeinschaften immer lokal begrenzt bleiben müssen. Nach Knoblauch (2008) versinnbildlicht „das Dorf, vielleicht sogar die Horde das Musterbeispiel für diese Gemeinschaft von Menschen, die sich dauernd oder immer wieder begegnen" (ebd.: 81). Hitzler und Kolleginnen (2008) bemerken, das Dorf werde „häufig als letzte Bastion von Traditionsgemeinschaften stilisiert" (ebd.: 26), dabei müssten „[a]uch solche Gemeinschaften, […] immer unübersehbarer ‚gemacht' und gemanagt werden" (ebd.: 29 f.). Dies verweist bereits auf die Prozesshaftigkeit beziehungsweise eine prozesshafte Herstellung von Gemeinschaft. Beetz et al. (2015) formulieren dahingehend treffend: „Traditionell spielen selbst organisierte Unterstützungen in ländlichen Räumen eine große Rolle. Diese beruhen nicht – wie es gern plakatiert wird – auf einer emotional gesättigten, idyllischen ‚Dorfgemeinschaft', sondern auf dem Funktionieren sozialer Netzwerke." (Ebd.: 30). Die Unterscheidung zwischen posttraditionalen

---

[10] Eine „möglichst hohe Heterogenität" (ebd.: 297) von Netzwerken zivilen Engagements sei insofern wichtig, als sie dann für Communities als Bindeglieder funktionieren könnten „zwischen sozialen Schichten, Generationen und Milieus" (ebd.: 298). Für sich allein, also ohne die Strukturprinzipien der Transparenz, des Statuspotenzials und der Optionalität, bliebe das Heterogenitätsprinzip aber wirkungslos (vgl. ebd.). Mit Optionalität beschreibt Brauer, dass den Individuen ausreichend Möglichkeiten für freiwilliges Engagement gegeben sein müssen, und dass sie auch innerhalb dessen zwischen Entscheidungen wählen können müssten (vgl. ebd.: 298). Freiwilliges Engagement steht nach Brauer außerdem in engem Zusammenhang mit Statuspotenzial, also der Möglichkeit, den persönlichen Status durch ihr Engagement zu sichern oder zu verbessern; Das Statuspotenzial stelle die „notwendige Grundlage" für eben jenes Engagement dar, funktioniere aber nicht ohne Transparenz und „ausreichende Heterogenität" (ebd.: 300).

3.2 Gemeinschaft und Vergemeinschaftung in Gemeinden

und traditionalen, intentionalen und lokalen Gemeinschaften ist für die vorliegende Studie also nur bedingt hilfreich. Dörner und Vogt (2008: 11) stellen beispielsweise in ihrer Untersuchung einer Stadt im Ruhrgebiet fest, dass traditionale und posttraditionale Vergemeinschaftung koexistieren können, wobei sie Letztere als Teil einer im Entstehen begriffenen „‚neuen Bürgergesellschaft' in Deutschland" bewerten. Mit den Ausführungen zu posttraditionalen Gemeinschaften[11] sollte zudem gezeigt werden: Ziele und Inhalte von Gemeinschaft(en) können vielfältig sein.

Vor dem Hintergrund der theoretischen wie sozio-historischen Begriffskarriere von „Gemeinschaft" interessiert vor allem, wie sich Gemeinschaften auf einer analytischen Ebene fassen lassen und wie sie entstehen beziehungsweise fortbestehen. Das erfordert eine Auseinandersetzung mit der bereits angedeuteten Prozesshaftigkeit von Gemeinschaft.

Bereits Max Weber (1947 [1922]) spricht in Anlehnung an Tönnies in „Wirtschaft und Gesellschaft" von Vergemeinschaftung und Vergesellschaftung.

> „‚Vergemeinschaftung' soll eine soziale Beziehung heißen, wenn und soweit die Einstellung des sozialen Handelns im Einzelfall oder im Durchschnitt oder im reinen Typus auf subjektiv gefühlter (affektueller oder traditionaler) Zusammengehörigkeit der Beteiligten beruht. ‚Vergesellschaftung' soll eine soziale Beziehung heißen, wenn und soweit die Einstellung des sozialen Handelns auf rational (wert- oder zweckrational) motiviertem Interessenausgleich oder auf ebenso motivierter Interessenverbindung beruht." (Weber 1947: 21)

Es lässt sich auch in dieser Konzeption eine gewisse Gegenüberstellung von Gemeinschaft und Gesellschaft wiederfinden. Besonders interessant ist, dass Weber, der Gemeinschaft ausgehend von sozialen Beziehungen denkt, die Prozesshaftigkeit von Gemeinschaft, genauer gesagt von deren Be- und Entstehen reflektiert. An anderer Stelle schreibt Weber, dass Menschen im Prozess der Vergemeinschaftung „ihr Verhalten irgendwie aneinander orientieren" (ebd.: 22). Er erkennt vor dem Hintergrund seiner analytischen Unterscheidung zwischen Vergemeinschaftung und Vergesellschaftung durchaus an, dass die „große Mehrzahl sozialer Beziehungen […] teils den Charakter der Vergemeinschaftung, teils den der Vergesellschaftung" besitzt (Weber 1947: 22). Gertenbach und Kollegen weisen auf die historische Variabilität von Vergemeinschaftungsprozessen hin (vgl. Gertenbach et al. 2010: 66). Es gilt also, von einzelnen, über die Zeit veränderlichen Prozessen zu abstrahieren. Als Mechanismen von Vergemeinschaftung

---

[11] Diese Formulierung stellt, wenn man Hubert Knoblauch (2008: 74) folgt und Tönnies' traditionsbasierten Gemeinschaftsbegriff zugrunde legt, eine Contradictio in Adjecto dar.

lassen sich dann (ebd.: 84) die kollektive Praxis von Gemeinschaften nach innen (also ihre Erlebbarkeit), und ihre Abgrenzung nach außen (also Momente der Grenzziehung) sowie ein mindestens „impliziter Selbstentwurf" (ebd.) betrachten. Die Erlebbarkeit einer Gemeinschaft ist demnach eng geknüpft an wiederkehrende „gemeinschaftliche Zusammenkünfte" (ebd.: 71). Gertenbach und Kollegen betonen die „alltagspraktische Herstellung von Gemeinschaften durch kollektive Erlebnisse" bei solchen Zusammenkünften (ebd.: 71). Bestimmte, dort entwickelte kollektive Riten sorgten so für eine gewisse „Binnengleichheit" (ebd.: 75) und die Selbstvergewisserung in Bezug auf geteilte Überzeugungen in der Gemeinschaft (vgl. ebd.). Dies korrespondiert mit den von Hitzler und Kolleg*innen eruierten gemeinsam geteilten Interessen und anerkannten Wertsetzungen innerhalb einer Gemeinschaft. Die für den Fortbestand von Gemeinschaften als notwendig postulierten Grenzziehungen oder Grenzen (gleichsam Abgrenzungen zwischen „Wir" und „Nicht-Wir") sind nach Gertenbach und Kollegen allerdings keineswegs als statisch zu verstehen, sondern ebenso wie die zugrunde liegenden Ordnungen als veränderlich (vgl. Gertenbach et al. 2010: 78). Die verschiedenen Formen oder Abstufungen der Grenzziehung sind ebenso wie der oben bereits genannte implizite Selbstentwurf einer Gemeinschaft an die Konstruktion eines ‚Anderen' oder ‚Fremden' gebunden (ebd.: 83).

Gemeinschaften angesichts ihrer Prozesshaftigkeit (vgl. Weber 1922) und oftmals Flüchtigkeit (vgl. Hitzler/Honer/Pfadenhauer 2008 für posttraditionale Gemeinschaften) zu erforschen ist voraussetzungsreich und erfordert eine Explikation von oftmals impliziten Annahmen.

3.2.2 Gemeinde und Community (Studies)

Um die analytischen Aspekte von Gemeinschaft und Vergemeinschaftung stärker auf das Erkenntnisinteresse der vorliegenden Arbeit – Vergemeinschaftungsprozesse in ländlichen Gemeinden – zu beziehen, sei im Weiteren das Augenmerk auf den Aspekt der Lokalität von Gemeinschaften (und damit der räumlichen Nähe, wie sie in ländlichen Gemeinden potenziell gegeben ist) gelegt. Soziale Gemeinschaften sind nach Matthias Grundmann in Anlehnung an die handlungstheoretische Perspektive Max Webers einerseits „durch das lokale Zusammenleben und die Etablierung kleinräumiger Sinnstrukturen und Lebenswelten bestimmt" (Grundmann 2006: 15). Andererseits sei „Gemeinschaftshandeln" aber auch immer in gesellschaftliche Strukturen eingebettet, die es mit zu analysieren gelte, da sie den Rahmen setzten für ein Leben in Gemeinschaft (vgl. ebd.). Der Hinweis auf die Einbettung in gesellschaftliche Strukturen ist für die

3.2 Gemeinschaft und Vergemeinschaftung in Gemeinden 65

Analysearbeit in dieser Studie essenziell, geht jedoch noch nicht weit genug. Vielmehr wird durch die in der vorliegenden Arbeit eingenommene Perspektive einer Rekursivität von Strukturen (vgl. die Einleitung zu Kap. 3) davon ausgegangen, dass jene Strukturen nicht nur einen Rahmen setzen, sondern dass sie auch durch (Gemeinschafts-)Handeln (re-)produziert werden. Um nun zu klären, was in dieser Studie gemeint ist, wenn von (Alpen-)Gemeinden und andererseits von Gemeinschaft gesprochen wird, wird der hier verwandte Begriff von Gemeinde erläutert. Hierfür werden erneut die Termini „Gemeinde" und „Community" (Studies) einander gegenübergestellt. Berührungspunkte von beiden sind neben deren Vieldeutigkeit ihre Relevanz für die Herausbildung von (kollektiven) Identitäten sowie ihr Bezug zu Lokalität, doch gibt es auch fundamentale Unterschiede.

Zunächst einmal kann der Begriff „Gemeinde" sehr unterschiedlich verstanden werden. Gleiches gilt für den Begriff „Community". Hella von Unger und Kolleg*innen (2013) sprechen bei Letzterem von einem „notorisch vagen Begriff" und übersetzen für ihre Arbeit im Bereich der partizipativen Gesundheitsforschung den Begriff der Community in einer Veröffentlichung mit „lebensweltliche[r] Gemeinschaft" (ebd.: 171). Wie sehr die Diagnose der Unschärfe zutrifft, zeigt bereits die mittlerweile klassische Arbeit von George H. Hillery (1950), der aus über 90 verschiedenen, von ihm recherchierten Definitionen von Community drei wesentliche, darin enthaltene Elemente rekonstruiert: lokale Einheit, soziale Interaktionen und gemeinsame Bindungen (Hillery 1950, zitiert nach König 2006: 134). Der ebenfalls lange schon zum Klassiker avancierte René König nähert sich dem Begriff „Gemeinde" in ähnlicher Weise an, wie Hillery sich dem Community-Begriff, indem er konstatiert, die Gemeinde sei „eine mehr oder weniger große lokale und gesellschaftliche Einheit, in der Menschen zusammenwirken, um ihr wirtschaftliches, soziales und kulturelles Leben zu fristen" (König 1956: 20, zitiert nach König/Hammerich 2006: 310). An anderer Stelle schreibt er in direktem Bezug zu Hillery:

> „Aus einer solchen komplexen Definition, welche die lokale Einheit, soziale Interaktionen und gemeinsame Werte und Bindungen an die Spitze stellt, läßt sich unmittelbar erkennen, daß der Verwaltungsbegriff der Gemeinde *zwar nicht völlig ausgeschaltet, aber doch derart in den Hintergrund geschoben wird, daß er für die Kerndefinition relativ unwichtig ist*. Im Vordergrund steht die *Gemeinde als soziale Wirklichkeit*; das ist zweifellos etwas völlig anderes als die Verwaltungseinheit Gemeinde." (König 2006 [1958]: 136; Kursivsetzung im Original)

König ist sich dabei bewusst, dass eine Gemeinde *„neben zahlreichen Formen innerer Verbundenheiten [...] selbstverständlich auch ihre sehr handgreifliche institutionell-organisatorische Außenseite"* hat (ebd.: 135; Kursivsetzung im

Original). Die meisten prominenten deutschen Gemeindestudien in der Nachkriegszeit operierten mit einem Gemeindebegriff, der Gemeinde mit Verwaltungsgrenzen gleichsetzte (vgl. Häußermann 1994, Brauer 2005: 22). Eine Gemeinde hat in dieser Lesart klar umrissene Grenzen, ist durch ihre Verwaltungsstrukturen und ihr Siedlungsgebilde charakterisiert. Annette Harth und Kolleg*innen (2012) schlagen vor, Gemeinden als „lokalen Lebenszusammenhang" zu verstehen und zu erforschen. Sie stellen dabei auf „die Art und Weise der Teilhabe und Teilnahme am gemeindlichen Leben ‚vor Ort'" (ebd.: 16) ab. Es sei „nicht unvernünftig" sich hierbei zunächst „auf die administrativen Grenzen" der jeweiligen Gemeinde zu beziehen (ebd.). So seien etwa Statistiken für diese Verwaltungseinheiten erhältlich und auch der Ortsname, der sich auf die Grenzen der Verwaltungsgemeinde bezöge, erleichtere und strukturiere „in ganz erheblichem Maße die Alltagsorientierung der Einwohner und [… sei] stark identitätsstiftend" (ebd.). Gemeinde, Gemeinschaft und Community haben also gemeinsam, dass sie nicht eindeutig definiert beziehungsweise mit durchaus vielfältigen Definitionen belegt sind.

Außerdem gibt es Stimmen, die für die Begriffe „Gemeinschaft" und „Community" feststellen, dass sie beide einer gewissen politischen Vereinnahmung unterlagen – oftmals wurde quasi von „außen" festgelegt, wer aufgrund welcher Merkmale einer Gemeinschaft angehöre – und dass dies jene begriffliche Unschärfe bedingt habe, die sich auch heute noch bemerkbar mache (vgl. Grundmann 2006: 13). Die angesprochene Vereinnahmung durch die von staatlichen Autoritäten zugeschriebene Mitgliedschaft in einer Gemeinschaft sollten insbesondere die Ausführungen zur Verwendung des Begriffs während der NS-Zeit veranschaulichen (vgl. Abschn. 3.3.1). Matthias Grundmann konstatiert auch für den englischen Begriff „Community" eine politische – wenn auch nicht Vereinnahmung wie in der deutschen Geschichte, so doch – Verwendung, indem Zugehörigkeiten beispielsweise entlang von Ethnie oder politischen Lagern von außen zugeschrieben werden, was nicht durch eine soziologische Herleitung von Communities gedeckt sei (vgl. ebd.). Denn Gemeinschaften seien eben gerade keine formalen Gruppen (vgl. ebd.: 14).

In den USA etablierten sich bereits in den 1920er-Jahren die sogenannten Community Studies (vgl. Abschn. 4.1 Community Studies). Unter Communities verstand der Mitbegründer der Forschungsrichtung, Robert E. Park[12] „soziale Gruppen gemeinsamer ethnischer oder milieuspezifischer Zugehörigkeit" (Löw

---

[12] Zusammen mit William I. Thomas gilt er durch sei Wirken an der Universität von Chicago als Leitfigur dieser sogenannten Chicago School (vgl. Löw 2001b: 113).

3.2 Gemeinschaft und Vergemeinschaftung in Gemeinden

2001b: 115). Die Erforschung bestimmter Communities in der Tradition der Chicago School fiel meist zusammen mit Feldforschung in der (Groß-)Stadt, in einem bestimmten Stadtviertel oder sogenannten „natural areas"[13]; von Interesse waren vor allem benachteiligte Gruppen, deren subjektive Perspektiven nachvollziehbar gemacht (ebd.: 119) und deren Alltagswelt erschlossen werden sollten (ebd.: 116). Mit ihren Studien beanspruchten die Forscher sozialpolitische Relevanz und waren an der Demokratisierung der Gesellschaft interessiert – so beriet beispielsweise Park im Anschluss an seine Forschung Politikerinnen und Praktiker (ebd.:118 f.). Allerdings verfolgten sie kein sozialarbeiterisches oder gleichsam erzieherisches Ansinnen (vgl. Lindner 2004: 143). Park wandte sich explizit gegen eine moralisierende Haltung und plädierte dafür, ohne vorgefertigte Meinungen und moralische Vorannahmen ins Feld zu gehen – ein Moralist könne kein Soziologe sein (Park, zitiert nach Lindner 2004: 143). Damit wurde nach Lindner (ebd.: 144) die in den Anfängen der Community Studies eingenommene Präventionsperspektive von einer Verstehensperspektive abgelöst.[14]

Gerade die Debatten um die Vagheit der Begriffe „Gemeinschaft" und „Community" macht die Auseinandersetzung mit ihnen auch so interessant und lädt dazu ein, dahinter liegende Prozesse zu rekonstruieren, die – wie oben argumentiert – durchaus auch konfliktbehaftet sein können. In der vorliegenden Untersuchung sind Vergemeinschaftungsprozesse in ländlichen Gemeinden von Interesse. Gemeinden (im Sinne eines verwaltungsrechtlich abgegrenzten Territoriums) bilden daher zunächst den Ausgangspunkt und das Feld der vorliegenden Studie. Für die weitere Analyse empfiehlt sich dann ein Begriff von Gemeinschaft, der – ähnlich der eher konstruktivistisch angelegten Definition von Gemeinde bei König – Lokalität oder einen Ortsbezug voraussetzt. Auch in dem mittlerweile klassischen Einführungswerk „Community Studies" von Bell und Newby (1971) wird dieser Bezug für Community Studies definitorisch festgelegt (vgl. ebd.: 19; Harth et al. 2012: 7; Bell/Newby 1974: xliv).

---

[13] Aufgrund ihrer ökonomischen, sozialen, politischen und kulturellen Interessen, argumentiert Park, verteilten sich die Bewohner einer Stadt auf quasi natürliche Weise im Stadtgebiet. So entstand der Terminus „natural areas" (vgl. Park 1925: 6, Lindner 2004: 126).

[14] Zumindest war dies die Haltung – mit ihrer Forschung befanden sich Park und Kollegen im Alltag dennoch oft in dem Zwiespalt zwischen dem Anspruch, mit ihrer Arbeit einerseits sozialen Einrichtungen Informationen zu liefern, andererseits einen wissenschaftlichen Beitrag zur Soziologie zu leisten (vgl. Lindner 2004: 145 f.).

3.2.3 Vereine, bürgerschaftliches Engagement, zivilgesellschaftliche Partizipation

Vereine und ziviles beziehungsweise bürgerschaftliches Engagement sind potenzielle Arenen[15] anhand derer sich Vergemeinschaftungsprozesse besonders plastisch nachvollziehen lassen (vgl. Brauer 2005). Gerade an Vereinen zeigt sich oftmals, dass sie sich zwar der „tradierten Hüllen" (Hitzler/Honer/Pfadenhauer 2008: 26) von Vereinen und Vereinigungen bedienen, ansonsten aber kaum noch wesentliche Aspekte einer Traditionsgemeinschaft erfüllen (vgl. Liebl/Nicolai 2008: 263). Auch Dörner/Vogt (2008: 156) stellen einen „posttradional[en] Umgang mit traditionalen Gemeinschaften" (etwa Kirchengemeinde und Caritas) fest, die eher genutzt würden „wie ein gewählter Bezugskontext" (ebd.: 156). Gleichzeitig stellen Vereine eine Art „Infrastruktur" dar, innerhalb der sich bürgerschaftliches Engagement entwickeln kann (ebd.: 27). Letzteres ermöglicht jenseits von Wahlen oder einem Gemeindeamt Partizipation an lokalen Entwicklungsprozessen. Dörner und Vogt gehen sogar so weit, zu konstatieren, dass Vereine wegen ihres „Modus dezentraler Steuerung und pluraler Interessenartikulation […] für die Bearbeitung komplexer gesellschaftlicher Probleme weitaus besser geeignet [… erschienen] als eine zentrale Regierungsinstanz" (ebd.: 27). Empirisch unterfüttern die – wenn auch bereits sehr lang zurückliegenden – Ergebnisse von Thomas Ellwein und Ralf Zoll (2003 [1982]) die mitunter sehr gewichtige Rolle von Vereinen. So rekonstruierten sie in ihrer „Wertheim-Studie" anhand von qualitativen Interviews, dass Vereinsvertreter*innen besonders großen Einfluss auf die kommunale Politik hatten (vgl. ebd.: 209 f.).

Der Hinweis auf die tragende Rolle von Vereinen als „Infrastruktur" für bürgerschaftliches Engagement verlangt nach einer genaueren Auseinandersetzung, was mit Letzterem bezeichnet wird. Der Begriff des bürgerschaftlichen Engagements lässt sich zwischen politischer und sozialer Beteiligung, aber auch zwischen den Sphären Wissenschaft und Politik verorten. Die Enquete-Kommission des Deutschen Bundestags zur Zukunft des bürgerschaftlichen Engagements (2002) betrachtet es als „eine freiwillige, nicht auf das Erzielen eines persönlichen materiellen Gewinns, auf das Gemeinwohl hin orientierte, im öffentlichen Raum stattfindende, kooperativ ausgeübte Tätigkeit" (Deutscher Bundestag 2002: 40). Durch die Hervorhebung der Gemeinwohlorientierung und die Bezeichnung als

---

[15] Inwiefern es sich hierbei um tatsächlich identifizierbare Arenen im Sinne der Clarke'schen Situationsanalyse handelt, muss allerdings empirisch erforscht werden. Arenen, in denen verschiedene soziale Welten aufeinandertreffen, entstehen klassischerweise in der Verhandlung um strittige Themen (Clarke 2009: 199 f.).

3.2 Gemeinschaft und Vergemeinschaftung in Gemeinden

kooperative Tätigkeit, die nicht auf individuelles, materielles Gewinnstreben hin orientiert ist, wird auch die Bedeutung für Vergemeinschaftungsprozesse betont. In Diskussionen um bürgerschaftliches Engagement in Gemeinden, die seit Anfang der 1990er-Jahre geführt werden, geht es Heike Walk (2007) zufolge insbesondere um eine Art „gemeinsame Gestaltung des Lebensumfeldes [und …] oft auch um die Kompensation spärlich fließender sozialstaatlicher Leistungen" (ebd.: 16). Bürgerschaftliches Engagement nach der Definition der Bundesregierung entsteht

> „in der Regel in Organisationen und Institutionen im öffentlichen Raum der Bürgergesellschaft. Selbstorganisation, Selbstermächtigung und Bürgerrechte sind die Fundamente einer Teilhabe und Mitgestaltung der Bürgerinnen und Bürger an Entscheidungsprozessen." (Deutscher Bundestag 2002: 40).

Der von der Enquete-Kommission gebrauchte Begriff der Teilhabe verweist implizit auf soziale Ungleichheitsverhältnisse. Dies berührt sowohl die Möglichkeiten zu sozialer als auch politischer Partizipation – die nicht allen gleichermaßen zugänglich sind. Oder wie Jan van Deth (2009) feststellt: „Solange Ressourcen, Absichten und Anreize ungleich verteilt sind, wird auch die politische Beteiligung ungleich verteilt sein." (Ebd.: 155).

Für die vorliegende Studie, die sich methodisch an Community Studies anlehnt und dabei die Ausführungen zu unterschiedlichen Teilhabechancen aufnimmt, ist der ‚Kontext' bedeutsam, in dem die Bewohner*innen der untersuchten Alpengemeinden agieren (vgl. das vorhergehende Abschn. 3.2.3 „Gemeinde und Community (Studies)" und den Verweis auf lebensweltliche und gesellschaftliche Strukturen). Nach Brauer (2005) zeichnen sich Community Studies dadurch aus, dass sie „die Beziehungen der Einwohner untereinander oder zwischen mehreren lokalen Institutionen […] in den Mittelpunkt stellen und den alltagspraktischen Kontext der Gemeinde als konstitutiv für die Fragestellung erachten" (ebd.: 33). In Bezug auf die untersuchten ländlichen Alpengemeinden wird dies nochmals herausgestrichen, weil „die dörflichen Lebenswelten spezifische Handlungsrahmen darstellen, deren Kontextwissen für die Analyse verschiedenster Handlungs- und Strukturphänomene unabdingbar ist" (ebd.: 39). Oder wie Angelika Vetter (2008: 20) in Bezug auf „den Erfolg oder Misserfolg von Bürgerbeteiligung" in Gemeinden schreibt:

> „Entsprechende Kontexteffekte gehen von der jeweiligen Ortsgröße und der politischen Kultur einer Gemeinde aus, von bestehenden Konfliktstrukturen, von alternativen Beteiligungsmöglichkeiten oder Erfahrungen mit früheren Beteiligungsverfahren." (Ebd.)

Doch auch generell bei der Analyse von Teilhabe und Partizipationsprozessen stellt der jeweilige Kontext eine wichtige Größe dar:

"Much depends on the context and on those within it. Different purposes, equally, demand different forms of engagement by different kinds of participants. A process that sought only the engagement of a small group of articulate elite community members is something very different to one in which community members delegate power to such a group to engage with the authorities, remaining content to receive information and be consulted on key issues." (Cornwall 2008: 273)

Bürgerschaftliches Engagement kann demnach ganz unterschiedliche Formen annehmen und unterschiedlich gut legitimiert oder an eine Gemeinschaft rückgebunden sein. Der Einbezug unterschiedlichster Stakeholder in lokalen Bezügen ließe sich überspitzt formuliert auch als wichtiger, weil komplementärer Modus der Vergemeinschaftung gegenüber den abstrakteren und oftmals wenig transparenten Mechanismen der Vergesellschaftung lesen.

Für die vorliegende Studie wird bürgerschaftliches Engagement als eine Form der Kooperation bei der Gestaltung kommunaler Entwicklungsprozesse gefasst (vgl. Abschn. 3.3 Kooperation und Konflikt). Auf Basis der bisher diskutierten Literatur kann angenommen werden, dass ziviles/bürgerschaftliches/freiwilliges Engagement gemeinschaftsstiftend und/oder -erhaltend sein kann. Ob dem im empirisch konkreten Fall, also im Fall des in dieser Studie untersuchten Feldes, tatsächlich so ist, bleibt zunächst eine empirisch offene Frage.

3.2.4 Zusammenfassung

Bereits zu Beginn dieses Kapitels sollte deutlich geworden sein, dass es mehr als fraglich ist, ob sich klassische beziehungsweise idealtypische Vorstellungen von Gemeinschaft generell auf Kommunen übertragen lassen. Gemeinden, die zunächst forschungspraktisch als Verwaltungseinheiten eingegrenzt werden, können allerdings einen durchaus geeigneten Ausgangspunkt für die Untersuchung von Gemeinschaften oder von Prozessen der Vergemeinschaftung liefern (Harth et al. 2012: 16). Als konstituierende Elemente von Gemeinschaft lassen sich zusammenfassend folgende Aspekte aus den bisherigen theoretischen Reflexionen ableiten: Abgrenzung (Mechanismen des Ein- und Ausschlusses), Zusammengehörigkeitsgefühl/Kohäsion, geteiltes Interesse, anerkannte Wertsetzungen, gemeinsame Interaktionszeiträume (Kopräsenz/Sichtbarkeit), Vertrauen, Transparenz. Durch die Überlegungen zu Mechanismen der Vergemeinschaftung

3.2 Gemeinschaft und Vergemeinschaftung in Gemeinden 71

treten außerdem ein imaginiertes Selbstbild und die Möglichkeit zur Herausbildung kollektiver Identitäten hinzu. Die theoretisch hergeleiteten Kriterien von Gemeinschaft und Vergemeinschaftung sensibilisieren das explorative Vorgehen dieser Studie und liefern die Hintergrundfolie für eine spätere Diskussion der Ergebnisse.

Aufbauend auf die theoretischen Reflexionen zu Gemeinschaft, Vergemeinschaftung, Gemeinde und Community lässt sich nunmehr konkretisieren: Die vorliegende Studie betrachtet zwei Gemeinden, welche in ihrer Gestalt als Verwaltungseinheit und Siedlungsgebiet zunächst forschungspragmatisch als Untersuchungsfeld angesehen werden. Sie untersucht, ob und gegebenenfalls welche Prozesse der Vergemeinschaftung dort stattfinden und welche Lesarten von Gemeinschaft es dort gibt. In einem weiteren Analyseschritt wird dann beleuchtet, inwieweit dies mit Vorstellungen von sozial-ökologischem Wandel in Verbindung steht. Dabei stellt sich auch die Frage, ob und inwiefern die Bewältigung von sozial-ökologischem Wandel und Bemühungen für nachhaltige Entwicklung gemeinsame Interessen darstellen. Da, wie eingangs erläutert, eine in der Literatur diskutierte These besagt, dass soziale Gemeinschaften nachhaltige Entwicklung begünstigen können – aber nicht zwangsläufig müssen, gilt es den Blick auch für andere, möglicherweise sogar kontraintuitive Entwicklungen von und in Gemeinschaften offen zu lassen.[16] Anhand empirisch rekonstruierter Gemeinschaftsbilder wird deshalb schließlich in der empirischen Analyse konkretisiert, ob, und wenn ja, welche Aspekte von Nachhaltigkeit für die Akteure eine (besonders wichtige) Rolle in ihrem gemeinsamen Handeln spielen.

Für die weitere Analysearbeit lässt sich aus den bisherigen theoretischen Ausführungen außerdem ableiten, dass bei der Betrachtung von freiwilligem Engagement in der kommunalen Entwicklung – zumindest in der politischen Definition desselben – abstrakte Gemeinwohlbezüge hergestellt werden. Es bleibt empirisch zu rekonstruieren, ob Akteure im Untersuchungsfeld der vorliegenden Studie solche Bezüge ebenfalls herstellen und wie dieses „Wohl" konkret gefasst wird, zum Beispiel in Bezug auf welche (Gemein-)güter. Gerade angesichts der in der Literatur konstatierten Macht- und Konfliktblindheit mancher Gemeinschaftskonzeptionen wird gemeinschaftliches Handeln in ländlichen Alpengemeinden in dieser Studie entlang von Prozessen von Kooperation und Konflikt beobachtet. Daher schließt eine Diskussion von Konzepten zu Kooperation und Konflikt den Theorieteil dieser Studie ab.

---

[16] Vgl. die Rede von nicht intendierten Nebenfolgen in der Theorie reflexiver Modernisierung von Ulrich Beck (Beck 1996: 39; Beck/Bonß/Lau 2001: 32 f).

3.3 Konflikt und Kooperation

Nachdem dargestellt wurde, dass Gemeinden und sich dort konstituierende Gemeinschaft(en) gute Anschauungsbeispiele sind, um die kollektive Auseinandersetzung mit Nachhaltigkeit und Gemeinwohl zu studieren, liegt im folgenden Kapitel der Fokus darauf, eine theoretische Hintergrundfolie für die Analyse der konkreten, empirisch beobachteten Prozesse zu liefern: Prozesse von Kooperation und Konflikt. Dabei werden Arbeitsdefinitionen zu den Begriffen Kooperation und Konflikt entworfen und es wird intersubjektiv nachvollziehbar gemacht, wie theoretische Vorüberlegungen zu beiden die weitere empirische und analytische Arbeit anleiteten.

Zunächst werden daher Befunde zu Kooperation und Konflikt aus ausgewählten Community Studies, insbesondere aus der Community-Power-Forschung vorgestellt (Abschn. 3.3.1). Es soll deutlich werden, dass sich sowohl die spätere Analyse als auch die sensibilisierenden Konzepte auf der Meso-Ebene bewegen. Für Kooperation gilt es im Folgenden einen Begriff zu entwickeln, mit dem nicht die Kooperation zwischen Individuen in einem mehr oder weniger privaten Anliegen beschrieben wird, sondern die Zusammenarbeit mehrerer Akteure (möglicherweise einer Gemeinschaft), die das Ziel verfolgen, die Entwicklung der Gemeinde mitzuprägen. Hierfür werden, ausgehend von strukturierungstheoretischen Überlegungen zu Kooperation (vgl. Einleitung zu Kap. 3), Konzepte zu kollektivem Handeln (Ostrom 1990, 2011a, 2009) diskutiert und schließlich auf Handeln in und für Gemeinschaften bezogen (Abschn. 3.3.2). Für die zu erarbeitende Definition von Konflikt(en) gilt Ähnliches. Hier bedarf es eines Begriffs, der die kollektive Auseinandersetzung mit kommunalen Entwicklungsprozessen fassen kann. Aus diesem Grund werden ausgewählte Ansätze aus der sozialwissenschaftlichen Konflikttheorie diskutiert (Abschn. 3.3.3). Die Unterscheidung von Kooperation und Konflikt ist eine analytische. In der Feldforschung gingen Konflikte und Kooperationsprozesse fließend ineinander über, nicht zuletzt weil auch Auseinandersetzungen über die Art und Weise der Kooperation zu beobachten waren. Um die Ergebnisse der empirischen Forschung und die verwandten theoretischen Konzepte besser durchdringen zu können, werden die beiden Begriffe dennoch zunächst separat entwickelt. Dabei wird aufgezeigt, dass Kooperation und Konflikt stets über soziale Beziehungen rekonstruiert werden müssen (Prozessualität) und dass ihre Einbettung in die lokale wie überlokale Geschichte (Historizität) essenziell für ihr Verständnis ist. Außerdem werden Bezüge zwischen Kooperation und Konflikt einerseits und Gemeinschaft und Vergemeinschaftung andererseits diskutiert. Das Kapitel schließt mit einer Reformulierung der Forschungsfragen (Abschn. 3.3.4).

3.3.1 Modelle zu Konflikt und Kooperation aus der Community-Power-Forschung

Die Community-Power-Forschung liefert bereits seit den 1930er-Jahren Ansätze und Theorien mittlerer Reichweite zu Prozessen von Konflikt und Kooperation,[17] wenngleich nicht im Feld von nachhaltiger Entwicklung (vgl. Kap. 2).

So arbeiten beispielsweise Norbert Elias und John Scotson (1993 [1965]) bei der Betrachtung des sozialen Zusammenhalts in einer britischen Gemeinde heraus, dass der vergleichsweise höhere Kohäsionsgrad einer Gruppe ein wesentlicher Aspekt der Machtüberlegenheit gegenüber anderen Gruppen sei (vgl. ebd.: 12). Durch ihren starken Zusammenhalt könne sich diese eine Gruppe in eine Machtposition bringen und andere Gruppen ausschließen, was der Kern der Etablierten-Außenseiter-Konfiguration sei (ebd.). Diese spezifische Konfiguration fanden Elias und Scotson im Zuge ihrer Gemeindestudie in einem von ihnen „Winston Parva" genannten englischen Vorort vor. Bei der Untersuchung zweier Arbeiterviertel war zu beobachten, dass die alteingesessenen, etablierten Bewohner*innen eines Viertels die zugezogenen Bewohner*innen eines benachbarten, neu entstandenen Viertels aktiv ausgrenzten und gleichsam zu Außenseiter*innen machten – und dies, obwohl beide Gruppen nahezu identische Klassen- beziehungsweise Schichtmerkmale aufwiesen, sich also jenseits ihrer Wohndauer am Ort kaum unterschieden (vgl. ebd.: 10–15). Soziales Alter, die „Anciennität" (ebd.: 238), samt daran geknüpftem Benimm-Kanon, schien ein zentraler Aspekt zu sein, der eine vergleichsweise hohe Statuspositionierung ermöglicht (vgl. ebd.: 240). Interessant an Elias' und Scotsons Forschung ist zudem, dass die Unterlegenen ihre Stigmatisierung so sehr verinnerlichten, dass sie selbst keine Anstalten machten, die herrschenden Verhältnisse zu hinterfragen oder zu verändern (ebd.: 250). Hier zeigen sich Anknüpfungspunkte für die vorliegende Studie in Bezug auf den Gestaltungsanspruch und die Möglichkeit der Gestaltung sozialökologischen Wandels in Alpengemeinden. Es gilt kritisch zu analysieren, welche über die Zeit verfestigten Konfliktlinien oder bewährten Kooperationsbeziehungen den Aushandlungsprozessen vor Ort möglicherweise zugrunde liegen.

Robert und Meryl Lynd abstrahieren aus ihren Gemeindestudien „Middletown" (1929) und „Middletown in Transition" (1937) zwar keine theoretischen Konzepte, wie etwa Elias und Scotson mit ihrer Etablierten-Außenseiter-Konfiguration, doch arbeiten sie ebenfalls lokale etablierte Muster von Kooperation und Konflikt heraus, in einer ihres Erachtens zu dieser Zeit typischen

---

[17] Ein Meilenstein war die „Middle-Town in Transition"-Studie von Lynd und Lynd (1937), ihre Blüte erlebte die Community-Power-Forschung ab den 1950er-Jahren (vgl. Brauer 2005: 32 f.).

amerikanischen Mittelstadt[18]. Scharfe Trennlinien verliefen dort demnach zwischen der Arbeiterschaft und der sogenannten „business class" (Lynd/Lynd 1965 [1937]: 77). Vor allem aber zeigen Lynd und Lynd, dass eine einzige Familie hierbei eine große Machtfülle hatte, die sich durch alle gesellschaftlichen Bereiche zog, sei es die örtliche Politik, die Lokalpresse, gemeinnützige Einrichtungen oder die Kirche (vgl. Brauer 2005: 33). Auch Margaret Stacey (1960) problematisiert derartige Unterschiede in ihrer in den 1950er-Jahren durchgeführten Gemeindestudie über das englische Banbury. Hier konnte ebenfalls eine Gruppe von Etablierten ausgemacht werden, von Stacey als „traditional" bezeichnet, da sie sich durch eine gemeinsame Geschichte und Tradition sowie gemeinsame Werte auszeichnete (ebd.: 176 f.). Sie grenzte sich deutlich ab von der restlichen, „nicht traditionellen" Stadtbevölkerung, wobei Letztere keine homogene Gruppe bildete, im Sinne eines gemeinsam geteilten Systems von Werten oder Bräuchen (vgl. Stacey et al. 1975: 2).[19] Die Wohndauer am Ort spielte für die traditionelle oder nicht traditionelle Orientierung aber nicht die entscheidende Rolle (vgl. ebd.: 3).

Eine ebenfalls sehr spezifische Figuration von Akteuren zeigt Robert Merton (2010 [1995, engl. Orig. 1949]) in seiner Abhandlung über „Lokale und kosmopolitische Einflussreiche" auf, deren empirische Grundlage eine Studie in der amerikanischen Kleinstadt Rovere ist. Es konnten zwei fundamental verschiedene Gruppen von Einflussreichen in der Gemeinde rekonstruiert werden. Als zentrales Unterscheidungsmerkmal stellte sich die Orientierung im Hinblick auf die lokale Gemeinschaft heraus: zentrales Interesse an den Vorgängen vor Ort bei den Lokalisten und zentrales Interesse an der Welt außerhalb bei den Kosmopoliten, wobei zu Letzteren überwiegend nach Rovere zugezogene Bürger*innen zählten (ebd.: 172). Während die Lokalisten danach strebten, möglichst viele Leute vor Ort zu kennen, und sich durch ein großes Netzwerk an Kontakten auszeichneten, konnte bei den Kosmopoliten ein Desinteresse an einer hohen Zahl von Bekanntschaften verzeichnet werden (ebd.: 176). Während Merton den kosmopolitischen Einflussreichen bescheinigt, wegen ihrer außerhalb der Gemeinde erworbenen Verdienste ohne großen Aufwand kurze Zeit nach ihrer Ankunft bereits im örtlichen Sozialgefüge als arriviert zu gelten (vgl. ebd.: 181), ist diese Feststellung

---

[18] Dazu ist anzumerken, dass Lynd und Lynd dabei nicht auf die Belange „schwarzer" Stadtbewohner*innen eingingen und dass Hausfrauen im Befragungssample stark überrepräsentiert waren (für viele: Harth et al. 2012: 84).

[19] Während Stacey in ihrer ersten Studie der Stadt noch klare Trennlinien entlang der Achsen traditional/non-traditional als auch Mittelklasse/Arbeiterklasse feststellte, bemerkte sie bei der von ihr geleiteten Wiederholungsstudie 1975, dass die noch in den 1950er-Jahren vorgefundenen Trennlinien verblasst waren (ebd.: 5).

3.3 Konflikt und Kooperation

nicht unhinterfragt auf das Setting ländlicher Alpengemeinden übertragbar. Allerdings merkt Merton selbst an, dass allein deskriptive Merkmale wie Reichtum oder Schicht noch nicht den Standort in einer lokalen Struktur des interpersonalen Einflusses vorhersagen lassen (ebd.: 195).

Mit Blick auf mittlerweile zu Klassikern avancierten Gemeindestudien lässt sich als Orientierung für die vorliegende Arbeit außerdem die in der Tradition der Community-Power-Forschung stehende Wertheim-Studie von Thomas Ellwein und Ralf Zoll (1972) anführen. Sie erarbeitet zwar nicht explizit oder idealtypisch ein „Modell" von Kooperation und Konflikt, doch fokussiert sie empirisch wie theoretisch auf Fragen der Beteiligung an der lokalen Entwicklung. Zunächst kritisieren Ellwein/Zoll die mangelnde Theoriearbeit in den klassischen amerikanischen Gemeindestudien und den frühen deutschen Gemeindeforschungen (dies. 2003 [1972]: XXVIII). Sie betrachten sowohl, wer in der von ihnen untersuchten Kommune auf welche Entscheidungen Einfluss nehmen kann, wem bestimmte Entscheidungen in erster Linie nützen als auch, was in der Lokalpolitik gar nicht zur Debatte und damit zur Entscheidung kommt (vgl. ebd.: XLI, 21). Damit beziehen sie den Nicht-Entscheidungsansatz von Bachrach/Baratz (1962) in ihre Analyse mit ein, der auch explizit solche Nicht-Entscheidungen als Machtausübung begreift (vgl. Oels 2007: 32). So würde hier A über B Macht ausüben, indem er/sie/es „gesellschaftliche Werte und institutionelle Praktiken befördert, die für B wichtige Themen von der politischen Agenda ausschließen" (vgl. ebd.). Außerdem nehmen Ellwein/Zoll neben Akteuren in Kommunalpolitik und -verwaltung auch Vereine und Massenmedien in den Blick, berücksichtigen die historische Entwicklung der von ihnen untersuchten Stadt sowie deren demografische, formalpolitische und soziale Struktur (vgl. ebd.: XL). Die Autoren beziehen hier ganz explizit den lokalen wie überlokalen Kontext mit ein. Im Kern ihrer Analyse geht es um die „Frage nach Ausmaß, Form und Inhalt der Mitwirkung der Bevölkerung an den Entscheidungen auf lokaler Ebene" (ebd.: XXXVIII).

Urs Jaeggi (1965) rekonstruiert in seiner Studie zu einer ländlichen Alpengemeinde in den 1960er-Jahren soziale Spannungen zwischen einzelnen Gruppen und stellt einen Zusammenhang mit der Entwicklung der Kommune her. So seien die Spannungen dort am größten, „wo der Differenzierungsprozess zwischen der in der Landwirtschaft tätigen Bevölkerung und der industriell-gewerblichen Bevölkerung noch nicht sehr weit fortgeschritten" (ebd.: 262) sei.

Als Gemeindestudie neueren Datums (die nicht unmittelbar in der Tradition der Community-Power-Forschung steht) können außerdem die Forschungen zu Wittenberge herangezogen werden (Bude/Medicus/Willisch 2011; Willisch 2012). Hier wurde eine ostdeutsche Mittelstadt untersucht, die binnen eines

Jahres ihre „zentrale Wertschöpfungsquelle" (Bude 2011: 13), verschiedene große Industrieunternehmen und mit ihnen Tausende von Arbeitsplätzen verloren hatte,[20] und seither mit massiven Schrumpfungsprozessen konfrontiert ist. Vom Fall der Berliner Mauer bis zum Jahr 2011 hatte sich die Einwohnerzahl um ein Drittel reduziert, insbesondere viele junge und gut ausgebildete Bewohner*innen haben die Stadt seither verlassen (vgl. ebd.: 18). In einem interdisziplinären Team (überwiegend aus Ethnolog*innen und Soziolog*innen) wurde vor allem mittels teilnehmender Beobachtungen und qualitativer Interviews das Zusammen- und Überleben in veränderten Realitäten (aufgrund der großen ökonomischen Umwälzungen, aber auch des Übergangs von einem politischen System zum anderen) erforscht (vgl. ebd.: 19). Unter den verbliebenen Bewohner*innen ließen sich zwar viele unterschiedliche Konflikte rekonstruieren, welche auch die Entwicklung der Stadt betreffen (beispielsweise über die Nutzung urbaner Freiflächen oder den Abriss von Gründerzeithäusern), ein zentraler Konfliktpunkt ließ sich jedoch nicht benennen (vgl. Bude/Engler 2011: 124). Interessanterweise wurden die traditionsverankerten Vereine in Wittenberge und die dort gelebte Gemeinschaft als hinderlich für von den Forscher*innen als notwendig erachtete Veränderungsprozesse rekonstruiert (vgl. Thomas 2012: 103–108). Die kontroversen Einstellungen zu den „alten" Vereinen wurden als Ausdruck eines Generationenkonflikts gelesen, in dem widerstreitende Vorstellungen von der Entwicklung der Stadt hervortreten. Eine insbesondere von der älteren Generation und in besagten Vereinen anzutreffende favorisierte Fixierung auf das industrielle Erbe der Stadt stünde angeratenen Veränderungsprozessen eher im Wege (vgl. ebd.: 107 f.). So stellt ein Forscher*innenteam im Jahr 2012 zwar fest, die Bürger*innen würden mittlerweile von der Stadtverwaltung konzeptuell in Stadtentwicklungsprojekte mit eingebunden und es seien auch zukunftsorientierte Vereinsaktivitäten zu verzeichnen (vgl. ebd.), doch würde die Bevölkerung durch die anhaltende Abwanderung zunehmend älter und bildungsärmer (vgl. Bude 2011: 18) und es habe sich eine „Auffangstruktur […] aus Transfereinkommen, Qualifikationsmaßnahmen und Scheintätigkeiten" für die verbliebene Bevölkerung (ebd.: 17) etabliert. Zudem gab in Wittenberge Anfang der 2010er-Jahre noch immer „ein beharrliches Establishment den Ton an, dessen Wurzeln zu den Kadern des Staatssozialismus zurückreichen [sic.]" (ebd.: 18). Die Studie zeigt auf, wie eine Stadt und ihre Bevölkerung um die kollektive Gestaltung ihrer Zukunft ringt und aus welchen heterogenen sozialen

---

[20] Das Setting erinnert in Teilen an die Marienthal-Studie, die explizit von Bude und Kolleg*innen als Vorlage genannt wird, auf deren methodische Implikationen in Kapitel 4 „Methodologie und Methode" nochmals kurz eingegangen wird.

3.3 Konflikt und Kooperation

Welten sie besteht (auch wenn Bude und Kolleg*innen nicht dezidiert situationsanalytisch forschten). Außerdem veranschaulicht sie, dass es überaus wichtig ist, aktuelle Entwicklungsprozesse vor dem Hintergrund der lokalen Geschichte und politisch-institutionellen Bedingungen zu lesen. Dabei sollten vergangene und anhaltende Konfliktlinien unbedingt berücksichtigt werden, denn Krisen und Konflikte können strukturverändernd wirken.

Da die Befunde aus den bis hier aufgeführten Community Studies zwar wichtige Anregungen für die vorliegende Arbeit liefern, aber in ihren Ergebnissen bisweilen sehr unterschiedlich sind, zum Großteil bereits viele Jahren zurückliegen und theoretisch mehr oder weniger ausgearbeitete Konzepte liefern, werden im weiteren Verlauf die Begriffe „Konflikt" und „Kooperation" aus der theoretischen Literatur entwickelt.

3.3.2 Theoretische Konzepte zu Kooperation

Ausgehend von der These von Anthony Giddens, dass Handeln und Strukturen sich rekursiv erneuern (vgl. Kap. 3), wird sowohl betrachtet, wie Kooperation ablaufen kann, als auch, in Anlehnung an Elinor Ostroms (1990) Konzeption von Common Goods/Commons, über welche „Güter" verhandelt wird. Mit Gütern sind in diesem Fall Ressourcen und damit verknüpfte Regeln gemeint. Diese Herangehensweise ermöglicht es, auf den ersten Blick so unterschiedliche Prozesse wie Diskussionen um Seniorenwohnungen, den Bau einer Tiefgarage, den Aufbau eines Dorfladens oder Bemühungen um regenerative Energieerzeugung vor Ort auf ähnliche Aspekte hin zu analysieren und zu diskutieren (vgl. Kap. 5).

In der Forschung zu Gemeingütern oder Commons werden soziale Entwicklungsprozesse in Communities unter dem Aspekt untersucht, wie eine Gemeinschaft mit vorhandenen Ressourcen umgeht und wie das Zustandekommen von und der Umgang mit Gemeingütern funktionieren. Denn „[e]in Gemeingut besitzt nicht die Eigenschaft der Nicht-Exklusivität, es erhält sie" (Helfrich 2012: 89), und ist damit Resultat eines Prozesses sozialer Konstruktion (vgl. Moss/Gudermann/Röhring 2009: 76). Gemeinressourcen können natürlich vorhanden oder vom Menschen geschaffen sein, sie existieren nach Ostrom (2011b: 52 f.) zunächst entweder als staatliche, private oder gemeinschaftliche (also nicht exklusive) Eigentumsformen. Was letztlich als Gemeingut und nicht etwa als Privatgut behandelt wird, ist jedoch Ergebnis einer vorangegangenen Entscheidung (vgl. Helfrich 2012: 90) – und damit Resultat von macht- und potenziell konfliktvollen Aushandlungsprozessen. Gleichzeitig kreisen Gemeingut-Probleme nicht nur um die Ausschließbarkeit von einer Nutzung, sondern häufig um die nachhaltige Regelung der Nutzung (vgl. Moss/Gudermann/Röhring 2009: 35). Beispielsweise in Bezug auf die Nutzung naturräumlicher Ressourcen im Zeichen der Energiewende könnte das Thema Gemeingüter auf lokaler und regionaler Ebene besondere Bedeutung erlangen – beim Gemeingut Wasser etwa die Frage, Kraftwerke zur gemeindlichen Stromerzeugung zu bauen oder aber unberührte Natur zu erhalten. Welche Rolle Gemeingüter in Bezug auf das kollektive Handeln beziehungsweise die Kooperation von Akteuren in einer Gemeinde tatsächlich spielen, bleibt letztlich aber eine empirische Frage. Die Arbeiten Elinor Ostroms (1990, 1999, 2009) jedenfalls zeigen, dass kollektives Handeln keineswegs stets in einem „Allmende-Dilemma"[21] (vgl. Hardin 1968) gefangen sein muss. Nach Ostrom können Akteure beispielsweise in Bezug auf lokale Maßnahmen für Klimaschutz und Klimaanpassung ihre unmittelbaren Kosten und ebenso den unmittelbaren Nutzen schon eher überblicken (vgl. Ostrom 2009: 8 f). Ressourcensysteme können nach Ostrom gemeinsam genutzt werden, „[d]ie Ressourceneinheiten selbst aber unterliegen nicht der gemeinsamen Nutzung oder Aneignung" (Ostrom 1999: 40). Ein einmal gefangener Fisch kann nicht nochmals von jemand anderem gefangen werden (vgl. ebd.). Ein gemeinsames Ziel kollektiven Handelns kann also das Bereitstellen und der Erhalt von Gemeingütern auf Gemeindeebene sowie eine nachhaltige ökologische, ökonomische und soziale Entwicklung einer Gemeinde oder Region sein. Als Gemeingut können auch der Schutz und Erhalt der natürlichen Umwelt gelten. Ostrom nennt beispielsweise die Artenvielfalt als kollektives Gut (vgl. Ostrom 2001: 274). Auch eine gemeinsame Risikovermeidung, etwa in Bezug auf den anthropogenen Klimawandel, kann durch die Bereitstellung von Gemeingütern erreicht werden (vgl. Mayntz 2009: 71). Ostrom definiert auf der Basis einer Studie, die sie selbst mit Kolleg*innen durchgeführt hat (Poteete/Janssen/Ostrom 2010)[22] verschiedene Voraussetzungen für erfolgreiches kollektives Handeln beziehungsweise für die

---

[21] Immer wieder grenzt sich Ostrom vehement von dem Ökologen Garret Hardin ab. Hardin verwechsle in seinem international beachteten Artikel „The Tragedy of the Commons" (Hardin 1968) Situationen, in denen alle Zugang zu bestimmten Ressourcen haben, mit Gemeingütern, die in der Regel einer Gemeinschaft gehören (vgl. Ostrom 2010: 54). Und Silke Helfrich (2011) merkt an: „So wie ‚niemandes Eigentum' nicht mit den Commons zu verwechseln ist, so macht auch Gemeineigentum allein noch kein Commons" (Helfrich in: Ostrom 2011: 48). Ostrom verneint damit nicht, dass es zu einer tragischen Übernutzung von Allmenderessourcen kommen kann (vgl. Ostrom 2011: 78), allerdings distanziert sie sich von der (empirisch nicht gestützten) Annahme, dass es zwangsläufig zu einer solchen Übernutzung kommen muss.

[22] Ostrom führte mit Amy R. Poteete und Marco A. Janssen eine Meta-Analyse zu diversen Studien durch, welche sich mit kollektiven Handlungsproblemen beschäftigen. Die drei

3.3 Konflikt und Kooperation

Überwindung kollektiver Handlungsprobleme (Ostrom 2009: 11 f.; dies. 2011a: 270):

- Es besteht ein weitgehender Konsens unter den betroffenen Akteuren darüber, dass Veränderungen im Verhalten notwendig sind und dass man gemeinsam Verantwortung für künftige Wirkungen trägt.
- Die beteiligten Personen betrachten die Ressource als wichtig für ihre eigenen Ziele und haben einen langfristigen Zeithorizont.
- Es besteht eine relative hohe Verlässlichkeit und Regelmäßigkeit von Information über die betreffenden Phänomene sowie über die kurz- und langfristigen Kosten und Nutzen der zu ergreifenden Maßnahmen.
- Der Aufbau einer Reputation als vertrauenswürdige*r Transaktionspartner*in ist den Beteiligten wichtig.
- Die Teilnehmer*innen wissen, wer sonst noch der Veränderung von Verhaltensweisen zustimmt, und dass dies überwacht wird. Die diesbezüglichen Mechanismen der informellen Überwachung und Sanktionierung sind durchführbar und werden von allen Beteiligten als angemessen empfunden.
- Es findet Kommunikation statt, zumindest zwischen Teilgruppen.
- Durch die erfolgreiche Lösung früherer gemeinsamer Probleme sind bereits Sozialkapital und Führungsbereitschaft vorhanden.

Wenn es in sozialwissenschaftlicher Literatur um Kooperation geht, ist in Bezug auf die Handlungskoordinierung außerdem oft von „Governance" die Rede und davon, wie (politische) Steuerungsprozesse gestaltet werden. Die vorliegende Studie klammert Governance-Konzepte bewusst aus. So geht es bei Letzteren zwar explizit nicht mehr um hierarchische Steuerung, aber es wird immer wieder mit der Unterscheidung verschiedener Sphären (Staat/Markt/Zivilgesellschaft), verschiedener Modelle (New Modes of Governance, Good Governance, Local/Regional/Global Governance) oder konkreter Felder (z. B. Climate Change Governance) operiert. Die Akteure in der vorliegenden Studie sind jedoch gleichzeitig in verschiedenste Kontexte eingebunden, so kann eine Person beispielsweise gleichzeitig politische Mandatsträger*in, aber auch lokale Wirtschaftsakteur*in und ehrenamtliche, das heißt in der Sphäre der

---

Forscher*innen konnten Faktoren identifizieren, deren Vorhandensein die Wahrscheinlichkeit erhöht, dass Akteure kollektive Handlungsprobleme durch Kooperation lösen können (vgl. Ostrom 2011a: 270).

Zivilgesellschaft engagierte Bürger*in sein. Auch deshalb ist es für die vorliegende Arbeit nicht instruktiv, mit einem bestimmten Governance-Modell und dessen Unterscheidung verschiedener Sektoren oder Sphären zu arbeiten, auch wenn dies selbstverständlich rein analytische Unterscheidungen sind. In der vorliegenden Arbeit geht es nicht – wie in einigen Governance-Studien – darum, bestimmte Steuerungsmodelle zu identifizieren und zu bewerten, im Sinne von „Good Governance" oder „New Modes of Governance" (vgl. Esguerra/Helmerich/Risse 2017).[23] Vielmehr geht es in dieser Studie um das Agieren der Akteure im Feld samt zugrunde liegenden Motiven (sofern explizierbar) und dessen Rekonstruktion anhand exemplarischer Entwicklungsprozesse.

3.3.3 Theoretische Konzepte zu Konflikt

Den Reflexionen zu Konflikt(en) sei vorausgeschickt, dass ich die Einschätzung teile, dass es keinen „Sachverhalt Konflikt" (Ley/Meyhöfer 2016: 9) gibt, den man erforschen kann. Konflikte existieren also nicht dinggleich und harren ihrer Entdeckung durch die Forschenden, vielmehr konstituiere die Begrifflichkeit, worüber gesprochen wird (vgl. Luhmann 1991: 14). In Rekurs auf Simmel (1908), der Konflikte als genuin soziale Prozesse betrachtet, lässt sich die in der vorliegenden Studie eingenommene Perspektive auf Konflikte dahingehend präzisieren, dass es in der Auseinandersetzung mit und über kommunale Entwicklungsprozesse stets um soziale Prozesse, genauer gesagt soziale Wechselwirkungen zwischen Akteuren geht (vgl. Ley/Meyhöfer 2016: 13). Dabei untersucht die vorliegende Studie Auswirkungen von Konflikten in Prozessen der Vergemeinschaftung, während Simmel in seiner Diktion Vergesellschaftung betrachtet.[24] Ihn interessiert in erster Linie die Wechselwirkung zwischen Individuen, wohingegen sich die vorliegende Arbeit, wie bereits mehrfach erläutert, stärker mit Prozessen auf der Meso-Ebene befasst.

---

[23] Klaus Selle (2013) spricht in diesem Zusammenhang von „Governance als Trendhypothese" (ebd.: 106 f.). „Neue" Formen der Governance habe es möglicherweise „avant la lettre" bereits gegeben (vgl. ebd.: 107). „Denn viele Formen des Zusammenwirkens öffentlicher und privater Akteure gab es schon, bevor der wissenschaftliche Blick darauf fiel" (ebd.).

[24] Nach Simmel geschieht Vergesellschaftung durch eine „Wechselwirkung unter den Individuen" (Simmel 1908: 7). Die verschiedenen Manifestierungen von Konflikt bei Simmel werden entfaltet entlang der Begriffe „Streit" und „Kampf". Beide versteht er nicht als gegen den Prozess der Vergesellschaftung wirkend, womit er sich von anderen soziologischen beziehungsweise konflikttheoretischen Ansätzen unterscheidet, für ihn haben Konflikte eine soziale Funktion (vgl. Ley/Meyhöfer 2016: 20). Wenn Simmel über Streit schreibt, geht er von der Auseinandersetzung zwischen zwei Individuen aus.

3.3 Konflikt und Kooperation

Hier sind Überlegungen von Ralf Dahrendorf (1972) hilfreich, der auf soziale Konflikte fokussiert und sie als überindividuell ansieht: „Sozial soll ein Konflikt heißen, wenn er sich aus der Struktur sozialer Einheiten ableiten lässt, also überindividuell ist" (Dahrendorf 1972: 24). Ein Konflikt zwischen zwei Individuen, welcher allein darauf beruhe, dass diese sich nicht leiden können, sei kein sozialer Konflikt (vgl. ebd.). Doch auch Auseinandersetzungen zwischen größeren sozialen Einheiten, die nicht auf strukturellen Gründen beruhten, sind nach Dahrendorf keine sozialen Konflikte und bedürfen eher einer psychologischen Erklärung (vgl. ebd.).[25] Wenn aber ein praktischer Arzt einen Konflikt erlebe, da er mit widerstreitenden Erwartungen vonseiten seiner Patient*innen und vonseiten der Krankenkasse konfrontiert sei, handele es sich um einen sozialen Konflikt, da der Konflikt unabhängig von der Person des Arztes bestehe (vgl. ebd.). Für Dahrendorf stellt Konflikt ein theoretisches Schlüsselkonzept dar, um sozialen Wandel zu erklären (vgl. Lamla 2005: 207). Durch Konflikte blieben Herrschaftspositionen offen und Normen veränderbar, denn nur wenn über etwas gestritten werde, scheine es möglich, etwas zu verändern (vgl. Bonacker 2005: 22). Trotzdem hält die vorliegende Arbeit Distanz zu Dahrendorfs klassentheoretischem Konfliktmodell und seiner Annahme von Herrschaftskonflikten, also der Annahme, dass es bei Konflikten stets Herrschende und Beherrschte gebe (vgl. Lamla 2005: 211).

Mit der Veränderbarkeit von Normen und dem Potenzial von Konflikten, sozialen Wandel einzuleiten, argumentiert auch Lewis A. Coser (2009 [1965]: 165), dessen Konflikttheorie wesentlich auf der Meso-Ebene angesiedelt ist. Auch er sieht (in Anschluss an Simmel) Konflikte durchaus als etwas potenziell Integrierendes (vgl. ebd.: 10) und bindet seinen Begriff von Konflikt ebenfalls (wie Simmel) an das Kriterium sozialer Interaktion (ebd.: 43). Nach Coser tragen Konflikte dazu bei, Identitäten von Gruppen zu formen und die Gruppe gegen andere

---

[25] Dahrendorf stellt, ausgehend vom „Umfang der sozialen Einheit" (Dahrendorf 1972: 25), in der ein Konflikt besteht, eine sehr detaillierte Typologie sozialer Konflikte auf: Sie beginnt bei Intra- und Inter-Rollenkonflikten, hinzu kommen Konflikte zwischen organisierten ebenso wie nicht organisierten sozialen Gruppen, die entweder „innerhalb von regionalen oder institutionellen Sektoren von Gesellschaften" (ebd.) stattfinden oder aber „eine ganze Gesellschaft (im Sinne einer territorialen staatlichen Einheit) erfassen" (ebd.). Außerdem berücksichtigt er Konflikte innerhalb von größeren Einheiten, in denen zwei oder mehr Länder verbunden sind aber auch in größeren „Föderationen bis zur gesamten Welt" (ebd.). Darüber hinaus differenziert Dahrendorf soziale Konflikte entlang des Rangverhältnisses der jeweiligen „beteiligten Gruppen bzw. Elemente" (ebd.), die bereits nach ihrem Umfang klassifiziert dargestellt wurden. So sieht er Konflikte zwischen ranggleichen Gegnern, zwischen über- und untergeordneten Gegnern sowie Konflikte zwischen dem Ganzen und einem seiner Teile – er nennt hier etwa Konflikte „zwischen Südtirolern und dem italienischen Staat" (ebd.).

soziale Gruppen abzugrenzen (vgl. ebd.). Konflikte führten zur Bildung von Gruppen und zu Koalitionen zwischen Parteien, die sonst nichts miteinander zu tun hätten (vgl. ebd.: 167).

Chantal Mouffe (2007, 2015) bringt schließlich in die Theorie und Analyse von Konflikten die Position ein, dass Konflikte elementarer Bestandteil von liberalen, demokratischen Gesellschaften seien (vgl. Mouffe 2015: 28), und verbindet damit die Forderung, den Antagonismus von Freund und Feind in eine „agonistische" Beziehung umzuwandeln (dies. 2007: 30). Die Konfliktparteien sollten „die Legitimität ihrer Opponenten anerkennen, auch wenn sie einsehen, dass es für den Konflikt keine rationale Lösung gibt" (ebd.). Sie würden sich dann als Gegner (und nicht etwa als Feinde) begreifen und einen gemeinsamen symbolischen Raum teilen, in dem der Konflikt stattfindet (vgl. ebd.). Dies sei besonders deshalb wichtig, weil es andernfalls zu „Apathie und Entfremdung von der politischen Partizipation" (dies. 2015: 29) käme. Mouffe betont, dass es der Schaffung von Institutionen bedürfe, die es ermöglichten, dass Konflikte eine „agonistische Form" annehmen könnten (vgl. ebd.: 12).

3.3.4 Zusammenfassung

Um Kooperationen und Konflikte zu rekonstruieren, werden in dieser Studie zunächst die sozialen Beziehungen der Bürger*innen in den Blick genommen. Diese theoretisch von Dahrendorf abgeleitete Herangehensweise lässt sich außerdem gut mit Masseys Definition von „place" als offenem und durchlässigem Netzwerk sozialer Beziehungen und ihrem Ansatz zu einem „global sense of place" vereinen (vgl. Massey 1994, 2005; Abschn. 3.1). Die dahrendorfsche Auffassung, dass Konflikte zwischen Gruppen Aufschluss über Prozesse sozialen Wandels geben können, muss für die vorliegende Arbeit allerdings insoweit präzisiert werden, als nicht ex ante nach Konflikten zwischen bestehenden Gruppen (etwa Vereinen oder Berufsgruppen) gesucht wurde. Vielmehr wurde anhand eingenommener Positionen rekonstruiert, inwiefern es zu Gruppenbildungen kam, denn Gruppenzusammensetzungen können sich ändern und werden nicht als statisch begriffen. Ein Individuum kann beispielsweise unterschiedliche Positionen in unterschiedlichen Streitfragen einnehmen (vgl. Clarke 2012: 165 f; Abschn. 4.5). Es kann also an Gruppenzugehörigkeit gebundene Gemeinschaft geben, das muss aber nicht so sein. Zudem können Gruppenzugehörigkeiten Auswirkungen auf den Prozess der Gemeinschaftsbildung haben, ebenso wie auf Muster der Bewältigung sozial-ökologischen Wandels. So kann ein relevanter Aspekt sein, wer im Laufe seines Lebens in den jeweiligen Ort zuwanderte oder

3.3 Konflikt und Kooperation

aber bereits von Kindheit an dort lebte (vgl. Mertons Ausführungen zu Lokalisten und Kosmopoliten), oder aber es gibt ein bestimmtes (politisches) Establishment, das den Ton angibt, Differenzen zwischen Weggezogenen und Dagebliebenen, Jungen und Alten, Traditionalisten und vergleichsweise progressiven Kräften (vgl. beispielsweise Bude 2011: 18; Thomas 2012: 103–108). Deshalb werden insbesondere Aspekte wie eine gemeinsame Tradition und geteilte Werte (vgl. Stacey 1960, 1975), aber auch Fragen der Mitwirkung an Entscheidungen vor Ort berücksichtigt (vgl. Scotson/Elias 1993). Analog zu Coser (2009) und Simmel (1908) wird in der vorliegenden Arbeit berücksichtigt, dass Konflikte auch etwas Integrierendes haben können.

Die Konzeption von Prozessen der Vergemeinschaftung als Prozesse von Konflikt und Kooperation soll ermöglichen, die Gestaltung sozial-ökologischen Wandels in den jeweiligen Alpenorten zu rekonstruieren. Über Konflikte können sozialer Wandel (vgl. Dahrendorf 1972) und, konsequent weitergedacht, auch Transformationen hin zu nachhaltigeren Zuständen möglich werden. In Anlehnung an Mouffe (2015) wird gleichzeitig anerkannt, dass sich der Umgang mit Konflikten (wenn sie keine agonistische Form annehmen) aber auch negativ auf die Entwicklung eines Gemeinwesens auswirken kann. Der Fokus liegt also insbesondere auf Fragen nachhaltiger Entwicklung.

Kollektives Handeln kann eine nachhaltige ökologische, ökonomische und soziale Entwicklung der Gemeinde zum Ziel haben, muss dies aber nicht notwendigerweise. Deshalb wird der analytische Blick auf Gemeingüter und Ziele kollektiven Handelns gerichtet, etwa wenn es um die Bereitstellung oder den Erhalt von Gemeingütern auf Gemeindeebene geht oder darum, Risiken zu vermeiden. Mit Ostrom (2009, 2011a) lässt sich zunächst fragen, ob und gegebenenfalls wie Konsens über die Notwendigkeit von Verhaltensänderungen sowie eine gemeinsame Verantwortlichkeit für zukünftige Entwicklungen hergestellt wird. Außerdem leitet sie zu der Betrachtung an, welche Ressourcen als wichtig für die eigenen Ziele angesehen werden und in welchen Zeithorizonten die beteiligten Akteure denken. Auch die Frage, welche Rolle Vertrauen und die Reputation als vertrauenswürdiger Kooperationspartner spielen, wie kommuniziert und gegebenenfalls auch sanktioniert wird, kann so betrachtet werden. Dazu muss allerdings bekannt sein, was überhaupt als sanktionswürdig eingestuft wird. Auch aus diesem Grund ist die Rekonstruktion prägender Geschehnisse in der jeweiligen Gemeinde erforderlich. Außerdem lässt sich so eruieren, ob durch frühere erfolgreiche gemeinsame Problemlösungen Sozialkapital und Führungsbereitschaft aufgebaut wurden. Neben der angesprochenen Prozessualität und Sichtbarkeit durch soziale Beziehungen wird also vor allem auch auf die Historizität von Kooperation und Konflikt geachtet.

4 Methodologie und Methode – Zur Erforschung, wie Akteure in ländlichen Alpengemeinden sozial-ökologischen Wandel erfahren und gestalten

Dieses Kapitel verortet die vorliegende Studie in der qualitativen Sozialforschung. Es macht das methodische Vorgehen ebenso wie die zugrunde liegenden methodologischen Annahmen transparent. Zunächst wird reflektiert, inwiefern das Design der Studie an ausgewählte anglo-amerikanische und deutsche Gemeindestudien angelehnt ist (Abschn. 4.1). Es wurden zwei ländliche Alpengemeinden, die im Folgenden Wiesental (in Bayern, Deutschland) und Kirchdorf (in Südtirol, Italien) genannt werden, vergleichend untersucht. Anschließend werden die mit dem Design in Einklang stehenden Prinzipien und Perspektiven der konstruktivistischen Grounded Theory (Charmaz 2014) dargestellt, welche sowohl den Datenerhebungs- als auch den Auswertungsprozess anleiten. Außerdem wird aufgezeigt, dass Grounded Theory und soziologische Ethnografie methodisch wie methodologisch nicht nur allgemein, sondern gerade auch in dieser Studie eng miteinander verwoben sind. Darüber hinaus wird verdeutlicht, inwiefern es sich hierbei um eine genuin soziologische Ethnografie handelt (Abschn. 4.2). Nach den methodologischen Überlegungen werden die konkreten Verfahren der Datenerhebung beschrieben (Abschn. 4.3). Es folgt die Erläuterung des so gewonnenen Datenkorpus, welche auch geleistete Vorarbeiten im Rahmen des Forschungsprojektes „Klima Regional – soziale Transformationsprozesse für Klimaschutz und Klimaanpassung"[1] expliziert (Abschn. 4.4). Schließlich wird die Praxis der Auswertung transparent gemacht. Sie stützt sich auf eine Weiterentwicklung des Grounded-Theory-Verfahrens durch Adele Clarke (2005), die Situationsanalyse. Die sukzessive Darstellung des Forschungsprozesses wird abgeschlossen durch eine Reflexion über dessen Qualität. Dies schließt forschungsethische Überlegungen und Fragen der Selbstreflexivität mit

---

[1] Gefördert vom Bundesministerium für Bildung und Forschung, Laufzeit 9/2010 bis 12/2013.

ein (Abschn. 4.5.). Das Kapitel endet mit einer Zusammenfassung der angestellten Überlegungen und leitet zur Darstellung der empirischen Ergebnisse über (Abschn. 4.6).

4.1 Studiendesign – Die Tradition der Community Studies

Um herauszufinden, wie ländliche Alpengemeinden in Bayern und Südtirol sozial-ökologischen Wandel erleben und gestalten, wurden vergleichende Gemeindestudien in zwei Gemeinden durchgeführt. Im Zentrum des Interesses standen hierbei zunächst Muster von Kooperation und Konflikt im Prozess der Bewältigung des angesprochenen Wandels. Durch ethnografische Beobachtungen, ethnografische Gespräche und (leitfadengestützte) Interviews können in Community Studies soziale Ungleichheiten und Aushandlungsprozesse auf der Meso-Ebene, also der Ebene von Zusammenschlüssen lokaler Akteure, sichtbar gemacht werden (vgl. Neckel 1997: 77–79). Da es in der vorliegenden Arbeit um die kollektive Bewältigung sozial-ökologischen Wandels geht, werden Entwicklungsprozesse, die eine ganze Gruppe von Akteuren betreffen, betrachtet und nicht individuelle Bewältigungsstrategien. Deshalb entschied ich mich zur Erforschung jeweils einer ganzen Gemeinde. Mit Gemeinde ist in dieser Arbeit die deutsche Verwaltungseinheit gemeint, im Unterschied zum anglo-amerikanischen Begriff der „community", der keineswegs nur einen räumlich und institutionell abgrenzbaren Raum meint, sondern auch ein soziales Gebilde (vgl. Abschn. 3.3). Für die vorliegende Gemeindestudie ist der institutionelle Kontext, der für die Verwaltungseinheit gilt, relevant. In der Tradition der frühen Community Studies der Chicago School spielen aber auch die physisch-materiellen Verhältnisse vor Ort und die sozialen Beziehungen in diesem Raum sowie deren wechselseitige Beeinflussung eine Rolle. Sowohl für die Anwendung ethnografischer Methoden als auch für die Erhellung der genannten Zusammenhänge bot sich zunächst die klar abgrenzbare Verwaltungseinheit der politisch verfassten Gemeinde als Untersuchungsraum an. Wurden Bezüge über diese Einheit hinaus von den Akteuren hergestellt und Relevanzen jenseits dieser unsichtbaren Grenze gesetzt, wurde diesen im weiteren Forschungsverlauf nachgegangen.[2]

---

[2] Beispielsweise wurden (national-)staatliche Vorgaben, die das Handeln auf kommunaler Ebene beeinflussen, mit in die Analyse einbezogen und auch Akteure interviewt, die eine Außenansicht auf das Dorfgeschehen und bestimmte Prozesse geben konnten.

4.1 Studiendesign – Die Tradition der Community Studies

Obwohl der zugrunde liegende Begriff von „Gemeinde" sich von dem der „community" in den klassischen Community Studies der Chicago School unterscheidet, dienten letztere als methodologischer Bezugspunkt. So sind Community Studies in der Tradition der Chicago School nicht zuletzt eine Referenzfolie, um das Dorfgeschehen zu erforschen. Die Forscher*innen der ersten Chicago School um Robert E. Park interessierten sich für Communities als „soziale Gruppen gemeinsamer ethnischer oder milieuspezifischer Zugehörigkeit" (Löw 2001b: 115). Die Erforschung bestimmter Communities fiel meist zusammen mit Feldforschung in der (Groß-)Stadt, in einem bestimmten Stadtviertel oder sogenannten „natural areas".[3] Von Interesse waren vor allem benachteiligte Gruppen (vgl. Löw 2001b: 119), deren subjektive Perspektiven rekonstruiert (vgl. ebd.) und deren Alltagswelt erschlossen werden sollten (vgl. ebd.: 116). Mit ihren Studien beanspruchten die Forscher*innen sozial-politische Relevanz und waren an der Demokratisierung der Gesellschaft interessiert (ebd.:118 f.). Allerdings verfolgten sie kein sozialarbeiterisches oder erzieherisches Ansinnen (vgl. Lindner 2004: 143). Park wandte sich explizit gegen eine moralisierende Haltung und plädierte dafür, ohne vorgefertigte Meinungen und moralische Vorannahmen ins Feld zu gehen – ein Moralist könne kein Soziologe sein (vgl. ebd.). Die frühe Chicago School erlegte sich keinen strengen Methodenkanon auf. Ihre Arbeit war vom Journalismus und der Technik der Reportage inspiriert (vgl. ebd.: 118). Dennoch etablierten sich bestimmte Techniken, die zur Begründung der soziologischen Feldforschung führten (vgl. Löw 2001b: 113 f.). So bedienen sich die frühen Community Studies der Chicago School der Methode der teilnehmenden Beobachtung, des qualitativen Interviews sowie der Analyse von aus dem Feld zur Verfügung stehenden Dokumenten, beispielsweise Zeitungsartikeln oder Dokumenten von Behörden, sowie der Analyse von statistischen Daten und lebensgeschichtlichen Dokumenten (vgl. Löw 2001b: 118; Neckel: 1997: 76). Kennzeichnend für die Studien der Chicago School war und ist also eine „unbedingte empirische Orientierung" (Lindner 2004: 117), eine forschende Haltung, die Realitäten rekonstruiert, ohne korrigierend oder moralisierend in diese eingreifen zu wollen (vgl. ebd.). Den Gemeindestudien der ersten Chicago School ist nach Kai Brauer neben ihrem Pioniercharakter außerdem gemeinsam, dass sie explizit theoriebildenden Charakter haben (vgl. Brauer 2005: 27).

Neben den klassischen Arbeiten der ersten Chicago School orientiert sich die vorliegende Arbeit auch an deutscher Gemeindeforschung (z. B. Mayntz

---

[3] Park argumentierte, dass sich die Bewohner einer Stadt aufgrund ihrer ökonomischen, sozialen, politischen und kulturellen Interessen auf quasi natürliche Weise im Stadtgebiet verteilen, woraus der Terminus „natural areas" entstand (vgl. Park 1925: 6; Lindner 2004: 126).

1958; Neckel 1999) in der Tradition besagter Chicago School, denn die amerikanische Community-Forschung fand auch Niederschlag in Deutschland. In den 1920er-Jahren wurde der Forschungsansatz am soziologischen Seminar in Köln aufgegriffen und so die deutsche Gemeindeforschung begründet (vgl. Lindner 2004: 136). Ein zentraler Unterschied zu den amerikanischen Community Studies liegt darin, dass die politisch verfasste und territorial abgrenzbare Verwaltungseinheit „Gemeinde" als Untersuchungseinheit festgelegt wurde.

Während die zweite Chicago School sich dem symbolischen Interaktionismus verschrieb und keine Gemeindestudien mehr hervorbrachte, sehen Sighard Neckel und Kolleg*innen in den 1990er-Jahren eine „dritte Chicago School" erstarken: Gemeindestudien fungierten darin als Methode zur ethnografischen Untersuchung abgrenzbarer sozialer Gruppen und der sinnverstehenden Rekonstruktion gruppenspezifischer Prozesse (vgl. Neckel 1997, Löw 2001b: 112). Deutsche Gemeindestudien setzen sich beispielsweise mit dem Wandel der Industriegesellschaft (die Euskirchen-Studie von Renate Mayntz 1958), der Doxa der Demokratie in der Nachwendezeit (die Gemeindestudie „Waldleben" von Sighard Neckel 1999) auseinander oder beschäftigen sich mit Urbanisierung und Integration (die Wolfsburg-Studien von Martin Schwonke und Ulfert Herlyn 1967). Als Vorreiterstudie im deutschsprachigen Raum muss außerdem die Marienthal-Studie (Jahoda/Lazarsfeld/Zeisel 1975 [1933]) erwähnt werden, die bereits in den 1930er-Jahren in einer österreichischen Gemeinde durchgeführt wurde. Die Forscher*innen untersuchten mit einer multimethodischen Feldforschung in einer österreichischen Gemeinde die Auswirkungen von massenhafter Langzeitarbeitslosigkeit. Als wichtige Impulsgeber für die vorliegende Studie dienen die mittlerweile zum Klassiker avancierte Wertheim-Studie von Thomas Ellwein und Ralf Zoll, die sich mit kommunalen Machtstrukturen beschäftigt und Fragen der Partizipation in den Mittelpunkt rückt (Ellwein/Zimpel 1969; Zoll 1974; Ellwein/Zoll 1982), sowie Sighard Neckels Gemeindestudie „Waldleben. Eine Ostdeutsche Stadt im Wandel seit 1989" (Neckel 1999), die eine nähere Betrachtung von vermachteten Aushandlungsprozessen über die weitere Entwicklung einer brandenburgischen Gemeinde nach dem Mauerfall liefert. In beiden Studien werden Konflikte und ungleiche Teilhabechancen problematisiert.[4] Darüber hinaus stellte sich eine Gemeindestudie vergleichsweise neuen Datums im Laufe des Forschungsprozess als relevant heraus: Kai Brauers Studie „Bowling

---

[4] So zeigt Sighard Neckel anschaulich, wie nach dem Mauerfall das asymmetrische Machtgefälle der Etablierte-Außenseiter-Konfiguration in der Stadt Waldleben (Pseudonym) umgekehrt wird und wie der „Hinzutritt eines Dritten" (in diesem Fall der westdeutschen Politik) hierzu beitrug.

4.1 Studiendesign – Die Tradition der Community Studies

together" (2005), die sich der Analyse von lokalem Sozialkapital in einer amerikanischen Farmgemeinde widmet und durch ethnografische Forschung lokale Vergemeinschaftungsprozesse in den Blick nimmt. Auch diese Studie zeigt deutlich auf, dass Gemeindestudien keineswegs „nur" deskriptiven Charakter haben, sondern im Gegenteil, und im Sinne der Grounded-Theory-Methodologie, zur Theoriebildung genutzt werden können (vgl. Brauer 2005: 17).

Die vorliegende Studie orientiert sich außerdem an ausgewählten Studien in der Tradition der Community-Power-Forschung. Dieser geht es um die Aufdeckung kommunaler Machtstrukturen.[5] Während die frühen Studien entweder mit dem Entscheidungs-, dem Positions- oder dem Reputationsansatz arbeiten, um jene zu rekonstruieren, wurde für die vorliegende Studie keine der genannten Untersuchungsmethoden als geeignet angesehen. Denn ihnen allen liegt die Annahme einer Dichotomie von Mächtigen und den ihrer Macht Unterworfenen zugrunde, die der Komplexität realer Machtbeziehungen nicht angemessen sind. Das zeigt auch die Waldleben-Studie (Neckel 1999), die deshalb für den methodischen Zugang besser als Orientierungsfolie geeignet ist, ebenso wie die in den Jahren 1968 und 1980 durchgeführte Wertheim-Studie von Ellwein und Zoll (2003 [1982]). Letztere untersuchen zwar ebenfalls Entscheidungsprozesse beziehungsweise jene, die Zugang zu Entscheidungsprozessen haben (Ellwein/Zoll 2003: XLI), thematisieren darüber hinaus aber auch deren Wirkmächtigkeit in diskursiven Auseinandersetzungen über gemeindliche Entwicklungsthemen und ihren Beitrag zur Prägung lokaler Normen (ebd.: 21). Dabei wurden soziale und politische Teilnahme durch eine standardisierte „Querschnittsbefragung" (ebd.: 136) der Bürgerschaft ebenso erfasst wie Zuschreibungen von Macht und

---

[5] In der Community-Power-Forschung wurden verschiedene methodische Herangehensweisen entwickelt. Während mit dem Entscheidungsansatz untersucht wird, welche Personen an wichtigen kommunalpolitischen Entscheidungen beteiligt sind, versucht der Reputationsansatz lokale Eliten zu identifizieren und die lokale Machtstruktur nachzuzeichnen (vgl. Haasis 1978: 18). Dies geschieht, indem man einen „repräsentativen Querschnitt" (ebd.) oder eine Expertengruppe befragt (ebd.: 16–20). Die Positionsmethode bemisst kommunale Machtstrukturen danach, wer im institutionellen Gefüge die höchsten Positionen innehat (ebd.: 23). Bedeutung erlangte zudem der Nichtentscheidungsansatz von Bachrach/Baratz (1962); durch ihn sollten Personen identifiziert werden, die ein Interesse daran haben, dass bestimmte Themen oder Forderungen nicht artikuliert oder bereits im Vorfeld abgeblockt werden und so gar nicht erst zur Entscheidung kommen (Haasis 1978: 24). Da die Entscheidung für den einen oder anderen Ansatz meist auch unterschiedliche Ergebnisse zeitigte, geriet die Kontroverse über die konkurrierenden Herangehensweisen nach Haasis (1978: 15) gar zum Methodenstreit. Später galt die Kombination der Methoden jedoch als unstrittig, ihre Verknüpfung als (Erkenntnis-)gewinnbringend (vgl. Ellwein/Zoll 2003: XXI).

Einfluss im Gemeindegeschehen (ebd.: 19, 135, 198). Im Zentrum ihrer Untersuchung stehen „Ausmaß, Form und Inhalt der Mitwirkung der Bevölkerung an lokalen Entscheidungen" (ebd.: 7). Zusätzlich zur standardisierten Befragung wurden Interviews mit als „mächtig" identifizierten Personen durchgeführt und mit den Betroffenen ausgewählter Maßnahmen. Es wurden Gemeinderatsprotokolle ausgewertet und Interviews mit Redakteur*innen der Lokalpresse, Kommunalpolitiker*innen, Verwaltungsangestellten und Repräsentant*innen von örtlichen Vereinen geführt (vgl. ebd.: 102 f.). Darüber hinaus wurden ausgewählte Zeitungsartikel entlang bestimmter, im Vorfeld erarbeiteter Dimensionen oder Hypothesen inhaltsanalytisch ausgewertet (ebd.).[6] Die Studie sensibilisierte dafür, dass kommunale Entwicklungsprozesse vielseitig beeinflusst werden und dass verschiedene Materialquellen herangezogen werden können. Dennoch wurde das inhaltsanalytische Vorgehen aus methodologischen Gründen nicht zum Vorbild genommen, weil eine Setzung von Kategorien ex ante der Logik der Grounded-Theory-Methodologie widerspricht.

In der vorliegenden Studie werden zwei pseudonymisierte Gemeinden betrachtet: Wiesental in Bayern, Deutschland und Kirchdorf in Südtirol, Italien. Durch die vergleichenden Ethnografien in zwei Gemeinden mit dem Ziel, Muster der Bewältigung sozial-ökologischen Wandels aufzuzeigen, unterscheidet sich die vorliegende Arbeit von den aufgeführten klassischen Gemeindestudien, deren Anliegen meist Themen gesellschaftlicher Integration sind. Mir geht es in der vorliegenden Studie vor allem um die Frage, wie Akteure in ländlichen Gemeinden gemeinsam sozial-ökologischen Wandel bewältigen. Deshalb exploriert diese Arbeit, ob und wie Nachhaltigkeitsaspekte von den Bürgerinnen und Bürgern im Zusammenhang mit kommunaler Entwicklung gesehen werden. Damit werden zusätzlich zu raumsoziologischen Aspekten, die auch bereits Teil der frühen Community Studies waren, insbesondere Beziehungen zwischen Gesellschaft und Natur mit einbezogen (vgl. Abschn. 2.2).

In ländlichen Alpengemeinden gibt es bezogen auf sozial-ökologischen Wandel durchaus ähnliche Problemfelder und Herausforderungen, aber oft völlig unterschiedliche Reaktionen darauf. Der Vergleich zwischen zwei Gemeinden schärft den Blick für diese Unterschiede und macht sie oft überhaupt erst sicht- und analysierbar. Durch die Untersuchung einer Gemeinde in Bayern sowie einer Gemeinde in Südtirol werden nationalstaatliche Rahmenbedingungen variiert und ermöglichen so, die Bedeutung institutioneller Vorgaben und politischer Leitlinien zu reflektieren. Darüber hinaus können etwaige kulturelle Unterschiede

---

[6] In ihrer Arbeit kombinierten Ellwein und Zoll damit Entscheidungs-, Reputations- und Positionsansatz (ebd.: 28, 198).

zwischen den Gemeinden berücksichtigt werden. Dies soll idealerweise verhindern, in der Analyse von Bewältigungsstrategien vorschnell auf eine überall gleiche, gleichsam essentialistisch der Bevölkerung anhaftende „Alpenkultur" zu schließen.

Damit wird anders als in den klassischen Community Studies der ersten Chicago School nicht auf benachteiligte Gruppen fokussiert und ausschließlich deren Lebens- und Alltagswelt analysiert. Außerdem leitete, wie dargelegt, weder die in der Community-Power-Forschung gängige Entscheidungs- noch die Reputationstechnik die Auswahl der Gesprächspartner*innen an. Vielmehr sprach ich in den Gemeinden mit Feldteilnehmer*innen quer durch die Sozialstruktur und beobachtete zu unterschiedlichen Anlässen. Besonderes Augenmerk legte ich auf konflikthafte Auseinandersetzungen über Entwicklungslinien und auf konkrete Entwicklungsprozesse in der jeweiligen Gemeinde (vgl. Neckel 1999) sowie auf die Kooperation von Akteuren in diesem Zusammenhang. Insofern nimmt die vorliegende Studie das Beobachtungsparadigma der Chicago School auf und erkundet durch ethnografische Feldforschung Muster von Konflikt und Kooperation und inwiefern diese mit der Bewältigung sozial-ökologischen Wandels in Verbindung stehen. Für die Exploration dieser zu Beginn der Studie sehr weit gefassten Frage wurde die Grounded-Theory-Methodologie (GTM), genauer gesagt ihre konstruktivistische Weiterentwicklung unter anderen durch Kathy Charmaz (2014) und Adele Clarke (2005) gewählt.

4.2 Methodologie – Zur Verbindung von konstruktivistischer Grounded Theory und soziologischer Ethnografie

Im Folgenden wird erläutert, warum ich mich für die Variante der konstruktivistischen Grounded-Theory-Methodologie (GTM) entschieden und inwieweit ich meinen Forschungsprozess nach deren Annahmen und Kriterien organisiert habe.[7] Um die Entscheidung für eine konstruktivistische Variante der GTM nachvollziehbar zu machen, werden zunächst die prägenden Verfahrensschritte dargestellt, auf welche alle Weiterentwicklungen der GTM aufbauen. Anschließend wird die methodologische Passung zwischen GTM und soziologischer Ethnografie im Rahmen dieser Studie ausgeführt.

---

[7] Davon ausgehend wird im weiteren Verlauf von Kapitel 4 mein Vorgehen im Forschungsprozess vom ersten Feldzugang bis zur Verschriftlichung der Ergebnisse nachvollzogen.

Die Grounded Theory wurde von Barney Glaser und Anselm Strauss (1967) als Methode, vor allem aber auch als Methodologie etabliert, die Wege zu einer „Theoriebildung aus den Daten heraus" aufzeigen sollte (Interview mit Anselm Strauss 2007). Mit ihrem gemeinsamen Buch „The Discovery of Grounded Theory" (Glaser/Strauss 1967) legten sie hierfür den Grundstein. In der darin formulierten Ausgangsidee einer Grounded Theory, aber auch in späteren Weiterentwicklungen gibt es zentrale Elemente, die den verschiedenen Ausarbeitungen gemeinsam sind.

Alle Spielarten der GTM bedienen sich des Prinzips des „Theoretical Sampling" (Glaser/Strauss 2010 [1967]: 61). Die Forschung wird zu einem „Prozess der Datenerhebung, währenddessen der Forscher seine Daten parallel erhebt, kodiert und analysiert sowie darüber entscheidet, welche Daten als nächstes erhoben werden sollen und wo sie zu finden sind" (ebd.). Nach der ersten empirischen Forschung, den Interviews oder Beobachtungen wird das erhobene Material also zunächst analysiert und die weitere Forschung nach Aspekten geplant, die sich aus eben dieser Analyse ergeben. Daraus ergibt sich ein „iterativ-zyklische[r] Ablauf" (Strübing 2018: 141), in dem die Forscherin immer wieder zwischen Datenerhebung und Datenauswertung hin und her pendelt: Die Datenerhebung wird erst dann abgeschlossen, wenn eine „theoretische Sättigung" (Glaser/Strauss 2010: 77) erreicht ist. Von theoretischer Sättigung wird gesprochen, wenn im Zuge der Analyse keine neuen Aspekte mehr hinzukommen, mit denen sich eine Kategorie (weiter) ausarbeiten ließe (vgl. ebd.; Strauss 1991: 49). Dies ist der Punkt, an dem die Feld- beziehungsweise Erhebungsphase üblicherweise abgeschlossen wird. Ein weiterer Verfahrensschritt, dessen sich alle Varianten der GTM bedienen, ist das fortlaufende Schreiben von Memos (Glaser/Strauss 2010: 121; Strübing 2018: 139; Clarke 2012: 141).

Darüber hinaus bedienen sich Grounded Theories der „Methode des ständigen Vergleichens" (Glaser/Strauss 2010: 116; vgl. Mey/Mruck 2011: 27). Auf diese Weise entstehen aus der vergleichenden Analyse des empirischen Materials sukzessive Kodes und Kategorien, die ebenfalls in einem Prozess ständigen Vergleichens so lange verdichtet werden, bis sie zur Formulierung einer Theorie herangezogen werden können (vgl. Glaser/Strauss 2010: 119). Dies ist der zentrale Unterschied zu quantitativen, deduktiv angelegten Studien, die bereits mit theoriegeleiteten Kategorien operieren und vorgefasste Hypothesen am empirischen Material lediglich überprüfen. Auch bei der GTM werden Hypothesen gebildet. Dies geschieht jedoch sukzessive in der Auseinandersetzung mit dem erhobenen Datenmaterial und sie dienen nicht der Verifizierung oder Falsifizierung bereits vor Untersuchungsbeginn gefasster Ideen und Zusammenhänge (vgl. ebd.: 116–119). „Eine Grounded Theory wird aus den Daten gewonnen und nicht aus logischen Annahmen abgeleitet" (ebd.: 47). Es ergibt sich so ein Forschungsprozess, der zwischen qualitativer Induktion und der (eher deduktiven) Validierung erster theoretischer Konzepte oszilliert, aber auch Abduktionen, im Sinne kreativer, zunächst nicht unmittelbar von empirischem Material gedeckter Hypothesen, beinhalten kann (vgl. Strübing 2018: 141 f.).[8] Bei der GTM handelt es sich also um eine Form materialbasierter oder „datengegründeter" (Breuer/Muckel/Dieris 2018: 254) Theoriebildung, die erst im Verlauf der Datenanalyse geschieht. Am Ende des Vorgehens nach der GTM stehen Theorien mittlerer Reichweite, sogenannte middle range theories (vgl. Glaser/Strauss 2010: 50). Sie beanspruchen im Gegensatz zu Großtheorien keine universalistische Geltung. Im Unterschied zu jenen zeichnen sie sich vielmehr durch ihre begrenzte Reichweite aus und liefern Einsichten zu dem jeweils untersuchten Feld und/oder einem spezifischen Bereich der Sozialforschung (vgl. ebd.).

Bei der Frage, wie sozial-ökologischer Wandel bewältigt und gegebenenfalls gestaltet wird, ist es meines Erachtens notwendig, zunächst herauszufinden, inwieweit die Akteure sozial-ökologische Wandlungsdynamiken überhaupt wahrnehmen und wie sie diese einschätzen. Dies ist nur mit einer unvoreingenommenen, offenen Haltung der Forscherin möglich, wie sie durch das Postulat der Offenheit für die qualitative Sozialforschung typisch (vgl. Flick/Kardorff/Steinke 2010: 23) und insbesondere in der Methode der Ethnografie angelegt ist (für viele: vgl. Breidenstein et al. 2015: 37). Gleichzeitig arbeite ich unter der Annahme, dass es sozial-ökologischen Wandel gibt (vgl. Abschn. 2.2) und dass mein Fokus auf derartige Prozesse bereits eine Setzung ist, die als wichtige Präkonzeption fortlaufend mitreflektiert werden muss. Mit der datengegründeten Theoriebildung der GTM kann eine etwaige Diskrepanz von wissenschaftlich belegten sozialökologischen Herausforderungen beziehungsweise Nachhaltigkeitsanforderungen im Alpenraum und den jeweiligen Rationalisierungen der Akteure vor Ort exploriert und davon ausgehend verstehend erklärt werden. Hätte ich bereits streng theoriegeleitet mit Kategorien aus der Literatur mein Material befragt, blieben die von den Akteuren hergestellten Zusammenhänge womöglich im Dunkeln und ich würde manche Interpretationen des erhobenen empirischen Materials möglicherweise ex ante ausschließen. Gleichzeitig teile ich die Annahme insbesondere der konstruktivistisch orientierten GTM, dass man immer mit Vorwissen in ein Feld

---

[8] Allerdings ist das Prinzip der Abduktion in der glaserschen Variante der GTM so nicht vorgesehen, während Strauss (1991) und Strauss/Corbin (1996) explizit darauf hinweisen (vgl. Mey/Mruck 2011: 32) und insbesondere Vertreter*innen der konstruktivistischen GTM (vgl. Charmaz 2014; Charmaz 2008: 157) das Prinzip herausstellen.

geht (Charmaz 2014; Clarke 2012: 63 f.).[9] Forschende werden in Denken und Handeln implizit von den Theorien, mit denen sie sich auseinandersetzen, durch ihre Literaturrecherchen, aber auch durch ihre Haltung zu gesellschaftlichen Fragen beeinflusst. Diese Überzeugung reicht historisch in den Sozialwissenschaften weit zurück bis mindestens ins Jahr 1954 und zu Herbert Blumers paradigmatischem Aufsatz „What is Wrong with Social Theory", in dem er den Terminus „sensitizing concepts" (ebd.: 7) prägt. Darunter versteht er Konzepte, die Orientierung darin geben, wie man sich empirischen Fällen annähern kann, ohne dabei wie „definitive concepts" eindeutig vorzugeben, wie diese Fälle zu identifizieren und behandeln seien (vgl. ebd.). Donna Haraway wies 1988 darauf hin, dass das Wissen von Forscher*innen keineswegs „objektiv" sei, sondern dass es sich vielmehr um „situated knowledges", also situiertes Wissen (ebd.: 581) handle. Dies gilt es nach Ansicht mittlerweile zahlreicher Grounded Theorists anzuerkennen und produktiv zu nutzen (Charmaz 2014: 247; Breuer/Muckel/Dieris 2018: 83–122; Clarke 2012: 63 f.). Für die ethnografische Feldforschung halten Klaus Amann und Stefan Hirschauer fest, dass auch Feldteilnehmer*innen Interpretationen ihrer sozialen Welt vornehmen und theoretische Überlegungen dazu anstellen, was produktiv in die Analyse einbezogen werden könne (vgl. Amann/Hirschauer 1997: 26). Unter anderem aus diesen Gründen habe ich mich für die Anwendung einer konstruktivistischen Variante der Grounded-Theory-Methodologie (vgl. Charmaz 2014; Clarke 2005) und die (Weiter-)Verfolgung ethnografischer Erhebungsverfahren entschieden.

---

[9] Auch Glaser und Strauss positionierten sich zu dieser Frage. Bereits in „The Discovery of Grounded Theory" (hier in der deutschen Übersetzung zitiert) merken sie an, Forschende näherten sich „der Realität nicht als einer tabula rasa" (Glaser/Strauss 2010: 21) und sprechen von „theoretische[r] Sensibilität" (ebd.: 62). Allerdings vertraten sie in weiteren Publikationen unterschiedliche Standpunkte zum Umgang mit Vorwissen (vgl. Mey/Mruck 2011: 31). Während Glaser streng an den in „The Discovery of Grounded Theory" festgelegten Prinzipien festhielt, entwickelte Strauss zusammen mit Juliet Corbin die Methode weiter (vgl. Strauss/Corbin 1996). Glaser geht davon aus, dass die Theorie aus den Daten herausdestilliert werden kann und Wissen aus der Literatur wirklich erst dann hinzugezogen wird, wenn sich die zentrale Kategorie zur Bildung der Theorie herausgebildet hat (vgl. Mey/Mruck 2011: 31), auch wenn er durchaus anerkennt, dass man als Forscherin eine bestimmte Perspektive einnimmt, anhand der man interessante Phänomene entdeckt (vgl. ebd.: 32). Strauss und Corbin dagegen greifen Blumers Idee „sensibilisierender Konzepte" auf und meinen damit zu reflektierende Theoriebezüge, die bereits während der Feldforschung und in einem sehr frühen Stadium der Analyse hergestellt werden (vgl. Strauss/Corbin 1996; Mey/Mruck 2011: 32). Trotzdem gehen Strauss und Corbin möglicherweise weiterhin davon aus, man könne die eine Wirklichkeit abbilden. Dies legt der von Kritiker*innen angeprangerte Gebrauch von Termini wie „recognizing bias" und „maintenance of objectivity" nahe (vgl. Mey/Mruck 2011: 32).

4.2 Methodologie – Zur Verbindung von konstruktivistischer Grounded Theory ... 95

Die konstruktivistische Grounded Theory geht davon aus, dass es keine objektive Wirklichkeit gibt, die man aus den Daten herauslesen könnte. Für ihre Vertreter*innen ist Subjektivität sowohl der Datenerhebung als auch der Analyse inhärent. Daten sind für die konstruktivistisch orientierten Grounded Theorists damit vielmehr Konstruktionen, als dass sie im glaserschen Sinne „entdeckt" würden (vgl. Charmaz 2011: 186). Die konstruktivistische GTM macht die Reflexion der Subjektivität der Forschenden über den gesamten Forschungsprozess hinweg zu einem zentralen Verfahrensbestandteil und unterscheidet sich damit von den klassischen Varianten (vgl. ebd.: 194). Interviews (und Feldnotizen) sind genauso wie Analyseergebnisse immer koproduziert, bilden niemals „die" Wirklichkeit ab, denn „die" Wirklichkeit gibt es ihnen zufolge nicht. So erklärt Kathy Charmaz, zwar gebe es eine reale Welt, die jedoch niemals unabhängig von den Betrachterinnen sei, die sie von unterschiedlichen Standpunkten aus sehen können, und deren „Sichtweisen sich von den Standpunkten und Wirklichkeiten der Forschungsteilnehmer*innen unterscheiden können" (ebd.: 184). Exemplarisch zeigt Jörg Strübing in seinen Veröffentlichungen zur GTM den Standpunkt auf, dass Daten immer im Forschungsprozess koproduziert werden. Zunächst unterscheidet er zwischen „empirischem Material" und „Daten" (vgl. Strübing 2018: 51): Material sei das, „was wir z. B. an Dokumenten, Interviewtranskripten, Videos, Fotos oder Tonaufnahmen aus dem Untersuchungsfeld in die interpretative und analytische Arbeit einbringen" (ebd.: 51 f). Auch Material sei stets „gemeinsam mit den Akteuren im Feld produziert worden" (ebd.: 52). Daten seien wiederum „die kognitiven Relationen, die wir im analytischen Prozess" entwickelten (ebd.). Und Stefan Hirschauer hält fest: „Das Gros der qualitativen Sozialforschung stellt [...] ihre Daten erst *durch* ihre Analysen her" (Hirschauer 2014: 305, Kursivsetzung im Original). Er und Klaus Amann (Hirschauer/Amann 1997: 31) argumentieren in ihren Ausführungen zur ethnografischen Forschung, beschriebene Beobachtungen, Ereignisse oder Erlebnisse würden „erst durch Sinnstiftungen des Autors zu ethnografischen Daten". Clifford Geertz stellt klar: „Ethnographie ist dichte Beschreibung" (Geertz 2003: 15) und verdeutlicht, dass dichte Beschreibungen/Feldnotizen immer bereits eine Interpretation darstellen (ebd.: 14), sie sind Interpretationen aus einer bestimmten Perspektive (Atkinson 1992: 5; Dellwing/Prus 2012: 165). Gleichzeitig bedeutet diese Erkenntnis nicht, dass ich davon ausgehe, dass es keine „hartnäckigen Realitäten" (Dellwing/Prus 2012: 166) gibt, im Sinne einer stofflichen und sozialen Welt, die jenseits aktuellen Handelns liegt (vgl. Strübing 2008: 291). Vielmehr begreife ich Realität in pragmatistischer Tradition als etwas, das „im Handeln beständig neu hervorgebracht" (ebd.) wird.

Die vorliegende Studie versteht sich nicht zuletzt durch ihre Referenz auf die Gemeindestudien der Chicago School als soziologische Ethnografie. In Letzterer werden nicht wie in der klassischen anthropologischen Ethnografie „fremde", unvertraute Kulturen erforscht, sondern es wird eine Ethnografie im eigenen Kulturkreis in der „eigenen" Gesellschaft durchgeführt (vgl. Amann/Hirschauer 1997: 11; Knoblauch 2001: 124). Amann und Hirschauer (1997) plädieren (ganz im Einklang mit der bereits ausgeführten Forderung der konstruktivistischen GTM, jedoch ohne sich explizit auf diese zu beziehen) dafür, sich eigene Präkonzeptionen immer wieder bewusst zu machen und dadurch analytische Distanz zu erreichen. Sie prägten hierzu das fast schon klassische Postulat der „Befremdung der eigenen Kultur" (ebd.): Die Reflexion der aus dem eigenen Hintergrund erwachsenen Selbstverständlichkeiten und theoretischer (Vor-)Annahmen sowie die Distanzierung vom Feld während der analytischen Arbeit am Material kann zum einen die intersubjektive Nachvollziehbarkeit der Forschungsergebnisse erleichtern. Zum anderen werden die im Forschungsprozess getroffenen und noch zu treffenden Entscheidungen reflektiert und können in die Auswertung einbezogen werden. Aus diesem Prozess kann im Idealfall ein Erkenntnisgewinn entstehen. Die Autoren weisen darüber hinaus explizit darauf hin, dass man durch ethnografische Forschung „mittels systematischer Kontrastierungen zu Begriffskonstruktionen höherer Ordnung gelangen" (ebd.: 39) könne. Dies ist gleichermaßen eine Haltung und ein Vorgehen, das sich mit den Annahmen und Verfahrensprinzipien der GTM deckt, deren Entwicklung auch aus ethnografischer Feldforschung hervorging, unter anderem einer Studie im Krankenhaus: „Awareness of dying" (Glaser/Strauss 1965).

Die dargestellten methodologischen Grundannahmen bildeten die Basis für alle weiteren Entscheidungen im Feldforschungsprozess sowie für die Analyseschritte, die im Verlauf dieses Kapitels noch dargestellt werden. Welche Verfahren der Datenerhebung im Einzelnen in der vorliegenden Studie verwendet wurden, erläutert das folgende Unterkapitel.

4.3 Verfahren der Erhebung

Die vorliegende Studie bedient sich verschiedener Verfahren der Datenerhebung, wie sie typischerweise in soziologischen Ethnografien angewandt werden. Die Datenerhebung beinhaltet dabei bereits vor Beginn des Promotionsprojektes geleistete Vorarbeiten (teilnehmende Beobachtungen und informelle Gespräche, die Durchführung leitfadengestützter Interviews sowie das Sammeln verschiedener Dokumente). Entsprechend wird zunächst der sich auf diese Vorarbeiten stützende Feldzugang geschildert, bevor anschließend die Methoden und Techniken der Datenerhebungen im Einzelnen vorgestellt werden.

4.3.1 Feldzugang und Vorarbeiten – Forschung in ländlichen Alpengemeinden

Zur Wahl meines Untersuchungsfeldes nutzte ich den Feldzugang aus einem Forschungsprojekt, an dem ich mitgewirkt hatte: „Klima Regional – soziale Transformationsprozesse für Klimaschutz und Klimaanpassung"[10]. In dem Verbundprojekt, an dem drei verschiedene Hochschulen (LMU München, Hochschule München, Wissenschaftszentrum Umwelt/Universität Augsburg) beteiligt waren, wurden insgesamt sechs Gemeinden im bayerischen und Südtiroler Alpenraum auf die übergreifende Fragestellung hin untersucht, wie „sich klimabezogene Transformationsprozesse auf der Ebene von Gemeinden" entfalten, inwiefern die verschiedenen Sichtweisen und Erfahrungen der Akteure im Zusammenhang mit dem Klimawandel rekonstruierbar werden und wie diese wiederum „die Herausbildung klimarelevanter Aktivitäten" beeinflussen (vgl. Universität Augsburg). Aus meiner Mitarbeit in dem Teilprojekt an der Hochschule München waren mir Kirchdorf und Wiesental bereits bekannt. Indikatoren, welche für die damalige Auswahl der Gemeinden herangezogen wurden, waren Kleinräumigkeit beziehungsweise eine Einwohnerzahl von weniger als 3.000 Personen (da so ein Überblick über die Akteure im Feld gewährleistet sein sollte), eine Steillage im Dorfgebiet (wegen der potenziell damit verbundenen Naturgefahren, die durch den Klimawandel verschärft werden können) und eine im Vorfeld recherchierbare Aktivität in Richtung nachhaltiger Entwicklung (beispielsweise Bemühungen im Bereich regenerative Energie). Die im Rahmen des Projekts durchgeführten Interviews und Beobachtungen dienten dem bereits erläuterten und für das Projekt titelgebenden Ziel, Einsichten zum Umgang mit Klimaschutz und Klimaanpassung in der jeweiligen Gemeinde zu gewinnen. Zudem fertigte ich bereits vom ersten Feldzugang an Feldnotizen sowie ein Forschungstagebuch an.

Nach den Prinzipien des theoretischen Samplings stützte sich die Fokussierung meiner Forschung für die Doktorarbeit zunächst auf die Analyse des

---

[10] Gefördert vom Bundesministerium für Bildung und Forschung, Laufzeit 9/2010 bis 12/2013. Projektleitung: Prof. Dr. Stefan Böschen, Prof. Dr. Bernhard Gill, Prof. Dr. Cordula Kropp.

bereits vorliegenden empirischen Materials. Nach Abschluss des Klimaprojektes und zu Beginn meiner Arbeit an der Dissertation analysierte ich zunächst die Interviews und Feldnotizen aus dem Vorgängerprojekt in Hinblick auf Konflikte und Kooperationsprozesse im Spannungsfeld sozial-ökologischer Wandlungsprozesse. Angeleitet durch das Mapping-Verfahren der Situationsanalyse nach Adele Clarke (2005) wählte ich Prozesse aus, die ich genauer betrachten wollte (vgl. Abschn. 4.5 Praxis der Auswertung). Darauf aufbauend sprach ich weitere Interviewpartner*innen an und führte teilnehmende Beobachtungen von Veranstaltungen zu aktuellen kommunalen oder ehrenamtlich getragenen Projekten durch, welche die Entwicklung der Gemeinde betreffen. Dem iterativ-zyklischen Modell der GTM folgend interviewte ich Personen, die bei den teilnehmenden Beobachtungen als Gesprächspartner*innen relevant erschienen, weil Gespräche mit ihnen für die weitere Theoriebildung beziehungsweise zur weiteren Vertiefung sich abzeichnender Zusammenhänge herangezogen werden sollten. So besuchte ich beispielsweise ein Ehepaar, das sich bei der Einweihung einer örtlichen Tiefgarage in Kirchdorf kritisch zu Umweltaspekten geäußert hatte. Auf Basis der bereits erfolgten empirischen Forschung und erster theoretischer Überlegungen sprach ich mit Personen, die als exkludierte oder marginalisierte Gruppe dargestellt wurden, beispielsweise in den Ort zugezogene Bürger*innen, die nach Auskunft anderer Dorfbewohner*innen weniger am Dorfgeschehen beteiligt seien, und mit aus dem Ausland zugewanderten Mitbürger*innen, die anfänglich nicht mit den Kommunikationsstrukturen vor Ort vertraut waren. Darüber hinaus führte ich Interviews mit Gemeinderatsmitgliedern unterschiedlicher politischer Ausrichtung und sammelte zusätzlich forschungsrelevantes lokales Schrifttum (vgl. Abschn. 4.4 Datenkorpus). Im Verlauf meiner Studie für das Dissertationsprojekt fanden (zwischen Januar 2014 und November 2017) mehrere kürzere Feldaufenthalte zwischen einem und acht Tagen statt. Während dieser fertigte ich ethnografische Feldnotizen an und führte leitfadengestützte Interviews durch. Die gewählte Fokussierung stützte sich auf meine erklärtermaßen subjektiven und theoretischen Vorannahmen, da ich Prozesse zur weiteren Beobachtung auswählte, die ich als eng mit den verschiedenen Dimensionen sozial-ökologischen Wandels verknüpft ansah und die sich meinen ersten Analysen zufolge durch ihre Konflikthaftigkeit oder Kooperation zwischen verschiedenen Akteuren auszeichneten.

Der erste Feldzugang war also bereits vor Beginn der Dissertation erfolgt: Die Bürgermeister, Gemeindeangestellten und ehrenamtlichen Funktionsträger*innen kannten mich bereits als Hochschulmitarbeiterin, die sich für Klimaschutz und Klimaanpassung interessiert. Da in beiden Gemeinden zu diesem Thema auch eine quantitative postalische Befragung durchgeführt worden war, war das Projekt

4.3 Verfahren der Erhebung

bereits einer breiteren Öffentlichkeit bekannt. Zu Beginn meiner erneuten Feldaufenthalte kontaktierte ich, den Prinzipien des Theoretical Sampling folgend, gezielt Personen, die ich aufgrund der ersten Interviewanalyse und meiner bisherigen Beobachtungen für interessante Gesprächspartner*innen hielt. Ich klärte meine Rolle als ehemalige Projektmitarbeiterin, die nun um Unterstützung für ihr Promotionsvorhaben bat (vgl. die Ausführungen zum informierten Einverständnis in Abschn. 4.6.1). Die bisherigen Feldaufenthalte hatten gezeigt, dass die Bevölkerung in der Südtiroler Gemeinde in der direkten Ansprache leichter zu erreichen ist. Entsprechend dieser Erfahrungen meldete ich mich vorab telefonisch bei einem örtlichen Unternehmer und mietete mich auf einem kleinen Bauernhof im Ortszentrum ein. Die weiteren Feldkontakte ergaben sich aus den Erkenntnissen im vorgenannten Interview und den weiteren Ereignissen und Gesprächen im Feld. Beispielsweise erzählte mir meine Herbergswirtin, eine Bäuerin im Seniorinnenalter, viel über das Gemeindeleben. Sie ermunterte mich, bei verschiedenen Personen einfach an der Tür zu klingeln und mich vorzustellen – ein Vorgehen, das ich selbst so wohl nicht gewählt hätte, da es mir zu aufdringlich erschienen wäre. Tatsächlich traf ich auf sehr gesprächsbereite Bürger*innen, die mich in mehreren Fällen zu einem direkt anschließenden Interview in ihre Wohnung einluden. Auch in der bayerischen Gemeinde klärte ich in einem telefonischen Kontakt mit der Geschäftsführerin der Gemeinde meine veränderte Rolle und erhielt im Zeitverlauf auch Einladungen zu Veranstaltungen in der Gemeinde. Die weitere gezielte Ansprache von Interviewpartner*innen stellte sich im bayerischen Wiesental dann aber als unerwartet schwierig heraus. Ich wurde von ehrenamtlich im Gemeindeleben engagierten Bürger*innen oft aus Zeitgründen auf spätere Termine vertröstet. In beiden Gemeinden überließ ich meinen Gesprächspartner*innen eine Studieninformation, in der mein Forschungsvorhaben skizziert und die Anonymisierung – insbesondere persönlicher Daten – zugesichert wurde und in der meine Kontaktdaten zu finden waren (vgl. Abschn. 4.6 Reflexivität im Forschungsprozess). Ein großer Teil der analytischen Arbeit stützt sich auf Material aus den durchgeführten leitfadengestützten Interviews.

4.3.2 Leitfadeninterviews

Für die vorliegende Studie wurden neben informellen Gesprächen im Feld (vgl. Abschn. 4.3.3) insbesondere Leitfadeninterviews geführt. Jörg Strübing unterscheidet zunächst grundlegend das klassische Leitfadeninterview von

Expert*innengesprächen (die auch mittels Leitfäden durchgeführt werden), narrativen Interviews und ethnografischen Interviews (vgl. Strübing 2018: 102).[11] Die Technik des klassischen Leitfadeninterviews vermittelt demnach zwischen den gegensätzlichen Anforderungen von Offenheit und Strukturiertheit (vgl. ebd.), um schließlich Material gewinnen zu können, das zum gewählten „methodologische[n] Forschungsgegenstand" (Hellferich 2009: 29) passt. Nach Strübing wird dies dadurch sichergestellt, dass relevante Themen und Fragerichtungen berücksichtigt werden, ohne dass das Leitfadeninterview bei der Formulierung der Fragen und bei der Abfolge der Themen restriktiv ist (vgl. Strübing 2018: 102). Dies entspricht auch der von Hopf eingeforderten Vermeidung einer sog. „Leitfadenbürokratie" (Hopf 1978).

Es wurde also mit Bedacht ein Leitfaden ausgearbeitet, der sowohl ausformulierte Fragen zu bestimmten Themenbereichen enthielt als auch optionale Nachfragen mit darin hervorgehobenen Stichworten. Da das Ziel neben der Exploration unterschiedlicher Perspektiven auf sozial-ökologischen Wandel und dessen (kollektive) Bewältigung insbesondere auch der Vergleich von Erzählungen sowie von darüber rekonstruierten Deutungen und Handlungsweisen war, bedurfte es an einzelnen Stellen ausformulierter Fragen, die allen Interviewpartner*innen und in der Interviewsituation dann auch möglichst gleichlautend gestellt wurden. An anderen Stellen wurde mehr Raum für die ad-hoc-Formulierung von Fragen oder die Abwandlung ausformulierter Fragen gelassen. Die Interviewfragen wurden dem jeweiligen Gesprächsverlauf und der Gesprächssituation angepasst. Denn das klassische Leitfadeninterview ist bewusst so angelegt, dass Fragen zum Teil erst in der Interviewsituation formuliert oder aber an die Situation angepasst formuliert werden (vgl. Strübing 2018: 88).

Der Leitfaden wurde je nach Interviewpartner*in und im Fortschreiten des Erhebungsprozesses um spezifischere Fragen ergänzt oder Fragen wurden an den jeweiligen Kontext angepasst. Wurde etwa ein Vertreter des Bauernverbands befragt, so wurde nach den spezifischen Anliegen und Problemlagen der Landwirt*innen gefragt. Da im Verlauf der Forschung immer mehr Informationen zu verschiedenen Entwicklungsprojekten und kontrovers diskutierten Themen eingeholt werden konnten, konnten auch in später durchgeführten Interviews konkretere Nachfragen diesbezüglich gestellt werden. Beispielsweise wurde bei im Interview erwähnten (Nutzungs-)Konflikten zwischen Landwirtschaft und Tourismus in der Südtiroler Gemeinde Kirchdorf aktiv nachgefragt, welche

---

[11] Uwe Flicks Begriff von Leitfadeninterviews dagegen ist eher breit angelegt, er subsumiert darunter unter anderem ethnografische Interviews (etwa nach Spradley 1979) und Expert*inneninterviews (vgl. Flick 2010: 194).

4.3 Verfahren der Erhebung

Anstrengungen von Seiten der Gemeindeverwaltung und den jeweiligen Interessensgruppen in der Sache unternommen wurden. (Interviewerin: „Und wie hat man sich dann geeinigt oder wie ging das weiter?" INT_K_W: 89 f).

Zu Beginn des Gesprächs bat ich mein Gegenüber, mir das Dorf aus seiner Sicht zu beschreiben. Zudem machte ich deutlich, dass ich als Außenstehende keine gute Kenntnis des Ortes habe: „Ich komme von außen in die Gemeinde und würde mir gerne ein Bild von ihr machen. Sie sind mittendrin: Wie würden Sie Wiesental/Kirchdorf beschreiben?" Gleichzeitig übernahm ich diese von mir mitgestaltete Frage aus dem vorangegangenen Forschungsprojekt „Klima regional", um letztlich von möglichst allen befragten Akteuren diese Beschreibungen vorliegen zu haben. Letztere unterschieden sich in ihren Schwerpunktsetzungen oft stark voneinander und waren allein deshalb sehr aufschlussreich. Weitere Fragen, die ich übernahm, da sie mir sehr sinnig und im Hinblick auf die Generierung reicher Beschreibungen vielversprechend erschienen, betrafen die Entwicklung des Ortes – sowohl rückblickend auf die letzten Jahrzehnte als auch für die nächsten rund 30 Jahre in die Zukunft gedacht. Insgesamt setzte sich der Leitfaden aus fünf verschiedenen thematischen Blöcken zusammen: Neben der bereits dargelegten Einstiegsfrage gab es einen Fragenkomplex zum persönlichen Engagement im Gemeindeleben (eine Frage nach der Relevanz von Fördergeldern wurde hier gestellt). Des Weiteren gab es Fragen zur Entwicklung der Gemeinde, allgemeine Fragen zu Kooperations- und Entscheidungsprozessen in der Gemeinde (hieraus speisten sich letztlich Beobachtungen zur politischen Kultur beider Gemeinden) sowie Fragen zu aktuellen Projekten in der Gemeinde (hier wurde explizit zu aktuellen Konflikt- und Kooperationsprozessen gefragt). Meist gegen Ende des Interviews stellte ich Fragen zu Dynamiken sozial-ökologischen Wandels (Klimawandel, demografischer Wandel und sozio-ökonomischer Strukturwandel). Sie dienten dem Abgleich, ob im Gespräch aufgebrachte Themen mit diesen Wandlungsdynamiken verknüpft wurden beziehungsweise was die Gesprächspartner*innen in ihrem lokalen Lebenszusammenhang mit diesen Schlagwörtern verbinden. An dieser Stelle stellte ich außerdem gezielt (Nach-)Fragen zu Projekten oder Themen, die sich über verschiedene Interviews und Beobachtungen hinweg als kontrovers herausgestellt hatten und die ich mit den genannten Dynamiken sozial-ökologischen Wandels assoziierte. Dies mag zunächst wie eine vermeidbare Wiederholung von Fragen oder Themen anmuten, doch spiegelt es vielmehr bewusst angewandte Fragetechniken wider. Das Wiederholen von Gesagtem ist ein typisches Element von qualitativen Interviews (vgl. Helfferich 2009: 105). Auch Techniken wie Zurückspiegeln, Paraphrasieren und das Angebot von Deutungen (vgl. ebd.) zählen zu den gängigen Vorgehensweisen. Das Wiederholen von Aussagen der Interviewpartner*innen geht oft damit einher, dass

Gesagtes in der Sprache der Informant*innen in weitere Fragen der Interviewerin aufgenommen wird (vgl. Spradley 1979: 63). In der Kombination verschafft dies beiden Parteien im Interview Zeit, Gesagtes zu reflektieren und sich auf eine neue Frage einzustellen; gleichzeitig zeigt die Interviewerin, dass sie daran interessiert ist, die Sprache und Kultur ihres Gegenübers zu lernen bzw. zu verstehen (ebd.: 81). Für das Gesprächsende behielt ich mir die fakultative Frage nach weiteren für ein Forschungsthema interessante Gesprächspartner*innen vor. Unmittelbar nach den Interviews fertigte ich Postscripta an, die Informationen zur Interviewsituation enthielten, teilweise ergänzende Informationen zu Interviewpartner*innen und über Geschehnisse während des Interviews, die nicht auf Tonband aufgezeichnet wurden beziehungsweise sich einer Aufzeichnung entziehen.

Die Interviews fanden in der Regel bei den Interviewpartner*innen zuhause statt. Die Interviews mit den amtierenden Bürgermeistern fanden in deren Büros statt, vereinzelt wurden Gesprächspartner*innen auch in Settings wie dem lokalen Bürgerheim oder in Räumlichkeiten des Unternehmens des*der Befragten interviewt. Zu Beginn des Gesprächs legte ich meinen Interviewpartner*innen (nochmals) die bereits erläuterte Studieninformation vor und erzählte eingangs nochmals vom Zweck und den Zielen meiner Arbeit. In vielen Gesprächen tauchte auch zu Beginn schnell das Thema Sprache auf – manche Interviewpartner*innen fragten mich, ob ich denn den örtlichen Dialekt verstehen könne. Ich ermunterte daraufhin meine Gesprächspartner*innen stets dazu, in ihrer ganz normalen Alltagssprache mit mir zu sprechen und versicherte, dass ich nachfragen oder intervenieren würde, wenn ich nichts mehr verstünde. Da ich mich mit bayerischer Klangfärbung oder explizitem bayerischen Dialekt an die Leute wandte, fassten sie offenbar Vertrauen und trauten mir zu, sie zu verstehen, auch wenn sie sich extra rückvergewisserten, ob dem wirklich so sei. Dieses Vorgehen ähnelt dem, was Spradley in seinem Verständnis von ethnografischen Interviews als „native language explanations" (Spradley 1979: 59) beschreibt – eine Technik, die sich auch in meine Arbeit mit einem klassischen Interviewleitfaden gut integrieren ließ. Gemeint ist die Ermunterung des Gegenübers zu Beginn der Unterhaltung, in der Sprache zu sprechen, die es gewöhnlich in seinem kulturellen Feld spricht. Die Entscheidung für den Gebrauch bzw. die Zulassung von Dialekt im Interview war durchaus bedeutend, da sich im Zuge der Analyse andeutete, dass Sprache ein wichtiges Distinktionsmerkmal im Dorfleben sein könnte. Ich erklärte meinen Gesprächspartner*innen stets, dass ich einen Leitfaden dabei hätte, der aber letztlich nur dem Ziel diene, dass ich bei Bedarf darin blättern könne, um eventuell noch nicht angesprochene Themen noch ins Gespräch aufzunehmen oder um mir Gesagtes als Gedankenstütze kurz zu notieren. Hierdurch sollte, wie bereits ausgeführt, vermieden werden, in eine „Leitfadenbürokratie" (Hopf 1978) zu verfallen, also so stark an den vorformulierten Fragen und deren Reihenfolge festzuhalten, dass die Gewinnung von Informationen eher blockiert als ermöglicht wird und dass kaum Platz bleibt für Gesprächspartner*innen, um ihre eigenen Relevanzstrukturen zu entfalten (vgl. ebd.: 101 f).

4.3.3 Teilnehmende Beobachtung

Vom ersten Feldzugang an hielt ich meine Beobachtungen und Gedanken schriftlich fest. Zu Beginn waren die Feldnotizen sehr allgemein beschreibend und unspezifisch, nach und nach wurden sie fokussierter, da die Anlässe zur Beobachtung immer gezielter ausgewählt werden konnten. Dabei folgte die Fokussierung den Kooperations- und Konfliktlinien im Dorfgeschehen sowie den von mir damit assoziierten sozial-ökonomischen Wandlungsdynamiken. Dieses Vorgehen entspricht auch dem von Spradley (1980: 33 ff.) dargelegten Vorgehen in der Ethnografie: Während zu Beginn zunächst „descriptive observations" durchgeführt werden, um einen Überblick über die soziale Situation und das mit ihr verbundene Geschehen zu gewinnen, folgen nach der ersten Analyse der so generierten Daten „focused observations". Im Anschluss an wiederholte fokussierte Beobachtungen und weitere Analysen führt die Ethnografin schließlich „selective observations" durch. Zugleich werden während der gesamten Untersuchungsdauer immer wieder deskriptive Beobachtungen gemacht (vgl. ebd.). Dieses Vorgehen der zunehmenden Fokussierung in der Ethnografie entspricht den bereits beschriebenen Prinzipien der Grounded-Theory-Methodologie. Spradley (1979: 11) thematisiert diese Parallele zwischen Ethnografie und Grounded Theory und merkt explizit an: „Ethnography offers an excellent strategy for discovering grounded theory." In Bezug auf die Formen von teilnehmenden Beobachtungen unterscheidet Spradley (1980: 58–62) verschiedene Grade der Teilnahme – von passiver, über moderate hin zu aktiver und kompletter Teilnahme. Ich entschied mich durchgehend für eine passive Teilnahme, um ein unaufdringliches Beobachten des Geschehens zu ermöglichen. Da ich in der Gemeinde bereits als Forscherin bekannt war und die Einheimischen durch die zahlreichen Tourist*innen die Anwesenheit ortsfremder Personen ohnehin gewohnt waren, wurde diese Rolle von den Dorfbewohner*innen scheinbar auch ohne Weiteres angenommen. Neben Gesprächen auf der Straße, im örtlichen Gasthof oder in Geschäften im Dorf besuchte ich beispielsweise Bürgerversammlungen, die Einweihungsfeier einer kommunalen Parkgarage, Arbeits- und

Informationstreffen zu einem Dorfladen, Seniorenwohnen und einer geplanten Nachbarschaftshilfe.

Meine Eindrücke von Ortsspaziergängen, Busfahrten, dem Besuch von Gaststätten und örtlichen Geschäften sowie von Unterhaltungen auf der Straße habe ich in einem Forschungstagebuch festgehalten. Das „field work journal" sieht auch Spradley (1980: 71) als essenziellen Bestandteil ethnografischer Forschung. Für gezieltere teilnehmende Beobachtungen, etwa bei Bürgerversammlungen, legte ich eigens Notizen an. Bei meinen Beobachtungen folgte ich dem von Dellwing und Prus (2012: 177–182) vorgeschlagenen Vorgehen zu inhaltlichen Feldnotizen. Während ich mir unterwegs und beim Besuch von Veranstaltungen mit „Gekritzel" (ebd.: 178) behalf, arbeitete ich die gesammelten Notizen zeitnah zu ausführlicheren „Beschreibungen" (ebd. 179) aus. Nach informellen Unterhaltungen beispielsweise zog ich mich so bald wie möglich zurück, um mir Zitate möglichst authentisch zu notieren (vgl. Emerson/Fretz/Shaw 2011: 63–66). So gelangte ich von frischen Feldeindrücken, erstem Gekritzel und detaillierteren Beschreibungen in einer dritten Stufe zu „detaillierte[n] Notizen" (ebd.: 180). Bei Ausarbeitung zu detaillierten Notizen, die für eine dichte Beschreibung herangezogen werden können, wurde so aus einem „condensed account" (Spradley 1980: 69) ein „expanded account" (ebd.: 70). Neben inhaltlichen Notizen führen Dellwing und Prus (2012) auch „Analysenotizen" (dies.: 182) und „[f]eldpraktische Notizen" (ebd.: 190) an. In Analysenotizen kommt es zunächst zur „prozessanalytische[n] Umformulierung" (ebd.: 183) dessen, was in Feldnotizen festgehalten wurde. Dabei ist analytischer soziologischer Wortschatz zur Beschreibung der Zusammenhänge und Prozesse gefragt, ohne allerdings die Geschehnisse, wie man sie im Feld beobachtet hat, gänzlich zu überschreiben (ebd.: 184 f.). Es folgen dadurch zwangsläufig „konzeptionelle Umordnungen" (ebd.: 185). Letztlich ist damit ein Prozess des Kodierens gemeint, bei dem dieselben Szenen in verschiedenen Kategorien beziehungsweise Kodes wiederholt auftauchen können (vgl. ebd.). Feldpraktische Notizen sollen im Feld getroffene Entscheidungen und Annahmen, erhaltene oder auch verwehrte Zugänge, Reflexionen zur eigenen Rolle sowie weitere forschungspraktische „Probleme", die im Zuge der Feldforschung aufgetreten sind, festhalten (vgl. ebd.: 191). Sowohl das Anfertigen von analytischen als auch feldpraktischen Notizen wurde durch das kontinuierliche Schreiben von Memos im Auswertungsprozess (vgl. Abschn. 4.5 Praxis der Auswertung) aufgefangen.

4.3.4 Sammlung von Felddokumenten

Über den Zeitraum meiner Feldaufenthalte hinweg sammelte ich zudem Dokumente über Entwicklungsprozesse in den beiden Gemeinden. Methodologisch gilt es hierbei zu reflektieren, dass diese Texte aus einer bestimmten Perspektive und zu bestimmten Zwecken verfasst wurden (Bowen 2009: 31). Zu den gesammelten Dokumenten zählen vor Ort ausliegende Broschüren und Flyer, Artikel aus dem Gemeindeblatt, Zeitungsartikel zu lokalen Entwicklungsprozessen und die jeweilige Dorfchronik. Über die genauere Beschaffenheit und Herkunft der verwendeten Dokumente sowie der weiteren empirischen Materialien informiert das folgende Unterkapitel zum Datenkorpus dieser Studie.

4.4 Der Datenkorpus – Das empirische Material dieser Arbeit

Der Datenkorpus umfasst zahlreiche verschiedene Materialien. Aus dem Klimaprojekt lagen bereits transkribierte Interviews mit Bürgermeistern, Vereinsvorständen und in verschiedenen Bereichen ehrenamtlich engagierten Bürgern vor, die ich selbst zusammen mit einer weiteren Kollegin geführt hatte, sowie Feldnotizen. Das verwendete Material dieser Studie besteht aus 30 Transkripten von mir (mit-)geführter Interviews (18 aus dem Vorgängerprojekt „Klima regional" und 12 eigens für mein Promotionsprojekt), Postscripta zu den Interviews sowie zahlreichen Feldnotizen, Feldforschungstagebüchern und Felddokumenten. Zu Letzteren zählen örtlich verfügbare Informationsbroschüren und öffentliche Aushänge, Artikel in der Lokal- und Regionalpresse und aus dem kommunalen Mitteilungsblatt/der Gemeindezeitung sowie die jeweilige Dorfchronik, Artikel von den Homepages der Gemeindeverwaltungen und von lokalen/regionalen Vereinen. Teilweise wurden mir von den Gemeindeverwaltungen Unterlagen zur Verfügung gestellt, außerdem fotografierte ich öffentliche Aushänge der Gemeinde und recherchierte im Archiv der örtlichen Bücherei.[12] Die eigens für die vorliegende Studie durchgeführte Feldforschung fand überwiegend zwischen Januar 2014 und März 2015 statt. Ein letztes Interview (INT_R_W) wurde im Jahr 2017 geführt. Die recherchierten Dokumente reichen vom Jahr 2009 bis Ende des Jahres 2016. Das kommunale Mitteilungsblatt im bayerischen Wiesental erscheint vierzehntägig, es beinhaltet amtliche Bekanntmachungen ebenso wie Berichte und Ankündigungen zu lokalen Veranstaltungen und den Veranstaltungskalender. Die Gemeindezeitung im Südtiroler Kirchdorf wird von der Verwaltungsgemeinde herausgegeben und erscheint zweimal jährlich. Die reich bebilderte und aufwendig gelayoutete Zeitung gibt einen detaillierten Überblick über die Beschlüsse und Vorhaben der verschiedenen Gemeindeorgane und umfasst Beiträge von Vereinen und einzelnen Bürger*innen. Es wird in der vorliegenden Studie unter Angabe von Erscheinungsmonat und -jahr zitiert.

Bei der Transkription der Interviews wurde Dialekt nicht oder kaum geglättet. Diese Entscheidung wurde getroffen, um das gesprochene Wort so gut wie möglich erkennbar zu halten – denn bereits bei der Übertragung von gesprochener Sprache in geschriebenen Text geschieht eine Interpretation, und der Anteil der Interpretation kann vergleichsweise geringer gehalten werden, je besser man es schafft, „das akustische Ereignis zu notieren" (Przyborski/Wohlrab-Sahr 2014: 164). Zudem sprachen auch inhaltliche Gründe für die Vorgehensweise, Dialekte so zu schreiben „wie sie gesprochen werden" (Dresing/Pehl 2015: 23): Bereits während der Feldaufenthalte zeigte sich, dass Sprache, insbesondere Dialekt, eine wichtige Funktion zu erfüllen schien. Für manche Redewendungen gibt es im Hochdeutschen außerdem keine feststehende Entsprechung, zudem ist die Satzstellung in bayerischen und Südtiroler Dialekten (der Plural steht hier bewusst wegen regionaler Unterschiede) oft eine völlig andere als in der Hochsprache. Um dennoch die Lesbarkeit und Nachvollziehbarkeit der Inhalte zu gewährleisten, werden durch die Autorin vorgenommene Übersetzungen der

---

[12] Um kenntlich zu machen, welcher pseudonymisierten Gemeinde das jeweils zitierte Material zugeordnet werden kann, endet die Quellenangabe stets auf W (für Wiesental) oder K (für Kirchdorf). Interviewtranskripte werden mit dem Kürzel INT als solche gekennzeichnet. Auf die jeweiligen Interviewpartner*innen weisen Großbuchstaben-Kürzel hin, welche gleichzeitig dem Anfangsbuchstaben des jeweiligen Pseudonyms entsprechen (zur genaueren Erklärung vgl. auch Abschnitt 4.6.1 Ethische Grundsätze). Die Feldnotizen zu den ethnographischen Beobachtungen sind chronologisch nummeriert und werden mit BB (für Beobachtung) zitiert. Bevölkerungsstatistische Daten zur Gemeinde Kirchdorf stammen vom Landesinstitut für Statistik der Autonomen Provinz Bozen-Südtirol (ASTAT).

„Original"-Textpassagen ins Hochdeutsche in Fußnoten bereitgestellt. Die Transkriptionsregeln wurden möglichst einfach gehalten, da bereits die Mundart für den ungeschulten Leser eine Herausforderung in der Lesbarkeit darstellt. Lediglich Pausen und auffällig viele „Ähs", „Mhs" oder Satzabbrüche wurden in die Analyse mit einbezogen. Da für die Analyse sowohl von mir mitgeführte Interviews aus dem Vorgängerprojekt als auch später von mir allein geführte Interviews herangezogen wurden, unterscheiden sich die vorliegenden Interviewtexte geringfügig in ihrem Transkriptionsstil. Für die vorliegende Dissertation wurden die Transkriptionsstile angeglichen. Aus den Interviews wird mit Absatznummerierung zitiert.

Für die Analyse wurden Felddokumente ebenso herangezogen wie Feldnotizen zu den teilnehmenden Beobachtungen und Ausschnitte aus Interviews mit Bürger*innen. Es wurden unterschiedliche thematisch-inhaltliche Prozesse in den Gemeinden betrachtet, denen aber gemeinsam ist, dass sie als Reaktionen auf sozial-ökologische Wandlungsprozesse beziehungsweise als Versuch deren Bewältigung gelesen werden können. Als meines Erachtens genügend Material für die erarbeiteten zentralen Vergleichskategorien aus den Interviews, Beobachtungen und Dokumenten zusammengetragen war und in neuen Interviews und Beobachtungen keine weiteren Aspekte mehr auftauchten, die zu einer Verdichtung oder Diversifizierung der bis dahin erarbeiteten Konzepte beigetragen hätten (vgl. Glaser/Strauss 2010: 77; vgl. Abschn. 4.2 in dieser Arbeit), beendete ich die Erhebung und konzentrierte mich fortan auf die Analyse.

4.5 Praxis der Auswertung – Grounded Theory und Situationsanalyse

Für die fortlaufende Analyse des erhobenen Materials nach den Prinzipien der konstruktivistisch orientierten GTM nutzte ich die Software MAXQDA, mit deren Hilfe sich sowohl Interviewtexte als auch andere Schriftstücke vergleichsweise einfach kodieren lassen. Die zugewiesenen Kodes lassen sich hier im Laufe der Analyse verändern und verdichten. Bei der Analyse nutzte ich zunächst die Kodierverfahren der GTM, die keinesfalls als sukzessive Auswertungspraktiken zu verstehen sind, sondern zwischen denen die Forscherin immer wieder abwechselt: offenes, axiales und selektives Kodieren (vgl. Strauss/Corbin 1996: 43–117, Strübing 2018: 131–137). Beim offenen Kodieren werden zunächst einzelne Beobachtungen, Sätze oder Abschnitte analysiert und erste Kodes vergeben (Strauss/Corbin 1996: 45). Die meisten Interviewpassagen unterzog ich einer line-by-line-Analyse – anders als meine ethnografischen Feldnotizen, da Forscher*innen bei einem derartigen Vorgehen „vor allem sich selbst und [... ihren] eigenen sprachlichen Ausdrucksbemühungen und Relevanzentscheidungen begegnen" (2018: 141). Als ich im Zuge des offenen Kodierens auf diese Weise erste Konzepte benannt hatte, konnten diese im Prozess ständigen Vergleichens und durch axiales Kodieren zu etwas abstrakteren Kategorien ausgearbeitet werden, unter denen die angelegten Kodes gleichsam als Subkodes subsumiert wurden. Durch selektives Kodieren sollten im Verlauf der Analyse schließlich zentrale Kategorien ausgewählt, andere wieder verworfen und so die Ergebnisse beziehungsweise das Gerüst der Kategorien weiter verdichtet und integriert werden (ebd.: 99). Allerdings zeigten sich bald die Herausforderungen des Kodierens nach den klassischen Kodierprozeduren der GTM im Programm MAXQDA. Da der starre Kodebaum in diesem Programm nur eine hierarchische Anordnung von Kodes und Kategorien zulässt, wurde dieser zunehmend komplexer und unübersichtlicher. Die hierarchische Anordnung widersprach meinem Bedürfnis, die jeweiligen Prozesse von Kooperation und Konflikt in ihrer Komplexität und mit all ihren Interdependenzen darzustellen. Die Nutzung des Kodierparadigmas von Strauss und Corbin zur Strukturierung der Auswertung und Darstellung kam für mich wegen seiner impliziten Kausalitätsannahmen (vgl. Mey/Mruck 2011: 42; Bryant/Charmaz 2007: 18) nicht infrage. Ich wollte offener an das Material herangehen. Die Nutzung von visuellen Methoden, wie sie die Software MAXQDA zwar technisch durch das integrierte Tool „max maps" ermöglicht, lag nahe, doch fehlte es mir zu Beginn meiner Analysen noch an Vorbildern einer methodologisch und methodisch fundierten Vorgehensweise für die Visualisierung. Deshalb entschied ich mich nach eingehender Recherche und Überlegung für das Verfahren der Situationsanalyse nach Adele Clarke (2003, 2012), eine Weiterentwicklung der GTM, die ich aufgrund ihrer reflexiven Haltung der konstruktivistischen GTM zuordne. Clarke selbst verortet ihren Ansatz als „theory/methods package" (Clarke 2009: 197) zwischen Symbolischem Interaktionismus, konstruktivistischer Grounded Theory und einer Situationsanalyse, die sich auch foucaultsche Diskursformationen ansieht (vgl. ebd.).

Die Situationsanalyse nach Adele Clarke betrachtet „*die erforschte Situation selbst [...] als Hauptuntersuchungseinheit*" (Clarke 2012: 37, Kursivsetzung im Original). Deren Analyse ermöglicht es, die Komplexität sozialer Situationen und die ihnen inhärenten Ambivalenzen sicht- und analysierbar zu machen. Clarke spricht sich neben der Anerkenntnis der Situiertheit und Verkörperung jeglichen Wissens (vgl. Clarke 2012: 62 sowie Abschn. 4.2 in dieser Arbeit), explizit dafür aus, die „Situation des Untersuchungsphänomens zur analytischen Verankerung" (ebd.) heranzuziehen sowie die „Komplexitäten, Verschiedenheiten und Heterogenität" (in) der jeweiligen Situationen anzuerkennen (ebd.). Gerade weil es in der vorliegenden Studie um verschiedene und mitunter komplexe Aushandlungsprozesse geht, bietet sich deren Analyse mit dem Verfahren der Situationsanalyse nach Clarke an: So können Konflikte und Kooperationsprozesse, die mit der Entwicklung einer Gemeinde assoziiert werden können, in all ihrer Heterogenität und möglicherweise auch Widersprüchlichkeit dargestellt werden. Gleichzeitig plädiert Clarke dafür, die Begrenztheit der Analyse der jeweiligen Situation zu akzeptieren, statt den Versuch zu unternehmen, diese Begrenzung durch die Formulierung einer formalen Theorie zu überwinden (vgl. ebd.: 66). Eine weitere Grundannahme der Situationsanalyse nach Clarke ist, dass es einen wie auch immer gearteten „Kontext" nicht gebe,[13] sondern dass vielmehr „[d]ie Bedingungen der Situation […] in der Situation enthalten" (Clarke 2012: 112) seien. Diese Argumente passen insofern zum Design der vorliegenden Studie, als bewusst verschiedene Entwicklungsprozesse in ländlichen Alpengemeinden betrachtet wurden. Es sollte der Umgang mit der Gleichzeitigkeit sozial-ökologischer Wandlungsprozesse in den Blick genommen werden, und gerade nicht „nur" ein bestimmter Sektor kommunaler Entwicklung (z. B. Energie) oder eine bestimmte gesellschaftliche Sphäre (z. B. die institutionalisierte Kommunalpolitik). Clarke positioniert sich mit ihren Ausführungen außerdem zu dem Problem der Generalisierung derart erlangter Forschungsergebnisse. Wie bereits in Kapitel 4.1 dargelegt, erhebt auch die vorliegende Studie nicht den Anspruch, dass ihre Ergebnisse eins zu eins auf andere Alpengemeinden übertragbar sind. Es wird jedoch der Anspruch geltend gemacht, dass durch die Rekonstruktion von Zusammenhängen ein Wissenszuwachs generiert werden kann, der dazu beiträgt, Entwicklungsprozesse in anderen Gemeinden deutend zu verstehen.

Methodisch bietet Clarke verschiedene Strategien der Visualisierung, des Mappings sozialer Situationen an. Im Wesentlichen sind dies drei Typen von Maps: Situations-Maps, Maps von sozialen Welten/Arenen und Positions-Maps (vgl. Clarke 2012: 124; Clarke 2009: 210). Hierbei bezieht sich Clarke in der Benennung der Maps teilweise auf die Konzepte von Anselm Strauss zu sozialen Welten, Arenen und Diskursen (u. a. Strauss et al. 1964; Strauss 1978). Nicht mehr gegenstandsverankertes Theoretisieren steht nach Clarke dann im Vordergrund (vgl. Clarke 2012: 77), sondern vielmehr die „soziale Ökologie bzw. Situation" (ebd.). Arenen sind nach Clarke „sites of action *and* discourse" (Clarke 2009: 199, Kursivsetzung im Original), außerdem seien sie üblicherweise Schauplätze von „contestation and controversy" (ebd.: 200), also wie auch

---

[13] Clarke bezieht sich hier auf die Bedingungsmatrizen von Strauss und Corbin (1996).

immer geartete Räume, in denen gestritten und diskutiert wird. Die Perspektive auf Arenen bot sich an, da ich Aushandlungsprozesse auf der Meso-Ebene fokussiert habe. Arenen in den Blick zu nehmen ermöglicht nach Clarke, kollektives Handeln auf der Meso-Ebene zu analysieren (vgl. ebd.: 148, 200). Bereits den Feldforscher*innen der frühen Chicago School ging es nach Clarke (und in Anlehnung an Baszanger/Dodier 1997: 16) um eine „Bestandsaufnahme des Raums" (Clarke 2012: 81). Auch wenn damals vor allem Kartografien des jeweils untersuchten Feldes, seiner Gemeinschaften, Schauplätze und ähnlichem aus der Vogelperspektive angefertigt wurden, so ging es den Forscher*innen auch damals schon um Relationalität (vgl. ebd.), also die genannten Entitäten im „Zusammenhang zueinander sowie in ihrem größeren Kontext" (ebd.). Hierzu passt auch das Insistieren Clarkes, neben menschlichen explizit auch nicht menschliche Elemente in die Analyse mit einzubeziehen (vgl. Clarke 2009: 203 f.; Clarke 2012: 119). Nicht menschliche Elemente sind nach Clarke nicht nur materielle Dinge, sondern ebenso Diskurse und virtuelle Realitäten (Clarke 2012: 119). Clarke weist außerdem darauf hin, dass es in sozialen Welten und Arenen auch „implicated actors" (ebd.: 86) geben kann: „Akteure, die zum Schweigen gebracht wurden oder nur diskursiv anwesend sind – also von anderen für ihre eigenen Zwecke konstruiert werden (Clarke/Montini 1993)" (ebd.). Analog dazu kann es auch „implicated actants" geben (vgl. Clarke 2012: 88). Beides ist insbesondere für die Analyse von Machtbeziehungen instruktiv. So lässt sich fragen: „Wessen Konstruktionen von wem oder wovon existieren? Welche Konstruktionen werden von den verschiedenen Beteiligten für ‚wahr' bzw. in der Situation für ‚wichtig' befunden?" (ebd.). Auch lässt sich fragen, welche Konstruktionen angefochten und welche von wem ignoriert werden (vgl. ebd.).

Im Auswertungsprozess folgte ich den Empfehlungen Clarkes zur Erstellung der drei verschiedenen Typen von Maps. Zunächst fertigte ich ungeordnete Situations-Maps, sogenannte „messy situational map[s]" (Clarke 2003: 570) an, um die Komplexität meiner Forschungssituationen in den beiden Gemeinden auf Papier zu bannen und mir einen Weg in die Daten hinein zu bahnen (vgl. ebd.: 560, 570). In „messy maps" werden zunächst alle Elemente einer Situation, die die Forschenden identifizieren können, ungeordnet zusammengetragen. Dies beinhaltet alles, was den Forschenden zu ‚ihrem' Feld einfällt. Das können Individuen, menschliche wie nicht menschliche Elemente, Diskurse, Schlüsselereignisse, Organisationen, soziale Gruppen, Diskurse, bestimmte Ideen und dergleichen mehr sein (vgl. Clarke 2012: 125). Es fließen hier sowohl Konzeptualisierungen aus dem Feld, also von Forschungsteilnehmer*innen, als auch des*r Forschenden mit ein (Clarke 2003: 561). Im Bewusstsein der Komplexität meines empirischen Materials ging ich dann dazu über, geordnete oder „abstrakte" Situations-Maps

4.5 Praxis der Auswertung – Grounded Theory und Situationsanalyse

anzulegen. Hierbei sortierte ich die Stichworte aus den „messy maps" nach Typen von Elementen einer Situation (vgl. Clarke 2012: 128; vgl. Abbildung 4.1): individuelle menschliche Elemente/Akteure, kollektive menschliche Elemente/Akteure, diskursive Konstruktionen individueller und/oder kollektiver menschlicher Akteure, politische/wirtschaftliche Elemente, zeitliche Elemente, Hauptthemen/Debatten (meist umstritten), nichtmenschliche Elemente/Aktanten, implizierte/stumme Akteure/Aktanten, sozio-kulturelle/symbolische Elemente, räumliche Elemente, verwandte Diskurse (historische, narrative und/oder visuelle).

Insbesondere durch das Zusammentragen der im Feld verhandelten Hauptthemen, insbesondere jener, die „contested" (Clarke 2009: 213), also umstritten sind, und die Sichtung und Analyse empirischen Materials hierzu kristallisierten sich Prozesse heraus, die ich forschend weiterverfolgen wollte. Denn die Prozesse entspannen sich zum einen um Themen, welche von unterschiedlichen Feldteilnehmer*innen wiederholt aufgebracht wurden und die demnach für sie von Bedeutung schienen. Zum anderen konnte ich die jeweiligen Prozesse analytisch unterschiedlichen Herausforderungen und Dimensionen sozial-ökologischen Wandels zurechnen. Die jeweiligen Debatten, die in entsprechenden Arenen geführt werden, spiegeln sich in den Gliederungspunkten des Ergebnisteils dieser Arbeit wider. So wurden die jeweiligen Leitbildprozesse (Abschn. 5.2), die Gestaltung des Dorfkerns (Abschn. 5.3), der Umgang mit demografischen Wandlungsprozessen (Abschn. 5.4) und die Nutzung regenerativer Energiequellen (Abschn. 5.5) eingehender betrachtet.

Für die einzelnen Arenen konnte ich in „social world maps" insbesondere alle individuellen und kollektiven Akteure festhalten und ihre Beziehungen zueinander eingehender betrachten. Infolgedessen wurde es auch möglich, potenzielle schweigende Akteure zu identifizieren, und auf weitere Gesprächspartner*innen aufmerksam zu werden. Dies beförderte den Prozess des „theoretical sampling". Da ich insbesondere an (potenziell konflikthaften) Aushandlungsprozessen um intensiv und gegebenenfalls kontrovers diskutierte Themen interessiert war, stellten Maps von sozialen Welten/Arenen für mich eher einen Zwischenschritt dar (Abbildung 4.2).

Um die jeweiligen Arenen noch detaillierter zu analysieren, nutzte ich vor allem die von Adele Clarke vorgeschlagenen „positional maps" (vgl. Clarke/Friese 2007: 366). Positions-Maps enthalten nach Clarke „den Großteil der wichtigen, *in den Daten eingenommenen* Positionen zu den darin wichtigsten diskursiven Themen – Schwerpunkt- oder Hauptthemen und oftmals, aber durchaus nicht immer umstrittene Themen" (Clarke 2012: 165, Kursivsetzung im Original). Die dabei aufgezeichneten Positionen symbolisieren nicht die fixe Position

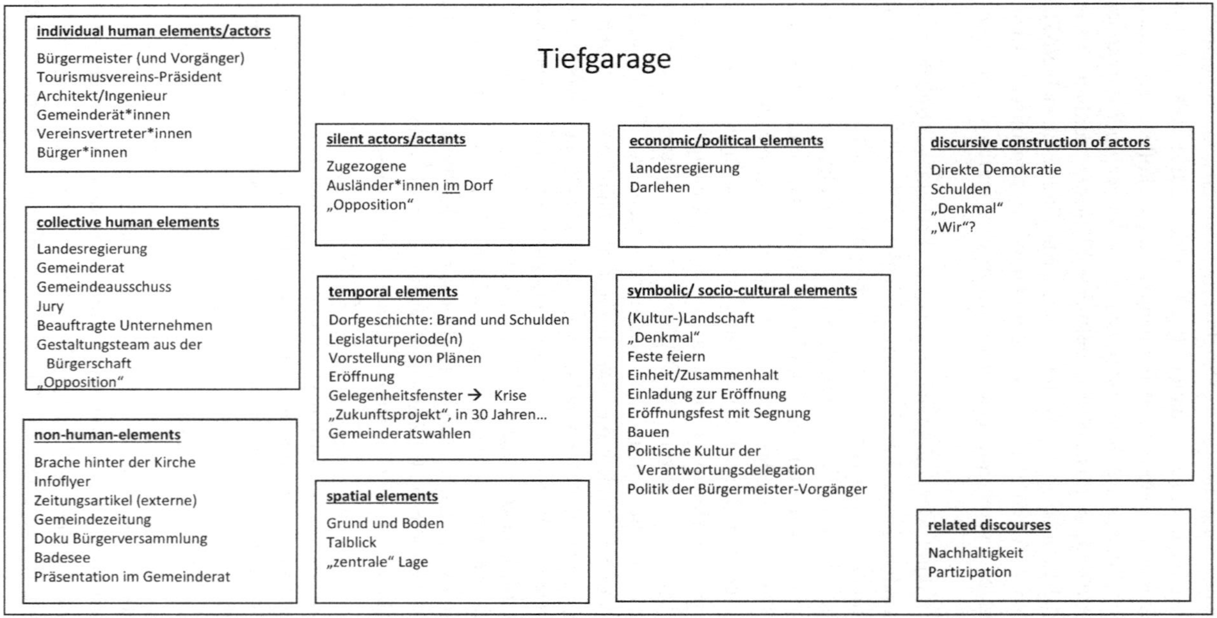

Tiefgarage

individual human elements/actors
Bürgermeister (und Vorgänger)
Tourismusvereins-Präsident
Architekt/Ingenieur
Gemeinderät*innen
Vereinsvertreter*innen
Bürger*innen

collective human elements
Landesregierung
Gemeinderat
Gemeindeausschuss
Jury
Beauftragte Unternehmen
Gestaltungsteam aus der Bürgerschaft
„Opposition"

non-human-elements
Brache hinter der Kirche
Infoflyer
Zeitungsartikel (externe)
Gemeindezeitung
Doku Bürgerversammlung
Badesee
Präsentation im Gemeinderat

silent actors/actants
Zugezogene
Ausländer*innen im Dorf
„Opposition"

temporal elements
Dorfgeschichte: Brand und Schulden
Legislaturperiode(n)
Vorstellung von Plänen
Eröffnung
Gelegenheitsfenster → Krise
„Zukunftsprojekt", in 30 Jahren....
Gemeinderatswahlen

spatial elements
Grund und Boden
Talblick
„zentrale" Lage

economic/political elements
Landesregierung
Darlehen

symbolic/ socio-cultural elements
(Kultur-)Landschaft
„Denkmal"
Feste feiern
Einheit/Zusammenhalt
Einladung zur Eröffnung
Eröffnungsfest mit Segnung
Bauen
Politische Kultur der Verantwortungsdelegation
Politik der Bürgermeister-Vorgänger

discursive construction of actors
Direkte Demokratie
Schulden
„Denkmal"
„Wir"?

related discourses
Nachhaltigkeit
Partizipation

Abbildung 4.1 Beispiel für eine geordnete Situationsmap, Arbeitsversion. (Eigene Darstellung)

4.5 Praxis der Auswertung – Grounded Theory und Situationsanalyse 113

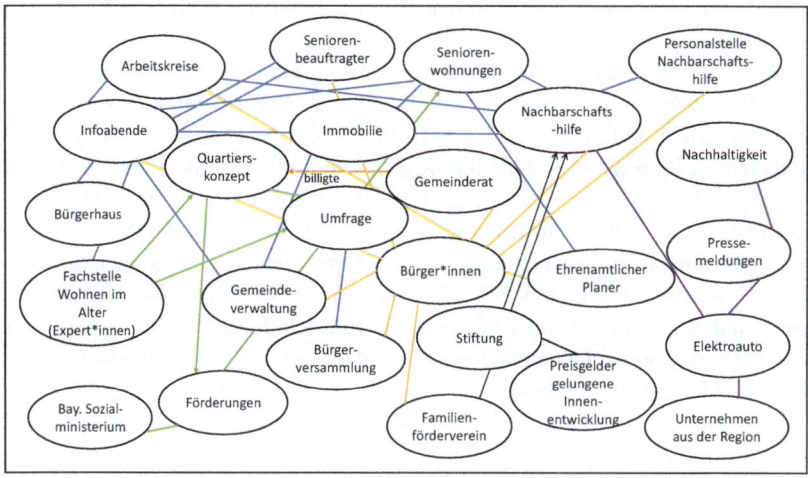

Abbildung 4.2 Beispiel für eine ungeordnete Situationsmap mit Relationen, Arbeitsversion. (Eigene Darstellung)

eines Akteurs oder einer Akteursgruppe, da jede*r auch verschiedene Positionen, etwa im Zeitverlauf, aber auch simultan einnehmen kann (vgl. ebd.: 165; Clarke/Friese 2007: 370). Ich fertigte zunächst ungeordnete Maps mit prägnanten Zitaten an, die meines Erachtens bestimmte, vertretene Positionen verdeutlichen. Hier half es, dass ich das empirische Material bereits nach klassischen GTM-Verfahren kodiert hatte und somit einen gewissen Überblick über die vertretenen Positionen hatte. Bereits teilweise kodiertes Material, eignet sich nach Clarke besser für Situations-Maps und entsprechende Analysen als für unbearbeitetes empirisches Material (vgl. Clarke 2012: 122). Insofern konnte die vergleichsweise späte Anwendung der Situationsanalyse gewinnbringend genutzt werden. In einem zweiten Schritt überführte ich diese Maps in abstrakte Positions-Maps, eine Map mit zwei verschiedenen Achsen, und gruppierte die Aussagen entsprechend. Die Achsen stellen jeweils ein Kontinuum dar, an dessen jeweiligen Ende die maximal gegensätzliche Position verortet wird (vgl. Clarke 2012: 168; vgl. Abbildung 4.3). Ein Vorteil dieser Maps ist, dass man aus ihnen herauslesen kann, welche theoretisch denkbaren Positionen nicht eingenommen oder zumindest nicht sicht- und rekonstruierbar eingenommen werden (vgl. Clarke 2012: 176). Auf diese Weise können „potentiell stillschweigende[n] oder zum Schweigen gebrachte[n] Positionen" (ebd.) bemerkt werden. Allein das Fehlen einer

Position kann also bereits als Information für die weitere Analyse hilfreich sein (vgl. ebd.).

Während des gesamten Auswertungsprozesses fertigte ich Memos an, wie in allen Varianten der Grounded Theory üblich (vgl. Glaser/Strauss 2010: 121 f.; Strübing 2018: 139 f.; Clarke 2012: 141). Im Prozess des ersten Analysierens und Kodierens schrieb ich in erster Linie Kode-Memos, also Memos, die ich zu den jeweiligen Kodes verfasste. Im Analyseprozess wurden die Memos fortlaufend überarbeitet. So hielt ich für jeden Kode zunächst fest, was der Kode bezeichnen soll und weshalb er zustande kam. In die Memos integrierte ich auch Anmerkungen, welche Bezüge zu anderen Kodes ich im Laufe der Analyse hergestellt hatte, und sukzessive wurden die unterschiedlichen Materialschnipsel, die ich dem Kode zugeordnet hatte, miteinander verglichen. Die Ausformulierung ganzer Sätze half hier, meine Gedanken zu ordnen und für die weitere Analyse zugänglich zu halten (vgl. Strübing 2018: 140). Memos in vergleichsweise frühen Phasen der Auswertung enthielten außerdem Notizen und Ideen, welche Ausprägungen eines Konzeptes noch denkbar wären und bei welchen Interviewpartner*innen oder im Zuge welcher Beobachtungen hierzu möglicherweise noch Einsichten zu gewinnen wären. Adele Clarke betont, dass das Schreiben von Memos von Beginn des Forschungsprozesses an, bei der Anfertigung von Situations-Maps und insbesondere begleitend zu relationalen Analysen, sehr hilfreich für das weitere theoretische Sampling ist (Clarke 2012: 141). Im Verlauf der Feldforschung und der begleitenden Analysen gewann ich beispielsweise den Eindruck, dass es in beiden Gemeinden eine sich deutlich unterscheidende politische Kultur gebe, vor allem was die Partizipation der Bürger*innen an Entwicklungs- und Entscheidungsprozessen in der Kommune betrifft. Dies wiederum schien Folgen für den Umgang mit materiellen Ressourcen in der Gemeinde und für die soziale Verbundenheit zu haben. Mit dieser Erkenntnis befragte ich erneut das bereits erhobene Material nach derartigen Zusammenhängen. Aus separaten Kode-Memos gingen in späteren Stadien der Analyse schließlich Kategorien-Memos hervor, die zunehmend aus einem Fließtext bestanden, welcher sich aus dem ständigen Vergleichen der gesammelten Aspekte ergab und mit Zitaten belegt wurde. Nach den Empfehlungen Clarkes nutzte ich Memos zu den jeweiligen Maps für die fortlaufendende Analyse: Nach und nach kam ich durch Coding, Mapping und paralleles Memoschreiben zu Aspekten, die sich als zentrale Vergleichspunkte in der Gemeindestudie entwickeln sollten und somit als Kernkategorien fungierten. Für die Niederschrift meiner Ergebnisse bearbeitete ich die Memos zu den Situations- und Positions-Maps so lange, bis daraus weite Teile des Manuskripttextes entstanden.

4.5 Praxis der Auswertung – Grounded Theory und Situationsanalyse

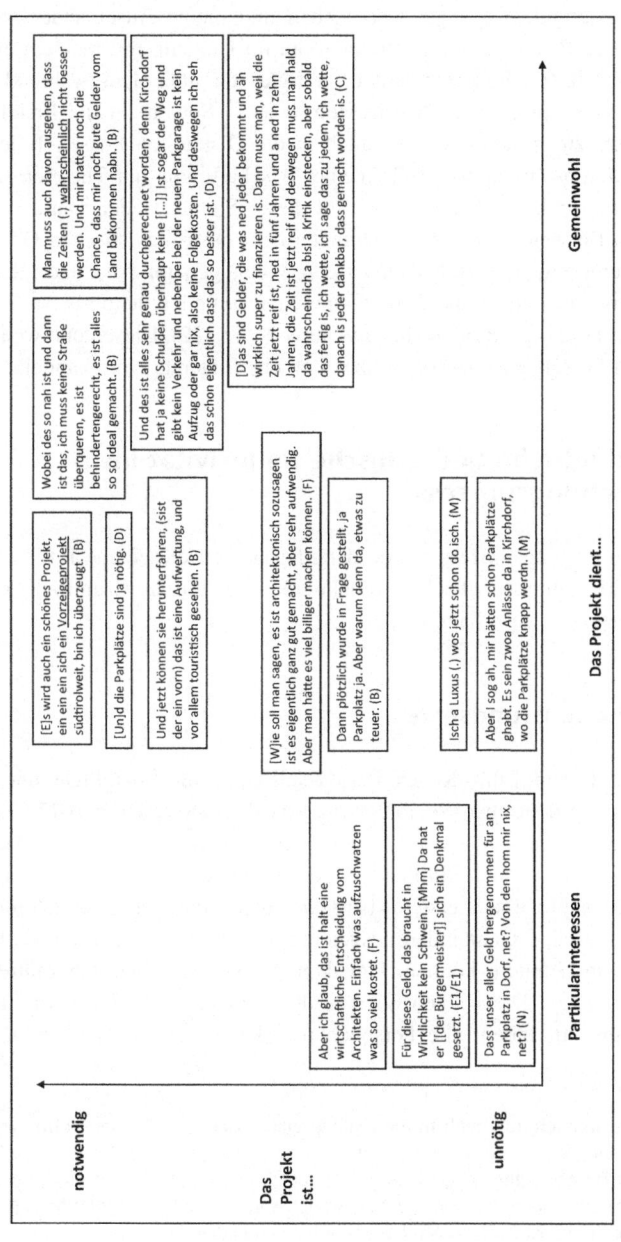

Abbildung 4.3 Beispiel für eine Positionsmap, Arbeitsversion. (Eigene Darstellung)

Um sensibilisierende Konzepte festzuhalten und meine Auseinandersetzung mit soziologischen Theorien voranzutreiben, die im Umgang mit meinem empirischen Material hilfreich sein könnten, fertigte ich außerdem während des gesamten Forschungsprozesses Theorie-Memos an.[14] Sowohl in die Erstellung des Ergebnisteils zu dieser Studie als auch in die Diskussion flossen Teile der theoretischen Memos ein, andere Teile meiner Beschäftigung mit Theorien (z. B. zu Gemeinschaft) finden sich im Theorieteil dieser Studie wieder. Darüber hinaus hielt ich in Einklang mit den Forderungen der konstruktivistischen GTM in Feldnotizen meine eigenen Gedanken zu den Vorgängen im Feld und zu meinen subjektiven Annahmen und Empfindungen fest und reflektierte so meine eigene Rolle im Feld (vgl. Breuer/Muckel/Dieris 2018: 122). Diesen und weiteren Reflexionen im Forschungsprozess widmet sich das folgende Unterkapitel.

4.6 Methodische und ethische Reflexivität im Forschungsprozess

Im gesamten Forschungsprozess wurde darauf geachtet, die eigene Rolle sowie die erlangten Erkenntnisse kritisch zu reflektieren und ethische Grundsätze guten qualitativen Forschens einzuhalten.

4.6.1 Ethische Grundsätze

Im Einklang mit dem Ethik-Kodex der Gesellschaft für Soziologie und des Berufsverbands der deutschen Soziolog*innen (vgl. BDS & DGS 2017) wurde darauf geachtet, mögliche negative Auswirkungen für die Feldteilnehmer*innen abzuwenden – gaben sie doch Einblicke in dorfinterne und oftmals auch konflikthafte Aushandlungsprozesse. Letzteres barg das Potenzial, nicht förderlich für das Ansehen der jeweiligen Gemeinden ausgelegt zu werden, was dorfinterne Konflikte weiter hätte befeuern können. Um dem vorzubeugen, wurden zahlreiche Maßnahmen ergriffen: Die Namen aller Feldteilnehmer*innen in dieser Studie wurden anonymisiert, indem alle Personen pseudonymisierte Namen erhielten.

---

[14] Beispielsweise arbeitete ich mich in die umfangreiche soziologische und politikwissenschaftliche Literatur zu sozialer und politischer Partizipation ein – angestoßen durch die bereits erwähnte Beobachtung möglicherweise unterschiedlicher Partizipationskulturen in den untersuchten Gemeinden. Im weiteren Verlauf der Analyse stellte sich allerdings heraus, dass andere theoretische Konzepte noch besser zu meinen Daten passten.

4.6 Methodische und ethische Reflexivität im Forschungsprozess

Die Ortsnamen der beiden Gemeinden, in denen geforscht wurde, wurden ebenfalls pseudonymisiert. Die Pseudonymisierung von Ortsnamen ist in Community Studies eine gängige Praxis, wenn auch nicht ausnahmslos die Regel.[15] Auch weil ich zusicherte, dass sie nicht namentlich zitiert würden, begegneten mir die Gesprächspartner*innen mit großer Offenheit. In der Studieninformation, welche den Gesprächspartner*innen vor jedem Interview vorgelegt wurde, wurden Inhalten und Zielen der Studie vorgestellt und die Anonymisierung von persönlichen Daten, insbesondere der Namen, zugesichert (vgl. Abschn. 4.3). Daran anschließend wurde das informierte Einverständnis (vgl. BDS & DGS 2017) der Teilnehmer*innen eingeholt, wobei nochmals auf die Freiwilligkeit der Teilnahme sowie auf die Verfahren der Datenerhebung und -verarbeitung hingewiesen wurde. Bei informellen Gesprächen erfolgte die Information der Forschungsteilnehmer*innen gänzlich mündlich.

Es wurde im Zuge der Anonymisierung nicht nur pseudonymisiert, sondern auch vergröbert. Funktions- oder Berufsbezeichnungen wurden teilweise so belassen (das Amt des Bürgermeisters), andere Funktionen wurden aus Gründen der Anonymisierung vergröbert (aus dem Vorstand eines bestimmten Vereins wurde ein Vereinsvorstand, aus einem spezifischen Geschäftsmann ein lokaler Unternehmer). Bei der Vergabe von Pseudonymen wurde darauf geachtet, keine falsche Fährte zu legen und Leser*innen in ihrem Verstehens- und Interpretationsprozesses dadurch gegebenenfalls fehlzuleiten (vgl. Lochner 2017; Breuer/Muckel/Dieris 2018: 380). Interviewzitate sind mit einem Personenkürzel gekennzeichnet und der jeweiligen Gemeinde zugeordnet, so bezeichnet beispielsweise „INT_G_W: 49" den Absatz 49 im Interview mit Person G aus der Fallstudie zur bayerischen Gemeinde Wiesental. Jedem Personenkürzel wurde ein Familienname zugeordnet, der bei Bedarf im Fließtext erwähnt wird, um den jeweiligen Personen etwas mehr Gestalt zu verleihen und die Lesbarkeit zu erleichtern. Dabei wird je nach Kontext entweder ein fiktiver Familienname oder eine (vergröberte) Funktionsbezeichnung verwendet. Im angeführten Kürzelbeispiel handelt es sich um das Pseudonym Herr Ganslmeier. Bei der Wahl der Pseudonyme wurde darauf geachtet, Namen zu vergeben, die nicht den gängigen Familiennamen im Ort entsprechen oder (etwa in der Kombination mit Berufs- oder sonstigen Funktionsbezeichnungen) auf real existierende Personen

---

[15] So benannten Norbert Elias und John Scotson (1993 [1965]) die von ihnen untersuchte Gemeinde mit dem fiktiven Namen „Winston Parva", die „Middletown"-Studien von Robert und Meryl Lynd (1927, 1937) tragen die Pseudonymisierung bereits im Namen und Sighard Neckel (1999) nannte die von ihm beforschte Gemeinde „Waldleben". In der Euskirchen-Studie (Mayntz 1958) wurde auf eine Änderung des Namens verzichtet, gleiches gilt für die Wolfsburg-Studien (Schwonke/Herlyn 1967).

im selben Ort verweisen. Um passende Namen zu finden, führte ich wiederholte Online-Recherchen durch und konsultierte Namenslisten und -statistiken, die das statistische Landesamt der Autonomen Provinz Bozen-Südtirol zur Verfügung stellt. Dabei achtete ich darauf, Bürger*innen, die keine generationale Verwurzelung im Ort oder in der Region hatten, keine orts- oder regionsüblichen Namen zu geben, die möglicherweise auf eine solche schließen ließen. Denn bereits früh im Forschungsprozess wurde deutlich, dass diese Unterscheidung für die Analyse relevant werden könnte. Zeitungsartikel werden zwar als solche gekennzeichnet und mit Erscheinungsdatum (Monat/Jahr) angeführt. Allerdings wird der Name der Zeitung nicht spezifiziert, sondern lediglich in ihrem inhaltlichen Bezug der jeweiligen Gemeinde zugeordnet, beispielsweise bezeichnet „Regionalzeitung_W_6/2013" den Artikel in einer Regionalzeitung über Geschehnisse in der Gemeinde Wiesental im Juni 2013.

Zugleich können die genannten Strategien der Anonymisierung und Pseudonymisierung den heuristischen Wert der erhobenen Daten vermindern (von Unger 2018: 690), was es zu reflektieren gilt. Ich bemühte mich daher darum, einen bedachten und sensiblen Umgang mit Anonymisierungsstrategien zu finden, wie er beispielsweise von Saunders, Kitzinger und Kitzinger (2015) erläutert wurde. Die Anonymisierung des empirischen Materials stellte aus einem weiteren Grund eine nicht zu unterschätzende Herausforderung dar, denn gerade bei dichten Beschreibungen in der Ethnografie spielen der Kontext und Kontextualisierungen eine große Rolle. In derartigen Fällen „reicht das Löschen oder das Ersetzen von Personen- und Ortsnamen durch Pseudonyme nicht aus, um Rückschlüsse auf Orte, Einrichtungen und Personen zu verhindern" (von Unger 2014: 25). Immer wieder stellen sich Fragen, welche Rückwirkungen die Offenlegung von identifizier- oder zuordenbaren Dokumenten auf die Untersuchungspartner*innen, die jeweiligen Forschungsfelder und auf nachfolgende Forscher*innen hat (vgl. Breuer/Muckel/Dieris 2018: 381). Während der Niederschrift der Ergebnisse wurde die Darstellung vielfach überarbeitet, um einerseits Anonymisierungsanforderungen gerecht zu werden und andererseits den heuristischen Wert der Daten nicht zu stark zu reduzieren.

4.6.2 Weitere Gütekriterien

Abgesehen von ethischen Fragen gehen die Meinungen in der empirischen Sozialforschung über die Frage nach angemessenen Gütekriterien für qualitative und quantitative Arbeiten weit auseinander. Die Positionen beschreiben ein Kontinuum zwischen der Anwendung quantitativer Gütekriterien für qualitative wie

4.6 Methodische und ethische Reflexivität im Forschungsprozess

quantitative Forschung an dessen einem Ende bis hin zur vollständigen Ablehnung von Gütekriterien am anderen (vgl. Steinke 2010: 319 ff.). Die vorliegende Arbeit orientiert sich an den von Ines Steinke vorgeschlagenen Kernkriterien für qualitative Forschung, die eine Mittelposition im beschriebenen Kontinuum repräsentieren. Steinke lehnt es ab, quantitative Gütekriterien auf qualitative Forschung zu übertragen (ebd.: 322). Stattdessen spricht sie sich für „Kernkriterien" (ebd.: 323) qualitativer Forschung aus, und meint damit ein „System von Kriterien, das möglichst viele Aspekte der Bewertung qualitativer Forschung abdeckt" (ebd.), und zugleich erlaubt, diese auch konkret zu überprüfen (vgl. ebd.). Die konkrete Diskussion der Kernkriterien im Rahmen eines qualitativen Forschungsprojektes erfordere stets, die Fragestellung, die Methode sowie die Spezifik des Forschungsfeldes und -gegenstandes mit einzubeziehen (vgl. ebd.). Entsprechend breit sind die vorgeschlagenen Kernkriterien daher angelegt. Im Einzelnen führt Steinke die intersubjektive Nachvollziehbarkeit, die Indikation des Forschungsprozesses, die empirische Verankerung, die Reflexion von Limitationen, die Kohärenz entwickelter Theorien, die Relevanz der Forschungsfrage und der entwickelten Argumente sowie reflektierte Subjektivität auf (ebd.: 323–331).

Um dem Kriterium der intersubjektiven Nachvollziehbarkeit zu entsprechen und angesichts der Standortgebundenheit aller Forschenden sowie der Aspekthaftigkeit ihrer Interpretation (vgl. Bohnsack 2010: 185), stellte ich regelmäßig anonymisiertes empirisches Material und eigene Auswertungstexte in der qualitativen Forschungswerkstatt am Lehrbereich für qualitative Methoden der empirischen Sozialforschung von Prof. Dr. Hella von Unger an der LMU München sowie im Forschungskolloquium „Soziologische Analysen zur Gesellschaft der Gegenwart" von Prof. Dr. Sighard Neckel (damals) an der Goethe-Universität Frankfurt vor. Im Prozess der Manuskripterstellung tauschte ich mich zudem regelmäßig über meine Texte in einer Schreibgruppe mit Mitstipendiat*innen aus. Aus den bereits diskutierten forschungsethischen Gründen wurden alle Namen von Personen sowie die Namen der beiden untersuchten Gemeinden anonymisiert und auch Zeitungsartikel und Felddokumente in verklausulierter Notation zitiert. Dabei wurde der Datenkorpus so organisiert und archiviert, dass eine Überprüfung der Zitation auf Nachfrage möglich ist.

Der intersubjektiven Nachvollziehbarkeit und dem Kriterium der empirischen Verankerung (der Verankerung hergeleiteter Argumente in empirischem Material) wird Rechnung getragen durch die möglichst transparente Darstellung der Erhebungs- und Auswertungsmethoden und die Art und Weise, wie das empirische Material und die korrespondierenden Ergebnisse präsentiert werden (vgl. hierzu Abschn. 4.3 bis 4.5). So wurde beispielsweise versucht, bei der Interpretation von Interviewausschnitten auch die Rolle der Forscher*in und ihren Anteil an der Produktion des Interviewtextes mit einzubeziehen (vgl. Hirschauer 2008: 176) und dies auch in der Darstellung der Ergebnisse transparent zu machen (Jensen/Welzer 2003: 49–57). In der Umsetzung bedeutete dies, dass auch die jeweils vorausgegangenen Fragen oder Kommentare seitens der Interviewenden nicht nur in die Analyse von Textpassagen, sondern auch an vielen Stellen in die Ergebnisdarstellung mit einbezogen wurden. Auch die bewusste Entscheidung, Dialekt nicht zu glätten, wurde aus Gründen der intersubjektiven Nachvollziehbarkeit getroffen (vgl. Abschn. 4.4).

Die Diskussion der Angemessenheit von Entscheidungen im Forschungsprozess (Indikation des Forschungsprozesses) beinhaltet unter anderem, die Entscheidung für ein qualitatives Vorgehen angesichts der Fragestellung wie auch des Gegenstandes zu reflektieren. Die Wahl ethnografischer Methoden und einer konstruktivistischen Grounded-Theory-Methodologie wurde bereits in Abschnitt 4.2 diskutiert.

Limitationen der eigenen Arbeit werden im Anschluss an die Diskussion der Ergebnisse in den Blick genommen. Die Kohärenz der entwickelten Theorien wie auch die Relevanz der Forschungsfrage und der herausgearbeiteten Argumente wurden insofern immer wieder einer kritischen Reflexion unterzogen, als sich der Arbeitstitel der Studie im Forschungsprozess veränderte und die anfangs sehr weit gefasste Fragestellung – in Einklang mit ethnografischer und Grounded-Theory-Methodologie – durchaus den Relevanzen im Feld nachspürte. Insbesondere der rote Faden, genauer gesagt die Argumentation der vorliegenden Studie wurde wiederholt in Forschungskolloquien zur Diskussion gestellt. Dem Kriterium der reflektierten Subjektivität wurde durch das Anlegen von Feldtagebüchern sowie den reflexiven Einbezug eigener Anteile an der Datenproduktion bei der Auswertung und Ergebnisdarstellung soweit wie möglich entsprochen.

4.7 Zusammenfassung

Die Ausführungen zum Studiendesign zeigen: Es geht um Kooperation und Konflikt, ähnlich wie in Community Studies, allerdings ohne deren impliziten Machtbegriff zu übernehmen. Methodologisch ermöglicht die Verbindung von konstruktivistischer Grounded Theory und soziologischer Ethnografie einen analytischen Zugang zum kollektiven Umgang mit sozial-ökologischem Wandel in ländlichen Alpengemeinden. Den Verfahren der Datenerhebung (teilnehmende Beobachtung, ethnografische Gespräche, leitfadengestützte Interviews und Sammlung von Felddokumenten) folgte die Darstellung des heterogenen Datenkorpus.

4.7 Zusammenfassung

Bei der Auswertung half das Verfahren der Situationsanalyse, insbesondere das Mapping, dabei, eine „analytic paralysis" (Clarke 2003: 560) – das Schwimmen oder gar Untergehen im Material – zu überwinden und lieferte zugleich eine Struktur für die Darstellung der empirischen Ergebnisse. Im folgenden Kapitel werden Letztere analog zu den rekonstruierten Arenen dargestellt.

Prozesse konflikthafter Vergemeinschaftung – Kommunale Entwicklungsprozesse im Vergleich

5

In diesem Kapitel werden die empirischen Ergebnisse der vorliegenden Studie vorgestellt. Die Darstellung gliedert sich zunächst nach den Arenen, in welchen in Bezug auf bestimmte (umstrittene) Themen diskutiert und gehandelt wird (vgl. Clarke 2009: 199 f). Nach einer kurzen Einführung zur aktuellen Situation und historischen Gewordenheit der jeweiligen Gemeinden werden die in den beiden Gemeinden durchlaufenen Leitbildprozesse analysiert (Abschn. 5.2), die Gestaltung des Dorfkerns genauer in den Blick genommen (Abschn. 5.3), der Umgang mit demografischen Wandlungsprozessen (Abschn. 5.4) analysiert und die Nutzung regenerativer Energiequellen (Abschn. 5.5) eingehender betrachtet. Gleichzeitig werden diese thematisch-inhaltlichen Blöcke analytisch aufgebrochen durch die jeweils erfolgende Rekonstruktion von konflikthaften Vergemeinschaftungsprozessen. Hierzu werden die einzelnen Entwicklungsprozesse mit Blick auf die Interaktion von materiellen und nicht-materiellen Akteuren sowie weiteren Elementen der Situation untersucht. Zudem werden für jeden Entwicklungsprozess Vorstellungen von (sozial-ökologischem) Wandel sowie von Gemeinschaft rekonstruiert.

5.1 Kurzdarstellung der Gemeinden

Die Feldforschung dieser Studie umfasste zwei Gemeinden: Wiesental (in Bayern, Deutschland) und Kirchdorf (in Südtirol, Italien). Beides sind Pseudonyme. Die dichte Beschreibung jeder Gemeinde wird ergänzt durch Ausführungen zu den Entwicklungen und Gegebenheiten von Seiten ihrer Bürger*innen (Abschn. 5.1.1 und 5.1.2). Verschiedene Dimensionen sozial-ökologischen Wandels (vgl. Abschn. 2.2) werden bereits hier akzentuiert: sozio-ökonomischer Wandel, demografischer Wandel, Umwelt und Klimawandel. Außerdem werden

Ausführungen zu den jeweiligen politisch-institutionellen Gegebenheiten nachhaltiger Entwicklung mit eingeflochten, die sich mit voranschreitender Forschung als relevant für die lokalen Akteure herausstellten. Denn Nachhaltigkeitsbestrebungen aus den Strategiepapieren der UN (vgl. Abschn. 2.2) ‚wanderten' auch vermittelt über staatliche Programme bis zur lokalen oder kommunalen Ebene hinab.[1] Schließlich werden auch die jeweiligen lokalen politisch-institutionellen Gegebenheiten genauer in den Blick genommen, da angenommen wird, dass auch diese relevant für die Entwicklungen in den Gemeinden sind. Die jeweilige Kurzdarstellung schließt mit der überblicksartigen Darstellung von vergangenen wie aktuellen Entwicklungsprozessen in der betreffenden Gemeinde. Ziel des Kapitels ist es, eine Beschreibung der bayerischen Gemeinde Wiesental und der Südtiroler Gemeinde Kirchdorf zu leisten, auf die in der weiteren Analyse Bezug genommen werden kann, insbesondere zum Vergleich der Gemeinden und der in ihnen stattfindenden Kooperationsbemühungen und Konflikte.

5.1.1 Wiesental in Bayern

Wiesental ist mit weniger als 2.000 Einwohner*innen ein kleines Dorf in Bayern. Es liegt in einem Flusstal. Mit öffentlichen Verkehrsmitteln ist die Gemeinde zwar erreichbar, doch man muss im Vergleich zur Anreise im PKW von der Landeshauptstadt München und auch von der Kreisstadt aus eine lange Fahrt mit Bus und Bahn und mehreren Umstiegen auf sich nehmen (vgl. BB1_W: 114). Der Takt der Verbindungen wird einer Umfrage zufolge von vielen Dorfbewohner*innen als unzureichend empfunden (vgl. INT_S_W: 151; Mitteilungsblatt_W_07.02.14: 5). Entlang des Flusses erstrecken sich weitläufige Wiesen, die von den zahlreichen Landwirten des Dorfes bewirtschaftet werden. Im Frühling ist das Landschaftsbild geprägt von blühenden Wiesen und grasenden Kühen (vgl. BB1_W: 44). Die Bauernhöfe auf dem Gemeindegebiet sind hauptsächlich in der Milch- und Grünlandwirtschaft tätig (vgl. INT_B_W: 134–137). Das Dorf erstreckt sich entlang des Flusses (welcher im Untersuchungszeitraum über die Ufer trat und zu großflächigen Überschwemmungen führte). Das Gemeindegebiet steilt sich in den Randlagen auf. In den höheren Lagen liegen oberhalb bewaldeter Hänge verschiedene Almen, von denen manche gastronomisch bewirtschaftet werden (vgl. BB1_W: 43). Der Hausberg der Gemeinde ist durch eine Liftanlage erschlossen

---

[1] In beiden Nationalstaaten, Deutschland und Italien, wurden Nachhaltigkeitsstrategien verabschiedet, die kontinuierlich fortgeschrieben werden. Daneben gibt es auch auf Landesebene entsprechende Nachhaltigkeitskonzepte.

5.1 Kurzdarstellung der Gemeinden

und die Gegend wird als Wandergebiet genutzt. Das Gemeindegebiet ist allgemein sehr waldreich. Ein Teil des Gemeindegebietes hat seit rund 20 Jahren den Status eines gesetzlich festgeschriebenen Naturschutzgebiets. Bei meinem ersten Besuch wirkt das Dorf beschaulich: An Werktagen sind vormittags nur vereinzelt Menschen unterwegs (vgl. BB1_W: 9, 32, 34) und auch nachmittags ändert sich an dieser Situation wenig. Reger Autoverkehr herrscht dagegen zu den Pendelzeiten morgens und spätnachmittags/abends. Im Dorfzentrum befinden sich die Kirche samt Friedhof, ein Gasthaus, ein Lebensmittelladen und eine Bäckerei. Das Rathaus liegt am Dorfplatz mit Maibaum, ein Pavillonbau daneben bietet bei Theateraufführungen oder Konzerten der örtlichen Musikkapelle Schutz vor Regen. Die ebenfalls am Platz gelegene Touristeninformation hält in zahlreichen Regalen allerlei Broschüren und Informationstafeln für Gäste bereit. Die örtliche Bücherei und ein Veranstaltungs- und Versammlungsraum, von Interviewpartner*innen auch „Bürgerheim" genannt, finden im selben Haus Platz. Schule und Kindergarten grenzen an den Dorfplatz an (vgl. BB1_W: 9, 18). Die örtliche Bäckerei, an der Hauptstraße und ebenfalls im Dorfzentrum gelegen, fungiert als Treffpunkt und Kommunikationsplattform. Während auf den Straßen meist kaum jemand zu sehen ist, ist die Bäckerei oft sehr gut besucht. Kaffeetrinkende Gäste sind ebenso anzutreffen wie Bauern oder Waldarbeiter, die ihre Pause dort verbringen und sich über Arbeitsbelange austauschen (vgl. BB1_W: 21). Im Ort gab es zunächst noch zwei Lebensmittelläden, von denen einer im Verlauf der Feldforschung von den Besitzer*innen aufgegeben wurde, der letzte verbliebene Lebensmittelladen wird mittlerweile von einer Bürgergesellschaft getragen (vgl. Abschn. 5.3). Es gibt außerdem mehrere Gasthöfe in Wiesental, die gutbürgerliche Küche anbieten, sowie ein italienisches Restaurant. Am Stammtisch des Gasthofs im Ortszentrum tauscht ‚Mann' (eine Frau war bei wiederholten Besuchen dort nie zu sehen) sich über Belange des Lebens aus, vom überstandenen Gesundheitscheck bis hin zu handwerklichen Fragen (vgl. BB1_W: 72). Das weitläufige Haus beherbergt immer wieder Hochzeitsgesellschaften, auch Bürgerversammlungen finden dort statt (vgl. BB1_W: 74, vgl. BB2_W: 16). Im Ort sind neben Bauernfamilien einige Handwerksbetriebe ansässig: Unter anderem gibt es eine Spenglerei, einen Malerei-Betrieb, ein Autohaus, eine Zimmerei und verschiedene Energietechnik-Unternehmen (vgl. BB 1_W: 26). Bestimmte Familiennamen kehren immer wieder (vgl. BB1_W: 26, 64). Das Ortsbild prägen Einfamilienhäuser und Bauernhöfe, von denen viele touristische Angebote machen (vgl. BB1_W: 26). Rings um die Hauptstraße finden sich fast an jedem Haus Hinweise auf „Fremdenzimmer" oder Ferienwohnungen. Auch Ferien auf dem Bauernhof sind mehrmals im Angebot. Auf der Straße wird man wiedererkannt und bisweilen auch angesprochen – offenbar fällt es auf, wenn man nicht aus dem Ort stammt (vgl. BB1_W: 31, 65). Die Häuser, die alle einem ähnlichen Baustil folgen, fügen sich ins Landschaftsbild ein, Straßen und Fassaden sind gepflegt. Wiesental erscheint wie eine typische, touristisch attraktive bayerische Urlaubsgemeinde, die zudem um ihre Zukunft und Natur beziehungsweise Umwelt besorgt ist. Darum kümmert es sich, ersten Eindrücken und Recherchen nach zu urteilen, nicht nur aktiv, sondern wirbt dafür auch Fördergelder ein. Zumindest legen dies Aushänge und Bekanntmachungen im Infoschaukasten der Gemeinde und des in Wiesental gegründeten Vereins, den ich im Folgenden NaturKonzept nennen werde, nahe (vgl. BB1_W: 65). Die originären Ziele von NaturKonzept e. V. waren zunächst, die lokalen Landwirtschafsbetriebe zu erhalten, einen naturverträglichen Tourismus zu fördern sowie die Natur und die Kulturlandschaft zu schützen. Einige Jahre später kam als weiteres Ziel noch Energieerzeugung aus regenerativen Quellen hinzu. (vgl. F: 268, G: 37–41). Der Verein wurde sukzessive auf die Nachbargemeinden ausgeweitet. Insbesondere in Bezug auf Energieerzeugung arbeitet man gemeindeübergreifend zusammen und möchte nach Auskunft der Geschäftsführerin der Gemeinde Wiesental diese Kooperation ausbauen (vgl. T: 41). Die Gemeinde Wiesental präsentiert sich in Aushängen am Rathaus mit mehreren gewonnenen Preisen, die Nachhaltigkeitsbemühungen honorieren: etwa als „Dorf der Zukunft" oder „nachhaltige Bürgerkommune". Es entsteht der erste Eindruck, dass Wiesental von zahlreichen öffentlichen Fördergeldern und -programmen sowohl des Freistaates Bayern als auch der EU profitierte und profitiert (vgl. BB1_W: 65).

Auf den ersten Blick verborgen bleibt die finanzielle Situation der Gemeinde, insbesondere ihre sozio-ökonomische Entwicklungsgeschichte. Laut einem Bürger waren Wiesental und seine Einwohner*innen wie viele andere Alpengemeinden noch vor wenigen Jahrzehnten sehr arm:

> „Und (..) dieses Tal Wiesental war- oder die Bevölkerung des Tals [[…]] war eben unglaublich arm. Die sind durch, durch Generationen ganz arme Hunde gewesen."
> (INT_L_W: 138)

Die Gemeinde verfügte und verfügt auch heute nach Auskunft des Bürgermeisters über verhältnismäßig geringe Eigenmittel (vgl. INT_F_W: 42). Dies liegt auch daran, dass es keine großen Industriebetriebe im Gemeindegebiet gibt, die entsprechend Steuergelder an die Gemeinde abführten (vgl. INT_F_W: 40). Der Bauernstand hatte insbesondere in den 1990er-Jahren mit finanziellen Engpässen bis hin zu Existenzfragen zu kämpfen (vgl. INT_C_W: 139). Im Hinblick auf soziale Veränderungsprozesse ist bemerkenswert, dass Wiesental in seiner

5.1 Kurzdarstellung der Gemeinden

Geschichte mit vergleichsweise großer Zuwanderung umzugehen hatte: Während des Zweiten Weltkriegs kamen viele Menschen aus den Städten in die Gemeinde, nach dem Ende des Krieges aus dem Sudetenland; die Bevölkerung wuchs schlagartig um mehr als die Hälfte der bisherigen Einwohnerzahl und es kam zu regelrechter Raumnot (vgl. INT_C_W: 25, INT_F_W: 48).[2] Wie in zahlreichen anderen Kommunen wurden auch in Wiesental geflüchtete Menschen in einer Sammelunterkunft einquartiert. Es bildete sich auch dort ein ehrenamtlicher Helferkreis (vgl. Regionalzeitung_W_31.03.16). Außer jungen Familien ziehen auch immer wieder Personen nach Wiesental, die den Ort von ihren wiederholten Urlaubsaufenthalten kennen und ihren Ruhestand dort verbringen möchten (vgl. INT_L_W: 275). Für neu zugezogene Bürger*innen bietet die Gemeindeverwaltung außerdem seit Beginn der 2010er-Jahre einen Neubürger*innen-Empfang* an, bei dem über die Gegebenheiten in der Gemeinde informiert wird (vgl. Mitteilungsblatt_W_07.02.14: 4 f.). Dabei gibt es Ausführungen über die Geschichte der Gemeinde und den Naturraum, ebenso zu verwaltungstechnischen und sozialen Strukturen und Einrichtungen (insbesondere den Vereinen) sowie zu aktuellen Entwicklungsvorhaben (vgl. ebd.). Ähnlich wie in anderen ländlichen Gemeinden wandern auch in Wiesental kontinuierlich junge Menschen ab. Unterschiedliche Interviewpartner*innen berichten, dass viele aber mitunter lange Pendelstrecken auf sich nähmen, um im Ort wohnen bleiben zu können (vgl. INT_F_W: 32–34; INT_Q_W: 111–114; INT_B_W: 175–180). Laut Bürgermeister hat eine von der Gemeinde beauftragte Studie im Vergleich mit anderen, ähnlich strukturierten Gemeinden in Wiesental relativ wenige auspendelnde Arbeitnehmer*innen festgestellt (vgl. INT_F_W: 40). Der Anteil der Auspendler*innen liege bei rund 50 Prozent (ebd.: 32).

Die Auswirkungen des demografischen Wandels scheinen in Wiesental im Bewusstsein mancher Bürger*innen sowie gewählter Politiker*innen und Verwaltungsangestellten angekommen zu sein. Gemeindevertreter*innen bemühten sich zusammen mit interessierten Bürger*innen bereits vor Jahren um die Einrichtung eines sogenannten Seniorenbeauftragten, der sich ehrenamtlich für die Belange von Senior*innen im Ort einsetzt (vgl. INT_L_W: 62). Während dieser Studie trieben sie gemeinsam im Ort Überlegungen zu einem Wohnkonzept für Senior*innen voran – als Alternative zum Altwerden im Mehrgenerationenhaushalt (vgl. Abschn. 5.3). In Verbindung mit der Zuwanderung älterer Personen etabliert sich der demografische Wandel nach Aussagen eines Interviewpartners

---

[2] Die Zuwanderung geflüchteter Menschen nach Deutschland, die sich insbesondere ab Mai 2015 verstärkte und in der Folge alle deutschen Kommunen unmittelbar betraf, kann in der vorliegenden Arbeit nicht mehr systematisch berücksichtigt werden, da der Großteil der Interviews und Beobachtungen bereits vor diesem Zeitpunkt stattfand.

als manifeste Herausforderung: Der ehrenamtlich engagierte Bürger beschreibt diese von ihm als „Extouristen" (INT_L_W: 275) bezeichneten Zugezogenen als Problem. Insbesondere nach dem Tod eines Partners/einer Partnerin, aber auch mit fortschreitendem Alter und Gebrechen stelle diese Gruppe zunehmend ein soziales Problem dar, weil Gesprächspartner*innen und pflegende Angehörige fehlten (vgl. ebd.).

Bauliche wie soziale Infrastruktur und Institutionen der Daseinsvorsorge in der Gemeinde werden bis heute sukzessive ausgebaut und gepflegt. Bereits seit den frühen Nachkriegsjahren gibt es ein Elektrizitätswerk, das genossenschaftlich betrieben wird und von Bürger*innen der Gemeinde gebaut wurde (vgl. BB1_W: 38). Anteilseigner*innen sind zahlreiche seit Generationen in Wiesental ansässige Bürger*innen, die sich, oder deren Familienmitglieder sich damals ehrenamtlich am Bau des Werks beteiligten (vgl. INT_F_W: 266). Auch die Gemeinde, die ebenfalls Anteile hält, profitiert bis heute davon (vgl. ebd.). Kurz nach der Jahrtausendwende wurde von der Kommune eine Hackschnitzelanlage gebaut, die seither alle kommunalen Gebäude mit Nahwärme versorgt (vgl. ebd.: 15–19). In unmittelbarer Nähe zur Grundschule richtete die Gemeinde einen eigenen Kindergarten ein. Als der letzte verbliebene Lebensmittelladen im Ort von seinen Betreiberinnen aufgegeben wurde, konnte er durch das Engagement von Wiesentaler Bürger*innen als Dorfladen fortgeführt werden (Abschn. 5.2 beleuchtet diesen Prozess eingehend). Das kommunale Mitteilungsblatt, geht allen Bürger*innen zweimal mit Monat mit der Post zu. Obwohl es eigentlich das amtliche Bekanntmachungsorgan der Gemeindeverwaltung ist, informiert es auch über Vereinsaktivitäten, Veranstaltungen sowie kirchliche Termine und Nachrichten.

Umweltbildung und Sensibilisierung für die lokalen Gegebenheiten werden in der örtlichen Schule und bei verschiedenen Aktionen auch mit Unterstützung des in Wiesental gegründeten Vereins NaturKonzept, dem mittlerweile auch die umliegenden Talgemeinden angehören, vermittelt (vgl. INT_S_W: 6). Eine intensive Auseinandersetzung findet in der Gemeinde mit dem Thema „Energie" oder „Zukunft der Energie" statt. Neben der Versorgung von kommunalen Gebäuden aus regenerativen, lokalen Energiequellen wurden insbesondere von NaturKonzept weitere Überlegungen und Aktionen zu regenerativer Energieversorgung unternommen. In einer der Mitgliedgemeinden entstand zum Beispiel ein Biomasseheizkraftwerk, das als GmbH & Co. KG betrieben wird, und dessen einziger Gesellschafter der Verein ist. Gemeinsam brachten die in NaturKonzept zusammengeschlossenen Gemeinden außerdem ein regionales Energiekonzept auf den Weg. Dass alternative Energiekonzepte auch von der Bevölkerung der Mitgliedsgemeinden durchaus kontrovers diskutiert werden, zeigt das Beispiel eines

5.1 Kurzdarstellung der Gemeinden

in dem Konzept angedachten Fließgewässerkraftwerks (vgl. Abschn. 5.4). Mögliche klimainduzierte Umweltveränderungen zeigten sich in Wiesental vor allem an einem Extremwetterereignis: Es kam zu einem großflächigen Hochwasser, als der Fluss infolge starker Regenfälle über die Ufer trat. Das Dorf war zeitweise von den umliegenden Kommunen abgeschnitten (vgl. Regionalzeitung_W_02.06.13).

Dorfbewohner*innen berichten, dass zahlreiche Bürger*innen in Wiesental einen Zusammenhang zwischen dem Hochwasserereignis und dem Klimawandel herstellten (vgl. INT_M_W: 399; INT_N_W: 400–404). Insgesamt sei eine Zunahme von Extremwetterereignissen spürbar (vgl. INT_M_W: 399).

Der Handlungsspielraum von Kommunen und ihre Bemühungen hinsichtlich nachhaltiger Entwicklung werden auch von politisch-institutionellen Gegebenheiten mitbestimmt. Sie sind nicht Hintergrund, sondern integraler Bestandteil der der Situation beziehungsweiselokal und regional stattfindenden Prozesse. Die Bayerische Nachhaltigkeitsstrategie aus dem Jahr 2013 (StMUG 2013) formuliert ökonomische, ökologische und soziale Aspekte nachhaltiger Entwicklung als „gleichrangige Ziele, die sich gegenseitig beeinflussen und zu Zielkonflikten führen können" (vgl. ebd.: 2). Ganzheitliche Lösungsansätze, durch die die betreffenden Ziele „soweit wie möglich in Einklang" gebracht werden können, werden darin favorisiert (vgl. ebd.). In die Strategie integriert ist das seit rund 30 Jahren existierende und seither immer wieder fortgeschriebene Landesentwicklungsprogramm Bayern (LEP), das eine nachhaltige räumliche Entwicklung des Freistaats gewährleisten soll (vgl. StMUG 2013: 2). Das LEP ist rechtsverbindlich und entsprechend haben sich alle öffentlichen Stellen im Bundesland Bayern daran zu halten (vgl. ebd.). In Wiesental zeigten sich auch (indirekte) Bezugnahmen auf die Agenda 21 und dort artikulierte Nachhaltigkeitsziele an Kooperationsprozessen, die durch Mittel der Dorferneuerungsförderung unterstützt wurden. Die Förderung für „Dorferneuerung und -entwicklung [in Deutschland] dient der Erhaltung und Gestaltung von Dörfern" (BMELV 2012: 168). Dadurch soll sowohl die „Lebensqualität der örtlichen Bevölkerung" als auch „die touristische Attraktivität der ländlichen Regionen" verbessert werden (ebd.).[3] In Deutschland werden diese

---

[3] Die Umsetzung dahingehender, übergeordneter EU-Leitlinien wird über Entwicklungsprogramme organisiert, die wiederum in verschiedene Maßnahmen aufgeschlüsselt sind (vgl. BMELV 2012: 168). Die „Maßnahme" Dorferneuerung ist eingebettet in einen nationalen Strategieplan bzw. eine nationale Rahmenregelung für die Entwicklung ländlicher Räume (vgl. ebd.). Diese gehen ursprünglich auf die Verordnung (EG) Nr. 1698/2005 über die „Förderung der Entwicklung des ländlichen Raums durch den Europäischen Landwirtschaftsfonds für die Entwicklung des ländlichen Raums (ELER)" zurück. Demnach legt der Rat der Europäischen Union strategische Leitlinien „für die Entwicklung des ländlichen Raums" fest

Entwicklungsprogramme über die Bundesländer umgesetzt (vgl. ebd.: 7). Gefördert werden im Zuge der Dorferneuerung unter bestimmten Voraussetzungen „Vorarbeiten (Untersuchungen, Erhebungen) [, …] Dorfentwicklungsplanungen/-konzepte, […] die Betreuung der Zuwendungsempfänger [sic], [… sowie] investive Maßnahmen zur Dorferneuerung und -entwicklung ländlich geprägter Orte" (ebd.: 168). Die Dorferneuerung folgt einem integrierten Planungsansatz, welcher die Beteiligung der Dorfbewohner*innen durch Arbeitsgruppen, entsprechende Workshops oder Haushaltsbefragungen vorsieht (Küpper/Scheibe 2015: 53; BMELV 2010: 158 f.).

In lokalen Verwaltungsangelegenheiten ist die Gemeinde Wiesental wie alle deutschen Gemeinden relativ autonom. Nach Artikel 28 des deutschen Grundgesetzes ist die Gemeinde für alle örtlichen Belange zuständig und ihre Unabhängigkeit bei entsprechenden Entscheidungen wird durch das Recht auf Selbstverwaltung garantiert (vgl. Grundgesetz für die Bundesrepublik Deutschland; Metzner 1997:107). Landkreise und Bezirke sind lediglich für bestimmte Aufgaben zuständig, die ihnen durch entsprechende Gesetze übertragen werden (vgl. Metzner 1997: 107). Wiesental hat einen ehrenamtlichen Bürgermeister. Da die Gemeinde weniger als 2.000 Einwohner*innen hat, werden Bürgermeister*innen hier keine Verwaltungsbeamt*innen auf Zeit, sondern erhalten lediglich eine Aufwandsentschädigung (vgl. Friedrich-Ebert-Stiftung 2005: 12). Der amtierende Gemeinderat in Wiesental wurde bereits zum dritten Mal in Folge auf Basis einer gemeinsamen Liste gewählt, auf die sich die politischen Parteien im Vorfeld der Gemeinderatswahl geeinigt hatten. Von manchen Bürger*innen als „Einheitsliste" bezeichnet (INT_N_W: 323; INT_T_W: 157), umfasst sie Bewerber*innen aller in Wiesental vertretenen Parteien (CSU, SPD und eine Bürgerliste). Nach Aussagen von Interviewpartner*innen (vgl. INT_N_W: 323 ff.; INT_Q_W: 142) und auch nach Angaben im Mitteilungsblatt der Gemeinde gebe es – und dies wird mit Stolz kundgetan – seither nahezu keine „Parteipolitik" mehr im Gemeinderat (vgl. Mitteilungsblatt_W_07.02.14: 6). Im Mitteilungsblatt der Gemeinde wird ferner nahegelegt, dass dies „faire Diskussionen zu Sachthemen und unabhängige Entscheidungen mit Blick auf das Gemeinwohl" (ebd.) begünstige.

Bis vor rund 20 Jahren herrschte nach Aussagen verschiedener Interviewpartner*innen ein anderes politisches Klima in der Gemeinde; der vorvergangene

---

(ebd., Art. 8). Der Nationale Strategieplan weist dann jeweils die Prioritäten der Mitgliedsstaaten aus und berücksichtigt die besagten Strategie-Leitlinien der Europäischen Gemeinschaft (vgl. BMELV 2012: 7).

5.1 Kurzdarstellung der Gemeinden

Bürgermeister führte demnach die Geschäfte des Dorfes mit einem undiplomatischen Stil (vgl. INT_D_W: 139). Kritik an seiner Politik verbat er sich, aus der von ihm geleiteten örtlichen Blaskapelle schloss er nach seiner Abwahl alle aus, denen er unterstellte, nicht für ihn gestimmt zu haben (vgl. ebd.: 139, 141). Die faktische oder auch nur unterstellte Loyalität bzw. Illoyalität spaltete während des Kommunalwahlkampfs und der folgenden Jahre das Dorf in zwei Lager (vgl. INT_D_W: 141; INT_L_W: 70). Verschiedentlich wurde der Streit um die politische Führung im Dorf als beinahe „Krieg" (INT_G_W: 15, 236; INT_Q_W: 104) oder „kriegsähnlich" (INT_D_W: 123) bezeichnet. Der Konflikt habe zeitweise sogar Familien entzweit (vgl. INT_Q_W: 108). Der Nachfolger des umstrittenen Bürgermeisters trug nach Berichten von Dorfbewohner*innen mit dazu bei, den Konflikt durch Kooperation und fortwährenden Dialog mit den Bürger*innen zu befrieden (vgl. INT_L_W: 70; INT_N_W: 507). Der derzeit amtierende Bürgermeister führte diese Linie fort. Noch unter seinem Vorgänger wurden im Rahmen eines Dorferneuerungsprozesses mit Bürger*innen gemeinsame Zielvorstellungen für die Weiterentwicklung des Dorfes etabliert (vgl. Abschn. 5.2). Der Leitbildprozess fand parallel zur Gründung des Vereins NaturKonzept statt (vgl. INT_F_W: 268; INT_G_W: 37–41). Die Einrichtung des bereits erwähnten Naturschutzgebietes Anfang der 1990er-Jahre (zu Teilen auf Gemeindegrund) beschreibt der amtierende Bürgermeister von Wiesental als Wendepunkt in der Dorfentwicklung und im Entwicklungsansinnen der Bevölkerung. Während man früher ein kleines Sankt Moritz aus dem Dorf habe machen wollen (vgl. INT_F_W: 38), habe man fortan eher auf „sanften Tourismus" (INT_F_W: 23) und „Nachhaltigkeit" (ebd.) gesetzt. Der Bürgermeister beschreibt diese Richtungsänderung einerseits als bewusste Abkehr – man habe sich bewusst gegen große Schneekanonen entschieden –, andererseits als Einsicht, dass man unter den örtlichen Gegebenheiten niemals mit dem Wintersport-Standort Österreich konkurrieren könne. Der Erlass, dass ein Naturschutzgebiet eingerichtet werden sollte, wo man bis dahin Überlegungen zu Skiliftbetrieb und Skischaukeln von einem Tal ins andere angestellt habe (vgl. INT_C_W: 62), hätte mit der Zeit dazu geführt, dass die Grundstückseigentümer auch den Nutzen der Naturschutzvorschriften erkannt hätten (vgl. INT_F_W: 23.). Der Hausberg etwa mit seiner besonderen Flora sei einzigartig (vgl. ebd.). Es wurden Wanderwege angelegt und saniert und Almen auch für Wandertourist*innen besser erschlossen. Das Naturschutzgebiet habe vielleicht auch den Anstoß für die schrittweise Entwicklung gegeben, dass bis auf zwei alle landwirtschaftlichen Betriebe ökologisch wirtschaften (vgl. ebd.).

5.1.2 Kirchdorf in Südtirol

Kirchdorf ist eine Berggemeinde in Südtirol. Sie befindet sich in einem Seitental, das höher liegt als die größeren Städte im Talboden. Kirchdorf ist das einzige Dorf in besagtem Seitental und schmiegt sich, umgeben von Bergen, sanft an einen Hang. Am Talschluss gibt es eine Passstraßenverbindung in ein anderes Tal, welche im Winter häufig unpassierbar ist. Die öffentliche Anbindung an die nächstgelegene Stadt durch einen stündlich verkehrenden Bus ist gut.[4] Prominent im Siedlungsbild ist der Kirchturm, welcher markant die umliegenden Häuser überragt. Das Landschaftsbild ist geprägt von Bergwiesen, die zur Grünlandwirtschaft (vgl. Dorfchronik_K: 569) genutzt werden und von bewaldeten Hängen. „[E]in Großteil der Gemeindefläche […] (rund 60 %) wird von Wäldern eingenommen" (ebd.: 572). Bis auf den kompakten Dorfkern sind die Häuser über das Siedlungsgebiet verstreut; es gibt abgelegene Bauernhöfe, auch in höheren und steilen Lagen. Die abseits des Dorfkerns gelegenen Ortsteile werden in Südtirol „Fraktionen" genannt. Es fließen mehrere Bergbäche durch das Gebiet der Gemeinde Kirchdorf. Insbesondere die beiden, durch den Ortskern oder an ihm entlang fließenden Bäche wurden streckenweise verbaut, da sie in Zeiten starker Regenfälle oder der Schneeschmelze eine Gefahr für die Bürger*innen und deren Häuser darstellen. Die Gemeinde ist mit deutlich weniger als 2.000 Einwohner*innen eher klein und damit durchaus typisch für ein Südtiroler Bergdorf. Anders als im bayerischen Wiesental trifft man auch tagsüber viele Menschen im Dorfzentrum an. Auffallend sind dabei die vielen Kinder (vgl. BB1_K: 6). Im Dorf begrüßt man sich mit einem „Hoi" oder „Grias di". Jeder, so scheint es, kennt sich beim Vornamen (vgl. BB1_K: 33). Schnell gewinnt man so den Eindruck aufzufallen, wenn man nicht aus dem Dorf kommt (vgl. BB4_K: 19). Der Ortskern konzentriert sich um den vor Kurzem neu gepflasterten Dorfplatz mit Springbrunnen. Dort steht das Rathaus, unter dessen Dach auch eine Postfiliale, ein Bankautomat sowie ein Saal für (Bürger-)Versammlungen und die Tourismusinformation untergebracht sind (BB1_K: 5, 22). In unmittelbarer Nähe gibt es zwei kleine Supermärkte, die auch frische Wurstwaren anbieten und von denen einer die örtliche Bäckerei beherbergt (vgl. BB1_K: 32). Ein kleiner Laden am Dorfplatz bietet Trachtenmode für Kinder und Erwachsene, Wanderkarten (vgl. BB1_K: 5), aber auch Schreibwaren, Kinderspielzeug, Wolle oder Nähgarn an. Ein kleiner „Monopolwaren"-Laden verkauft Tabak, Zeitschriften und

---

[4] Dies ist dem sogenannten Südtirol-Takt zu verdanken. Die Südtiroler Landesregierung hat für öffentliche Verkehrsmittel eingeführt, dass jeder Ort mindestens im Stundentakt an das öffentliche Verkehrsnetz angebunden ist (vgl. SAD-Nahverkehr AG).

5.1 Kurzdarstellung der Gemeinden

Ansichtskarten (BB4_K: 25). An der vom Dorfplatz zur Kirche führenden Gasse liegt das Gebäude der örtlichen Grundschule, das auch die öffentliche Bibliothek beherbergt. Die Kirche ist umgeben von einem mit Mauern eingefassten Friedhof. Direkt hinter der Kirche gibt es eine große Brache, auf der zu Beginn der Feldforschung gebaut wird; im Laufe der Zeit entsteht auf diesem Areal eine Tiefgarage mit darüber liegender Naherholungszone (BB1_K: 50). Hinter der Brache, bereits Richtung Ortsausgang, befindet sich der künstlich angelegte örtliche Badesee (BB1_K: 5), wenige Meter entfernt zwischen Bäumen ein Spielplatz (vgl. BB1_K: 5). Neben Einfamilienhäusern gibt es im Dorfkern bewirtschaftete Bauernhöfe (vgl. BB1_K: 52). An der Hauptstraße liegt ein großes Hotel, zu dem auch ein bei Feriengästen wie Einheimischen beliebtes Café und Wirtshaus mit Terrasse gehören (BB1_K: 34, BB4_K: 16). Auch das große Feuerwehrhaus hat eine zentrale Adresse an der Hauptstraße nahe des Dorfplatzes (vgl. BB1_K: 5). Nordöstlich des Dorfkerns sind einige Häuser neu gebaut worden (vgl. ebd.: 7). Siedlungen von Wohnhäusern und vereinzelte ältere Bauernhöfe erstrecken sich weiter hangaufwärts, in vielen Gärten ist Kinderspielzeug zu sehen (ebd.). Mehrere Hotels thronen oben am Hang. Ihre Existenz weist bereits darauf hin, dass der Ort auch vom Tourismus lebt. Unter anderen gibt es ein spezielles „Familienhotel", das durch große Spielanlagen für Kinder auffällt (vgl. ebd.: 39) und ein Wellness-Luxushotel (vgl. BB3_K: 7). Geführt werden die Hotels weitgehend von Angehörigen einer weitverzweigten und alteingesessenen Familie (vgl. INT_A_K: 17). Auf der Terrasse des Dorfcafés oder in Hoteleinfahrten sieht man immer wieder Wandertourist*innen (vgl. BB1_K: 6; BB2_K: 48; BB4_K: 16). Im Hotel bekommt man bei Ankunft die örtliche Wanderfibel ausgehändigt, welche nahe gelegene Wanderziele und Almen beschreibt sowie markante und sehenswerte Orte im Dorf (vgl. BB1_K: 4). Ein Blick auf das Impressum lässt erkennen: Es gibt einen Tourismusverband im Ort. Dessen Präsident stammt ebenfalls aus der weitverzweigten Hotelierfamilie. Auf Nachfrage ist zu erfahren, dass er sich bereits in den 1990er-Jahren für die Idee eines „sanften [also naturverträglichen] Tourismus" engagierte (vgl. INT_FII_K: 2f). Neben den Hotels bieten zahlreiche Landwirte Übernachtungsmöglichkeiten oder Ferien auf dem Bauernhof an. Kirchdorf selbst verfügt zwar über kein Naturschutzgebiet, wie es in Wiesental der Fall ist, aber es grenzt an ein solches an. Bemühungen des Präsidenten des Tourismusvereins, das Naturschutzgebiet bis ins Gemeindegebiet auszudehnen und so auch als Wandergebiet zu schützen, scheiterten bislang (vgl. INT_F_K: 201). Als populäres Wandergebiet gilt die Kirchdorfer Alm, eine große Almfläche mit zahlreichen bewirtschafteten Hütten. Ähnlich wie in Wiesental gibt es zwar (mit Ausnahme eines kleinen Skilifts für Kinder an einem flachen Hang) keinen nennenswerten Alpinski-Tourismus in Kirchdorf, aber einen Bus zu einem nahe gelegenen Skigebiet im Nachbartal (vgl. INT_A_K: 23). Auf der Kirchdorfer Alm ist Skilanglauf möglich (vgl. INT_B_K: 49). Teilweise bieten die Hotels Schneeschuhwanderungen an. Überlegungen zu einer Skischaukel, welche die Gemeinde, ähnlich wie in Wiesentaler Plänen, mit einem benachbarten Skigebiet verbinden sollte, wurden letztlich aus ökonomischen und geologischen Gründen verworfen (vgl. INT_BII_K: 450, INT_A_K: 23; INT_FII_K: 3). Besonders präsent, wenn nicht gar beherrschend im Ortsbild sind christliche Symbole, vor allem Kreuze und Kruzifixe, die zum Teil im Abstand weniger Meter aufgestellt sind (vgl. BB1_K: 42 f.). Entlang eines Bachs und Wanderwegs führt ein Kreuzweg, der in regelmäßigen Abständen auf überdachten Holztafeln die Leidensstationen Christi bildlich darstellt (vgl. ebd.). Auch der Jahresrhythmus im Dorf wird vom katholischen Kirchenkalender mitgeprägt. So legt es zumindest der Veranstaltungskalender der Gemeinde nahe, in dem viele kirchliche Feste ausgewiesen werden (vgl. Veranstaltungskalender_K_2014). Große Veranstaltungen, zu denen viele Dorfbewohner*innen zusammenkommen, stehen oftmals im Zusammenhang mit einer kirchlichen Prozession und einem kirchlichen Feiertag. In einem Werbefilm über das Dorf wird betont, dass das katholische Kirchenjahr den Takt im Dorf vorgebe; wichtige Feste seien neben Ostern und Weihnachten Christi Himmelfahrt, Pfingsten und Erntedank (vgl. BB1_K: 87). Die Öffnungszeiten der Bibliothek liegen so, dass man im Anschluss an den Gottesdienst in der benachbarten Kirche noch die Bibliothek besuchen kann (vgl. ebd.: 32).

In Kirchdorf leben viele Landwirte von Grünlandwirtschaft und Milchviehhaltung, zudem wird Forst- und Almwirtschaft betrieben (vgl. Dorfchronik_K: 569 ff.). Neben Bauernhöfen gibt es zahlreiche Handwerksbetriebe und ein Gewerbegebiet für diese an der Dorfeinfahrt (BB1_K: 2). Heute ist das Dorf bei vielen Erholungssuchenden beliebt, sei es bei Tagestourist*innen aus der nahegelegenen Stadt, die zum Wandern und Baden im See kommen, sei es bei italienischen Tourist*innen, die sich in der vergleichsweise kühlen und frischen Bergluft von der Hitze Zentralitaliens erholen, oder bei Wander- und Wellnesstourist*innen aus dem Ausland. Dabei war Kirchdorf lange Zeit sehr abgeschieden: Die Zufahrtsstraße war schlecht oder nicht ausgebaut, wie sich einige meiner Gesprächspartner*innen erinnern. Laut Dorfchronik wurde die Straße erst „1984 […] endlich fertiggestellt" (Dorfchronik_K: 121). In informellen Gesprächen auf Festen, der Straße oder im Dorfcafé sowie in verschiedenen Interviews betonen Gesprächspartner*innen immer wieder von selbst die lange Zeit der Abgeschiedenheit des Dorfes. Eine Interviewpartnerin erzählt, wie die Kinder noch mit einer Gondel ins Tal zum Unterricht gebracht werden mussten; Kirchdorf erschien ihr wie am anderen Ende der Welt (vgl. INT_G1_K: 5). In Kirchdorf sprechen zwischen 96 und 98 Prozent der Bewohner*innen Deutsch als Muttersprache;

5.1 Kurzdarstellung der Gemeinden

im Grunde seien die Carabinieri die einzigen Italienisch-Muttersprachler*innen im Ort (vgl. INT_B_K: 88; INT_N_K: 295). Im informellen Gespräch wird von Manchen außerdem die Zugehörigkeit von Kirchdorfer Bürger*innen zu Südtirol in Abgrenzung zu „den" Italienern oder „Welschen" (BB1_K: 53) betont. Heute gibt es vereinzelt in die Gemeinde zugezogene Deutsche und weitere zugewanderte Bürger*innen mit nicht-italienischer Staatsbürgerschaft (vgl. Astat_2017_K). Im Dorf spricht man einen örtlichen Südtiroler Dialekt, der neben einer gewissen Sprachmelodie auch ganz eigene Ausdrücke beinhaltet, die keinerlei Ähnlichkeit mehr zu (hoch-)deutschen Begriffen erkennen lassen. Sich dieses Umstands wohl bewusst, gab ein örtlicher Verein mit Unterstützung der Gemeindeverwaltung ein Buch mit dem Titel „Wir Kirchdorfer" heraus, in dem nicht nur Gebräuche, Kulturgüter und Sagen vorgestellt werden, sondern auch ein Glossar bestimmte Ausdrücke ins Hochdeutsche übersetzt. Kirchdorf war nicht nur abgeschieden, sondern auch lange Zeit sehr arm. In den 1920er-Jahren brannte der Dorfkern komplett ab, viele Bewohner*innen waren zeitweise obdachlos (vgl. Dorfchronik_K: 129) und die Gemeinde verschuldete sich für den Wiederaufbau (ebd.: 131). Heute, fast 100 Jahre nach diesem Ereignis, scheint sich diese Erfahrung fest ins kollektive Gedächtnis der Gemeinde eingeschrieben zu haben, wie die Erzählungen verschiedener Gesprächspartner*innen nahelegen (vgl. INT_L_K: 23; INT_A_K: 36). In Vorträgen zur Geschichte des Dorfes wird die Erinnerung an das verheerende Ereignis wachgehalten (vgl. INT_P_K: 136). Die Dorfchronik berichtet von der „gewaltsame[n] Eintreibung der Gemeindeschulden mit Hilfe des Gerichts und durch hohe Zinsen" (Dorfchronik_K: 134), mit der später, unter faschistischer Führung des Dorfes, alle Grundstückseigentümer*innen in Kirchdorf konfrontiert waren (vgl. ebd.: 133 f.). Vor allem der Bauernstand und Waldbesitzer*innen (oft in Personalunion) gelten manchen als besonders einflussreiche Gruppe (vgl. INT_K_K: 59, 99; INT_FII_K: 100). In den 1990er-Jahren erlangten Touristiker*innen mit dem aufblühenden Tourismus zunehmend Bedeutung für den Ort. Von Ferien auf dem Bauernhof und Gruppentourismus entwickelten sie den örtlichen Fremdenverkehr dann stärker hin zum individuellen (Wander- und Wellness-)Tourismus (vgl. INT_F_K: 57–59).

Der Wanderungssaldo der Gemeinde ist meist negativ, das heißt, es wanderten mehr Menschen ab als zu (vgl. Festschrift_K 2012: 25). Eine Informationsveranstaltung für Neubürger*innen wie in Wiesental gibt es in Kirchdorf nicht. Doch gibt es hier ein im Abstand mehrerer Jahre stattfindendes „Heimatferner-Treffen" – ein mehrtägiger Festakt zu dem abgewanderte Kirchdorfer*innen geladen werden (vgl. ebd.). Kirchdorf ist sehr kinderreich. Nach Aussagen verschiedener Vereinsvertreter*innen und Dorfbewohner*innen erfreuen sich die Vereine auch bei jüngeren Kirchdorfer*innen großer Beliebtheit; es wurde nie von Nachwuchsproblemen berichtet (INT_P_K: 192; INT_R_K: 38). In informellen Gesprächen und Interviews stellte sich heraus, dass auch hier Vielen die wachsende Zahl älterer Menschen – auch jener die Pflege bedürfen – bewusst ist (INT_E1/E2_K: 101; INT_G2_K: 480–485). Die Gemeinde hat angesichts dessen durch entsprechende Geldleistungen Plätze in einem Seniorenwohnheim in der nächstgelegenen Stadt reserviert. Bereits eingerichtete Wohnungen, die für Senior*innen nutzbar wären, erfreuen sich nach Auskunft eines Kirchdorfer Bürgers aber geringer Beliebtheit (vgl. BB3_K: 9). Wiederholte Überlegungen für ein örtliches Seniorenwohnheim kamen nie zur Realisierung, da man nach Auskunft eines ehrenamtlich im Dorfleben engagierten Bürgers niemanden finden konnte, der die Trägerschaft übernehmen wollte (vgl. ebd.).

Als Informationsplattform für die Kirchdorfer Bürger*innen fungiert unter anderem das wöchentlich erscheinende Pfarrblatt. Es informiert nicht nur über kirchliche Belange, sondern auch über Veranstaltungen von Vereinen. Zweimal jährlich erscheint in Herausgeberschaft der Gemeindeverwaltung eine aufwendig gestaltete, reich mit Fotos von Feierlichkeiten und Veranstaltungen bebilderte Gemeindezeitung, welche unterschiedlichste Themen des Gemeindelebens behandelt (vgl. INT_P_K: 280). Außerdem werden darin sämtliche, von der Kommune beauftragten Projekte vorgestellt sowie die daran beteiligten Unternehmen und Kosten benannt. Auch zu den baulichen Fortschritten gibt es meist illustrierende Bilder. Informationen aus der Gemeindeverwaltung und dem Gemeinderat stehen zudem im Internet zur Verfügung. Dies geschieht in Einklang mit den Transparenzvorschriften des Landes, wonach „[i]m Sinne einer offenen, bürgernahen Verwaltung [...] Zugang zu den Daten und Unterlagen der Verwaltung sowie die Veröffentlichung von Unterlagen, Informationen und Daten über ihre Organisation, ihre Tätigkeit und die Verwendung der öffentlichen Mittel" (Autonome Provinz Bozen-Südtirol 1993) zu gewährleisten sei.

Politisch-institutionelle Gegebenheiten sind in Kirchdorf noch in weiteren Bezügen relevant. Im Dorf wurden, ähnlich wie im bayerischen Wiesental, Infrastruktur und Institutionen der Daseinsvorsorge kontinuierlich ausgebaut, wobei hier der Fokus auf baulichen Infrastrukturen lag und liegt. Schon der Vorgänger des amtierenden Bürgermeisters verschrieb sich der Erschließung aller Ortsteile und Höfe mit Straßen und Kanalisation, auch gegen Widerstände von Grundstückseigentümer*innen (vgl. INT_L_K: 15–17). Seit den 1950er-Jahren gibt es ein genossenschaftlich organisiertes Wasserkraftwerk, zu dessen exklusiven Anteilseigner*innen und Profiteur*innen (neue Beteiligungen werden nicht mehr angenommen) vor allem Landwirt*innen gehören (vgl. ebd.: 174–178). Ein vor knapp 20 Jahren errichtetes kommunales Wasserkraftwerk versorgt die

5.1 Kurzdarstellung der Gemeinden

kommunalen Gebäude mit Strom. Teile des durch die Stromerzeugung erwirtschafteten Gewinns werden den örtlichen Vereinen und sozialen Einrichtungen der Kommune, wie etwa dem Kindergarten, zugeführt (vgl. INT_L_K: 72). Ein Effekt dieser Bezuschussung ist, dass beispielsweise die Kindergartengebühren der Gemeinde im südtirolweiten Vergleich auf einem besonders niedrigen Niveau liegen (vgl. ebd.: 99). Der amtierende Bürgermeister trieb den Ausbau und die Asphaltierung von Straßen voran. Der Bau der kommunalen Tiefgarage mit darüber liegendem Spielplatz wurde zu „dem" Projekt seiner Amtszeit. Ein Gesprächspartner im Dorfwirtshaus unkte etwa, der Bürgermeister wolle sich damit ein Denkmal bauen (vgl. BB1_K: 50). Der Bürgermeister selbst hielt bei der Eröffnung eine emotionale Rede, die die Bedeutung des Projekts für ihn, aber auch seine persönliche Belastung durch den Bau verdeutlichte (vgl. BB5_K). Bauen scheint auch in der Landespolitik unter Landeshauptmann Luis Durnwalder (von 1989 bis 2014 in dieser Funktion)[5] Symbolcharakter gehabt zu haben (vgl. INT_K_K: 267). Seine Politik war geprägt vom Bestreben, die strukturschwachen Berggemeinden infrastrukturell auszubauen und zu erhalten (vgl. INT_N_K: 663–679). Insbesondere der Förderung von Bergbauernhöfen wurde von der Südtiroler Landesregierung „hohe Priorität eingeräumt" (Pernthaler 2007: 242). Zahlreiche „Landesgesetze regeln die großzügigen Fördermaßnahmen für die Landwirtschaft" (ebd.). Dazu zählen Gebührenermäßigungen, Förderung von Urlaub auf dem Bauernhof sowie für die Verarbeitung und Vermarktung von landwirtschaftlichen Erzeugnissen (vgl. ebd.). Unter der Ägide des amtierenden Bürgermeisters wurde in Kirchdorf ein Fernheizwerk realisiert, das mit lokalen und regionalen Holzbeständen befeuert wird (vgl. Gemeindezeitung_K_12/2010: 15). Kommunale Gebäude werden seither mit Fernwärme versorgt (Gemeindezeitung_K_6/2009: 17). Ebenfalls während der Amtszeit des aktuellen Bürgermeisters wurde beschlossen, in Kooperation mit einer weiteren Gemeinde ein Wasserkraftwerk an einem bereits bestehenden Leitungssystem zu bauen, das bisher der Beregnung von landwirtschaftlichen Flächen in dieser Gemeinde diente (vgl. Gemeindezeitung_K_12/2014: 7).

Die Anstrengungen für regenerative Energieerzeugung fügen sich außerdem gut in die Pläne der Südtiroler Landesregierung ein: Die Landesregierung der Autonomen Provinz Bozen-Südtirol fasste im Jahr 2009 in einem Grundsatzbeschluss das Ziel, „Klimaland" werden zu wollen (vgl. Internationale Alpenschutzkommission CIPRA 2010). Der 2011 publizierte Klimaplan „Energie-Südtirol-2050" setzt auf der regionalen Ebene die Energiestrategie des

---

[5] Sein Nachfolger wurde 2014 Arno Kompatscher, der wie auch Durnwalder Mitglied der SVP ist.

Nationalstaats Italien um (vgl. Autonome Provinz Bozen-Südtirol 2011; Streifeneder/Weiß 2018: 106). So sollen bis zum Jahr 2050 die CO_2-Emissionen um rund zwei Drittel reduziert und über 90 Prozent des Energiebedarfs durch regenerative Energieträger abgedeckt werden, im Jahr 2018 waren es rund 70 Prozent (vgl. Streifeneder/Weiß 2018: 106). Das Land Südtirol führte bereits im Jahr 2002 den KlimaHaus-Standard ein, der seit 2005 rechtsverbindlich ist (vgl. ebd.: 108). Er setzt die EU-Gesetzgebung bezüglich Energieeinsparung und -effizienz um (vgl. ebd.). Die eigens geschaffene KlimaHaus-Agentur kümmert sich unter anderem um die Zertifizierung von Gebäuden nach unterschiedlichen KlimaHaus-Standards und führt verschiedenste Informations- und Sensibilisierungsmaßnahmen durch (vgl. Autonome Provinz Bozen-Südtirol 2011: 29). Es werden außerdem Zuschüsse und Vergünstigungen vom Land Südtirol für energetische Sanierungen von Gebäuden sowie für energiesparende Neubauten und den Einsatz regenerativer Energiequellen vergeben (vgl. Verbraucherzentrale Südtirol 2021). Konkrete Nachhaltigkeitsziele für Südtirol, die über Klimaschutz und die Reduktion von CO_2 hinausgehen, weist der aktuelle Landesentwicklungs- und Raumordnungsplan (LEROP) Südtirols aus (vgl. Autonome Provinz Bozen-Südtirol 2002a). Der LEROP priorisiert bemerkenswerterweise ökologische Belange gegenüber dem Streben nach ökonomischem Wachstum. So sei die „Wahrnehmung elementarer sozialer und ökologischer Erfordernisse dem Marktmechanismus zu entziehen" (ebd.: 123) und dementsprechend vertrete man das Prinzip einer „ökosozialen Marktwirtschaft" (ebd.: 124). Bei nicht lösbaren Zielkonflikten zwischen ökonomischen und ökologischen Belangen sei mit Blick auf den Erhalt der natürlichen Lebensgrundlagen „im Interesse künftiger Generationen den ökologischen Belangen der Vorrang einzuräumen" (vgl. ebd.: 127). Die inhaltlichen Festlegungen zu gesetzten Zielen und Maßnahmen im LEROP sind rechtsverbindlich (vgl. ebd.: 2). Das Strategiepapier „Klimaplan Energie-Südtirol-2050", das auf Klimaschutz und die Reduktion des CO_2-Verbrauchs in Südtirol fokussiert, ist im Gegensatz zum LEROP nicht rechtsverbindlich.

Die Bereitschaft zu Engagement in Umweltbelangen und das Umweltbewusstsein der Dorfbevölkerung werden vor Ort dann auch recht unterschiedlich eingeschätzt. Während der amtierende Bürgermeister sich nach eigener Darstellung bereits ausdauernd und mit Herzblut um einen kommunalen Recyclinghof bemühte, als er noch nicht hauptamtlicher Bürgermeister war (vgl. INT_B_K: 106), bemängeln andere Dorfbewohner*innen, dass es um das Umweltbewusstsein ihrer Mitbürger*innen nicht gut bestellt sei (vgl. INT_E_K: 702–708). Tourismustreibende artikulieren die Vorstellung, dass Natur und Kulturlandschaft ein schützenswertes Kapital darstellten (vgl. Abschnitt 5.2.). Neben der Landwirtschaft gibt es in Kirchdorf eine weitere lange Tradition der Naturnutzung:

5.1 Kurzdarstellung der Gemeinden

Wasserkraft. In Südtirol wird Strom „fast ausschließlich aus Wasserkraft erzeugt" (Autonome Provinz Bozen-Südtirol 2002a: 108). Wasser wird vom Kirchdorfer Bürgermeister gar als „das weiße Gold" (INT_B_K: 317) bezeichnet. Ein kommunales Fernheizwerk und die zwei bereits erwähnten Elektrizitätswerke wurden aus der Notwendigkeit des lokalen Strombedarfs und aus wirtschaftlichen Erwägungen gebaut. Die Rede vom „Klimaland Südtirol" und der im Zuge dessen propagierten regenerativen Energieerzeugung halten manche Bürger*innen für eine Marketingstrategie oder doch eher ökonomisches Nutzenkalkül (vgl. INT_L_K: 333): „Und der ganze Klimawandel und die ganze Sache, da haben viele ja eine neue Einnahmequelle entdeckt, ned. Das ist eine Geschäftmacherei. Total." Das öffentliche Lob für Klimahäuser hält eine Kirchdorfer Bürgerin für „aufgebauscht" (INT_K_K: 273): „Es geht ums Geld. Es geht nicht um das Bewusstsein" (ebd.: 289). Der Bau von Klimahäusern und Fernheizwerken sei zwar wohl weniger dem Idealismus der Bevölkerung geschuldet, als den staatlichen Vorgaben und Förderungen; doch Klimaschutz geschehe zu 90 Prozent aus wirtschaftlichem Interesse und Bemühungen für günstige Energie müssten wirtschaftlich sein, merkt ein Gesprächspartner an (vgl. INT_B_K: 336–344). Andere wiederum antworten unumwunden, sie fänden die Klimahäuser gut (vgl. INT_M_K: 160) oder sprechen von einem „Vorzeigemodell Südtirols" (INT_P_K: 409). Ähnlich wie in Wiesental äußern auch in Kirchdorf manche Bürger*innen die Einschätzung, dass man Auswirkungen des Klimawandels lokal spüren könne, beispielsweise an wärmeren Wintern oder daran, dass man im eher hoch gelegenen Dorf mittlerweile an manchen Stellen Weinreben kultivieren könne (vgl. INT_G1/G2_K: 557–564) und beobachten die Entwicklung mit Sorge (vgl. INT_G1_K: 572). Angesichts des deutlich sichtbaren Gletscherschwundes denkt eine Interviewpartnerin über die Lebenssituation nachkommender Generationen nach: „[H]offentlich haben die noch Trinkwasser. [Interviewerin: Mhm] So (.), mir macht das eher Angst." (ebd.). Andere wiederum zeigen sich unbekümmert (vgl. INT_F_K: 487–492), der Klimawandel sei zwar schlimm, doch werde sich Kirchdorf dadurch nicht verändern (vgl. ebd.: 492). Allenfalls habe sich die Waldgrenze etwas nach oben verschoben, doch das habe keinen Einfluss auf das Dorf (vgl. ebd.: 488). Die Verschiebung der Baumgrenze in höhere Lagen spricht auch ein örtlicher Landwirt an und rechnet sie Klimaveränderungen zu (vgl. INT_N_K: 355), genauso wie lange Trockenperioden und lang anhaltende Regenfälle (vgl. ebd.: 399), was sich auf die Bewirtschaftung der Flächen auswirke und technische Anpassungsmaßnahmen, zum Beispiel bei der Beregnung von Wiesen, erfordere (vgl. ebd.: 407–417).

Bei der Gestaltung der kommunalen Entwicklung sind Gemeindepolitik und -verwaltung ähnlich wie die deutschen Kommunen relativ unabhängig. Die

Gemeindeautonomie ist in der italienischen Verfassung festgelegt. So sind „die Entscheidungen hinsichtlich der Nutzung des Gemeindegebietes, einschließlich der örtlichen Raumplanung, grundsätzlich der Gemeinde vorbehalten, während der Landesverwaltung diesbezüglich nur eine allgemeine Richtlinien-, Überwachungs- und Kontrollbefugnis zusteht" (Autonome Provinz Bozen-Südtirol 2002b). Kommunalwahlen finden alle 5 Jahre statt, gewählt werden der/die Bürgermeister*in und die Gemeinderät*innen (vgl. Decarli/Januth/Rainer 2015: 10); der/die Bürgermeister*in beruft Gemeinderät*innen in die gesetzlich vorgeschriebene Baukommission der Gemeinde, für den Gemeindeausschuss stellt er/sie die von ihm/ihr gewünschten Mitglieder vor, welche dann vom Gemeinderat „im Block" gewählt werden (vgl. ebd.: 11). Der Gemeindeausschuss gilt als „ausführendes Organ" der Verwaltungskörperschaft oder Gemeinde (vgl. ebd.: 9). In Südtiroler Gemeinden gibt es für jede Legislaturperiode ein Programm oder eine „programmatische Erklärung" (ebd.: 11) des/r Bürgermeister*in, in denen zu Beginn einer Legislaturperiode seine/ihre Vorhaben und Grundsätze umrissen werden und welche vom Gemeinderat genehmigt werden muss. Sie hat den Rang eines „zentrale[n] Planungsinstrument[s]" (ebd.:11) und muss demnach von Gemeindepolitik und -verwaltung berücksichtigt werden (vgl. ebd.). Der/die Bürgermeister*in übt sein/ihr Amt hauptberuflich aus und wird dafür vergütet. Der amtierende Bürgermeister war vor Übernahme der Amtsgeschäfte Handwerker, sein Amtsvorgänger ein einflussreicher Bauer. Bis dato profitierte die Gemeinde von Geldflüssen der italienischen Regierung an das Land Südtirol, allerdings antizipiert man im Rathaus angesichts der kriselnden italienischen Wirtschaft den Rückgang der gesetzlich festgelegten Zahlungen (vgl. INT_BII_K: 111–119).

In Kirchdorf gibt es zwei politische Gruppierungen in Gemeinderat und -ausschüssen. Es dominiert die Südtiroler Volkspartei (SVP), der der Bürgermeister angehört. Daneben gibt es eine Bürgerliste, die keiner etablierten politischen Partei zugeordnet ist und von SVP-Anhängern verschiedentlich als „Opposition" beschrieben wird (INT_B_K: 100; INT_BII_K: 325; INT_L_K: 279; INT_FII_K: 235). Ganz unterschiedlich wird sie von manchen Bürger*innen als „Bereicherung des Gemeinderates" (INT_F_K: 253) beschrieben, von anderen wird eher in abwertendem Tonfall über sie gesprochen. Die Gemeinderät*innen werden gar als „unmöglich dumme Leute" (INT_L_K: 285) bezeichnet, die aber mittlerweile „total vernünftig" geworden seien, „als ob sie bei der Ding [[gemeint ist die SVP]] wären" (ebd.). Die Gemeinderät*innen aus der Bürgerliste seien in der Zeit ihrer Erstkandidatur regelrecht „runtergemacht" (INT_G2_K: 151) worden, berichten Dorfbewohner*innen. Anfeindungen im örtlichen Gasthaus seien an der Tagesordnung gewesen (vgl. INT_K_K: 9). Und es habe damals auch angesichts

5.1 Kurzdarstellung der Gemeinden

der Formation einer alternativen Gruppierung „geheißen, es ist Krieg im Dorf, es ist Krieg im Dorf" (ebd.). Die Bürgerliste existierte zur Zeit der Feldforschung in der zweiten Wahlperiode (also ca. 6 bis 8 Jahre), bis dahin hatte die SVP jahrzehntelang allein den Gemeinderat und sämtliche kommunalen Ausschüsse in Kirchdorf gestellt.

In den Erzählungen klingt an, dass bis vor rund 50 Jahren ein stark ausgeprägtes Obrigkeitsdenken im Dorf herrschte, das seinen Ausdruck vor allem in dem großen Einfluss kirchlicher Autoritäten fand (vgl. INT_L_K: 182–194). Damals habe man „noch mit Hölle gedroht" (ebd.: 184) und zu Bußgottesdiensten sei man „aus allgemeinem Druck hingegangen" (ebd.: 188). Ein älterer Kirchdorfer Bürger beschreibt die Erfahrung von Armut, relativer Bildungsferne durch die zeitraubende, körperliche landwirtschaftliche Arbeit sowie schwer erreichbare oder mangelhafte Bildungseinrichtungen bis in die erste Hälfte des 20. Jahrhunderts (vgl. ebd.: 62–64). Neben der reellen oder tradierten Erfahrung von Armut hat sich offenbar auch die „Option" ins Gedächtnis der Gemeindebewohner*innen eingeschrieben. Im faschistischen Italien wurde 1939 in Übereinkunft mit Hitler der Beschluss gefasst, dass alle Südtiroler*innen wählen beziehungsweise optieren müssen, ob sie in den deutschen Machtbereich (an welchen Südtirol nach dem „Anschluss" Österreichs an Deutschland von März 1938 bis Kriegsende grenzte, vgl. Steininger 2003: 41) umsiedeln, oder aber sich zur Beibehaltung der italienischen Staatsbürgerschaft bekennen (Autonome Provinz Bozen-Südtirol 2017: 24). In Kirchdorf stimmten 96 Prozent der damaligen Bevölkerung für Deutschland, bereuten aber später offenbar ihren unter massiver Propaganda gefassten Entschluss, es kam immer häufiger zu Anfeindung der „Dableiber" beziehungsweise zwischen Nicht-Optanten und Optanten (vgl. Dorfchronik_K: 147). „Haß, Furcht und Verfolgung" waren laut Dorfchronik bald verbreitet (vgl. ebd.: 152). Insbesondere die Minderheit der „Dableiber" wurde den Aufzeichnungen zufolge von den Optanten sehr schlecht behandelt (vgl. ebd.). Die Umsiedlungspläne wurden schließlich nur teilweise umgesetzt, nicht zuletzt wegen der fortschreitenden Kriegsereignisse (vgl. Autonome Provinz Bozen-Südtirol 2017: 25). Und so wird heute in unterschiedlichsten Situationen von Gesprächspartner*innen – auch unter Hinweis auf die Wirkung der Option – der hohe Stellenwert von Einigkeit und Zusammenhalt in der Gemeinde hervorgehoben (vgl. Abschn. 5.2.). Die Erinnerung an die Options-Zeit wird beispielsweise auch in Veranstaltungen der örtlichen Bibliothek durch Zeitzeugengespräche wachgehalten und an jüngere Generationen weitergegeben (vgl. Gemeindezeitung_K_12/2010: 23).

Nach der Kirche als Tonangeberin besaßen auch die Bauern in Kirchdorf durchaus großen Einfluss – denn sie waren seit jeher die vermögendste Gruppe im Dorf. Der Alt-Bürgermeister (ein Bauer) brach nach eigenen Erzählungen in den 1960er-Jahren das Machtmonopol der Kirche und leitete weitreichende Veränderungen in der Gemeinde ein. Er ließ umfängliche infrastrukturelle Erschließungsmaßnahmen in der Gemeinde durchführen (vgl. INT_L_K: 15, 497, 49). Ab den 1960er-Jahren setzte so eine Phase des Wachstums und Infrastrukturausbaus ein – auch weil wegen der Autonomie[6] der Provinz Bozen-Südtirol vergleichsweise viele Steuermittel im Land Südtirol verblieben und durch entsprechende Zuweisungen weiter in die Berggemeinden fließen konnten. Doch ist man sich angesichts der eher prekären Finanzlage des Nationalstaats Italien und der allgemeinen europäischen Wirtschaftskrise auch innerhalb der Bevölkerung durchaus bewusst: „die fetten Jahre sind schon irgendwie vorbei" (INT_G1/G2_K: 537), wie eine Gesprächspartnerin bemerkt. Der amtierende Bürgermeister beklagte, dass Gelder vom italienischen Staat nicht mehr wie vertraglich festgelegt flössen (INT_BII_K: 111–119).

Mit Beginn des Tourismus in den 1960er-Jahren (vgl. Dorfchronik_K: 369) gewann eine weitere Gruppe im Dorf an Einfluss und prägte dessen Entwicklung mit – die Touristiker. Anfangs reisten noch viele Schulklassen in den Ort, überwiegend beherbergt von Bauern, die auch heute noch Ferien auf dem Bauernhof anbieten. Angebot und Nachfrage entwickelten sich aber schließlich stärker hin zum individuellen Wander- und Wellnesstourismus (vgl. BB1_K: 87; INT_BII_K: 452; INT_F_K: 57–59; INT_FII_K: 3). Dass sich trotzdem keine großen Bettenburgen und große Hotelketten im Ort (und im übrigen Südtirol) etabliert haben, liegt auch an der vergleichsweise restriktiven Politik der Landesregierung in diesem Bereich (vgl. INT_A_K: 15). Im Jahr 1982 erließ sie einen vorübergehenden „Bettenstopp", der eine Obergrenze für Gästebetten festlegte und damit boomende Hotels am immer weiteren Ausbau ihrer Kapazitäten hindern sollte (vgl. ebd.). Auch heute ist die Gästebetten-Kapazität in Südtirol noch gesetzlich geregelt

---

[6] Seit Inkrafttreten des ersten Autonomiestatuts im Jahr 1957 gilt Bozen-Südtirol als autonome Provinz innerhalb des Staates Italien, anfänglich mit vergleichsweise beschränkten Befugnissen ausgestattet (vgl. Autonome Provinz Bozen-Südtirol 2017: 2), seit dem zweiten Autonomiestatut aus dem Jahr 1972 aber mit weitreichenden Selbstverwaltungsrechten (vgl. ebd.: 39, 141). Seit dem Mailänder Abkommen aus dem Jahr 2009 gibt es außerdem eine fixe Regelung für die Höhe der Geldflüsse zwischen dem italienischen Staat und dem Land Südtirol (wie die autonome Provinz Bozen-Südtirol auch bezeichnet wird): Neun Zehntel aller Steuern, die in Letzterer erhoben werden, verbleiben so in deren Kassen (vgl. ebd.: 50). Die Regelung schaffte variable Anteile in der Finanzierung der Autonomie, welche bis dahin immer wieder neu ausgehandelt werden mussten, ersatzlos ab (vgl. ebd.). Im Jahr 2014 wurde außerdem ein „Sicherungspakt" geschlossen, der fortan verhindern sollte, dass die italienische Staat „willkürlich weitere Gelder einbehält, wie er das in den vorangegangenen Jahren getan" habe (ebd.: 53).

(vgl. Autonome Provinz Bozen-Südtirol 2007). Heute lässt sich das Kräfteverhältnis in Kirchdorf aus der Perspektive der Forscherin als Interdependenz von Handwerk, Bauernschaft und Tourismus (familiengeführten Hotels) beschreiben. Während die Tourismustreibenden auf die Pflege der Kulturlandschaft durch die Bauern angewiesen sind (und teilweise auch mit der Verarbeitung lokaler Produkte in ihrer Küche werben), profitieren ansässige Handwerksbetriebe von den Aufträgen aus Landwirtschaft und Tourismus.

5.2 Gemeinsam Ziele finden – Die Leitbildprozesse in Wiesental und Kirchdorf

In diesem Kapitel stehen Prozesse der kooperativen Zielfindung und damit einhergehende Kooperationen und Konflikte im Fokus. Dabei wird für beide Gemeinden dargestellt und analysiert, wie und welche die Gemeinde betreffenden Entwicklungsziele und -vorstellungen in der Gemeinde auch über Gemeinderat und -verwaltung hinaus diskutiert und bearbeitet werden. So gab es in den beiden untersuchten Gemeinden bereits vor Beginn der Feldforschung professionell angeleitete Leitbilddiskussionen unter Einbezug von Bürger*innen, in denen Ziele für die weitere Entwicklung der Gemeinde diskutiert und ausgearbeitet wurden. In Wiesental wurde dieser Prozess begleitet von der Gründung eines eigenständigen Vereins – hier NaturKonzept Wiesental e. V. genannt – und mündete zudem in einzelne, bürgerschaftlich mitgetragene Projekte zur „Dorferneuerung" (siehe Abschn. 5.1.1 und 5.2.1). In Kirchdorf ging der Leitbildprozess nicht mit langfristig darauf ausgerichteten Organisationsstrukturen einher, es konstituierten sich aber an dessen Zielen orientierte Arbeitsgruppen.

Die Leitbilder der beiden Gemeinden werden nicht an einer Stelle in ihrer jeweiligen Gesamtheit vorgestellt, sondern entlang der für diese Studie relevanten inhaltlichen Aspekte.[7] Aus Anonymisierungsgründen werden die Leitbilder überwiegend indirekt zitiert und keine längeren direkten Zitate eingeflochten. Die Leitbilder sind das Produkt eines Aushandlungsprozesses über Zielvorstellungen und geben normative Haltungen wieder, auf die sich die Beteiligten verständigt haben.[8] Formulierungen wurden in diesem Prozess möglicherweise mehrfach

---

[7] Die Inhalte werden sowohl im Hinblick auf sozial-ökologische Wandlungsprozesse (Abschnitt 5.2.3) diskutiert als auch mit dem Fokus auf Gemeinschaft und Vergemeinschaftung (Abschnitt 5.2.4).

[8] Die Akademie für Raumforschung und Landesplanung beispielsweise schreibt Leitbildern in ihrer Funktion als Planungsinstrument folgende Eigenschaften zu: Sie seien übergeordnete Zielkonzepte, normsetzend, idealtypisch (in dem Sinne, dass sie einen wünschenswerten

überarbeitet, die Wortwahl von unterschiedlichen Akteuren und sozialen Welten mitgeprägt.

Zunächst wird für jeden Fall anhand von Akteuren und unter Berücksichtigung von nicht-menschlichen Elementen in der Situation rekonstruiert, wie der jeweilige Leitbildprozess im Detail ablief (Abschn. 5.2.1) und welche Weiterentwicklungen daraus folgten (Abschn. 5.2.2, vgl. Kap. 4, vgl. Clarke 2009: 213). Hieraus lassen sich erste Erkenntnisse über die Art und Weise der Zusammenarbeit in der jeweiligen Gemeinde ableiten und wichtige Stationen des Prozesses rekonstruieren. Anschließend liegt der analytische Blick darauf, welche Aspekte in den Leitbildprozessen verhandelt werden. Es lassen sich zum einen Bilder von Wandel (Abschn. 5.2.3.) nachzeichnen. Durch die Rekonstruktion eingenommener Positionen zeigen sich unterschiedliche Schwerpunktsetzungen, was die Adressierung und Deutung von sozial-ökologischen Wandlungsprozessen betrifft. Zum anderen können Bilder von Gemeinschaft (Abschn. 5.2.4) herausgearbeitet werden. Entlang von geteilten Interessen und Werten lassen sich Momente des Einschlusses und der Abgrenzung nachvollziehen, die Aufschluss über potenzielle Vergemeinschaftungsprozesse geben können. Abschließend stellt sich die Frage, ob und wie die rekonstruierten Bilder von Wandel mit den jeweiligen Bildern von Gemeinschaft interagieren und welche Rolle Kooperation und Konflikt dabei spielen. Es wird deshalb diskutiert, inwiefern es sich bei der Gründung und Weiterentwicklung des Vereins NaturKonzept und dem parallelen Leitbildprozess in Wiesental sowie dem Leitbildprozess in Kirchdorf um konflikthafte Vergemeinschaftungsprozesse handeln könnte (Abschn. 5.2.5). Daraus werden Thesen für die weitere Analyse in den Folgekapiteln abgeleitet.

5.2.1 Die Kooperationsprozesse

Kooperative Zielfindung in Wiesental – Kontinuierliche Beteiligungsmöglichkeiten

Erste Kooperationsbestrebungen mit dem Ziel kommunaler Entwicklung und jenseits des klassischen Arbeitens in kommunalen Gremien reichen in Wiesental über mehr als 15 Jahre zurück und kamen durch eine Idee des damals amtierenden Bürgermeisters in Gang. Er verfolgte das Ansinnen, die kommunale Entwicklung in Wiesental zu stärken, durch die Unterstützung von Landwirtschaft und Tourismus aber auch durch gleichzeitigen Schutz von Umwelt und

---

Ziel- oder Idealzustand formulieren) und sollten von einem Gruppenkonsens getragen werden (vgl. ARL 2005: 609 f.).

5.2 Gemeinsam Ziele finden – Die Leitbildprozesse in Wiesental und Kirchdorf

Natur (INT_G_W: 21, 34–40). Der Altbürgermeister, Herr Ganslmeier, konnte für seine Ideen eine Gruppe von Landwirten gewinnen. Diese hatten sich bereits zuvor zusammengetan, um ihre Betriebe gleichzeitig auf ökologische Landwirtschaft umzustellen (vgl. INT_G_W: 37). Dass sie sich bereit erklärten, an der Idee eines Vereins mit derartigen Zielen mitzuwirken, so erzählt der Altbürgermeister, habe ihn bewogen, das Vorhaben weiter voranzutreiben (vgl. ebd.: 15). Dies stellte gleichsam den Startschuss für einen gemeindeweiten Leitbildprozess dar. Dieser begann zunächst Ende der 1990er-Jahre mit eigens ins Leben gerufenen Gruppentreffen, die allen Bürger*innen offenstanden, damit die Vorstellungen und Schwerpunktsetzungen der Bürger*innen für die angestrebte Entwicklung der Gemeinde einfließen konnten (vgl. INT_T: 10). Wie der Altbürgermeister retrospektiv beschreibt, hätte sich damals bisweilen mehrere Hundert Personen bei thematischen Treffen im örtlichen Bürgerheim, einem Versammlungs- und Veranstaltungsort in der Gemeinde, zusammengefunden (vgl. INT_G_W: 41). Die noch heute amtierende Geschäftsführerin der Gemeinde führt hierzu aus:

> „Ham ähm dann u um do a weitere Richtung eine zu bringa und hamma einen sogenannten Initiativkreis [Mhm] in die Welt gerufen und do hat ma dann alle Themen, von da Landwirtschaft ahm bis hin zum Internet, also alls was irgendwie die Bürgerschaft berührt, zum Thema gmacht und hat da einfach die Bürger alle eingeladen. Also ähm übers Amtsblatt hat mas eingeladen [Mhm], wer interessiert is da zu kommen und dann mitzuüberlegen wo soll's hingehn für Wiesental." (INT_T_W: 10)[9]

Das „Amtsblatt", also das kommunale Mitteilungsblatt, das alle Haushalte kostenfrei per Post erreicht, fungierte als wichtiges Informationsmedium. Über diesen Kanal wurde wiederholt zu themenbezogenen Arbeitstreffen geladen, die allen interessierten Bürger*innen offenstanden. Das kommunale Bürgerheim diente einerseits als physisch-materieller Ort und Treffpunkt, an dem ein sozialer Raum des Austauschs und der Diskussion über Ziele der Entwicklung der Gemeinde entstehen konnte. Die Inhalte des kommunalen Leitbilds werden in den Abschnitten 5.2.2 und 5.2.3 detailliert dargestellt. Noch im Zuge des Leitbildprozesses gründete sich auf Basis bestimmter, im genannten Initiativkreis eruierter Ziele der Verein NaturKonzept Wiesental. In der Satzung des Vereins wurden der Erhalt der „Natur und Kulturlandschaft", die „aktiv[e]" Sicherung der Existenz

---

[9] „Haben ähm dann u um da eine weitere Richtung hineinzubringen und haben einen sogenannten Initiativkreis [Mhm] in die Welt gerufen und da hat man dann alle Themen, von der Landwirtschaft ahm bis hin zum Internet, also alles was irgendwie die Bürgerschaft berührt, zum Thema gemacht und hat da einfach die Bürger alle eingeladen. Also ähm übers Amtsblatt hat man sie eingeladen [Mhm], wer interessiert ist da zu kommen und dann überlegen wo soll es hingehen für Wiesental."

der landwirtschaftlichen Betriebe und des Gewerbes im Vereinsgebiet sowie „naturverträgliche[r]" Tourismus als Ziele festgeschrieben (vgl. Satzung_NK_W).[10] Neben den erwähnten ökologisch wirtschaftenden Landwirten (vgl. INT_G_W: 33–37) und der (Verwaltungs-)gemeinde Wiesental schlossen sich dem Verein NaturKonzept Wiesental im Verlauf auch engagierte Privatpersonen und örtliche Handwerker an (vgl. ebd.: 49). Maler beispielsweise stellten ihr Farbensortiment auf ökologische Produkte um (vgl. ebd.). Tourismustreibende knüpften ebenfalls an den Konzept-Gedanken an – vor allem mit Ferien auf dem Bauernhof und Gastwirte bewarben mit dem Logo des Vereins ihre Verarbeitung lokal und regional erzeugter Lebensmittel (vgl. ebd.).

In dem kommunalen Leitbild- und Zielfindungsprozess wurden lokale Interessen mit den Angeboten aus staatlichen Förderprogrammen verknüpft. Der damals amtierende Bürgermeister beantragte zu Beginn, sich der Unterstützung lokaler Akteure gewiss, zunächst Fördermittel bei der bayerischen Landesregierung für die Erarbeitung von NaturKonzept Wiesental e. V. (vgl. INT_G_W: 15). Mit diesen ließ sich ein Planungsbüro für die Konzeption des Vereins gewinnen und bezahlen (vgl. ebd.). Hinzu kamen im Verlauf außerdem Fördermittel von der Europäischen Union, die die Gemeinde Wiesental beantragte. Die von der Gemeindeverwaltung eingeholte Förderung aus dem staatlichen Programm „Dorferneuerung"[11] half im Anschluss, die in ersten Treffen von bürgergetragenen Arbeitskreisen erarbeiteten Ideen zu vertiefen (vgl. INT_E_W: 15). Es entstanden daraus über NaturKonzept Wiesental e. V. hinausgehende, ebenfalls bürgerschaftlich mitgetragene Projekte und der Verein konnte sich weiterentwickeln (vgl. Abschn. 5.2.2 „Weiterentwicklungen aus den Leitbildprozessen", INT_G_W: 41; INT_T_W: 10). Die begonnene Arbeit an Themen in Bürgerarbeitskreisen (genanntem Initiativkreis) wurde durch die Unterstützung aus dem Programm „Dorferneuerung" gleichsam zur Pflicht, der bereits angelaufene Leitbildprozess offiziell als solcher bezeichnet:

> „Also so a Art Leitbilddiskussion. Des war a so a bissl die Voraussetzung, die uns des Amt in München, also die Dorferneuerungs äh Stelle uns so a bissl zur Auflage gmacht hat und hat gsagt, wenn ihr weiterkemma wollts, brauchts a Leitbild. [Mhm]

---

[10] Zu den Aktivitäten von NaturKonzept Wiesental zählte zu dieser Zeit vor allem das Bemühen, Landwirten durch Landschaftspflegemaßnahmen zusätzliche Einnahmequellen zu erschließen. Außerdem unterstütze der Verein bei der Direktvermarktung vor Ort erzeugter Lebensmittel, konzipierte Angebote im Bereich Umweltbildung und Tourismus und bewarb all dies mit eigens entworfenen Broschüren.

[11] Zur Dorferneuerung vgl. Abschn. 5.1.1.

5.2 Gemeinsam Ziele finden – Die Leitbildprozesse in Wiesental und Kirchdorf

Und äh des hat dann eigentlich in des System ganz guat reipasst, na hamma gsagt, na nemma des in den Initiativkreis [[...]]." (INT_T_W: 10)[12]

Die Vorgabe von staatlicher Seite, ein Leitbild zu erarbeiten, um Unterstützungsleistungen erhalten zu können, schildert die Geschäftsführerin der Gemeinde als passend zu einem ohnehin schon begonnenen Prozess. In dieser Lesart unterstützte die dem Förderprogramm „Dorferneuerung" inhärente Auflage, unter Beteiligung der Bürger*innen ein Leitbild zu erarbeiten, den bereits eingeschlagenen Weg in Wiesental und festigte die Zusammenarbeit der unterschiedlichen, oben eingeführten Akteure. Gleichwohl wurde durch staatliche Vorgaben, die man nach Auskunft der Geschäftsführerin bereitwillig akzeptierte, ein gewisser Handlungskorridor vorgegeben und das Leitbild verpflichtend als Resultat eingefordert.[13]

Akteure aus Kommunalpolitik und -verwaltung spielten in dem Leitbildprozess und bei der parallelen Gründung des Vereins NaturKonzept Wiesental eine tragende Rolle. Die Geschäftsführerin der Gemeinde, Frau Tauber, beschreibt die Funktion der Gemeindeverwaltung und des damaligen Bürgermeisters dabei. Man habe mit Blick auf die größer werdende Gruppe interessierter Bürger*innen, die an den Initiativkreisen teilnahmen, erkannt:

„Die wolln alle was bewegen, aber [Mhm] des kann ja ned so irgendwie passiern. Und ähm, dann hat ma einfach überlegt äh, wer könnte Partner sein uns da zu unterstützn. [[...]] [U]nd wie ma fertig war hat ma dann die ganzn Ziele, die da erarbeitet worden sind nomal mim Gemeinderat durchgegangen. [Mhm] Man hat a gschaut, äh, basst des so aa mit den politisch gewählten Vertretern, also passt des für die aa? Und des war dann a ganz a guate Grundlage wo ma gsagt hat, so, mit dem kemma etz arbeitn." (INT_T_W: 10)[14]

---

[12] „Also so eine Art Leitbilddiskussion. Das war a so ein bisschen die Voraussetzung, die uns das Amt in München, also die Dorferneuerungs äh Stelle uns so ein bisschen zur Auflage gemacht hat und hat gesagt, wenn ihr weiterkommen wollt, braucht ihr ein Leitbild. [Mhm] Und äh das hat dann eigentlich in das System super reingepasst, dann haben wir gesagt, dann nehmen wir das in den Initiativkreis [[...]]." (INT_T_W:10).

[13] Auf die Wirkung des Leitbilds als Artefakt, durch das man in der Kommune „weiterkommen" soll, wird am Ende dieses Abschnitts in der Zusammenschau mit weiteren nichtmenschlichen Elementen genauer eingegangen.

[14] „Die wollen alle was bewegen, aber [Mhm] das kann ja nicht so irgendwie passieren. Und ähm, dann hat man einfach überlegt äh, wer könnte Partner sein uns da zu unterstützen. [[...]]] [U]nd als man fertig war ist man dann die ganzen Ziele, die da erarbeitet worden sind nochmal mit dem Gemeinderat durchgegangen. [Mhm] Man hat a geschaut, äh, passt das so auch mit den politisch gewählten Vertretern, also passt das für die auch? Und das war dann eine

So beschreibt die Geschäftsführerin der Gemeinde Wiesental, die auch damals bereits diese Funktion bekleidete, wie die Vertreter*innen der Gemeinde nach Partnern für die Umsetzung des Leitbilds suchten. Mitarbeiter*innen der Gemeindeverwaltung nahmen dadurch eine moderierende Rolle ein. Wie die Ausführungen der Geschäftsführerin nahelegen, sah man es als Aufgabe der Verwaltung, Bürger*inneninteressen zur Umsetzung zu verhelfen und den formulierten Zielen durch die Abstimmung im Gemeinderat demokratische Legitimierung zu verleihen. Außerdem war die Zustimmung des Gemeinderats notwendig, damit sich die Gemeinde mit einem entsprechenden Mitgliedsbeitrag auch finanziell an der Gründung des Vereins NaturKonzept Wiesental beteiligen konnte (vgl. INT_R_W: 669–686). Dem Verein NaturKonzept Wiesental trat bei dessen Gründung neben Einzelpersonen (beispielsweise Landwirten, die von gemeinsamen Informations- bzw. Vermarktungsbroschüren profitieren) auch die Verwaltungsgemeinde Wiesental bei.

Die Mitarbeiter*innen der Gemeinde Wiesental verstanden es zudem, bereits geknüpfte Kontakte zu nicht ortsansässigen Experten für den Leitbildprozess zu nutzen. Der Planer, der die Leitbilddiskussion moderierte, war im Rathaus bereits bekannt und mit den örtlichen Gegebenheiten schon etwas vertraut, da er zuvor im Auftrag der Gemeinde an Analysen für die kommunale Flächennutzung gearbeitet hatte (vgl. INT_T_W: 10). Zu den thematischen Sitzungen des Initiativkreises luden die Gemeindemitarbeiter*innen zudem stets auch Vertreter*innen der relevanten (Landes-)Ämter ein (vgl. ebd.). Für die (Weiter-)Entwicklung des Vereins NaturKonzept Wiesental konnte außerdem aufgrund der Teilnahme an verschiedenen Förderprogrammen immer wieder Beratung durch Experten (Moderatoren, Planer etc.) in Anspruch genommen werden (vgl. INT_ E_W: 15).

Verschiedene nicht-menschliche Elemente hatten damit in der Rückschau entscheidenden Einfluss auf den Leitbildprozess und die Entwicklung des Vereins NaturKonzept Wiesental. Insbesondere das Förderprogramm „Dorferneuerung", das den Leitbildprozess zu einer verbindlichen Bedingung machte, aber auch das bereits genannte Informationsmedium „Kommunales Mitteilungsblatt" und der Treffpunkt Bürgerheim hatten eine wichtige Funktion. Das Mitteilungsblatt und das Bürgerheim ermöglichten Kommunikation und die Entstehung sozialer Räume des Austausches. Ein weiteres wichtiges nicht-menschliches Element ist der Landschafts- bzw. Flächennutzungsplan. Die Existenz eines Papiers, in dem die Potenziale der Gemeinde dargestellt sind, regte „politisch interessant[e]" (INT_T_W: 10) Diskussionen im Gemeinderat an, wie mit diesen Potenzialen

---

ganz gute Grundlage, so dass man sagte, so, damit können wir jetzt arbeiten." (INT_T_W: 10).

5.2 Gemeinsam Ziele finden – Die Leitbildprozesse in Wiesental und Kirchdorf

idealerweise weiter verfahren werden könne (siehe Abschn. 5.2.2). Das Leitbild, das aus dem folgenden Prozess hervorging, kann ebenfalls als Artefakt betrachtet werden, das auf die Akteure in der Gemeinde zurückwirkte und -wirkt. Es diente nicht nur einem Verständigungsprozess nach „innen", in die Gemeinde beziehungsweise zwischen deren Bürger*innen, sondern fungierte auch als Instrument für eine vorteilhafte Außenpräsentation und um weitere Fördermittel einzuwerben. Zudem wirkte und wirkt das Leitbild in die Abläufe in der Gemeinde hinein, indem die Gemeindeverwaltung es aktiv als Instrument zur kontinuierlichen Entwicklungsarbeit nutzte und nutzt. Etwas mehr als 10 Jahre nach der Erstellung des Leitbilds erzählt die Geschäftsführerin von Wiesental:

> „Und mir ham mittlerweile ähm dieses Leitbild ähm mehr, äh übererfüllt sog i etz a mal und ham äh mit dem Gemeinderat zusammen voriges Jahr im Herbst einfach mal so Revue passieren lassen. Wos is alls geschehen? [Mhm] Und dann aber a nomal so visionär zu schaun, wo hi muss no geh 2020? [Mhm] Wo kannt wo kanntn no wo san no so neuralgische Punkte, wo ma einfach schaun muss ob was geht." (INT_T_W: 38)[15]

So bedienten sich Gemeindeverwaltung und Gemeinderat des Leitbilds für die Rekapitulation dessen, was davon bereits umgesetzt wurde, ebenso wie für die Entwicklung weiterer Visionen für die Kommune.

Kooperative Zielfindung in Kirchdorf – Punktuelle Beteiligung

In Kirchdorf in Südtirol regte Anfang der 2010er-Jahre ein Mitglied des Gemeindeausschusses und damals Vizebürgermeister, Herr Pichler, die Zukunftswerkstatt in Kirchdorf an, welche schließlich von der Gemeinde finanziert und von einem professionellen Moderator geleitet wurde. Der Impuls zur gemeinschaftlichen Diskussion kam, ähnlich wie in Wiesental, aus der Gemeindepolitik bzw. -verwaltung. Wie die Teilnehmer*innen der Zukunftswerkstatt zusammenkamen, war trotz Nachfragen beim Bürgermeister und anderen Beteiligten nicht im Detail zu erfahren. Die Organisatoren sprachen – so legen es Erzählungen eines Mitwirkenden nahe – potenziell interessierte Bürger*innen an (vgl. INT_F_K: 384). Insgesamt fanden zwei nicht öffentliche Workshops in den Räumlichkeiten örtlicher Gasthäuser statt. Anders als bei den stets offenen Initiativkreis-Treffen in

---

[15] „Und wir haben mittlerweile ähm dieses Leitbild ähm mehr, äh übererfüllt sag ich jetz einmal und haben äh mit dem Gemeinderat zusammen letztes Jahr im Herbst einfach mal so Revue passieren lassen. Was ist alles geschehen? [Mhm] Und dann aber auch nochmal so visionär zu schauen, wohin muss es noch gehen 2020? [Mhm] Wo könnten wo könnten noch wo sind noch so neuralgische Punkte, wo man einfach schauen muss, ob was geht." (INT_T_W: 38).

Wiesental kam in Kirchdorf ein fester Kreis an Akteuren zusammen. Beteiligt waren mit rund 15 Personen weitaus weniger Bürger*innen als im bayerischen Wiesental. Mit Mitgliedern von Bauernbund, Schützenverein, Tourismusverein, Musikkapelle und Sportverein waren die großen Vereine und Verbände des Ortes vertreten. Ein Gründungsmitglied des örtlichen Mutter-Kind-Treffs und der Jugendbeauftragte der Gemeinde wurden ebenfalls einbezogen. Auch die in Kirchdorf anzutreffenden Wirtschaftssparten und Berufsfelder waren repräsentiert: Besitzer*innen von Hotels, Pensionen und Zimmervermietungen waren ebenso anwesend wie Landwirt*innen, Selbständige aus dem Handwerk, Angestellte und Dienstleistungsunternehmer*innen. Die Teilnehmenden kamen zudem aus allen Parteien der Kirchdorfer Gemeindepolitik. Neben den angeführten Vereinen oder Berufssparten repräsentierten sie zu Teilen auch den Gemeinderat und die Gemeindeverwaltung (vgl. INT_B_K: 122). Bürgermeister Bacher nahm nach eigenem Bekunden absichtlich nicht an der Zukunftswerkstatt teil:

> „Ich habe mich nicht beteiligt, weil ich, nicht dass ich jetzt dagegen bin, ich habe gesagt schau, ich will mich heraußen halten als Bürgermeister, es ist viel und alm kommen die Leute [Mhm], machts des ein Mal. Ich misch mi ned ein, vielleicht red ich na sowieso da drin recht einen Blödsinn auch. Sag ich lieber nichts. Macht des alleine." (INT_B_K: 108)[16]

Einerseits begründet Bacher seine Nichtteilnahme mit der ohnehin schon hohen Arbeitslast seines Amtes, andererseits übte er demnach absichtlich Zurückhaltung, da er möglicherweise Dinge erzähle, die als Blödsinn empfunden werden könnten. Die von Bacher beschriebene Zurückhaltung bei der Zukunftswerkstatt wurde von anderen Bürger*innen teilweise dennoch als Ablehnung deren Arbeit ausgelegt (vgl. INT_F_K: 368–374). Durch die gezielte Rekrutierung der Teilnehmenden hatten nicht alle Dorfbewohner*innen die gleiche Chance, an der Zukunftswerkstatt teilzunehmen. Die Perspektiven der Bürger*innen und ihr Eindruck von den Beteiligungsmöglichkeiten an Entwicklungsprozessen in der Gemeinde wird in Abschnitt 5.3 vertieft. Doch die Rekrutierungsstrategie liefert bereits einen Hinweis auf potenzielle schweigende Akteure (vgl. Clarke/Friese 2007: 372), die möglicherweise nicht mitsprechen (können).

Gemeinsam wurden von den Teilnehmer*innen der Zukunftswerkstatt die Stärken und Schwächen der Gemeinde eruiert und Wünsche für die Zukunft

---

[16] „Ich habe mich nicht beteiligt, weil ich, nicht dass ich jetzt dagegen bin, ich habe gesagt schau, ich will mich raus halten als Bürgermeister, es ist viel und immer kommen die Leute [mhm], macht das ein Mal. Ich mische mich nicht ein, vielleicht rede ich dann sowieso da drin recht einen Blödsinn auch. Sag ich lieber nichts. Macht das alleine." (INT_B_K: 108).

5.2 Gemeinsam Ziele finden – Die Leitbildprozesse in Wiesental und Kirchdorf

zusammengetragen. Für manche der identifizierten Handlungsfelder wurden konkrete Projekte benannt und Schritte für die Umsetzung sowie jeweils Verantwortliche aus dem Kreis der Teilnehmenden schriftlich festgehalten. Die Ergebnisse der Zukunftswerkstatt wurden in Form kommentierter Thesen festgehalten, als Ziele und Wünsche für die Zukunft. Die Leitsätze – so werden sie im Südtiroler Sprachraum genannt –, also das thesenartige Leitbild, sollte demnach als „Orientierungshilfe für künftige Entscheidungen" (Leitbild_K: 2) dienen, wie der Untertitel zum Leitbild anzeigt. Sowohl über die Ergebnisse der Zukunftswerkstatt als auch über die angestrebten Projekte und deren Stand wurde in der Gemeindezeitung informiert. In Bezug auf die Leitbilderarbeitung kam das kommunale Mitteilungsblatt beziehungsweise die Gemeindezeitung als Kommunikationsmedium (anders als in Wiesental) erst ex post zum Einsatz, als die Ergebnisse der Zukunftswerkstatt kommuniziert wurden. Eingang in den politischen Prozess fand das Papier kaum – anders als in Wiesental, wo man im Gemeinderat das Leitbild diskutierte und über die Entstehung des Vereins NaturKonzept abstimmte.

Ähnlich wie in Wiesental wurde auch in Kirchdorf ein Experte zur Moderation des Leitbildprozesses hinzugezogen. Der nicht im Dorf lebende Moderator, der für die Zukunftswerkstatt wegen seiner Expertise im Bereich Regionalentwicklung engagiert wurde, wurde von der Gemeinde bezahlt (vgl. INT_B_K: 120). Der damalige Vizebürgermeister konnte den Experten über seine Kontakte in die (übergeordnete Verwaltungsebene) Bezirksgemeinschaft[17] rekrutieren (vgl. ebd.). Auch hier kamen also bereits bestehende Kontakte zu auswärtigen Experten zum Tragen. Anders als in Wiesental wurde für diesen Bürgerworkshop aber kein Förderprogramm in Anspruch genommen (vgl. ebd.). Insofern kam – anders als im bayerischen Wiesental – auch keine Auflage oder ein Impuls zur Bürgerbeteiligung von übergeordneter institutioneller Ebene.

Nicht-menschliche Elemente spielten auch im Kirchdorfer Leitbildprozess eine Rolle. Im Vergleich mit der bayerischen Gemeinde Wiesental zeigt sich, dass das kommunale Mitteilungsblatt nicht gleichermaßen für die Kommunikation von Teilergebnissen genutzt wurde, die nicht öffentlichen Workshops ließen Veränderungen in der Zusammensetzung der Mitwirkenden nicht in gleichem Maße zu und stellten damit einen mehr oder minder abgeschlossenen Raum der Interaktion und des Austausches dar. Das fertiggestellte Leitbild stieß in der

---

[17] Bezirksgemeinschaften sind Körperschaften des öffentlichen Rechts, denen mehrere Gemeinden in einem Gebiet angehören und wurden „zu dem Zweck errichtet, ganz oder teilweise in Berggebieten liegende Flächen aufzuwerten und dort den Umweltschutz voranzutreiben, indem die Beteiligung der Bevölkerung an der wirtschaftlichen, sozialen, kulturellen und ökologischen Entwicklung gefordert wird" (Autonome Provinz Bozen-Südtirol 1991).

Gemeindeverwaltung zwar auf Wohlwollen, doch wurde es innerhalb der Gemeindeverwaltung und -politik nicht als Planungs- und Diskussionsgrundlage weiter genutzt (siehe Abschn. 5.2.2). Allerdings konstituierten sich aus dem Prozess heraus bürgergetragene Arbeitsgruppen.

5.2.2 Weiterentwicklungen aus den Leitbildprozessen

Anhaltende Bürger*innenbeteiligung und Ausweitung des geografischen Bezugsraums in Wiesental

In beiden Gemeinden zogen die Leitbildprozesse weitere Handlungen nach sich. Denn es waren konkrete Ideen festgehalten worden, wie sich die Gemeinden in die Zukunft entwickeln sollten, welche Ziele anzustreben und welche konkreten Projekte aus Sicht der Beteiligten hierzu umzusetzen wären.

In Wiesental wurde als erste Maßnahme, die durch das Förderprogramm „Dorferneuerung" unterstützt wurde, ein künstlich angelegter See auf dem Gemeindegebiet saniert (vgl. INT_T_W: 30). Bereits mehrfach war von Bürger*innen der Wunsch zum Ausdruck gebracht worden, den See zu sanieren und als Badesee für die Allgemeinheit nutzbar zu machen. Wie bei allen Projekten, die im Rahmen des Förderprogramms unterstützt wurden, stellte die Landesregierung rund die Hälfte der finanziellen Mittel zur Verfügung, während alle weiteren Arbeiten ehrenamtlich bestritten werden mussten (vgl. ebd.: 36). Geschäftsführerin Tauber erinnert sich:

> „Des wollten die Bürger immer schon haben. Ähm, des is aa immer wieder angsprochn wordn, aa in da Bürgerversammlung, also mir braucha doch eigentlich diesen See für die Allgemeinheit, für die Gäste, und überhaupts. [[...]] Und ähm dann hat ma gsagt, wie macht mas? Alloa schaff ma's ned, dann war des eigentlich des erste Dorferneuerungsprojekt, des ma ja aa ghabt ham als Ziel. Und da hamma gsagt, da probier ma's etz, da schau ma etz ob, wie des geht mit die Bürger." (INT_T_W: 30–32)[18]

In der Erzählung spiegelt sich erneut die Rolle der Gemeindeverwaltung als Projektermöglicherin und wie sie dabei die Bürger*inneninteressen wahrnimmt,

---

[18] „Das wollten die Bürger immer schon haben. Ähm, das ist auch immer wieder angesprochen worden, auch in der Bürgerversammlung, also wir brauchen doch eigentlich diesen See für die Allgemeinheit, für die Gäste, und überhaupt. [[…]] Und ähm dann hat man gesagt, wie macht man es? Allein schaffen wir es nicht, dann war das eigentlich das erste Dorferneuerungsprojekt, das wir ja auch gehabt haben als Ziel. Und da haben wir gesagt, da probieren wir's jetzt, da schauen wir jetzt ob, wie das geht mit den Bürgern." (INT_T_W: 30–32).

5.2 Gemeinsam Ziele finden – Die Leitbildprozesse in Wiesental und Kirchdorf

die diese beispielsweise in der jährlichen Bürgerversammlung artikuliert haben. Ebenso wird deutlich, dass die Verwaltung das Bürger*innenengagement als Unterstützung bei Aufgaben ansieht, die von der Verwaltung alleine nicht bewältigt werden können.

Im Fall von Wiesental veränderte sich allerdings die Arena, in der die Entwicklungsziele verhandelt werden. Denn im Laufe der Jahre weitete sich der Verein NaturKonzept Wiesental auf die übrigen Gemeinden im Tal aus und änderte seinen Namen (der Name der Gründungsgemeinde entfiel seither aus dem Titel). Sowohl Einzelpersonen als auch alle Verwaltungskommunen des Tals traten dem Verein bei. Die Ausweitung von NaturKonzept auf die Nachbargemeinden beschreibt Wiesentals Geschäftsführerin als Einsicht, „dass ma gsagt hat, na guad, mir kemma vielleicht schneller voran, aber miteinand kemma vielleicht weiter, gell?" (INT_T_W: 41)[19]. Interkommunale Kooperation wird hier mit einer erhöhten Handlungs- und Wirkmächtigkeit assoziiert. Laut dem amtierenden Geschäftsführer von NaturKonzept habe man damals gemerkt, dass die „ambitioniert[en]" (INT_E_W: 15) Ziele der Gemeinde Wiesental „über die Gemeindegrenzen hinaus wesentlich mehr Sinn machen würden" (ebd.). Hierauf gewann der damals amtierende Bürgermeister Ganslmeier seine Amtskollegen der umliegenden Gemeinden für seine Idee „und dies führte dann letztlich Ende der 90er Jahre, [[Vergröberung durch Anonymisierung]] zur Gründung des Vereins NaturKonzept mit den Gemeinden wies hald bekannt sind." (ebd.). Für den erweiterten Verein wurde die Stelle eines Geschäftsführers ausgeschrieben und mit dem noch heute amtierenden Herrn Eichinger besetzt. Außerdem erweiterte sich das Tätigkeitsfeld von NaturKonzept e. V. etwa zu dieser Zeit um die Förderung regenerativer Energieerzeugung, die ihren manifesten Ausdruck schließlich in der Gründung eines Biomasseheizkraftwerks fand. Dieses wurde fortan als GmbH & Co. KG betrieben, an welcher der Verein NaturKonzept als einziger Gesellschafter beteiligt ist. Mitte der 2000er-Jahre wurde das Biomasseheizkraftwerk in Tupfing, einer der Mitgliedsgemeinden, errichtet. Die Geschäftsführung übernahm der amtierende Geschäftsführer von NaturKonzept, der seither die beiden Geschäftsführerposten in Personalunion innehat. Der Verein wurde vielfach ausgezeichnet und gewann zahlreiche Preisgelder.

Über die Jahre nahm NaturKonzept zudem an Förderprogrammen verschiedener politischer Ebenen teil. Diese reichten von Angeboten des Freistaates Bayern

---

[19] „dass man gsagt hat, na gut, wir kommen vielleicht schneller voran, aber miteinander kommen wir vielleicht weiter, nicht wahr?" (INT_T_W: 41).

bis hin zu solchen der Europäischen Union. Mit diesen Geldern konnten zusätzliche Personalstellen geschaffen werden.[20] Aus der Perspektive von Frau Instetter, die in einem Kommunalverband in der Nachbarregion zu Umweltfragen arbeitet, ist NaturKonzept auch wegen seiner finanziellen Mittel aus Fördertöpfen so erfolgreich und handlungsfähig, denn es sei ein „gigantischer Vorteil, wenn i Fördergeld hab, [...] des i für Planungsleistungen oder Personal hernehma kann" (vgl. INT_I_W: 162)[21]. Der NaturKonzept-Geschäftsführer war es, der sich für die Erweiterung des Vereins NaturKonzept um den Bereich Regenerative Energien stark machte und der mit Unterstützung der Kommune Tupfing schließlich den Bau des Biomasseheizkraftwerks realisieren konnte. Dieser Bau änderte nach Auskunft unterschiedlicher Gesprächspartner*innen etwas an der Wahrnehmung von NaturKonzept und dessen Aktivitäten (vgl. INT_R_W: 692–694; INT_E_W: 88; INT_I_W: 161). Bei der Direktvermarktung für Landwirte, so Frau Instetter, habe sich der Geschäftsführer zwar sehr eingesetzt, doch so richtig weitergekommen sei man nicht (vgl. INT_I_W: 159). Erst mit den Bemühungen im Bereich Regenerative Energien und dem Bau des Biomasseheizkraftwerks sei NaturKonzept der „Durchbruch" (ebd.) gelungen. Auch die Wiesentaler Bürgerin Frau Rosenmair hält das Biomasseheizkraftwerk für das eigentliche Herzstück von NaturKonzept e. V., sie geht mit ihrer Einschätzung sogar so weit, dass es den Verein heute nicht mehr gäbe, wäre nicht das Biomasseheizkraftwerk gebaut worden: „wenn des Biomassekraftwerk, wenn do ned dazua kemma war, dann gabs des nimmer, weil dann hätt ja aa der Erich [[der Geschäftsführer des Vereins Erich Eichinger]] koa Aufgabe mehr" (INT_R_W: 694). Geschäftsführer Eichinger misst dem Bauwerk und verknüpften Aktivitäten ebenfalls große Bedeutung bei:

> „Und dessen sind sich schon alle sehr bewusst und, und weil eben diese breite Unterstützung vor allem von kommunaler Seite da war, äh, wars aa so, dass ma bei den Leuten draußen gemerkt hat, dass immer mehr des Bewusstsein fürs NaturKonzept äh vorhanden is und es war kein leichter Prozess, weil äh, wenn i de letzten zehn Jahre oder mehr äh zurückblicke, ähm is eigentlich erst seit wir auch Gebäude bauen

---

[20] Beispielsweise konnte aus EU-Mitteln eine Personalstelle zur Gebietsbetreuung des Tals eingerichtet werden, die sich um den Erhalt des Naturraums bemühen und seine Verankerung in der Bevölkerung fördern sollte (vgl. Regionalentwicklungskonzept II, Broschüre Region Alpental 2014: 14). Auch im später gegründeten Biomasseheizkraftwerk konnten Fördermittel für Personal verwendet werden (vgl. INT_E_W: 68).

[21] „gigantischer Vorteil, wenn ich Fördergeld habe, [...] das ich für Planungsleistungen oder Personal verwenden kann." (vgl. INT_I_W: 162).

5.2 Gemeinsam Ziele finden – Die Leitbildprozesse in Wiesental und Kirchdorf

und unsere Fahrzeuge quer durch die Gebiete fahren, dass so richtig auch beim Letzten angekommen is, was, was der Hintergrund oder der Mehrwert von dem Ganzen eigentlich is. [Hm]" (INT_E_W: 88)[22]

Der Geschäftsführer beschreibt damit die symbolische Bedeutung, die dem Biomasseheizkraftwerk seither zukommt: die mit ihm verknüpfte Greif- und Erfahrbarkeit von Aktivitäten des Vereins. Erst seit die Aktivitäten von Natur-Konzept e. V. visuell wahrnehmbar seien, sei NaturKonzept in der Breite der ansässigen Bevölkerung bekannt und es werde auch dessen Mehrwert anerkannt. Auffallend ist die Formulierung „Mehrwert", da sie auf eine ökonomische Verwertungslogik und einen ökonomischen Nutzen hindeutet. In Bezug auf die öffentliche Wahrnehmung argumentiert Frau Instetter, die Vertreterin des Kommunalverbands aus der Nachbarregion, ähnlich:

> „Des is jetz des Guade am Biomassekraftwerk. Wenn des Biomassekraftwerk ned einfach konkret a Haus wär, wo de Hackschnitzel lieng und des Hoiz liegt und de Leid kinnan des seng, dann konn der no so guade Sachan macha, dann dad der ned wahrgnumma wern. [hm] Aber durch des, dass de aa wirklich an schena Bau gmacht ham und de Leid hifohn kinnan und des seng kinnan, hat des (Ding), i sog moi echt a Klasse höher befördert. [hm] [[…]] Wenn da ned, des, des, des is des Doppeltguade am Biomassekraftwerk, man konn, man konns besichtigen. [hm] Und deswegen wern mir bei Energie, solang ma ned, i sog moi wos Ähnliches ham, wo ja aus Beton is, werma do ned an richtigen Sprung macha. Bin i überzeugt." (INT_I_W: 155)[23]

---

[22] „Und dessen sind sich schon alle sehr bewusst und, und weil eben diese breite Unterstützung vor allem von kommunaler Seite da war, äh, wars auch so, dass man bei den Leuten draußen gemerkt hat, dass immer mehr das Bewusstsein fürs NaturKonzept äh vorhanden ist und es war kein leichter Prozess, weil äh, wenn ich die letzten zehn Jahre oder mehr äh zurückblicke, ähm ist eigentlich erst seit wir auch Gebäude bauen und unsere Fahrzeuge quer durch die Gebiete fahren, das so richtig auch beim Letzten angekommen, was, was der Hintergrund oder der Mehrwert von dem Ganzen eigentlich ist. [Hm]" (INT_E_W: 88).

[23] „Das ist jetzt das Gute am Biomassekraftwerk. Wenn das Biomassekraftwerk nicht einfach konkret ein Haus wäre, wo die Hackschnitzel liegen und das Holz liegt und die Leute können das sehen, dann kann der noch so gute Sachen machen, dann würde er nicht wahrgenommen werden. [hm] Aber durch das, dass sie auch wirklich einen schönen Bau gemacht haben und die Leute hinfahren können und das sehen können, hat das (Ding), ich sage mal echt eine Klasse höher befördert. [hm] [[…]] Wenn da nicht, das, das, das ist des doppelt Gute am Biomassekraftwerk, man kann, man kann's besichtigen. [hm] Und deswegen werden wir bei Energie, solange wir nicht, ich sag mal was Ähnliches haben, das ja aus Beton ist, werden wir keinen richtigen Sprung machen. Bin ich überzeugt." (INT_I_W: 155).

„Aber mit dem, eben mit dem Schwenk einfach jetz machma konkret was bei Energie und do konn jeder seine, ja seine Pellets hoin oder seine Hackschnitzel oder irgendwos, [[…]] Ja, also i konns ned andas song. Durch des Biomassekraftwerk denk i moi war für sie a Durchbruch." (INT_I_W: 161)[24]

Auch Frau Instetter beschreibt die Sichtbarkeit und insbesondere auch die Möglichkeit der Besichtigung des Biomasseheizkraftwerks als großen Vorteil für die Akzeptanz in der Bevölkerung. Damit sei der Durchbruch erreicht, anders als die Region von Frau Instetter, die solange sie nichts aus Beton vorweisen könne, keinen richtigen Sprung machen werde. In der Rekonstruktion wird das Biomasseheizkraftwerk (dessen Existenz und Sichtbarkeit Frau Instetter sinnbildlich als etwas „aus Beton" beschreibt) zu einem wichtigen nicht-menschlichen Element, dessen Erschaffung nicht nur etwas an der Situation und deren Dynamik, sondern auch an der Wahrnehmung, vielleicht auch den Kooperationsbestrebungen und-prozessen verändert hat. Ähnliche Wirkung entfaltet das Hinzutreten des Geschäftsführers zu NaturKonzept. Von manchen Wiesentaler*innen wird der Geschäftsführer als „Glücksgriff" (INT_H_W: 178; INT_L_W: 70) oder „Glücksfall" (INT_G_W: 78) beschrieben, unter anderem, weil er „sehr durchsetzungskräftig" (INT_H_W: 180) sei und „die ganzen Hintergründe [[kenne]], wie man Finanzierungen erreicht" (ebd.).

Erste Ansätze zu langfristigen Kooperationen und Vernetzung von Vereinsstrukturen in Kirchdorf
In Kirchdorf hatten die Leitbilddiskussionen und dadurch angestoßene Arbeitskreise unterschiedlich weit reichende Wirkung. Nach der Sammlung verschiedener Ideen, wie die Umsetzung der erarbeiteten Ziele erreicht werden könnte, wurden in der Zukunftswerkstatt in Kirchdorf schließlich drei Projektideen ausgewählt, die eigens in thematischen Arbeitsgruppen verfolgt werden sollten. So wurde die Gründung einer Arbeitsgruppe zwischen den verschiedenen Wirtschaftszweigen Landwirtschaft, Tourismus und Handel vereinbart. Eine zweite Arbeitsgruppe plante ein Buchprojekt mit Fotografien aus mehreren Jahrzehnten, um die Bevölkerung für die Historie des Ortes zu sensibilisieren, eine dritte Arbeitsgruppe sollte sich um die bessere Erreichbarkeit der Kirchdorfer Almlandschaft und die Vernetzung der dortigen Strukturen kümmern (vgl. Gemeindezeitung_K_5/2012: 19).

---

[24] „Aber mit dem, eben mit dem Schwenk einfach jetzt machen wir konkret was bei Energie und do kann jeder seine, ja seine Pellets holen oder seine Hackschnitzel oder irgendwas, [[…]] Ja, also i kann's nicht anders sagen. Durch das Biomassekraftwerk denk ich mal war für sie ein Durchbruch." (INT_I_W: 161).

5.2 Gemeinsam Ziele finden - Die Leitbildprozesse in Wiesental und Kirchdorf 157

Der Aufbau der Arbeitsgruppe zur Vernetzung von Landwirtschaft, Handel und Tourismus lief zunächst schleppend an (vgl. ebd.). Die Gründung von Kommunikationsstrukturen für zukünftige Kooperationen mit einer festen Ansprechpartnerin erfolgte erst rund drei Jahre später (vgl. INT_N_K: 249). So richtig „fusioniert" habe man erst dann, wie es einer der Teilnehmenden ausdrückt (vgl. INT_FII_K: 46). Etablierte Strukturen der Zusammenarbeit zwischen den drei Wirtschaftszweigen beziehungsweise Verbänden gab es bis dato (abgesehen von Terminabsprachen im örtlichen Bildungsausschuss oder bei Dorffestlichkeiten) nicht. Zwar traf man sich auch so ab und an zwischen den Vereinen, aber ohne Langfristziel und eher „stammtischmäßig" (ebd.). Die Kooperation der beiden Wirtschaftszweige führte zu dem Wunsch, die Kommunikation und künftige Kooperation ein Stück weit zu formalisieren und zu organisieren, statt wie bis dahin eher informell zusammenzukommen. Die vom Tourismusverein angekurbelte Kooperation zwischen Bauernschaft und Tourismustreibenden sowie Gastwirten war zum Zeitpunkt der Interviews mit Beteiligten noch sehr jung, sollte dann aber mit der Etablierung besagter fester Ansprechpartnerin gezielt vorangetrieben werden (vgl. INT_N_K: 249). Als ersten Schritt dieser Kooperation einigten sich die Mitwirkenden darauf, dass interessierte Hotels, die nicht an das kommunale Fernwärmenetz angeschlossen sind, zunächst heimisches Holz abnehmen sollten, statt es von außen zuzukaufen (vgl. INT_N_K: 267–271). So stellte beispielsweise ein Hotel seine Heizanlage von Pellets auf Hackschnitzel um, um von den örtlichen Bauern mit Brennstoff versorgt werden zu können (vgl. ebd.). Diese ersten materialen Folgen der systematischeren und langfristig angelegten Zusammenarbeit zwischen den Wirtschaftszweigen können als Indiz für eine mögliche Nachhaltigkeitstransformation gedeutet werden, da hierdurch lokale und regionale Produktions- und Konsumptionskreisläufe unterstützt werden. Keine*r meiner Gesprächspartner*innen stellte die neue Arbeitsgruppe allerdings in einen Zusammenhang mit der Zukunfts- und Leitbildwerkstatt, wenngleich dort bereits eine derartige Kooperation – auch mit den Kaufleuten als weiterem Wirtschaftszweig – als Wunsch formuliert worden war. Erneut auf die branchenübergreifende Zusammenarbeit angesprochen, erzählte der Präsident des örtlichen Tourismusverbands etwas konkreter von den Bestrebungen zur Kooperation zwischen Tourismustreibenden und Landwirtschaft (vgl. INT_FII_K: 22–36). So habe er selbst auf der Jahreshauptversammlung des Tourismusvereins diese Idee vorgebracht, welche vom Obmann des lokalen Bauernbundes aufgegriffen und an die örtlichen Landwirte weiterkommuniziert wurde (vgl. ebd.). Dieses Beispiel zeigt, dass in Kirchdorf innerhalb der Bürgerschaft sehr viel und regelmäßig mündlich kommuniziert wird. Dazu tragen auch multiple Vereinsmitgliedschaften der einzelnen Bürger*innen bei, die zu einem engen

Informationsaustausch führen. So war beispielsweise der Obmann des Bauernbundes auch bei der Jahresversammlung des Tourismusvereins zugegen – eine in Kirchdorf nicht ungewöhnliche Situation, da viele Landwirte auch Ferienwohnungen anbieten (vgl. Abschn. 5.1. Kurzbeschreibung). Die zweite Arbeitsgruppe, welche aus der Kirchdorfer Zukunftswerkstatt hervorging, war mit der Erstellung eines Bildbands zur Geschichte der Gemeinde befasst, welcher die Identifikation der Bürger*innen mit ihrem Ort stärken sollte. Das Projekt nahm rasch nach den Workshops Fahrt auf und konnte im darauffolgenden Jahr realisiert werden (vgl. Gemeindezeitung Kirchdorf 05/2012: 19). Die Idee zur Sammlung alter Fotografien existierte schon vor der Zukunftswerkstatt (vgl. INT_P_K: 73) und wird von der federführend Verantwortlichen, Frau Plattner, im Interview nicht explizit mit der Zukunftswerkstatt in Verbindung gebracht, an welcher sie damals aktiv teilnahm. Für die Arbeit an der Buchpublikation wurden weitere Mitwirkende aus dem Dorf gefunden und die Finanzierung wurde durch Gelder von Gemeinde und Land sichergestellt (vgl. INT_P_K: 116): Dadurch, dass Plattner nicht nur die Leitung des Projektes innehatte, sondern auch den Vorsitz des örtlichen Bildungsausschusses, war bereits eine gewisse Organisations- und Kommunikationsstruktur gegeben, was die Einwerbung von kommunalen und Landesgeldern erleichterte. Denn der Bildungsausschuss koordiniert die Veranstaltungstermine aller Vereine in der Gemeinde und verteilt kommunale und staatliche Gelder für die Bezuschussung von Bildungsaktivitäten (vgl. ebd.). Es saßen zudem fast ausschließlich Vorstände örtlicher Vereine im Bildungsausschuss (vgl. ebd.: 122 ff.). So standen der Arbeitsgruppe sowohl die Kommunikationskanäle der Vereine zur Verfügung als auch Zugänge zu Finanz- und Fördermitteln (vgl. INT_P_K: 73 ff.). Das Wirken der dritten aus der Kirchdorfer Zukunftswerkstatt resultierenden Arbeitsgruppe, welche sich um die Strukturen der Kirchdorfer Almlandschaft[25] kümmern sollte, fand weder in den geführten Interviews noch in Veröffentlichungen der Gemeinde eigens Erwähnung. Über die drei dargestellten Arbeitsgruppen hinaus wurden keine weiteren Gruppen zur Umsetzung konkreter Ideen aus der Zukunftswerkstatt gebildet.

Die bisherigen Ausführungen zu den an der Zukunftswerkstatt in Kirchdorf beteiligten Akteuren und zu den später gegründeten Arbeitsgruppen zeigen, dass sich insbesondere die Vereine und deren Vorstände bei Entwicklungsfragen in Kirchdorf miteingebracht haben. Mit der traditionellen Neujahrsfeier, bei der alle Vereinsvorstände mit der Gemeindeverwaltung zusammentreffen ist ein weiteres

---

[25] Die Gruppe hatte sich vor allem die Verbesserung und Ausweitung von Loipen und Wanderwegen vorgenommen.

Forum gegeben, sich über dörfliche Belange auszutauschen (vgl. Veranstaltungskalender_K_2014; Gemeindezeitung_K_2019). Ein Kirchdorfer Bürger betont, welches Gewicht die Vereine in der Verhandlung lokaler Interessen haben und dass ihre Einflusssphäre bis in die Gemeindepolitik reicht:

> „Ja, wir haben hier über 30 Vereine. Ja wenn ein Bürgermeister sich mit den Vereinen nicht versteht, dann kann er abdanken." (INT_D_K: 364)

Hier wird eine Vorstellung von den Kräfteverhältnissen im Dorf transportiert, die von einer engen Verwobenheit der kommunalen Politik mit dem ehrenamtlichen Engagement in Vereinen ausgeht. Letzteren wird die Macht zugesprochen, den Bürgermeister durch Versagen ihrer Unterstützung um sein Amt bringen zu können – als wäre er nicht demokratisch gewählt, sondern müsse wie ein Regent abdanken.

Nach dem Blick auf Akteure, Akteursgruppen, nicht-menschliche Elemente und deren spezifische Interaktion richtet sich nun der analytische Fokus darauf, welche Bilder von Wandel in Verbindung mit den Leitbildprozessen rekonstruiert werden können.

5.2.3 Wandel bewältigen – entwickeln oder bewahren

Anhand der Inhalte der jeweiligen Leitbilder und entsprechender Interviewaussagen lässt sich zeigen, welche Dynamiken sozial-ökologischen Wandels wie adressiert oder besonders akzentuiert werden. Indem nachvollzogen wird, inwiefern Akteure bestimmte Werte und Ziele formulieren und kontextualisieren, lassen sich Rückschlüsse auf verschiedene soziale Welten und deren Bilder von Wandel ziehen.

Sozio-ökonomische Veränderungsprozesse als Handlungsimpuls in Wiesental
Präsent sind in beiden Leitbildern von den beteiligten Akteuren wahrgenommene sozio-ökonomische Veränderungsprozesse.

Das Wiesentaler Leitbild beginnt mit einem Statement, das die ganzheitliche und ökologische Entwicklung der Gemeinde als übergreifendes Ziel formuliert. Anschließend werden unter bestimmten Schlagwörtern in wenigen Sätzen anzustrebende Ziele beschrieben und stichpunktartig in weiteren Einzelzielen konkretisiert. Bereits im ersten Paragraph des Leitbildes wird unter dem Stichwort „Ortsentwicklung" darauf hingewiesen, dass der Fortbestand der landwirtschaftlichen Betriebe im Dorf Priorität habe. Unter dem gesonderten Stichwort

„Landwirtschaft" findet sich einige Absätze weiter die Formulierung, die Stabilisierung der bäuerlichen Betriebe habe „oberste Priorität" (Leitbilddokumentation_W: 3). Explizit wird dort außerdem der „Strukturwandel" aufgegriffen, dem durch vielfältigere Einkommensquellen und Produkte der landwirtschaftlichen Betriebe entgegengetreten werden solle. Es wird die Sorge um den bäuerlichen Wirtschaftszweig erkennbar, welcher aufgrund des allgegenwärtigen wirtschaftlichen Wachstumsimperativs unter Druck steht. „Wachsen oder weichen" wird als Lösungsstrategie für die kleinstrukturierten bäuerlichen Betriebe explizit zurückgewiesen (vgl. ebd.: 3). Die Sorge um landwirtschaftliche Betriebe steht außerdem in unmittelbarem Zusammenhang mit der im Leitbild festgehaltenen Diagnose, „nur die Landwirtschaft [… könne] die Kultur- und Erholungslandschaft" (ebd.: 4) sichern. Dieses Ansinnen, die „traditionelle Kulturlandschaft" zu erhalten, wird im Wiesentaler Leitbild unter dem Punkt „Erholungs- und Kulturlandschaft" eigens hervorgehoben (vgl. ebd.: 4). Auch im Zusammenhang mit der Gründung und Bedeutung von NaturKonzept sprechen einzelne Akteure immer wieder von der Kulturlandschaft und deren Funktion. Wiesentals Bürgermeister Herr Färber beispielsweise betont im Zusammenhang mit NaturKonzept und dessen Engagement für regenerative Energieversorgung eine Besinnung auf örtliche Werte und Ressourcen. Man dürfe sich neue Arbeitsfelder eröffnen,

> „aber ned um jeden Preis. Wie i sog ganz offen, nachwachsende (..) äh Rohstoffe mit Kurzumtriebswälder han weniger fürs Tal ideal, weil mir einfach Pflege unserer Kulturlandschaft wichtig is und ein sehr hoher Waldanteil an Wiesental oder dem (Ort) ham und drum is des ned de große Baustelle von uns." (INT_F_W: 268)[26]

Der Bürgermeister führt hier den seines Erachtens notwendigen Erhalt der Kulturlandschaft als zentralen Wert an. Der gewünschte Umgang mit Wandlungsprozessen – hier mit den Herausforderungen der Energiewende – besteht in diesem Fall auch und besonders in dem Bewahren örtlicher Gegebenheiten, eben jener Kulturlandschaft. Der ehrenamtliche Ortsheimatpfleger und -historiker Herr Coberger erzählt von einem regelrechten Bauernhofsterben in Wiesental in der Vergangenheit, das bis heute präsent ist, wenngleich die Situation durch NaturKonzept stabilisiert werden konnte. Dabei weist er ebenfalls auf die Rolle der Kulturlandschaft hin (vgl. INT_C_W: 139).

---

[26] „[[…]] aber nicht um jeden Preis. Wie ich sage ganz offen, nachwachsende (..) äh Rohstoffe mit Kurzumtriebswäldern sind weniger fürs Tal ideal, da einfach die Pflege unserer Kulturlandschaft wichtig ist und wir einen sehr hohen Waldanteil an Wiesental oder dem (Ort) haben und darum ist das nicht die große Baustelle von uns." (INT_F_W: 268).

5.2 Gemeinsam Ziele finden – Die Leitbildprozesse in Wiesental und Kirchdorf

> „Stabilisiert sich a bisl, aber kein Bauer in Wiesental kann sagen, ob sein Sohn oder die Tochter weitermacht. [Hm] Und des wär dann eben fürn Fremdenverkehr verheerend, gel. [ja] (...) Zuerst, kennen Sie diese Reihe früher Sternstunden. Der Stern war ein Journalist, [[...]] Der hod an Spruch getan. Zuerst geht die Kuh, dann geht der Gast, wen soll man dann noch melken? (alle lachen) [ja, des is guad] Zuerst geht die Kuh, dann geht der Gast, wen soll man dann noch melken. Diese Tendenz, dass die Höfe aufhören. Stellns eana vor, wenn die Bauern nicht mehr die Jungrinder rauftreiben, wenn die Almen zuwachsen. [[...]] Ja und ähm wenn des nimma is, wo sollen die Leute dann spazieren, wandern, Bergwandern, Skifahren und so weiter. Die Bauern ham diese Kulturlandschaft geschaffen und die muss erhalten bleiben [ja], gel. Des heißt also wie gsagt, zuerst geht die Kuh, dann geht der Gast, wen soll man dann noch melken. [Hm] Des is, hab i ma gemerkt." (INT_C_W: 141)[27]

Der Ortshistoriker unterstreicht die Bedeutung der Landwirte für die Kulturlandschaftspflege und den auf die Kulturlandschaft angewiesenen Tourismus in Wiesental. Die Kulturlandschaft fungiert demnach als attraktiver Raum für Erholung und sportliche Aktivitäten. Auf den Punkt bringt Coberger die seines Erachtens essenzielle Bedeutung der Landwirtschaft für das wirtschaftliche Wohlergehen der Gemeinde mit dem zitierten bildhaften Ausspruch eines Journalisten: „Zuerst geht die Kuh, dann geht der Gast, wen soll man dann noch melken?". Damit verknüpft er die wirtschaftliche Situation und das Fortbestehen der Bauernhöfe mit dem wirtschaftlichen Wohlergehen der Gemeinde und ihrer Bürger*innen. Er verbildlicht mit dem Journalisten-Zitat außerdem die Interdependenz von Landwirtschaft und Tourismus. Auch andere Gesprächspartner*innen heben diese Interdependenz der Wirtschaftszweige hervor. Bürgermeister Färber bezieht sich ebenfalls auf die mittlerweile „stabil[e]" Situation der landwirtschaftlichen Betriebe (vgl. INT_F_W: 38):

> „Es han de Betriebe bis auf einige wenige sehr stabil, aber auch durch des, dass de von mehreren Seiten her Einkommen herbeiziang, des is, da hängt ja Tourismus und

---

[27] „Stabilisiert sich ein bisschen, aber kein Bauer in Wiesental kann sagen, ob sein Sohn oder die Tochter weitermacht. [Hm] Und das wäre dann eben für den Fremdenverkehr verheerend, nicht wahr. [ja] (...) Zuerst, kennen Sie diese Reihe früher Sternstunden. Der Stern war ein Journalist, [[...]] Der hat einen Spruch getan. Zuerst geht die Kuh, dann geht der Gast, wen soll man dann noch melken? (alle lachen) [ja, das ist gut] Zuerst geht die Kuh, dann geht der Gast, wen soll man dann noch melken. Diese Tendenz, dass die Höfe aufhören. Stellen Sie sich vor, wenn die Bauern nicht mehr die Jungrinder hinauftreiben, wenn die Almen zuwachsen. [[...]] Ja und ähm wenn das nicht mehr ist, wo sollen die Leute dann spazieren, wandern, Bergwandern, Skifahren und so weiter. Die Bauern haben diese Kulturlandschaft geschaffen und die muss erhalten bleiben [ja], nicht wahr. Das heißt also wie gesagt, zuerst geht die Kuh, dann geht der Gast, wen soll man dann noch melken. [Hm] Das ist, hab ich mir gemerkt." (INT_C_W: 141).

Tourismus hängt indirekt wieder mit der Landwirtschaft zam. Des, unsere ganzen Almer, wo aa mit dazuaghern, de wo unsere Kulturlandschaft pflegen, denn es is, des Schlimmste wär des, wenn as Vieh von Almer geht, dann geht a der Gast, weil des würd ja alles verbuschen und relativ schnell zum Hochwoid wern und nacha, na hods aa koa touristische Attraktion mehr" (INT_F_W: 38).[28]

Der ehrenamtlich und kommunalpolitisch engagierte Bürger Herr Qualtinger beschreibt den bereits im Rahmen von NaturKonzept eingeschlagenen Pfad als „richtigen Weg" (INT_Q_W: 129) und hebt den Stellenwert der Kulturlandschaft für die Entwicklung der Gemeinde hervor:

> „Mir song unser größtes Gut is mit Sicherheit die Landschaft. Des is unser primärer Vorzeigefaktor und des miasma verkaufen. [Hm] Des soima dann ned kaputt macha, wenn ma des scho hod als besten Faktor, dann soima aa schauen, dass ma vernünftig anbietet mit Wanderwegenetz, mit Mountainbikerouten, mit im Winter einer super Loipe, die ma ham mittlerweile. Des san Dinge, de, auf de bauma und des soi aa so weitergeh." (INT_Q_W: 129)[29]

So beschreibt der Bürger die Kulturlandschaft als größtes Gut und besten Vorzeigefaktor, den es zu vermarkten gelte. Die vielzitierte Kulturlandschaft wird in den Erzählungen von Wiesentaler Bürger*innen als Wert beschrieben, von dem alle irgendwie profitieren und den es auch deshalb zu bewahren gelte. Der Verweis auf „unser" größtes Gut, deutet bereits die Annahme eines so verstandenen „Wir" an. In Abschnitt 5.2.4 wird diesen möglichen Anrufungen einer Gemeinschaft genauer nachgegangen. Unter dem Stichwort „Tourismus und Naherholung" wird im Wiesentaler Leitbild festgehalten: „Größtes Kapital für ihn [den Tourismus, Anm. JT] ist die Kulturlandschaft" (ebd.: 6). und es wird die Förderung eines „sanfte[n] Tourismus" gefordert. Das Schlagwort „Sanfter Tourismus" wird dann

---

[28] „Es sind die Betriebe bis auf einige wenige sehr stabil, aber auch durch das, dass sie von mehreren Seiten her Einkommen herbeiziehen, das ist, da hängt ja Tourismus und Tourismus hängt indirekt wieder mit der Landwirtschaft zusammen. Das, unsere ganzen Almer, die auch mit dazu gehören, die unsere Kulturlandschaft pflegen, denn es ist, des Schlimmste wäre das, wenn das Vieh vom Almer geht, dann geht a der Gast, weil das würde ja alles verbuschen und relativ schnell zu Hochwald werden und dann, dann hat es auch keine touristische Attraktion mehr." (INT_F_W: 38).

[29] „Wir sagen unser größtes Gut ist mit Sicherheit die Landschaft. Das ist unser primärer Vorzeigefaktor und das müssen wir verkaufen. [Hm] Das sollen wir dann nicht kaputt machen, wenn man das schon hat als besten Faktor, dann sollen wir auch schauen, dass man vernünftig anbietet mit Wanderwegenetz, mit Mountainbikerouten, mit im Winter einer super Loipe, die wir haben mittlerweile. Das sind Dinge, die, auf die bauen wir und das soll auch so weitergehen." (INT_Q_W: 129).

5.2 Gemeinsam Ziele finden – Die Leitbildprozesse in Wiesental und Kirchdorf

in einem eigenen Absatz nochmals auf den Ort bezogen konkretisiert. Es werden unter anderem die Vermarktung von Naturschutzgebieten sowie „orts- und landschaftsverträglich[e]" Sportangebote angeführt, wie sie bereits in obigem Zitat beispielhaft genannt wurden. Der amtierende Bürgermeister erzählt über zehn Jahre nach Beginn des Leitbildprozesses in Wiesental, dass man mit dem interkommunalen Verein NaturKonzept den Tourismus in der Region besser organisieren und vernetzen möchte. Dies könne beispielsweise dadurch geschehen, dass man zentrale Aufgaben bündele und von besonders qualifiziertem Personal bearbeiten lässt, sei es fremdsprachige Besuchergruppen zu empfangen oder sich um Verwaltungs- und Kommunikationsaufgaben zu kümmern, die alle Gemeinden betreffen. Der Bürgermeister beschreibt NaturKonzept als mittlerweile deutschlandweit bekannten Gemeindenverbund, den man deshalb auch gut bewerben müsse (vgl. INT_F_W: 270–274). Dies zeigt, dass NaturKonzept nach wie vor als Instrument gesehen wird, um dem sozio-ökonomischen Strukturwandel begegnen zu können und im Wettbewerb um Touristen mitzuhalten.

Die Geschäftsführerin der Gemeinde Wiesental erinnert sich an die Stimmung in Gemeinderat und -verwaltung, als der im Zusammenhang mit dem Flächennutzungsplan beauftragte Planer im Rathaus seine Analysen vorstellte:

> „Und da war auf oamal so a Umbruch, so a Aufbruchsstimmung, zu sagn, ja mir ham ja eigentlich ganz sche wos. Wie da Planer des so dargestellt hat wia bsonders Wiesental quasi is [Mhm], also diese, diese Werte äh irgendwo gesehn hat, ähm gsagt also ihr habts no intakte Landwirte da, da passiert no was, ihr habts eine super (.) äh Landschaft, a Drittel is Naturschutzgebiet, wer hat denn des scho? [Mhm] Und und so viel anders und aa Tourismus is da, des miasts doch in Wert setzn, des miasts doch schaffa und dann sollts doch so sei, dass die jungen Leit aa dableibn kenna solln, [Mhm] oder aa dass ma vielleicht so attraktiv is, dass a no welche zuziehn möchtn. Da muss ma doch schaun. Und, des is so in dieser Diskussion ganz stark dann kemma und dann is des ahm ähm politisch äh interessant wordn. Da Bürgermeister hat sie äh unheimlich stark gmacht dafür und da jetzige Bürgermeister war damals Bauernobmann [Mhm]. Der hat diese ganze äh Überlegung aa ganz ganz stark unterstützt. Im Hinblick, dass die Landwirte ähm aa mehr in die Ökologisierung genga. [Mhm] Des war so der Gedanke, dass ma a a sichere sichere Zukunft ham ko [Mhm], ja."
> (INT_T_W: 10)[30]

---

[30] „Und da war auf einmal so eine Umbruch, so eine Aufbruchsstimmung, zu sagen, ja wir haben ja eigentlich ganz schön was. Wie da Planer das so dargestellt hat wie besonders Wiesental quasi ist [Mhm], also diese, diese Werte äh irgendwo gesehen hat, ähm gesagt also ihr habt noch intakte Landwirte da, da passiert noch was, ihr habt eine super (.) äh Landschaft, a Drittel ist Naturschutzgebiet, wer hat denn das schon? [Mhm] Und und so viel anders und auch Tourismus ist da, das müsst ihr doch in Wert setzen, des müsst ihr doch schaffen und dann sollte es doch so sein, dass die jungen Leute auch dableiben könne sollen, [Mhm] oder auch dass man vielleicht so attraktiv ist, dass a noch welche zuziehen möchten. Da muss man

Die Geschäftsführerin Wiesentals beschreibt die Hoffnungen, die die Präsentation des Planers zu den Stärken der Gemeinde weckte. Auch sie nimmt Bezug auf die Herausforderung, wie man das Fortbestehen der landwirtschaftlichen Betriebe im Ort sichern könne (beispielweise indem Landwirte stärker „in die Ökologisierung" gehen), und sie erzählt von der Idee, die Landschaft touristisch „in Wert" zu setzen. Beides beschreibt ökonomische Bezüge. Gleichzeitig fügt die kommunale Geschäftsführerin aber weitere, über rein wirtschaftliche Aspekte hinausweisende Motive hinzu. So habe sich bereits vor dem eigentlichen Leitbildprozess in der rathausinternen Diskussion der starke Wunsch herauskristallisiert, dass junge Leute im Ort bleiben können und eventuell weitere junge Menschen zuziehen. Damit beschreibt sie die Gründungsideen zu NaturKonzept Wiesental als Reaktion oder Antwort auf Prozesse sozio-ökonomischen Wandels, bezieht soziale Aspekte mit ein und nimmt keine Engführung auf rein wirtschaftliche Belange vor.

Das Leitbild Wiesentals beschäftigt sich entsprechend unter dem Schlagwort „Soziales" mit der Altersstruktur im Ort und weist auf den niedrigen Anteil von Dorfbewohner*innen unter 30 Jahren hin. Die „Förderung junger Familien" wird in zahlreiche Einzelziele und wünschenswerte Maßnahmen aufgeschlüsselt (vgl. Leitbilddokumentation_W: 9). Es werden also auch Herausforderungen des demografischen Wandels im Leitbild aufgegriffen. Die Altersstruktur wird hier gedeutet als Situation, die der Veränderung bedarf. Auch Engagement von und für ältere Menschen wird im Leitbild explizit gewünscht und mit zahlreichen Vorschlägen aufgeführt. Bemerkenswert ist hierbei, dass beispielweise „Patenschaften durch ältere Wiesentaler zur Integration von Neubürgern [sic] in die Dorfgemeinschaft" in Erwägung gezogen werden. Hier finden die im Laufe ihres Lebens nach Wiesental zugezogenen Bürger*innen Erwähnung als Gruppe, die es in die Dorfgemeinschaft zu integrieren gilt (weitere Ausführungen zu Bildern von Gemeinschaft folgen im Abschnitt 5.2.4).

Das Wiesentaler Leitbild umfasst neben der ausführlichen Auseinandersetzung mit den wirtschaftlichen Herausforderungen für landwirtschaftliche Betriebe auch Ausführungen zu Gewerbebetrieben im Ort, deren Rolle unter dem Stichwort „Gewerbe" thematisiert wird. Der geforderte Erhalt bestehender Betriebe und der Wunsch, neue (Handwerks-)Betriebe anzusiedeln, wird damit begründet,

---

doch schauen. Und, das ist so in dieser Diskussion ganz stark dann gekommen und dann ist das ahm ähm politisch äh interessant geworden. Da Bürgermeister hat sich äh unheimlich stark gemacht dafür und der jetzige Bürgermeister war damals Bauernobmann [Mhm]. Der hat diese ganze äh Überlegung auch ganz ganz stark unterstützt. Im Hinblick, dass die Landwirte ähm auch mehr in die Ökologisierung gehen. [Mhm] Des war so der Gedanke, dass man eine eine sichere sichere Zukunft haben kann [Mhm], ja." (INT_T_W: 10).

dass diese „auch zur Sicherung der Nahversorgung im Ort" (ebd.: 5) dienten. Im Zusammenhang mit der „Förderung junger Familien" (ebd.: 9), wird die Förderung preiswerten Einkaufens im Ort als ein korrespondierendes Ziel angegeben und mit dem Hinweis „Nahversorgung!" (ebd.) versehen. Diese Hinweise auf die Nahversorgungssituation im Ort könnten darauf hindeuten, dass die Mitwirkenden am Leitbildprozess die Nahversorgung für ein wichtiges und schützenswertes Gut halten (vgl. Abschn. 5.3 und dahingehende Bemühungen). Gleichzeitig ist auch die Deutung möglich, dass von außenstehenden Prozessbeteiligten, hier dem Moderator des Leitbildprozesses, politisch anschlussfähige Topoi bei der Formulierung des Papiers eingebracht wurden. Wirtschaftliche Wandlungsprozesse werden im Leitbild in jedem Fall als Herausforderungen gerahmt, die die Nahversorgung der Bevölkerung potenziell gefährden können und denen es deshalb aktiv zu begegnen gilt. Auf wirtschaftliche Veränderungsdynamiken geht auch der Geschäftsführer von NaturKonzept ein, als er von den Gründen erzählt, warum NaturKonzept gegründet und zu einem interkommunalen Verein ausgeweitet wurde:

> „Weil man muss ja schon sehen, damals waren einige Probleme vor der Tür oder Ängste. [[…]] der Umstieg von der D-Mark auf den Euro, dann die Landwirtschaft war in am rapiden Strukturwandel, dann im Tourismus hatma aa ned so genau gwusst, da is nach der Hochphase der deutsch-deutschen Wiedervereinigung hat des Ganze ab-, wieder abgeflacht und die Übernachtungen gingen zurück. Des waren ois Gründe, dass ma se überlegt hat, wie kann des bei uns hier weitergehen und, und hierauf sollte des NaturKonzept Antworten geben – mit konkreten Angeboten, unterstützenden Maßnahmen für die verschiedenen Bereiche [[…]]." (INT_E_W: 19)[31]

Wie auch bereits andere zitierte Interviewpartner*innen betont Geschäftsführer Eichinger die damals durchaus unsichere Zukunft der beiden Wirtschaftszweige Landwirtschaft und Tourismus. Vor allem aber löst Eichinger NaturKonzept aus rein orts- oder regionsbezogenen Überlegungen und weitet damit den Kontext aus. Er adressiert explizit den stattfindenden Strukturwandel, welcher Ängste um das Fortbestehen der landwirtschaftlichen Betriebe im Ort schürte oder bereits

---

[31] „Weil man muss ja schon sehen, damals waren einige Probleme vor der Tür oder Ängste. [[…]] der Umstieg von der D-Mark auf den Euro, dann die Landwirtschaft war in einem rapiden Strukturwandel, dann im Tourismus hat man auch nicht so genau gewusst, da ist nach der Hochphase der deutsch-deutschen Wiedervereinigung hat das Ganze ab-, wieder abgeflacht und die Übernachtungen gingen zurück. Das waren alles Gründe, dass man sich überlegt hat, wie kann das bei uns hier weitergehen und, und hierauf sollte das NaturKonzept Antworten geben – mit konkreten Angeboten, unterstützenden Maßnahmen für die verschiedenen Bereiche [[…]]." (INT_E_W: 19).

manifeste Probleme zeitigte, ebenso die allgemeine und seines Erachtens schwer einschätzbare Wirtschaftsdynamik zu dieser Zeit. Damit stellt er wirtschaftliche Fragen als Impuls für die Mitbegründer*innen dar, tätig zu werden. NaturKonzept beschreibt er als Suche nach konkreten und lokalen Antworten auf vor allem wirtschaftliche Herausforderungen.

Die bisher angeführten Erzählungen zum Leitbildprozess in Wiesental und zu der parallelen Entwicklung des Vereins NaturKonzept illustrieren auch: Es gab und gibt ökonomische Interessen, die mit der Entwicklung von Wiesental und NaturKonzept assoziiert werden. Bevor deren Stellenwert gegenüber anderen Schwerpunktsetzungen, insbesondere gegenüber ökologischen Zielen, vertieft wird, richtet sich der Blick zunächst auf die Wahrnehmung sozio-ökonomischer Wandlungsprozesse im Zusammenhang mit dem Leitbildprozess in Kirchdorf.

Sozio-ökonomische Veränderungsprozesse als Handlungsimpuls in Kirchdorf
In den insgesamt sieben kommentierten Leitsätzen oder Thesen des Kirchdorfer Leitbilds werden verschiedene Herausforderungen sozial-ökologischen Wandels adressiert und sind im Untertitel mit dem Statement versehen, die Leitsätze sollten als „Rahmen und Orientierungshilfe für künftige Entscheidungen dienen". Das Leitbild beginnt mit sozialen Aspekten. So stehen im ersten Leitsatz „die zwischenmenschlichen Beziehungen" und Fragen der „Erhaltung und Vermittlung traditioneller Werte" im Zentrum (Leitbild_K: 6). Einer der ersten Sätze lautet: „Werte wie Ehrlichkeit, Glaube und Hilfsbereitschaft prägen und kennzeichnen die zwischenmenschlichen Beziehungen" (ebd.: 4). Das Traditionsbewusstsein der Kirchdorfer*innen wird als „Basis für eine moderne, nachhaltige Entwicklung" (ebd.: 7) ausgewiesen, welche durch diese Formulierung als erstrebenswert markiert wird. Eine Spezifikation, was unter „nachhaltig" zu verstehen sei, erfolgt an dieser Stelle nicht. „[I]nsbesondere für Kinder und Jugendliche" wird für die stärkere Förderung von Aufarbeitung und Vermittlung der lokalen Geschichte geworben, um „das Traditionsbewusstsein der Kirchdorfer [sic]" (ebd.: 5) zu bewahren. Ältere Bürger*innen oder zugewanderte Menschen finden im Leitbild (anders als in Wiesental) keine explizite Erwähnung. Der demografische Wandel ist im Kirchdorfer Leitbild als Thema nicht präsent, was Fragen nach den Haltungen unterschiedlicher Akteursgruppen in Kirchdorf hierzu aufwirft. Der Umgang mit dem demografischen Wandel wird deshalb gesondert in Abschnitt 5.4 betrachtet.

Sehr detailliert geht das Leitbild im dritten Leitsatz auf die wirtschaftlichen Entwicklungen und wahrgenommenen Wandlungsdynamiken ein. Auffallend am Kirchdorfer Leitbild ist, dass anders als in Wiesental der Landwirtschaft keine

5.2 Gemeinsam Ziele finden – Die Leitbildprozesse in Wiesental und Kirchdorf

so herausgehobene Stellung zukommt. Gleich im ersten Satz zur Lage der Wirtschaft im Ort wird aber festgehalten, dass sie sich durch „kleinstrukturierte[n] Familienbetriebe" (ebd.: 15) auszeichne. Besondere Rücksicht in der wirtschaftlichen Entwicklung sei „auf Natur, Landschaft und Umwelt als größtes Kapital der Gemeinde" (ebd.) zu nehmen. Der Tourismus wird als ein zentraler Wirtschaftszweig bezeichnet, die Landwirtschaft als ältester, der „zunehmend mit Zukunftsfragen konfrontiert" (ebd.: 19) sei. Für den lokalen Tourismus wird eine „sanfte, authentische Entwicklung" (ebd.: 18) gefordert. Handel und Handwerk werden vor allem in ihrer Rolle als Ausbildungsbetriebe und Arbeitgeber hervorgehoben. Zu deren Förderung wird die Vision „eine[r] vorausschauende[n], flexible[n] und unbürokratische[n] Verwaltung" (ebd.: 20) formuliert. Für Dienstleistungsbetriebe, die in Kirchdorf unterrepräsentiert seien, werden „notwendige[r] Infrastrukturen und [[...]] Anreize" (ebd.: 21) zu deren weiterer Ansiedlung im Dorf gewünscht. Angesichts des großen wirtschaftlichen Wettbewerbs, in dem sich das vergleichsweise kleine Dorf zu behaupten habe, werden in dem Papier außerdem „verstärkt Kooperationen innerhalb und zwischen den verschiedenen Wirtschaftszweigen" (ebd.: 17) in der Zukunft anvisiert, ein aufeinander abgestimmtes Handeln und die Nutzung von „Synergien" (ebd.). In einem gesonderten Leitsatz, der sich mit der Mitwirkung der Bürger*innen an der lokalen Politik beschäftigt, wird außerdem auf die Situation „immer knapper werdende[r] Gemeindekassen" (ebd.: 33) hingewiesen, die unter anderem eine „verstärkte Eigenverantwortung der Bürger [sic] notwendig" (ebd.) mache. Die lokale bis hin zur weltweiten Wirtschaftsentwicklung bildet damit die Hintergrundfolie für die Ausführungen des Leitbildes und zeugt von der Wahrnehmung der stattfindenden Veränderungsprozesse, für die man lokale Bewältigungsstrategien vorschlägt. Das Leitbild spiegelt also (ähnlich wie im Leitbildprozess in Wiesental) wider, dass weltwirtschaftliche Dynamiken sehr deutlich wahrgenommen werden und man ihnen etwas entgegensetzen möchte, um die Fortexistenz des Dorfes nach eigenen Wünschen zu sichern.

Der Bürgermeister verortet im Interview viele Ursachen und die Verantwortung für bestimmte Entwicklungen ebenfalls im marktwirtschaftlichen Bereich (vgl. INT_B_K: 114; INT_BII_K: 712). Zum Thema Geschäfte im Ort verweist er darauf, dass die Kommune allenfalls „die Gebühren so tief wie möglich halten [[könne ...]] der Rest ist Unternehmertum." (INT_B_K: 114). Letztlich distanziert er sich ein Stück weit von Verantwortungszuschreibungen mancher Bürger*innen:

„Na, aber ich sag und da sollen die Gemeinden tun und wir können nicht tun. Wir können lei alles fördern, (wie gsagt wir wirken) bei den ganzen Abgaben, was es gibt Baukostenabgaben. Ähm, wir sind's überall auch, was Infrastruktur anbelangt auf dem gesetzlich minimalsten Punkt geblieben, um ja nicht noch die Betriebe zu belasten, weil wir sie ja brauchen. Weil (wir in dem Punkt) noch eine strukturschwache Gemeinde sind's, bisschen abgelegen. Ist halt alles ein bisschen einen Standort Nachteil haben. (..) Wenn man, (unverständlich) dort drin sein und alles gut läuft. Wir habens schön hier. Eigentlich wir brauchen nicht so viel, aber man kann (die alm suchen)." (INT_B_K: 135)[32]

Die Gründe für die in der Zukunftswerkstatt herausgearbeiteten Schwächen in der kommunalen Entwicklung sieht der Bürgermeister, wie bereits angedeutet, damit durchaus in der (Welt-)wirtschaft sowie der Strukturschwäche der Gemeinde; Möglichkeiten des Umgangs verortet er damit einerseits zum Teil bei der politischen Gemeinde und deren Verwaltungsapparat (beispielsweise durch das Niedrighalten von Gebühren) doch auch in der Haltung und dem Engagement der Bürger*innen. Eigentlich habe man es „schön" in der Gemeinde, nach Problemen könne man aber immer suchen. So sieht der Bürgermeister manche der in der Zukunftswerkstatt aufgeführten Punkte, etwa den Wunsch nach mehr Belebung, einem weiteren Laden oder einer zusätzlichen Gaststätte (vgl. INT_B_K: 133; INT_BII_K: 377), maßgeblich von der weltwirtschaftlichen Lage beeinflusst, an der man in Kirchdorf wenig ändern könne:

„Die Leute haben heute alle Arbeit, sind's gut versorgt, es funktioniert alles. (..) Ich seh (.) narrisch, also dass, was müss jetzt da denken, weil wir ein Problem haben. Wir werden nicht die Weltwirtschaftskrise regeln. Das ist etwas, das was von außen kommt, wo wir eigentlich wenig Einfluss haben." (INT_B_K: 133)[33]

Im Zusammenhang mit Fragen der Bürgerbeteiligung, die im Kirchdorfer Leitbild adressiert wurden, betont der Kirchdorfer Bürgermeister im Interview seine

---

[32] „Na, aber ich sag und da sollen die Gemeinden tun und wir können nicht tun. Wir können nur alles fördern, (wie gesagt wir wirken) bei den ganzen Abgaben, die es gibt Baukostenabgaben. Ähm, wir sind überall auch, was Infrastruktur anbelangt auf dem gesetzlich minimalsten Punkt geblieben, um ja nicht noch die Betriebe zu belasten, weil wir sie ja brauchen. Weil (wir in dem Punkt) noch eine strukturschwache Gemeinde sind, bisschen abgelegen. Ist halt alles ein bisschen einen Standort Nachteil haben. (..) Wenn man, (unverständlich) dort drin ist und alles gut läuft. Wir haben es schön hier. Eigentlich wir brauchen nicht so viel, aber man kann (die immer suchen)." (INT_B_K: 135).

[33] „Die Leute haben heute alle Arbeit, sie sind gut versorgt, es funktioniert alles. (..) Ich seh (.) verrückt, also dass, was müssen jetzt da denken, weil wir ein Problem haben. Wir werden nicht die Weltwirtschaftskrise regeln. Das ist etwas, das was von außen kommt, wo wir eigentlich wenig Einfluss haben." (INT_B_K: 133).

5.2 Gemeinsam Ziele finden – Die Leitbildprozesse in Wiesental und Kirchdorf

Sichtweise, dass viele Entscheidungen hinsichtlich der kommunalen Entwicklung gleichsam gesetzt, ein „Muss" seien (vgl. ebd.: 106):

> „Und vieles in der Gemeinde ist halt ein Muss. Also (.) der Großteil vom Geld ist net zu überlegen, was tun wir, wie müssen wir's tun [mhm]. Wir müssen, des, wir müssen die ganzen Spesenkosten übernehmen, wir müssen die ganzen, die ganzen Personal (zahlen), wir müssen schauen, dass die ganzen Dienste, was, was wir da teils als Gemeinde selbst in der Hand haben, funktionieren." (INT_B_K: 106)[34]

Dies ist zugleich ein Hinweis auf seine persönliche Sicht der Erfordernisse und Ziele kommunaler Planung: in erster Linie „die ganzen Dienste" (ebd.) am Laufen zu halten. Als Antwort auf sozial-ökologische Wandlungsprozesse sieht der Rathauschef demnach, die Gemeindeverwaltung gut zu führen. Überspitzt formuliert: „business as usual", um für die kontinuierliche Bewältigung sozial-ökologischen Wandels gewappnet zu sein. Ein implizites Bild von Wandlungsprozessen, denen die kommunale Entwicklung in Kirchdorf unterliege, wird durch die Ausführungen des Bürgermeisters deutlich, wenn er über eine andere, von der Bezirksgemeinschaft ausgerichtete gemeindeübergreifende Zukunftswerkstatt spricht, an der man als Kommune teilnehmen werde. Das Ziel dieser anderen Zukunftswerkstatt sei,

> „[d]ass man ähm Nischen suacht, äh über (Wirtschaft die Ebene), wie könnte man die Orte aufwerten, dass Arbeitsplätze gschaffen würden, man übergemeindliche Genossenschaften gründen und so Ideen, was mar eigentlich eh schun hoben, ober äh Arbeitsplätze- Es isch huier einfach awin- Es isch eine Krise zwischen kemm. Und ähm- Es hängt viel vom Baugewerbe, vom Baugewerbe ab. I konn net sogen, jetzt deswegen (bau mar mehr, des ausstopfen). Es lasst sich net künstlich des schaffen wieder. Des geaht- Es losst sich Bestimmtes- Man kann schun regulieren und man soll schun in der Zukunft denken, ober (welches) ergib sich oanfoch durch der Zeit. (Dass iatz) momentan amol wianiger isch, isch oanfoch so, weil auch a bestimmtes Sättigung vorhanden isch, Baugewerbe." (INT_BII_K: 415)[35]

---

[34] „Und vieles in der Gemeinde ist halt ein Muss. Also (.) der Großteil vom Geld ist nicht zu überlegen, was tun wir, wie müssen wir's tun [mhm]. Wir müssen, das, wir müssen die ganzen Spesenkosten übernehmen, wir müssen die ganzen, das ganze Personal (zahlen), wir müssen schauen, dass die ganzen Dienste, was, was wir da teils als Gemeinde selbst in der Hand haben, funktionieren." (INT_B_K: 106).

[35] „[d]ass man ähm Nischen sucht, äh über (Wirtschaft die Ebene), wie könnte man die Orte aufwerten, dass Arbeitsplätze geschaffen werden, man übergemeindliche Genossenschaften gründen und so Ideen, welche wir eigentlich eh schon haben, aber äh Arbeitsplätze- Es ist hier einfach ein wenig- Es ist eine Krise dazwischengekommen. Und ähm- Es hängt viel vom Baugewerbe, vom Baugewerbe ab. Ich kann nicht sagen, jetzt deswegen (bauen wir mehr, das ausstopfen). Es lässt sich nicht künstlich das schaffen wieder. Das ginge- Es lässt sich

Die Vernetzung und Kooperation mit den anderen Gemeinden seien durchaus Ideen, die „sie" eigentlich schon hätten, doch hänge zu vieles vom Baugewerbe ab, welches sich in einer Krise befände und dahingehende Entwicklungen ließen sich nun einmal nicht künstlich schaffen. Damit legt der Bürgermeister seinen Standpunkt dar, dass er durchaus dafür und bereit sei, in die „Zukunft [zu] denken", doch sieht er ob der Umstände (seine Diagnose einer wirtschaftlichen Krise sowie eine gewisse Sättigung im Baugewerbe) keine Möglichkeiten als Bürgermeister und Verwaltungschef dahingehend tätig zu werden. Touristiker Feichter dagegen sieht die Verantwortung durchaus auch beim Bürgermeister, wenn er über die Zukunftswerkstatt Bilanz zieht:

> „Es war insgesamt gut, aber wird von der Gemeindeverwaltung einfach zu wenig weitergeschoben, weitergetragen." (INT_F_K: 374)

Die unterschiedlichen Verantwortungszuschreibungen offenbaren konfligierende Positionen dazu, wer Entwicklungen, die im Leitbild als erstrebenswert festgehalten wurden, vorantreiben sollte. Für die weitere Entwicklung Kirchdorfs sowie im Handeln der Bewohner*innen spielte die Zukunftswerkstatt keine rekonstruierbare Rolle mehr. Diese Deutung wird einerseits dadurch gestützt, dass außer dem Bürgermeister keine*r meiner Gesprächspartner*innen von selbst auf die Zukunftswerkstatt und deren Ergebnisse Bezug nimmt, andererseits durch die Verantwortungszuschreibung des Touristikers Feichter, dass die Ergebnisse „von der Gemeindeverwaltung zu wenig weitergeschoben, weitergetragen" wurden.

Der Touristiker und Teilnehmer bei der Zukunftswerkstatt, Herr Feichter, beschreibt erwartete Wandlungsprozesse im Bereich der örtlichen Landwirtschaft. So würden „mehr Landwirte das Milchliefern aufgeben. [Mhm] Weil einfach sich das nicht mehr lohnt." (INT_F_K: 30 f.). Und er liefert auch gleich Lösungswege mit:

> „Und jetzt wern die Bauern motiviert mehr Gemüseanbau zu machen. Weil (es is nicht blos bei mir im Haus) mehr vegetarisch, mehr Veganer und dass einfach eben der Bedarf für, für, für Gemüse einfach steigt und wenn ich sag ich hab hier ein (paar) äh Gemüsebauer, des is natürlich a super Sach (wenn man des macht)." (INT_F_K: 32)[36]

Bestimmtes- Man kann schon regulieren und man soll schon in die Zukunft denken, aber (welches) ergib sich einfach durch die Zeit. (Dass es jetzt) momentan einmal weniger ist, ist einfach so, weil auch eine bestimmte Sättigung vorhanden ist, Baugewerbe." (INT_BIl_K: 415).

[36] „Und jetzt werden die Bauern motiviert mehr Gemüseanbau zu machen. Weil (es ist nicht nur bei mir im Haus) mehr vegetarisch, mehr Veganer und dass einfach eben der Bedarf für,

5.2 Gemeinsam Ziele finden – Die Leitbildprozesse in Wiesental und Kirchdorf

Damit setzt der Touristiker Kooperationsbestrebungen zwischen Landwirtschaft und Touristikern (die im Leitbild als wünschenswert festgehalten wurden) in einen weiteren Rahmen, der nicht nur lokale Bezüge, sondern auch globale Marktentwicklungen mitberücksichtigt und formuliert eine Entwicklungsperspektive. Mit dem Anbau und der Lieferung von Gemüse an örtliche Hotels könnten sich die Bauern ein weiteres oder alternatives Standbein zum „Milchliefern" aufbauen (vgl. ebd.).

Während einzelne Bürger*innen wie beispielsweise Touristiker Feichter wirtschaftliche Veränderungsprozesse als gemeinsam gestaltbare Herausforderung begreifen, sieht der Kirchdorfer Bürgermeister die Diagnose einer wirtschaftlichen Krise eher als Hemmnis von Kooperations- und Entwicklungsbestrebungen.

Nachhaltigkeit – im Spannungsfeld von Ökonomie und Ökologie
Ökologische Wandlungsprozesse werden in beiden Leitbildern adressiert. In beiden wird auch ein Spannungsfeld deutlich zwischen ökonomischen und ökologischen Zielen.

Im Wiesentaler Leitbild kommt Nachhaltigkeit als Schlagwort nicht vor. In der Satzung von NaturKonzept und auch in verschiedenen danach entstandenen Veröffentlichungen zur Entwicklung der Gemeinde Wiesental wird darauf hingewiesen, dass bestimmte Aktivitäten im Sinne der Agenda 21 seien oder die Ziele der Agenda 21 damit unterstützt würden (vgl. Satzung_NK_W; Broschüre Staatsministerium_W: 26). Im Leitbild präsent sind Formulierungen wie „ganzheitlich", „ökologisch" oder „ökologisch orientiert". Beispielsweise wird unter dem Stichwort „Vermarktung landwirtschaftlicher Produkte" dafür plädiert, „auf der Grundlage einer ökologisch orientierten Wirtschaftsweise möglichst viele landwirtschaftliche Produkte regional zu vermarkten" (Leitbilddokumentation_W: 3) und es werden „möglichst kurze Wege und geschlossene Kreisläufe in der Region" angestrebt (ebd.: 4). Dem Leitbild vorangestellt ist außerdem die bereits zitierte Bemerkung, dass man eine „ganzheitliche, ökologische" Entwicklung für den Ort anstrebe. Unter dem Schlagwort „Natur- und Erholungslandschaft" wird auf die Besonderheiten des Gemeindegebietes hingewiesen und gefordert „[ö]kologisch besonders wertvolle Bereiche [...] zu erhalten und zu pflegen". Auch das „Weiterführen einer naturnahen Waldbewirtschaftung" wird als Ziel ausgewiesen (ebd.). Überlegungen zu einer besseren Anbindung an den öffentlichen Verkehr und zur Reduzierung von Autofahrten werden mit

---

für, für Gemüse einfach steigt und wenn ich sag ich hab hier ein (paar) äh Gemüsebauer, das ist natürlich eine super Sache (wenn man das macht)." (INT_F_K: 32).

dem Ziel verschränkt, die „Lebensqualität an den Ortsdurchfahrten" zu erhalten. Umwelt- und Naturschutz werden im Wiesentaler Leitbild nicht eigens als Ziel oder Schlagwort ausgewiesen, sondern scheinen stattdessen in vielfältigen Bezügen immer wieder auf. In der Selbstbeschreibung des Vereins NaturKonzept werden Umwelt- und Naturschutz (neben dem Erhalt der kleinstrukturierten Landwirtschaft, der Förderung des Tourismus und regenerativer Energieerzeugung) viel expliziter als Ziel herausgehoben, zum Beispiel in Image-Broschüren und im Internetauftritt des Vereins. Aus den Deutungen von NaturKonzept lassen sich außerdem verschiedene Positionen zu (inter-)kommunaler Entwicklung in Richtung Nachhaltigkeit herausarbeiten.

Zur inhaltlichen Ausrichtung in den Entstehungsjahren von NaturKonzept meint der amtierende Bürgermeister Wiesentals, Herr Färber: „Man is auf mehr Nachhaltigkeit ganga als wie auf des schnelle Geld, wenn i moi aso sog." (INT_F_W: 15). Man habe „Nachhaltigkeit" also schnellem Profit vorgezogen. Wirtschaftliche Interessen wurden aus dieser Perspektive nicht absolut gesetzt, in dem Sinne, dass man ihnen alles unterordnet. Der Bürgermeister betont stattdessen die Langfristorientierung von NaturKonzept und weist implizit auf eine mehrdimensionale Vorstellung von Nachhaltigkeit hin, ohne sie an dieser Stelle aber weiter zu explizieren. Die Geschäftsführerin Wiesentals bestätigt, dass sowohl die politische Gemeinde als auch lokale Landwirte ein starkes Bestreben hatten, ökologische Landwirtschaft im Ort zu etablieren:

> „Da Bürgermeister hat sie äh unheimlich stark gmacht dafür und da jetzige Bürgermeister war damals Bauernobmann [mhm]. Der hat diese ganze äh Überlegung a ganz ganz stark unterstützt. Im Hinblick, dass die Landwirte ähm aa mehr in die Ökologisierung genga. [mhm] Des war so der Gedanke, dass ma a a sichere sichere Zukunft ham ko [[…]]." (INT_T_W: 10)[37]

Ökologisierung wird hier in direkten Zusammenhang mit dem Ziel des Fortbestehens landwirtschaftlicher Betriebe gesetzt. Die Orientierung an dem Leitbild „Nachhaltigkeit" (vgl. Abschn. 2.1.) bei NaturKonzept thematisiert auch die Mitarbeiterin eines Kommunalverbands aus der Nachbarregion, Instetter:

> „[S]ie ham eben ned nur as Biomassekraftwerk, sondern sie kinnan sang mir san seit Jahren NaturKonzept, also des eröffnet dene, ob des im Rahmen der CIPRA is, bei

---

[37] „Der Bürgermeister hat sich äh unheimlich stark gmacht dafür und der jetzige Bürgermeister war damals Bauernobmann [mhm]. Der hat diese ganze äh Überlegung a ganz ganz stark unterstützt. Im Hinblick, dass die Landwirte ähm auch mehr in die Ökologisierung gehen [mhm]. Das war so der Gedanke, dass man eine eine sichere sichere Zukunft haben kann [[…]]." (INT_T_W: 10).

5.2 Gemeinsam Ziele finden – Die Leitbildprozesse in Wiesental und Kirchdorf

der Alpenkonvention oder eigentlich wurst auf welcher Ebene, jetz is des a Begriff ähm ja wo einfach dene do sehr viele Türen offenstehen." (INT_I_W: 161)[38]

Nachhaltigkeit kann hier als „related discourse" (Clarke 2009: 213) aufgefasst werden, an den die bei NaturKonzept engagierten Akteure auf der Suche nach Netzwerken, Interessenvertretung und Fördermitteln gut anknüpfen konnten. So hätten die Mitwirkenden nach Ansicht Instetters bei der Bewerbung um Fördermittel für das Biomasseheizkraftwerk sicherlich erfolgreich auf ihr jahrelanges Engagement im Nachhaltigkeitsbereich verweisen können (vgl. INT_I_W: 161) – und damit an das Leitbild „Nachhaltigkeit" anschließen. Der Wiesentaler Gemeinderat Herr Qualtinger beschreibt außerdem die Gründung des Vereins NaturKonzept Wiesental „in dem Bereich Naturschutz und Öko" als „Türöffner" und seine damalige Einschätzung, dass dies der „Einstieg [sei] in andere Programme, in andere Nutzungsschablonen und da gibts dann mit Sicherheit aa Fördergelder" (INT_Q_W: 227). Laut einem Gesprächspartner gibt es bei NaturKonzept viele Bauern, die mittlerweile Anhänger der Grünen-Partei (vgl. INT_C_W: 68) und für ökologische Zusammenhänge sensibilisiert seien: „Die jetz wissen, Natur erhalten." (ebd.). Der ehrenamtlich und politisch im Gemeindeleben engagierte Herr Qualtinger, danach gefragt wie er die zukünftige Entwicklung der Gemeinde einschätzt, unterstreicht:

„Do] glaub i, dass ma erstens amoi von der persönlichen Überzeugung her aufm richtigen Weg san, [[…]] Mir schauen, dass ma, dass ma uns sehr auf den Ökogedanken, auf dem Naturgedanken bewegen. Wie gsagt fangt beim Bauen o, hert beim Naturschutz auf, geht äh über des, über den Umgang aa untereinander scho fast äh einfach in ein mitmenschliches äh Leben. [[…]] Also an ganz an vernünftigen äh sanften Tourismus. Wobei des Wort sanft eigentlich ned richtig is, sondern i sog eher vernünftigen Tourismus. Ned, ned überschwänglich werden und ned irgendwos äh Übertriems macha, sondern – do sama uns einig in Wiesental, do sama uns sehr einig. Do san glaub i 80 Prozent der Leid für die äh Richtung, die ma gehen. [hm] Und des soi aa so weitergeh." (INT_Q_W: 129)[39]

---

[38] „[S]ie haben eben nicht nur das Biomassekraftwerk, sondern sie können sagen, wir sind seit Jahren NaturKonzept, also das eröffnet denen, ob das im Rahmen der CIPRA ist, bei der Alpenkonvention oder eigentlich egal auf welcher Ebene, jetzt ist das ein Begriff ähm ja wo einfach denen da sehr viele Türen offenstehen." (INT_I_W: 161).

[39] „Da] glaube ich, dass wir erstens einmal von der persönlichen Überzeugung her auf dem richtigen Weg sind, [[…]] Wir schauen, dass wir, dass wir uns sehr auf dem Ökogedanken, auf dem Naturgedanken bewegen. Wie gesagt es fängt beim Bauen an, hört beim Naturschutz auf, geht äh über das, über den Umgang auch untereinander schon fast äh einfach in ein mitmenschliches äh Leben. [[…]] Also einen ganz an vernünftigen äh sanften Tourismus.

Der Gesprächspartner fächert verschiedene Dimensionen von Nachhaltigkeit auf, auf die man (tatsächlich sagt er „wir") in der Gemeinde achte, ohne dabei Nachhaltigkeit als Schlagwort explizit zu nennen. Er formuliert die Orientierung am Leitbild nachhaltiger Entwicklung stattdessen als „Ökogedanken", der sich in verschiedenen gesellschaftlichen Bereichen widerspiegele: beim Bauen, im Naturschutz ebenso wie im Umgang untereinander oder im Tourismus. Damit denkt er ökologische, soziale und wirtschaftliche Aspekte zusammen. Außerdem beschreibt er die eingeschlagene Entwicklung als relativ konsensuell („sehr einig") beziehungsweise von weiten Teilen der Bevölkerung mitgetragen („80 Prozent der Leute").

Der Geschäftsführer des mittlerweile interkommunalen Vereins NaturKonzept wiederum bringt sein Verständnis von dessen Ziel und den damit verknüpften wünschenswerten Entwicklungen zum Ausdruck, indem er von möglichen (Miß-) Interpretationen des Vereinsnamens erzählt:

„Ja, des war schon auch zu Beginn dieser Gründerzeit Mitte der 90er Jahre, wo sich a, a Gruppe von Wiesentaler Landwirten eben hier Gedanken gmacht hat, wie wollen wir zukünftig wirtschaften. [[…]] und ähm es is natürlich schon so, dass des NaturKonzept, was oft falsch verstanden wird, kein Bioverband is. [hm] Uns gehts in erster Linie um regionale Entwicklung. [[…]] Und wir sehen unser Tal als unser Gebilde ähäh, welches wir eben äh stärken wollen und zukunftsfähig machen wollen und die Probleme, die wir haben möglichst gemeinsam angehen wollen und drum hats aa an Wandel in den Tätigkeitsfeldern von NaturKonzept gegeben, wenn ma schaut wies Ende der 90er Jahre war und wies jetz is. Und so ähm is auch wichtig, dass ma mit der Zeit geht und sich den neuen Herausforderungen stellt. Und ähm des heißt, dass natürlich die biologisch wirtschaftenden Landwirte willkommen sind, aber des is kein Ausschlusskriterium. Uns gehts um die regionale Entwicklung und um an Aufbau einer starken regionalen Marke und wenn dann die biologisch Wirtschaftenden noch mit ihrem Biologo Demeter-Naturland oder wies heißt noch zusätzlich werben, is des nomoi a Aufwertung, aber ähm es is koa Ausschlusskriterium. Und do hob i a bisl immer seit (.) Gründung eigentlich dagegen ankämpfen müssen, wenn du als NaturKonzept wo auftrittst, moanan alle, ja der werd mit Sicherheit die, die Sandalen anhaben." (INT_E_W: 23)[40]

Wobei das Wort sanft eigentlich nicht richtig ist, sondern ich sage eher vernünftigen Tourismus. Nicht, nicht überschwänglich werden und nicht irgendwas äh Übertriebenes machen, sondern – da sind wir uns einig in Wiesental, da sind uns sehr einig. Da sind glaub i 80 Prozent der Leute für die äh Richtung, die wir gehen. [hm] Und das soll auch so weitergehen." (INT_Q_W: 129).

[40] „Ja, das war schon auch zu Beginn dieser Gründerzeit Mitte der 90er Jahre, wo sich eine, eine Gruppe von Wiesentaler Landwirten eben hier Gedanken gemacht hat, wie wollen wir zukünftig wirtschaften. [[…]] und ähm es ist natürlich schon so, dass das NaturKonzept, was oft falsch verstanden wird, kein Bioverband ist. [hm] Uns gehts in erster Linie um

5.2 Gemeinsam Ziele finden – Die Leitbildprozesse in Wiesental und Kirchdorf

Der Geschäftsführer von NaturKonzept legt Wert darauf, dass es bei NaturKonzept „in erster Linie um regionale Entwicklung" gehe. Ökologische Aspekte, wie sie insbesondere von biologisch wirtschaftenden Landwirten vertreten werden, seien zwar ebenfalls Teil der Selbstbeschreibung, allerdings nach der Argumentation des Geschäftsführers eher nachrangig zu behandeln, außerdem sei es „kein Ausschlusskriterium", wenn Landwirte konventionell wirtschafteten. Die Maßgabe für das Handeln im Gemeindenverbund sieht er vielmehr darin, die Region „zukunftsfähig" zu machen und „möglichst gemeinsam" dahingehend zu handeln. Zudem nimmt der Geschäftsführer Bezug auf die Veränderungen in den Tätigkeitsfeldern des Vereins und erklärt dessen Engagement im Bereich „Regenerative Energien" damit, dass es wichtig sei, sich neuen Herausforderungen zu stellen. Wie sich diese Herausforderungen im Detail gestalten, führt er dann nicht näher aus. Prioritär im Nachhaltigkeitsverständnis des Geschäftsführers sind aufgrund des Ziels, eine „starke[n] regionale[n] Marke" aufzubauen, eher wirtschaftliche als ökologische Aspekte. Diskussionen gab es daher in der Gründungsphase mit den ökologisch wirtschaftenden Landwirten, auf deren Initiative zu ökologisch nachhaltiger Landwirtschaft der Verein NaturKonzept aufbauen konnte und die für ihre Betriebe ein gesondertes Vereins-Logo forderten (vgl. INT_E_W: 27). Letztlich setze sich durch, dass ein gemeinsames Logo für alle beteiligten Akteure entworfen wurde und ökologisch wirtschaftende Bauerhöfe kein zusätzliches Logo innerhalb des Vereins bekamen. Als ausschlaggebendes Argument führt dessen Geschäftsführer die Absicht an, dass man eine „Regionalmarke [...] zur Identität der Herkunft" (ebd.) kreieren wollte. Gleichzeitig, so erzählt es der Geschäftsführer, wollte man den Biotrend innerhalb von NaturKonzept aber unterstützen und sah die folgenden Betriebsumstellungen gern (vgl. ebd.).

---

regionale Entwicklung. [[...]] Und wir sehen unser Tal als unser Gebilde ähäh, welches wir eben äh stärken wollen und zukunftsfähig machen wollen und die Probleme, die wir haben möglichst gemeinsam angehen wollen und darum hat es auch einen Wandel in den Tätigkeitsfeldern von NaturKonzept gegeben, wenn man schaut wie es Ende der 90er Jahre war und wies jetzt ist. Und so ähm ist auch wichtig, dass man mit der Zeit geht und sich den neuen Herausforderungen stellt. Und ähm das heißt, dass natürlich die biologisch wirtschaftenden Landwirte willkommen sind, aber das ist kein Ausschlusskriterium. Uns geht es um die regionale Entwicklung und um einen Aufbau einer starken regionalen Marke und wenn dann die biologisch Wirtschaftenden noch mit ihrem Biologo Demeter-Naturland oder wies heißt noch zusätzlich werben, ist das nochmal eine Aufwertung, aber ähm es ist kein Ausschlusskriterium. Und da habe ich ein bisschen immer seit (.) Gründung eigentlich dagegen ankämpfen müssen, wenn du als NaturKonzept wo auftrittst, meinen alle, ja der wird mit Sicherheit die, die Sandalen anhaben." (INT_E_W: 23).

Die Entwicklung von NaturKonzept war also durchaus begleitet von kontroversen Diskussionen. Die spätere Beteiligung an dem bereits mehrfach erwähnten Biomasseheizkraftwerk gab Anlass zu weiteren Diskussionen. Beispielweise unter den Landwirten gab und gibt es skeptische Stimmen, da viel Zeit und Geld von NaturKonzept fortan in die Auseinandersetzung mit dem Thema „Energie" flossen oder wie der Landwirt Herr Beier (INT_B_W: 195–199) bildlich formuliert:

> B: Ja jetzt wird des ganze Geld von denen allen schon in Biomasse reingeschossen.
>
> Interviewerin 1: Von den Fördergeldern?
>
> B: Alles. Alles. Alles geht in Biomasse. Des ist jetzt das Goldene Kalb.
>
> Interviewerin 2: Aber wie haben die anderen so reagiert?
>
> B: Mei die Bauern oder so die reagieren genauso wie ich. (..) Aber mei der Bürgermeister hat ja des Geld. (…) Auf der anderen Seiten ist es ja auch keine schlechte Sache. Aber für die Bürger selber, hat des doch keinen Vorteil nicht.[41]

Indem er Biomasse als Goldenes Kalb bezeichnet und die damit verbundenen Aktivitäten mit einem negativ konnotierten Götzenkult vergleicht, deutet der Landwirt an, dass er der jüngsten Weiterentwicklung von NaturKonzept durchaus skeptisch gegenübersteht. Zwar möchte er diese Form der regenerativen Energieerzeugung nicht in Bausch und Bogen als „schlechte Sache" verurteilen, doch stört er sich daran, dass „die Bürger [...] keinen Vorteil" (ebd.) davon hätten. Mit dem Geld, das der Bürgermeister habe, spielt er auf den Beitrag an, den die Verwaltungsgemeinde Wiesental als Mitgliedsbeitrag an NaturKonzept zahlt. Die Ausführungen des Landwirts sind zudem vor dem Hintergrund zu lesen, dass unmittelbar nach der Gründung von NaturKonzept Wiesental eine Vereinsaktivität darin bestand, für die Landwirte staatliche oder EU-Gelder für Landschaftspflegemaßnahmen zu akquirieren, was nach Aussagen des Bauers Beier aber „jetzt etwas eingeschlafen" sei (vgl. INT_B_W: 24). Landwirt Beier streicht diese Schwerpunktverlagerung nochmals heraus (ebd.: 41 f.): „Biomasse, [[...]] des ist halt jetzt der Aufhänger da, aber ob das so der Vorteil für uns ist, ich hab

---

[41] B: Ja jetzt wird das ganze Geld von denen allen schon in Biomasse reingeschossen.
Interviewerin 1: Von den Fördergeldern?
B: Alles. Alles. Alles geht in Biomasse. Das ist jetzt das Goldene Kalb.
Interviewerin 2: Aber wie haben die anderen so reagiert?
B: Mei [[Ausdruck der Ambivalenz]], die Bauern oder so die reagieren genauso wie ich. (..) Aber mei der Bürgermeister hat ja das Geld. (…) Auf der anderen Seiten ist es ja auch keine schlechte Sache. Aber für die Bürger selber, hat das doch keinen Vorteil. (INT_B_W: 195–199).

5.2 Gemeinsam Ziele finden – Die Leitbildprozesse in Wiesental und Kirchdorf 177

da keinen Vorteil damit."[42] Der Bauer verleiht damit seiner Sorge Ausdruck, der Themenschwerpunkt zur Förderung der kleinstrukturierten Landwirtschaft aus Gründungszeiten könne ins Hintertreffen geraten, eine Einschätzung, die andere Bauern im Ort laut Beier mit ihm teilten. Gleichzeitig seien die Bemühungen zur Direktvermarktung – es gab und gibt beispielsweise Broschüren, in denen alle beteiligten Lebensmittelerzeuger in der Region aufgeführt sind – immer mehr durch nationale und europäische Auflagen (beispielsweise bei der Schlachtung) erschwert worden (vgl. INT_B_W: 215 ff.).

> „Des ist alles eingeschlafen. NaturKonzept war eigentlich gedacht, weißt, dass man sich (..) ja, schlachten tut und des Rindfleisch an die Bevölkerung und so. Des war schon mein Anfang, [[…]] der Gedanke war ja nicht schlecht, aber durch die Auflagen ist des alles eingeschlafen. (INT_B_W: 215–221)[43]

Der Verweis auf das „eigentliche" Ziel von NaturKonzept verdeutlicht, dass der Landwirt sich selbst in einer sozialen Welt verortet, die Direktvermarktung für Landwirte und die damit einhergehenden „Vorteile" als genuines Ziel von NaturKonzept betrachtet.

Anhand der zitierten Interviewausschnitte wurden verschiedene soziale Welten sichtbar, zwischen denen über die weitere kommunale Entwicklung Wiesentals (als Gründungsort und -mitglied von NaturKonzept) verhandelt wird und die unterschiedliche Bilder von Wandel und dessen Gestaltung aufrufen: Die soziale Welt jener Landwirte, welche Direktvermarktung favorisieren; die soziale Welt derjenigen, die Ökologisierung als Oberziel ansehen; eine soziale Welt, repräsentiert durch die Geschäftsführung von NaturKonzept, welche wirtschaftliche Entwicklung (den Aufbau und die Etablierung einer starken Regionalmarke) priorisiert; sowie eine soziale Welt, repräsentiert durch die Gemeindeverwaltung und Gemeindepolitiker*innen Wiesentals, die Ganzheitlichkeit und integrative Vorstellungen von Nachhaltigkeit artikuliert.

---

[42] „Biomasse, [[…]] das ist halt jetzt der Aufhänger da, aber ob das so der Vorteil für uns ist, ich hab da keinen Vorteil damit."

[43] „Das ist alles eingeschlafen. NaturKonzept war eigentlich gedacht, weißt Du, dass man sich (..) ja, schlachten tut und das Rindfleisch an die Bevölkerung und so. Das war schon mein Anfang, [[…]] der Gedanke war ja nicht schlecht, aber durch die Auflagen ist das alles eingeschlafen." (INT_B_W: 215–221).

Nachhaltigkeit als integraler und zugleich widersprüchlicher Teil der Selbstbeschreibung in Kirchdorf

Auch in der Kirchdorfer Leitbilddiskussion und dem daraus entstandenen Thesenpapier lässt sich ein Spannungsfeld zwischen ökonomischen und ökologischen Belangen ausmachen. In der dritten These des Leitbilds, in welcher es vor allem um die Perspektiven und Wünsche für die örtliche Wirtschaft geht, wird explizit festgehalten, dass „Natur, Landschaft und Umwelt [... das] größte[s] Kapital der Gemeinde" (Leitbild_K: 15) seien, eine Formulierung die so ähnlich auch im Leitbild der bayerischen Gemeinde Wiesental zu finden ist. Die vierte These des Leitbilds beschäftigt sich insbesondere mit der Siedlungsentwicklung, weist Kirchdorf als „Ort zum Wohlfühlen" (ebd.: 22) aus und spricht vor diesem Hintergrund von einer anzustrebenden „nachhaltigen, modernen Dorfentwicklung" (ebd.: 24) sowie dem dabei gebotenen „schonenden Umgang mit der Natur- und Kulturlandschaft" (ebd.: 25). Gefordert wird unter anderem eine „bedachte und bedarfsgerechte Ausweisung von Bauzonen" (ebd.: 23) sowie eine „bewusste Steuerung" (ebd.) in Bezug auf die Architektur und bei der Weiterentwicklung traditioneller Bauweisen durch ein entsprechendes Planungskonzept. Die fünfte These widmet sich eigens noch einmal der „gewachsene[n] Natur- und Kulturlandschaft" (ebd.: 27). Sie wird in den Ausführungen unter diesem Titel als „zentrales Kapital unserer Gemeinde" (ebd.: 27) ausgewiesen, welches es zu erhalten gelte. Gleichzeitig fordert das Papier deren „bewusste Weiterentwicklung sowie eine aktive Nutzung" (ebd.: 28). Gewünscht wird daher die „Information" über „Besonderheiten im Gemeindegebiet, [...] nachhaltige Wirtschafts- und Nutzungsformen" (ebd.) und über die „Schaffung von Zugängen und Strukturen für Ruhesuchende in der Natur" (ebd.). In der Zusammenschau dieser Aspekte deutet sich an, dass es zu einem potenziellen Dilemma bei einer weiteren „aktive[n] Nutzung" (ebd.: 28) der besagten Landschaft kommen könnte beziehungsweise dass sich ökologische und wirtschaftliche Ziele widersprechen könnten. Viele der Thesen und Zukunftswünsche des Kirchdorfer Leitbilds kreisen um die Frage, wie eine weitere Entwicklung der Gemeinde möglich ist, die dennoch das oben beschriebene „Kapital" der Gemeinde bewahrt. Die sechste These erhebt „Nachhaltiges Handeln und Wirtschaften" zum „Schlüssel zum Erfolg" (ebd.: 29) und soll gleichsam die Antwort hierauf geben. Hier wird ein Nachhaltigkeitsverständnis artikuliert, in dem ein solches Handeln nicht nur auf dem „schonenden Umgang mit den naturräumlichen Ressourcen" (ebd.: 30) basiere, sondern auch „effektive wirtschaftliche Vorteile" (ebd.) für die lokale Politik, Wirtschaft und Bevölkerung mit sich bringe. Gefordert werden daher Informationen, wie eine möglichst „energieautarke[n] Gemeinde" (ebd.) zu verwirklichen

5.2 Gemeinsam Ziele finden – Die Leitbildprozesse in Wiesental und Kirchdorf

sei, und die Ausarbeitung eines bedarfsorientierten Mobilitätskonzepts, welches eine „effiziente Anbindung" (ebd.) der Gemeinde sichere. Im Bereich „Tourismus" findet sich außerdem im Leitbild die Formulierung, dass man auf eine „sanfte, authentische Entwicklung" (ebd.: 18) setze. Die Idee eines sanften Tourismus hat sich zum Zeitpunkt der vorliegenden Studie bereits breit im Dorf etabliert, was sich auch in den Leitsätzen der Zukunftswerkstatt widerspiegelt. Sowohl in der örtlichen Wanderbroschüre als auch in verschiedenen Gesprächen mit Kirchdorfer Bürger*innen wird dies deutlich. Der Bürgermeister erklärt, dass man bereits seit rund 30 Jahren dem sanften Tourismus verpflichtet sei (vgl. INT_BII_K: 450). Die über lange Zeit große Abgeschiedenheit des Dorfs und die Abwesenheit großer Liftbetriebe gereiche dem Dorf mittlerweile zum Vorteil und ermögliche es, mit sanftem Tourismus und dem „urige[n]" Charakter des Dorfs zu werben (vgl. ebd.: 452). Ein Touristiker erzählt, er habe Ende der 1990er-Jahre im Tourismusverein dafür geworben, verstärkt auf Übernachtungstourismus zu setzen, den Durchgangsverkehr so weit wie möglich zu beschränken und Ortsdurchfahrten nicht weiter auszubauen, um nicht zu viele Tagesgäste anzuziehen (vgl. INT_FII_K: 3). Da die Idee Anklang fand, habe man das

> „damals eben beschlossen, weil sanfter Tourismus heißt einfach, dass man einfach möglichst wenig Verkehr in den Ort hereinholt. Und wenn kein Skigebiet isch, is sowieso @sanfter Tourismus@ net" (ebd.).[44]

Ähnlich wie in der Gemeinde Wiesental besann man sich demnach auch in Kirchdorf bereits in den 1990er-Jahren auf die potenziellen Vorteile naturräumlicher und infrastruktureller Gegebenheiten: Wo es kaum Durchgangsverkehr und kein Skigebiet gibt, lässt sich gut mit sanftem Tourismus werben. Der Hotelier Herr Agreiter beschreibt die Haltung der Touristiker im Ort als jeher sehr bedacht (vgl. INT_A_K: 21):

> „Aber wo wir immer sehr vorsichtig waren, dass wir unsre Natur und Landschaft, die der wirkliche Wert natürlich sind – warum kommt der Gast nach Kirchdorf? Weils hald schön sein soll. Und wenn wir eine ganze Menge Baustellen haben, die dürfen nur vorübergehend sein, das Endprodukt muss dann doch wieder sehr naturnahe und sehr authentisch sein. Und des war immer unser Grundsatz und da wollen wir auch ganz fest dran festhalten. Und wir haben immer gesagt, Entwicklung ja, aber nicht ins Unendliche. Die Mischung zwischen wie viel Gästebetten, wie viel Einheimische,

---

[44] „damals eben beschlossen, weil sanfter Tourismus heißt einfach dass man einfach möglichst wenig Verkehr in den Ort hereinholt. Und wenn es kein Skigebiet gibt, ist es sowieso @sanfter Tourismus@ nicht wahr" (ebd.).

die muss irgendwo in einer gesunden Relation stehen. [hm] Es muss immer noch so sein, dass mal ein Fest im Dorf stattfindet, dass sich nicht des so ansieht wie wenn des eine Kunstveranstaltung für die Touristen wäre, sondern es is ein Dorffest, an dem die Touristen teilnehmen. Und des is eben so, dass des in so einem Ort wie Kirchdorf eben noch viel authentischer und viel ehrlicher und viel offener stattfindet, als es zum Beispiel in großen Tourismuszentren äh, äh möglich is. Beides hat seine Reize, beides wird Gäste äh, äh, äh, äh mit einer besonderen Vorliebe anziehen. Wir versuchen hald den Gast anzuziehen, der den sanften Tourismus mag, der es schätzt, dass nicht auf jeden Hügel eine Bahn hinaufgeht, dem vielleicht auffällt, dass wir im ganzen Dorf kaum Elektroleitungen haben, dem noch auffällt, dass kein Durchzugsverkehr da ist, wo wir eine sehr, sehr starke bewaldete Landschaft haben, wo des Tal selber äh eigentlich genau äh das aussagt, was der Begriff Sommerfrische eigentlich bedeuten sollte."[45] (INT_A_K: 21)

Ein wichtiger Bestandteil nachhaltiger Entwicklung ist für den Touristiker das Dorfleben, das sich beispielweise in Festen zeige, und welches es zu erhalten gelte. Hier artikuliert sich ein Nachhaltigkeitsverständnis, welches wirtschaftliche Belange als wichtigen Bestandteil der kommunalen Entwicklung sieht, doch eine Begrenzung des Wachstums befürwortet. So argumentiert Touristiker Agreiter, es gelte die Schönheit des Dorfes zu erhalten, welche auf Natur und Landschaft gründe – auch oder gerade weil sie Touristen anzieht.

Doch es gibt auch kritische Stimmen im Dorf, die die konsequente Umsetzung der Idee eines sanften Tourismus an manchen Stellen bezweifeln. So erzählt die Dorfbewohnerin Frau Kofler kritisch von der Asphaltierung von Almstraßen: Es wurden Parkplätze auf der Alm errichtet und die Zufahrtsstraße dorthin

---

[45] „Aber wo wir immer sehr vorsichtig waren, dass wir unsre Natur und Landschaft, die der wirkliche Wert natürlich sind – warum kommt der Gast nach Kirchdorf? Weils eben schön sein soll. Und wenn wir eine ganze Menge Baustellen haben, die dürfen nur vorübergehend sein, das Endprodukt muss dann doch wieder sehr naturnahe und sehr authentisch sein. Und das war immer unser Grundsatz und da wollen wir auch ganz fest dran festhalten. Und wir haben immer gesagt Entwicklung ja, aber nicht ins Unendliche. Die Mischung zwischen wie vielen Gästebetten, wie vielen Einheimischen, die muss irgendwo in einer gesunden Relation stehen. [hm] Es muss immer noch so sein, dass mal ein Fest im Dorf stattfindet, dass sich nicht das so ansieht wie wenn das eine Kunstveranstaltung für die Touristen wäre, sondern es ist ein Dorffest, an dem die Touristen teilnehmen. Und das ist eben so, dass des in so einem Ort wie Kirchdorf eben noch viel authentischer und viel ehrlicher und viel offener stattfindet, als es zum Beispiel in großen Tourismuszentren äh, äh möglich ist. Beides hat seine Reize, beides wird Gäste äh, äh, äh mit einer besonderen Vorliebe anziehen. Wir versuchen eben den Gast anzuziehen, der den sanften Tourismus mag, der es schätzt, dass nicht auf jeden Hügel eine Bahn hinaufgeht, dem vielleicht auffällt, dass wir im ganzen Dorf kaum Elektroleitungen haben, dem noch auffällt, dass kein Durchzugsverkehr da ist, wo wir eine sehr, sehr starke bewaldete Landschaft haben, wo das Tal selber äh eigentlich genau äh das aussagt, was der Begriff Sommerfrische eigentlich bedeuten sollte." (INT_A_K: 21).

asphaltiert. Als es im Sommer zu Engpässen kam und die Bauern mit ihren Traktoren und Mähwerken wegen zu vieler und zu eng parkender Autos nicht mehr durchkamen, beschloss man in der Gemeindepolitik einen dritten Parkplatz.

„Was ist geschehen? Jetzt bauen sie einen dritten Parkplatz! [Mhm] Für viel Geld, wieder. [Mhm] Und da, da denk ich mir, das gibt's ja gar nicht! Dann hab ich auch gesagt, Moment mal, können diese Bauern mit ihrem Heu- da muss es doch eine andere Regelung geben. Dass dann, wenn man genau weiß, heute ist Mähtag oder wie auch immer. Es ist ja diese Zeit ja nur oder die zwei Wochen, oder wie auch immer, dann stell ich halt mal einen Menschen da rauf, der mir, einen von den Senioren, den lassen wir was verdienen und der soll dann darauf achten, dass die alle gut einparken, so dass mehr Leute- und dieser Weg frei bleibt. Die brauchen doch keinen dritten Parkplatz. Wofür denn! ‚Naa, naaa'. Dritter Parkplatz ist genehmigt. Also da finde ich manchmal, da ist mit diesem ganzen Tourismus, ich glaube der Feichter [ein Touristiker aus dem Ort, Anm. JT] hat das sehr wohl unterstützt, also da hört sichs bei mir auf. Wo ist denn da der sanfte Tourismus? Das ist ganz weit oben, das ist nicht irgendwo herunten. Sondern da fahren wir weit durch den Wald hinauf." (INT_K_K: 77)

Die Asphaltierungsarbeiten im sensiblen Almgebiet weit ab von der Siedlung sieht Kofler als nicht mehr vereinbar mit den Aspekten des sanften Tourismus und beklagt die ihres Erachtens unnötige Versiegelung von Almfläche, der sich der Tourismusverein nicht entgegenstellte. Ähnlich wie in Wiesental lässt sich also auch in Kirchdorf ein Spannungsfeld vor allem zwischen ökonomischen und ökologischen Aspekten in der weiteren kommunalen Entwicklung ausmachen. So stehen artikulierte Nachhaltigkeitsbestrebungen bei konkreten Entwicklungsprojekten manchmal im Gegensatz zueinander.

Verschiedene soziale Welten und deren Bilder von Wandel werden durch die bisherigen Ausführungen in Kirchdorf sichtbar: diejenigen, die sich in erster Linie auf ökologische Ziele und den Schutz von Natur- und Kulturlandschaft beziehen, welche sie durch menschliches Einwirken unter Druck sehen (und zu der sich beispielsweise Katharina Kofler, die Mitbegründerin der alternativen politischen Gruppierung im Kirchdorfer Gemeinderat zählt); die soziale Welt derjenigen, die den Fokus auf eine ökonomische Vorteile generierende Entwicklung legen, welche allerdings so begrenzt bleiben solle, dass sie die Attraktivität und Schönheit der Natur und Kulturlandschaft nicht schmälert (beispielsweise die zitierten Touristiker); und zuletzt die insbesondere durch den Bürgermeister Kirchdorfs vertretene Sichtweise der Kirchdorfer Gemeindeverwaltung, dass der Gestaltbarkeit des Wandels enge Grenzen gesetzt seien, da er durch (welt-)wirtschaftliche Dynamiken dominiert werde. Während manche Kirchdorfer*innen wirtschaftliche Veränderungsprozesse als gemeinsam gestaltbare Herausforderung begreifen, argumentiert der Kirchdorfer Bürgermeister, dass die gegenwärtige wirtschaftliche Krise kooperative Entwicklungsbemühungen nahezu unmöglich mache und die Aufgabe der Gemeindeverwaltung in erster Linie in der Aufrechterhaltung ihrer Dienste liege.

Insgesamt fällt im Kirchdorfer Leitbild eine Häufung des Begriffs Nachhaltigkeit auf. Seine Verwendung als Topos kann auch als Hinweis gelesen werden, dass das Leitbild „Nachhaltige Entwicklung" ähnlich wie in Wiesental als „related discourse" (Clarke 2009: 213) fungiert, und zudem der Endüberarbeitung durch einen professionellen Moderator geschuldet sein. Die Formel vom sanften Tourismus, die von unterschiedlichen Gesprächspartner*innen aufgegriffen und als im Ort etabliert beschrieben wird, deutet ebenfalls auf einen damit verbundenen Diskurs hin, der im Werben um Tourist*innen sehr anschlussfähig sein kann, da sich der Begriff in der Tourismusbranche mittlerweile etabliert hat. Dynamiken sozialen – wenn auch nicht in Bezug auf Demografie – und ökonomischen Wandels sind im Kirchdorfer Leitbild sehr präsent und zeugen davon, dass sie die Teilnehmenden am Leitbildprozess sehr beschäftigen. Ökologische Aspekte werden vor allem im Rahmen dieser Bilder von Wandel berücksichtigt.

Der Vergleich zwischen den Kommunen hinsichtlich Bildern von Wandel unterstreicht: Sowohl in Wiesental als auch in Kirchdorf hat man über viele Jahre hinweg daran gearbeitet, die örtlichen Gegebenheiten „in Wert" (INT_T_W: 10) zu setzen, um auch touristisch daraus Kapital zu schlagen, und in beiden Leitbildprozessen werden Bezüge zu einem Leitbild „Nachhaltigkeit" hergestellt. Außerdem lässt sich festhalten: Umgang mit Wandel kann auch eine beabsichtigte Bewahrung beispielsweise von Kulturlandschaft sein und muss nicht notwendigerweise immer Veränderung bedeuten (dieser Punkt wird am Ende dieses Kapitels und in Kapitel 6 Diskussion nochmals aufgegriffen). In beiden Leitbildern (Wiesental wie Kirchdorf) fällt zudem auf: Es wird nirgends explizit auf Umweltveränderungen und damit einhergehende Herausforderungen eingegangen. Wenn es um Natur und Umwelt geht, dann um deren Schutz und Bewahrung, was indirekt von der Wahrnehmung sozial-ökologischer Wandlungsdynamiken zeugt. Der Klimawandel als explizites Thema – sei es wegen besagter Veränderungen, die er mitbedingt, oder als Begründung für angestrebtes Engagement in der regenerativen Energieerzeugung – bleibt völlig unberücksichtigt.

5.2.4 Gemeinschaft und Vergemeinschaftung im Zuge der Leitbilddiskussionen

Nach der Darstellung unterschiedlicher Verständnisse und Positionen, inwiefern sich sozial-ökologische Wandlungsprozesse in den jeweiligen Dörfern feststellen lassen, wie und von wem sie zu bewältigen seien, wird nun eruiert, welche Rolle Bilder von Gemeinschaft hierbei spielen könnten. Der folgende Abschnitt forscht daher zunächst nach Bildern von Gemeinschaft, die in den jeweiligen Gemeinden aufgerufen werden. Wie in Abschnitt 3.3. dargelegt, stellen gemeinsam geteilte Werte, Zusammengehörigkeitsgefühl, Abgrenzungen gegenüber einem konstruierten „Nicht-Wir" und den Mitgliedern verfügbare Interaktions(zeit)räume einen konstitutiven Bestandteil von Gemeinschaften dar.[46] Abschließend wird genauer auf Prozesse von Vergemeinschaftung eingegangen.

Abgrenzungen und Zusammengehörigkeit in Wiesental und im Verein NaturKonzept

Zunächst ist zu klären, inwieweit das Wiesentaler Leitbild Fragen von Gemeinschaft adressiert. An verschiedenen Stellen ist darin von „Dorfgemeinschaft" oder „Dorfleben" die Rede. Zunächst lässt sich also feststellen, dass in dem Papier von einer Gemeinschaft und sich dort vollziehendem Leben ausgegangen wird. Es werden verschiedene Bevölkerungsgruppen, deren spezifische Problemlagen und daran ausgerichtete Ziele aufgeführt. Unter dem Stichwort „Jugendarbeit" wird dafür geworben, die Jugend darin zu unterstützen, zu kritisch denkenden Menschen heranzureifen, die „einen Bezug zur Dorfgemeinschaft haben" (Leitbilddokumentation_W: 8). Unter dem Schlagwort „Einbindung älterer Menschen" wird die gewünschte Einbindung gleich zweier verschiedener Bevölkerungsgruppen deutlich. Ein Einzelziel ist dort das Angebot von Patenschaften durch ältere Wiesentaler*innen „zur Integration von Neubürgern in die Dorfgemeinschaft". Ältere Menschen werden damit als integraler Bestandteil jener Dorfgemeinschaft begriffen. Neubürger*innen, also Menschen, die im Laufe ihres Lebens nach Wiesental zugewandert sind, werden als Gruppe markiert, die es in jene postulierte Gemeinschaft einzubinden beziehungsweise zu integrieren gelte. Unter dem Stichwort „Vereinsleben" wird im Leitbild das „Dorfleben" thematisiert. So prägten die Vereine mit ihren Festen und Aktivitäten „das Dorfleben und „führ[t]en

---

[46] Für die Rekonstruktion von geteilten Werten und Zielen sowie von Momenten des Ein- oder Ausschlusses werden nochmals Inhalte der jeweiligen Leitbilder herangezogen. Außerdem werden Interviewpassagen sowie Feldnotizen eingeflochten.

die unterschiedlichsten Bevölkerungsgruppen zusammen" (ebd.: 11). Weiterhin wird im Leitbild für das Funktionieren des Dorflebens auf entsprechende „räumliche[n] Voraussetzungen" explizit hingewiesen und es werden zahlreiche Vorschläge gemacht, wie man diese beispielweise durch bauliche und organisationale Veränderungen verbessern und mehr Möglichkeiten für die Durchführung von Veranstaltungen schaffen könnte: die Einrichtung einer Mehrzweckhalle, ein Zeltdach für Veranstaltungen unter freiem Himmel bei schlechtem Wetter oder die Vernetzung der Jugendarbeit der Vereine. (Dorf-)Gemeinschaft und gemeinschaftliches Dorfleben werden hier nicht als selbstverständlich dauerhaft dargestellt, sondern als angewiesen auf entsprechende räumliche Gegebenheiten und das Engagement unterschiedlicher Bevölkerungsgruppen (physisch materielle Treffpunkte ebenso wie soziale Räume des Austauschs).

Wie Vergemeinschaftungsprozesse in Wiesental tatsächlich ablaufen könnten, lässt sich am oben bereits eingeführten Beispiel der Renaturierung des Badesees rekonstruieren (vgl. Abschn. 5.2.1), dem ersten konkreten Projekt zur Dorfentwicklung, das auf den Leitbildprozess folgte. Die Geschäftsführerin der Gemeinde erinnert sich:

> „Ja, des war a so a scheene Sach! (.) Ähm, da ham die Bürger gsagt, des is jetz unser See! Und des, des is nämlich genau der Punkt, dass ma sie dann damit identifiziert und des war unser Glücksfall, dass des so guad klappt hat. Und des hams gwusst und dann warn die Maßnahmen, die dann später kemma san oder die jetz immer kemma, die san etz, durch des dass ma woaß wie es funktioniert [Mh], dass es funktioniern kon, is jetz die Einstellung grundsätzlich a mal a positive." (INT_T_W: 36)[47]

Die Sanierung des Badesees wird hier als initiales Erfolgserlebnis gemeinschaftlichen Handelns beschrieben, das bis heute fortwirkt. Das vergemeinschaftende Moment lässt sich sprachlich ablesen an der Aussage, dass die Bürger*innen sich fortan auf den See als „unser See" bezogen hätten. Anhand des greifbaren, nicht-menschlichen Elements „Badesee" beschreibt die Geschäftsführerin einen Prozess der Identifikation der Bürger*innen mit „ihrem" See. Bei der gemeinschaftlichen Sanierung des Badesees machten die Beteiligten die Erfahrung, dass sie gemeinsam etwas erreichen können und waren nach Einschätzung der Geschäftsführerin Wiesentals fortan motiviert, weitere Projekte anzupacken. Eine große

---

[47] „Ja, das war a so eine schöne Sache! (.) Ähm, da haben die Bürger gesagt, das ist jetzt unser See! Und das, das ist nämlich genau der Punkt, dass man sich dann damit identifiziert und das war unser Glücksfall, dass das so gut geklappt hat. Und das haben sie gewusst und dann waren die Maßnahmen, die dann später gekommen sind oder die jetzt immer kommen, die sind jetzt, durch das dass man weiß wie es funktioniert [Mh], dass es funktionieren kann, ist jetzt die Einstellung grundsätzlich einmal eine positive." (INT_T_W: 36).

5.2 Gemeinsam Ziele finden – Die Leitbildprozesse in Wiesental und Kirchdorf

Rolle spielte und spielt in der Dorfentwicklung damit offenbar das ehrenamtliche Engagement. Bürger*innen beschreiben es als wichtige Triebfeder und in der Dorfgemeinschaft gemeinsam geteilten Wert.

„[D]es is ehrenamtliche Arbeit is sehr hoch ogsiedelt in Wiesental und des hängt irgendwie ois a so a bisl aneinander, es is ois wie aso a Geflecht, wie aso a Netz, de wo se gegenseitig stützt. Durch des hat ma mit äh relativ wenig Geld relativ vui macha kinna. Sie sengs, der Dorfplatz vui Sachan han hergricht, de ganzen Gehwege durch Wiesental durch und do is schon was bewegt woan, wo ma eigentlich finanziell nie in Wohlstand gschwumma ham. Mir ham wia gsagt koa Großgewerbe, nichts do, mehr Mittelständler, aber durch des is des oiwei ganga bei uns." (INT_F_W: 40)[48]

Durch das ehrenamtliche Engagement und dessen breite Wertschätzung im Dorf, so sieht es der amtierende Bürgermeister, sei ein Geflecht oder Netz entstanden, das sich gegenseitig stützt. Dies habe auch weitere gestalterische Projekte wie die Sanierung des Dorfplatzes oder die Einrichtung von Gehwegen trotz eher knapper Gemeindekassen (unter anderem vergleichsweise niedrigen Einnahmen durch Gewerbesteuer) möglich gemacht. Die so entstandene, durch ehrenamtliches Engagement gestiftete Gemeinschaft leistet damit einen wichtigen Beitrag zur kommunalen Entwicklung. Diese Interpretation stützt auch die oben zitierte Feststellung im Leitbild, dass die Vereine das Dorfleben prägen und unterschiedlichste Bevölkerungsgruppen zusammenführen.

Die Weiterentwicklung des Vereins NaturKonzept zu einem interkommunalen Verein mit erweiterten Tätigkeitsfeldern veränderte die Verhandlungen über die Bewältigung sozial-ökologischer Entwicklungsprozesse, was wiederum Einblicke in Auffassungen von Gemeinschaft gibt. Die Gemeinde Epfing (Pseudonymisierung) trat zwischenzeitlich aus dem gemeindeübergreifenden Verein aus, später dann doch wieder ein – der Bürgermeister der Gemeinde Epfing wollte nach Auskunft von Repräsentanten des Vereins den Schritt zum Wirtschaftsunternehmen Biomasseheizkraftwerk nicht mitgehen (INT_G_W: 43–49; INT_E_W: 84). Der Geschäftsführer von NaturKonzept e. V. erzählt, der Bürgermeister Epfings sei mit seiner Kommune ausgetreten, weil er die Meinung vertrat,

---

[48] „[D]as ist ehrenamtliche Arbeit ist sehr hoch angesiedelt in Wiesental und das hängt irgendwie alles so ein bisschen aneinander, es ist alles wie so ein Geflecht, wie so ein Netz, das sich gegenseitig stützt. Durch das hat man mit äh relativ wenig Geld relativ viel machen können. Sie schon es, der Dorfplatz viele Sachen sind hergerichtet, die ganzen Gehwege durch Wiesental durch und da ist schon was bewegt worden, wo [[gemeint ist: obwohl]] wir eigentlich finanziell nie in Wohlstand geschwommen sind. Wir haben wie gesagt kein Großgewerbe, nichts da, mehr Mittelständler, aber durch das ist das immer gegangen [[im Sinne von: möglich gewesen]] bei uns." (INT_F_W: 40).

„der Schritt hin in die Wirtschaftlichkeit oder in die Wirtschaftsunternehmen, äh der müsste nicht sein. Des NaturKonzept soll weiterhin äh ideell arbeiten und wenn Initiativen oder Ideen in die Umsetzung kommen, soll des privatwirtschaftlich geregelt sein. Und alle anderen waren aber anderer Auffassung, [[...]] dass ähm Unternehmens- (.) Erfolge zurückfließen können bis zum NaturKonzept und was erwirtschaftet werd, muss auf der anderen Seite ned anders verteilt werden. [hm]." (INT_E_W: 84)

An diesem Beispiel wird deutlich, dass es unterschiedliche Positionen zu den prioritären Zielen ebenso wie zur Organisationsform von NaturKonzept e. V. gibt. Besagter Bürgermeister wollte, dass sich einzelne Kommunen am Biomasseheizkraftwerk beteiligen können, aber sich nicht alle NaturKonzept-Gemeinden geschlossen beteiligen müssen. Im Verein konnte sich diese Position nicht durchsetzen, worauf der Bürgermeister von Epfing mit seiner Kommune austrat (vgl. INT_E_W: 86). Ökonomische Motive – wie etwa eine GmbH sie verfolgt – werden oder wurden zum Teil als nicht kompatibel mit der Gemeinnützigkeit des Vereins verstanden – unter Umständen auch als nicht passend zu Ideen von Gemeinschaft. Dies hatte Auswirkungen bis hin zum Austritt aus dem Verein NaturKonzept. Die konträren Auffassungen zum Umgang mit wirtschaftlichen Gewinnen deuten auf unterschiedliche Auffassungen von Zielen und Arbeitsweise des Vereins und von einer etwaigen Gemeinschaft an: Während die Einen die Beteiligung an einem Wirtschaftsunternehmen (NaturKonzept hält 100 Prozent der Anteile an der Biomasseheizkraftwerks-GmbH) als unpassend oder unvereinbar mit den rein ideellen Zielen eines gemeinnützigen Vereins empfanden, schätzten die Anderen die Möglichkeit, dass erwirtschaftete Gewinne über die GmbH-Ausgründung an den Verein zurückfließen können. Als Streitpunkt erwies sich also letztlich die Frage, welche Ziele einer etwaigen Gemeinschaft zugeschrieben werden: rein ideelle, oder aber konkrete wirtschaftliche im Sinne von Gewinnmaximierung. Denn ökonomische Motive an sich spielten, wie im vorangegangenen Abschnitt dargelegt, durchaus eine Rolle für die Gründung des Vereins NaturKonzept Wiesental: Die Situation der landwirtschaftlichen Betriebe im Ort sollte verbessert werden. Die Episode des Aus- und späteren Wiedereintritts der Gemeinde Epfing zeigt in jedem Fall: Es gab zumindest in der Vergangenheit Akteure, die sich aus der interkommunalen Zusammenarbeit bei NaturKonzept zurückzogen. Der Altbürgermeister Wiesentals und Mitbegründer von NaturKonzept Wiesental, Herr Ganslmeier, führt zu dem temporären Austritt einer Mitgliedsgemeinde aus:

„Und des is, des is des Unglaubliche, äh welche Stärke äh, äh so a Region hat, wenn die Bürgermeister so zamhoitn und wie schlimm, dass des is, äh so wie Epfing auf

5.2 Gemeinsam Ziele finden – Die Leitbildprozesse in Wiesental und Kirchdorf

oamoi äh nur durch eine Person verursacht, austritt. [[...]] Ja also es war ned guad." (INT_G_W: 43)[49]

Für den Mitbegründer repräsentiert NaturKonzept e. V. einen starken interkommunalen Zusammenschluss, für den es „schlimm" sei, wenn eine Gemeinde plötzlich austrete. Geschlossenheit im Auftreten und in Entwicklungsfragen wird damit als ein zentraler Wert beschrieben. Bezüglich des Aus- und Wiedereintritts der Gemeinde Epfing sagt der Geschäftsführer des Vereins:

> „Und ähm mittlerweile hamses glaub i in Epfing aa so weit eingesehen, einige wenige, des muss i aa ehrlich sagen, finde i ham des damois ned verstanden, aber mittlerweile ähm liegt ja der ähm Aufnahmeantrag wieder vor und i denk, dass wir jetz dann scho wieder als g'schlossne und, und größere Region mit Überau [die Gemeinde trat etwa zeitgleich mit dem Wiedereintritt Epfings bei NaturKonzept ein] hier nach außen auftreten können." (INT_E_W: 83 f.)[50]

Die Akteure, die den temporären Austritt aus dem Verein NaturKonzept zu vertreten haben, hätten dies damals „nicht verstanden". Damit beschreibt der Geschäftsführer Personen, die ihre Mitarbeit oder Zustimmung versagten, als uneinsichtig oder unfähig, die seines Erachtens richtige Lösung zu erkennen. Den Wiedereintritt Epfings beschreibt er als Rückkehr aus Einsicht. Umso mehr betont er am Ende die nunmehr wiederhergestellt Geschlossenheit der Talgemeinden bei NaturKonzept, mit der man sich nun auch wieder nach außen präsentieren könne. Hier wird eine Idee von Gemeinschaft deutlich, die sich durch ihre Geschlossenheit im Auftreten auszeichnet, durch ein gemeinsames Verständnis davon, welche Weiterentwicklungen angemessen sind, und durch gemeinsam geteilte und vertretene Interessen. NaturKonzept-Mitbegründer Ganslmeier erklärt die Rückkehr der Gemeinde Epfing so, dass dessen Bürgermeister „so Druck bekommen [[habe]] von den Einwohnern" (INT_G_W: 49), weil beispielsweise touristische Angebote in Epfing nicht mehr durch NaturKonzept beworben wurden (vgl. ebd.). Diese Bemerkung deutet darauf hin, dass NaturKonzept durchaus als attraktiver

---

[49] „Und das ist, das ist das Unglaubliche, äh welche Stärke äh, äh so eine Region hat, wenn die Bürgermeister so zusammenhalten und wie schlimm, dass das ist, äh so wie Epfing auf einmal äh nur durch eine Person verursacht, austritt. [[...]] Ja also es war nicht gut." (INT_G_W: 43).

[50] „Und ähm mittlerweile haben sie es glaube ich in Epfing auch so weit eingesehen, einige wenige, das muss ich auch ehrlich sagen, finde ich haben das damals nicht verstanden, aber mittlerweile ähm liegt ja der ähm Aufnahmeantrag wieder vor und ich denke, dass wir jetzt dann schon wieder als geschlossene und, und größere Region mit Überau hier nach außen auftreten können." (INT_E_W: 83 f.).

Zusammenschluss gesehen wird, an dessen Erfolg und Vorteilen Bürger*innen aus benachbarten Kommunen gerne teilhaben möchten (vgl. INT_E_W: 92; INT_F_W: 23). Gemeinschaft wird nach dieser Interpretation dann auch gestiftet durch gemeinsamen (wirtschaftlichen) Erfolg.

Zu unterschiedlichen, möglicherweise widerstreitenden Interessen innerhalb von NaturKonzept äußert sich dessen Geschäftsführer nicht eingehender, auch nicht auf explizite Nachfragen (INT_E_W: 91 f.):

> „Ja da gibts schon Unterschiede, weil zum, zum Ersten äh am leichtesten der dem Ganzen beitritt, der an wirtschaftlichen Mehrwert davon hat. Sei's, äh dassa unseren Bauernmarkt vermarktet oder irgendwie den, den Vorteil der Unterstützung durch Broschüren oder Ähnliches eben sieht." (INT_E_W: 92)[51]

Eine Differenzierung von Motiven des Beitritts zu und Engagements bei Natur-Konzept, beispielsweise zwischen Gründungsmitgliedern und später hinzugekommenen Mitgliedern, nimmt der Geschäftsführer nicht vor. Sein Verweis auf den wirtschaftlichen Mehrwert, der zum Beitritt zu NaturKonzept animiere, weist ebenfalls auf ein Bild von Gemeinschaft hin, dem zugrunde liegt, dass Letztere durch wirtschaftlichen Erfolg gestiftet wird. Der Geschäftsführer betont im Weiteren die Attraktivität von NaturKonzept. Je „erfolgreicher" (ebd.) eine Initiative sei, umso leichter sei es, Unterstützer*innen zu finden, und man habe mittlerweile eben ein „großes Renommée" (ebd.) aufgebaut (vgl. ebd.). Auf Nachfragen, ob er unterschiedliche Motive für die (Nicht-)Beteiligung an Natur-Konzept benennen könne, reflektiert der Geschäftsführer allgemein über den Zustand der Gesellschaft, die sich grob in zwei Gruppen gliedern lasse: Jene, die sich interessieren, und jene, die sich für nichts interessierten und kein Gemeindeblatt läsen (vgl. ebd.: 130). Damit stilisiert Eichinger Personen, die sich nicht für NaturKonzept interessierten zu „desinteressierte[n]" Menschen (ebd.), die nicht an lokalen oder regionalen Geschehnissen Anteil nähmen. Das Gemeindeblatt und die kommunalen Mitteilungsblätter der Gemeinden treten in diesem Beispiel erneut als wichtige Informationskanäle in Erscheinung. Zudem wird das gemeinsame Interesse an lokalen und regionalen Geschehnissen als weiteres Merkmal von Gemeinschaft (welche der Geschäftsführer eindeutig für NaturKonzept beansprucht) identifiziert. An anderer Stelle findet sich hingegen ein Hinweis auf

---

[51] „Ja da gibts schon Unterschiede, weil zum, zum Ersten äh am leichtesten der dem Ganzen beitritt, der einen wirtschaftlichen Mehrwert davon hat. Sei es, äh dass er unseren Bauernmarkt vermarktet oder irgendwie den, den Vorteil der Unterstützung durch Broschüren oder Ähnliches eben sieht." (INT_E_W: 92).

5.2 Gemeinsam Ziele finden – Die Leitbildprozesse in Wiesental und Kirchdorf

mögliche Differenzen im Verein. Dort erzählt der Geschäftsführer, wie gut sich NaturKonzept inzwischen etabliert habe: So habe es

„eben in den ganzen Jahren gewisse Verlagerungen gegeben. Anfangs hat sich viel in Wiesental abgespielt, jetzt spielt sich sehr viel in Tupfing [Standort des Biomassekraftwerks] ab, aber auch in anderen Gemeinden ist äh einiges passiert und (..) drum ähm war des Schöne an unserer Arbeit, dass äh des äh Zusammengehörigkeitsgefühl bei uns immer sehr groß war und jetzad do koa Neiddiskussion aufgekommen is, ob jetz des jenige do passiert oder des andere jetz in der Gemeinde passieren muss, sondern wichtig war immer, dass was passiert und dass ma gemeinsam was macht. 'S NaturKonzept is aa a Austauschplattform der Gemeinden, wenns Probleme gibt, äh trifft ma sich im Gesamtvorstand und da wird des dann ge-, besprochen und gschaut, ob ma gemeinsam irgendwie weiterkommt." (INT_E_W: 88)[52]

Explizit hebt der Geschäftsführer die Abwesenheit von Neid und interkommunaler Konkurrenz als positiven Aspekt der Zusammenarbeit bei NaturKonzept hervor. Wichtig sei, dass man etwas gemeinsam mache. Gleichzeitig markiert er damit Neid und Konkurrenzdenken zwischen Kommunen als Hindernisse für kooperatives Handeln und die Herausbildung von Gemeinschaft. Der Geschäftsführer hebt in Abgrenzung davon für seinen Verein erneut das gemeinsame Handeln und die bereits ausgeführte Geschlossenheit darin hervor. Probleme würden im Vorstand diskutiert und man versuche, gemeinsam weiterzukommen. Den Umgang mit internen Kontroversen führt er dann aber nicht weiter aus, sondern stellt vielmehr das Zusammengehörigkeitsgefühl bei NaturKonzept als gemeinschaftsstiftendes Element in den Mittelpunkt. Gemeinschaft und deren Herstellung erscheinen in dieser Darstellung als Wert an sich: Wichtig sei, dass man „gemeinsam etwas macht" oder „gemeinsam irgendwie weiterkommt".

Eine alternative Lesart zu Gemeinschaft und gemeinsamem Handeln in der Gemeinde Wiesental und dem Verein NaturKonzept findet sich in einer Erzählung der Mitarbeiterin eines Kommunalverbands einer angrenzenden Region. So sei es nicht ihr Ehrgeiz, das nahe gelegene Tal „einzuholen" (INT_I_W: 161). NaturKonzept gehe nun den Weg, den es angefangen habe und werde sicher

---

[52] „eben in den ganzen Jahren gewisse Verlagerungen gegeben. Anfangs hat sich viel in Wiesental abgespielt, jetzt spielt sich sehr viel in Tupfing ab, aber auch in anderen Gemeinden ist äh einiges passiert und (..) darum ähm war das Schöne an unserer Arbeit, dass äh das äh Zusammengehörigkeitsgefühl bei uns immer sehr groß war und jetzt da keine Neiddiskussion aufgekommen ist, ob jetzt das dort passiert oder das andere jetzt in der Gemeinde passieren muss, sondern wichtig war immer, dass etwas passiert und dass man gemeinsam etwas macht. Das NaturKonzept ist auch eine Austauschplattform der Gemeinden, wenn es Probleme gibt, äh trifft man sich im Gesamtvorstand und da wird das dann ge-, besprochen und geschaut, ob man gemeinsam irgendwie weiterkommt." (INT_E_W: 88).

noch mehr „so größere Projekte" (ebd.) wie das Biomasseheizkraftwerk machen. Das sei eben nun deren Weg, doch

> „dieses Gemeinsame, des ham jetzad, des sig i jetz wieder, des ham mir jetzad am [[... nahe gelegenen Tal]] voraus. Bei uns steht ned einfach in Tupfing des Biomassekraftwerk, des ja aa, des muas ma aa moi dazuasong der Tupfinger Bürgermeister maßgeblich vorantriem hat. [[...]] Wos glaub i unser Stärke is, des is jetzad ähm eben ned so spektakulär, indem ma jetz do koa i sog moi große, naja große Anlagen ham. [[...]] Also und des is glaub i scho unser Stärke, des san bei uns, a wenn ma zwischendrin moi echt ois zum Deifl wünschen könn, weils so zach geht, aber des is unser Stärke, dass mir glernt ham mitanand so kloane Schritte Richtung nachhaltige Entwicklung echt mitanand zum geh und des mitanand finanzieren ähm ja und i glaub da wern uns no a bo Sachan mehr eifoin. Des is vielleicht ned so spektakulär, aber i find es is, es bringt wirklich wos als Region." (INT_I_W: 172)[53]

Für die Kommunalverbandsvertreterin steht bei NaturKonzept vor allem das „Großprojekt" Biomasseheizkraftwerk im Zentrum der Aktivitäten. Für ihren eigenen interkommunalen Umweltverband beschreibt sie es als passenden Weg, im Gemeindeverbund zusammen kleine Schritte Richtung nachhaltige Entwicklung zu erreichen, auch wenn dies oft sehr zäh („zach") sei und sie sieht „dieses Gemeinsame", das immer wieder Aushandeln, als etwas an, dass ihr Gemeindenverbund dem nahe gelegenen Tal beziehungsweise dem talweiten Verein NaturKonzept voraus habe. An dieser Aussage zeigt sich, zusätzlich zu den kritischen Anmerkungen des Landwirts Beier (vgl. Abschn. 5.2.2) insbesondere, dass die immer wieder von einigen an NaturKonzept beteiligten Akteuren hervorgehobene Gemeinschaftlichkeit nicht von allen gleichermaßen so wahrgenommen wird.

Auf der Suche nach alternativen Interpretationen zu der bislang meist als konsensuell beschriebenen Entwicklungen in Richtung Nachhaltigkeit im bayerischen Wiesental fällt auf: Konflikte im Zusammenhang mit dem Verein NaturKonzept

---

[53] „dieses Gemeinsame, das haben jetzt, das sehe ich jetzt wieder, das haben wir jetzt dem [[... nahegelegenen Tal]] voraus. Bei uns steht nicht einfach in Tupfing das Biomassekraftwerk, das ja auch, da muss man auch mal dazusagen der Tupfinger Bürgermeister maßgeblich vorangetrieben hat. [[...]] Was glaub ich unsere Stärke ist, das ist jetzt ähm eben nicht so spektakulär, indem wir jetzt da keine ich sag mal große, naja große Anlagen haben. [[...]] Also und das ist glaub ich schon unsere Stärke, das sind bei uns, auch wenn man zwischendrin mal echt alles zum Teufel wünschen könnte, weil es so zäh geht, aber das ist unsere Stärke, dass wir gelernt haben miteinander so kleine Schritte Richtung nachhaltige Entwicklung echt miteinander zu Gehen und das miteinander finanzieren ähm ja und ich glaube da werden uns noch ein paar Sachen mehr einfallen. Das ist vielleicht nicht so spektakulär, aber ich finde es ist, es bringt wirklich was als Region." (INT_I_W: 172).

5.2 Gemeinsam Ziele finden – Die Leitbildprozesse in Wiesental und Kirchdorf

und dessen Zielen lassen sich nur ansatzweise rekonstruieren. Es gibt Anzeichen, dass der Entwicklungsprozess von NaturKonzept nicht immer so einmütig verlief, wie es nach außen beispielsweise anhand von Imagebroschüren wirkt. Bereits bei der Gründung gab es unterschiedliche Ansichten zu dessen Rolle und Nützlichkeit. Die Entstehung des Vereins hing laut einem damals wie heute als Gemeinderat fungierenden Bürger zunächst am seidenen Faden, so habe sich der Gemeinderat damals lediglich mit einer Stimme Mehrheit für Natur-Konzept entschieden (vgl. INT_Q_W: 230). Die Abstimmung im Gemeinderat sei ein „Kampf" (ebd.: 230) gewesen. Der aktuell amtierende Bürgermeister – auch er war damals Mitglied des Gemeinderats – erzählt ebenfalls von der einen ausschlaggebenden Stimme; es sei keineswegs selbstverständlich gewesen, dass NaturKonzept Wiesental entstehen konnte (vgl. INT_F_W: 11). Über die Gründe halten sich die meisten Gesprächspartner*innen bedeckt. Die Vorbehalte gegen den Verein bei der Abstimmung über dessen Gründung im Gemeinderat rührten nach Aussagen einer Bürgerin daher, dass nicht „greifbar" gewesen sei, „wos de eigentlich machan"[54] (INT_R_W: 692), also wie das Konzept tatsächlich umgesetzt werden sollte und wie konkrete Aktivitäten aussehen sollten (vgl. ebd.: 688–694). NaturKonzept sei in der Anfangszeit von vielen Leuten kritisch gesehen worden, berichtet eine Gesprächspartnerin, deren Gemeinde nicht an NaturKonzept beteiligt ist (vgl. INT_I_W: 161). Sie habe noch „im Ohr, [[wie Leute sagten]] de reden immer nur, was doansn[55] eigentlich" (vgl. ebd.). Die Bemühungen um NaturKonzept bedurften also einer Anlaufphase, während der Unterstützer*innen gewonnen werden mussten und Informations- und Überzeugungsarbeit zu leisten war, bis mit dem Biomasseheizkraftwerk (etwas „aus Beton") die Aktivitäten greifbarer wurden und ein „Durchbruch" erreicht war (vgl. Abschn. 5.2.1). Und auch nach diesem empfundenen Durchbruch herrschte keineswegs immer Konsens über erstrebenswerte Entwicklungen. Konfligierende Interessen und möglicherweise widersprüchliche Positionen innerhalb von Natur-Konzept herauszuarbeiten gestaltet sich dennoch schwierig. Es bleibt meist bei kleinen Hinweisen, die als Stichpunkte eher en passant in die Dokumentation von Förderprojekten einflossen oder kleinen Randerzählungen wie dieser: Kurz nachdem der Verein NaturKonzept zu einem interkommunalen Verbund wurde, verfolgte man dort die Idee, eine Biogasanlage zu bauen. Sie scheiterte nach Aussagen der Kommunalverbandsvertreterin aus der Nachbarregion am Widerstand von Naturschützern und engagierten Bürger*innen, wegen des geplanten „überzogene[n] Maisanbau[s]" (INT_I_W: 127). Hiervon spricht nur

---

[54] „was die eigentlich machen" (INT_R_W: 692).

[55] „im Ohr, [[wie Leute sagten]] die reden immer nur, was tun sie denn"

diese Gesprächspartnerin, in keinem anderen Interview oder Schriftstück ließ sich diese Episode ansonsten finden. Dass dieses Projekt „im Endeffekt gescheitert" sei, interessiere heute niemanden mehr (ebd.). Gleichzeitig zeigt diese Episode, dass kritische Stimmen es durchaus vermochten, geplante Entwicklungsprojekte zu stoppen. Im Verein selbst würden etwaige Reibungspunkte in der inhaltlichen Ausrichtung des Konzepts, insbesondere zwischen wirtschaftlichem Wachstum und ökologischer Nachhaltigkeit, nicht offen thematisiert, schildert der NaturKonzept-Mitwirkende Herr Huber, der durch seine Ausbildung und Berufserfahrung mit ökologischen Belangen vertraut ist. Auf die Nachfrage der Interviewerin, ob NaturKonzept und das, wofür es steht, sich verändere durch neu beigetretene Gemeinden, bemerkt er, dass die Schnittmenge gemeinsamer Interessen kleiner würde (vgl. INT_H_W: 222), was jedoch nicht problematisiert würde:

> H: Also i bin] do im, im Vorstand drin und es wird meiner Ansicht nach nicht problematisiert.
>
> Interviewerin: Hm, jeder is froh, wenns läuft und dann lieber nichts [sang.
>
> H: Ja], es (herrscht die Stimmung) mir sama mir und des NaturKonzept is a ganz super Sache. [[…]] Ja so lang so große Erfolge san, die wie gesagt der Eichinger [[der Geschäftsführer von NaturKonzept]] vor allem, do is scho a Gemeinschaftsgefühl da. [hm] Aber es is ned irgendwie genauer definiert und, und, und so kritische Punkte wie diese bauliche Entwicklung von Dorf X [[Anonymisierung]], de werd überhaupt ned angesprochen. Werd gar ned diskutiert. (INT_H_W: 226–228)[56]

Dorf X, eine Mitgliedsgemeinde im Verein NaturKonzept, hat Gewerbeflächen an große internationale Filialbetriebe veräußert, was augenscheinlich schwer mit den Zielen Landschafts- oder Naturschutz in Einklang zu bringen ist. Der Mitbegründer von NaturKonzept und selbst ehemaliger Bürgermeister, Herr Ganslmeier, erklärt, es sei ein „höheres Gesetz", dass eine Gemeinde sich nicht in die Angelegenheiten einer anderen einmische, weil die Entscheidungshoheit bei deren Gemeinderat liege; man habe versucht indirekt Einfluss zu nehmen, aber es sei schwierig (vgl. INT_G_W: 76). Ökologieexperte Huber erklärt sich die seiner

---

[56] H: Also ich bin] da im, im Vorstand drin und es wird meiner Ansicht nach nicht problematisiert.
Interviewerin: Hm, jeder ist froh, wenns läuft und dann lieber nichts [sagen. H: Ja], es (herrscht die Stimmung) wir sind wir und das NaturKonzept ist eine ganz super Sache. [[…]] Ja so lange so große Erfolge sind, die wie gesagt der Eichinger vor allem, da ist schon ein Gemeinschaftsgefühl da. [hm] Aber es ist nicht irgendwie genauer definiert und, und, und so kritische Punkte wie diese bauliche Entwicklung von Dorf X [[Anonymisierung]], die wird überhaupt nicht angesprochen. Wird gar nicht diskutiert (INT_H_W: 226–228).

5.2 Gemeinsam Ziele finden – Die Leitbildprozesse in Wiesental und Kirchdorf

Wahrnehmung nach ausbleibende Kritik aus den Reihen der NaturKonzept-Mitglieder so, dass das „Gemeinschaftsgefühl" im Verbund überwiege, so lange es „so große Erfolge" gebe, wie sie insbesondere der Geschäftsführer von NaturKonzept mit herbeiführe. Damit rekurriert auch er auf das von der Kommunalverbandsvertreterin aus der Nachbarregion als „Durchbruch" bezeichnete Biomasseheizkraftwerk und die damit verknüpften Aktivitäten. So lange man also gemeinsame Erfolge feiern könne, spreche man „kritische Punkte" im Verein NaturKonzept nicht an. Dabei gebe es durchaus vieles zu bedenken: So sei es

> „den wenigsten bewusst, dass äh, dass dieser ganze äh Prozess der Energieerneuerung sehr große Verluste in der Natur bewirken kann. Wenn Sie an, an Fluss zum Beispiel für die Stromgewinnung dann hams a Problem mit der Flussökologie, mit der Limnologie. Und wenn Sie, ähm äh, wenn Sie ähm eine Hackschnitzelheizung ham, ham Sie ein Problem mit der Artenvielfalt im Wald. Weil was is als allererstes weggehackt, ein Baum, der kränkelt oder der tot ist, weg damit. Aber der steckt natürlich @voller Pilze oder Käfer@ de ganz wichtig san für die öh Ökologie eines Waldes. [Hm] Des geht de meisten ned auf oder vielleicht wenns eana aufgeht, is eana wurst. Also des hat alles seine zwei Seiten. [Hm]" (INT_H_W: 180)[57]

Damit nimmt NaturKonzept-Mitglied Huber eine kritische Distanz zu den Aktivitäten im Bereich „Erneuerbare Energien" ein, die er selbst durchaus auch als Erfolg sieht. Er bemerkt, dass das Thema Energieerneuerung von vielen aber nur einseitig betrachtet würde. Die wenigsten machten sich bewusst, dass der Prozess „sehr große Verluste in der Natur" zur Folge haben könne, und wenn es ihnen bewusst sei, sei es ihnen egal. Zusammenarbeit bei NaturKonzept bezieht sich dieser Darstellung nach vornehmlich auf das Erarbeiten positiver Inhalte, während als umstritten eingestufte Entwicklungen nicht automatisch vergemeinschaftet, das heißt im Verbund entschieden werden. Etwa zur selben Zeit problematisiert in einem anderen Interview eine weitere Gesprächspartnerin die Problematik einer möglichen Übernutzung der Wälder durch die Entnahme vollständiger Bäume samt Baumkronen. Die Praxis einer kompletten Entnahme, merkt die Gesprächspartnerin an, finde sie „zum Beispiel nicht nachhaltig" (INT_I_W: 134). Auf

---

[57] „den wenigsten bewusst, dass äh, dass dieser ganze äh Prozess der Energieerneuerung sehr große Verluste in der Natur bewirken kann. Wenn Sie einen, einen Fluss zum Beispiel für die Stromgewinnung, dann haben sie ein Problem mit der Flussökologie, mit der Limnologie. Und wenn Sie, ähm äh, wenn Sie ähm eine Hackschnitzelheizung haben, haben Sie ein Problem mit der Artenvielfalt im Wald. Weil was ist als allererstes weggehackt, ein Baum, der kränkelt oder der tot ist, weg damit. Aber der steckt natürlich @voller Pilze oder Käfer@ die ganz wichtig sind für die öh Ökologie eines Waldes. [Hm] Das geht den meisten nicht auf oder vielleicht wenn es ihnen aufgeht, ist es ihnen wurst [[Ausdruck für egal]]. Also das hat alles seine zwei Seiten. [Hm]" (INT_H_W: 180).

ihre dahingehende Nachfrage, ob man sich bei NaturKonzept darüber Gedanken mache, habe der Geschäftsführer von NaturKonzept „verärgert reagiert und hod gsagt, ja woins jetzad erneuerbare Energien oder, oder derf ma denn go nichts mehr macha, so ungefähr." (ebd.: 136).[58] Kritik an den Aktivitäten des Vereins wurde in diesem Fall als unangebracht zurückgewiesen. Dies wirft Fragen danach auf, ob, wann und von wem Kritik aufgenommen wird oder anders gefragt, wann Kritik erwünscht und legitim ist. In der Dokumentation zu Förderprogrammen, die NaturKonzept durchlaufen hat, finden sich als Ergebnis einer Stärken-Schwächen-Analyse aber immerhin Hinweise darauf, dass man bei der Holzbringung „mittlerweile (…) verstärkt" darauf achte, keine Nährstoffe zu exportieren (vgl. Entwicklungskonzept_Energieregion_W_2014: 21) – das lässt insgesamt doch auf eine noch erfolgte interne Diskussion und diesbezügliche Beratung schließen. Folgt man der vorgeschlagenen Interpretation des oben zitierten Ökologieexperten, lässt sich zumindest für die Gemeinde Wiesental und den Verein NaturKonzept die These aufstellen, dass die Repräsentation einer starken und erfolgreichen Gemeinschaft, deren großen Stellenwert verschiedene Interviewpartner*innen betonen, als vergleichsweise wichtiger beurteilt wird und man sie nicht durch die sichtbare Austragung von Konflikten gefährden möchte. Bisher wurden verschiedene Deutungen artikuliert, was Erfolg bedeuten kann: ein starker Zusammenhalt als Zeichen des Erfolgs, wirtschaftlicher Erfolg, Erfolg im Sinne von Popularität. Konfligierende Positionen werden demnach möglichst nicht öffentlich formuliert, um das Bild des Vereins und der Gemeinde Wiesental nicht zu stören. Zudem legen wenige kleinere Episoden nahe, dass kritische Stimmen im internen Diskussionsprozess eingehegt werden, trotz aller unterschiedlichen Schwerpunktsetzungen, was nachhaltige Entwicklung in erster Linie sein sollte: vor allem der Aufbau einer starken regionalen Marke oder in erster Linie der Erhalt von Umwelt und Kulturlandschaft.[59] Gemeinschaft wird so gleichsam zu einem Wert sui generis. Angesichts der zahlreichen Fördermaßnahmen, die die Gemeinde Wiesental in ihrer Entwicklung unterstützten, bietet sich zudem die Erklärung an, dass die Repräsentation einer erfolgreichen Gemeinschaft mit einer klaren Entwicklungsvision funktional oder zumindest zuträglich für das Einwerben weiterer Fördergelder ist. So war es eine Auflage im Förderprogramm „Dorferneuerung", ein kommunales Leitbild zu entwickeln, und die Gründung des Vereins NaturKonzept wurde von einem Bürger gar als Einstieg in

---

[58] „verärgert reagiert und hat gesagt, ja wollen Sie jetzt erneuerbare Energien oder, oder darf man denn gar nichts mehr machen, so ungefähr." (ebd.: 136).

[59] Vgl. das in Abschnitt 5.2.3 rekonstruierte Spannungsfeld zwischen Ökonomie und Ökologie.

5.2 Gemeinsam Ziele finden – Die Leitbildprozesse in Wiesental und Kirchdorf

andere Programme und „Nutzungsschablonen" (INT_Q_W: 227) bezeichnet (vgl. Abschn. 5.2.1). Eine weitere Erklärung für die ihres Erachtens breite Akzeptanz von Nachhaltigkeitsbestrebungen in der Bevölkerung in Wiesental – auch lesbar als eine Art gemeinsamen Interesses –, artikuliert eine ehrenamtlich und kommunalpolitisch engagierte Bürgerin. Sie bezieht sich auf die Haltung des Alt-Bürgermeisters und Mitbegründers von NaturKonzept, Herrn Ganslmeier. Ihm sei es gelungen, seine Visionen einer nachhaltigeren Zukunft gut zu kommunizieren und die Bevölkerung zu einem Denken in diese Richtung zu bewegen (vgl. INT_R_W: 884–886), insbesondere, weil er ein „[E]hrlicher" (ebd.: 886) Mensch gewesen sei. Dies unterstreicht die Bedeutung von Vertrauen, in diesem Fall in die Ehrlichkeit und Integrität einer Person, in Prozessen der Vergemeinschaftung – auch jenseits traditionaler Bezüge. Vertrauen wird in der Fachliteratur als konstitutiver Bestandteil von traditionalen Gemeinschaften hervorgehoben. So bedürfe es Vertrauens aufgrund geringer oder mangelnder Transparenz (vgl. Abschn. 3.2). Im Fall des Leitbildprozesses in Wiesental und der Entstehung von NaturKonzept kollaborierten unterschiedliche Dorfbewohner*innen aber jenseits von tradierten Abläufen und festgefügten oder unhinterfragten Gewissheiten, um aktuelle Herausforderungen besser bewältigten zu können. Dies war ein längerer Aushandlungsprozess, währenddessen durch stete Einbindung interessierter Bürger*innen und begleitende Berichterstattung immer wieder Transparenz über die Vorgänge hergestellt wurde (vgl. Abschn. 5.2.1). Dennoch spielte Vertrauen in die Personen, die den Prozess mitinitiiert hatten, und in deren Visionen offenbar eine wichtige Rolle. Dem Altbürgermeister, Herrn Ganslmeier, wird von Interviewpartner*innen außerdem zugeschrieben, dass er mit seinem Wirken und seinem Einsatz für NaturKonzept e. V. zur Befriedung eines dorfweiten Konflikts beigetragen habe (vgl. INT_N_W: 507).

Die Erarbeitung und Gründung des Vereins NaturKonzept Wiesental e. V. sowie der korrespondierende Leitbildprozess stellten für die Bürger*innen Wiesentals damals eine neue Art der Zusammenarbeit dar. Die Vereinsgründung war insofern ein Novum in der Geschichte der Gemeinde, als der Verein in einer Art und Weise erarbeitet und geführt wurde, die bis dahin im Dorf nicht üblich war. Insgesamt illustriert die Rekonstruktion der Entwicklung von NaturKonzept Wiesental (bis hin zu einem Verein mit mehreren Mitgliedsgemeinden) auch den Weg, den die Gemeinde in Bezug auf Modi der Zusammenarbeit zurückgelegt hat. Dies wird vor allem im Kontrast zu den Beschreibungen des Umgangs miteinander in den Jahren zuvor deutlich. Wie in der Kurzbeschreibung Wiesentals (Abschn. 5.1.1) bereits angeführt, erzählten Bewohner*innen von „kriegsähnliche[n] Zuständen[n]" (INT_D_W: 123) in dieser Zeit. Im dorfweiten Streit um die politische Führung in den 1990er-Jahren, der nach und nach schließlich beigelegt werden konnte, kursierten angeblich sogar Morddrohungen (vgl. BB2_W: 42). Eine Frau, die in der Region aufwuchs und später nach Wiesental zog, erzählt in Erinnerung an diese Zeit, über die Wiesentaler*innen habe man stets als „die Büffel" gesprochen; dabei lässt sie die Fingerknochen ihrer geballten Hände aufeinanderprallen, um die Streitlust dieser „Büffel" zu unterstreichen (vgl. ebd.). Umso bemerkenswerter ist, wie sehr sich diese Beschreibung von der heute oft herausgestellten Mentalität des Zusammenhaltens und -arbeitens bei NaturKonzept unterscheidet. So betonen Beteiligte an NaturKonzept in Interviews stets die Wichtigkeit von gemeinsamem Handeln und den Erfolg, den sie damit haben. Geschlossenheit, Zusammengehörigkeitsgefühl und die Besinnung auf örtliche Potenziale – die natürliche Umwelt in ihrer Erholungsfunktion und als Quelle für erneuerbare Energien, die von Landwirten gepflegte Kulturlandschaft, die im Dorf und bei NaturKonzept dann auch zwischen den Gemeinden des Alpentals etablierte Kooperationsbereitschaft – werden zu zentralen Werten erhoben.

Abgrenzungen und Zusammengehörigkeit in Kirchdorf

Im Kirchdorfer Leitbild werden Fragen von Gemeinschaft prominent verhandelt. „Die Kirchdorfer" werden gleich im ersten Leitsatz als Schlag bezeichnet, „auf den wir stolz sind" (Leitbild_W: 3). Es wird mit dieser Formulierung bereits auf ein „Wir" verwiesen. Im folgenden Fließtext wird erläutert, worauf die These beruht und was besagten Schlag auszeichne. So ist von althergebrachten Traditionen und der Bewahrung „traditioneller Werte" (ebd.:6), welche mit einer „moderne[n] [...] Entwicklung" (ebd.: 7) vereinbart werden sollen, die Rede. Insbesondere sind dies „Ehrlichkeit, Glaube und Hilfsbereitschaft" (ebd.: 4). Ob oder inwieweit dieses Menschenbild auch Bürger*innen beschreibt, die nicht in Kirchdorf sozialisiert wurden, sondern erst später in das Dorf zogen, bleibt in dem Papier unerwähnt.[60] Doch es findet sich bereits unter dem ersten Leitsatz die ausdrückliche Selbstbeschreibung der Kirchdorfer Bürger*innen als Gemeinschaft: „Die Summe von Individuen bildet und belebt unsere Gemeinschaft" (ebd.: 8) Explizit erwähnt wird die Verantwortung der „ältere[n] Generation" (ebd.: 4), die althergebrachten Werte an die „jüngeren Generationen" (ebd.) weiterzuvermitteln, und es findet sich eine recht offen gehaltene Formulierung, dass jede Person „in ihren unterschiedlichen Lebenslagen und Bedürfnissen" (ebd.: 8) im Zuge eines solidarischen Miteinanders unterstützt werden solle (vgl. ebd.). Als gemeinschaftsstiftend und -bewahrend werden im Kirchdorfer Leitbild ganz prominent die bereits eingeführten traditionellen Werte betrachtet. Im zweiten Leitsatz wird

---

[60] Zum Umgang mit nach Kirchdorf zugezogenen Bürger*innen vgl. die Abschnitt 5.3 und 5.4. sowie zusammenfassend Kapitel 6.

5.2 Gemeinsam Ziele finden – Die Leitbildprozesse in Wiesental und Kirchdorf

unter dem Titel „Unsere Dorfgemeinschaft" (ebd.: 9) auf die Rolle von Familie, Vereinen und Kirche für die besagte Gemeinschaft hingewiesen. Die Familie wird als „Keimzelle unserer Gemeinschaft" (ebd.: 10) und die Kirche als „spirituelles Zentrum [...] unserer Gemeinschaft" (ebd.: 12) bezeichnet. Das Vereinsleben unterstütze und fördere das Dorfleben. „[E]ntsprechende[r] Dienstleistungen und Bildungsveranstaltungen" (ebd.: 10) zur verbesserten Vereinbarkeit von Familie und Beruf werden ebenso gefordert wie günstige Rahmenbedingungen für die Entwicklung und Präsentation der örtlichen Vereine und das „Engagement der gesamten Bevölkerung" (ebd.: 12) im Austausch mit der Kirche. Vereine werden hier ähnlich wie im Wiesentaler Leitbild als potenziell gemeinschaftsstiftend dargestellt. Kirche und Familien werden zudem noch expliziter als in Wiesental an Bilder von Gemeinschaft gebunden, insofern sie als Zentrum (Kirche) oder Keimzelle (Familie) derselben bezeichnet werden. Der Leitsatz mit dem Titel „Unser Heimatdorf" (ebd.: 22), das auf architektonische und raumplanerische Aspekte fokussiert, deutet erneut auf die Konstruktion eines „Wir" hin. Dort heißt es, Kirchdorf sei geprägt „durch seine traditionsbewusste [...] Architektur" (ebd.: 23), die durch eine „urbanistische Gesamtplanung" (ebd.: 24) erhalten bleiben solle. Es werde so eine „nachhaltige [und] moderne Dorfentwicklung" (ebd.) angestrebt. Die charakteristische Architektur wird an dieser Stelle zwar nicht ausdrücklich mit Fragen von Gemeinschaft in Zusammenhang gebracht, doch wird durch die Überschrift „Unser Heimatdorf" deutlich, dass die als für das Dorf charakteristisch eingestufte Bau- und Siedlungsweise durchaus als Identifikationsmerkmal für die in vorangegangenen Leitthesen postulierte (Dorf-)Gemeinschaft gesehen wird.

Um Identifikation oder vielmehr deren Mangel geht es im siebten und letzten Leitsatz des Kirchdorfer Leitbilds. Er beschäftigt sich mit der Rolle der lokalen Politik und der Verantwortung der Bürger*innen. Die Teilnehmer*innen der Zukunftswerkstatt wünschen sich die Anwendung „verschiedener partizipativer und basisdemokratischer Ansätze und Methoden" (ebd.: 32) und damit die „aktive Einbindung [...] in die politische Entscheidungsfindung" (ebd.), denn sie „soll eine verstärkte Identifikation der Bevölkerung mit der eigenen Gemeindeverwaltung und den getroffenen Entscheidungen" (ebd.) herbeiführen. Gleichzeitig sehen die Autor*innen des Leitbilds eine gewisse „Eigenverantwortung" (ebd.: 33) bei den Bürger*innen dafür, „Lebensqualität und Service der Gemeinde" (ebd.) zu erhalten. Sie wünschen sich daher, dass die Gemeindeverwaltung entsprechende Initiativen aus der Bevölkerung aktiv unterstütze. Dies verweist auf einen wahrgenommenen Mangel an geteilten Interaktionszeiträumen und auf den Wunsch danach, solche zu schaffen. Außerdem wirft es Fragen nach Ideen von gemeinschaftlicher Entscheidungsfindung und möglicherweise etablierten Kooperationsmodi auf.[61] Der Kirchdorfer Bürgermeister, der absichtlich nicht an der Zukunftswerkstatt teilgenommen hatte, erzählt, letztlich könne

> „man alles unterschreiben von A bis Z. [[…]] Es sind's so bärige Sachen. Und wenn es alles so wäre, (.) wunderbar. Nur geht es nun wiederum darum (.) wie (tut die dran), wie (kommen wir zu dem hin). Sind's wir Egoisten, sind's wir für den Nächsten da, äh, was tun wir für die Allgemeinheit mit." (INT_B_K: 110–112)[62]

Der Rathauschef äußert sich demnach sehr positiv über das erarbeitete Leitbild. Es seien „bärige" (großartige/wunderbare) Zielvorstellungen darin festgehalten worden. Die Initiative und Verantwortung für die Entwicklung des Dorfes sieht er im Wirken aller Kirchdorfer*innen für die Allgemeinheit. Damit stellt der Bürgermeister die Mitarbeit der Bürger*innen am Gemeinwohl als erforderlich dar und gleichzeitig deren Bereitschaft dazu in Frage. Konkrete Anlässe zu handeln, um die im Leitbild artikulierten Ziele zu verwirklichen, sieht er in seiner Funktion als Bürgermeister weniger, da seine Handhabe ohnehin sehr begrenzt sei (vgl. INT_B_K: 133). Der Bürgermeister zeichnet damit ein Bild von den Zusammenhängen im Dorf, welche Gemeinschaftlichkeit im Sinne der Überwindung von Partikularinteressen bisweilen vermissen lassen. Er identifiziert ein Spannungsfeld, welches sich aus der Opposition von solchen Einzelinteressen einerseits und Allgemeinwohlbelangen andererseits ergibt. Gleichzeitig lässt sich seine Einschätzung als Aussage über den örtlich etablierten Politikstil lesen: Die Vertretung von Partikularinteressen wird als problematisch eingestuft. In Bezug auf die abgeschlossene Zukunftswerkstatt in der Gemeinde konstatiert der Bürgermeister außerdem, es sei zwar gut, Dinge zu verstehen, doch an der Umsetzung scheitere es meist (vgl. INT_BII_K: 658). Die EU stelle zwar mittlerweile „viel Geld zur Verfügung für diese äh Art Arbeit" aber weniger „wenns darum geaht,

---

[61] Der Initiator der Zukunftswerkstatt ließ damals über die Gemeindezeitung wissen, dass sich die Gemeinde um Mittel für kommunale Entwicklungsprojekte beworben habe, unter anderem aus dem Europäischen Sozialfond (Gemeindezeitung_K_05/2012: 19). Sollten diese bewilligt werden, würden die Kirchdorfer Bürger*innen erneut zu Workshops geladen und es seien dann explizit alle Bürger*innen zur Mitarbeit und Beteiligung aufgerufen (vgl. ebd.). Allerdings ließ sich in keinem der geführten Gespräche zu dieser Studie und auch in keiner Veröffentlichung der Gemeinde im Untersuchungszeitraum nachvollziehen, dass nochmals Workshops mit Bürgerbeteiligung stattgefunden haben.

[62] „man alles unterschreiben von A bis Z. [[…]] Es sind so wunderbare Sachen. Und wenn es alles so wäre, (.) wunderbar. Nur geht es nun wiederum darum (.) wie (tut die dran), wie (kommen wir zu dem hin). Sind wir Egoisten, sind wir für den Nächsten da, äh, was tun wir für die Allgemeinheit mit." (INT_B_K: 110–112).

5.2 Gemeinsam Ziele finden – Die Leitbildprozesse in Wiesental und Kirchdorf

um a Finanzierung". (INT_BII_K: 383)[63] Er sieht demnach auch in finanzieller Hinsicht sehr begrenzte Möglichkeiten, die im Leitbildprozess artikulierten Wünsche zu realisieren.

Im Vergleich mit der bayerischen Gemeinde Wiesental wird in Kirchdorf Gemeinschaft enger gefasst als ausschließlich auf die Gemeinde und deren Bürger*innen bezogen. In Wiesental ist nach der Ausweitung von NaturKonzept immer wieder auch die Rede von dem Gemeinschaftsgefühl innerhalb des interkommunalen Vereins. Die Zusammenarbeit mit anderen Kommunen schätzt der Kirchdorfer Bürgermeister als vergleichsweise schwierig ein. So laufe beispielsweise ein von der Bezirksgemeinschaft angebotener Regionalentwicklungsworkshop auf die Frage hinaus, wie man überregional zusammenarbeiten könne (vgl. INT_FII_K: 387 ff.), doch

> „[e]s isch ja so, Kirchdorf isch a die (feine) Tal- Talgemeinde, was irgendwo keine Durchzugsgemeinde isch, was net ganz- sog mar- Mir grenzen schun zu andere Gemeinde a, aber net anhand von Dorfnähe, (do) seimar sehr weit ausnond. Und es geaht net ganz gut, (wenn) mir geografische gelegen sein, dass man konn des gemeinsam machen." (INT_FII_K: 389)[64]

Damit gibt der Bürgermeister zu bedenken, dass Kirchdorf mit seiner Talendlage keine „Durchzugsgemeinde" sei, zwar an andere Gemeinden grenze, doch eher an deren Gebiet als an das tatsächliche Dorf. Aufgrund der geografischen Distanz hält er interkommunale Kooperationen für eher schwer realisierbar. Zu besagten Workshops zur Initiierung oder Verbesserung interkommunaler Zusammenarbeit, die von der Bezirksgemeinschaft ausgerichtet werden, meldete sich die Gemeinde gleichwohl an. Die Teilnahme sei der Gemeinde angeboten worden und sie abzusagen, obwohl es die Gemeinde nichts koste, sei wohl falsch, meint der Bürgermeister: „[u]nd na sogen, i tu net mit, ins kostet nichts, sel war wohl aa irgendwo falsch." (INT_B_K: 409).[65] Herr Bacher teilt sein Bemühen mit, nichts „falsch" machen zu wollen. Möglicherweise zeigt sich so außerdem sein Bestreben oder eine von ihm empfundene Verpflichtung, die

---

[63] „wenn es darum ginge, um eine Finanzierung". (INT_BII_K: 383).

[64] „Es ist ja so, Kirchdorf ist eine die (feine) Tal- Talgemeinde, die irgendwo keine Durchzugsgemeinde ist, die nicht ganz- sagen wir- Wir grenzen schon zu anderen Gemeinden an, aber nicht anhand von Dorfnähe, (da) sind wir sehr weit auseinander. Und es ginge nicht ganz gut, (wenn) wir geographisch gelegen sind, dass man das gemeinsam machen kann." (INT_FII_K: 389).

[65] „[u]nd dann sagen, ich mache nicht mit, uns kostet es nichts, das wäre wohl auch irgendwo falsch." (INT_B_K: 409).

Gemeinde trotz ihrer vergleichsweisen Abgelegenheit nicht von den Entwicklungen in der Region abzukoppeln und zugleich Erwartungshaltungen an eine gute Amtsführung gerecht zu werden. Wie bereits in vorhergehenden Äußerungen kommuniziert er so auch seine Offenheit für Gestaltungsanregungen. Er erklärt, dass „[[...]] die Ideen [[...]] schon von, von der Bevölkerung" (ebd.: 106) kämen,

> „umsetzen (will) man es dann selber. (..) Und es sind's keine (Bürger) Komitees, die (begründen), was wir jetzt mit der bestimmten Anliegen. (Es sind's meistens Leute dann da), wenn's gegen was ist, ein Komitee, kaum für was. [Mhm] (.), (um irgendwas) zu bekämpfen. (..) (holt tief Luft) und in der Stadt ist das natürlich ganz anders. (Da bin ich mal) Italiener, bin schon die ethische Problem, Problematik, (sprech ich nun) deutsch, (da drehen sich gleich viele um) und (sind's ein) ganz anderer Kreis. Aber ich sag ja im Dorf, wie wir sind's, ist es so eigentlich, (.) man trifft sich auch unterhalb der Zeit [Mhm]. Man trifft sich mal auch in der, mal an der Theke, man trifft sich von dem Verein, bei einer Veranstaltung. Man kann ja alm sprechen und reden. Und (wenn man jetzt) über die Ausschussmitglieder, die Ideen kommen her." (ebd.)[66]

Die Möglichkeiten der Mitwirkung von Kirchdorfer Bürger*innen jenseits politischer Mandate beschreibt der Bürgermeister damit als indirektes Einbringen von Themen durch die Ansprache der Mitglieder des Gemeindeausschusses oder über das informelle Gespräch. Dieses sei in einem kleinen und sprachlich sehr homogenen Dorf wie Kirchdorf, in dem fast 100 Prozent der Bevölkerung Deutsch sprechen, stets unkompliziert möglich – ob an der Gasthaustheke, bei einer Veranstaltung oder Vereinsversammlung. Doch gilt es zu bedenken, dass auch öffentliche Räume wie das örtliche Gasthaus unter Umständen kein hierarchiefreier Raum sind, in dem Ziele und Wünsche ausgetauscht werden, und dass möglicherweise nicht alle Dorfbewohner*innen ihre Anliegen auf diese Art und Weise vorbringen möchten oder können. Der Bürgermeister hebt die Bedeutung einer gemeinsamen Sprache, von Kleinräumigkeit und der dörflichen Strukturen hervor, welche seines Erachtens bereits die Teilhabe aller Bürger*innen an kommunalen Entwicklungsfragen erleichterten und, so eine

---

[66] „umsetzen (will) man es dann selber. (..) Und es sind keine (Bürger) Komitees, die (begründen), was wir jetzt mit der bestimmten Anliegen. (Es sind meistens Leute dann da), wenn es gegen was ist, ein Komitee, kaum für etwas. [Mhm] (.), (um irgendwas) zu bekämpfen. (..) (holt tief Luft) und in der Stadt ist das natürlich ganz anders. (Da bin ich mal) Italiener, bin schon die ethische Problem, Problematik, (sprech ich nun) Deutsch, (da drehen sich gleich viele um) und (sind's ein) ganz anderer Kreis. Aber ich sag ja im Dorf, wie wir sind's, ist es so eigentlich, (.) man trifft sich auch unterhalb der Zeit [Mhm]. Man trifft sich mal auch in der, mal an der Theke, man trifft sich von dem Verein, bei einer Veranstaltung. Man kann ja immer sprechen und reden. Und (wenn man jetzt) über die Ausschussmitglieder, die Ideen kommen her (.)" (ebd.).

mögliche Deutung, potenziell Gemeinschaft stiften. Dabei bildeten sich nach Meinung Herrn Bachers eher Interessengruppen gegen bestimmte Entwicklungen, aber kaum für etwas. Bei Fragen danach, wie sich die Kirchdorfer Bevölkerung in Bezügen der kommunalen Entwicklung einbringen könne, nannte einzig und allein der Bürgermeister die bereits einige Zeit zurückliegende Zukunftswerkstatt, in der das Leitbild erarbeitet wurde. Niemand anders nahm ohne Impuls von Seiten der Interviewerin von selbst Bezug auf diesen Prozess. Da ähnliche Bürger*innenworkshops, wie eingangs erwähnt, in den folgenden Jahren in Kirchdorf auch nicht wiederholt wurden, waren keine konkreten Effekte der Zukunftswerkstatt auf den politischen Prozess in der Gemeinde erkennbar.

Die Zukunftswerkstatt war, ähnlich wie im bayerischen Wiesental, der erste Prozess der Themen- und Zielfindung hinsichtlich der kommunalen Entwicklung, an dem verschiedene Bürger*innen in einem Format jenseits kommunaler Gremien beteiligt wurden. Bis dahin hatte man sich auf Seiten der Bürger*innen in Kirchdorf eher themenbezogen auf Vereinsebene ausgetauscht und entsprechende Anliegen und Projekte besprochen oder betroffene Gruppen (beispielsweise Weginteressenschaften[67]) waren punktuell zu konkreten Anlässen zusammengekommen (vgl. INT_N_K: 273). Die neue Art der Zusammenarbeit blieb jedoch in Kirchdorf im Zeitraum der vorliegenden Studie mit Ausnahme der Bildung einer Gruppe zur Kooperation zwischen Landwirtschaft und Tourismus auf den Prozess der Leitbilderarbeitung beschränkt, obwohl durchaus Wünsche nach neuen Formen der Zusammenarbeit und der Beteiligung an Entscheidungen darin artikuliert wurden. Gemeinschaft wird im Kirchdorfer Leitbild besonders betont, an vielen Stellen wird von „Gemeinschaft" und „Dorfgemeinschaft" gesprochen, die es zu unterstützen und zu fördern gelte. Gemeinsam geteilte Werte („Ehrlichkeit, Glaube und Hilfsbereitschaft", Leitbild_K: 4) sowie örtliche Traditionen und „Traditionsbewusstsein" (ebd.: 7) werden explizit als „Basis" (ebd.) für die weitere Entwicklung Kirchdorfs (in Richtung Nachhaltigkeit) ausgewiesen (vgl. Abschn. 5.2.2). Die häufige Erwähnung und Bekräftigung von Gemeinschaft (samt damit assoziierten Aspekten) im Kirchdorfer Leitbild weist auf den großen Stellenwert hin, den die Beteiligten ihr zuschreiben. Die Betonung von Gemeinschaft als basal für die weitere Entwicklung der Gemeinde kann auch vor dem Hintergrund der kollektiven Erinnerung an die „Option" (vgl. Abschn. 5.1.2) gelesen werden, als die Südtiroler Bevölkerung im Jahr 1939 zur verpflichtenden

---

[67] Eine Weginteressenschaft ist eine Privatgemeinschaft öffentlichen Interesses (vgl. Autonome Provinz Bozen-Südtirol 1959, 1966), genauer gesagt ein Zusammenschluss von Grundstückseigentümer*innen, die einen Weg gemeinsam nutzen, in Stand halten oder einrichten.

Wahl aufgerufen war, sich für eine Umsiedlung in den deutschen Machtbereich (zu dem zwischen 1938 und 1945 auch Österreich gehörte, vgl. Steininger 2003: 41) zu entscheiden, oder aber die italienische Staatsbürgerschaft mit allen damit einhergehenden Verpflichtungen (Verbot deutschsprachiger Schulen, einzige Amtssprache Italienisch u. v. a.) zu akzeptieren. Massive Anfeindungen zwischen sogenannten Dableibern und Optanten waren im Dorf damals die Folge. Die Gründerin einer Bürgergruppierung, welche sich in den 2000er-Jahren bei den Gemeinderatswahlen als Alternative zur bis dahin allein im Gemeinderat vertretenen Südtiroler Volkspartei präsentierte und fortan mit im Gemeinderat saß (vgl. Abschn. 5.1.2), berichtet von Anfeindungen aus der Dorfbevölkerung, die sie wegen ihrer Kandidatur erfuhr. Diese Erfahrung bringt sie in Zusammenhang mit der ihres Erachtens von vielen verinnerlichten Geschichte der „Option":

> „Aber ich glaube, dass viele sich da an die Option erinnert haben. [Mhm] Also da hat's doch früher diese (.) mussten die Südtiroler, auch die Kirchdorfer, entscheiden, ob sie Kirchdorf, Südtirol verlassen würden und nach, sie, also Hitler-Mussolini-Pakt hat beschlossen gehabt, dass eben die Südtiroler entscheiden, ob sie das Land verlassen oder ob sie hierbleiben. Wenn sie hierbleiben, müssen sie sich bereit erklären die italienische Identität anzunehmen, kein Deutsch mehr zu sprechen und so weiter. [[…]] Und ich denke, weil wir vorher drüber gesprochen haben, dass es auch, bisschen das noch in den Köpfen war, ja. Diese Trennung von Dableiben, Gehen, ja. Dieses, das ist so ein bisschen drinnen. Wir müssen die Einheit pflegen, ja auch, das ist ja auch hier in Südtirol immer das Thema. Wir müssen zusammenstehen gegen Rom. Wir dürfen uns nicht entzweien. Ja, das ist so ein bisschen drinnen gewesen. Ich glaub dass es von daher auch ein bisschen kommt." (INT_K_K: 21–23)

Die Wahrung von Einheit oder Geschlossenheit wird von der Gemeinderätin als Folge einer historischen und durchaus negativen Erfahrung von Uneinigkeit, aber auch als Ausdruck der politischen Sonderstellung Südtirols, dem Autonomiestatus im politischen System Italiens, beschrieben. So hätten viele Kirchdorfer*innen verinnerlicht, dass man sich „nicht entzweien" lassen dürfe, weil man gegen die Zentralregierung in Rom „zusammenstehen" müsse. Gleichzeitig bietet die Interviewpartnerin selbst die Deutung an, dass eben jene geforderte Einheit offenbar von vielen als fragil und deren Verlust als gefährlich eingeschätzt wird. Gemeinschaft wird in dieser Interpretation zu einem Wert sui generis. Zusammenhalt und die Repräsentation einer Gemeinschaft werden hier als funktional für die Selbstbehauptung der Bürger*innen gedeutet. Die Überwindung der krisenhaften Erfahrung von Uneinigkeit im Zuge der 1939 aufgezwungenen „Options"-Entscheidung und die heute noch präsenten Erinnerung daran, wird hier als Erklärung für das Streben nach „Einheit" herangezogen.

Dass die im Kirchdorfer Leitbild festgeschriebene Verfolgung eines sanftes Tourismus sehr konsensual erscheint, erklärt der Präsident des Tourismusvereins damit, dass er die Verfolgung eines sanften Tourismus „vorgegeben" (INT_FII_K: 7) habe

> „[[...]] und viele Kollegen muss ich sagen, ham immer nix gsagt und sagen, mach wie du meinst, so, net. [Mhm] (unverständlich: Is der Typ Arbeitsteilung) schau dass I net so viel tun muss, aber mach du was du meinst, des passt scho. [Mhm, mhm.] De ham mir eigentlich, muss I echt sagn, also eigentlich (unverständlich) sehr vom Tourismusverein in Kirchdorf ham eigentlich immer recht gut vertraut und haben mich immer arbeiten lassen. [Mhm] Und da gabs eigentlich nie große Diskussionen des tut man einfach [[...]]." (Ebd.)[68]

So beschreibt besagter Touristiker, dass er zunächst als Einzelperson diese touristischen Entwicklungsansinnen einbrachte und sie ohne große Widerstände oder Unterstützung weiterer Beteiligter vorantrieb. Es kann hier nicht geklärt werden, ob diese Beschreibung die tatsächlichen Geschehnisse abbildet, doch bemerkenswert ist vor allem die Arbeitsteilung, die der Touristiker aus seiner Warte beschreibt: „[S]chau dass I net so viel tun muss, aber mach du was du meinst, des passt scho." Er beschreibt damit ein seines Erachtens etabliertes Muster der Delegation von Verantwortung im Tourismusverein, von dem sich die Mitglieder Entlastung erhofften und welches seines Erachtens von Vertrauen in ihn als gewählten und gleichsam legitimierten Vertreter der Touristiker*innen im Ort zeuge.[69] Vertrauen wird auch in diesem Zusammenhang als wichtig für die Entwicklung der Gemeinde (in diesen Fall zu sanftem/naturverträglichem Tourismus) eingeschätzt.

---

[68] „[[...]] und viele Kollegen muss ich sagen, haben immer nichts gesagt und sagen, mach wie du meinst, so, nicht wahr. [Mhm] (unverständlich: Is der Typ Arbeitsteilung) schau dass ich nicht so viel tun muss, aber mach du was du meinst, das passt schon. [Mhm, mhm.] Die haben mir eigentlich, muss ich echt sagn, also eigentlich (unverständlich) sehr vom Tourismusverein in Kirchdorf haben eigentlich immer recht gut vertraut und haben mich immer arbeiten lassen. [Mhm] Und da gabs eigentlich nie große Diskussionen das tut man einfach [[...]]." (Ebd.).

[69] In der Folge wurde bereits vor vielen Jahren eine Wanderbroschüre gedruckt, die Wanderungen in und um Kirchdorf und mit Skilanglauf oder Schneeschuhtouren auch „sanften" Wintersport bewirbt. Die Beherbergungsbetriebe in Kirchdorf werben außerdem mit der natürlichen Schönheit und Ruhe Kirchdorfs und seiner Almen. Ähnliche Broschüren gibt es auch im bayerischen Wiesental.

5.2.5 Vergemeinschaftung als andauernder, konflikthafter Prozess

Durch die Fokussierung auf Prozesse von Vergemeinschaftung können die in der vorangegangenen Analyse rekonstruierten Kooperationsmodi sowie die Bilder von Wandel und Gemeinschaft gebündelt und miteinander verzahnt werden.

Entstehung von Räumen der Kooperation
Die Rekonstruktion der Kooperationsmodi machte deutlich: Im bayerischen Wiesental nahm die Verwaltung eine ermöglichende Haltung ein, indem Bürgermeister und Gemeindeverwaltung wiederholt und öffentlich zu oben genannten Initiativkreis-Treffen luden, welche die Beteiligung unterschiedlicher Akteure und Akteursgruppen an der Erarbeitung von Entwicklungsperspektiven zu gewährleisten versuchten. Unterstützt und gefestigt wurde diese Haltung dadurch, dass die Einbindung von Bürger*innen auch eine Vorgabe im begleitenden Förderprozess war. Ferner diskutierte der Gemeinderat die Ergebnisse des Leitbildprozesses und die Kommune unterstützte die Entwicklung des darauf basierenden Vereins NaturKonzept. Aber auch in Wiesental, wo der Gemeinderat sich – anders als in Kirchdorf – mit dem erarbeiteten Leitbild befasste und letztlich seine Unterstützung aussprach, war nicht „selbstverständlich" (INT_F_W: 11), dass der Gemeinderat sich hinter das Entwicklungsansinnen und die Gründung von NaturKonzept stellte. In Wiesental sticht die Nutzung von bereits bestehenden Kontakten und Kommunikationskanälen heraus, sei es zu Experten oder zu den im Ort bestens vernetzten Vereinen. Die Gemeindemitarbeiter*innen verknüpfen teilweise schon bestehendes Engagement, lokale und nicht-lokale Expertise und organisieren die Einbettung in entsprechende (materiell wie immateriell) unterstützende Förderprogramme. Es deutet sich hier bereits ein mögliches Muster an, wonach zunächst Bürger*inneninteressen ausgelotet, mit den gewählten politischen Vertreter*innen abgestimmt und dann mit entsprechenden Programmen verzahnt werden. Inwiefern dies zutrifft, wird in den weiteren Ergebniskapiteln eruiert. Im Südtiroler Kirchdorf nahm die Verwaltung im Leitbildprozess eine durchaus wohlwollende, aber sehr zurückhaltende Rolle ein. Es wurde unter Mitwirkung von Rathausmitarbeiter*innen ein fester Kreis an Akteuren für die Zukunftswerkstatt rekrutiert, deren Arbeitsergebnisse dann ex post über das kommunale Mitteilungsblatt an alle Bürger*innen kommuniziert wurden. An der Leitbilderarbeitung waren einige Vertreter*innen der politischen Gemeinde beteiligt, nicht jedoch der Bürgermeister, und es gingen bürgergetragene Arbeitsgruppen aus dem Prozess hervor. Die Rückspielung der Ergebnisse aus der Leitbilddiskussion in den Gemeinderat und die Umsetzung der anvisierten Ziele

5.2 Gemeinsam Ziele finden – Die Leitbildprozesse in Wiesental und Kirchdorf

waren in Kirchdorf (im Gegensatz zu Wiesental, wo man beansprucht das Leitbild übererfüllt zu haben) unterschiedlich erfolgreich. Inwiefern es sich bei dieser Form der Kooperation und Kommunikation von Ergebnissen um ein wiederkehrendes Muster (vergleichsweise Zurückhaltung der Gemeindeverwaltung bei der Einbindung von Bürger*innen, Delegation von Verantwortung durch Bürger*innen an übergeordnete Ebenen) handeln könnte, wird ebenfalls in den folgenden Ergebniskapiteln weiter diskutiert.

In beiden Gemeinden entstanden durch die dargestellten Leitbildprozesse Räume der Kooperation und der Verhandlung. Dies geschah zunächst temporär durch die Kommunikation über Entwicklungsziele. Die Ziele artikulieren eine Vision von gemeinsam geteilten Werten, die entweder noch herzustellen oder zu erhalten waren. Sie finden ihren manifesten Ausdruck in den beiden Leitbildern, die ihrerseits als Artefakte in weitere Prozesse in den Kommunen hineinwirkten – wenn auch in beiden Gemeinden unterschiedlich weitreichend: Während die Geschäftsführerin im bayerischen Wiesental bemerkt, man habe das Leitbild mittlerweile übererfüllt (vgl. Abschn. 5.2.1), wird im Südtiroler Kirchdorf bemängelt, dass die Gemeindeverwaltung zu wenig auf das Leitbild und verknüpfte Ziele einging (vgl. Abschn. 5.2.2). Besonders bemerkenswert sind schließlich die Unterschiede zwischen den Gemeinden: Während im bayerischen Wiesental parallel zum Leitbildprozess mit dem Verein NaturKonzept dauerhafte Organisationsstrukturen geschaffen wurden, bildeten sich im Südtiroler Kirchdorf überwiegend temporäre Arbeitsgruppen, die sich an ausgewählten erarbeiteten Leitzielen orientierten: der Kooperation zwischen den Wirtschaftszweigen Landwirtschaft, Tourismus und Handel, der Sensibilisierung der Bevölkerung für die Geschichte des Ortes durch ein Buchprojekt mit historischen Fotografien und der besseren Erreichbarkeit und Vernetzung in der Kirchdorfer Almlandschaft (vgl. Abschn. 5.2.1; Gemeindezeitung_K_5/2012: 19).

Auffallend hinsichtlich der Vergemeinschaftung und der Bewältigung sozialökologischen Wandels ist an dem Prozess der Gründung von NaturKonzept und dem Leitbildprozess im bayerischen Wiesental zum einen die Vernetzung von lokalen Gruppen und Akteuren zu einem Thema oder Ziel, das die gängigen, bestimmten Vereinen zugeordneten Ressorts verlässt, zum anderen die Ausweitung der Kooperation auf benachbarte Gemeinden. Die Beschreibungen der Bürger*innen im bayerischen Wiesental akzentuieren, dass man wegen der wirtschaftlichen Krise (insbesondere in den Sparten Landwirtschaft und Tourismus) nach neuen Wegen für die Zukunft gesucht und sie in (über-) gemeindlicher Zusammenarbeit auch jenseits kommunaler Gremien gefunden habe. Hier verbinden sich – insbesondere durch die Gründung des Vereins

NaturKonzept – Wahrnehmungen sozial-ökologischen Wandels mit Kooperationsbestrebungen und neuen Möglichkeiten der Vergemeinschaftung sowie der Generierung wirtschaftlicher Vorteile.

Der Fokus auf Kooperationsmodi in beiden Gemeinden gibt keine Hinweise auf die Qualität der Entwicklungen in den jeweiligen Gemeinden – im Sinne von „besser" oder „schlechter" –, sondern betont die Fähigkeiten zur Bewältigung sozial-ökologischen Wandels. Der Vergleich zwischen den beiden Gemeinden zeigt: Allein ein durchgeführter Leitbildprozess sichert noch keine darin als wünschenswert artikulierte Veränderung. Vielmehr ist entscheidend, wie der Prozess in die lokalen Geschehnisse eingebettet wird und wie er an bestehende Organisationsstrukturen (in den beiden Beispielen insbesondere die Vereine) anknüpfen kann. Dabei spielt es eine wesentliche Rolle, welche Haltung insbesondere Vertreter*innen der Gemeindepolitik- und -verwaltung, aber auch alle übrigen Akteure aufgrund ihrer jeweiligen Bilder von Wandel und Gemeinschaft einnehmen.

Konfligierende Bilder von Wandel
Die Positionen und Einschätzungen zu den Leitbildinhalten im bayerischen Wiesental und zu dem zeitgleich dort entstandenen Verein NaturKonzept zeigen, dass es bezüglich beider unterschiedliche Schwerpunktsetzungen und Deutungen gibt. Bereits zur Zeit der Gründung von NaturKonzept Wiesental e. V. und während des Leitbildprozesses der Gemeinde Wiesental wurden integrative Vorstellungen von nachhaltiger Entwicklung artikuliert. Mit der Erweiterung des Vereins zu einer interkommunalen Assoziation und der Gründung der Biomasseheizkraftwerk GmbH wurden, insbesondere vom Geschäftsführer des Vereins und der angegliederten GmbH, vor allem wirtschaftliche Aspekte betont. Im Fokus der Argumentation stehen dabei Ziele regionaler wirtschaftlicher Entwicklung. Landwirte, die stärker an Direktvermarktung und der Unterstützung ökologischer Landwirtschaft interessiert sind, bemängeln eine Zielverschiebung hin zur Fokussierung auf regenerative Energien. Akteure aus der Gemeindepolitik und -verwaltung formulieren hingegen integrative Nachhaltigkeitsvorstellungen (vgl. Abschn. 2.1.3) und begreifen dabei ökonomische, soziale und ökologische Aspekte als gleichrangig, nicht als wechselseitig substituierbar.

Im Südtiroler Kirchdorf werden bereits im Leitbild Spannungen zwischen ökonomischen und ökologischen Zielen aufgezeigt, mit denen es umzugehen gilt. Die Thesen des Leitbilds weisen auf eine mehrdimensionale Vorstellung von Nachhaltigkeit hin, welche ökonomische, ökologische und soziale Aspekte mitberücksichtigt. Auch in Kirchdorf gibt es unterschiedliche Positionen und Vorstellungen von sozial-ökologischen Wandlungsdynamiken und wünschenswerten

5.2 Gemeinsam Ziele finden – Die Leitbildprozesse in Wiesental und Kirchdorf

Entwicklungen im Ort. Der Kirchdorfer Bürgermeister begreift die Entwicklung der Gemeinde in erster Linie als ein wirtschaftliches Problem und als eine Frage des Engagements und des wirtschaftlichen Erfolgs Einzelner. In Bezug auf die Bewältigung sozial-ökologischer Wandlungsprozesse in Kirchdorf sieht er ein Paradigma von Pfadabhängigkeiten: Einflüsse der Weltwirtschaft und verwaltungstechnisch vorgegebene Handlungsroutinen begrenzten demnach den Handlungsspielraum der Kommune. Verschiedene Bürger*innen haben dagegen durchaus Gestaltungserwartungen an Gemeindepolitik und -verwaltung, etwa den Erhalt der Schönheit und des Erscheinungsbilds des Ortes und den „schonenden Umgang mit der Natur- und Kulturlandschaft" (Leitbild_K: 25). Dies spiegelt sich auch in der Formulierung des Leitbildes wider, der zufolge die „Gemeindeverwaltung […] Initiativen und Bestrebungen vonseiten der Bevölkerung aktiv" (ebd.: 33) unterstützen möge.

Dass Klimawandel und damit in Verbindung stehende Umweltveränderungen und Gestaltungsherausforderungen in den Leitbildern beider Gemeinden nicht thematisiert werden, deckt sich mit den Einsichten aus dem Forschungsprojekt „Klima regional. Soziale Transformationsprozesse für Klimaschutz und Klimaanpassung" und der darauffolgenden Studie „Regionales Klimahandeln zwischen Initiativen von unten und Abstimmung von oben": So seien etwa die Bedeutung von Extremwetterereignissen und potenziell davon ausgehenden Gefahren „nicht ohne Weiteres politikfähig" (Böschen et al. 2015: 46). Dabei gelten Alpengemeinden in dieser Hinsicht als besonders vulnerabel (vgl. Bundesregierung 2008: 43). Mit Blick auf die immer wieder herausgehobene Bedeutung des Tourismus in beiden Gemeinden, dessen Werben mit schöner Kulturlandschaft und intakter Natur, kann man auch annehmen, dass die Antizipation von und der Schutz vor Naturgefahren eher als hinderlich für eine positive Außendarstellung der Gemeinden wahrgenommen werden. Dass klimawandelbezogene Herausforderungen und korrespondierende Ziele nicht explizit adressiert werden – mit der Werbung für regenerative Energieerzeugung geschieht dies allenfalls indirekt –, kann zugleich als Datum begriffen werden und zeigt: Die Leitbilder spiegeln durchaus nicht alles wider, sie sind keine Abbilder sämtlicher Gegebenheiten und Herausforderungen in der jeweiligen Gemeinde. In Bezug auf die verhandelten Vorstellungen nachhaltiger Entwicklung in beiden Kommunen – Wiesental und Kirchdorf – ließ sich feststellen: In beiden Kommunen wird „sanfter Tourismus" (als naturnah und möglichst umweltschonend verstanden) befürwortet und praktiziert. In beiden Gemeinden werden die Begriffe „Nachhaltigkeit" oder „Ökologisierung" als Alternativen verwandt – in Abgrenzung zu Entwicklungen, die die Akteure für falsch oder verfehlt halten. Allerdings haben unterschiedliche Akteure und

Akteursgruppen, wie dargestellt, ihre je eigenen Vorstellungen von nachhaltiger Entwicklung. Diese reiben oder widersprechen sich zwar teilweise, doch die in den Leitbildern aufgerufenen Bilder von Wandel und Gemeinschaft werden nicht öffentlich in Frage gestellt und sind nicht Gegenstand offen ausgetragener Konflikte.

Gemeinschaft und Vergemeinschaftung als Weg der Bewältigung
Eine mögliche Erklärung liefert die vorangegangene Analyse zu Bildern von Gemeinschaft und Prozessen der Vergemeinschaftung. Während Gemeinschaft im bayerischen Wiesental insbesondere als hilfreich für die Einwerbung weiterer Unterstützung durch Förderprogramme und gut für Vermarktung und Erfolg der Kommune sowie des Vereins NaturKonzept gesehen wird, ist im Südtiroler Kirchdorf Gemeinschaft in erster Linie ein Instrument der Selbstbehauptung und Selbstvergewisserung. In beiden Gemeinden lassen sich Geschlossenheit und Zusammengehörigkeit selbst als Konstruktionen und in gewisser Weise auch als „contested" begreifen, da sie von verschiedenen Akteuren als essenziell betont und eingefordert werden. So müssen in der Regel nur dann Zustände eingefordert oder die Wichtigkeit ihres Fortbestands betont werden, wenn man sie noch nicht verwirklicht oder aber potenziell in ihrem Bestehen gefährdet sieht. Dieser mögliche Zusammenhang wird in den noch folgenden Kapiteln genauer eruiert. In beiden Gemeinden und Leitbildprozessen zeigte sich außerdem, dass sich Vergemeinschaftung und Verhandlungen darüber in den empirisch-konkreten Fällen immer auch anhand von konfligierenden Positionen vollziehen. Die Konflikte in den dargestellten Fällen kreisen um die Frage, wie sozial-ökologische Wandlungsprozesse eingeschätzt werden und wer (legitimerweise) an deren Bewältigung mitwirken sollte. Deutlicher wird dies in den folgenden Empiriekapiteln 5.3 bis 5.5., doch bereits dieses Kapitel hat Hinweise geliefert auf die Wichtigkeit von Fragen der Legitimität und Abgrenzungen im Zuge von Vergemeinschaftungsprozessen.

Als Aspekte des Ein- und Ausschlusses zeigten sich anhand der Analyse von Interviewzitaten insbesondere Kenntnisse örtlicher Zusammenhänge und Geschehnisse (Gemeindeblatt lesen/auf dem Laufenden sein), Erfahrungen erfolgreichen Kooperierens und die Bereitschaft etwas für „die Allgemeinheit" zu tun/sich gemeinnützig zu engagieren. Traditionsbewusstsein oder doch zumindest Sensibilität für örtliche Traditionen wird in beiden Kommunen und Leitbildprozessen als sehr wichtig herausgestellt. Die Betonung von Traditionsbewusstsein weist auf einen möglichen Zusammenhang zwischen Vergemeinschaftungsprozessen und nachhaltiger Entwicklung aus der Sicht von Dorfbewohner*innen hin. Im Kirchdorfer Leitbild beispielsweise werden immer wieder Nachhaltigkeit und nachhaltige Entwicklung postuliert, die mit Themen wie erneuerbare Energien, Mobilität, Siedlungsentwicklung und lokale Wirtschaftsaktivitäten in Verbindung gebracht werden. Als grundlegend für kommunale Entwicklungsprozesse wird allerdings das Traditionsbewusstsein der Kirchdorfer*innen angenommen. Nachhaltige Entwicklung ist in diesem Fall geprägt von einem Streben nach Bewahren. Motive des Bewahrens sind in beiden untersuchten Gemeinden integraler Bestandteil der Leitbilder. In Abschnitt 5.2.3 wurde das Spannungsfeld insbesondere zwischen ökonomischen und ökologischen Aspekten von Nachhaltigkeit, zwischen Weiterentwickeln und Bewahren aufgezeigt und auf die Koexistenz und Vielfältigkeit der Perspektiven hierzu hingewiesen. In beiden Gemeinden wird in den Leitbildern die Bewahrung und der Schutz von Natur und Kulturlandschaft gefordert, in Wiesental der Erhalt der Nutzungsmischung (Wohnen/Arbeiten/Versorgung/Landwirtschaft) im Ort (vgl. Leitbilddokumentation_W: 2), in Kirchdorf insbesondere die Bewahrung des architektonischen Erscheinungsbildes. Beiden Leitbildern liegt damit implizit oder explizit das Ziel zugrunde, den bisherigen „Dorfcharakter" (Leitbild_K: 23) zu erhalten. In Wiesental wird die Rolle der Landwirtschaft einerseits als Bewahrerin der Kulturlandschaft, andererseits als „Träger [sic] der Dorfkultur" (Leitbilddokumentation_W: 2) betont. Eine Form des Umgangs mit sozial-ökologischem Wandel kann also auch der Versuch des Bewahrens bestimmter Zustände oder Gegebenheiten (z. B. von Kulturlandschaft) sein und wird nicht immer automatisch von allen Akteuren mit Veränderung verknüpft.

Noch ein weiteres Ergebnis zeichnet sich bereits an dieser Stelle ab und lässt sich parallel zu dem Argument einer reflexiv-modernen Entwicklung nach Beck formulieren: Eingeschlagene Entwicklungen in Richtung Nachhaltigkeit sind nicht als lineare Entwicklung zu begreifen. So wird die Ziel- und Aufgabenerweiterung des Vereins NaturKonzept im bayerischen Wiesental beispielsweise von manchen Akteuren eher als Rückschritt oder Abkehr von ursprünglichen Zielen interpretiert und als „nicht nachhaltig" (INT_I_W: 134; vgl. Abschn. 5.2.4) bewertet. Ähnlich verhält es sich mit der Beurteilung von Asphaltierungsarbeiten auf der Kirchdorfer Alm, als Almflächen einem Parkplatz weichen mussten (vgl. Abschn. 5.2.3). Ebenso wenig lässt sich Linearität für Vergemeinschaftungsprozesse behaupten. Dies zeigt ein Blick auf den Umgang mit Konflikten oder konfligierenden Positionen zu (nachhaltiger) kommunaler Entwicklung. Jede/r „neue" Konflikt oder konfligierende Position wird vor dem Hintergrund alter (bewältigter oder weiterhin bestehender) Konflikte artikuliert, was insbesondere die Betrachtung im Kontext der jeweiligen Dorfgeschichte sichtbar machte (vgl. Abschn. 5.2.4). Gerade in überschaubaren Sozialbezügen, wie den kleinen Gemeinden Wiesental und Kirchdorf, spielt dieser historische Kontext durchaus eine Rolle, zumindest wenn man der These von Elias und Scotson ([1965] 1993: 238, vgl. Abschn. 3.4) folgen möchte, dass Akteure zu Teilen durch ihre Anciennität auf eine bereits weit zurückreichende Geschichte des Zusammenlebens im Dorf zurückblicken – sei sie selbst erlebt oder aber über mündliche Überlieferung weitergegeben und verinnerlicht.

5.3 Den Dorfkern erhalten und gestalten

Bei der gemeinsamen Zielfindung hinsichtlich der kommunalen Entwicklung zeigten sich bereits Unterschiede zwischen den beiden Gemeinden Wiesental und Kirchdorf. Im Folgenden werden nun zwei Projekte näher betrachtet, die innerhalb der Bürgerschaft breite Aufmerksamkeit fanden und die im Verlauf der Forschung als *contested issues* (vgl. Clarke 2009: 213, vgl. Abschn. 4.5) ausgemacht werden konnten. Im bayerischen Wiesental, wo die Sicherung der Nahversorgung im Ort bereits ein im Leitbild mehrfach aufgegriffenes Thema ist (vgl. Abschn. 5.2.3), ließ sich ein von Gemeindeverwaltung und Gemeinderat angestoßener intensiver Kollaborations- und Diskussionsprozess beobachten, der zur Gründung eines bürgergetragenen Dorfladens führte. Im Südtiroler Kirchdorf, wo im Leitbild insbesondere die stärkere Einbindung der Bürger*innen in die politische Entscheidungsfindung sowie eine daraus resultierende „verstärkte Identifikation" (Leitbild_K: 32) mit der Verwaltung und den gefällten Entscheidungen eingefordert wird (vgl. Abschn. 5.2), wurde die Planung und Beauftragung einer Tiefgarage samt angegliedertem Naherholungsbereich besonders kontrovers diskutiert. An der Steuerung des Prozesses waren ausschließlich kommunale Gremien beteiligt. Beide Projekte (ein Dorfladen hier, eine Tiefgarage dort) sind Teil der dörflichen Infrastruktur, deren Erhalt (im Fall Wiesentals) oder Ausbau (im Fall Kirchdorfs) ein Thema sind, das unterschiedlichste Akteure im Ort beschäftigt. Beide Projekte berühren die Frage, wie das Dorfzentrum gestaltet werden soll sowie welche Funktionen und Bedürfnisse hierdurch erfüllt werden sollten.

In der Art und Weise, wie die Projekte durchgeführt und von Seiten der Bürger*innen eingeschätzt werden, lassen sich Hinweise auf möglicherweise unterschiedliche habitualisierte Formen der Kooperation in den beiden Dörfern finden. Jeweils ortsbezogen werden zunächst anhand von menschlichen wie nichtmenschlichen Elementen die Formen der Kooperation zwischen verschiedenen Akteuren oder Akteursgruppen betrachtet (Abschn. 5.3.1). Dem folgt eine Positionsanalyse zu den mit dem jeweiligen Projekt assoziierten Bedeutungen, welche die jeweiligen Bilder der Akteure von sozial-ökologischem Wandel nachzeichnet

(Abschn. 5.3.2). Schließlich wird analysiert, inwieweit dies in Zusammenhang mit Vorstellungen von Gemeinschaft steht (Abschn. 5.3.3). Das Kapitel schließt mit einem Vergleich der für jede Gemeinde herausgearbeiteten Kooperationsformen und der Bilder von Wandel und Gemeinschaft. Dabei wird diskutiert, inwiefern man bei den betrachteten Prozessen von konflikthafter Vergemeinschaftung sprechen kann (Abschn. 5.3.4). Hierfür werden die im vorhergehenden Kapitel aufgestellten Thesen herangezogen und weiterentwickelt.

5.3.1 Die Kooperationsprozesse: Der Dorfladen in Wiesental und die Tiefgarage in Kirchdorf

Bürger*innenengagement und ermöglichende Verwaltung in Wiesental
In Wiesental stand die Sicherung der Nahversorgung durch einen lokalen Lebensmittelladen bereits im Gemeinderat zur Diskussion, als es noch zwei Lebensmittelläden im Ort gab (vgl. INT_Q_W: 204). Bei beiden Geschäften war klar, dass die bereits betagten Besitzer*innen keine Nachfolger*innen haben würden (vgl. INT_L_W: 216; INT_B_W: 502; INT_M_W: 18). In Antizipation einer möglichen Versorgungslücke befasste sich der Gemeinderat mit der Frage, wie man einen Laden im Dorf langfristig erhalten könnte (vgl. INT_Q_W: 208; INT_R_W: 50) und trat, als der Lebensmittelladen im Ortszentrum als letzter verbleibender Laden seine baldige Aufgabe bekannt gab, schließlich mit einer Informationsveranstaltung an die Bürgerschaft heran. Bereits aus dieser ersten Veranstaltung ging ein bürgergetragener Arbeitskreis hervor, der über die folgenden Monate in zahlreichen Treffen und mit Unterstützung eines auf Dorfläden spezialisierten Beraters die Gründung einer Bürgergesellschaft vorbereitete. Diese sollte in Zukunft einen genossenschaftsähnlich[70] organisierten Dorfladen tragen, doch galt es vor der Realisierung des Ladens mit diversen Hindernissen umzugehen: Die anvisierte Immobilie für den Dorfladen (und bis dahin Sitz des letzten verbliebenen Lebensmittelladens) wurde zunächst von einem aus dem Ort stammenden Bauunternehmer gekauft, der anfangs eigene Pläne für einen Laden verfolgte. Der gesamte bereits gewählte Beirat (Bezeichnung für den Vorstand) der geplanten Bürgergesellschaft trat zurück, da er sich außerstande sah, eine wirtschaftlich tragfähige Lösung zur Realisierung eines Ladens zu finden; schließlich erwarb die Gemeinde Wiesental die Immobile vom Erstkäufer, dem

---

[70] Die Unternehmergesellschaft funktioniert nach Darstellungen des Dorfladenberaters ähnlich wie eine Genossenschaft – sie kenne kein eigenes Kapital und kein Mindestkapital und auch hier dürfe man das Register selbst führen und stille Anteile selbst verwalten (vgl. BB3_W: 12–14).

erwähnten Bauunternehmer, sicherte dem anvisierten Bürgerprojekt einen Standort mit moderater Miete und schuf damit eine wichtige Voraussetzung für die Realisierung des geplanten Ladenbetriebs (vgl. INT_M_W: 26, 44; Regionalzeitung_W_31.12.12). Nach einer Planungsphase von rund sechs Monaten und zahlreiche Arbeitskreissitzungen (davon sechs öffentliche) später war der erforderliche Kapitalstock zusammengekommen und die organisatorischen Weichen waren dafür gestellt, dass der Dorfladen realisiert werden konnte, ohne dass es im Ort zu einer – auch nur temporären – Versorgungslücke durch Schließzeiten kam. Wenige Monate nach der Eröffnung des Ladens löste sich der Arbeitskreis zur Gründung des Dorfladens auf, da sein Ziel erreicht war (vgl. Mitteilungsblatt_W_22.03.13). Rund zwei Jahre nach der Eröffnung des bürgergetragenen Ladens hatte sich dieser nach Aussagen von Mitwirkenden gut etabliert (vgl. INT_M/N_W: 263 f.). Der Laden schrieb nach Aussagen einer Mitwirkenden von Anfang an schwarze Zahlen (vgl. INT_R_W: 241 f.). Eine detaillierte Rekonstruktion der menschlichen wie nicht-menschlichen Elemente in diesem Prozess macht die Rolle der jeweiligen Elemente und deren Interaktionen sichtbar.

Die Gemeindeverwaltung und der Gemeinderat spielten eine wichtige Rolle in dem gesamten Prozess, wenngleich die Treffen des Dorfladen-Arbeitskreises in der Regel ohne Vertreter*innen der Gemeindeverwaltung stattfanden. Die erste Informationsveranstaltung, in welcher der besagte bürgergetragene Arbeitskreis zum Dorfladen ins Leben gerufen wurde, wurde von der Kommunalverwaltung initiiert. Über die Informationskanäle der Gemeinde – Homepage und kommunales Mitteilungsblatt – wurde auch für die weiteren Veranstaltungen des Arbeitskreises geworben. Bei der ersten Gründungsversammlung zum Dorfladen, in dem der Vertragstext der korrespondierenden Gesellschaft verabschiedet wurde, war der Bürgermeister anwesend. Seine Rolle beschränkte sich dort auf die Gruß- und Abschiedsworte sowie das Beantworten von Fragen, die kommunale Belange tangieren (vgl. BB4_W). So betonte der Bürgermeister auch in der Gründungssitzung, die Gemeinde werde zwar immer als Partner da sein, aber nicht in führender Rolle, denn im bürgerschaftlichen Engagement sei der Dorfladen besser angesiedelt (vgl. ebd.: 49). Als das Projekt „Dorfladen" zunächst zu scheitern drohte, weil der erste gewählte Beirat organisatorische Schwierigkeiten hatte, bat der Bürgermeister eine Gemeinderätin, diesem Beirat beratend zur Seite zu stehen und ihn zu unterstützen (vgl. INT_R_W: 136–140). Eine entscheidende Rolle kam der Gemeindeverwaltung insofern zu, als sie die Ladenimmobilie erwarb, in der der Dorfladen später eröffnen sollte. Der Schritt erfolgte nach Berichten verschiedener Gesprächspartner*innen überraschend und kurzfristig und ging sehr schnell über die Bühne – wie ein Interviewpartner es formuliert, nahezu bei „Nacht und Nebel" (INT_M_W: 26). Auf Betreiben der Gemeindeverwaltung hin

5.3 Den Dorfkern erhalten und gestalten

hatte die Verkäuferin den Vertrag mit dem Erstkäufer gelöst und so der Gemeinde ermöglicht, von ihrem Vorkaufsrecht Gebrauch zu machen (vgl. INT_R_W: 108–110). Nachdem der Kaufpreis zunächst nicht öffentlich gemacht worden war (vgl. INT_B_W: 481–494), wurde er einige Woche später wohl auch infolge zunehmender Nachfragen aus der Bürgerschaft doch noch offengelegt (vgl. Mitteilungsblatt_W_22.03.13). Die Gemeindeverwaltung konnte die Immobilie schließlich zu günstigen Konditionen an die Dorfladen-Gesellschaft vermieten. Außerdem sprachen Rathausmitarbeiter*innen aktiv eine Bürgerin – die besagte Gemeinderätin – an und baten sie darum, angesichts der Schwierigkeiten des ersten gewählten Dorfladenbeirats bei der Gründung des Dorfladens mitzuhelfen. Die Gemeindeverwaltung intervenierte also, wenngleich mit besten Intentionen. Die Gemeinderätin wurde später –sicherlich auch wegen ihrer bereits erworbenen Kenntnisse und Reputation in Bezug auf den Dorfladen – zu einer von drei Gesellschafter*innen gewählt.

Während des gesamten Prozesses mobilisierte die Gemeindeverwaltung außerdem mehrfach die Unterstützung von nicht im Dorf lebenden oder familiär nicht dort verwurzelten Expert*innen. So beauftragte die Gemeinde bereits rund ein Jahr bevor die Schließung des Lebensmittelladens im Dorfzentrum bekannt wurde einen Experten damit, eine Umfrage unter den Geschäftsleuten im Ort durchzuführen, wie diese die Entwicklung ihres Gewerbes in der Zukunft einschätzten und wie sie beurteilten, ob ihre Unternehmen auch über ihre eigene Erwerbsphase hinaus im Ort fortgeführt würden (vgl. INT_R_W: 46–50). Bei der ersten Informationsveranstaltung referierte der genannte Experte zum Thema Dorfläden (Regionalzeitung_W_14.07.12). In der Gründungsphase des Ladens nutze die Kommunalverwaltung außerdem ihren guten Kontakt zu einem Experten aus dem Amt für ländliche Entwicklung. Für die später an der Immobilie anfallenden Renovierungsarbeiten nahm die Kommunalverwaltung Unterstützungsmöglichkeiten im Rahmen des in diesem Amt angesiedelten Programms zur Dorferneuerung in Anspruch. Erfahrungen der Kommunalverwaltung mit diesem Experten sowie dem Förderprogramm reichten bereits bis in die Zeit der Leitbilderarbeitung in Wiesental zurück (vgl. Abschn. 5.2). Der für die örtliche Dorferneuerung zuständige Beamte war auch bei der ersten Gründungsversammlung zum Dorfladen zugegen. Er verkehrte in dieser Funktion bereits seit über zehn Jahren im Dorf und brachte bei der Veranstaltung sein Wissen hinsichtlich möglicher öffentlicher Fördergelder ein (vgl. Mitteilungsblatt_W_22.03.13; BB4_W). Während der Vorbereitung der Gründung und der Etablierung des Ladens stand dem Bürger*innen-Arbeitskreis der bereits erwähnte professionelle Dorfladen-Berater zur Seite (vgl. INT_M/N_W: 44–46,

210–225). Seine Dienste wurden zu Teilen von der Gemeinde Wiesental, zu Teilen aus Mitteln des Programms „Dorferneuerung" bezahlt (vgl. ebd.: 211–219; Regionalzeitung_W_10.08.2012).

Eine weitere, für die Gründung des Ladens maßgebliche Akteursgruppe sind die Bürger*innen der Gemeinde Wiesental, welche sich zunächst in dem Arbeitskreis zur Gründung des Ladens und später in einer Unternehmergesellschaft zusammenschlossen, die den Laden fortan trug. Die spezifische Form der Unternehmergesellschaft (UG), für die sich die Arbeitskreismitglieder nach der Diskussion verschiedener Rechtsformen entschieden hatten, sieht Gesellschafter*innen vor, die notariell in ihrer Rolle als Unternehmer*innen beurkundet werden, allerdings wie in einer GmbH nicht mit ihrem Privatvermögen haftbar sind; hinzu kommen bei dieser Konstruktion der Dorfladen-UG die stillen Gesellschafter*innen, die Anteile zeichnen können und äquivalent zu einer Genossenschaft organisiert sind. Die genossenschaftlich organisierte Seite der Unternehmergesellschaft wird von einem gewählten Beirat vertreten. Jede*r Anteilseigner*in hat bei Abstimmungen eine Stimme, unabhängig von der Anzahl der persönlich gehaltenen Anteile. Der Posten der Geschäftsführung wird ausgeschrieben und mit einer geeigneten Kraft besetzt. (vgl. BB4_W; INT_M/N_W: 74–79). In einer ersten Gründungsversammlung wurde ein fünfköpfiger Vorstand/Beirat gewählt, der Text des Gesellschaftsvertrags beschlossen und es gab bereits die Möglichkeit zur Anteilszeichnung, ohne dass die jeweils gezeichnete Summe unmittelbar eingefordert wurde. Als der erste gewählte Beirat zurücktrat, wurden das Gremium bald darauf neu gewählt. Nur zwei Personen aus der fünfköpfigen Runde gehörten jedoch sowohl dem alten als auch dem neuen Beirat an (vgl. Regionalzeitung_W_31.12.12). Manche der alten Beiräte stellten sich nicht mehr zur Wahl (vgl. INT_M_W: 69 f.). Es wurden außerdem drei Gesellschafter*innen per Wahl bestimmt und eine weitere und endgültige Gründungsversammlung abgehalten. Im Arbeitskreis, den jeweiligen Arbeitsgruppen sowie in den Ämtern von Beirät*innen und Gesellschafter*innen brachten Dorfbewohner*innen ihre Expertise und Fähigkeiten ein. So wurde Herr Liebig zum Vorsitzenden des die Gründung vorbereitenden Dorfladen-Arbeitskreises gewählt; er brachte durch seine zurückliegende Berufstätigkeit viel Erfahrung im Moderieren von Prozessen mit und war in dieser Rolle bereits in anderen gemeindlichen Zusammenhängen in Erscheinung getreten (vgl. INT_L_W: 62). Der Arbeitsgruppe zu Rechtsform und Finanzierung gehörte beispielsweise ein Finanzbeamter an (vgl. INT_M/N_W: 544). Einige der Bürger*innen, die sich als Beirät*innen zur Wahl stellten, wiesen auf ihre fachliche Expertise durch ihre Berufe hin, etwa eine kaufmännische Ausbildung, Erfahrungen im Groß- und Außenhandel oder in der Marktleitung (vgl. BB4_W: 36–38). Im Verlauf der Etablierung

5.3 Den Dorfkern erhalten und gestalten

des Dorfladens wurden Dorfbewohner*innen außerdem explizit in ihren beruflichen Rollen mit ihrer jeweiligen Expertise beteiligt. So sprach man aus dem Dorfladen-Arbeitskreis heraus beispielweise gezielt örtliche Handwerker an, ob sie bereit wären, bestimmte Renovierungsarbeiten zu übernehmen, und brachte sie dazu, Teilleistungen zu stiften, statt sie zu berechnen (vgl. INT_M/N_W: 179).

In der fünften und insgesamt vorletzten Sitzung des Arbeitskreises (bereits unter dem neu gewählten Beirat) wurde ein zusätzlicher, für Kundenwünsche zuständiger, aus zwei Mitgliedern des Arbeitskreises bestehender Kundenbeirat vom gewählten Beirat berufen (vgl. Regionalzeitung_W_03.12.12). Der Kundenbeirat kümmerte sich fortan um ein Konzept für das Angebot von regionalen und ökologisch produzierten Lebensmitteln und band so auch mittelbar Produzent*innen aus dem Ort mit ein (vgl. Mitteilungsblatt_W_22.03.13). Über die aus dem Ort stammenden Bürger*innen hinaus wurden auch gezielt Neubürger*innen – zugezogene Bürger*innen und Zweitwohnungsbesitzer*innen – angesprochen, sich am Dorfladen zu beteiligen (vgl. INT_M/N_W: 245 f.). Bei der ersten Gründungsversammlung begrüßte der Bürgermeister explizit auch Zweitwohnungsbesitzer*innen, die die Gemeinde Wiesental zu dem Treffen mit eingeladen hatte (vgl. BB4_W: 5). In den ersten Dorfladenbeirat ließen sich überwiegend Personen wählen, die nach eigenen Angaben erst kurze Zeit im Ort lebten (vgl. ebd.: 36–38).

Neben den Interaktionen und Beziehungen zwischen den aufgeführten Akteuren und Akteursgruppen lassen sich auch verschiedene nicht-menschliche Elemente im Prozess der Dorfladen-Gründung und -Etablierung rekonstruieren. Das allen Haushalten postalisch zugestellte kommunale Mitteilungsblatt fungierte wie auch schon im Leitbildprozess in Wiesental als Informationskanal, der die Bürger*innen über aktuelle Entwicklungen und (Teil-)beschlüsse einerseits und Möglichkeiten der Mitwirkung andererseits informierte. Die Informationsveranstaltung der Gemeindeverwaltung, die den Dorfladen-Prozess in Gang setzte konstituierte einen ersten physischen wie sozialen Raum, an dem Wünsche für die weitere Nahversorgung mit Gütern des täglichen Bedarfs artikuliert und ausgetauscht werden konnten. Die Ladenimmobilie, welche die Gemeinde im Verlauf erwarb und an die Dorfladengesellschaft vermietete, ist allein deshalb schon ein zentrales Element, weil sie das materiell-physische Substrat (vgl. Läpple 1991: 196, Abschn. 3.1.2) darstellte, an dem der Ladenbetrieb stattfinden konnte. Da dort auch der zuvor privatwirtschaftlich betriebene Lebensmittelladen niedergelassen war, konnte der Laden ohne größere Schließzeiten weiterbetrieben werden (vgl. Regionalzeitung_W_31.12.12). Erst der Kauf durch die Gemeindeverwaltung ermöglichte zudem eine moderate Ladenmiete, da die Kommune bei der Vermietung nicht gewinnmaximierend vorgehen musste und wollte (vgl. INT_M/N_W: 25; Regionalzeitung_W_22.2.13). Dem Dorfladen wird von Mitwirkenden außerdem eine symbolische Wirkung in Zeiten vielerorts schwindender Nahversorgung zugeschrieben (vgl. Abschn. 5.3.2). Die von der Gemeindeverwaltung akquirierten Fördermittel, mit denen zu Teilen der Dorfladen-Berater bezahlt werden konnte und mit denen auch Renovierungsarbeiten an der gemeindeeigenen Immobilie bezuschusst werden konnten (vgl. Regionalzeitung_W_10.08.2012; Regionalzeitung_W_17.08.2013), stellen ein weiteres nicht-menschliches Element in der Situation dar. Die finanzielle und fachliche Unterstützung stellten günstige Bedingungen für das bürgerschaftliche Engagement sicher. Die Dorfladen-Gesellschaft als juristische Person ermöglichte zudem die Verteilung wirtschaftlicher Risiken auf die mitwirkenden Bürger*innen und damit die Verringerung individueller ökonomischer Belastungen durch die Teilnahme an dem Projekt. Der Kapitalstock, der durch die Anteilszeichnungen zustande kam, ermöglichte die tatsächliche Aufnahme und Aufrechterhaltung des Betriebs. Ohne die finanzielle Beteiligung der Bürger*innen wäre das Projekt als von Bürger*innen getragene Unternehmung nicht möglich gewesen. Gleichzeitig ist ab der Gründung des Ladens klar: Wer mitentscheiden will, muss Anteile halten. Die Möglichkeit zur Beteiligung wurde ab diesem Zeitpunkt an finanzielles Engagement geknüpft. Die Satzung des Dorfladens und der ihn tragenden Unternehmer-Gesellschaft ist eine diskursiv und unter Anleitung eines Experten geformte Konstruktion, gleichzeitig wirkt sie als Artefakt mit den dort getroffenen inhaltlichen Setzungen in die Situation hinein und auf die dort präsenten Akteure zurück – beispielsweise die Absage an Gewinnmaximierung und das Ziel der Förderung sozialer und kultureller Belange der Mitglieder (siehe Abschn. 5.3.3). Mittels einer Umfrage versuchte der Dorfladenarbeitskreis schon im Vorfeld der Ladengründung sein Wirken an den Bedürfnissen der übrigen Bürger*innen auszurichten und sich der Akzeptanz eines zu gründenden Dorfladens zu versichern, indem sowohl Fragen zu Einkaufsverhalten und -wünschen als auch die Bereitschaft zu einer künftigen Mitwirkung abgefragt wurden. Damit folgte der Arbeitskreis einem Vorschlag des Dorfladenberaters. Laut Umfrageergebnissen wollten 97 Prozent der Teilnehmer*innen in einem zukünftigen Dorfladen einkaufen und sehr viele Dorfbewohner*innen sprachen sich für das Fortbestehen des Ladens aus (vgl. BB3_W: 18, 20). Auch die Unterstützungsbereitschaft von Seiten der Bürger*innen wurde bei der Umfrage deutlich. Zu berücksichtigen ist selbstverständlich, dass bereits durch die Nicht-/Teilnahme an der Umfrage tendenziell eine Selbstselektion von Befürworter*innen gegeben

5.3 Den Dorfkern erhalten und gestalten

ist.[71] Folgt man Wright/v. Unger/Block (2010) könnte man die durchgeführte Umfrage als Anhörung der Dorfbevölkerung und damit letztlich als Vorstufe von Partizipation begreifen.

Verwaltungshandeln mit punktueller Bürger*innenbeteiligung in Kirchdorf
Im Südtiroler Kirchdorf sorgte ein kommunales Planungsprojekt – die Planung und Realisierung einer Tiefgarage mit darüber liegendem Naherholungsbereich – für anhaltende Diskussionen, die auch jenseits kommunaler Gremien geführt wurden. Das Vorhaben einer Doppelnutzung des Areals (Parken und Freizeit/Erholung) geht auf eine Idee des amtierenden Bürgermeisters zurück (vgl. INT_BII_K: 97) und wurde mit langem Vorlauf über mehrere Jahre anvisiert und mit vergleichsweise hohen Fördermitteln und Darlehen vom Land Südtirol unterstützt (vgl. INT_BII_K: 67, 97). Die Gemeinde führte erstmals in ihrer Geschichte einen Planungs- oder „Ideenwettbewerb" (INT_B_K: 20) für ein kommunales Bauvorhaben durch, an dem sich Planungsbüros beteiligen konnten, und richtete eine Jury aus Mitgliedern der Gemeindeverwaltung und Ingenieur*innen ein, welche schließlich ein Siegerprojekt prämierte (vgl. ebd.). Planung und Umsetzung zogen sich über zwei Legislaturperioden hin (INT_BII_K: 51–61). Mit einer detaillierten Aufstellung über die Ausgaben, die zur Verfügung stehenden Fördermittel und die Schuldenbelastung der Gemeinde für die nächsten Jahrzehnte überzeugte der Bürgermeister den Gemeinderat in der entscheidenden Abstimmung von seiner Idee und so wurde das Projekt offiziell beschlossen (INT_BII_K: 83–85; INT_B_K: 395). Zudem sei der mit der Planung betraute Architekt im Vorfeld mehrfach in den Gemeinderat gekommen, um das Projekt zu bewerben, habe schöne Simulationen des späteren Areals gezeigt und damit Gemeinderatsmitglieder überzeugen können, erzählt ein Gemeinderat (vgl. INT_F_K: 141). Bevor der Bau letztlich realisiert wurde, stand die Bürgermeisterwahl an. Im Wahlkampf und auch danach wurde im Dorf intensiv und nach Ansicht einiger Bürger*innen sehr kontrovers über das Für und Wider einer solchen Tiefgarage debattiert (vgl. INT_BII_K: 53; INT_K_K: 203; INT_N_K:

---

[71] Der Dorfladen-Berater verzeichnete einen Rücklauf von 333 Fragebögen, wobei ein Fragebogen einen Haushalt mit mehreren Personen abdecken sollte und errechnete daraus eine Rücklaufquote von 47 Prozent (vgl. BB3_W:18).

503–511; INT_G1/G2_K: 344; INT_E1/E2_K: 101).[72] Nach der von Interviewpartner*innen als knapp beschriebenen Wiederwahl des Bürgermeisters wurde der Bau schließlich endgültig beschlossen, umgesetzt und mit einem Festakt feierlich eingeweiht (vgl. BB5_K).

Betrachtet man, wer aus der Dorfbevölkerung wann und wie beteiligt wurde oder sich am Prozess der Tiefgaragen-Planung beteiligte, fällt auf: Die handelnden Personen sind meist Vertreter*innen der Verwaltungsgemeinde Kirchdorf. Der erstmals in der Geschichte des Dorfes von der Kommunalverwaltung angestrengte Ideenwettbewerb richtete sich nicht an Kirchdorfer Bürger*innen und deren Ideen, sondern adressierte als international ausgeschriebener Planungswettbewerb entsprechende Planungsbüros. Der Jury gehörten neben Vertreter*innen des Kirchdorfer Gemeindeausschusses nicht ortsansässige Expert*innen wie der Ensembleschutzbeauftragte und weitere Architektin*innen und Ingenieur*innen an (vgl. Gemeindezeitung_K_6/2009). Das Siegerprojekt wurde öffentlich vorgestellt (vgl. ebd.). Zur Information der Bevölkerung gab die Gemeindeverwaltung ein Faltblatt heraus, um den Bürger*innen das Bauvorhaben näherzubringen und dessen Vorteile aus Sicht der Gemeinde aufzuzeigen (vgl. Faltblatt). Der Bürgermeister argumentierte hierin und auch bei späteren Anlässen (beispielsweise der jährlichen Bürgerversammlung) einerseits mit den geringen Folgekosten und der einmaligen Gelegenheit, ein zinsloses Darlehen vom Land Südtirol zu bekommen, das seiner Ansicht nach eine moderate Schuldenbelastung für die Gemeinde bedeute. Andererseits führte er die Notwendigkeit an, ausreichend Parkplätze für Pendler, Bürger*innen aus den entlegenen Ortsteilen („Fraktionen" genannt), (Tages-)touristen und Besucher des nahe gelegenen Badeteichs zur Verfügung zu stellen (INT_BII_K: 69–77) und nicht zuletzt die Verkehrsberuhigung und -sicherheit. Es würde außerdem eine touristische Aufwertung (ebd.: 77) erfolgen. Auf der jährlich stattfindenden Bürgerversammlung präsentierte der Bürgermeister das Siegerprojekt und legte nochmals Daten dazu vor. Nach Darstellung eines Gemeinderats wurden bei dieser Veranstaltung keine Einwände seitens der anwesenden Bürger*innen geäußert (vgl. INT_D_K: 344).[73] Alle die Tiefgarage

---

[72] Bereits bei meinem ersten Aufenthalt im Dorf erzählten Bürger im informellen Gespräch von dem umstrittenen Bauvorhaben, auch später kamen unterschiedlichste Interviewpartner*innen immer wieder von selbst auf das Thema zu sprechen (vgl. BB1_K: 49). In weiteren Gesprächen fragte ich daher schließlich gezielt nach individuellen Einschätzungen zu dem Projekt, wenn diese nicht von selbst zur Sprache kamen.

[73] Vor der Bürgerversammlung, in der das Projekt nochmals detailliert vorgestellt wurde, hätten „[e]inige gemeckert und nachher wie es geheißen hat, jetzt dürft Ihr Fragen stellen oder irgendwie Einwände einbringen, hat sich keiner mehr [Interviewerin: hat keiner mehr was gesagt], nein nix mehr." (INT_D_K: 344).

5.3 Den Dorfkern erhalten und gestalten

betreffenden amtlichen Beschlüsse sowie Informationen zu den im Laufe der Zeit vergebenen Arbeiten waren in Einklang mit dem gesetzlichen Transparenzgebot stets auf der Homepage der Gemeinde einsehbar (vgl. INT_B_K: 100). Informationen zu dem Projekt waren meist erst verfügbar, nachdem diesbezügliche Entscheidungen bereits gefallen waren (vgl. ebd.). Gleichwohl wurden Bürger*innen punktuell an dem Prozess der Planung und Umsetzung beteiligt. Beispielsweise wurde eine örtliche Firma mit den ausgeschriebenen Bauarbeiten betraut (vgl. ebd.). An der Planung der Ausstattung des Kinderspielplatzes auf dem Naherholungsareal konnten außerdem Eltern, Mitglieder des örtlichen katholischen Familienverbands und Kindergartenangestellte teilhaben, indem sie zusammen mit einem landesweiten Verein für Kinderspielplätze geeignete Spielgeräte auswählten (INT_BII_K: 27).

Einzelne Gemeinderatsvertreter*innen, die dem Projekt skeptisch gegenüberstanden, kritisierten nach der Fertigstellung der Tiefgarage im Interview, dass der Bürgermeister Kritiker*innen aus den Reihen der Gemeinderäte aber auch aus lokalen Assoziationen nicht in den Planungsprozess einbezogen habe. Ein Gemeinderat, der zugleich dem örtlichen Tourismusverein angehört, suggerierte etwa, der Tourismusverein sei absichtlich aus Fragen der Gestaltung ferngehalten worden (vgl. INT_F_K: 107) und beklagte, der Bürgermeister habe sich Gegenvorschlägen zum Standort des zu schaffenden Parkraums verweigert (vgl. ebd.: 107).[74] Diese Erzählung verweist auf einen Mitgestaltungsanspruch bei kommunalen Entwicklungsprojekten von Seiten mindestens eines Vereins. Es habe noch ein vom Tourismusverein initiiertes Treffen zwischen dem Verein und dem zuständigen Gemeindeausschuss gegeben, in dem der Bürgermeister aber kategorisch Alternativprojekte abgelehnt habe, erzählt der Vertreter des Vereins (vgl. ebd.: 117). Dies zumindest weist darauf hin, dass der Bürgermeister Vereinsvertreter*innen, wenn auch nicht proaktiv, so doch während des Prozesses konsultierte. Letztendlich stimmte erstaunlicherweise auch der zitierte leidenschaftliche Kritiker des Projektes am Ende im Gemeinderat für das Vorhaben, es wurde schließlich mit einer Enthaltung angenommen (INT_B_K: 393). In den für die Planung zuständigen Gemeindeausschuss, der nach der Wiederwahl des Bürgermeisters besetzt werden musste[75], habe der Bürgermeister, so stellt es Gemeinderat Feichter dar, „scheinbar [...] die genommen, die [...] die Entscheidung mittragen" (INT_F_K: 140).

---

[74] Darüber dass die Parkmöglichkeiten in der Gemeinde erweitert werden sollten, herrschte, so stellt es sich in den geführten Interviews dar, offenbar Konsens – nicht aber über das Ausmaß/die Anzahl und den Standort.

[75] Zur politischen Verfasstheit von Südtiroler Gemeinden vgl. Abschn. 5.1.2.

„Weil ich bin, ich wäre normalerweise schon im Ausschuss. [Mhm] Aber das war ganz klar, von vornherauf schon, dass er das Projekt Ausschuss, dass die Garage kein Thema mehr ist. War ich auch, es waren zwei und zwei im Gespräch. Und ich hab ihm gesagt, mit mir baust Du keine Garage, net. Sonst hätte er mich gleich in den Ausschuss geholt, damit ich das Projekt mitgetragen habe. [Mhm] Das Problem ist das mit dem Ausschuss. Weißt Du den Ausschuss? Ausschuss sind fünf. [Mhm] Gemeinderat sind 15. [Mhm] Und wenn fünf sich jetzt einig sind, dass die fünf etwas wollen. Dann musst schon fast eine Bürgerbefragung machen, dass Du irgendwas verhinderst." (INT_F_K: 133)

Der Gemeinderat zeichnet damit das Bild, dass er machtlos gewesen sei gegen eine geeinte Gruppe. Er suggeriert außerdem, dass die Entscheidungen, die einmal im Gemeindeausschuss getroffen sind, schwerlich noch zu kippen sind. Zudem unterstellt er dem Bürgermeister taktisches Agieren bei der Zusammenstellung des zu wählenden Gemeindeausschusses.

Auch im Falle Kirchdorfs spielen nicht-menschliche Elemente eine nicht unerhebliche Rolle. Die von Land Südtirol eingeworbenen Fördergelder waren nach Darstellung verschiedener Interviewpartner*innen entscheidend, um den Bau der Tiefgarage realisieren zu können (INT_BII_K: 67; INT_C_K:107). Allein durch Mittel der Gemeinde Wiesental wäre dies nicht finanzierbar gewesen. Das eigens entworfene Faltblatt diente der Information und sicherlich auch dem Zweck der Überzeugung der Bürgerschaft und der Schaffung größerer Akzeptanz für das Projekt. Die im Gemeinderat vorgestellten Simulationen und schließlich das fertiggestellte Areal wirkten auf die Diskussionen in den kommunalen Gremien, aber auch in die Diskussionen der Dorfbevölkerung hinein (vgl. Abschn. 5.3.3). Das gesetzlich festgeschriebene Transparenzgebot und die Haltung des Bürgermeisters dazu spielten ebenfalls eine Rolle. Auf die allgemein gehaltene Frage, ob es Entscheidungen gebe, bei denen Bürger*innen beteiligt würden, erzählt der Bürgermeister für „große Projekte" (INT_B_K: 100), wie es jetzt eines im Ort gegeben habe (und womit er eindeutig die Tiefgarage meint), gebe es zwar auch das Instrument der Volksbefragung. Dies sei jedoch ein Thema, das vor allem die Opposition voranzutreiben versuche (vgl. ebd.). Er betont dagegen seine Haltung:

„Wir sind's von der ersten Gemeinde, des hab ich gleich gesagt, will man dass jeder Beschluss im Internet abrufbereit ist, wir tun alles nach außen schalten. Wir ham, ich hab meine Präsentation, wir haben alles ins Internet gesetzt, jeder kann also alles lesen, was passiert, wenn er Interesse hat. Das ist schon mal ein Zeichen von Transparenz. Wenn Menschen interessiert sind's, schauen sie nach und sagen, ah das hat sich jetzt getan. (…) Ich mach in der Bürgerversammlung die wir mit allen machen, eine Gemeindezeitung, was (zwoamal ausgaben werd) Informationen nach außen gibt, Informationen, was alles gemacht und getan wird und, und, und alles miteinander." (INT_B_K: 100)

So werde durch die Veröffentlichung von allen Beschlüssen der Gemeinde ein hohes Maß an Transparenz erreicht. Letztlich obliege es dann jedem Einzelnen sich zu informieren. Gleichzeitig wird deutlich, dass der Bürgermeister einer direkten Beteiligung von Bürger*innen an Entscheidungen eher skeptisch gegenübersteht und die Information der Dorfbewohner*innen darüber für ausreichend hält.

Beide Entwicklungsprojekte – der Dorfladen im bayerischen Wiesental und die Tiefgarage im Südtiroler Kirchdorf – vollzogen sich außerdem vor dem Hintergrund unterschiedlicher Bilder von sozial-ökologischen Wandlungsprozessen, welche im Folgenden genauer betrachtet werden.

5.3.2 Bilder von Wandel in Bezug auf Dorfladen und Tiefgarage

Der Dorfladen in Wiesental als Symbol für ein lebendiges Dorf
Wenn sie von ihrem Engagement für den Dorfladen in Wiesental erzählen, rufen einige Beteiligte Bilder von sozio-ökonomischem Wandel auf, auf die der Dorfladen gleichsam eine Antwort geben solle. Zwei Mitwirkende illustrieren ihren Stolz auf die Realisierung des Ladens vor dem Szenario, wenn es keinen Lebensmittelladen mehr im Dorf gegeben hätte:

> M: „[[…]] Aber das erfolgreiche Weiterbestehen des Ladens und hat auch schon bei vielen Leuten wieder so ein bisschen das Bewusstsein geweckt, um zu sagen, damit wir weiterhin so gut versorgt sind, kaufen wir auch hier ein. Und sicherlich nicht weniger, sondern mehr. [Mhm]
>
> N: [Dann ist es ein Erfolg vom Kunden.
>
> M: Dagegen vor Augen geführt, wenn es keinen Laden] gibt, oder mehr gegeben hätte. Wenn er aus irgendwelchen Gründen nicht hätte weitergeführt werden können. Ich glaub das hat die Leute dann schon zum Nachdenken gebracht, die mögliche Alternative.
>
> N: Ist ja klar, man liest wieder in dem Ort gibt es kein Geschäft mehr, aber wir haben eines. Und das ist Beruhigung und Stolz." (INT_M/N_W: 266–270)

Der Dorfladen-Beirat Herr Niederhuber zeichnet ein Gegenbild zu bekannten Beispielen des langsamen Verlusts von dörflichen Strukturen: Wiesental gehört demnach nicht zu jenen Dörfern, deren Wirtschaftsleben langsam ausblutet und in denen zentrale Strukturen der Nahversorgung und Daseinsvorsorge sukzessive wegbrechen. Diese vorläufige Gewissheit, die man sich durch die Gründung des

Ladens verschafft hat, beruhigt die Dorfbewohner*innen in seinen Augen. Gleichzeitig befördere die Ladengründung den Stolz darauf, dass im eigenen Dorf ein solches Szenario abgewendet wurde und man durch die Nutzung dieser Strukturen aktiv zu deren Erhalt beitragen könne. Der Beirat Herr Meier betont im selben Interview, dass ein Bewusstsein geweckt worden sei. Explizit verweist er darauf, dass die Dorfbewohner*innen sich der Wirkungen ihrer Einkaufsentscheidung bewusster geworden seien. Andererseits kann man seine Ausführungen auch dahingehend lesen, dass das Bewusstsein eines „Wirs" also eines Kollektivs oder einer Gemeinschaft mit gewissen Selbstwirksamkeitskräften geweckt worden sein könnte: „[D]amit wir weiterhin so gut versorgt sind, kaufen wir auch hier ein." (ebd.). Diese These wird insbesondere in den Unterkapiteln 5.3.3 und 5.3.4 weiterverfolgt. In den Äußerungen wird dem Laden neben seiner praktischen Funktion als Einkaufs- und Nahversorgungsmöglichkeit vor allem eine symbolische Wirkung zugesprochen, die Mitwirkende gleichsam als Signalwirkung nach innen, in die Gemeinde und deren Bevölkerung, und nach außen, über die Dorfgrenzen hinaus, beschreiben. Gleichzeitig ist dies eine Deutung die den Dorfladen als Artefakt sichtbar werden lässt, dem positive Wirkungen zugeschrieben werden. Auch der Landwirt Herr Beier betont diese Bedeutung eines Lebensmittelladens im Dorf, welches in der Vergangenheit einmal als „Gemeinde der Zukunft"[76] prämiert wurde.

> „Na des ist ja nicht schlecht. So ein Laden gehört schon dazu. Dorf der Zukunft und dann hast du nicht einmal einen Laden. Dann darfst du ja sofort aufhören und die in [[… dem anderen Ortsteil, Anonymisierung durch Vergröberung]] sagt auch, [[…]] wenns krank werden. Die hören sofort mit dem Laden auf in [[… dem Ortsteil, Anonymisierung durch Vergröberung]]. Und dann hätten wir gar keinen mehr gehabt." (INT_B_W: 502)

Der Landwirt beschreibt das Fortbestehen zumindest eines Lebensmittelladens im Ort als in praktischer wie symbolischer Hinsicht essenziell für die Zukunft des Ortes. Die Dorfladen-Beiräte Meier und Niederhuber betonen die praktische Bedeutung des Dorfladens als Instrument zur Sicherung der Nahversorgung. In Bezug auf letztere konstatiert beispielsweise Herr Niederhuber, es habe eine „allgemeine Unzufriedenheit" (INT_N_W: 55) im Ort mit den Plänen des Erstkäufers der Dorfladenimmobilie gegeben, denn

---

[76] Das Gemeindenetzwerk „Allianz in den Alpen" zeichnete mit diesem Preis Gemeinden für deren Bemühungen um nachhaltige Entwicklung aus, die mindestens in einem Handlungsfeld zur Umsetzung der Alpenkonvention beitragen (vgl. Internationale Alpenschutzkommission CIPRA).

5.3 Den Dorfkern erhalten und gestalten

„die Planung wäre ja auch zeitlich länger gewesen, wenn das der Erwerber [[besagter Erstkäufer]] macht. [Mhm] Und wenn man sagt, irgendwo kann der Betrieb aufrechterhalten werden, dann ist das am Nahversorgungscharakter orientiert. Und die Gemeinde muss hier reagieren. Weil sie sagt, wenn der Laden ein Jahr nicht läuft und dann weiß man nicht, wie er wieder stattfindet, dann haben wir erst mal keinen Laden mehr. [Mhm] Das war also schon irgendwo so eine Notfallsituation." (Ebd.)

Herr Niederhuber rechtfertigt damit in gewisser Weise das Eingreifen der Gemeinde, die zu einem vergleichsweise späten Zeitpunkt die zunächst von einem Unternehmer mit eigenen Ladenplänen gekaufte Immobilie erwarb, in welcher der spätere bürgergetragene Dorfladen entstehen konnte. Herr Niederhuber beschreibt eine befürchtete Versorgungslücke als Notfallsituation und sieht die Gemeindeverwaltung hier gleichsam in der Pflicht, einzuschreiten und den Nahversorgungscharakter zu erhalten. Die Dorfladengesellschafterin Frau Rosenmaier argumentiert ebenfalls – und vor allem – über den praktischen Aspekt der Nahversorgung durch den Laden. Wichtig sei vor allem die Möglichkeit, sich mit allen notwendigen Gütern für den Haushalt zu bezahlbaren Preisen vor Ort eindecken zu können (vgl. INT_R_W: 16). Praktische und ökonomische Gründe werden in ihrer Deutung des Dorfladens über soziale Aspekte gestellt. Mit der Argumentation über die Wichtigkeit der Nahversorgung werden neben der benannten Symbolwirkung vor allem beobachtbare ökonomische Veränderungsprozesse adressiert – kleine, inhabergeführte Lebensmittelläden in kleinen Dörfern schließen, während sich große Lebensmittelketten in größeren Orten ansiedeln.

Aspekte sozialen Wandels werden von unterschiedlichen Mitwirkenden mit der Dorfladen-Gründung in Verbindung gebracht. Beispielsweise ziehen einige eine Verbindung zum demografischen Wandel beziehungsweise zu den gegebenen und zu erwartenden Altersstrukturen im Ort:

„Und halt, wie man es bei allem hat in der Gemeinde, man muss schauen, was für den Bürger noch verträglich ist, wenn man sagt, die Altersstruktur ist so, dass man einen Laden im Ort braucht. Da ist jetzt nicht die Produktpalette mitgedacht, sondern, dass jeder seine Ernährung zu Fuß oder mit dem Rad besorgen kann. [Ja] Und diese Interessen sind in diesen Arbeitskreisen zur-, dargestellt worden und als wichtig empfunden worden." (INT_N_W: 58)

„Und da gibt's eben auch ne Menge Leute- ne ganze Menge Leute, die hier im Laden nur einkaufen gehen. Die mit ihren Gehwägelchen und oder diesen- Rollator oder auch mit dem Zieh- Ziehdingen da hingehen und da einkaufen. Das muss erhalten bleiben." (INT_L_W: 218)

Besonders wichtig ist demnach für die zitierten Gesprächspartner*innen die Erreichbarkeit des Ladens, insbesondere kurze Wege dorthin, die auch ohne Auto zu meistern sind. Die Überlegungen der am Dorfladen Mitwirkenden zum Umgang mit dem demografischen Wandel und sich generell verändernden Altersstrukturen im Ort sind Teil des Anspruchs, dem „Gemeinwohl" dienlich zu sein (siehe Abschn. 5.3.3). Soziale Aspekte von Wandel, die im Prozess der Gründung des Wiesentaler Dorfladens aufscheinen, zeigen sich darüber hinaus auch in den aufgerufenen Bildern von Gemeinschaft (vgl. Abschn. 5.3.3).

Ökologische beziehungsweise Umweltaspekte wurden zur Mobilisierung oder Motivierung von Unterstützer*innen und Fördergeber*innen aber auch im Gespräch über den Prozess als solchen kaum in Anschlag gebracht. Aspekte ökologischen Wandels oder des Umwelt- und Klimaschutzes adressiert der Gemeinderat Herr Qualtinger im Interview auf Nachfrage, ansonsten stellt – mit Ausnahme des Altbürgermeisters und Mitbegründers von NaturKonzept – kaum jemand von selbst einen Zusammenhang zwischen ökologischen Fragen und dem Dorfladen her. Der Gemeinderat Herr Qualtinger beschreibt die Motivlage von Seiten des Wiesentaler Gemeinderates für erste Überlegungen zu einem Dorfladen und die damit verknüpften Bedeutungszusammenhänge folgendermaßen:

> „Des is oba a unser Gedanke, gel. Nicht nur die Bequemlichkeit, sondern aa der Klimaschutz, aa des, des Dorfleben, es schließt sich der Kreis immer wieder, wenn der Dorfladen nimma is, dann is nächsts Moi vielleicht der Wirt nimma, ähm de Kirch werns uns zwar nimma nehma, oba dann bröckln Dinge weg, die eigentlich zu am gsunden Dorfleben dazuaghörn. [hm] Und da ghört da Laden auf alle Fälle dazua, genauso wie der Wirt, da Pfarrer, also de Kirch auf guad Deutsch. Do miasma alle Anstr-, Anstrengungen macha, des werma oba scho hibringa. Do sama guten Mutes." (INT_Q_W: 208)[77]

Herr Qualtinger spricht davon, dass Klimaschutz und der Erhalt des Dorflebens Aspekte seien, die bei Anstrengungen, um einen Laden im Dorf zu erhalten, berücksichtigt würden. Dass Herr Qualtinger Klimaschutz als ein Motiv unter

---

[77] „Das ist aber auch unser Gedanke, nicht wahr [[betont und verstärkt die Aussage, Anm. JT]). Nicht nur die Bequemlichkeit, sondernauch der Klimaschutz, auch das, das Dorfleben, es schließt sich der Kreis immer wieder, wenn der Dorfladen nicht mehr ist, dann ist das nächste Mal vielleicht der Wirt nicht mehr, ähm die Kirche werden sie uns zwar nicht mehr nehmen, aber dann bröckeln Dinge weg, die eigentlich zu einem gesunden Dorfleben dazugehören. [hm] Und da gehört der Laden auf alle Fälle dazu, genauso wie der Wirt, der Pfarrer, also die Kirche auf gut Deutsch. Da müssen wir alle Anstr-, Anstrengungen machen, das werden wir aber schon hinbringen [[gemeint ist: schaffen, Anm. JT]]. Da sind wir guten Mutes. Da haben wir schon, erarbeiten wir das Konzept wie sowas dann aufgestellt werden könnte. [hm] Sind wir auf einem guten Weg." (INT_Q_W: 208).

5.3 Den Dorfkern erhalten und gestalten

anderen erwähnt, kann mit darauf zurückgeführt werden, dass die Interviewerin Klimaschutz als eine mögliche, indirekte Wirkung eines Dorfladens ins Spiel gebracht hatte.[78] Seine bereitwillige Aufnahme des Stichwortes weist aber auf bereits vorhandene eigene Reflexionen dazu hin. Intensiver geht der Gesprächspartner dann auf das Dorfleben und das Ziel ein, es zu erhalten. Sein Ansinnen, eine Abwärtsspirale im Dorfleben zu verhindern, aber auch die Zustimmung zur angebotenen Deutung von nahräumlichem Einkaufen als Beitrag zum Klimaschutz zeigen, dass der Dorfladen von ihm stets im Zusammenhang mit verschiedenen Dynamiken sozial-ökologischen Wandels gedacht und nicht als isoliertes Problem gesehen wird. Sinnbildlich hierfür ist seine Bemerkung, es schließe sich „der Kreis immer wieder" (ebd.). Interessant ist, dass von ihm zu jenem gesunden Dorfleben neben dem Dorfladen der Wirt, die Kirche und der Pfarrer als wichtige Bestandteile zählen, also etablierte Institutionen und Orte der Begegnung, die das gesunde Dorfleben ausmachen. Dass der Dorfladen vereinzelt in Zusammenhang mit ökologischen Wandlungsprozessen und Herausforderungen gebracht wird, zeigt sich außerdem an einem Beitrag des Altbürgermeisters und Mitbegründers von NaturKonzept im kommunalen Mitteilungsblatt. Um Umweltbelange stärker ins Bewusstsein der Bürger*innen zu bringen, veröffentlichte er nach der erfolgreichen Ladengründung dort eine Rechnung, die zeigen sollte, wie viel Treibstoff jährlich von Wiesentaler*innen bei auswärtigen Einkaufsfahrten verbraucht und dementsprechend CO_2 emittiert würde. Als Berechnungsgrundlage diente ihm eine fiktive Zahl täglicher Einkaufsfahrten von Wiesentaler*innen in andere Orte und Städte. Gleichzeitig führte der Altbürgermeister beispielhaft an, wie viele Grundnahrungsmittel man für den angenommenen verbrauchten Euro-Betrag im örtlichen Lebensmittelladen stattdessen hätte erwerben können. Die ansonsten unkommentierte Aufstellung beschloss er mit den Worten:

> „In der Ökobilanz ist folgende Berechnung realistisch. Pro km ist eine Berechnung 150 gr. realistisch. Laut dieser Berechnung wären dies 25.000 Kg oder 25 t CO_2. Über diese Zahlen sollte man nachdenken." (Vgl. Mitteilungsblatt_W_05.04.13)

Einerseits versucht der Altbürgermeister und Mitbegründer von NaturKonzept dadurch den Einkauf im Dorfladen mit dem Umweltgedanken zu verbinden, gleichzeitig lenkt er die Aufmerksamkeit der Leser*innen auf deren eigenen Geldbeutel. Herr Ganslmeier setzt auf die Macht der Zahlen, indem er einen Eurobetrag ausweist, der jährlich für Treibstoff ausgegeben werde, und verankert die abstrakte Zahl in der Lebenswelt seiner Leser*innen, indem er aufzeigt,

---

[78] Das Interview fand im Rahmen des Projektes „Klima regional" statt, deshalb auch die aktive Nachfrage der Interviewerin.

wie viele Kartoffeln, Eier etc. man stattdessen hätte erwerben können (vgl. ebd.). Auch dieses Beispiel der Reflexion von ökologischen Aspekten zeugt von einem durchaus mehrdimensionalen Nachhaltigkeitskonzept.

Bei den Überlegungen zum Dorfladen werden Verbindungen hergestellt zwischen der Nahversorgung, die unter anderem durch ökonomische Wandlungsprozesse beeinflusst wird, dem demografischen Wandel als einem Aspekt sozialen Wandels und ökologischen Aspekten, die etwas seltener angesprochen werden. Der Dorfladen wird von den Bürger*innen also in einen umfassenderen Bedeutungszusammenhang gestellt und sowohl mit verschiedenen Dynamiken sozial-ökologischen Wandels als auch sozialen, ökonomischen und ökologischen Dimensionen von Nachhaltigkeit verknüpft.

Die Tiefgarage in Kirchdorf als umstrittene Infrastrukturmaßnahme
Aus den Diskussionen um die Tiefgarage im Südtiroler Kirchdorf lassen sich ebenfalls Bilder von sozial-ökologischem Wandel rekonstruieren.

Das wirtschaftliche Wohlergehen der Gemeinde ist ein häufig genannter Aspekt in Zusammenhang mit der Tiefgarage. Ökonomische Motive spielten bei der Entscheidung zu deren Bau demnach eine wichtige Rolle. In den Diskussionen, die den Prozess begleiteten, scheiden sich die Geister insbesondere an Fragen der Verhältnismäßigkeit verausgabter Gelder. Der Bürgermeister beschreibt, dass er ein Gelegenheitsfenster im interkommunalen Konkurrenzkampf um Gelder vom Land Südtirol genutzt habe (vgl. INT_BII_K: 67, 103). Zeitweilig hätten viele Gemeinden wegen veränderter Ausschreibungsmodalitäten gezögert, in kommunale Projekte zu investieren und deshalb auch keine entsprechenden Mittel bei der Landesregierung angefragt (INT_B II_K: 83–85; INT_B_K: 395). „Entscheidend" für die Realisierung des Projektes sei das zinslose Darlehen vom Land Südtirol gewesen, erklärt der Bürgermeister bei der feierlichen Einweihung (vgl. BB5_K: 15). Die interkommunale Konkurrenz um staatliche Finanzmittel und die Wettbewerbsfähigkeit der Gemeinden in Zeiten ungewisser weltwirtschaftlicher Entwicklungen führen auch weitere Interviewpartner*innen an. Ein Ehepaar aus dem Ort setzt in seiner Reflexion über die weitere Entwicklung des Dorfes ohne Aufforderung der Interviewerin den Bau der Tiefgarage in Bezug zur allgemeinen weltwirtschaftlichen Lage (INT_G1/G2_K: 331–338):

> Frau G: Ob die Entwicklung so schnell wie's in die letzten dreißig Jahren gewesen ist, wird's nicht mehr weitergehen.
>
> Herr G: Naa, ich glaub des, aber da is, da is die ganze Weltwirtschaft irgendwie schuld. Die is scho zurückgegangen, ned, [Mhm] und die wird auch weiterhin

5.3 Den Dorfkern erhalten und gestalten

zurückgehen noch. Weil äh, es is zu teuer, an Förderungen fehlt es auch, öffentliches Geld wird auch, und die Banken wollen das Geld nicht mehr herausgeben. [Bei uns-

Frau G: Kann man glücklich sein, dass bei uns das meiste schon an Infrastruktur, schon da ist, gell.

Herr G: Bei uns is es halt so, es is halt so in Kirchdorf] also so eine Tiefgarage, die würde sicher nicht mehr gebaut. [Mhm]

Frau G: Jetzt schon nicht mehr. [Mhm]

Herr G: Das würde jetzt nicht mehr gebaut.

Frau G: Das würde nie mehr genehmigt werden.

Herr G: Das is unmöglich [Mhm]. (INT_G1/G2_K: 331–338)[79]

Das Ehepaar Gruber ist sich im Gespräch über die Tiefgarage sicher, man könne sich glücklich schätzen, dass „das meiste an [[...]] Infrastruktur" in Kirchdorf bereits vorhanden sei, denn große Infrastrukturprojekte wie die Tiefgarage würden aus heutiger Sicht „nie mehr genehmigt werden" (ebd.). Nach Ansicht des Mannes ist ein weltwirtschaftlicher Abschwung dafür verantwortlich, dass Förderungen zurückgingen und Banken weniger freigiebig mit Krediten seien. Die Gesprächspartner*innen kontextualisieren die Verfügbarkeit von Finanzmitteln für Infrastrukturprojekte wie die Tiefgarage außerdem mit der politischen Situation Südtirols und im Zentralstaat Italien. Südtirol habe in der Vergangenheit sehr viel Geld gehabt (vgl. INT_G1/G2_K: 366) und

„[[...]] in Rom unten schon kräftig gemolken. [Mhm] Weil einfach die politische Situation so war. [Mhm] Weil es immer unten um ein paar, ein paar Abgeordnete um ein paar Senatoren gegangen is. Wer die Mehrheit hat zum Regieren. [Mhm] und

---

[79] Frau G: Ob die Entwicklung so schnell wie's in die letzten dreißig Jahren gewesen ist, wird's nicht mehr weitergehen.
Herr G: Nein, ich glaube das, aber da ist, da ist die ganze Weltwirtschaft irgendwie schuld. Die ist schon zurückgegangen, nicht wahr, [Mhm] und die wird auch weiterhin zurückgehen noch. Weil äh, es is zu teuer, an Förderungen fehlt es auch, öffentliches Geld wird auch, und die Banken wollen das Geld nicht mehr herausgeben. [Bei uns-
Frau G: Kann man glücklich sein, dass bei uns das meiste schon an Infrastruktur, schon da ist, nicht wahr.
Herr G: Bei uns ist es halt so, es ist halt so in Kirchdorf] also so eine Tiefgarage die würde sicher nicht mehr gebaut. [Mhm]
Frau G: Jetzt schon nicht mehr. [Mhm]
Herr G: Das würde jetzt nicht mehr gebaut.
Frau G: Das würde nie mehr genehmigt werden.
Herr G: Das ist unmöglich [Mhm]. (INT_G1/G2_K: 331–338)

natürlich sind die Südtiroler darauf angesprochen worden, und die haben immer natürlich zuerst, was <u>bekommen</u> wir? Ja ihr bekommt das und das und das und das. Ja, okay. Dann ist das gut gegangen, vielleicht ein halbes Jahr, und dann ist wieder (unverständlich: Forza) Regierung gestürzt worden und dann is wieder umgebaut worden und die Südtiroler haben dann <u>wieder</u> gemolken, ned." (INT_G1/G2_K: 378)[80]

Mittlerweile aber werde die Situation anders beurteilt, man spüre die Auswirkungen der italienischen Sparpolitik, schildert beispielsweise der Bürgermeister. Man bekomme nun „immer weniger [[...]] Geld zurück, was wir per Steuern einzahlen zurück von Rom [[...]] und die Gelder fehlen uns." (INT_BII_K: 111–113). Die örtliche Feuerwehrhalle, erzählt das Ehepaar, sei zu damaligen Zeiten noch ohne Not vergrößert worden, weil Gelder dafür zur Verfügung standen (vgl. INT_G1/G2_K: 368–375).

> Herr G: Und dann hat man sie vergrößert und hat gesagt, ja okay, das kostet uns ja nichts. Wenn wir es nicht machen, dann macht es halt die Nachbargemeinde.
>
> Interviewerin: Und das war so die Mentalität.
>
> Frau G: Ja, das war so. Das war auch so was.
>
> Herr G: Das muss man sich vorstellen! Das muss man sich vorstellen! (INT_G1/G2_K: 375–378)

Der Infrastrukturausbau in Kirchdorf wird von Ehepaar Gruber durchaus ambivalent beurteilt: Einerseits ist das Ehepaar froh, dass man im Dorf über gute Infrastrukturen verfüge, andererseits sehen sie den Ausbau als stark von einem wirtschaftlichen Konkurrenzkampf zwischen den Südtiroler Gemeinden angetrieben und nicht immer als verhältnismäßig. Seine Missbilligung drückt her Gruber in dem empörten, wiederholten Ausruf „Das muss man sich mal vorstellen" aus. Dass kommunale Gelder in Kirchdorf überhaupt für Parkraum verwendet werden, wurde allerdings von niemandem aus der Bürgerschaft in Interviews oder informellen Gesprächen kritisiert, wohl aber die Höhe der veranschlagten Beträge (vgl. INT_BII_K: 61; INT_F_K: 101; INT_G1/G2_K: 397; INT_M_K: 176, vgl. Abschn. 5.3.3).

---

[80] „[[...]] in Rom unten schon kräftig gemolken. [Mhm] Weil einfach die politische Situation so war. [Mhm] Weil es immer unten um ein paar, ein paar Abgeordnete um ein paar Senatoren gegangen ist. Wer die Mehrheit hat zum Regieren. [Mhm] und natürlich sind die Südtiroler darauf angesprochen worden, und die haben immer natürlich zuerst, was <u>bekommen</u> wir? Ja ihr bekommt das und das und das und das. Ja, okay. Dann ist das gut gegangen, vielleicht ein halbes Jahr, und dann ist wieder (unverständlich: Forza) Regierung gestürzt worden und dann ist wieder umgebaut worden und die Südtiroler haben dann <u>wieder</u> gemolken, nicht wahr." (INT_G1/G2_K: 378).

5.3 Den Dorfkern erhalten und gestalten

Wirtschaftliche Aspekte wurden auch im Zusammenhang mit dem Standort der Tiefgarage angesprochen. So legt etwa ein Interviewpartner nahe, man hätte die Parkplätze auch anderweitig und günstiger schaffen können, etwa in Form eines Parkplatzes:

> „Mit der Garage, nicht, es ist, ich wollte sie im Zentrum haben, wo es nur fünftausend Euro kostet und er wollte das nicht machen, weil es meine Idee war. Er wollte lieber außerhalb vom Dorf, dann kostet es über 30.000, der Parkplatz. Jetzt hat er [[gemeint ist der Bürgermeister, Anm. JT]] es außerhalb vom Dorf gemacht, mit über 30.000 Euro den Parkplatz. Und das natürlich konnte ich nicht verhindern und es war für mich einfach unmöglich. Das fand ich extreme Steuerverschleuderung. Und wir haben eine Tiefgarage im Dorf, das ist eine Katastrophe, weil es Kirchdorf eigentlich gar nicht braucht." (INT_F_K: 101)

Nach Ansicht des Gesprächspartners wurden Steuermittel nicht wirtschaftlich und ohne Not für den Bau der Tiefgarage eingesetzt.

Auf ökologische Aspekte wurde im Zusammenhang mit dem Tiefgaragenbau kaum Bezug genommen. Lediglich einmal wurde in einem Interview die Haltung artikuliert, dass die Tiefgarage ein Eingriff in die Landschaft sei. So beschreibt derselbe Gemeinderat, dass der Bau seines Erachtens zeige, dass in

> „Kirchdorf da der grüne Faden nicht einfach weitergezogen wird, dass man bei allen Dingen einfach ein bisschen behutsamer umgeht mit der Landschaft, der Natur und mit dem." (Ebd.)

Die Gemeinderätin Frau Kofler, die sich selbst und die eigenen Positionen als „sicher grün angehaucht" (INT_K_K: 57) beschreibt, „[u]nd wenn es darum geht die Natur zu schützen, [[…]] schon sehr darauf bedacht, da weniger Bauten hinzustellen als mehr", schildert die Lage dagegen so, dass es zwar durchaus Diskussionen um den Standort gab,

> „[[w]]eil natürlich so ein Parkhaus zu bauen viel Geld kostet. Also natürlich, das war schon eine Diskussion, auf alle Fälle. Wegen des Geldes, aber vor allem auch wegen des Standorts. Weil es zu weit weg ist vom Dorfkern." (Ebd.: 203)

Mit Dorfkern ist offensichtlich der Dorfplatz samt Rathaus und dort ansässigen Läden gemeint, da die Tiefgarage selbst im Ortszentrum und nicht einem der angrenzenden Ortsteile (Fraktionen) gelegen ist. Auf die Frage der Interviewerin, ob es auch Diskussionen gab, die den Bau als Eingriff in die Landschaft ablehnten, antwortet sie aber entschieden, das sei „nie das Argument" (INT_K_K: 205) gewesen.

> „Nein, überhaupt nicht. Das überhaupt nicht, weil da gabs ja schon diese Fläche. [Mhm] Da war ein Fußballplatz drauf. Und vor allem, sie ist ja unterirdisch. Da wurde eher so argumentiert, da bringen wir die Autos von der Straße weg, dann haben wir sie unterirdisch, dann sieht man sie nicht mehr, das ist doch viel besser. Ja, eher so wurde argumentiert. Aber nicht, dass es ein Eingriff-, es war kein Eingriff. Überhaupt nicht, weil es war ja schon ein existierender Bestand. Das war meines Erachtens nie das Argument." (Ebd.)

Bezüge zu Dynamiken sozialen Wandels werden von den verschiedenen Gesprächspartner*innen nur verhalten hergestellt. Einzig ein Ehepaar weist im Interview während seiner Reflexionen über die Tiefgarage auf die Altersentwicklung im Dorf hin (INT_E1/E2: 101 f):

> Herr E: Jeder hat hier seine eigene Garage, da noch X Stellplätze zu bauen. Für dieses Geld, [[...]] Also da gehts öfter (unverständlich: so bei Sitzungen) haben die gesagt, nimm doch lieber das Geld und sieh wie die Altersentwicklung in Südtirol ist. Es gibt immer mehr ältere Menschen, die irgendwie gepflegt, versorgt werden müssen, oder sowas. (Macht den Bürgermeister nach) „Nein! Das macht bei uns immer die Familie!" Ist auch so, das machen [immer die Frauen.
>
> Frau E: Immer die Frauen!]

Nach der Darstellung des Ehepaars habe es durchaus Stimmen in der Dorfbevölkerung gegeben, die angesichts der demografischen Entwicklung statt der Ausgaben für die Tiefgarage eher Investitionen in Betreuungs- oder Pflegeeinrichtungen für ältere Menschen befürwortet hätten. Letztlich hätten sie beim Bürgermeister damit aber kein Gehör gefunden. (Zu den Aktivitäten der Gemeinde hinsichtlich der Alterung der Bevölkerung vgl. Abschn. 5.4.). Häufiger wird von Bürger*innen dagegen die Frage aufgeworfen, inwieweit die Interessen der Bürger*innen vertreten werden und ob wirklich alle zu gleichen Teilen an Nutzen und Kosten beteiligt sind (vgl. Abschn. 5.3.3 Bilder von Gemeinschaft). Zunächst aber werden die im bayerischen Wiesental rekonstruierbaren Bilder von Gemeinschaft besprochen.

5.3.3 Bilder von Gemeinschaft in beiden Prozessen

Der Dorfladen in Wiesental als Symbol für Gemeinwohlorientierung oder doch nur ein Laden
Anhand des Prozesses der Dorfladen-Gründung im bayerischen Wiesental lassen sich Rückschlüsse auf implizite Konstruktionen von Gemeinschaft ziehen.

5.3 Den Dorfkern erhalten und gestalten

Der folgende Abschnitt fokussiert daher darauf, inwiefern die Rede von (Dorf-)Gemeinschaft in Wiesental eine Rolle spielt und welche Aspekte und Bilder von Gemeinschaft gezielt angesprochen werden. Eine Analyse der sichtbar eingenommenen Positionen und Einschätzungen zum Dorfladen aus der Bürgerschaft zeigt zudem: Die Notwendigkeit eines bürgergetragenen Dorfladens wird dort, wo Einblick zu gewinnen war, wenig kontrovers diskutiert. Unmittelbar sichtbar wurden nur Befürworter*innen des Ladens. Trotzdem fasse ich den Prozess der Dorfladengründung als „contested" beziehungsweise als „major issue/debate" (vgl. Clarke 2009: 213) auf. Denn die Gründung und die Notwendigkeit des (Fort-)bestands eines Lebensmittelladens wurde auch jenseits kommunaler Gremien im Ort diskutiert und man musste sich diskursiv einigen, um den Laden auf die Beine stellen zu können. Folgt man dieser Auffassung, rücken sodann die angeführten Gründe für die Mitwirkung am Dorfladen und damit verbundene Bedeutungen in den Blick. Auch hier spielen Lesarten von Gemeinschaft eine tragende Rolle. Bezugspunkt ist hier neben dem (auch) praktischen Aspekt, dass die Nahversorgung der Bevölkerung mit Gütern des täglichen Bedarfs gesichert werden sollte, die symbolträchtige Bedeutung des Dorfladens für „die" Gemeinschaft oder „das" Gemeinwohl. Die nachfolgend vorgestellten Positionen symbolisieren nicht die fixe Position eines Akteurs oder einer Akteursgruppe, da jede*r auch verschiedene Positionen, etwa im Zeitverlauf, aber auch simultan einnehmen kann (vgl. Clarke/Friese 2007: 370, vgl. Abschn. 4.5).

In den Interviewpassagen zu den Bedeutungen, die dem Dorfladen zugeschrieben werden, ist die Sicherung der Nahversorgung als Thema und Motiv sehr präsent (vgl. Abschn. 5.3.2). Der Bürgermeister Wiesentals formuliert in seinen Begrüßungsworten bei der ersten Gründungsversammlung zum Dorfladen: „Mit der Nahversorgung verliert man ein Stück Identität" (BB4_W: 4). Er möchte damit zum Ausdruck bringen: Verliert man die Nahversorgung, verliert man ein Stück Identität. Damit benennt er den Dorfladen als Instrument zur Sicherung der Nahversorgung einerseits als praktische, physisch-materielle Notwendigkeit, schreibt ihm gleichzeitig aber auch symbolischen Charakter zu, indem er ihn als identitätsstiftendes und -erhaltendes Moment darstellt. Die Bemerkung lässt zunächst im Unklaren, worin genau diese Identität besteht und inwiefern der Dorfladen zur Identität der Bürger*innen beiträgt. Mit den weiteren Positionen und Bedeutungszuschreibungen aus verschiedenen Beobachtungssituationen und Einzelgesprächen kann dieser Zusammenhang aber weiterverfolgt werden. Einer positiven Entwicklung des Dorfladenprojektes zuträglich sind nach der Ansicht der beiden Dorfladenbeiräte Ehrlichkeit und die Abwesenheit von Neid (vgl. INT_M/N_W: 193–195).

N: Und das mögen die Leute. Wenn es ehrlich zugeht. [Mhm] Keiner ist neidisch, dass das funktioniert, sondern- Aber jetzt stellen Sie sich vor, wir kriegen eine geschenkte Miete. Dann sagt der nächste Laden in beiden Richtungen, ich muss mit meinen echten Kosten weitermachen. Das geht also nicht. (INT_M/N_W: 195)

Herr Niederhuber stellt den Dorfladen damit als Projekt dar, das stets wohlwollend von der Bürgerschaft angenommen und zugleich stets kritischen Blickes verfolgt wurde. Man dürfe „sich keiner Verdächtigung aussetzen, dass man, dass da Deals gemacht werden" (INT_M_W: 193), berichtet sein Beiratskollege. Die Äußerung zu einer fiktiven „geschenkte[n] Miete" bezieht sich darauf, dass der Dorfladen in der ersten Zeit nach seiner Gründung zunächst nur eine vergleichsweise niedrige Miete an die Gemeinde als Eigentümerin zahlen musste, welche im Zeitverlauf angehoben wurde. Unehrlichkeit und Neid werden hier als potenzielle Widerstände für Gemeinschaftsprojekte wie den Dorfladen identifiziert. Der Dorfladenbeirat Herr Meier führt eine weitere Bedeutung des Ladens ebenso wie ein Motiv für die Beteiligung daran an. Die Anteilszeichner hätten durch ihr Engagement „[[...]] erkannt oder auch letztendlich, nach wie vor die Sicherheit, dass es gut und sinnvoll ist" (INT_M/N_W: 246). An anderer Stelle erzählt sein Beiratskollege Herr Niederhuber davon, wie man sich strategisch und erfolgreich um ein neues Beiratsmitglied bemüht habe, und freut sich über den Erfolg:

„Und dann hat man wieder einen Ansprechpartner bezüglich Dorfladen in [[... diesem Ortsteil]]. [Mhm] Aber (.) ah, tue Gutes und rede darüber [@(.)@" (INT_M/N_W: 162).

Der Dorfladen und dessen Unterstützung versinnbildlichen für beide Beiräte damit etwas genuin „Gutes" und Sinnvolles beziehungsweise Sinnstiftendes, zu dem man gemeinschaftlich beitrage.

Ein häufig in Anschlag gebrachtes und häufig wiederkehrendes Motiv für die Mitwirkung am Dorfladen und damit implizit ein Hinweis auf dessen Bedeutung ist das Engagement für „das Gemeinwohl". Dieser Begriff kann durchaus unterschiedliche Bedeutungszuschreibungen und -zusammenhänge erfahren, wenn es darum geht, was für wen ein „Wohl" ist (vgl. Offe 2002). Deshalb wird im Folgenden ebenfalls beleuchtet, wovon genau die Rede ist, wenn es um (Ideen von) Gemeinschaft geht.

Eine wenn auch nicht von allen in gleicher Weise geteilte Bedeutung des Dorfladens ist dessen Funktion als Treffpunkt und Ort der Kommunikation (vgl. INT_L_W: 215; INT_Q_W: 208; INT_R_W: 26) und damit implizit als Ort, an dem Gemeinschaft entstehen oder gepflegt werden kann. Bereits bevor die erste Informationsveranstaltung zum Dorfladen stattfand – damals gab es noch zwei

5.3 Den Dorfkern erhalten und gestalten

Lebensmittelläden im Ort –, erzählt ein vielfach ehrenamtlich engagierter Bürger, der später auch zum Sprecher des Dorfladen-Arbeitskreises gewählt werden sollte:

> „Wir müssen sehen, dass (klopft mehrmals) wir den Laden irgendwie- da ne Zukunft schaffen. Da wird jetzt- da basteln wir schon dran. [mhm] Da haben wir schon Überlegungen mit dem – wie- ob man eventuell ne neue Interessensgemeinschaft bildet oder- also das ist jetzt ein Thema was uns jetzt zu- auf uns zukommt. [mhm] Ich denke der, die beiden Läden sind eine ganz wichtiges- wichtige Kommunikationsbasis." (INT_L_W: 215)

Indem er von der möglichen Bildung einer Interessensgemeinschaft spricht, wirft er die Frage nach der Interessenvertretung und danach auf, wessen Interessen vertreten werden sollen. Wen er mit „wir" meint, bleibt an dieser Stelle unbestimmt. Der Gesprächspartner ist kein Mitglied des Gemeinderats. Die überwältigende Besucherzahl bei dem ersten Treffen zum angestrebten Dorfladen habe gezeigt, so ein Mitwirkender am Dorfladen in der Rückschau:

> „[[...]] die Sensibilität setzt ein. [Mhm] Und das war halt schon wo man gemerkt hat, jeder hat das Ganze schon verfolgt und hat gesagt, wir haben eigenes Interesse, wie das weiterläuft. (Im Hintergrund hört man undeutlich die Angestellten des Marktes reden) Und das hat halt die Gemeinde auch gespürt, [Mhm] dass man hier Potenzial hat." (INT_M/N_W: 58)

Es gebe demnach, so beschreibt es Herr Niederhuber, ein Bewusstsein innerhalb der Bürgerschaft dafür, dass man durch das Mitwirken an einem bürgergetragenen Dorfladen ein eigenes Interesse vertreten könne. Das eigene Interesse wird in diesem Zusammenhang als Interesse der gesamten Dorfbevölkerung („jeder") ausgewiesen. Die Gemeindeverwaltung (welche die erste Informationsveranstaltung durchführte, Anm. JT) habe dieses Interesse wahrgenommen und darin ein Potenzial gesehen, schildert Herr Niederhuber. Seines Erachtens könne jeder in gewisser Hinsicht vom Dorfladen profitieren, etwa durch die dann gesicherte Nahversorgung (vgl. BB4_W: 4) oder durch den Erhalt eines von vielen als wichtig eingestuften Treffpunkts beziehungsweise einer Kommunikationsbasis (vgl. INT_L_W: 215). So erzählt beispielsweise eine der Gesellschafter*innen des Ladens, ihr wäre lieber gewesen, der Laden hätte gar nicht erst den Titel Dorfladen bekommen, sondern wäre nach wie vor als „Frischemarkt" (INT_R_W: 16) bezeichnet worden, denn als „soziale[n] Treffpunkt" sehe sie den Laden nicht an (vgl. ebd. 26).

Die Aspekte Gemeinnützigkeit und Gemeinwohl scheinen in Treffen zum Dorfladen – zum Teil implizit, zum Teil explizit – immer wieder auf. Ein Bewerber um einen Beiratsposten der Dorfladen-Unternehmergesellschaft bewarb sich beispielweise mit den Worten, er wolle etwas für das Gemeinwohl tun und denke, dass es gerade für die ältere Generation wichtig sei, Einkaufsmöglichkeiten in Wiesental zu erhalten, und dass man dafür einstehen müsse (vgl. BB4_W: 36). Auch andere Dorfbewohner*innen, die sich für den zu wählenden Beirat in der ersten Gründungsversammlung aufstellen lassen, adressieren den Topos Gemeinwohl. Ein Beirat in spe bewirbt sich mit den Worten, er erkläre sich zu dem Amt bereit, „einfach nur", weil ihm, obwohl er noch nicht so lange dort wohne, der Ort am Herzen liege und auch für die Zukunft die Möglichkeit da sein solle, „dass wir alle was haben, was für uns gut ist." (Ebd.). Durch dieses kurze Statement spricht der Kandidat ein Wir beziehungsweise eine (Dorf-)gemeinschaft an, in welche/s er alle Dorfbewohner*innen gleichermaßen einbezieht. Ähnlich, wenn auch weniger explizit in Rekurs auf das bonum commune, äußert sich eine andere Kandidatin, die nach eigenen Angaben noch keine fünf Jahre im Ort lebt: Sie versichert, sie sei sehr dafür, dass der Laden in Wiesental erhalten bleibe „beziehungsweise dass wir weiterhin eine Einkaufsmöglichkeit hier haben" (ebd.: 37). Eine Frau, die seit eineinhalb Jahren im Ort lebt und sich als Beirätin wählen lassen möchte, erzählt „sie" hätten sich sehr für dieses Thema berufen gefühlt und möchten sich engagieren, weil es ihnen auch wichtig gewesen sei, als sie in den Ort zogen, dass es einen Lebensmittelladen gibt; sie freue sich „hier sein zu dürfen und gemeinsam etwas voranzutreiben" (ebd.: 38). Damit hebt die Rednerin neben dem praktischen Aspekt der Nahversorgung auch den Aspekt des gemeinschaftlichen Handelns hervor. Herr Meier (auch er stellte sich in dieser Versammlung als Beirat zur Wahl) beschreibt im Interview seine Motivation, im Beirat des Dorfladens mitzuwirken mit den Worten, nachdem er noch nicht „so lange" hier wohne sei es für ihn:

> „einfach der Punkt, wo ich gedacht hab, ja jetzt kannst Du einfach auch mal was für den Ort tun und ich meine einen kaufmännischen Hintergrund braucht auch ein [[… Ladenbetreiber, Vergröberung/Anonymisierung]]. Und den habe ich denke ich im Laufe der Jahre und Jahrzehnte, dass ich mir gedacht habe, gut, du kannst sicherlich auch ein bissl was, bissl was dazu beitragen, von dem was ich weiß." (INT_M/N_W: 275)

Auffallend an den persönlichen Vorstellungen der Bewerber*innen ist neben deren Bezug auf ein wie auch immer geartetes Gemeinwohl oder eine Gemeinschaft, dass sie in vielen Fällen erst wenige Jahre im Ort leben, in dem sie nun ihr Engagement einbringen wollen. Durch ihre Wortwahl (z. B. „wir") rechnen

5.3 Den Dorfkern erhalten und gestalten

sie sich zu der Gemeinschaft, die sie explizit unterstützen wollen und zu deren Wohl sie beitragen möchten. Exemplarisch zeigt sich außerdem, wie Personen, die im Laufe der Zeit zugezogen sind, sich um die Mitwirkung im Dorfgeschehen bemühen und hierbei oft auf den Nutzen für oder das Wohl der Dorfgemeinschaft verweisen, und dass sie dafür ideell – zumindest zunächst durch die Wahl in die Beiratsämter – honoriert werden. Nach der Wahl des Beirats, in der alle Kandidat*innen einstimmig angenommen wurden, bedankt sich der Bürgermeister dafür, dass die Gewählten Aufgaben übernähmen „die für das Gemeinwohl sehr wichtig sind" (BB4_W: 44).[81]

Von den Gründungsmitgliedern des Dorfladens ist es durchaus gewollt, dass der Laden nicht in erster Linie dem individuellen Vorteil dient und dass er kein klassisches Wirtschaftsunternehmen sein soll. In der gut besuchten ersten Gründungsversammlung wurde der Satzungstext verabschiedet und es wurden Nachfragen zur Satzung, der Rechtsform und vielen weiteren konkreten Punkten in dem Vertragswerk gestellt. Der Dorfladen-Berater erklärte zu Paragraph 1 des Gesellschaftsvertrags, dass die Bürgergesellschaft keine rein wirtschaftlichen Interessen im Sinne von Gewinnmaximierung verfolge (vgl. ebd.: 10). Im Text ist der Zweck der Gesellschaft festgelegt auf „die Förderung des Erwerbs und der Wirtschaft der Gesellschafter durch gemeinschaftlichen Geschäftsbetrieb oder die Förderung der sozialen und kulturellen Belange der Mitglieder" (Gesellschaftsvertrag_Dorfladen_W). Eine ältere Dame, die sich im Verlauf der Veranstaltung explizit nach Vorteilen für Mitglieder erkundigt, wird ob ihrer Nachfrage in der ersten Gründungsversammlung verlacht (vgl. BB4_W: 22–24):

> So möchte sie wissen, welche Vorteile man als stille Gesellschafterin genieße, ob man beispielsweise Genussscheine bekomme. Die Frage wird mit der spöttischen Bemerkung einer anderen Frau quittiert, man könne ja eine Liste der Anteilseigner veröffentlichen – ob sie dann zufrieden sei? Lachen im ganzen Saal. Die Fragestellerin gibt sich nicht zufrieden. Aber man bekomme ja auch Treuepunkte bei Herrn Meier in dessen Laden. Wieder lacht der ganze Saal. Herr Meier lächelt peinlich berührt. Der Dorfladen-Berater erklärt, man müsse sonst eine andere Rechtsform suchen. Die Dame nickt schließlich.

Dabei könnte man ihre Nachfrage durchaus als berechtigt verstehen. Genussscheine implizieren zwar, dass man eine geldwerte Gegenleistung für die getätigte

---

[81] Einige Monate später trat der Beirat, wie bereits in Abschnitt 5.3.1 beschrieben, dennoch geschlossen zurück. In der Berichterstattung darüber wurden hierfür formal-organisatorische Gründe angegeben, doch führten der Dorfladengesellschafterin Rosenmair zufolge zum Scheitern des Beirats vor allem dessen fehlende Netzwerke in der Dorfgemeinschaft (vgl. Abschnitt 5.3.4).

Einlage bekommt, was im Gesellschaftszweck so tatsächlich nicht vorgesehen ist. Die Frage nach Treuepunkten aber weist in eine andere Richtung. Sie wirft die Frage nach einer Art Belohnung für die Beteiligung auf. In ähnlichem Geiste denken zwei Jahre nach der Gründung zwei Beiratsmitglieder vorsichtig über die Auszahlung einer Dividende in der Zukunft nach (vgl. INT_M/N_W: 119). Im Gesellschaftsvertrag des Dorfladens ist die Möglichkeit der Überschussbeteiligung in Form von Warengutscheinen, zumindest in der Fassung der ersten Gründungsversammlung, durchaus als Möglichkeit benannt (vgl. Gesellschaftsvertrag_Dorfladen_W). Die Episode aus der Gründungsversammlung deutet darauf hin, wie entschlossen viele der Gründungsmitglieder und -interessent*innen das Ziel eines nicht profitmaximierend agierenden Lebensmittelladens im Ort verfolgen, den sie zugleich mit beeinflussen können, und wie geschlossen sie sich gleichzeitig abweichenden Motiven verwehren. Die Zustimmung zum Laden wird auch zwei Jahre nach der Gründung von den Beiratsmitgliedern Herrn Meier und Herrn Niederhuber als hoch eingeschätzt. Es seien weitaus mehr Anteile gezeichnet worden, als der Dorfladen-Berater ursprünglich prognostiziert hatte. Die beiden Männer erzählen, dass noch niemand Anteile zurückgezogen habe, und stellen fest, dass auch noch niemand eine Dividende gefordert habe (vgl. INT_M/N_W: 242–254).

Positionen, die den Dorfladen als eher Partikularinteressen dienlich betrachten, wurden im Gespräch mit der Interviewerin nicht vertreten. Die Dorfladengesellschafterin Frau Rosenmair schildert auf Nachfrage die Haltung einer Bürgerin, die sich schriftlich in einer E-Mail für die privatwirtschaftliche Fortführung des ursprünglichen Ladens stark machte:

„[[…]] aber wenn mir, so ungefähr mit Gwalt, dass mir da an Dorfladen und a UG mechtn und des ned, eben ner Privatperson überlassen. Dann äh (.) hod sie des missverstanden, so ungefähr, dass des as, so ungefähr, dass do as Ehrenamt, oder missbraucht werd. Weil wenn des jetz Private machan dan, dann (.) ja. Des war jetz eigentlich de oanzige die jetz i woas." (INT_R_W: 290)[82]

Nach dieser Darstellung wurden ablehnende Haltungen in Bezug auf den Dorfladen kaum artikuliert. Dennoch gibt dieses Beispiel Einblick in eine Sichtweise, wonach der Dorfladenarbeitskreis nicht zum Wohl aller agiere und das

---

[82] „[[…]] aber wenn wir, so ungefähr mit Gewalt, dass wir da einen Dorfladen und eine UG möchten und das nicht, eben einer Privatperson überlassen. Dann äh (.) hat sie das missverstanden, so ungefähr, dass das das, so ungefähr, dass da das Ehrenamt, oder missbraucht wird. Weil wenn das jetzt Private machen dann, dann (.) ja. Das war jetzt eigentlich das einzige von der ich jetzt weiß." (INT_R_W: 290).

5.3 Den Dorfkern erhalten und gestalten

ehrenamtliche Engagement als vergleichsweise gewaltsame Intervention gegen privatwirtschaftliche Pläne Einzelner wahrgenommen wird. Die Mitwirkenden waren mit dem Vorwurf konfrontiert, Partikularinteressen, in diesem Falle den Interessen des Erstkäufers und dessen Wunsch nach unternehmerischer Verwirklichung im Wege zu stehen und hierfür gar unentgeltliches Engagement der Dorfbewohner*innen zu missbrauchen. Die Dorfladengesellschafterin Rosenmair weist im Interview die Deutung dieser Person als Missinterpretation aufgrund mangelnder Information zurück (vgl. INT_R_W: 286). Die von mir interviewten Mitwirkenden am Dorfladen erzählten ihrerseits mit Skepsis von den Plänen des Erstkäufers und stellten in Frage, ob sein Betreiberkonzept, der Betrieb des Ladens mit hilfsbedürftigem, aber trotzdem arbeitsfähigem Personal, aufgegangen wäre (vgl. INT_M/N_W: 22; INT_R_W: 52–56). Zusammen mit der oben ausgeführten Beobachtung aus der ersten Gründungsversammlung, in der eine Dame wegen ihrer Frage nach den Vorteilen für Anteilseigner*innen kollektiv zum Schweigen gebracht wurde, wird deutlich, dass die Position, der Dorfladen solle Partikularinteressen wie etwa dem ökonomischen Vorteil Einzelner dienen, kaum sag- oder sichtbar ist.

Abgrenzung und Zusammengehörigkeit im Dorfladenprozess

Auch in der Reflexion des gesamten Prozesses der Gründung und Etablierung des Dorfladens wird von unterschiedlichen Gesprächspartner*innen immer wieder Bezug – teilweise implizit, teilweise explizit – auf Vorstellungen von Gemeinschaft genommen. So wird Transparenz als gemeinschaftsstiftendes wie -erhaltendes Moment betont. Beiratsmitglied Herr Niederhuber erläutert:

„Man müsste vielleicht noch dazusagen, wir haben uns immer bemüht, sehr transparent zu handeln. Da waren äh die Teilbeschlüsse äh Schritte, waren immer im Amtsblatt und sind propagiert worden, wie es weitergeht mit dem Laden und entsprechend. […] Und wenn man transparent bleibt, dann ist auch irgendwo glaub ich der Gemeinschaftscharakter besser. Dass ein jeder irgendwo mitmachen kann." (INT_M/N_W: 129).

Ausgehend von seinen Überlegungen zu Transparenz spricht Herr Niederhuber vom Gemeinschaftscharakter, der sich im Dorfladen-Gründungsprozess zeige. Seines Erachtens spiegele sich darin die stets gegebene Möglichkeit, am Dorfladen mitzuwirken. Der Dorfladen wird so als potenziell gemeinschaftsstiftende Unternehmung beschrieben. Gleichzeitig kann bei der Analyse dieser Aussage nicht außer Acht gelassen werden, dass nur Anteilseigner*innen stimmberechtigt sind, wenn es darum geht, Entscheidungen zu fällen, die den Laden betreffen. So wurde etwa im Dorfladen-Arbeitskreis diskutiert und abgestimmt über die Rechtsform, die festzusetzende Höhe eines Anteils am Dorfladen bis hin zum anzubietenden Sortiment. Die Dorfladen-Beiräte Herr Meier und Herr Niederhuber betonen das ihres Erachtens stets sehr transparente Handeln von Gesellschafter*innen und Beirat des Ladens. Hierzu zählen sie die regelmäßige Information der Bürgerschaft: Man habe Nachrichten zum Laden stets im kommunalen Mitteilungsblatt veröffentlicht (ebd.). Außerdem habe man beispielsweise zur Findung eines Logos für den Dorfladen nicht etwa Geld für einen Grafiker (und dadurch mittelbar Anteile von stillen Gesellschafter*innen) ausgegeben, sondern einen Ideenwettbewerb im Ort organisiert und die besten Vorschläge öffentlich prämiert (vgl. ebd.).

Bestimmte Vorstellungen von Gemeinschaft erweisen sich auch als Referenzfolie, beispielsweise wenn der Dorfladenbeirat Herr Niederhuber Arbeitskreisen wie dem zum Dorfladen „Integrationskraft" (INT_M/N_W: 153) zuschreibt durch seine Beobachtung: „so ein Arbeitskreis wenn einmal gefüllt ist, dann lernt man wieder neue Leute kennen in einem Dorf." (vgl. ebd.: 151). Bezugspunkt der genannten Integration ist hier das Dorf beziehungsweise das Bild einer Dorfgemeinschaft. Den Aspekt der Integration brachte der Gesprächspartner ohne dahingehendes Stichwort oder Nachfrage ein. Es wurden an keiner Stelle im Interview explizit die Worte „Integration" oder „integrieren" von Seiten der Interviewerin benutzt. Wohl aber wurde nach unterschiedlichem Engagement der Bürger*innen gefragt (ebd.: 170–177):

> Interviewerin: Gibt es dann immer noch Leute, dass man sagt, die sind einfach trotzdem nicht so dabei, oder-
>
> N: Ja, die gibt es überall. Das hat man in einem Betrieb mit 50 Leuten hat man schon wieder 10, die das eigentlich nicht interessiert.
>
> Interviewerin: Kann man die Gruppe von denen, die sich jetzt nicht so einbringen auch irgendwie beschreiben? Also sind das-
>
> N: Ob man da überhaupt Gruppe sagen darf. Ich sag das sind lauter Individualisten. [Mhm] Die sagen, das ist für mich nichts. Weil ich möchte reisen, ich mag da zeitlich unabhängig sein [Mhm] und eigentlich zahle ich genügend Gebühren, dass das für mich erledigt werden kann. [Mhm] Also diese, dieses Helfersyndrom oder dieses Mitwirkungsbedürfnis, das ist nicht allgemein. [Mhm]
>
> M: Ich glaub so ehrenamtliches Engagement, also, ist, also glaub ich wird von vielen ähm nicht genügend, wie soll ich jetzt sagen, gewürdigt. Oder nicht für wichtig genug erachtet, ne. [Mhm] [[…]] Ja, also das ist so ne, glaub ich, so ne Mentalität, die schon weit verbreitet ist. Die auch hier sicherlich vorhanden ist, aber andererseits glaub ich zeichnet sich Wiesental das schon auch aus, dass das Engagement der anderen umso stärker ist, und der Zusammenhalt. [Mhm] So sehe ich das. Und das zieht sich sicherlich durch alle, durch alle Schichten, ne. [Mhm] Ich denke wir

5.3 Den Dorfkern erhalten und gestalten

haben auch einige Leute, die hierher gezogen sind und die sich nicht so integriert fühlen, oder nicht wollen und, ne. Und dann einfach auch so ein Engagement für sich gar nicht in Erwägung ziehen, ne.

Interviewerin: Mhm. Aber wer will, der kommt über sowas dann rein.

N: Mhm.

M: Das denk ich bestimmt. Ja.

(INT_M/N_W: 170–177)

Letztlich stellen die Dorfladen-Beiräte Herr Meier und Herr Niederhuber einen Gegensatz zwischen seit Geburt ansässigen Bürger*innen und solchen, die sich in deren Abläufe integrieren auf der einen und jenen, die sich nicht integrieren (wollen) auf der anderen Seite fest. Für die beiden Männer ist dies eine Frage der Mentalität. So teilten Engagierte ihnen zufolge ein „Mitwirkungsbedürfnis" (ebd.), das Herr Niederhuber zunächst als „Helfersyndrom" (ebd.) bezeichnet. Das Teilen dieser Mentalität führt in der Logik Niederhubers zu unterschiedlichen Zuordnungen: Auf der einen Seite stehen jene, die das genannte Mitwirkungsbedürfnis teilen, auf der anderen Seite jene, die er nicht als Gruppe, sondern lieber als „Individualisten" (ebd.) bezeichnen möchte. Die Kohäsion der Gruppe Engagierter beschreibt Herr Meier als umso stärker, je weniger sich genannte Individualisten im Dorfleben einbrächten.

Ein informelles Gespräch mit einer zugezogenen Wiesentalerin, noch bevor die Gründung eines Dorfladens in Wiesental zum Thema wurde, legt nahe: Es gibt durchaus auch Dorfbewohner*innen, die nicht vor Ort einkaufen und die das Bestehen einer lokalen Einkaufsmöglichkeit nicht per se schätzen und die daher ein Engagement für einen bürgergetragenen Laden möglicherweise eher ablehnen. Die genannte Dame, die einige Jahre zuvor in den Ort gezogen war, erzählte zu Zeiten, als der alte, privatwirtschaftlich betriebene Lebensmittelladen noch bestand, sie kaufe nicht gerne dort ein, sondern fahre lieber rund 30 Minuten in einen größeren Ort, um dort Lebensmittel in der von ihr gewünschten Qualität und Auswahl zu erwerben (vgl. BB1_W: 48). Auch sonst nimmt die Bürgerin nach eigener Auskunft wenig am Dorfleben teil, davon bekomme sie, auch was öffentliche Veranstaltungen betreffe, wenig mit (vgl. ebd.: 47), stattdessen fahre sie gerne immer wieder in umliegende Städte, denn ab und an müsse sie „Pflaster treten" (ebd.: 48), erklärt sie ihr Bedürfnis nach urbanem Leben.

Wichtig ist beiden Dorfladen-Beiräten Herrn Meier und Herrn Niederhuber hervorzuheben, dass Trennlinien nicht entlang der Differenzierung zugezogen/seit Geburt ansässig verliefen. Herr Niederhuber erläutert dies so:

> „Die Integration hat scho immer funktioniert. Es wird immer noch Wiesentaler geben. Egal wo die herkommen. Die können schwarz sein, des is völlig egal. Wiesental war nach dem Krieg war des, san zwei Drittel an Flüchtlingen aus Schlesien kommen und so weiter und andere sind weggekommen. Das heißt also, dieses Wiesental, des wos jetzt do is, diese Einheimischen, des waren auch schon mal Zuwanderer. [Mhm] Da waren ein paar Bauern da und ein Wirt und sonst war nix da. Und des funktioniert aa wieder. [[… M]] baut jetz, is dann a Wiesentaler, seine Kinder sind Wiesentaler. Is einfach so. Und da wird kein Unterschied mehr gmacht." (INT_M/N_W: 462)[83]

„Die Integration" in eine angenommene Dorfgemeinschaft hat Herrn Niederhuber zufolge schon immer funktioniert, was er mit Blick auf die Zuwanderungsgeschichte des Dorfes illustriert – zwei Drittel der Bevölkerung wanderten demnach nach dem Zweiten Weltkrieg zu. In dieses Bild passt auch, dass sich nach dem Abschluss der explorativen Feldphase dieser Studie rasch ein ehrenamtlicher Helferkreis bildete, der sich um die Belange von Geflüchteten kümmerte, die ab Mitte 2015 in Wiesental einquartiert wurden (vgl. Regionalzeitung_W_31.03.16).

Durchaus ein Unterschied wird von manchen Gesprächspartner*innen allerdings bisweilen in Bezug auf die Netzwerke der Dorfbewohner*innen ausgemacht. Wie beispielsweise die Dorfladen-Gesellschafterin Frau Rosenmair in der Rückschau erzählt, war der geschlossene Rücktritt des ersten Dorfladen-Beirats dadurch mitbedingt, dass alle Beiräte erst eher kurze Zeit im Ort lebten:

> „Also [[seufzt]] es is halt wich-, i find halt grod jetz do äh, grod beim Dorflon jetz is halt scho wichtig, es is und- Da duasd di halt aa leichter, äh weils de konn-, de wo jetz scho länger do han und wo se do überall eibringan han ja aa scho vui, aber du woast halt de Netzwerke. [[…]] Dann arbeitst halt zam. Dann holst dir halt des, dann is halt des ois vui einfacher. Des wissen ober de Zuagroasten und de wo jetz do bei dem Beirat warn, des warn ja lauter ganz Neie." (INT_R_W: 234)[84]

---

[83] „Die Integration hat schon immer funktioniert. Es wird immer noch Wiesentaler geben. Egal wo die herkommen. Die können schwarz sein, das ist völlig egal. Wiesental war nach dem Krieg war das, sind zwei Drittel an Flüchtlingen aus Schlesien kommen und so weiter und andere sind weggekommen. Das heißt also, dieses Wiesental, das jetzt da ist, diese Einheimischen, das waren auch schon mal Zuwanderer. [Mhm] Da waren ein paar Bauern da und ein Wirt und sonst war nichts da. Und das funktioniert auch wieder. [[… M]] baut jetzt, ist dann auch Wiesentaler, seine Kinder sind Wiesentaler. Ist einfach so. Und da wird kein Unterschied mehr gemacht." (INT_N_W: 462).

[84] „Also [[seufzt]] es ist eben wich-, ich finde eben gerade jetzt da äh, gerade beim Dorfladen jetzt ist eben schon wichtig, es ist und- Da ist es eben auch leichter für einen, äh weil sie die kann-, diejenigen die jetzt schon länger hier sind und die sich da überall einbringen sind ja auch schon viele, aber du kennst eben die Netzwerke. [[…]] Dann arbeitst du eben zusammen. Dann holst du dir eben das, dann ist das eben alles viel einfacher. Das wissen

5.3 Den Dorfkern erhalten und gestalten

So kannten die vergleichsweise ganz neu zugezogenen Mitwirkenden im Beirat Frau Rosenmair zufolge viele Zusammenhänge und Kommunikationskanäle nicht, die zur erfolgreichen Erfüllung ihrer Aufgaben notwendig gewesen wären. Gleichzeitig ist Frau Rosenmair, ähnlich wie die Dorfladenbeiräte Meier und Niederhuber bemüht klarzustellen, dass dies nicht pauschal für alle Projekte und für alle in den Ort zugezogenen, mitunter bereits vielfältig ehrenamtlich engagierten Mitbürger*innen gelte (vgl. ebd.). Nach Auskunft der Dorfladengesellschafter*in Frau Rosenmair zeichneten überwiegend Zweitwohnungsbesitzer*innen Anteile am Dorfladen (vgl. ebd.: 290). Angesichts dessen zeigen sich der Dorfladenbeirat Herr Niederhuber und die genannte Gesellschafterin überrascht (vgl. ebd., INT_N_W: 149). Es seien sogar überwiegend Personen Anteilseigner*innen, die nicht durchgängig in Wiesental lebten (vgl. INT_R_W: 290). Frau Rosenmair sieht diese Beteiligung durchaus auch skeptisch:

> „also wir warn da eigentlich garned so @glücklich drüber@. Äh (..) ned dass Zwoatwohnungsbesitzer san. Weil (.) de ja gorned ollweil do- Also, es (.) es, die andern sollns ja trogn." (Ebd.: 296)[85]

Ihres Erachtens sollte der Laden von den Leuten getragen werden, die tatsächlich dauerhaft im Ort lebten. Sie stellt außerdem in den Raum, dass es ein wirtschaftliches Risiko für die Dorfladengesellschaft und das Gemeinschaftsprojekt „Dorfladen" sein könnte, wenn viele dieser Anteilseigner*innen plötzlich ihre Anteile zurückforderten (vgl. ebd.). Bei ihr oder ihren Kindern rechne niemand damit, dass man Anteile zurückgebe (vgl. ebd.). Da sie diese dauerhafte Bindung nicht für alle Anteilseigner*innen annimmt, insbesondere wohl nicht für jene, deren Lebensmittelpunkt andernorts liegt, spricht sich Frau Rosenmair gegen die aktive Anwerbung weiterer Mitglieder aus (vgl. ebd.).

Der Dorfladen-Beirat Herr Niederhuber beschreibt seine Sichtweise auf Zugehörigkeit zur Dorfgemeinschaft so:

> N: [[...]] Ich kenn ein Haufen, wenn ich jetzt schau bei den Fußballerkindern oder Tenniskindern. Dann muss ich mir wieder zamdenken, ah ja, die wohnen jetzt da. Die sind vor 2 Jahren gekommen. Das heißt also, die siedeln sich an und fallen nicht auf, ihre Kinder sind da. Die sind auf einmal in den Vereinen drinnen und

---

aber die Zugezogenen und diejenigen, die jetzt da bei dem Beirat waren, das waren ja lauter ganz Neue." (INT_R_W: 234).

[85] „also wir waren da eigentlich gar nicht so @glücklich drüber@. Äh (..) nicht dass sie Zweitwohnungsbesitzer sind. Weil (.) die ja gar nicht immer hier- Also, es (.) es, die andern sollen es ja tragen." (INT_R_W: 296).

dann sans dabei. Und dann sitzens bei der, wenn ich Wahlhelfer bin oder Wahlvorstand. Dann merk ich plötzlich wieder, wer wieder neu gekommen ist. Weil des die Gemeindeangestellten wieder wissen, ah, des is der und der und der wohnt jetz da und äh, dann muss aber eine Gräfin [[...]] sterben, damit ich weiß, da hat a Gräfin gwohnt.

Interviewerin: Mhm @(.)@, interessant.

N: Das heißt, dieses Kleindörfliche ham wir nimmer und entsprechend kann's auch sein, da kommt ein Berliner, der lernt Musi Spuin und spielt auf der Wiesn bei der Kapelle mit. Das heißt also, jeder der mag kann überall mitmachen, [Mhm] und wer ned mag, der is a oft amal, da muaß I scho aa sogn, der hat's dann schwer, wenn er nicht einverstanden ist mit dem Dorf. [Mhm] (.) Dann, (.) dann versucht das Dorf lange, den zu richten und irgendwann is er ihnen wurscht. Und dann äh is- das sind aber die Leute, die nirgendswo wohnen können. Außer in München anonym.[86] (INT_M/N_W: 462–464)

Während Herr Niederhuber über die von ihm so genannte „Integration" unterschiedlicher Dorfbewohner*innen nachdenkt, hebt er die gemeinschaftsstiftende Funktion der Vereine hervor, in denen Personen unterschiedlicher Provenienz zusammenfänden. Er beschreibt den Prozess als niedrigschwellig, ja geradezu natürlich: Auf einmal seien die Leute in den Vereinen und dann seien sie dabei. Herr Niederhuber weist daher den von ihm selbst gewählten Begriff der Kleindörflichkeit für Wiesental zurück. Mit Kleindörflichkeit verbindet er offenbar eine statische Dorfgemeinschaft, deren Mitglieder weitgehend unter sich bleiben. Tatsächlich beschreibt er Wiesental als nicht kleindörflich und stets offen für Neuankömmlinge. Gleichzeitig bleibt die weiter oben zitierte, von Herrn Meier und

---

[86] N: [[...]] Ich kenne einen Haufen Leute, wenn ich jetzt schaue bei den Fußballerkindern oder Tenniskindern. Dann muss ich mir wieder zusammendenken, ah ja, die wohnen jetzt da. Die sind vor 2 Jahren gekommen. Das heißt also, die siedeln sich an und fallen nicht auf, ihre Kinder sind da. Die sind auf einmal in den Vereinen drinnen und dann sind sie dabei. Und dann sitzen sie bei dir, wenn ich Wahlhelfer bin oder Wahlvorstand. Dann merk ich plötzlich wieder, wer wieder neu gekommen ist. Weil das die Gemeindeangestellten wieder wissen, ah, das ist der und der und der wohnt jetzt da und äh, dann muss aber eine Gräfin [...] sterben, damit ich weiß, da hat eine Gräfin gewohnt.
Interviewerin: Mhm @(.)@, interessant.
N: Das heißt, dieses Kleindörfliche haben wir nicht mehr und entsprechend kann es auch sein, da kommt ein Berliner, der lernt Musik-Spielen und spielt auf der Wiesn [[dem Oktoberfest, Anm. JT]] bei der Kapelle mit. Das heißt also, jeder der mag kann überall mitmachen, [Mhm] und wer nicht mag, der ist auch oft einmal, da muss ich schon auch sagen, der hat's dann schwer, wenn er nicht einverstanden ist mit dem Dorf. [Mhm] (.) Dann, (.) dann versucht das Dorf lange, den zu reparieren [[gemeint ist: ändern, Anm. JT]] und irgendwann ist er ihnen egal. Und dann äh ist- das sind aber die Leute, die nirgendwo wohnen können. Außer in München anonym. (INT_M/N_W: 462–464)

5.3 Den Dorfkern erhalten und gestalten

Herrn Niederhuber ausgemachte Differenz zwischen Engagierten und Individualisten aufrechterhalten. Deutlich wird dies insbesondere durch die Formulierung, dass „das Dorf" versuche, jemanden mit abweichenden Vorstellungen und Praxen – eben jemanden, der nicht einverstanden sei mit dem Dorf – „zu richten" (wörtlich: reparieren; gemeint ist: ihn zu ändern). Es gibt aus der Perspektive des Dorfladenbeirats Niederhuber folglich durchaus einen von einer etablierten Gruppe gemeinsam geteilten und lokal etablierten Werte- und Verhaltenskanon im Dorf. Für Herrn Niederhuber repräsentiert diese Gruppe „das Dorf". Zu dem impliziten Verhaltenskodex/ dem etablierten Wertekanon und der geteilten Mentalität zählt nach den obigen Erzählungen der Herren Meier und Niederhuber das Sich-Einbringen in die Dorfgesellschaft durch ehrenamtliches Engagement. Wer diese Wertvorstellung nicht teilt, habe es nach seinen Aussagen schwer und könne „nirgendswo wohnen". Dem zugeschriebenen Bedürfnis nach Anonymität der Leute, die nirgends wohnen können, „außer in München anonym", steht die von Herrn Niederhuber geradezu als selbstverständlich empfundene Sichtbarkeit der Mitbürger*innen gegenüber. So weiß oder erfrage man, wer neu gekommen ist, wer wo wohnt. Die Dorfgesellschaft ist überschaubar.

Die Tiefgarage in Kirchdorf als Projekt zum Wohle aller?
Im Südtiroler Kirchdorf reflektierten unterschiedlichste Bürger*innen im Gespräch mit mir die Tiefgaragen-Debatte. Auch hier gilt: Im Folgenden beschriebene, eingenommene Positionen symbolisieren hierbei nicht die fixe Position eines Akteurs oder einer Akteursgruppe (vgl. Abschn. 4.5). Welche Erklärungen finden Dorfbewohner*innen für verschiedene Positionen und welche Rückschlüsse auf Bilder von Gemeinschaft werden hierdurch möglich?

Es gibt Haltungen, die vor allem darum kreisen, dass die Kommune beim Bau der Tiefgarage Partikularinteressen gedient habe. So macht sich ein Bürger Gedanken zu den Beweggründen des Bürgermeisters und dadurch vertretenen Interessen:

„Seine Sprache sind nur die Architekten, die Architekten sagen was ist für Kirchdorf gut. Der Architekt natürlich hat auch wirtschaftliche Interessen, net. [Mhm] Dass man ein Problem auch um eine halbe Million Euro lösen kann, hat der Architekt kein Interesse, weil er verdoppelt lieber das Budget. Wenn die Planung [... mehrere zehntausend] [[Anonymisierung durch Vergröberung]] Euro kostet für eine Garage, ich mein das ist extrem viel in meinen Augen. Und dann hat er keinen Bock für hunderttausend Euro (im Hintergrund laute Motorengeräusche) (unverständlich) da die hinstellen zu lassen. Da braucht er zum Bürgermeister sagen, das musst Du machen, weil das ist besser. Und dann hat er was verdient. [Mhm] Ist ja auch verständlich. Würde ich als Architekt vielleicht, vielleicht, ich weiß nicht, @ob ich's machen würde@" (INT_F_K: 127).

Damit unterstreicht der Interviewpartner, dass er die Tiefgarage in diesem Ausmaß nicht für nötig hält und er die Interessen Einzelner (beispielweise den monetären Vorteil des ausführenden Architekten) bei der Umsetzung im Vordergrund sieht. Gleichzeitig empfindet er damit die Kirchdorfer Bevölkerung und deren Einschätzungen, was für Kirchdorf gut sei, unterrepräsentiert. Positionen, die ebenfalls in erster Linie Partikularinteressen verwirklicht sehen, artikuliert ein Landwirt. Er verdeutlicht die skeptische Haltung in der Bürgerschaft, insbesondere mancher Kirchdorfer*innen die in entlegeneren Ortsteilen wohnten, dass

> „unser aller Geld hergenommen [wird] für an Parkplatz in Dorf, net? Von den hom mir nix, net? [Mhm] Do gibs halt solche Diskussionen, net? Die die ganzen Infrastrukturen im Dorf net oder (.) Schule und des brauchen sicher olle." (INT_N_K: 511)[87]

Laut dem Landwirt gibt es Positionen, denen zufolge der Bau der Tiefgarage lediglich einer Gruppe von Dorfbewohner*innen nütze und die Verwendung kommunaler Gelder hierfür eher kritisch beurteilt werde. Mit „unser aller Geld" rekurriert der Gesprächspartner zunächst auf die steuerzahlende Bürgerschaft, um dann deutlich zu machen, dass es darin einzelne Gruppen gibt, die sich benachteiligt sehen. Der Landwirt beschreibt außerdem, dass die Notwendigkeit des Tiefgaragenbaus – im Unterschied zu anderen Infrastrukturen im Ortskern wie beispielsweise der Schule – in Frage gestellt würde. Der zum Zeitpunkt des Tiefgaragenbaus amtierende Vizebürgermeister, Herr Christanell, berichtet ebenfalls von Dorfbewohner*innen, die sich benachteiligt fühlten, weil kommunale Gelder in die Tiefgarage investiert wurden. Er zieht das örtliche genossenschaftlich organisierte Elektrizitätswerk als Beispiel heran, um seine persönliche Einschätzung zu illustrieren. So beschreibt er ein Kosten-Nutzen-Kalkül, das seines Erachtens viele im Dorf leite (vgl. INT_C_K: 128):

> „Wenn ich aber bei einer Genossenschaft bin, da kann ich mich einkaufen um einen ganz geringen Teil, bin Mitglied und bekomm dann den Strom relativ günstig. Das ist dann der direkte Nutzen. Der indirekte Nutzen spürt keiner automatisch äh ist des für jeden wertlos. [[…]] nur weil die 150.000 Euro werden einmal in Wegebau gesteckt, einmal in was weiß ich jetzt in die Tiefgarage, wo, wo ja die Kritiker sagen, ich will die gar ned, aber wenn ich dann Mitglied bin irgendwo und ich bekomme, wenn ich

---

[87] „unser aller Geld hergenommen [wird] für an Parkplatz in Dorf, nicht wahr? Davon haben wir nichts, nicht wahr? [Mhm] Da gibt es halt solche Diskussionen, nicht wahr? Die die ganzen Infrastrukturen im Dorf nicht wahr oder (.) Schule und das brauchen sicher alle." (INT_N_K: 511).

5.3 Den Dorfkern erhalten und gestalten

weiß, bis jetzt hab ich, um eine Hausnummer zu sagen, äh 2000 Euro im Jahr Strom bezahlt und ich bezahl danach nur mehr 1000, das spürt jeder in der Brieftasche und das wird dann, des is dann Wertschöpfung, was man spürt und die was auch jeden zufrieden hald macht. Und äh wie immer schön gesagt wird äh, äh der soziale Frieden, aber da müssma eben anfangen." (Ebd.)[88]

Der Vizebürgermeister betont sozialen Frieden als schützenswertes oder herzustellendes Gut. Die von ihm als Gemeinderat gefühlte Verantwortung dafür kommt in dem Nebensatz zum Ausdruck: „da müssen wir eben anfangen". Es geht ihm dabei um die Idee einer gerechten Verteilung von Nutzen und Kosten. Herr Christanell reflektiert über die Haltung mancher Kirchdorfer*innen, dass die Tiefgarage nur Partikularinteressen nutze – ohne diese Einschätzung aber selbst zu teilen, denn er selbst sei „auf alle Fälle 100 Prozent überzeugt" (INT_C_K: 130) von dem Projekt. Aus seiner Perspektive spielt auch der indirekte Nutzen, den man aus Infrastrukturprojekten wie der Tiefgarage ziehe, eine Rolle und nicht allein ein direkt messbarer individueller monetärer Vorteil. Darauf verengte Rationalisierungen schaden seiner Ansicht nach eher dem sozialen Frieden im Ort. Mittelbar wirft der Gemeinderat damit Fragen des sozialen Zusammenhalts im Dorf auf und nimmt die Haltung ein, dass man aktiv daran arbeiten müsse. Das „Wir", von dem er spricht („müssen wir eben anfangen") bezieht sich in diesem Fall wohl auf die Gemeindevertreter*innen.

Die Tiefgarage symbolisiert für manche Dorfbewohner*innen ein Vorgehen, das in gewisser Hinsicht typisch sei. Ein Gesprächspartner schildert in Zusammenhang mit dem kommunalen Großprojekt „Tiefgarage", dass der Prozess des Baus geradezu typisch für „das System in Südtirol" (INT_M_K: 178) sei.

> M: [[...]] I sog halt amal, bei uns des System in Südtirol is sicher der Brenner-Basis-Tunnel ein Beispiel, [Mhm] da sein ja jetzt schon so viele Gelder eingesteckt werden müssen. Und da isch fast gar nimmer gfragt wordn. Mir sein sogar vom Verband mal oschaun gegangen. Sie hams schon erklärt, dass sich das alls rentiert und-

---

[88] „Wenn ich aber bei einer Genossenschaft bin, da kann ich mich einkaufen zu einem ganz geringen Teil, bin Mitglied und bekomme dann den Strom relativ günstig. Das ist dann der direkte Nutzen. Den indirekten Nutzen spürt keiner automatisch äh ist das für jeden wertlos. [[...]] nur weil die 150.000 Euro werden einmal in Wegebau gesteckt, einmal in was weiß ich jetzt in die Tiefgarage, wo, wo ja die Kritiker sagen, ich will die gar nicht, aber wenn ich dann Mitglied bin irgendwo und ich bekomme, wenn ich weiß, bis jetzt hab ich, um eine Hausnummer zu nennen, äh 2000 Euro im Jahr Strom bezahlt und ich bezahle danach nur mehr 1000, das spürt jeder in der Brieftasche und das wird dann, das ist dann Wertschöpfung, die man spürt und die auch jeden zufrieden halt macht. Und äh wie immer schön gesagt wird äh, äh der soziale Frieden, aber da müssen wir eben anfangen." (Ebd.).

> Interviewerin: Mit dem Verband sinds da hin?
>
> M: Ja, genau. Und da ham sie wirklich (.) in höchsten Tönen gelobt und [Mhm] (.). Ich sog des is schwer einzuschätzen (unverständlich). Aber wenns erst in 2020 fertiggstellt isch. [Mhm] Weil I sog alm, wer woas wie sich des alls entwickelt, die Technik. (Ebd.: 178–180)[89]

In den sehr teuren und noch lange nicht fertig gestellten Brenner-Basis-Tunnel etwa hätten so viele Gelder gesteckt werden müssen, beschreibt Herr Mair, und es sei kaum mehr gefragt worden – von wem oder wer, lässt er an dieser Stelle offen. Ob sich das Großprojekt „Brenner-Basis-Tunnel" letztlich lohne, könne er selbst schwer beurteilen, meint der Handwerker, auch wenn ihm bei einem Ortsbesuch mit seinem Berufsverband von den Verantwortlichen die Rentabilität erklärt worden sei. In seiner Nebenbemerkung, dass man nicht wisse, wie sich die Technik bis zum Zeitpunkt der Fertigstellung noch entwickle, klingt durchaus ein Moment des Zweifels daran an. Was charakterisiert nach Ansicht des Handwerkers also „das System" in Südtirol? Eine mögliche Interpretation wäre: Eine Regierung, die ohne Meinungen oder Stimmungen aus der Bevölkerung zu berücksichtigen, quasi ungefragt immer wieder hohe Summen in langwierige Bauprojekte investiert auf der einen Seite und eine Bevölkerung, die dies toleriert auf der anderen Seite.

Andere Gesprächspartner*innen bezogen im informellen Gespräch noch deutlicher Stellung zum Tiefgaragenprojekt. Eine besonders ablehnende Position vertrat ein Dorfbewohner, der bei einem Umtrunk nach einem Umzug der Feuerwehr im örtlichen Gasthaus freimütig und ungefragt seine Einschätzung mitteilte, dass der Bürgermeister sich mit der Tiefgarage, welche der Gesprächspartner für unnötig hielt, „ein Denkmal" bauen wolle (vgl. BB1_K: 50). Auf meine Entgegnung, dass das Projekt aber doch auch vom Gemeinderat bewilligt worden sein müsse, entgegnete er: Es sei, wie es immer ist, einer marschiere eben voraus und dann folgten die anderen schon hinterdrein (vgl. ebd.). Der Mann suggerierte damit, dass es eine internalisierte Routine des Ablaufs von politischen Prozessen in der Gemeinde gebe, in der eine Führungsfigur den Weg weise und welcher die

---

[89] M: […] Ich sag halt einmal, bei uns das System in Südtirol ist sicher der Brenner-Basis-Tunnel ein Beispiel, [Mhm] da mussten ja jetzt schon so viele Gelder reingesteckt werden. Und da ist fast gar nicht mehr gefragt worden. Wir sind sogar vom Verband mal anschaun gegangen. Sie haben es schon erklärt, dass sich das alles rentiert und-
Interviewerin: Mit dem Verband sind Sie da hin?
M: Ja, genau. Und da haben sie wirklich (.) in höchsten Tönen gelobt und [Mhm] (.). Ich sag das ist schwer einzuschätzen (unverständlich). Aber wenn es erst in 2020 fertiggestellt ist. [Mhm] Weil ich sage immer, wer weiß wie sich das alles entwickelt, die Technik. (Ebd.: 178–180).

5.3 Den Dorfkern erhalten und gestalten

weiteren Akteure bereitwillig folgten. Ein weiterer Gesprächspartner äußert im Interview ähnliche Vermutungen zu den Motiven des Bürgermeisters: „Für dieses Geld, das braucht in Wirklichkeit kein Schwein. [Mhm] Da hat er sich ein Denkmal gesetzt" (INT_E1/E2_K: 101). Zur Untermauerung seiner Aussage verweist der Mann darauf, dass „alle Prognosen in Bezug auf Entwicklung Autozahlen des Verkehrs und so in die andere Richtung" (ebd.: 98) gingen und zudem „viele Leute sich eigentlich gar kein Auto mehr wirklich leisten können" (ebd.). Die Meinungsäußerungen der drei Männer legen nahe, dass von einer Gemeinschaft aufgrund der Vertretung gemeinsamer Interessen oder eine gemeinsame Entscheidungsfindung aus dieser Perspektive eher keine Rede sein kann. Vielmehr wird in diesen Aussagen die „einfache" Bevölkerung, mit der sich die Gesprächspartner identifizieren, den Funktionseliten in Politik und Verwaltung gegenübergestellt.

Dass die Frage der Repräsentation von Interessen und des Umgangs mit staatlichen oder kommunalen Geldern latent immer im Raum steht, zeigt sich auch daran, dass immer wieder Gesprächspartner*innen im Interview auf das Thema Volksbefragung und direkte Demokratie zu sprechen kamen – auch in der Diskussion um den Bau der Tiefgarage, lässt sich dies feststellen. In einer Interviewpassage verlieh ein Gesprächspartner seiner Haltung Ausdruck, er sei bei „Großprojekte[n] [[...]] schon mehr dafür" (ebd.: 172), dass man das ganze Volk befrage (vgl. ebd.), da dieses letztendlich die finanziellen Lasten mitzutragen habe: „Schlussendlich miassn mir finanziell die Sache ausbaden" (ebd.: 174).[90] Bei der feierlichen Einweihung des Areals griff der Bürgermeister das Thema Volksbefragung sogar explizit auf. Seiner Bemerkung, bei einer Volksbefragung wäre das Projekt sicherlich gescheitert, folgen viele beipflichtende „Mhms" und ebensolche Kommentare, beispielsweise „Hel is sicher"[91] (BB5_K: 13). Die kontroverse Debatte ließe sich damit nicht nur als Ausdruck eines bestimmten „Systems" lesen, sondern auch als aufkommender (wenn auch nicht durchgesetzter) Anspruch auf Mitbestimmung – wie er bereits in dem von Bürger*innen erarbeiteten Leitbild artikuliert wurde (vgl. Abschn. 5.2). Eine Gesprächspartnerin, die als Gemeinderätin über die Tiefgarage mit abstimmen konnte, hat ihrerseits eine Beschreibung und Erklärung für die ihrer Meinung nach eher passive Haltung der Dorfbewohner*innen zur Hand und nimmt ebenfalls Bezug zum Thema Volksbefragung/Volksentscheid (INT_K_K: 215–219):

> K: Doch, das bestätigt sich wieder, dass die Leute einfach die Gemeinderäte machen lassen. [Mhm] Die kümmern sich nicht so, also die Partizipation an dem, was in der Gemeinde passiert, ist gering. [Mhm] Und das wird ja im ganzen Land

---

[90] „Schlussendlich müssen wir finanziell die Sache ausbaden" (ebd.: 174).
[91] „Das ist sicher" (BB5_K: 13).

soll das vorangetrieben werden. In Form von Volksentscheiden und so. Also es ist jetzt im Kommen, dass man die Leute mehr einbezieht. Aber das Interesse ist nicht so groß. [[…]] Die Leute, die beteiligen sich nicht so. Hier zu den Festen gehen sie schon, ja, aber sonst inhaltlich beteiligt sich da kaum-, ich glaube es wär niemandem eingefallen eine Initiative zu gründen.

Interviewerin: Also man meckert schon-

K.: Ja, genau!

Interviewerin: Aber dann,

K.: Man meckert, aber man tut nichts. Ja, [Mhm] das schon. Ja, schade, aber wie gesagt, ich hoffe, dass sich das ändert. Bald. @(.)@ Ja, weil ich denke, die Leute interessieren sich nicht so für das, was passiert. Da hatten wir eben das E-Werk vorhin, ja. Das (.) man interessiert sich nicht so für das, was passiert. [Mhm] Ich glaub das ist in Deutschland doch ein bisschen anders.

Frau Kofler erklärt sich die verhaltenen Reaktionen und die allenfalls informell artikulierten Unzufriedenheiten der Kirchdorfer Bürger*innen damit, dass man sich im Ort nicht ausreichend für Entscheidungen zur Entwicklung des Dorfes interessiere. Ähnlich wie andere zitierte Gesprächspartner*innen weist sie dies nicht als spezifische Kirchdorfer Besonderheit aus, sondern indirekt als eine in ganz Südtirol anzutreffende Mentalität – zumindest suggeriert dies ihre Bemerkung, in Deutschland sei dies ihres Erachtens ein bisschen anders. Ihr Hinweis, im ganzen Land solle die Partizipation der Bevölkerung nun vorangetrieben werden, bezieht sich auf Diskussionen um ein Landesgesetz, das Volksentscheide ermöglicht, sowie möglicherweise auf die „Initiative für mehr Demokratie"[92]. Befragt zur Haltung der Bevölkerung gegenüber den beiden Elektrizitätswerken im Ort[93] und ob die Bevölkerung eine der beiden Formen der Eigentumsverhältnisse – genossenschaftlich oder kommunal getragen – präferiere, nimmt Frau Kofler an, dass die Bevölkerung „viel Vertrauen habe[n]" (INT_K_K: 199) in ihre gewählten Vertreter*innen und in die Verwaltung (vgl. ebd.). Man könne dies

„als Obrigkeitshörigkeit bezeichnen, man kann es aber @auch als Vertrauen@ bezeichnen. Ich weiß nicht was es dann, vielleicht eine Mischung aus beidem. Und, oder auch einfach aus, ich will mich nicht darum kümmern. Das kann auch sein. Da

---

[92] Die „Initiative für mehr Demokratie" ist ein eingetragener gemeinnütziger Verein in Südtirol und setzt sich dort seit 20 Jahren unter anderem für ein „Gesetz zur direkten Demokratie" ein (vgl. Initiative für mehr Demokratie). Im Dezember 2018, mehrere Jahre nach dem Interview mit Frau Kofler, wurde ein Gesetz für „Direkte Demokratie, Partizipation und politische Bildung" verabschiedet (Autonome Provinz Bozen-Südtirol 2018).

[93] Zu den Rationalisierungen in Bezug auf regenerative Energieerzeugung im Ort vgl. Abschn. 5.4.

5.3 Den Dorfkern erhalten und gestalten

kümmern sich glaub ich die Leute hier nicht so drum. [Mhm] Ich denke, dass die meisten relativ uninformiert sind." (Ebd.).

Damit spannt Frau Kofler einen Möglichkeitsraum auf, welche Haltungen die Dorfbewohner*innen einnehmen könnten, setzt aber ans Ende ihrer Überlegungen, dass sie die Bevölkerung im Dorf für eher uninformiert halte und schreibt ihr mangelnde Verantwortung für Prozesse kommunaler Entwicklung zu. Einerseits stützt sie so das Bild einer spezifischen, verinnerlichten und eingeübten politischen Kultur, in der in erster Linie Gemeindepolitik und -verwaltung kommunale Entwicklungen bestimmen, gleichzeitig schreibt sie den Bürger*innen explizit eine Mitverantwortung hierfür zu und wünscht sich, dass sie Mitbestimmung einforderten.

Unter den Aussagen zur Tiefgarage finden sich auch zahlreiche ambivalente Haltungen gegenüber dem Bauprojekt: Ein Interviewpartner antwortete auf die Nachfrage, ob er das Geld für die Tiefgarage, welche er zuvor als „Luxus" (INT_M_K: 176) bezeichnet hatte, in anderen Bereichen besser investiert empfunden hätte[94]: Das „[h]ätt man können, ja"[95] (ebd.: 178), aber nun sei die Tiefgarage eben schon da (vgl. ebd.). Ein Ehepaar befand, dass die Garage ihrer Einschätzung nach unnötig sei, da sie meist leer sei; auch die Bevölkerung insgesamt sei gegenüber den Planungen durchaus skeptisch gewesen (INT_G1/G2_K: 344). Gleichzeitig findet das Ehepaar Gruber aber lobende Worte zum Aussehen des fertiggestellten Projektes: „Sehr schön" sei es geworden. Zum Zeitpunkt der Fertigstellung waren viele ambivalente Haltungen zu hören in Kirchdorf. So standen oder stehen die Bürger*innen der Tiefgarage zwar in mancher Hinsicht kritisch gegenüber, beziehen aber vielfach keine eindeutig ablehnende Haltung. Kaum jemand wollte explizit oder gar öffentlich Stellung gegen das Projekt beziehen. Im Gemeinderat wurde es, wie bereits dargestellt, mit einer Enthaltung genehmigt, Gegenstimmen gab es trotz hitziger Debatten im Vorfeld der Entscheidung nicht. Folgt man den Schilderungen mancher meiner Gesprächspartner*innen so wurde und wird über das Projekt aber hinter vorgehaltener Hand durchaus geschimpft oder „gemeckert" (INT_D_K: 344). Sobald das Projekt in die Realisierung ging und nicht mehr zu revidieren war, wurde nach Erzählungen verschiedener Bürger*innen die Opposition dagegen leiser.

Daneben gibt es die Haltung, von Beginn an die Repräsentation von Gemeinwohlinteressen und die Notwendigkeit des Baus in den Mittelpunkt zu stellen. So argumentiert der Bürgermeister mit der Notwendigkeit und dem langfristigen

---

[94] Die Frage lautete: „Also hätt man des Geld lieber woanders reinstecken sollen?".
[95] „[h]ätte man gekonnt, ja" (ebd.: 178).

Nutzen der Tiefgarage für alle Dorfbewohner*innen. Als Effekt der Schaffung von Parkraum mit darüber liegendem Spielplatz sieht er beispielsweise eine Aufwertung des Dorfes – auch in touristischer Hinsicht (vgl. INT_B II_K: 77). In seiner Logik heißt dies: Touristen können bequem parken und den nahe gelegenen Badesee besser nutzen (vgl. ebd.). Tourist*innen wie Einheimische profitierten vom Naherholungsareal und dem schöneren Ortsbild, das Dauerparker in seinen Augen bis dahin gestört hätten (BB5_K: 5). Damit weist der Bürgermeister die Schönheit des Ortes als allgemeinen Wert aus, von dem alle profitierten und den er qua seines Amtes schützen müsse. Er sei überzeugt, dass die Anlage „wesentlich zur Verbesserung der Lebensqualität für unsere Familien und Gäste" beitrage und der Ort dadurch „als Wohnsitzgemeinde und Urlaubsort stark an Attraktivität dazugewonnen" habe. (vgl. ebd.: 19). Implizit könnte er damit auch nahelegen, dass diese Aufwertung letztlich allen im Dorf zugutekomme, da sie die vom Tourismus geprägte Wirtschaft im Ort beflügle. Darüber hinaus führt der Bürgermeister die Verkehrsberuhigung als Vorteil der Tiefgarage an und bewertet sie ebenfalls als bonum commune: So würde die Verkehrssicherheit aller Dorfbewohner*innen verbessert und Rettungsfahrzeuge kämen nun besser durch (vgl. INT_B II_K: 65; BB5_K: 5). Die in seinen Augen gegebene Notwendigkeit, das Bauprojekt zu diesem Zeitpunkt zu realisieren, unterstreicht der Bürgermeister außerdem mit dem Hinweis auf das Gelegenheitsfenster, welches sich für die Finanzierung geboten und welches er genutzt habe, wodurch die Schuldenbelastung für die Gemeinde vergleichsweise gering ausfalle (vgl. Abschn. 5.3.2). Er betont hier explizit sein vorausschauendes Handeln, das durchaus im Interesse aller sei, auch wenn die Dorfbewohner*innen diese Einschätzung (noch) nicht teilten – „weil es niemand so ähm für wichtig empfindet" (INT_B_K: 22).

„[[…]] aber ich hatte (immer) den Druck gemacht, hab gesagt, schau, wir können nicht erst die Garage bauen, dann fünf Jahre warten und dann irgendwo das Freizeitareal, wir müssen das alles in einem machen, weil das eine ist unt- das eine ist oben drauf. Ich kann es nicht zumuten meiner Familie und meinen Kindern in Kirchdorf, dass wir zehn Jahre eine Baustelle haben, (nur um) einen Spielplatz zu haben. Das haben sie wohl erkannt und dadurch auch uns diesen ausnahmsweise [[…diesen Betrag]] gegeben. [[…]] aber eine Garage ist immer eine Garage. Und dass das (ringsum) das ist, auch kein, das ist kein Modeartikel, das ist kein Trend (sag), das ist äh- das ist oben auf schon- Sportarten sind Trends manchmal, aber Garage wird auch (wieder auch in) Zukunft brauchen, egal ob es dann morgen, sag ich mal, batteriebetriebene Autos sind oder (was ich was) oder mit welchen Um- Umwelt freundlichen Treibstoff auch immer, aber ohne Autos wird es nicht gehen. Vor allem in Kirchdorf, wo alle Fraktionen [[gemeint sind die Ortsteile]] (recht) weit vom Zentrum entfernt sind, wo es nie möglich wäre, die mit an öffentlichen Verkehrsmittel zu erschließen, auch nicht finanzierbar wäre [[…]]." (INT_B II_K: 69)

5.3 Den Dorfkern erhalten und gestalten

An der Erzählung des Bürgermeisters über seine Bemühungen, Fördergelder von der Landesregierung zu erhalten, zeigt sich sehr plastisch die unterschiedliche dem Garagenbau zugeschriebene Symbolik. Während ein Kirchdorfer Bürger die Tiefgarage als „Luxus" (INT_M_K: 176) bezeichnet hatte, argumentiert der Bürgermeister, eine Garage sei immer eine Garage und „kein Modeartikel". Er sieht sich damit ganz von dem Motiv geleitet, alles im Interesse seiner Familie – gemeint sind offenbar alle Kirchdorfer*innen – und deren Kinder zu tun und rekurriert damit auf eine implizite Idee von Gemeinwohl. Zugleich spannt er den Zeithorizont für den Nutzen aus der Tiefgarage bis weit in die Zukunft und unterstreicht damit die seines Erachtens gebotene Langfristorientierung des kommunalen Bauvorhabens. Der Bürgermeister sieht sich durch seine Rolle als Rathauschef in der „Verantwortung [[...]] weiter zu denkn auf morgen [mhm] und nicht nur diese Sachen zu machen, die jemand, wo äh wo äh wenn der Schuh wirklich ganz stark drückt" (INT_B_K: 22).[96] Für ihn ist diese Langfristorientierung ein essenzieller Bestandteil einer zukunftsfähigen und im weiteren Sinne nachhaltigen Entwicklung – an anderer Stelle bezeichnet er das realisierte Bauvorhaben sogar wörtlich als „nachhaltige Lösung" (BB5_K: 5). Die Langfristigkeit seiner Überlegungen unterstreicht er auch mit dem Hinweis auf alternative Treibstoffe und batteriebetriebene Autos in der Zukunft und mit seiner Prognose, dass es ohne Autos auch dann nicht gehen werde, die Mobilität der Bevölkerung im Kirchdorfer Tal zu gewährleisten. Der Vizebürgermeister teilt die Einschätzung des Bürgermeisters, dass der Bau zukunftsweisend sei und das Geld dafür „sehr gut hier jetzt investiert" (INT_BII_K: 67), weil die Zeit seines Erachtens reif dafür gewesen sei (vgl. INT_C_K: 107).

Die in Anschlag gebrachten Argumente und Motive der unterschiedlichen Gesprächspartner*innen konzentrieren sich um einige zentrale Aspekte von Nachhaltigkeitskonzepten. Insbesondere die Befürworter*innen der Tiefgarage betonen die Langfrist- und Gemeinwohlorientierung des Projektes, während die Skeptiker*innen vor allem über dessen Notwendigkeit reflektieren, die Vertretung von Partikularinteressen problematisieren und die Verhältnismäßigkeit der eingesetzten Mittel in Frage stellen. Niemand argumentiert hingegen, dass das Bauprojekt notwendig oder gar zukunftsweisend sei, weil es Partikularinteressen stützt. Ebenso wenig wird die Haltung geäußert, die Tiefgarage sei zwar unnötig, aber trotzdem zum Wohle aller Bürger*innen. Diese argumentativen Haltungen sind offenbar entweder nicht sag- oder erzählbar (zumindest nicht mir gegenüber)

---

[96] „Verantwortung [[...]] weiter zu denken bis morgen [mhm] und nicht nur diese Sachen zu machen, die jemand, wo äh wo äh wenn der Schuh wirklich ganz stark drückt." (INT_B_K: 22).

oder sie existieren tatsächlich nicht. Die rekonstruierbaren Positionen legen nahe: Zustimmung und Unterstützung finden Entwicklungsprojekte in der Gemeinde Kirchdorf dann, wenn die Akteure davon überzeugt sind, dass sie im Interesse und zum Nutzen aller Dorfbewohner*innen sind.

Abgrenzung und Zusammengehörigkeit in der Tiefgaragendebatte
Anhand verschiedener Äußerungen zur Tiefgaragendebatte in Kirchdorf lassen sich außerdem Aspekte von Abgrenzung und Zusammengehörigkeit herausarbeiten. Beispielsweise anhand dieser Einschätzung des Vizebürgermeisters:

> „wenn die Finanzierung wirklich möglich is, [[…]] Dann muss man, weil die Zeit jetzt reif ist, ned in fünf Jahren und aa ned in zehn Jahren, die Zeit ist jetzt reif und deswegen muss man hald da wahrscheinlich a bisl a Kritik einstecken, aber sobald das fertig is, ich wette, ich sage das zu jedem, ich wette, danach is jeder dankbar, dass gemacht worden is. Auch wenns viele natürlich ned einbekennen wollen, aber hald im Grund genommen is des – Wenn wir Feste haben, ich bin bei der Feuerwehr und ich weiß, was Parkdienst bedeutet, das weiß ja kaum jemand da drüben die paar, was ja meistens schreien, die sind ja ned vor Ort und arbeiten ja ned." (INT_C_K: 107)[97]

Herr Christanell argumentiert ebenfalls mit einem Gelegenheitsfenster, das man nutzen musste, und rahmt die Kritik am Tiefgaragenbau als Begleiterscheinung und Meinungsäußerung der meist immer selben Minderheit, welche man einerseits in Kauf nehmen müsse und von der man sich als Entscheidungsträger*innen andererseits nicht beirren lassen dürfe. Außerdem suggeriert er, dass nicht alle Dorfbewohner*innen die Notwendigkeit des Baus einschätzen könnten. Dass seiner Meinung nach „danach […] jeder dankbar" (ebd.) sei, drückt seine Überzeugung aus, dass mit dem Bau der Tiefgarage durchaus zum Wohle aller Bürger*innen gehandelt werde. Lokalität und die volle Kenntnis der örtlichen Zusammenhänge weist er damit als essenzielle Faktoren aus, um das Bauprojekt beurteilen zu können – und konsequent weitergedacht: um sich legitimerweise in der Sache zu Wort melden zu dürfen. Es kommt zudem eine Haltung des Gemeinderates zum Ausdruck, die auch in Aussagen des Bürgermeisters, beispielsweise

---

[97] „wenn die Finanzierung wirklich möglich ist, [[…]] Dann muss man, weil die Zeit jetzt reif ist, nicht in fünf Jahren und auch nicht in zehn Jahren, die Zeit ist jetzt reif und deswegen muss man eben da wahrscheinlich ein bisschen Kritik einstecken, aber sobald das fertig ist, ich wette, ich sage das zu jedem, ich wette, danach ist jeder dankbar, dass es gemacht worden ist. Auch wenn es viele natürlich nicht eingestehen wollen, aber im Grunde genommen ist das – Wenn wir Feste haben, ich bin bei der Feuerwehr und ich weiß, was Parkdienst bedeutet, das weiß ja kaum jemand da drüben die paar, die ja meistens schreien, die sind ja nicht vor Ort und arbeiten ja nicht." (INT_C_K: 107).

5.3 Den Dorfkern erhalten und gestalten

in seiner Rede bei der Einweihung des Areals aufscheint, als er die lange Phase von Planung und Realisierung Revue passieren lässt (vgl. BB5_K: 18): So sei es „ein schwieriger Gipfel" gewesen, den es zu bewältigen galt,

> „nur wenige trauten uns das zu. Doch aufgeben ist verspielt. Nach einer gewissen Zeit traten plötzlich dunkle Gewitterwolken auf und das Vorhaben schien zu scheitern. Zum Glück lösten sie sich rechtzeitig auf und der Aufstieg konnte fortgesetzt werden. Trotz einiger Hindernisse kam man gut voran und so ist es uns gelungen, den Gipfel zu bezwingen. Umso größer ist heute die Freude [[der Bürgermeister stockt, kurz scheint ihm die Stimme zu versagen, er ist sehr bewegt und man merkt ihm an, dass wohl großer Druck auf ihm lastete, ich fürchte schon, dass er gleich in Tränen ausbricht]] und Genugtuung über das gelungene Werk." (Ebd.: 18)

Deutlich wird in den Aussagen von Bürgermeister und Vizebürgermeister eine Haltung, welche die Durchsetzung von Interessen auch gegen Widerstreben als notwendig erachtet. Beide sehen sich im Dienste einer guten Sache, die letztlich allen Dorfbewohner*innen zugutekäme. Abweichende Meinung und Konflikte werden als Hindernisse beschrieben, die letztlich überwunden werden konnten im Dienste ebenjener Sache, so dass am Ende ein gelungenes Werk stehen könne. Seine Genugtuung drückt der Bürgermeister daher ganz wörtlich aus. Wenn ehemalige Zweifler heute sagten, sie hätten sich getäuscht, das Ganze sei eine „bärige"[98] Sache geworden, dann tue das einfach gut, fährt der Bürgermeister bei der Eröffnung fort (vgl. ebd.). Die Reaktion des Vizebürgermeisters auf einen Zeitungsartikel zu dem Bauprojekt verfestigt die bisher gezogenen Schlüsse über Abgrenzung und Zusammengehörigkeit in Kirchdorf. Ein deutschstämmiger Architekt fragt in einem Artikel in einer überregionalen Tageszeitung: „Braucht ein Dorf dieser Größe überhaupt so etwas? Und an dieser einmaligen Stelle?" und fügt seine implizite Antwort gleich mit an:

> „Irgendwie scheint jede Sensibilität für Notwendigkeiten, Maßstab und Dimensionen in vielen unserer Dörfer verloren zu gehen. Vielleicht wird Kirchdorf ja mal für die Tiefgarage mit dem schönsten Ausblick für die parkenden Autos prämiert. In Beton." (vgl. Regionalzeitung_K_30.01.2013).

Der Vizebürgermeister, Herr Christanell, der die Tiefgarage stets befürwortete, reagiert darauf:

> „Und die vor Ort kennen das ja ned, oder hald von Externen wissen des ja ned aufn Punkt. Dann verzerrt sich das und das ist auch eben in letzter Zeit mit der Tiefgarage

---

[98] schöne, wunderbare.

hier im Tal äh habt ihr eh den Bericht gelesen, ne von unserem schönen – (holt Luft) niemand jetzt zu beleidigen, aber die Deutschen kommen zu uns ihren Lebensabend sich zu vergolden, ne. Und dann wollen sie uns belehren. Ich würde jedem raten zu ihren Wurzeln zurück zu kommen [[...]] Die sollen ihre Wurzeln wieder suchen und dann sollen und dort sollen sie aa bleiben. Und des is meine Meinung. Äh is ja okay, dass die ihr Geld hier lassen und was weiß ich, aber wir würden auch trotzdem über die Runden kommen ohne die schönen Belehrungen von jemand. Die sollen vor der eigenen Haustüre kehren und dann bei uns, aber." (INT_C_K: 84)[99]

Meinungsäußerungen von Personen, die nicht im Dorf leben und insbesondere von Ausländer*innen, die keine genaue Kenntnis der Begebenheiten vor Ort haben, werden hier als ungerechtfertigte Belehrung zurückgewiesen. Der Kirchdorfer Bürger findet deutliche Worte für die als Einmischung empfundene Äußerung: Die Deutschen sollten lieber dorthin zurückkehren, wo sie hergekommen sind – zu ihren Wurzeln. Die Episode zeigt, dass zumindest aus der Perspektive dieses Akteurs detaillierte Kenntnisse der Begebenheiten vor Ort als Grundvoraussetzung für die Legitimität einer Meinungsäußerung gesehen werden. Anhand abweichender oder konfligierender Positionen werden auch Grenzen gezogen zwischen „Wir" und „Die". So sollten Personen wie der Autor des Zeitungsartikels zuerst vor ihrer eigenen Haustüre kehren „und dann bei uns" (ebd.). Eigene Organisationsstrukturen oder Veranstaltungen zur Einbindung von zugewanderten Personen gibt es dort nicht.

Anhand der bisher rekonstruierten Interessen und Werte im Prozess des Tiefgaragenbaus zeigen sich bestimmte Aspekte als relevant für potenzielle Vergemeinschaftungsprozesse: Die Anerkennung und der Erhalt der Schönheit des Ortes und die Kenntnis örtlicher Gegebenheiten können als Aspekte gedeutet werden, deren Bejahung die Zugehörigkeit zu einer etwaigen Dorfgemeinschaft ermöglicht. Die Kenntnis lokaler Zusammenhänge wird zudem als Ausweis für die Legitimität oder Illegitimität von Meinungsäußerungen betrachtet. Die genannte Schönheit des Dorfes, das wirtschaftliche Wohlergehen der gesamten Gemeinde sowie der Erhalt des sozialen Friedens werden außerdem als lokale

---

[99] „Und die vor Ort kennen das ja nicht, oder eben von Externen wissen das ja nicht auf den Punkt. Dann verzerrt sich das und das ist auch eben in letzter Zeit mit der Tiefgarage hier im Tal äh habt ihr eh den Bericht gelesen, ne von unserem schönen – (holt Luft) niemand jetzt zu beleidigen, aber die Deutschen kommen zu uns ihren Lebensabend sich zu vergolden, ne. Und dann wollen sie uns belehren. Ich würde jedem raten zu ihren Wurzeln zurück zu kommen [[...]] Die sollen ihre Wurzeln wieder suchen und dann sollen und dort sollen sie auch bleiben. Und das ist meine Meinung. Äh is ja okay, dass die ihr Geld hier lassen und was weiß ich, aber wir würden auch trotzdem über die Runden kommen ohne die schönen Belehrungen von jemand. Die sollen vor der eigenen Haustüre kehren und dann bei uns, aber." (INT_C_K: 84).

Gemeinwohlinteressen und zu schützende Werte oder Güter dargestellt, die in der Dorfgemeinschaft in Kirchdorf anerkannt sind.

5.3.4 Vergemeinschaftung durch Gestaltung kommunaler Infrastrukturen

Die rekonstruierten Kooperationsprozesse werden abschließend nochmals unter dem Aspekt betrachtet, inwiefern darüber Vergemeinschaftung stattfindet und welche Rolle letztere für die Bewältigung sozial-ökologischer Wandlungsprozesse spielen kann.

Kooperationsmodi
Betrachtet man die Kooperationsmodi im Prozess der Dorfladengründung im bayerischen Wiesental, fällt auf, dass immer wieder anlassbezogen Interaktionsräume geschaffen wurden, die als notwendiger, wenn auch nicht allein hinreichender Bestandteil von Gemeinschaft und Vergemeinschaftungsprozessen betrachtet werden können (vgl. Abschn. 3.3). Für nahezu alle Schritte im Zusammenhang mit der Dorfladengründung lässt sich zunächst feststellen: Es wurde regelmäßig und öffentlich kommuniziert. Zu den Gesamtarbeitskreis-Treffen erfolgte stets eine öffentliche Einladung im Mitteilungsblatt der Gemeinde, das regelmäßig allen Haushalten zugeht. Zudem wurden dort Berichte zu stattgefundenen Treffen veröffentlicht. Die Treffen wurden außerdem durch Berichte in der Regionalpresse begleitet. Dabei wurden nicht nur die getroffenen Entscheidungen bekannt gegeben, sondern es wurde bereits im Vorfeld von Entscheidungsprozessen breit kommuniziert und zur Beteiligung aufgerufen. Bei den Arbeitskreis-Treffen selbst bestand die Möglichkeit für alle Interessierten, sich einzubringen. Nach Gründung der Dorfladen-UG war das Stimmrecht in den Belangen des Ladens daran gekoppelt, dass man Anteile am Dorfladen hält, jedoch unabhängig von der Anzahl der Anteile. Um aufgeschlossene Bürger*innen für die Partizipation im Gründungsprozess und für Ämter des Dorfladens zu gewinnen, setzten Mitwirkende immer wieder gezielt auf die Ansprache Einzelner. Die persönliche Ansprache könnte somit eine zusätzliche Strategie zu der bereits identifizierten regelmäßigen und öffentlichen Information zum Gründungs- und Etablierungsprozess sein. So geben beispielsweise zwei Mitglieder des Dorfladenbeirats im gemeinsamen Interview an, sie seien gefragt beziehungsweise gebeten worden, einer Arbeitsgruppe beizutreten oder sich als Beirat aufstellen zu lassen (INT_M/N_W: 274 f.):

N: Bei der Einteilung der, der Facharbeitskreise, da hat dann ein Freund von mir gesagt, jetzt meld dich halt. Und dann habe ich mich gemeldet und dann war ich in dieser Rechtsfindungs- in dem Rechtsfindungs[100] - Und das war dann mal, die Rita [[Pseudonymisierung, spätere Gesellschafterin]] hat mich angeredet, ob ich da in dem Beirat Vorsitzenden machen würde.

M: Mich hat dann der Bürgermeister mal einfach gefragt, ob ich bereit wäre, da mitzumachen. Und ich mein, ich bin jetzt anders als der N in anderen Vereinen nicht äh nicht so engagiert, beziehungsweise gar nicht. Und nachdem ich auch noch nicht so lange hier wohne und ähm, war es für mich einfach der Punkt, wo ich gedacht hab, ja jetzt kannst Du einfach auch mal was für den Ort tun.

Die bereits als Akteure eingeführten Handwerksbetriebe, die Teilleistungen beim Umbau des Dorfladens stifteten, wurden darum ebenfalls persönlich gebeten (vgl. Abschn. 5.3.1). Auch eine der späteren Gesellschafter*innen des Dorfladens, Frau Rosenmair, beschreibt, wie sie durch persönliche Ansprache zur Mitarbeit bewogen wurde (vgl. INT_R_W: 136). Bemerkenswert ist, dass sie ihr weiteres Engagement gleichzeitig an die Freiheit knüpfte, ihrerseits mögliche Kandidat*innen für den neu zu wählenden Dorfladenbeirat ansprechen zu können (vgl. ebd.: 148), nachdem der vorherige Beirat geschlossen zurückgetreten war – nicht zuletzt weil er laut Frau Rosenmair nicht über die für die Arbeit essenziellen Kontakte und Netzwerke im Ort verfügte (vgl. ebd.: 234). Einerseits wurden in Wiesental also Interaktionsräume geschaffen, andererseits konnten Vergemeinschaftungsprozesse offenbar auch angestoßen werden, weil man sich trifft und kennt, sich in gemeinsamen Interaktionsräumen immer wieder begegnet und die Möglichkeit zur persönlichen Ansprache hat.

Möglichkeiten zur Interaktion der Dorfbewohner*innen bestehen auch in der kleinen Südtiroler Gemeinde Kirchdorf (worauf Interviewpartner*innen immer wieder hinweisen), dennoch wurden hier nicht wie in Wiesental darüber hinaus anlassbezogen eigens Räume der Interaktion geschaffen. Während der Planungs- und Realisierungsprozess der Tiefgarage in erster Linie durch die Gemeindeverwaltung und den Gemeinderat gesteuert wurde, wurde im bayerischen Wiesental von Bürger*innen eine Gesellschaft gegründet, um auf eine veränderte Situation im Ort zu reagieren und Nahversorgungsstrukturen aufrecht zu erhalten. Das ist der wohl wesentlichste Unterschied in den Kooperationsabläufen zu Kirchdorf, wo wahrgenommenen Veränderungsdynamiken in diesem Fall durch Verwaltungshandeln und kommunale Gremienarbeit begegnet wird.[101] In Kirchdorf informierte die Gemeindeverwaltung regelmäßig über Entscheidungen bezüglich

---

[100] Er meint den Arbeitskreis zu Rechtsform und Finanzen.

[101] Bürgergetragene Gesellschaften in dem Sinne gibt es in Kirchdorf im Grunde nur in den Genossenschaften (z. B. zum Hausbau oder ein genossenschaftliches Elektrizitätswerk).

5.3 Den Dorfkern erhalten und gestalten

der Tiefgarage und des Naherholungsbereichs. Zur Mitarbeit oder Mitentscheidung wurden Bürger*innen punktuell und gezielt angesprochen (beispielweise für die Auswahl der Spielgeräte in der Naherholungszone). In beiden Prozessen (Tiefgarage wie Dorfladen) wird Transparenz von Gesprächspartner*innen als wichtiger Aspekt ausgewiesen. In Kirchdorf soll Akzeptanz für bereits von der Verwaltung getroffene Entscheidungen durch möglichst umfassende Information darüber geschaffen werden. In Wiesental stellen einzelne am Dorfladen beteiligte Akteure Verbindungen zwischen transparentem Handeln und Vergemeinschaftung her. Transparenz fungiert hier demnach als gemeinschaftsstiftend und sichert fortlaufend die Möglichkeit zur Beteiligung.

Bilder von Wandel
Für die inhaltlich sehr unterschiedlichen Projekte – ein Dorfladen hier, eine Tiefgarage dort – gilt es auch die Ausgangslage in der jeweiligen Gemeinde zu berücksichtigen, die sich unter anderem in den rekonstruierbaren Bildern von Wandel widerspiegelt. Bilder von Wandel unterscheiden sich innerhalb, aber auch zwischen den beiden Kommunen.

Im bayerischen Wiesental stand der Verlust nahräumlicher Einkaufsmöglichkeiten zu befürchten. Im Südtiroler Kirchdorf erschien die Versorgungslage aufgrund zweier Lebensmittelläden im Ort dagegen nicht in Gefahr. Dafür antizipierte man dort knappere staatliche Mittel und sieht sich mit den lokalen Auswirkungen weltwirtschaftlicher Dynamiken konfrontiert. Letztere nimmt man auch im bayerischen Wiesental deutlich wahr, begreift sie aber eher als Anlass zum Handeln, denn als Erklärungsfolie für mangelnden Handlungsspielraum (vgl. Abschn. 5.3.2). Manifeste und antizipierte lokale Auswirkungen weltwirtschaftlicher Krisen sind in den Reflexionen unterschiedlicher Akteure in beiden Dörfern sehr präsent. Ökologische Belange spielen demgegenüber in beiden Prozessen keine prominente Rolle, werden aber insbesondere von einzelnen Akteuren im bayerischen Wiesental genannt und dort deutlich mit dem Projekt „Dorfladen" verknüpft. Soziale Aspekte von Wandel werden in beiden Gemeinden dahingehend diskutiert, wem das jeweilige Projekt dienlich ist oder sein soll. Im bayerischen Wiesental benennen unterschiedliche Akteure vor allem die Altersstruktur im Ort – nicht explizit und notwendigerweise Prozesse demografischen Wandels – als einen Grund, weshalb ein Lebensmittelladen im Ort erhalten bleiben solle.

Konflikthafte Vergemeinschaftung

In beiden Prozessen (Dorfladen wie Tiefgarage) laufen Konfliktlinien entlang der Frage, ob durch das jeweilige Projekt Partikularinteressen bedient und bevorzugt werden oder ob die getroffenen Entscheidungen Ideen von Gemeinwohl erfüllen. In Bezug auf den Dorfladen im bayerischen Wiesental zeigt sich dies beispielsweise daran, dass Stimmen, die den Dorfladenbetrieb mit individuellem wirtschaftlichem Vorteil assoziieren, nicht durchsetzungsfähig sind und als nicht angemessen oder weniger valide beurteilt werden (vgl. Abschn. 5.3.3). Wie insbesondere die Ausführungen zur ersten Gründungsversammlung zeigen, favorisieren die Mitwirkenden am Dorfladen ein Engagement möglichst zum Nutzen aller Dorfbewohner*innen und möchten keine Vorteile für Einzelne generieren. Die Bürger*innen bewegen sich mit ihren Überlegungen in einem Spannungsfeld von Profitmaximierung einerseits und der steten Betonung von sozialen Aspekten wie einem abstrakten Gemeinwohl andererseits. Zu diesen sozialen Aspekten zählt der Erhalt des letzten verbleibenden Lebensmittelladens im Ort wegen seiner Bedeutung als Treffpunkt und Ort der Kommunikation (vgl. Abschn. 5.3.3). Diese Funktion hätte er möglicherweise aber auch unter privatwirtschaftlicher Führung weiterhin erfüllen können, denn ein Privatunternehmen war er auch zuvor. Genuin wirtschaftliche Motive im Sinne von Profitmaximierung waren, so lässt sich nach den bisherigen Darstellungen sagen, nicht der Auslöser für die Gründung des Ladens, wohl aber die Angst vor einer Abwärtsspirale im Dorfleben (vgl. Abschn. 5.3.2.), welche auch manifeste wirtschaftliche Folgen zeitigt. Die gesamtwirtschaftliche Lage im Dorf und die Finanzen der Verwaltungskommune sind damit durchaus wichtige Aspekte in den Reflexionen der Gesprächspartner*innen. Innerhalb des Ortes wurde beispielsweise hitzig über das Eingreifen der Kommune diskutiert (vgl. Mitteilungsblatt_W_22.03.13). So bemängelte ein Interviewpartner im Einzelgespräch, dass die Gemeinde seines Erachtens erst sehr spät eingegriffen und die Ladenimmobilie erworben habe; damit läge der Kaufpreis sicherlich höher, als er es gewesen wäre, wenn die Gemeinde sie von den ursprünglichen Eigentümerinnen erworben hätte; insgesamt erhöhe diese Transaktion die Schulden der Gemeinde (vgl. INT_B_W: 481–492). Anders stellt dies die Gemeinderätin und Mitwirkende am Dorfladen, Frau Rosenmair, dar: Die Gemeinde habe vielmehr von den vorausgegangenen Verhandlungen des Erstkäufers profitiert, der einen vergleichsweise niedrigen Preis ausgehandelt hatte (vgl. INT_R_W: 97–102). Ähnlich wie in den Debatten um den Verein NaturKonzept in Wiesental wurden auch im Prozess der Dorfladengründung und -etablierung kritische Stimmen (so sie überhaupt sicht- und rekonstruierbar waren) im internen Diskussionsprozess eingehegt. Dies wurde veranschaulicht anhand der Diskussion um die Satzung/den Gesellschaftsvertrag

5.3 Den Dorfkern erhalten und gestalten

des künftigen Ladens (vgl. Abschn. 5.3.3). Bemerkenswert in dem gesamten Prozess ist, dass ihre Bilder von sozial-ökologischen Wandlungsprozessen die beteiligten Akteure zur Gründung einer neuen Gesellschaft führten und dass hierfür wiederholt alle Dorfbewohner*innen zur Mitarbeit aufgerufen wurden. Den wahrgenommenen sozial-ökologischen Wandungsprozessen wurde mit kollektivem Handeln genauer gesagt einer breiten Kooperation unterschiedlichster Akteursgruppen (vgl. Abschn. 5.3.1) begegnet.

Im Falle des Tiefgaragenbaus im Südtiroler Kirchdorf wurde deutlich, dass kontroverse Diskussionen entlang der Frage verliefen, ob der Bau dem Gemeinwohl dienlich sei, oder ob er ohne Not die Interessen Einzelner erfülle, während die Kosten durch verausgabte Steuermittel von allen Dorfbewohner*innen zu tragen seien (vgl. Abschn. 5.3.3). In Kirchdorf blieben divergierende Positionen (anders als in Wiesental) im Zeitverlauf sicht- und rekonstruierbar. Verschiedene Erzählungen aus Interviews und informellen Gesprächen ermöglichten dort Einblicke in potenzielle Vergemeinschaftungsprozesse vor dem Hintergrund konfligierender Positionen beziehungsweise in die Herstellung einer Repräsentation von Gemeinschaft. Allein anhand der Abstimmungen in den kommunalen Gremien oder in Veranstaltungen wie der Bürgerversammlung waren konfligierende Positionen kaum erkennbar. Über den Abstimmungsprozess zur Tiefgarage erzählt ein Gemeinderat aus seiner Perspektive, es seien zu viele Ausschussmitglieder bei der finalen Abstimmung „umgefallen" (INT_F_K: 121), er sei von anderen Mitgliedern gebeten worden, im Gemeinderat nicht gegen das Projekt zu stimmen:

> „Nein, das kannst Du nicht, lass gehen, das passt jetzt schon. Und der und der und der sagt auch zu mir, das lassen wir gehen, und dann hab ich mich auch nicht mehr dagegen gewehrt. Da hab ich mich auch nicht mehr dagegen aufgelehnt. Und das mir war einfach, wir haben sowieso keine Chance und irgendwie wollten wir auch nicht- Aber das, das war echt, die Reaktion, wir können nichts machen. Wir haben nichts machen dürfen." (Ebd.)

Es fällt auf, dass der Gesprächspartner einerseits sagt, er habe „nichts machen dürfen" (ebd.), andererseits auf geringe Chancen einer Intervention verweist und schließlich auch noch thematisiert, er beziehungsweise sie („wir" rekurriert hier auf ursprüngliche Gegner des Bauprojektes) hätten sich auch nicht (länger) auflehnen wollen. Der Gemeinderat beschreibt in der Rückschau seine Haltung als Zustimmung aus Resignation. Eine mögliche Interpretation wäre außerdem: Er empfand durch das Zureden seiner Ratskolleg*innen sozialen Druck zuzustimmen. Die Wahrung von Einheit und Zusammenhalt würden dann auch hier, in der entscheidenden Abstimmung zu dem Bauprojekt als wichtige, gemeinsam geteilte

Werte wieder aufscheinen (ähnlich wie in Abschn. 5.2.4, dort in Verbindung mit der historischen Erfahrung von Uneinigkeit im Zuge der „Option").

Die Diskussion um die Kosten der Tiefgarage und potenzielle Auswirkungen auf Vergemeinschaftungsprozesse können vor dem Hintergrund der Geschichte der Gemeinde gelesen werden. Debatten um den Umgang mit kommunalen Geldern und die Schuldenbelastung der Gemeinde Kirchdorf reichen weit zurück. Der Altbürgermeister erinnert an den rund 100 Jahre zurückliegenden Brand des Dorfkerns und die desolate Finanzlage der Kommune danach, da sie sich für den Wiederaufbau verschuldete (vgl. INT_L_K: 21–25). Dies habe dazu geführt, dass noch Jahrzehnte danach in der Rathauspolitik die Maxime galt, keine Schulden zu machen (vgl. ebd.). Aus der Dorfchronik ist zu entnehmen, dass das Eintreiben mancher Schulden in den 1930er-Jahren mitunter zu gewaltsamen Auseinandersetzungen geführt hatte (vgl. Dorfchronik_K: 134; Abschn. 5.1). In der Gegenwart Kirchdorfs ist der Dorfbrand Gegenstand von Vorträgen zur Geschichte der Gemeinde, welche sich großer Beliebtheit erfreuen (vgl. INT_P_K: 136), die „Angsthaltung" (INT_L_K: 23) der Gemeindeverwaltung und vieler Gemeinderäte gegenüber neuen Schulden – bis in die 1970er-Jahre hinein hätten viele Räte „nur vom Sparen geredet" (INT_D_K: 319) – überwunden. Der amtierende Bürgermeister bemängelt dennoch, dass in Zeiten einer kriselnden Wirtschaft leichtfertig die Angst vor einer Überschuldung der Gemeinde geschürt würde (INT_B II_K: 67):

„Man muss schon wissen, was man macht. Und nicht den den nächsten Generationen was vorbaut oder was hinterlässt, wo sie daran zu knabbern haben. Das ist schon wichtig. Also, des des (dazwischen) braucht es. Aber ist heute so verdammt einfach Angst zu schüren und so schnell mit mit, wie sagt man- mit mit mit Wirtschaft, (also) mit äh äh Schulden. Haben sie (alle) Angst. Und dann kann das nicht mehr gemacht werden und das wäre wichtiger und was brauchen wir das? Und des drzohlen mir nicht mehr. Und so auch dient dazu seh- (zur) Zeit, wies jetzt geworden ist, (auch mit) der Wirtschaftskrise- (hustet) und dann (derzeit)- Jo, es isch holt Angst zu machen ist auch ein bisschen, das muss man einfach sagen." (Ebd.)[102]

---

[102] „Man muss schon wissen, was man macht. Und nicht den den nächsten Generationen was vorbaut oder was hinterlässt, wo sie daran zu knabbern haben. Das ist schon wichtig. Also, das das (dazwischen) braucht es. Aber ist heute so verdammt einfach Angst zu schüren und so schnell mit mit, wie sagt man- mit mit mit Wirtschaft, (also) mit äh äh Schulden. Haben sie (alle) Angst. Und dann kann das nicht mehr gemacht werden und das wäre wichtiger und was brauchen wir das? Und das können wir nicht mehr bezahlen. Und so auch dient dazu seh- (zur) Zeit, wies jetzt geworden ist, (auch mit) der Wirtschaftskrise- (hustet) und dann (derzeit)- Ja, es ist eben Angst zu machen ist auch ein bisschen, das muss man einfach sagen." (Ebd.).

5.3 Den Dorfkern erhalten und gestalten

Nach Ansicht des Bürgermeisters wird der Umgang der aktuellen Gemeindeverwaltung mit den Haushaltsmitteln und die Priorisierung von Vorhaben ungerechtfertigterweise von manchen Bürger*innen kritisiert. Der Bürgermeister betont seine Haltung, dass es wichtig sei, die folgenden Generationen nicht durch Schulden der Gemeinde zu belasten. Jenseits der Diskussion um Schulden beschreibt ein Gesprächspartner eine weitere, seines Erachtens bis heute anhaltende Wirkung des historischen Dorfbrandes:

> „Äh insgesamt haben wir eine sehr harmonische äh Gemeinde jetzt. Kirchdorf als, als, als Dorf selber is ja auch weit außerhalb unseres Dorfes sehr bekannt, dass die Kirchdorfer sehr st-, äh stark zusammenhalten. Ein bisschen bedingt durch den Dorfbrand, der irgendwann amal alle arm gemacht hat und gleich irgendwo. Man hat äh ein, eine Schnittstelle gehabt, wo plötzlich alle aufm gleichen Punkt, alle hatten nichts mehr, man muss von Null aufbauen und man hat das gemeinsam gemacht und man hat dadurch gelernt sich gegenseitig zu helfen, sich gegenseitig auch irgendwo zu respektieren und des is in unserer Gemeinde sehr viel erreicht worden auch politischer Natur, weil man eben gelernt hat, das eine ein bisschen nach dem anderen zu stellen. Unsere Gemeinde hat kaum Schulden, das hat Ihnen sicher der Bürgermeister irgendwo erzählt." (INT_A_K: 36)[103]

So habe sich die Erinnerung an den Dorfbrand, der alle „arm gemacht hat und gleich irgendwo" (ebd.), gleichsam in das kollektive Gedächtnis der Dorfbewohner*innen eingeschrieben. Durch den gemeinsam bewältigten Wiederaufbau des Dorfes habe man gelernt, sich gegenseitig zu helfen. Gleichzeitig habe man durch die Kooperation und gegenseitige Hilfe auch politisch viel erreicht. Der Gesprächspartner beschreibt die Haltung der Gemeindepolitik, durch schrittweise und moderate Investitionen die Schuldenbelastung für die Gemeinde stets gering zu halten. Er wertet es nicht ohne einen gewissen Stolz als Leistung, dass die Gemeinde kaum Schulden habe. Der Zusammenhalt, für den Kirchdorf bis weit über die Dorfgrenzen hinaus bekannt sei, wird von ihm so zu einem Wert sui generis erhoben, der die positive Entwicklung Kirchdorfs befördert habe.

---

[103] „Äh insgesamt haben wir eine sehr harmonische äh Gemeinde jetzt. Kirchdorf als, als, als Dorf selber ist ja auch weit außerhalb unseres Dorfes sehr bekannt, dass die Kirchdorfer sehr st-, äh stark zusammenhalten. Ein bisschen bedingt durch den Dorfbrand, der irgendwann einmal alle arm gemacht hat und gleich irgendwo. Man hat äh ein, eine Schnittstelle gehabt, wo plötzlich alle auf dem gleichen Punkt, alle hatten nichts mehr, man muss von Null aufbauen und man hat das gemeinsam gemacht und man hat dadurch gelernt sich gegenseitig zu helfen, sich gegenseitig auch irgendwo zu respektieren und das ist in unserer Gemeinde sehr viel erreicht worden auch politischer Natur, weil man eben gelernt hat, das eine ein bisschen nach dem anderen zu stellen. Unsere Gemeinde hat kaum Schulden, das hat Ihnen sicher der Bürgermeister irgendwo erzählt." (INT_A_K: 36).

Im bayerischen Wiesental wird bei den Erzählungen über das Projekt „Dorfladen" auf kollektive Selbstwirksamkeitserfahrungen der Bürger*innen verwiesen: die ersten gemeinsam verwirklichten Projekte im Rahmen des Vereins NaturKonzept und des Programms „Dorferneuerung". Konfliktlinien oder Kooperationshindernisse wie in dem zurückliegenden „Krieg" im Dorf, nach dessen Beilegung der Verein NaturKonzept entstand (vgl. Abschn. 5.1 und 5.2), werden dagegen nicht (mehr) thematisiert. Zwei Beiräte des Dorfladens schildern das unentgeltliche Engagement von Bürger*innen, die bei der Sanierung des Bürgerheims sowie eines Kiesweges mitwirkten (INT_M/N_W: 166). Demnach ist den Dorfbewohner*innen der Ablauf solch kooperativen Handelns in Wiesental seither vertraut:

> N: Ja es ist überhaupt so ein Schwung im Dorf, dass man sagt, das, wo man sagt das ist ab dem NaturKonzept, Bürgerheim, da waren freiwillige Stunden da und dann wird wieder irgendwo ein Weg hergerichtet und es nimmt einer mit in die Hand. Dann hat man wieder zehn Leute, die da mit dem Kies umeinander radeln. Das sind immer so Zündfunken, wo man sagt, da warten die Leute, dass wieder was passiert.
>
> Interviewerin: Mhm. Spannend.
>
> N: Und dann ist jeder mal wieder stolz auf irgendwas. Sind wir auch stolz, dass der Laden läuft. (Ebd.: 166–168)

Dorfladenbeirat Niederhuber beschreibt die hohe Bereitschaft eines Teils der Wiesentaler*innen zur aktiven Mitgestaltung der Entwicklungen im Dorf, indem er sagt, die Leute warteten drauf, dass wieder etwas passiere, und meint damit, dass sich Gelegenheiten zur Beteiligung böten. Auch die Gemeinde traut ihren Bürger*innen in Bezug auf den Dorfladen offenbar viel zu. Nach der Sitzung am Ende des ersten Geschäftsjahrs des Dorfladens wird der Bürgermeister mit den Worten zitiert: „Aus der Bürgerschaft kämen oft die besten Vorschläge" (Homepage_Gemeinde_W_08.02.2014). Im Gründungsprozess des Dorfladens gibt es mit dem oben angeführten Interviewausschnitt einen beobachtbaren Moment, in dem ein Mitwirkender die Gründung von NaturKonzept und verknüpfte Aktivitäten als positive Referenzfolie wählt. Spontan assoziiert wird der Verein mit den damit verbundenen positiven Selbstwirksamkeitserfahrungen, nicht etwa mit dem Umweltgedanken, der in NaturKonzept verankert wurde. Im Umkehrschluss lässt sich daraus allerdings nicht folgern, Umweltaspekte spielten keine Rolle im Prozess der Dorfladengründung (vgl. Abschn. 5.3.2). Auffallend ist, dass – in Referenz auf vergangene und als prägend empfundene Aktivitäten (vgl. Abschn. 5.2.4) – der Erfolg gemeinschaftlichen Handelns betont wird, der wiederum den Stolz der Mitwirkenden befördere.

5.3 Den Dorfkern erhalten und gestalten

In beiden Gemeinden werden bewahrende Werte, die die Mitwirkenden teilten, bei der Planung der Vorhaben in Anschlag gebracht. Die Sicherung der Nahversorgung (im bayerischen Wiesental), die Aufrechterhaltung der Schönheit des Dorfes und der touristischen Attraktivität (im Südtiroler Kirchdorf) werden als Werte konstruiert, die allen Bürger*innen zugutekommen. Eine als nachhaltig eingeschätzte Entwicklung wird so mit Bildern einer (Dorf-)Gemeinschaft verbunden, um deren Wohl man sich sorge. Gleichzeitig werden daran die Grenzen von Entwicklungsbestrebungen deutlich. Als legitim und erfolgversprechend werden Entwicklungsbemühungen insbesondere dann eingeschätzt, wenn glaubhaft versichert werden kann, dass sie dem lokalen Gemeinwohl dienlich sind und nicht etwa Partikularinteressen. Beispielsweise wird von einigen, aber nicht allen Beteiligten am Wiesentaler Dorfladen das Geschäft als symbolisches Zeichen für ein vitales Dorf, als Identifikationsanker für Dorfbewohner*innen und Treffpunkt/Ort des Austauschs betrachtet. Während in Wiesental die Identifikation mit dem Dorfladen von Mitwirkenden als vergleichsweise gut und hoch dargestellt wird, sind in Kirchdorf die Einschätzungen zur Tiefgarage und dem angegliederten Naherholungsbereich diverser. Neben Positionen, die darin eine wichtige Investition in die Zukunft des Dorfes und eine nachhaltige Lösung bis dahin bestehender Probleme sehen, deuten andere die Tiefgarage samt Naherholungsbereich als Sinnbild für Steuerverschwendung oder als Denkmal, das sich der Bürgermeister setzen wollte (vgl. Abschn. 5.3.3). Anhand der rekonstruierbaren Positionen zu dem Bauprojekt zeigt sich außerdem, dass in Kirchdorf Ortsansässigkeit und Kenntnis der lokalen Zusammenhänge als essenzielle Kriterien betrachtet werden, um sich legitimerweise an der Diskussion um die Tiefgarage zu beteiligen. In ähnlicher Weise ließ sich dies auch für das bayerische Wiesental und die Diskussionen um den Dorfladen feststellen. Mangelnde Kenntnis der örtlichen Gegebenheiten und fehlende Netzwerke werden dort als Grund dafür angeführt, dass Beteiligte am Projekt „Dorfladen" mit ihren Bemühungen nicht vorankamen oder weshalb beteiligte Akteure kritische Stimmen als weniger valide betrachteten. Allerdings ermöglichen es die ansässigen Wiesentaler*innen ortsunkundigen, zugewanderten Personen, sich dieses Wissen durch Kooperation in bestehenden Vereinen oder in der neu gegründeten Dorfladen-Unternehmergesellschaft anzueignen, und weisen explizit auf die gemeinschaftsstiftende Funktion lokaler Assoziationen und des dort stattfindenden ehrenamtlichen Engagements hin. Legitimität wird in beiden betrachteten Fällen beziehungsweise Prozessen (in Kirchdorf wie in Wiesental) zu einem essenziellen Aspekt von Vergemeinschaftung erhoben. Nicht jede*r wird automatisch durch die rein physische Präsenz am Wohnort einer etwaigen Dorfgemeinschaft zugerechnet. Erst unter Anerkenntnis und Aneignung lokal etablierter Werte ist es möglich, Teil der (in beiden Leitbildern postulierten) Dorfgemeinschaft zu werden. Anhand etablierter Legitimitätsmaßstäbe werden Positionen, die aus dieser Warte als abweichend empfunden werden, eingehegt, ohne deshalb gänzlich zu verschwinden. In beiden Verwaltungsgemeinden (in Kirchdorf wie in Wiesental) werden Zusammenhalt, Zusammengehörigkeit und Geschlossenheit als Werte sui generis verstanden. Während für den Dorfladen Engagierte im bayerischen Wiesental diese Werte als instrumentell für weitere bürgerschaftlich (mit-)getragene Entwicklungsprozesse begreifen, sehen die Dorfbewohner*innen im Südtiroler Kirchdorf diese vor allem als Moment der Selbstvergewisserung und -behauptung nicht nur im interkommunalen Konkurrenzkampf, sondern auch in Zeiten knapper werdender staatlicher Mittel und eines allgemeinen wirtschaftlichen Abschwungs. Während sich im bayerischen Wiesental am Dorfladen-Prozess zeigt, dass sich die Erfahrung erfolgreichen Kooperierens zwischen verschiedenen Akteursgruppen mit einem hohen Anteil ehrenamtlichen Engagements von Bürger*innen ins kollektive Gedächtnis eingeprägt hat, wird im Südtiroler Kirchdorf sichtbar, dass man sich dort stärker an Fragen divergierender Interessen abarbeitet. Dennoch rekurrieren einzelne Akteure dort ebenfalls auf einen als historisch beschriebenen Zusammenhalt und betonen die Wichtigkeit sozialen Friedens innerhalb der Dorfbevölkerung. Sie sind allesamt entweder Mitglieder von Gemeinderat oder Gemeindeausschuss, was durchaus ein Hinweis darauf sein kann, dass Einheit und Geschlossenheit von ihnen als Repräsentanten des Ortes auch ganz bewusst zum Zweck der positiven Außenpräsentation betont werden könnten.

Schließlich gilt es auch den politisch-institutionellen Hintergrund bei einem Vergleich der Kooperationsmuster, Konfliktlinien sowie der Bilder von Wandel und Gemeinschaft mit zu berücksichtigen. Im Südtiroler Kirchdorf beantragte der Bürgermeister seiner Darstellung nach ausdauernd und über lange Zeit hinweg in bürokratischen Prozessen Landesgelder für den Infrastrukturausbau. Dieser stand insbesondere für die strukturschwachen ländlichen Gemeinden über lange Jahre prominent auf der Agenda der Landesregierung. Das Bemühen des Bürgermeisters führt die bisherige Haltung zu Entwicklungsprozessen in der Gemeindeverwaltung fort und korrespondiert mit den rekonstruierten, als gleichsam habitualisiert beschriebenen Haltungen vieler Dorfbewohner*innen (Entscheidungen nahezu gänzlich den gewählten Vertreter*innen und der Gemeindeverwaltung zu überlassen) und ihren Bildern von Wandel (vgl. Abschn. 5.3.2). In Wiesental folgte man insofern ebenfalls einem bereits beschrittenen Pfad, als man zur Realisierung des Dorfladens bereits bekannte Förderlinien und Kontakte nutzte. Das Programm Dorferneuerung, das die Gemeinde Wiesental bereits während des Leitbildprozesses in Anspruch genommen hatte, machte außerdem Bürgerbeteiligung und unentgeltliches bürgerschaftliches Engagement zur

Voraussetzung und festigte bereits etablierte Kooperationsmuster, bei denen Bürger*innen sowohl bei Entscheidungen als auch bei deren praktischer Umsetzung kollaborieren. Die bereits mit Beginn des über zehn Jahre zurückliegenden Leitbildprozesses eingenommene, ermöglichende Haltung der Gemeindeverwaltung in Wiesental wurde dadurch weiterhin gefestigt. Dass Bürger*innen in Wiesental das Projekt Dorfladen mit verschiedenen Dynamiken von sozial-ökologischem Wandel verknüpfen, kann darüber hinaus in Zusammenhang mit dem bereits im Leitbild artikulierten Ziel einer ganzheitlichen kommunalen Entwicklung gelesen werden und deutet auf eine entsprechende Bewusstseinsbildung innerhalb der Bevölkerung hin.

5.4 Demografischem Wandel begegnen – Alt werden in Kirchdorf und Wiesental

Sowohl im bayerischen Wiesental als auch im Südtiroler Kirchdorf sprechen Bürger*innen Prozesse demografischen Wandels an. Wie diese jeweils wahrgenommen, kontextualisiert und wie ihnen begegnet wird, ist Gegenstand des folgenden Kapitels.

Im bayerischen Wiesental waren demografische Wandlungsprozesse und die Altersstruktur im Ort bereits ein Thema in der Leitbilddiskussion (vgl. Abschn. 5.2). Die Gemeindeverwaltung informierte sich außerdem, wie man mit der Herausforderung einer alternden Dorfbevölkerung in der Zukunft umgehen könne. Man habe sich im Gemeinderat Studien zeigen lassen und Vorträge gehört, wie die Entwicklung in 20 bis 50 Jahren aussehen werde, um zu „wissen, was auf uns zukommt" (INT_Q_W: 225), erzählt ein Gemeinderat. Auf einen Impuls des Bürgermeisters hin wurde in Wiesental (ebenfalls vor Beginn der Feldforschung) ein ehrenamtlicher Seniorenbeauftragter gewählt, der fortan als Ansprechpartner für die Belange älterer Dorfbewohner*innen fungierte (vgl. INT_L_W: 62). Analog dazu gab und gibt es außerdem einen ehrenamtlichen Jugendbeauftragten in Wiesental. Eine konkrete Reaktion von Gemeinderat und -verwaltung auf demografische Entwicklungsprozesse sei zudem gewesen, dass man das seit rund zehn Jahren bestehende Einheimischenmodell, wonach Dorfbewohner*innen zu vergünstigten Konditionen Bauland im Ort erwerben konnten, mittlerweile in ein Ansiedlungsmodell umgewandelt und auf einen beträchtlichen Umkreis ausgeweitet habe, welcher nun zahlreiche andere Kommunen mit einschließe (vgl. INT_Q_W: 225; INT_F_W: 42). So hoffe man, dass sich junge Familien ansiedelten, um den Schwund an jungen Leuten zu kompensieren, auch wenn man wisse, „dass des ned die ganze Übung sein wird" (ebd.)[104]. Rund ein Jahr nach der Eröffnung des Dorfladens und nach einem wiederkehrenden Austausch mit interessierten Bürger*innen und mit der Unterstützung durch Expert*innen einer Fachstelle für Wohnen im Alter traf die Gemeinde die Entscheidung, in einer zentral gelegenen und gemeindeeigenen Immobilie Seniorenwohnungen einzurichten. Während die Seniorenwohnungen geplant wurden, kam auch die Idee einer Nachbarschaftshilfe auf, welche später unter Beteiligung verschiedener Akteure realisiert werden konnte. Auch die Anschaffung eines digitalen Flächenmanagementsystems für die Gemeindeverwaltung, mit dem aktuelle und zu erwartende Immobiliennutzungen und -leerstände erfasst werden können, wird mit der Altersstruktur und Bevölkerungsdynamik im Ort begründet (vgl. INT_M/N_W: 552–554). So beschreibt ein Gemeinderat es als Chance, dass man dann Entwicklungen und mögliche „Problemfälle" (ebd.: 554) antizipieren könne – beispielsweise dass große Immobilien, die von einzelnen betagten Personen bewohnt werden, aufgrund deren fortgeschrittenen Alters irgendwann nicht mehr angemessen instand gehalten werden können (vgl. ebd.). Darüber hinaus könnten, wenn systematisierte Daten vorlägen, insbesondere junge Familien, die man im Dorf gerne anziehen möchte, wegen erwerbbarer Immobilien, verfügbarem Baugrund und entsprechender Kontaktdaten bei der Gemeinde anfragen (vgl. ebd. 552–554).

Im Südtiroler Kirchdorf sind sich zahlreiche Bürger*innen durchaus der demografischen Entwicklung bewusst, was sich auch institutionell abbildet. So gibt es neben den kommunalen Gremien – Gemeinderat, Gemeindeausschuss und Baukommission – in Kirchdorf ergänzende Beiräte, für die sich Dorfbewohner*innen ehrenamtlich zur Wahl stellen können: einen Jugend- und einen Seniorenbeirat. Außerdem gibt es mit dem örtlichen Senior*innentreff ein wiederkehrendes Veranstaltungsangebot für Senior*innen in der Gemeinde (vgl. INT_BII_K: 211). In Interviews und informellen Gesprächen sprachen Dorfbewohner*innen die Problematik einer alternden Dorfbevölkerung im Ort von sich aus an und setzen sie zu anderen Entwicklungen oder Vorhaben innerhalb der Gemeinde in Beziehung. Auf der Agenda des Bürgermeisters stand und steht weit oben, die Gemeinde attraktiv zu halten, sowohl für Tourist*innen als auch für die Dorfbewohner*innen. Familienfreundlichkeit und eine hohe Lebensqualität waren Aspekte, mit denen er beispielsweise auch die Projekte Tiefgarage und Naherholungsbereich bewarb (vgl. Abschn. 5.3). Es hatte in der Vergangenheit in Kirchdorf (sowohl informell unter den Dorfbewohner*innen als auch in den

---

[104] „[D]ass das nicht die ganze Übung sein wird" (ebd.). Diese Aussage traf der Gemeinderat zu einer Zeit, als es noch keine konkreten Bemühungen um Seniorenwohnungen im Ort gab.

kommunalen Gremien) immer wieder Überlegungen für die Einrichtung von Seniorenwohnungen gegeben. Auch in einer Bürgerversammlung griff der Bürgermeister das Thema auf. Zum Zeitpunkt der Feldforschung gab es jedoch keine konkreten Bestrebungen, angedachte Pläne tatsächlich umzusetzen. Gleichwohl setzte und setzt sich die Verwaltungsgemeinde Kirchdorf mit Fragen des Wohnens im Alter auseinander und sicherte für ihre Bevölkerung ein Platzkontingent in einem Altersheim in der nächstgelegenen Stadt (vgl. INT_BII_K: 221). Die Kirchdorfer Gemeindeverwaltung bemühte sich zur Zeit der Feldforschung außerdem um eine Ausgabestelle von Medikamenten, für die sie aktiv nach einer kooperierenden Apotheke suchte, um insbesondere den Bedürfnissen einer alternden Bevölkerung gerecht zu werden (vgl. ebd.: 211). Ähnlich wie die Gemeinde Wiesental hatte auch die Gemeinde Kirchdorf während der Feldforschungsphase eine Immobilie im Dorfzentrum erworben. Der Bürgermeister dachte im Interview über die Möglichkeit nach, dort eine Tagesbetreuung für Senior*innen einzurichten (ebd.: 213–215).

Zunächst wird nun für jede der beiden Gemeinden und anhand von bereits eingeführten (kooperativen) Handlungen im Hinblick auf demografischen Wandel nachvollzogen, welche menschlichen und nicht-menschlichen Elemente hierbei in Erscheinung traten. Während im bayerischen Wiesental Aktivitäten rund um das Thema „Wohnen im Alter" sehr weit fortgeschritten, waren in Kirchdorf zum Zeitpunkt der Feldforschung keine konkreten diesbezüglichen Prozesse im Gange. Anhand von Interviewaussagen, Beobachtungs- und Gesprächsnotizen zu dem Themenkomplex „demografischer Wandel/Altwerden im Dorf" werden implizite Bilder von Wandel unterschiedlicher Dorfbewohner*innen und deren Bilder von Gemeinschaft in jeder Gemeinde rekonstruiert. In der Zusammenschau lassen sich so Rückschlüsse auf die unterschiedlichen Herangehensweisen an die Herausforderung des Umgangs mit einer alternden Bevölkerung ziehen und Einsichten über Vergemeinschaftungsprozesse gewinnen.

5.4.1 Seniorenwohnen und Nachbarschaftshilfe

Im bayerischen Wiesental sind bei der Rekonstruktion von Kooperationsabläufen Parallelen zu den bereits besprochenen Entwicklungsprozessen in der Gemeinde sichtbar. Dies betrifft zunächst die Rollen von Gemeindeverwaltung und Gemeinderat. So lud der ehrenamtliche Seniorenbeauftragte in Absprache mit der Gemeindeverwaltung im Frühjahr rund ein Jahr nach der Eröffnung des Dorfladens alle interessierten Bürger*innen (explizit nicht nur Senior*innen) zu einem ersten allgemeinen Informationsabend zum Thema Wohnen im Alter ein (vgl. Mitteilungsblatt_W_22.03.13). Die Gemeindeverwaltung stellte außerdem zu diesem frühen Zeitpunkt bereits Kontakt zu nicht ortsansässigen Expert*innen auf diesem Feld her: Bei der Veranstaltung referierte eine Mitarbeiterin einer vom Freistaat Bayern geförderten Beratungseinrichtung für Wohnen im Alter. Der Informationsabend sollte dazu dienen, die Bevölkerung über Wohnmöglichkeiten im Alter zu informieren, und gleichzeitig die Möglichkeit bieten, über die vorgetragenen Wohnformen sowie die Vorstellungen und Wünsche der Dorfbevölkerung zu diskutieren (vgl. ebd.). Die Abfolge von Informationsveranstaltung mit Expert*innenreferat und Diskussionsangebot an alle interessierten Bürger*innen entspricht dem Vorgehen zur Initiierung des Dorfladenprozesses und zu Teilen (öffentlicher, gemeindeweiter Aufruf zur Diskussion) auch des Leitbildprozesses und somit einem bereits erprobten Modell. Bereits bei dieser Veranstaltung äußerte der Bürgermeister, dass die Gemeinde sich damit auseinandersetze, wie man Wohngemeinschaften im Ort fördern könne. Wenige Monate später wurde von der Fachstelle für Wohnen im Alter im Auftrag der Gemeinde eine Umfrage zu Bedarf und Wünschen der Bevölkerung bezüglich des Themas „Wohnen im Alter" durchgeführt (vgl. Regionalzeitung_W_25.11.13). Dabei wurde auch der prinzipielle Bedarf an nachbarschaftlichen Unterstützungsleistungen von Bürger*innen abgefragt (vgl. Mitteilungsblatt_W_07.02.14). Die Ergebnisse wurden auf der jährlichen Bürgerversammlung im Herbst 2013 präsentiert. Ein Teil der Bevölkerung zeigte laut Umfrage die Bereitschaft, in eine altersgerechte Wohnung umzuziehen, ein weiterer Teil wünschte sich Besuchs- und Fahrdienste sowie kleine Unterstützungsleistungen im Alltag, um in der eigenen Wohnung bleiben zu können (vgl. Regionalzeitung_W_25.11.13). Die Rückbindung gefällter Entscheidungen des Gemeinderates an Bedürfnisse der Bevölkerung mittels einer Umfrage entspricht ebenfalls einem bereits im Dorfladenprozess erprobten Vorgehen. Möglicherweise spiegelt die Umfrage zudem das routinisierte professionelle Prozedere im Falle der Beanspruchung derartiger Beratungsleistungen wider. Die Fachstelle für Wohnen im Alter schlug der Gemeinde auf Basis der Ergebnisse den Bau von seniorengerechten Wohnungen im Ort sowie einen Fahrdienst und die Stärkung der Nachbarschaftshilfe vor (vgl. ebd.). Auch eine zentrale Anlaufstelle für die Anliegen der Senior*innen schlugen die Expert*innen vor. Bei der jährlichen Bürgerversammlung wurde öffentlich gemacht, dass die Gemeinde bereits mögliche Standorte für Seniorenwohnungen im Blick habe (vgl. ebd.). Die Vorstellung der Ergebnisse in der jährlichen Bürgerversammlung entspricht dem bereits im vorhergehenden Kapitel rekonstruierten Vorgehen der Gemeindeverwaltung in Wiesental, auch Zwischenschritte und Teilergebnisse an die Dorföffentlichkeit zu kommunizieren und die Möglichkeit zur Kommentierung oder Diskussion anzubieten. Im Januar des folgenden Jahres lud die

Gemeindeverwaltung zu einem weiteren Informationsabend, diesmal zu geplanten Seniorenwohnungen im Ort. In der Einladung zum Informationsabend zu dem nunmehr konkreten Wohnprojekt wurden wieder alle interessierten Bürger*innen angesprochen – ganz explizit wurde die Einladung „nicht nur an Seniorinnen und Senioren" (Homepage_Gemeinde_W_22.01.14) gerichtet – und auf bereits getätigte erste Umbauplanungen in einer zentral gelegenen Immobilie im Besitz der Gemeinde verwiesen, welche vorgestellt und diskutiert werden sollten. Denn „ob und wie" man diese Planungen umsetze, hänge „natürlich davon ab, ob es Mitbürger [sic] gibt, die Interesse an der Wohngemeinschaft haben" (ebd.). Bereits im Folgemonat Februar lud die Gemeindeverwaltung zu einer Informationsveranstaltung zum Aufbau einer Nachbarschafshilfe. Dort sollten mit den Bürger*innen die „Art der Angebote" (Mitteilungsblatt_W_07.02.14) und „mögliche Organisationsstrukturen" (ebd.) besprochen sowie Personen gefunden werden, die sich zukünftig in einer Nachbarschaftshilfe engagieren wollen (vgl. ebd.). Die Expertin der Fachstelle war zugegen, man holte sich außerdem Rat bei der Koordinatorin einer organisierten Nachbarschaftshilfe aus einer nahegelegenen Gemeinde, welche ebenfalls Mitglied bei dem interkommunalen Verein NaturKonzept ist. Im Sommer desselben Jahres billigte der Gemeinderat (mit einer Gegenstimme) schließlich den Antrag für ein Quartierskonzept, das sowohl Pläne für Seniorenwohnungen als auch den Aufbau einer Nachbarschaftshilfe beinhaltete. Gemeinderat und Gemeindeverwaltung nahmen eine ermöglichende Haltung ein. Zum einen suchten sie aktiv nach Fördertöpfen, um das Wohnprojekt – es hatte beim Informationsabend und in der Umfrage Zuspruch aus der Bevölkerung bekommen – und die korrespondierende Nachbarschaftshilfe umzusetzen. Zum anderen banden sie Wünsche und Bedürfnisse der Bürger*innen in den Planungsprozess mit ein. Die von der Gemeindeverwaltung ausgehende Vernetzung mit nicht ortsansässigen Expert*innen fällt auch in diesem Entwicklungsprozess wieder auf. So war bereits bei der ersten allgemeinen Informationsveranstaltung eine Expertin für „Wohnen im Alter" anwesend, die den weiteren Prozess begleitete und zur Informationsveranstaltung für den Aufbau einer Nachbarschaftshilfe lud man die Koordinatorin eines bereits existierenden Nachbarschaftsnetzwerks in der Region ein. Die ehrenamtliche Funktion eines Seniorenbeauftragten wurde bereits wenige Jahre zuvor ins Leben gerufen, im Zuge einer durch die Gemeindeverwaltung angestoßenen Diskussion. Diese wurde ebenfalls durch einen Informationsabend eingeläutet, zu welchem man mit der Seniorenbeauftragten des Landkreises ebenfalls externe Expertise heranzog (vgl. INT_L_W: 62). Die Planung und Realisierung der Seniorenwohnungen wurde von der Gemeindeverwaltung unter Einbezug der Bürger*innen organisiert, da die Wohnungen Eigentum der Kommune waren und sind. Zur Etablierung der Nachbarschaftshilfe gab die Kommunalverwaltung den Impuls und begleitete den Prozess durch die Beantragung von Fördermitteln. Die weiteren Geschicke überantwortete sie dann aber weitgehend einer eigens eingerichteten Personalstelle sowie den ehrenamtlichen Mitarbeiter*innen der Nachbarschaftshilfe. Die Geschäftsführerin galt bis dahin als Ansprechpartnerin für die Bürger*innen und als Koordinatorin entsprechender Arbeitskreise, sowohl was die Planungen zu Seniorenwohnungen als auch die Gründung der Nachbarschaftshilfe anbetraf (vgl. Regionalzeitung_W_25.01.14; vgl. BB7_W: 69). Sie zeigte sich erleichtert, als sie mit der Förderzusage des Ministeriums die Federführung bei der Nachbarschaftshilfe abgeben konnte, da die Organisation sehr zeitaufwendig gewesen sei und man viele Unterlagen habe beibringen müssen (vgl. Telefonnotiz_W_11.12.14). Der Bürgermeister betonte beim ersten Informationsabend zu einer Nachbarschaftshilfe, die Gemeinde könne „Impulsgeber sein, aber nicht der Manager" (BB7_W: 66).

Die Bewohner*innen Wiesentals beteiligten sich auf unterschiedliche Weise an dem Entwicklungsprojekt Seniorenwohnen und Nachbarschaftshilfe. Die Einladung zum ersten Informationsabend mit dem Titel „Wie wollen wir im Alter wohnen?" erging im Namen des ehrenamtlichen Seniorenbeauftragten, welcher sich in seiner Rolle bereits mit der Thematik auseinandergesetzt hatte. Die Planungen für die Seniorenwohnungen wurden ehrenamtlich durch einen ortsansässigen Bauunternehmer geleistet, interessanterweise von derselben Person, welche zuvor die Dorfladenimmobilie privatwirtschaftlich betreiben wollte, dann aber doch den Weg für ein Bürger*innenprojekt frei machte (INT_R_W: 406–422). Wie bereits im Dorfladenprozess (vgl. Abschn. 5.2) wurden auch hier Dorfbewohner*innen in ihrer Berufsrolle angesprochen und ihre Expertise nachgefragt. Es wurde eine Bürger*in aus dem Ort gegen Entgelt für den Aufbau der Nachbarschaftshilfe und als deren Koordinatorin eingesetzt. Noch am Abend der ersten Veranstaltung zu den geplanten Seniorenwohnungen wurden Meldungen zu einem Arbeitskreis entgegengenommen, der allen interessierten Bürger*innen offenstehen und sich weiter mit dem Thema Seniorenwohnen beschäftigten sollte. Auch bei der ersten Informationsveranstaltung zur geplanten Nachbarschaftshilfe wurde die Einrichtung eines Arbeitskreises beschlossen:

> Die Vizebürgermeisterin ergreift das Wort: „Heute kommen wir nicht weiter". Und auch wenn er nicht besonders neu sei, der Spruch, „Und wenn man nicht mehr weiter weiß, gründet man einen Arbeitskreis", so sei sie doch dafür, dass man jetzt einen

5.4 Demografischem Wandel begegnen – Alt werden in Kirchdorf ...

Arbeitskreis gründe. Sie erntet viel Zustimmung von den Anwesenden. Der Bürgermeister sieht das ähnlich und flachst: „Heid wern ma nimmer zu na Vereinsgründung kumma"[105]. Gelächter. (BB7_W: 64)

An der Episode zeigt sich ein Prozedere, das so ähnlich schon öfter in kommunalen Entwicklungsprozessen in Wiesental stattgefunden hat. Die Gründung eines Arbeitskreises noch am Abend der ersten Informationsveranstaltung war bereits im Dorfladen-Prozesse der Fall, wiederholte sich am Informationsabend zu den geplanten Seniorenwohnungen und sodann bei der Veranstaltung, die über eine mögliche Nachbarschaftshilfe informieren sollte. Dass auch die Neugründung von Vereinen oder anderen anlassbezogenen Organisationsformen mittlerweile zu einer Art Routine in den Kooperationsprozessen innerhalb des Ortes Wiesental zu gehören scheint, zeigt sich am augenzwinkernd vorgetragenen Kommentar des Bürgermeisters, dass man heute Abend nicht mehr zu einer Vereinsgründung kommen werde, und dem gut gelaunten Gelächter, welches er dafür erntete.

Mit Blick auf die gewählten Organisationsformen fallen in der genaueren Betrachtung der Kooperationsprozesse für (von der Kommune vermietete) Seniorenwohnungen einerseits und eine bürgerschaftlich (mit-)organisierte Nachbarschaftshilfe andererseits Unterschiede auf. Bei den Seniorenwohnungen entschieden die Bürger*innen weniger mit als bei der Nachbarschaftshilfe. Nach den Auskünften einer Interviewpartnerin lag der vergleichsweise geringe Spielraum zur Berücksichtigung von Bürger*inneninteresse an den räumlichen Gegebenheiten, an die man sich in der Planung der Wohnungen anpassen musste, sowie an sonstigen Vorgaben, sei es bau- oder förderrechtlicher Art (vgl. INT_R_W: 544). Auf das immer wieder artikulierte Commitment von Gemeindeverwaltung und Bürgermeister zu Bürgerbeteiligung angesprochen, antwortet eine Gemeinderätin, es sei letztlich hauptsächlich um die Details der Innenraumgestaltung gegangen, aber keine grundsätzlichen Organisationsfragen mehr (vgl. INT_R_W: 539–546).

> Interviewerin: [[...]] Also wenn, wenn do mal irgend a Diskussion oder sowos war, er dad immer zerst de Bürger frogn. So glaub i, so ähnlich hod er gsagt.
>
> R: Ja. Aber. (.) Mh, nja, klar. So geh ma eigentlich scho vor. Aber es funktioniert ned ganz ollwei in der Realität.
>
> Interviewerin: Mhm.
>
> R: Se kennan Sies ja denka.
>
> Interviewerin: Ja.

---

[105] „Heute werden wir nicht mehr zu einer Vereinsgründung kommen." (BB7_W:64)

R: Äh-
Interviewerin: Ma hod a gewisse Vorplanung,
R: [Muas ma hom!
Interviewerin: wenn ma mal wos anbietet]. Ja macht total Sinn.
R: Ja, aber dass da Buagamoasta des sogn muas is aa klar.
Interviewerin: Des is aa klar.
R: Ja.
Interviewerin: Des is aa klar.
R: Und i miassads eigentlich aa sogn @(.)@
Interviewerin: [@(...)@
R: @(...)@]. (INT_R_W: 581–596)[106]

Bürgerbeteiligung wird hier gleichsam als verinnerlichter Standard oder Routine begriffen, hinter die man möglichst nicht zurückfallen möchte, doch welche aus der Sicht der Gemeinderätin gewisser Vorarbeiten bedarf, an denen man Bürger*innen nicht immer beteiligen könne.

Das bereits in anderen Zusammenhängen erprobte Vorgehen der Gemeindeverwaltung und die wiederkehrende Kooperation zwischen Gemeindepolitik, -verwaltung und Bürger*innen in unterschiedlichen Rollen lenkt den Blick außerdem auf die nicht-menschlichen Elemente in der Situation. So stellten auch

---

[106] Interviewerin: [[...]] Also wenn, wenn da mal irgendeine Diskussion oder so etwas wäre, er würde immer zuerst die Bürger fragen. So glaub ich, so ähnlich hat er es gesagt.
R: Ja. Aber. (.) Mh, nja, klar. So gehen wir eigentlich schon vor. Aber es funktioniert nicht ganz immer in der Realität.
Interviewerin: Mhm.
R: Sie können es sich ja denken.
Interviewerin: Ja.
R: Äh-
Interviewerin: Man hat eine gewisse Vorplanung,
R: [Muss man haben!
Interviewerin: wenn man mal was anbietet]. Ja macht total Sinn.
R: Ja, aber dass der Bürgermeister das sagen muss ist auch klar.
Interviewerin: Das ist auch klar.
R: Ja.
Interviewerin: Des ist auch klar.
R: Und ich müsste es eigentlich auch sagen @(.)@
Interviewerin: [@(...)@
R: @(...)@]. (INT_R_W: 581–596).

5.4 Demografischem Wandel begegnen – Alt werden in Kirchdorf ...

in diesem Entwicklungsprozess in Wiesental staatliche Fördermittel und die erfolgreiche Bewerbung darum einen wichtigen Baustein für die Realisierung gewünschter Planungen dar. Da der Gemeinderat das erarbeitete Quartierskonzept billigte, konnte die Verwaltung erfolgreich einen Antrag beim Bayerischen Staatsministerium für Familie, Arbeit und Soziales stellen, welches in den ersten beiden Jahren Fördermittel für die Umsetzung des Konzeptes bereitstellte (vgl. Regionalzeitung_W_04.06.14). Bis die Gelder flossen, ruhte die Organisation der Nachbarschaftshilfe weitgehend, um die Förderung nicht zu gefährden (vgl. Telefonnotiz_W_11.12.14). Zu Beginn des darauffolgenden Jahres wurde schließlich offiziell eine Personalstelle zum Aufbau der Nachbarschaftshilfe mit einer Wiesentaler Bürger*in besetzt (vgl. Regionalzeitung_W_23.05.15). Wenige Monate später wurde das im Aufbau befindliche Nachbarschaftsnetzwerk in den bereits bestehenden örtlichen Verein zur Förderung für Kinder und Jugendliche eingegliedert (vgl. ebd.). Der Verein änderte hierfür eigens seine Satzung und verschrieb sich fortan der Förderung von Familien, was so auch die Förderung aller Generationen (also inklusive Senior*innen) und deren Miteinander ermöglichte (vgl. ebd.) – nach Auskunft einer beteiligten Bürgerin war dieses Arrangement die Idee der Geschäftsführerin der Gemeinde Wiesental (vgl. INT_R_W: 480–500). Dies war ein nicht unwesentlicher Schritt, da er ermöglichte, die Nachbarschaftshilfe auch über das Auslaufen der Fördergelder hinaus finanzieren zu können. Als die staatliche Förderung der Nachbarschaftshilfe nach zwei Jahren endete, hatten mitwirkende Bürger*innen und die Gemeindeverwaltung ein Modell gefunden, um die Organisation des Netzwerks mindestens die nächsten drei Jahre bezahlen zu können – mit Mitteln aus dem oben genannten Familienverein, Mitteln einer (nicht-ortsansässigen) Stiftung und Preisgeldern aus einem staatlichen Wettbewerb für Kommunen, bei dem die Gewinner*innen für zukunftsweisende Konzepte zur baulichen Innenentwicklung des Ortes prämiert wurden (vgl. Regionalzeitung_W_21.12.16). Es wurden von der Gemeindeverwaltung immer wieder physisch-materielle Räume geöffnet, in denen Austausch und Diskussionen stattfinden konnten: Die Informationsabende zu „Wohnen im Alter" und konkreten Seniorenwohnungen fanden im Bürgerheim statt, ein Treffen zur Nachbarschaftshilfe wurde kurzfristig (wohl wegen der daran teilnehmenden Rollstuhlfahrer*innen) in die barrierefreie Turnhalle der im Ortszentrum gelegenen Schule verlegt (vgl. BB7: 2). Die fertiggestellten Wohnungen selbst ermöglichten es mehreren Dorfbewohner*innen, auch in fortgeschrittenem Alter im Ort wohnen bleiben zu können. Der Nachbarschaftshilfe wurde außerdem von dem interkommunalen Verein NaturKonzept ein Elektroauto mit Standort in Wiesental zur Mitbenutzung zur Verfügung gestellt (vgl. Abschn. 5.4.2).

Im Südtiroler Kirchdorf lassen sich anhand der Überlegungen zu Seniorenwohnungen im Ort ebenfalls Parallelen zu bisher nachvollzogenen Kooperationsmodi in dem Ort herstellen. Wenn man in der Zukunft Seniorenwohnungen in Kirchdorf baue, so der Bürgermeister, habe man „schon eigentlich entschieden, fast" (INT_BII_K: 209), wo man sie baue. Der Bürgermeister führt nicht aus, wer dieses „wir" ist, doch liegt angesichts des bisherigen Vorgehens der Kommune nahe, dass es sich um Gemeindeverwaltung und Gemeinderat handelt. Die Gemeinde reservierte bereits Haushaltsmittel, um einen Architekturwettbewerb ausschreiben zu können, der sich mit Seniorenwohnungen im örtlichen Pfarrhaus beschäftigen sollte (vgl. ebd.: 242–245). Erst müsse man die technische Umsetzbarkeit klären, dann ein Projekt erstellen lassen und nach Finanzierungen suchen, erklärt der Kirchdorfer Bürgermeister (vgl. ebd.: 255). Der Bedarf an Seniorenwohnungen sei schwer abzuschätzen, meint er. Würde man eine Umfrage machen, sagten sicherlich alle Senioren ja zu der Planung solcher Wohnungen (vgl. ebd.: 261). Doch man habe keine Sicherheit, ob sich später tatsächlich ältere Menschen bereit erklärten einzuziehen (vgl. ebd.). Auch die Suche nach Vorbildern und das Lernen an guten Beispielen aus anderen Gemeinden zieht der Bürgermeister in Betracht (vgl. ebd.: 267). Auf Nachfrage der Interviewer*in, wie man solche Projekte in der Gemeinde angehe, erläutert er die einzelnen Schritte, die man seines Erachtens nacheinander durchführen müsse, um Klarheit über die Realisierbarkeit von Seniorenwohnungen im Ort erlangen zu können.

> B: Man muas oanfoch Zahlen hobn. I muss schon wissen, was kostet alls, wie isch die Finanzierung. (Echa Zoch) kann nur entscheiden, wenn i olls woas. [Interviewerin: Mhm] I konn net sogen, iatz gian mar amol. Man kann- (Jeder startet) ollm so. Es startet so mit a Stu- an Art Studie in den Falle, wo man awian mehr Ideen sammeln möchte a, ober lei mir missen wissen des, was mir wellen.
>
> Interviewerin: Mhm. Und wie wissen Sie, was Sie wollen? Also des entscheidet [man im-
>
> B: Jo des isch (die Frage eben) mit Umfrage
>
> Interviewerin: Da vertrauen Sie] auf den Gemeinderat, oder?
>
> B: Isch die Umfrage do, isch die Umfrage, was man macht- a Umfrage macht entweder sel oder man sagt oanfoch, okay, die Gemeinde schaug ähm i i hon mi informiert, in der und der Gemeinde geahts aso und so, und de kemm guat über die Runden, do brauchen sie den (mone), wird alls finanziert und und macht den Vorschlag und und sie- 99 % was vorgschlogen werd, geht durch. [Interviewerin: Mhm?] Isch net anders. [Interviewerin: Mhm. Ah] Also der Rat kimp sechsmal im Jahr zom und selber sich (wieder) innezukniein, weil i muss mi aa informieren. Lei was man (olleweil) die Vorarbeit und i muss ollm, wenn i frog, obs Essen sch- (wenn is) Essen mit vorbereit ischs anders, ober wenn i frog, obs Essen schmeckt,

5.4 Demografischem Wandel begegnen – Alt werden in Kirchdorf ...

> nar muss is erstl kochen. [Interviewerin: Mhm] Und obn- ob des mogsch oder net mogsch- I muas schun- Man muss sich oanfoch Zahlen hoben. Man kann net sem, anhand von zem, wos andere roten, nar sogen- Jo, konsch skeptisch sogen, naa i informier mi lieber selber. Okay, isch die Möglichkeit. Oder er glaubt des, und (wir) glaben des, was man sagt und anhand von de Information sogen sich nar, he, ja. Das isch so, die Belastung isch so, jo kenn [mars schun mochen.
>
> Interviewerin: (wenn s sagen)] Ja.
>
> B: Aber i muss ollm (auf) Vorarbeiten (stehen).[107] (INT_BII_K: 291-305)

Anhand einer Metapher erläutert der Bürgermeister ein seiner Ansicht nach gutes und bereits erfolgreich erprobtes Vorgehen: Wenn man frage, wie das Essen schmecke, müsse man zuerst einmal kochen. Er unterstreicht damit: Für ein Meinungsbild der Bürger*innen mittels einer Umfrage (die er nach der vorhergehenden Aussage zu urteilen allerdings für wenig zielführend hält) und in jedem Fall für die Abstimmung im Gemeinderat brauche man bereits ein Konzept mit möglichst belastbaren Zahlen. Man müsse „einfach Zahlen haben". Jeder beginne immer so. Neunundneunzig Prozent der Vorschläge, die in dieser Form in den Gemeinderat eingebracht würden, gingen dort auch durch.

---

[107] B: Man muss einfach Zahlen haben. Ich muss schon wissen, was kostet alles, wie ist die Finanzierung. (Echa Zoch) kann nur entscheiden, wenn ich alles weiß. [Interviewerin: Mhm] Ich kann nicht sagen, jetzt gehen wir einmal. Man kann- (Jeder startet) immer so. Es startet so mit einer Stu- einer Art Studie in dem Falle, wo man ein wenig mehr Ideen sammeln möchte auch, aber nur wir müssen wissen, was wir wollen.
Interviewerin: Mhm. Und wie wissen Sie, was Sie wollen? Also des entscheidet [man im-
B: Ja das ist(die Frage eben) mit Umfrage
Interviewerin: Da vertrauen Sie] auf den Gemeinderat, oder?
B: Ist die Umfrage da, ist die Umfrage, was man macht- eine Umfrage macht entweder das oder man sagt einfach, okay, die Gemeinde schaut ähm ich ich hab mich informiert, in der und der Gemeinde ginge es so und so, und die kommen gut über die Runden, da brauchen sie den (meine ich), wird alles finanziert und und macht den Vorschlag und und sie- 99 % dessen, was vorgeschlagen wird, geht durch. [Interviewerin: Mhm?] Ist nicht anders. [Interviewerin: Mhm. Ah] Also der Rat kommt sechsmal im Jahr zusammen und selber sich (wieder) reinzuknien, weil ich muss mich auch informieren. Nur was man (immer) die Vorarbeit und ich muss immer, wenn ich frage, ob das Essen sch- (wenn ich das) Essen mit vorbereite, ist es anders, aber wenn ich frage, ob das Essen schmeckt, dann muss ich es erst kochen. [Interviewerin: Mhm] Und ob- ob du das magst oder nicht magst-, ich muss schon- Man muss sich einfach Zahlen haben. Man kann nicht dem, anhand von dem, was andere raten, dann sagen- Ja, kannst du skeptisch sagen, nein ich informiere mich lieber selber. Okay, ist die Möglichkeit. Oder er glaubt das, und (wir) glauben das, was man sagt und anhand von den Informationen sagen sich dann, he, ja. Das ist so, die Belastung ist so, ja können [wir es schon machen.
Interviewerin: (wenn s sagen)] Ja.
B: Aber ich muss immer (auf) Vorarbeiten (stehen). (INT_BII_K: 291–305)

Man, besser gesagt, er – der Kirchdorfer Bürgermeister spricht durchgehend in der Ich-Form, wenn es um die Vorbereitung solcher Abstimmungen geht – müsse hierfür aber immer Vorarbeiten leisten. Der Verweis, dass jeder immer so beginne und Vorarbeiten zu leisten seien, öffnet den Blick dafür, dass dieses Vorgehen einem wiederkehrenden Muster folgt: Vorarbeiten, Vorstellung im Gemeinderat, Abstimmung, weitere Umsetzungsschritte. Bürger*innen, so wird aus den Ausführungen des Kirchdorfer Bürgermeisters deutlich, werden in den Planungsprozess zu Seniorenwohnungen jenseits von Ämtern in Gemeinderat oder -verwaltung kaum einbezogen. Die Arenen, in denen sich die entscheidenden Verhandlungen um Seniorenwohnungen demnach abspielten, sind eben jene Gremien. Eine Gemeinderätin, die sich wünscht, dass der Bürgermeister „Projekte, die man plant, früh genug nach außen trägt" (INT_K_K: 227), erzählt über die Planungen zu Seniorenwohnungen im örtlichen Pfarrhaus:

> „Zum Beispiel hätte man rausgehen können, früh genug, und einfach Ideen einholen können. Im Rahmen von einer Versammlung. Weiß nicht, ich glaube das wurde nicht gemacht. Er hat schon infor-, ja er macht ja immer seine Jahresversammlung, ja, Dorfversammlung. Da teilt er schon mit, was geplant ist, was (.) was er jetzt konkret vorhat oder worüber wir diskutieren im Gemeinderat. Eben viel hat er das auch vorgestellt. Aber eher die konkreten Sachen, wenns schon konkret ist. [Mhm] Nicht irgendwelche Ideen, also das glaub ich geht er nicht nach außen. [Mhm] Nein. Wär aber vielleicht auch noch-, da könnte man die Leute vielleicht mehr einbinden." (INT_K_K: 231)

Die regelmäßige Information der Bürgerschaft über gefällte Entscheidungen, auch im Rahmen von Bürgerversammlungen, entspricht ebenfalls den bisher rekonstruierten Kooperationsabläufen in Kirchdorf (vgl. Abschn. 5.3).

Dies lenkt den Blick weiter auf die nicht-menschlichen Elemente in der Situation. Der Bürgermeister betont Limitationen durch entsprechende Förderungen seitens des Landes Südtirol. Maximal würden bis zu sechs Seniorenwohnungen gefördert (INT_BII_K: 271). Dass die Kommune kurzfristig eine zentral im Ort gelegene Immobilie kaufte, habe außerdem die angedachten Planungen für Seniorenwohnungen beeinflusst. Der Bürgermeister erklärt im Interview, dass er schon lange vorhatte, sich um das Thema Seniorenwohnungen zu kümmern, es sei deshalb schon mehrfach ein Budget im Gemeindehaushalt vorgesehen worden (vgl. ebd.: 271). Da die Gemeinde aber jüngst eine zentral im Dorf gelegene Immobilie erworben habe, in der ebenfalls Platz für Seniorenwohnungen oder eine Tagespflege wäre, seien die bisher angestellten Überlegungen nochmals zu überdenken. Auch die in der nahe gelegenen Stadt gesicherten Altersheimplätze und dafür einkalkulierte finanzielle Aufwendungen seitens der Gemeinde Kirchdorf beeinflussen die weiteren Entwicklungen bezüglich Seniorenwohnungen im Ort.

5.4.2 Bilder von Wandel – Bezüge zwischen demographischem Wandel und weiteren Veränderungen

Die Aktivitäten und Aussagen zu Seniorenwohnen und Nachbarschaftshilfe im bayerischen Wiesental spiegeln die Bilder von Wandel der einzelnen Dorfbewohner*innen. In Wiesental beendete der Bürgermeister seine schriftliche Einladung zu einem ersten Informationsabend über eine mögliche Nachbarschaftshilfe mit den Worten: „Ich sehe in der sozialen Aufgabe eine der größten Herausforderungen in der Zukunft und würde mich deshalb über zahlreiche Teilnahme an diesem Abend freuen." (vgl. Mitteilungsblatt_W_07.02.14: 4). Er hebt damit hervor, dass er das soziale Miteinander im Ort sowohl für besonders wichtig hält als auch für eine Aufgabe, der es sich gemeinschaftlich und im Austausch zwischen Gemeinderat, -verwaltung und Bürger*innen zu stellen gilt. Dass es innerhalb von Gemeindepolitik und -verwaltung ein Bewusstsein für die demografische Entwicklung gibt, welches zudem mit einer Notwendigkeit des Handelns verknüpft wird, zeigt unter anderem die Wortmeldung der zweiten Bürgermeisterin bei demselben Informationsabend (vgl. BB7_W: 29). Sie fragt grundsätzlich: „Wird in Wiesental überhaupt eine Nachbarschaftshilfe gewünscht?". In Anbetracht der „demografischen Entwicklung" sei sie der Meinung, „dass ma des brauchen"[108] (ebd.). Welches „Wir" gemeint ist, führt sie an dieser Stelle nicht aus. Es liegt jedoch nahe, dass sie dies auf die gesamte Dorfbevölkerung bezieht, ebenso ihre Bemerkung zur Altersstruktur im Ort.

Angesprochen werden von Wiesentaler Bürger*innen außerdem ökonomische Wandlungsprozesse und Ungleichheiten in Zusammenhang mit Wohnmöglichkeiten im Alter und nachbarschaftlichen Unterstützungsleistungen. Der Aufruf des ehrenamtlichen Seniorenbeauftragten zu ersten Informationsveranstaltung über Wohnen im Alter problematisierte sozio-ökonomische Wandlungsdynamiken, auf die seines Erachtens zu reagieren sei: Vielen „von uns" werde es im Alter „aus gesundheitlichen oder auch aus finanziellen Gründen nicht mehr vergönnt sein, selbstständig in der gewohnten Umgebung zu leben" (Mitteilungsblatt_W_22.03.13). Altersheime, Senioren-Residenzen, betreutes Wohnen oder Pflegeeinrichtungen würden „immer unbezahlbarer" (ebd.). In Würde und einem vertrauten Umfeld alt werden zu können, dürfe „kein Privileg werden" (ebd.). Und er fügt an, zukünftig müssten „auch wir, gerade im ländlichen Raum, dem Thema ,Alternative Wohnformen' mehr Aufmerksamkeit schenken" (ebd.).

---

[108] „Dass wir das brauchen" (ebd.).

Damit weist der Seniorenbeauftragte zum einen auf ein häufiges Infrastrukturproblem ländlicher Gemeinden hin, den Mangel an geeigneten Wohnkonzepten für ältere Bürger*innen, und artikuliert gleichzeitig die seines Erachtens gegebene Notwendigkeit, als wie auch immer geartete Gemeinschaft darauf zu reagieren.

Ökologische Wandlungsprozesse wurden in Wiesental bei den Veranstaltungen zu Seniorenwohnen, der Nachbarschaftshilfe und in informellen Gesprächen oder Interviews von den Dorfbewohner*innen nicht in Zusammenhang mit demografischen Wandlungsprozessen gebracht. Die Nachbarschaftshilfe konnte aber das Elektro-Auto nutzen, welches dem interkommunalen Verein NaturKonzept zur Verfügung gestellt und zum Einsatz in Wiesental bestimmt worden war. In der Pressemeldung des regionalen Unternehmens, welches das Auto gestiftet hatte und die Nutzung regenerativer Energien befürwortet, hieß es: Sein Geschäftsmodell setze „seit jeher [...] auf das Grundprinzip der Nachhaltigkeit" (PM_stiftendes Unternehmen_W). Das Elektroauto sei an das NaturKonzept-Mitglied Gemeinde Wiesental gegangen, da es dort, unter anderem wegen einer schlechten Anbindung an den öffentlichen Verkehr, an notwendiger Mobilität mangele, wie aus einer Bürgerbefragung hervorgehe. In der Pressemeldung wurde explizit die gerade im Entstehen begriffene Nachbarschaftshilfe erwähnt, welcher – wie auch allen anderen Dorfbewohner*innen zu „sozialen, kommunalen oder geschäftlichen" Zwecken (vgl. PM_NK_W_21.07.14) – das Gefährt zur Verfügung gestellt werden sollte (vgl. PM_stiftendes Unternehmen). Die Bemühungen zu Seniorenwohnen und Nachbarschaftshilfe wurden von den beiden Pressestellen dadurch mit Fragen von Klimaschutz und regenerativer Energienutzung verknüpft und so in einen größeren Zusammenhang von nachhaltiger Entwicklung innerhalb von NaturKonzept und der Gemeinde Wiesental eingebettet.[109]

In Kirchdorf reflektieren unterschiedliche Bürger*innen über Prozesse demografischen Wandels. Der Kirchdorfer Bürgermeister zeigt sich zufrieden darüber, dass es im Ort „sehr viele kloane Kinderlan [gebe ...] und Familien, wasn sesshaft werden" (INT_BII_K: 217).[110] Kirchdorf werde als lebenswert betrachtet, es sei alles geboten, sowohl im Vereinswesen als auch in Bezug auf touristische Angebote, insgesamt sei die Gemeinde attraktiv (vgl. ebd.: 219). Andere

---

[109] Zu Bildern von nachhaltiger Entwicklung bei NaturKonzept und im Leitbild der Gemeinde Wiesental vgl. Abschn. 5.2.

[110] „[S]ehr viele kleine Kinderlein [gebe ...] und Familien, die sesshaft werden" (INT_BII_K: 217).

5.4 Demografischem Wandel begegnen – Alt werden in Kirchdorf ...

Gesprächspartner*innen thematisieren aus ihrer Sicht weniger vorteilhafte demografische Entwicklungen. Ein Bürger beschreibt ein Problem, mit welchem seines Erachtens Südtirol insgesamt verstärkt konfrontiert sei:

> „dass die so in meiner Generation in Rente gehen, sind des halt recht viele, net. Und dass nachher die Erwerbstätigen fehlen, net. [Mhm] Na, es sein einfach zu viele, (unverständlich) des isch, man kennt schon den Druck, was mir heindzudog, was ma mir miassn zahln, dass des ganze System aufrecht halt, net. [Mhm] Net. Und do, do muas des Politik oanfach, da is (unverständlich: nix gearbeitet, von mir aus gsehn). [Mhm] Da hama ma no zehn, fünfzehn Joahr und nachad isch des, heindzudog. Na muasch heid bis dreißig Jahr studieren, wenn Du willsch eppas Handfestes ham. [Mhm] Wo kemman da de ganzen Gelder (unverständlich)?" (INT_M_K: 297)[111]

Mit der demografischen Schieflage sieht der Handwerker auch eine soziale Schieflage eintreten. In Auszahlungen aus dem staatliche Rentensystem vertraut der Mann nicht. Ein Kirchdorfer Ehepaar blickt ebenfalls skeptisch in die Zukunft (INT_G1/G2_K: 480–482):

> Herr G: Ja und natürlich durch die moderne Medizin, die die Leute immer älter, die werden immer älter, die werden 80 und 90 und äh das Problem, das Problem das, was auf uns zukommt, das sind die Heimplätze, das ist die Versorgung. [Mhm]
>
> Frau G: Die Altersversorgung.
>
> Herr G: Die Altersversorgung, das ist das Problem, das auf uns zukommt.

Wenn es um die Frage geht, wie man in Kirchdorf den Dynamiken demografischen Wandels begegnen könne, nennen Gesprächspartner*innen immer wieder eine im Ort seit Längerem geführte Diskussion um ein Altersheim. Oft seien in der Vergangenheit Menschen zu ihm gekommen, berichtet der Bürgermeister, und hätten sich erkundigt:

---

[111] „[D]ass die so in meiner Generation in Rente gehen, sind das halt recht viele, nicht wahr. Und dass nachher die Erwerbstätigen fehlen, nicht wahr. [Mhm] Nein, es sind einfach zu viele, (unverständlich) das ist, man merkt schon den Druck, was wir heutzutage, was wir (alles) zahlen müssen, dass das ganze System aufrecht hält, nicht wahr. [Mhm] Nicht wahr. Und da, da muss die Politik einfach, da ist (unverständlich: nix gearbeitet, von mir aus gesehen). [Mhm] Da haben wir noch zehn, fünfzehn Jahre und dann ist das, heutzutage. Dann musst du heute bis dreißig Jahre studieren, wenn Du etwas Handfestes haben willst. [Mhm] Wo kommen da die ganzen Gelder (unverständlich)?" (INT_M_K: 297).

"Altersheim (wie ist das), wär ideal und klarerweise wär es ideal. Würd Arbeitsplätze schaffn und mir könntn hier bleibn, aber is irgendwo eine Illusion, das entscheidet das Land." (INT_B_K: 18)[112]

Ähnlich argumentiert auch ein anderer Kirchdorfer Bürger, der nicht Mitglied von Gemeinderat oder -verwaltung ist. So habe er „immer gesagt" (INT_G1/G2_K: 487), die Gemeinde solle eine zentral gelegene Immobilie ankaufen, „[u]nd das als Altersheim umbauen" (ebd.).

> Herr G: Man hat Einheimische, man hat Arbeitsplätze für Einheimische, für Frauen, für alles. Ein Altersheim braucht jede Menge, ned. Man hat Einheimische, man hat Arbeitsplätze für Einheimische, für Frauen, für Alles. Ein Altersheim braucht jede Menge, ned. [Mhm] Und da oben, vor allem in dieser Lage, wo die Leute-
>
> Frau G: Zentrum.
>
> Herr G: Wo die Leute, das ist im Zentrum und doch nicht im Zentrum. Die Leute können im Dorf bleiben. Wir haben jetzt schon jede Menge Leute, die auswärts in ein Altersheim sind. Und diejenigen, die sich das finanziell nicht leisten können, die keine, auch keine Kinder mehr haben und so weiter und so fort, da muss die Gemeinde den Heimplatz bezahlen. (INT_G1/G2_K: 489–491)

Außerdem merkt er dazu an, diese Menschen hätten teilweise achtzig Jahre lang im Dorf gewohnt und „müssen jetzt irgendwo hin. Die haben Heimweh, ne." (ebd.: 498). Die Errichtung eines Altersheims wurde in Kirchdorf also einerseits mit der Notwendigkeit verknüpft, auf die Bedürfnisse einer alternden Bevölkerung einzugehen, und gleichzeitig mit der wirtschaftlichen Lage und dem lokalen Arbeitsmarkt in Beziehung gesetzt. In Kirchdorf gibt es dem Empfinden des Bürgermeisters nach insgesamt

> „eigentlich wenige Menschen, die sich wirklich Gedanken machen und wie soll sich Kirchdorf bewegen, wo wolln wir hin, was wär dazu, was wäre, was braucht es noch? [Mhm] Außer wie ich gsagt habe, das Altersheim. Aber all die anderen Sachen funktionieren so perfekt, nicht nur weils der Verdienst der Gemeinde Kirchdorf ist, sondern auch ein Verdienst des Landes, wie zum Beispiel Mobilität." (INT_B_K: 20)[113]

---

[112] „Altersheim (wie ist das), wäre ideal und klarerweise wäre es ideal. Würde Arbeitsplätze schaffen und wir könnten hier bleiben, aber ist irgendwo eine Illusion, das entscheidet das Land." (INT_B_K: 18).

[113] „eigentlich wenige Menschen, die sich wirklich Gedanken machen und wie soll sich Kirchdorf bewegen, wo wollen wir hin, was wär dazu, was wäre, was braucht es noch?

5.4 Demografischem Wandel begegnen – Alt werden in Kirchdorf ...

Der Bürgermeister hält die Beteiligung an einem Altersheim in der nahe gelegenen Stadt für das Wichtigste, genauer gesagt für die wichtigste Entscheidung, wenn es um die Situation älterer Menschen in Kirchdorf geht, wie er mehrfach betont. (INT_BII_K: 221, 223). Als längerfristige Planungsaufgabe sieht er allenfalls eine „Art Seniorenwohnen oder betreutes Wohnen a Thema, i denk, eher no vielleicht sel. Jetzt muas man schaugen." (ebd.: 223–227)[114] Seniorenwohnungen oder andere unterstützende Einrichtungen für Senior*innen sieht der Bürgermeister als eine der letzten offenen Aufgaben, was – mit Ausnahme der stets aufwendigen Straßeninstandhaltungsarbeiten – die Bautätigkeiten im Ort betreffe:

> „mir sind auf an Punkt in Kirchdorf, wir haben nicht mehr viel zu bauen. Also wir sind (irgend drum weg), wir haben momentan fast alles, also, da gehts noch um Senioren." (INT_BII_K: 121)

Ökonomische Wandlungsprozesse werden insbesondere vom Kirchdorfer Bürgermeister genau beobachtet und als Argument für das zurückhaltende Agieren der Gemeinde in Sachen Seniorenwohnungen verwandt. Keinesfalls dürfe der Gemeinde eine Schuldenbelastung wegen mangelhaft ausgelasteter Seniorenwohnungen entstehen, argumentiert der Kirchdorfer Bürgermeister (vgl. ebd.: 221). Wenn die örtliche Tiefgarage einmal leer stehe, sei das nicht schlimm, doch wenn laufende Kosten wegen nicht ausgelasteter Seniorenwohnungen nicht gedeckt würden, müsse die Gemeinde diese zahlen – da gelte es vorsichtig zu sein. Ohne Gelder des Landes Südtirol wäre eine Gemeinde wie Kirchdorf heute damit überfordert, das alles alleine zu machen (ebd.: 231).

Mit ökologischen Wandlungsaspekten werden Planungen zu Seniorenwohnungen von niemandem in Kirchdorf erkennbar in Beziehung gesetzt.

[Mhm] Außer wie ich gesagt habe, das Altersheim. Aber all die anderen Sachen funktionieren so perfekt, nicht nur weil es der Verdienst der Gemeinde Kirchdorf ist, sondern auch ein Verdienst des Landes, wie zum Beispiel Mobilität." (INT_B_K: 20).

[114] „Art Seniorenwohnen oder betreutes Wohnen ein Thema, ich denke, eher noch vielleicht das. Jetzt muss man schauen." (INT_BII_K: 223–227).

5.4.3 Bilder von Gemeinschaft – Abgrenzungen und Zusammengehörigkeit

Welche Bilder von Gemeinschaft lassen sich in Wiesental wie Kirchdorf anhand der Aktivitäten und Äußerungen der Dorfbewohner*innen angesichts des demografischen Wandels identifizieren?

In Wiesental spiegelt insbesondere die Diskussion um eine angemessene Organisationsform für die Nachbarschaftshilfe Vorstellungen von Gemeinschaft wider. Es geht um Gemeinnützigkeit und damit letztlich um die Frage, wessen Wohl im Zentrum der Aktivitäten steht. Eine Frau merkt beim Informationsabend zur angedachten Nachbarschaftshilfe an: „Wenn die Vernetzung immer größer wird, kann es irgendwann nicht mehr ehrenamtlich sein." Der Bürgermeister entgegnet, man müsse die Nachbarschaftshilfe anstoßen, damit es klappt. (BB7_W: 25). Er sagt, wenn es keine Visionäre gäbe, gäbe es auch kein NaturKonzept. Man müsse nun nach einer rechtlichen Situation schauen, die auch verträglich ist. „Was mache ich wenn einer spenden will? Da brauche ich was Gemeinnütziges" (ebd.: 16). Wenn man einen Verein gründe, so die Expertin von der Fachstelle für Wohnen im Alter, die den Informationsabend zur Nachbarschaftshilfe begleitet, „dann bürgergetragen" (ebd.: 38), das habe sie aus der Diskussion herausgehört (vgl. ebd.). Viele Anwesende pflichten ihr bei. „Ja, genau", ist mehrfach zu hören, viele nicken (vgl. ebd.). Gemeinnützigkeit und (ehrenamtliches) Engagement von Bürger*innen werden in der Diskussion um eine mögliche Nachbarschaftshilfe von den anwesenden Bürger*innen als essenziell eingestuft. Ähnliche Schwerpunktsetzungen finden sich in Aussagen zu den geplanten Seniorenwohnungen. Wiesentals Bürgermeister wird nach einer öffentlichen Veranstaltung hierzu im Mitteilungsblatt der Gemeinde mit den Worten zitiert, wichtig sei ihm der soziale Aspekt dabei und „nicht einen hohen Gewinn aus den Mieten zu erzielen" (Mitteilungsblatt_W_07.02.14: 4). Der Seniorenbeauftragte wird im selben Artikel mit seiner Einschätzung zitiert, dass er es gut finde, dass das Projekt in den Händen der Gemeinde liege, die „den Sinn nicht in einer Gewinnmaximierung" sehe, sondern dass der wichtigste Gedanke dabei sei, dass die Menschen im Ort wohnen bleiben könnten (ebd.). Bei der Veranstaltung hatte sich ein weiterer Herr dafür ausgesprochen, dass das Wohnprojekt in Gemeindehand bleiben solle. Sonst gehe es ums Gewinnmaximieren (vgl. BB6_W: 37).

Dass insbesondere gemeinsame Interaktionsräume und die Kenntnis örtlicher Zusammenhänge für den Erfolg gemeinschaftlicher Bemühungen als notwendig für eine gelingende Nachbarschaftshilfe eingeschätzt werden, zeigen weitere Ausschnitte aus der ersten Informationsveranstaltung zu dem Thema. Unter den Anwesenden wurde es schnell zum Konsens, dass man einen „Kümmerer" [sic] brauche, der die Hilfsleistungen koordiniere (vgl. BB7_W: 42). Die Vizebürgermeisterin brachte ein, jeder Ort müsse sein Modell finden, das zum Ort passt (ebd.: 29). Wichtig sei, dass sich die Leute kennen. Ein guter Kümmerer sei einer, den ganz viele Leute kennen. Unter den Anwesenden nickten viele mit den Köpfen. Man müsse, fuhr die Vizebürgermeisterin fort, „ein Wiesentaler Modell finden" (ebd.). Der Bürgermeister schloss daran an und sagte, er wolle „in die Runde fragen: Wie können die Vereine sich einbringen?" Man müsse dann weiter denken: „Wie baut man das auf?" (ebd.: 34). Wichtig sei, dass man sich treffe, meinte die Koordinatorin des Nachbarschaftsnetzwerks in der nahe gelegenen Gemeinde. Sie erinnerte an die vom Rathaus organisierte Veranstaltung für Ehrenamtliche an Weihnachten. So entwickelten die Ehrenamtlichen das Gefühl anerkannt zu werden: „I bin aa jemand." (ebd.: 44).[115] Nach dieser Auffassung würde man durch das Engagement in der Nachbarschaftshilfe gleichsam als Teil einer Gemeinschaft wahr- und angenommen. Die Dame von der Fachstelle für Wohnen im Alter fasste zusammen: Das spreche sehr für „Bürger für Bürger" und „also was Kleines". (ebd.: 45). Regelmäßige Interaktion wird hier mit der Entwicklung eines Zugehörigkeitsgefühls verknüpft – zu einer (Dorf-) Gemeinschaft. Der Einladungstext zur Informationsveranstaltung über Wohnformen im Alter legte bereits nahe, dass gefühlte Zugehörigkeit eine wichtige Rolle im Umgang mit einer alternden Bevölkerung spielt: Wer sein Leben in Wiesental verbracht habe und „im Ort verwurzelt" sei, müsse auch seinen Lebensabend dort verbringen können, heißt es dort (vgl. Mitteilungsblatt_W_22.03.13). Eine Frau berichtete bei einer Informationsveranstaltung, viele Ehepaare seien in einem Wohnstift in der Region untergebracht, nicht in Wiesental. „Sie wollen zurück, aber sie können nicht." (BB7_W: 35). Was sie meint, aber nicht explizit ausführt: Weil es bisher an einer entsprechenden Infrastruktur im Ort in Form von (betreuten) Seniorenwohnungen gemangelt habe.

Wessen Wohl, welches „Wir" hatten die Teilnehmer*innen an den Informationsabenden im Sinn, als sie über nachbarschaftliche Hilfeleistungen oder Seniorenwohnen diskutieren? Herr Liebig, ein vielfach ehrenamtlich engagierter und ebenfalls in den Ort zugewanderter Bürger regte an, insbesondere für die Neuzugezogenen einen „Kümmerer" einzusetzen. Bei der Informationsveranstaltung zur aufzubauenden Nachbarschaftshilfe sind zahlreiche zugezogene Bürger*innen anwesend und stellen sich teilweise auch so vor, als sie mit ihrer Wortmeldung an der Reihe sind: eine Dame sagte, sie sei frisch zugezogen (ebd.: 44), andere sagten dazu, seit wie vielen Jahren sie mittlerweile im Ort leben (vgl. ebd.: 48, 60). Ein Mann schickte seinen inhaltlichen Anmerkungen die

---

[115] „Ich bin auch jemand." (ebd.: 44).

Bemerkung voraus, es sei bereits über „Zugereiste" gesprochen worden, „zu denen wir[116] auch gehören" (ebd.: 33). Die Geschäftsführerin der Gemeinde nahm später auf die Unterscheidung zwischen Zugezogenen und von Geburt an im Ort ansässigen Bürger*innen Bezug. Wichtig sei ein neutraler Ort, eine Telefonnummer nur für die Nachbarschaftshilfe. Die Differenzierung Einheimische/Zugezogene sei hingegen nicht entscheidend, die brauche es nicht. (ebd.: 49). Dennoch spielte sie in den weiteren Diskussionen eine Rolle. Eine Frau, die sich in der Vergangenheit in einer großen deutschen Stadt ehrenamtlich für Kranke engagiert hatte, trug dem Bürgermeister trotzdem die Koordination an. „Du hast die meiste Zeit." Daraufhin ertönt viel Gelächter. Andere „kennen ja nicht die ganzen Leute", vor allem Leute, die sich nicht nach Hilfe zu fragen trauten. (vgl. ebd.: 67). Die Kenntnis örtlicher Zusammenhänge und ein hoher Grad an Vernetzung werden von vielen Anwesenden also als wichtig für die Umsetzung einer Nachbarschaftshilfe angesehen. Gerade was die Vernetzung im Ort betrifft, bestehen offenbar deutliche Unterschiede zwischen manchen „Einheimischen" und „Zugezogenen". Die Geschäftsführerin und die Vizebürgermeisterin sagten, sie hätten schon eine Frau für das Amt eines „Kümmerers" im Auge: „Die kennt jeder." (ebd.: 67 f.). Das (geplante) Vorgehen der persönlichen Ansprache von Unterstützer*innen aus den Reihen der Dorfbewohner*innen wiederholt sich in Wiesental in den Prozessen von Nachbarschaftshilfe und Seniorenwohnen und hatte sich sich bereits bei der Gründung des Dorfladens als nützliche Strategie erwiesen.

Teilnehmer*innen bei den Informationsveranstaltungen zu Seniorenwohnungen und Nachbarschaftshilfe adressieren auch immer wieder sozio-ökonomische Unterschiede innerhalb der Dorfbevölkerung, die mit beiden Projekten ein Stück weit kompensiert werden könnten. Die Seniorenwohnungen beispielsweise sollten insbesondere für Alleinstehende („Oaschichtige") sein, die auf Unterstützung angewiesen sind (vgl. BB6_W: 26 f.), etwa für Witwen, die sich eine größere Wohnung allein nicht mehr leisten könnten (vgl. INT_R_W: 342). Dass die Einrichtung von erschwinglichen Seniorenwohnungen und einer allen Bürger*innen offenstehenden Nachbarschaftshilfe im Ort als potenzielle Vergemeinschaftungsprozesse gelesen werden können, zeigt die Wortmeldung einer Frau bei einer Informationsveranstaltung, die nach eigenem Bekunden seit achtzehn Jahren in Wiesental lebt. Sie bringt in die Diskussion ein, was ihr eine Herzensangelegenheit zu sein scheint: „Wenn man kein Geld hat, kann man sich keine Hilfe leisten." Es gebe „zweierlei Leute" in Wiesental. Die, die das Geld hätten, „können bestimmen" (BB7_W: 60). Erstaunlicherweise nahm niemand direkt Bezug

---

[116] Seine Frau saß neben ihm.

5.4 Demografischem Wandel begegnen – Alt werden in Kirchdorf ...

auf diesen Kommentar. Der Bürgermeister wechselte vielmehr das Thema, indem er als nächstes über praktische Organisationsfragen wie die Aufbewahrung der Krankenbetten sprach (vgl. ebd.). Einen noch zu gründenden Verein, über den die Nachbarschaftshilfe organisiert werden könnte, verknüpft die Frau offenbar mit der Hoffnung, durch eine Gemeinschaftsunternehmung soziale und vor allem ökonomische Unterschiede ein Stück weit einzuebnen, sodass auch finanziell schlechter ausgestatte Personen in Würde im Ort alt werden können.

Im Südtiroler Kirchdorf reflektiert eine Gemeinderätin, die sich daran störte, dass der Bürgermeister Dorfbewohner*innen nicht früh genug in Überlegungen zu Seniorenwohnungen einbezogen habe, potenzielle Folgen eines solchen Vorgehens für Vergemeinschaftungsprozesse im Ort:

„Ja. Ich finde, dass es besser ist, wenn man die Leute einbezieht. Weil man dann einfach dies mehr, mehr dieses Wir stärkt und dieses noch mehr stärken könnte. [Mhm] Und auch dieses, wenn ich bei der Entscheidungsfindung mit dabei sein konnte, oder meins einbringen konnte und mitdiskutieren konnte, dann kann ich ja viel besser dahinterstehen." (INT_K_K: 227)

So stärke die Einbindung der Bevölkerung in entsprechende Überlegungen und Entscheidungen das Wir-Gefühl und führe letztlich auch dazu, dass getroffene Entscheidungen viel besser mitgetragen würden. In den Augen der Gesprächspartnerin stifte außerdem das Zusammenleben in den Seniorenwohnungen Gemeinschaft und erfülle die dahingehenden Bedürfnisse potenzieller Bewohner*innen.

„Und das, was da unten geplant ist, soll ja kein Seniorenheim werden [[deutet mit der Hand in Richtung Kirchengebäude]]. Sondern einfach nur Seniorenwohnungen, wo Senioren hinein kommen, die ganz gut noch sich selbst betreuen können. Die zwar vielleicht Hilfe brauchen, einen Gemeinschaftsraum brauchen, wo sie sich mit anderen aufhalten können, Gemeinschaft pflegen können, und die während des Tages Hilfe bekommen." (INT_K_K: 363)

In Kirchdorf ist die Rolle von Senior*innen auch politisch relevant und gibt Aufschluss über Abgrenzungs- und Vergemeinschaftungsprozesse innerhalb der Dorfbevölkerung. Auf die Frage der Interviewerin „Wer macht was für die Gemeinde oder für die Gemeinschaft?" (INT_D_K: 380) erklärt ein Gesprächspartner die Existenz der unterschiedlichen Vereine, insbesondere der Senior*innenvereinigungen:

„Ja natürlich, viele Vereine sind ja nur wegen der Gemeinschaft da. Die Frauenbewegung zum Beispiel, dann der Seniorenverein, gibt's zwei. Einen von den Bauern und die Bauern gehen nicht zu den anderen, dort wo die Arbeiter sind. Da sieht man noch den alten Bauernstolz, blickt noch durch. [[...]] Die machen extra Ausflüge um net mit den anderen mitgehen. Es sind einige Bäuerinnen, die sagen schon ach ich mach bei beiden mit. Ich bin schon in einem gewissen Alter, des interessiert mich nicht. Aber des ist leider so. Und die Seniorenvereinigung vom KVW[117] ist schon viel früher gemacht worden und diese Bauernsenioren hat man eigentlich mehr ins Leben berufen, um mehr Stimmen zu kriegen, um irgendwie den Bauernstand noch in der Politik zu halten. [Mhm] Auch im Gemeinderat und so logisch. Das die nicht, genauso ist es auch bei der Bauernjugend, heißt es immer, jeder darf bei der Bauernjugend dabei sein, auch wenn er kein Bauer oder Bäuerin ist. Und das ist eigentlich auch nicht richtig, nur damit die mehr Stimmen kriegen." (INT_D_K: 381).

Der Interviewpartner verweist darauf, dass Vereine Gemeinschaft stiften und dies im Grunde oft ihr Selbstzweck sei. Mit Blick auf die Seniorenvereinigungen, die aus verschiedenen Vereinen erwuchsen, äußert er sich kritisch: So werde danach getrachtet, durch möglichst hohe Mitgliederzahlen dem jeweiligen Verein mehr Gewicht zu verleihen. Insbesondere die Gruppe der örtlichen Landwirte wird hier (erneut) als machtvolle Gruppe charakterisiert, die sich zum einen absichtsvoll gegen die übrige Dorfbevölkerung abgrenzt und zum anderen strategisch auch Mitglieder aus nicht landwirtschaftlichen Bezügen aufnimmt, um ihre eigenen Interessen besser vertreten zu können.

Der Bürgermeister erzählt auf Nachfrage zu Beteiligungsmöglichkeiten der Bürger*innen in kommunalen Belangen, dass Kirchdorfer*innen sich durch die Mitarbeit im Jugend- sowie im Seniorenbeirat in die Diskussion einbringen könnten: „Wenn jetzt ähm, der Gemeinderat, der Gemeindeausschuss, der Seniorenbeirat, Jugendbeirat, die sind's schon da, aber, es sind's auch viel Gremien auch, was dann selbst dann nicht viel draus machen." (INT_B_K: 102). Bisher wurden Abgrenzungen zwischen Bauernstand und anderen Berufen sichtbar. Eher beiläufig führt der Bürgermeister eine weitere Unterscheidung ein, als er über die Attraktivität des Dorfes spricht, welche in seinen Augen ein weiterer Grund dafür ist, dass nach wie vor viele junge Familien im Dorf anzutreffen seien:

„Mir hom a nettes Vereinswesen, mir sein olls unter (ins) mehr oder weniger, koane Extran, wosn zugezogen sein zu- sog mar des isch olls (in den Industriellen) auch Tourismus, Betten aa net übertrieben, (dass in) unsere Gäste lei mehr untergeaht, wies oft isch. (Gonz jo so sei) beim Tourismus, was auch störend isch. Wos sogar aa so, dass de de de nahen Häuser stehen was irgendwie auschaugen wie- auch nicht gepflegt, weil mar tuat schun wos. Und so (passt es) auch, attraktiv." (INT_BII_K: 219)[118]

---

[117] KVW: Katholischer Verein der Werktätigen.

[118] „Wir haben ein nettes Vereinswesen, wir sind alle unter (uns) mehr oder weniger, keine Extran, welche zugezogen sind zu- sagen wir das ist alles (in den Industriellen) auch Tourismus, Betten auch nicht übertrieben, (dass in) unsere Gäste nur mehr untergingen, wie es

5.4 Demografischem Wandel begegnen – Alt werden in Kirchdorf ...

Der Bürgermeister spricht von einem netten Vereinswesen, das den Ort auszeichne, und von der „mehr oder weniger" unter sich bleibenden Dorfbevölkerung, zu der kaum in den Ort zugezogene Personen gehörten, keine „Extran", was er als positiv bewertet. Ein erst im Laufe seines Lebens in den Ort gezogenes Ehepaar problematisiert die Lage vieler älterer Menschen im Ort, so gebe es einen hohen Anteil an alten Leuten, die nicht gerade optimal versorgt würden. Herr und Frau Erhardt sprechen zunächst die ökonomischen Rahmenbedingungen des Alterns an:

> Frau E: [[...]] Wer kann sich das denn leisten, ein Heimbett zu bezahlen. [Mhm] Gut, ist nicht so teuer wie in Deutschland, aber-
>
> Herr E: Die Solidarität innerhalb des Dorfes ist schon da auch groß.
>
> Frau E: Hab ich auch erzählt.
>
> Herr E: Auch jetzt Angelika, ne. Also die hat schwer Alzheimer und da kümmern sich die anderen Frauen wirklich. Ganz nett. Machen mit der Ausflüge, nehmen die überall hin mit. [Mhm] Die ist im Prinzip, Angelika ist gar nicht mehr ansprechbar. [Mhm] Kann aber noch selbstständig laufen und so.
>
> Frau E: Langsam inzwischen auch. Ja ja. Also, wie gesagt, Solidarität untereinander ist gegeben. Muss ich sagen.
>
> Herr E: Innerhalb der Dorfgemeinschaft. Das stimmt schon. (INT_E1/E2_K: 122–127)

Eine möglicherweise spärliche finanzielle Ausstattung werde im Dorf durchaus aufgefangen durch ein solidarisches Miteinander der Dorfbevölkerung. So machten beispielsweise manche Frauen mit einer erkrankten Bürgerin Ausflüge und nähmen sie überall mit hin. Gleichzeitig lässt Frau Erhardt an anderer Stelle keinen Zweifel daran, wer zu dieser Dorfgemeinschaft gezählt werde und wer nicht:

> „also wir haben jedenfalls keine Chance, richtig in die Gemeinschaft reinzukommen. [Mhm] Das liegt einmal daran: „Deitsche"[119]. Die sowieso immer alles besser wissen. Dann: Wir gehören keiner Religion an. [Mhm] Wir sind nicht in der Feuerwehr, nicht in der Musikkapelle, (..). Im Prinzip-, nicht im Kirchenchor, eigentlich in keinem Verein. [[...]]. Aber (.) die Haltung hier ist (.) so [[Legt die Handflächen beiderseits des Gesichts wie Scheuklappen an]]. [Mhm] Und wir sind viel zu kritisch. Wir teilen natürlich nicht die Meinung hier, die politische Meinung der Mehrheit. [Mhm] Und

---

oft ist. (Kann ja so sein) beim Tourismus, was auch störend ist. Was sogar auch so, dass die die die nahen Häuser stehen die irgendwie aussehen wie- auch nicht gepflegt, weil man tut schon was. Und so (passt es) auch, attraktiv." (INT_BII_K: 219).

[119] Deitsche = Deutsche (im Südtiroler Dialekt ausgesprochen).

die ist immer SVP[120]. [[...]] Abgesehen davon, dass hier auch viele Leute so nen Dialekt sprechen, dass wir auch Schwierigkeiten haben, sie zu verstehen. [Mhm] Und äh richtige Gespräche sind (.). wirkliche Gespräche sind im Prinzip nicht möglich. [Mhm] (...) [[...]] Die Leute sind freundlich, sind auch hilfsbereit. Also, wenn wir irgendwelche Probleme haben, sei es jetzt handwerkermäßig, es läuft alles wunderbar. Aber es ist ansonsten kein Kontakt möglich. [[...]] Und ja, viele, ja, das ist so. Und äh, die „Deitschen" sind als Gäste willkommen. [Mhm] Da sind sie auch immer alle sehr freundlich, aber nicht so als Mitbewohner." (INT_E1/E2_K: 10–14)

Aus den Schilderungen von Frau Erhardt lassen sich deutliche Abgrenzungsmechanismen rekonstruieren, die aus ihren Augen die Grenzen einer Kirchdorfer Dorfgemeinschaft markieren. Aufgrund ihrer deutschen Staatsangehörigkeit werde ihr und ihrem Mann mit großer Skepsis begegnet und Besserwisserei unterstellt. Die Tatsache, dass sie und ihr Mann konfessionslos seien, verhindere Kontakte durch die örtliche Kirchengemeinde. Dadurch, dass sie, abgesehen von Wanderungen mit dem örtlichen Alpenverein in keinem Verein aktiv seien, kämen sie auch darüber nicht mit anderen Dorfbewohner*innen ins Gespräch. Als große Hürde beschreibt Frau Erhardt außerdem ihre von der Kirchdorfer Mehrheitsbevölkerung abweichenden politischen Ansichten und dass sie des örtlichen Dialekts nicht mächtig seien. Die von ihnen erlebte Distinktion vollzieht sich demnach entlang von konfessionellen und (partei-)politischen Zugehörigkeiten. Sprache (die Kenntnis des örtlichen Dialekts) und nationale Zugehörigkeit werden als weitere ausgrenzende Elemente wahrgenommen, die gleichzeitig die Dorfgemeinschaft nach innen hin festigen.

5.4.4 Vergemeinschaftungsprozesse durch gemeinsame Interaktionsräume und die Kenntnis örtlicher Zusammenhänge

Um die Frage, inwieweit es sich bei den beschriebenen (Kooperations-)prozessen, die mit demografischem Wandel assoziiert werden, um Prozesse konflikthafter Vergemeinschaftung handelt, zu beantworten, sind die beschriebenen Prozesse nochmals kurz im Ortsvergleich zu rekapitulieren.

---

[120] SVP = Südtiroler Volkspartei.

Kooperations-Modi

Prozesse des Aushandelns von Konzepten zu Seniorenwohnen und Nachbarschaftshilfe in Wiesental bauen auf bereits in anderen kommunalen Entwicklungsprozessen gemachten Erfahrungen auf. Ein Teilnehmer bei der Informationsveranstaltung zur Nachbarschaftshilfe bezieht sich auf die bereits stattfindenden informellen Hilfeleistungen zwischen Bürger*innen im Ort. Was da „im Geheimen" passiere, so der Seniorenbeauftragte, müsse man auf eine offizielle Basis stellen. Wieso gebe man sich nicht ein Dach wie NaturKonzept? „Wenn man das institutionalisieren könnte, wäre ich sehr froh darüber." (BB6_W: 15). Auch der Bürgermeister nimmt in der Diskussion um mögliche Konzepte für eine Nachbarschaftshilfe auf die Gründung und Etablierung von NaturKonzept Bezug und sagt: „des muas wachsen" (ebd.: 58)[121], so wie auch NaturKonzept gewachsen sei (vgl. ebd.). Wenig später wiederholt er dies und ergänzt, dass eine Rechtsform wegen der Absicherung notwendig sei (vgl. ebd.: 63). Wie bereits in Abschnitt 5.4.1 beschrieben spielte die Gemeindeverwaltung nicht nur bei der Identifizierung geeigneter Fördertöpfe und -programme, sondern auch bei der Koordination von Aktivitäten eine wichtige Rolle. Sicherlich halfen auch zurückliegende Selbstwirksamkeitserfahrungen beim ehrenamtlichen Kooperieren, ergänzt durch eine gelernte gewisse Hartnäckigkeit des Verwaltungspersonals auf der Suche nach Unterstützung und Fördermöglichkeiten: So erklärt die Geschäftsführerin bei einer Informationsveranstaltung im informellen Gespräch, dass sie mittlerweile beim Ministerium vorgesprochen hätten und dass es gut aussehe mit finanzieller Förderung für den Ausbau der Seniorenwohnungen. Auf die Frage, wie dies abgelaufen sei, antwortet sie, sie habe „wie der berühmte Buchmacher" viele Stellen beim Ministerium antelefoniert – sie mimt mit einer Hand einen Telefonhörer, mit der anderen eine Wählscheibe – bis sie am Ende bei einer Frau herausgekommen sei, die gesagt habe, bei ihr sei sie richtig und sie solle ihr doch einmal die Pläne schicken (vgl. ebd.: 7). Frau Tauber ist gut gelaunt, als sie von dieser Erfolgsgeschichte berichtet. Die Nachfrage, ob es geholfen habe, dass Wiesental bereits eine preisgekrönte Gemeinde sei, die bewiesen habe, mit anvertrauten Fördergeldern erfolgreich umzugehen, verneint sie nicht, hält es aber wohl auch nicht für den ausschlaggebenden Punkt. Man sei einfach drangeblieben und sei dort auch gleich „mit der Frau X [[Expertin von der Fachstelle für Wohnen im Alter]] im Gepäck" – sie tut, als würde sie etwas oder jemanden unter den Arm klemmen – zum ersten Termin erschienen (vgl. ebd.).

---

[121] „Das muss wachsen."

Bei der Etablierung von Seniorenwohnungen und einer institutionalisierten Nachbarschaftshilfe profitieren die Bürger*innen demnach von bereits in anderen Zusammenhängen gemachten positiven Erfahrungen der Kooperation, wobei immer wieder der Verein NaturKonzept als Vorbild und erfolgreiches Beispiel angeführt wird. Der bereits lange Zeit zurückliegende Konflikt im Dorf ist hingegen weit in den Hintergrund gerückt. Die seither erfolgte Veränderung in der Zusammenarbeit im Dorf sei zunächst schleichend gewesen, berichtet ein Interviewpartner. Dabei seien mehrere Faktoren zusammengekommen. Erst nach dem Tod mancher in den Konflikt verstrickten Personen sei ein Umschwung möglich gewesen (vgl. INT_M/N_W: 507). Der Altbürgermeister habe sich mit seinem Einsatz für das erfolgreiche NaturKonzept verdient gemacht.

> N: Also der hat das Beispiel gegebn, dass ma mit Einigkeit, wenn ned quergeschossen wird im Gemeinderat, und von den Bürgern, dass ma dann aa was auf die Füße stelln kenna. Und das war der jüngeren Generation lieber als die Streiterei fortzuführen.
>
> Interviewerin: Mhm. Das war so der Anstoß, oder wie Sie's vorhin mal formuliert haben, ein Zündfunken.
>
> N: Mhm.
>
> Interviewerin: Genau. Mhm.
>
> N: Ja, des is hier immer. Jetzt fragn die Leid scho wieder, wann richten wir mal wieder einen Steig her. Machen schon Vorschläge, was ganz schee wär. Also des san einfach die kleinen Sachen. Es schwitzt ein jeder, ma schwitzt gemeinschaftlich. (INT_M/N_W: 507–511)[122]

Die Wertschätzung von gemeinschaftlichem Handeln, das auf gemeinsamen Interessen beruht und sich beispielsweise in dem Verein NaturKonzept manifestiert, wird auch hier wieder deutlich. Insbesondere wird der Wert von Einigkeit hervorgehoben. Diese Haltung (und ihre Institutionalisierung im Verein NaturKonzept),

---

[122] N: Also der hat das Beispiel gegeben, dass man mit Einigkeit, wenn nicht quergeschossen wird im Gemeinderat und von den Bürgern, dass wir dann auch was auf die Füße stellen können. Und das war der jüngeren Generation lieber, als die Streiterei fortzuführen.
Interviewerin: Mhm. Das war so der Anstoß, oder wie Sie's vorhin mal formuliert haben, ein Zündfunken.
N: Mhm.
Interviewerin: Genau. Mhm.
N: Ja, das ist hier immer. Jetzt fragen die Leute schon wieder, wann richten wir mal wieder einen Steig her, machen schon Vorschläge, was ganz schön wäre. Also das sind einfach die kleinen Sachen. Es schwitzt ein jeder, man schwitzt gemeinschaftlich. (INT_M/N_W: 507–511).

5.4 Demografischem Wandel begegnen – Alt werden in Kirchdorf ...

welche sich vor dem Hintergrund eines bewältigten Konflikts entwickeln konnte, wird auch im Zusammenhang mit Seniorenwohnen und Nachbarschaftshilfe immer wieder angeführt. Der zitierte Gesprächspartner bringt dieses seiner Einschätzung nach bestehende Muster in der Wahrnehmung der Bevölkerung wie folgt auf den Punkt:

> „Und, und des is alles NaturKonzept. Und dann ham ma an Dorfplatz, dann is Natur-Konzept. Dann ham ma a Bürgerheim restauriert, dann is des NaturKonzept. Also selbst wenn's ned NaturKonzept is, is NaturKonzept." (INT_M/N_W: 517)[123]

Selbst wenn etwas nicht im Rahmen von NaturKonzept geschehe, werde es in der Wahrnehmung der Bürger*innen NaturKonzept zugerechnet.

Insbesondere im Zusammenhang mit der Nachbarschaftshilfe in Wiesental fällt die Einbettung in interkommunale Bezüge auf: Man lädt die Koordinatorin einer Nachbarschaftshilfe aus der Region zu einem Informationstreffen ein und der Nachbarschaftshilfe wird über den interkommunalen Verein NaturKonzept ein Elektroauto zur Verfügung gestellt.

Im Südtiroler Kirchdorf gehen Entwicklungsvorhaben wie der Bau von Seniorenwohnungen weniger reibungslos und konsensuell von der Hand. Diskussionen im Ort um entsprechende Wohnungen oder gar ein lokales Altersheim reichen bereits viele Jahre zurück. Der Altbürgermeister und weitere Personen, die damals in Entscheidungspositionen waren, seien laut einem Kirchdorfer Bürger aber stets gegen ein Altersheim gewesen.

> „Die waren strikt dagegen. Die haben gesagt: Ein Altersheim, das ist alles unwirtschaftlich. Das kostet nur jede Menge Geld, ne. Aber schaun wir mal jetzt. Jetzt sind genau von diesem Gegner, die sind jetzt alt. [Mhm] Die Brüder von denen sind alt, und so weiter und so fort. Jetzt wird das Problem vielleicht eher erkannt. [Mhm] Warum kann man das nicht machen? Ein Altersheim?" (INT_G1/G2_K: 489)

Die unterschiedlichen Haltungen – die einen assoziieren ein Altersheim im Ort mit Arbeitsplätzen und einer positiven wirtschaftlichen Entwicklung, die anderen halten es für wirtschaftlich wie technisch unrealisierbar (vgl. Abschn. 5.4.2) – lassen sich teilweise erklären: einerseits durch den bereits in Abschnitt 5.3.4 beschriebenen Schulden-Diskurs im Ort, andererseits durch die unterschiedlichen Bilder von Wandel, die Akteure in Kirchdorf haben. Manche von ihnen, darunter

---

[123] „Und, und das ist alles NaturKonzept. Und dann haben wir einen Dorfplatz, dann ist es NaturKonzept. Dann haben wir ein Bürgerheim restauriert, dann ist das NaturKonzept. Also selbst wenn's nicht NaturKonzept ist, ist es NaturKonzept." (INT_M/N_W: 517)

der Bürgermeister, sorgen sich in erster Linie um die Attraktivität des Ortes. Die Versorgung von pflegebedürftigen Senior*innen sieht der Bürgermeister durch die Platzkontingente in einem Pflegeheim in der nahe gelegenen Stadt als gesichert an. Andere Dorfbewohner*innen beschrieben die Versorgung älterer Dorfbewohner*innen vor Ort im Interview als manifestes Problem. Die Zurückhaltung von Seiten der Dorfbewohner*innen im Einsatz für Seniorenwohnungen in Kirchdorf erklärt eine Gemeinderätin so:

> K.: [[…]] Wenn's jetzt nur darum geht, dass da Altenwohnungen, naja, wenn's mich nicht selbst betrifft, dann (.) interessierts mich auch nicht so.
>
> Interviewerin: Mhm. Es könnte mich ja mal irgendwann mal theoretisch betreffen.
>
> K.: Ja, aber das ist nicht, es ist weit weg. (INT_K_K: 235–237)

Ihrer Meinung nach mobilisiere das Thema die Dorfbewohner*innen nicht genug, da sie sich nicht betroffen genug davon fühlten. Der Bürgermeister plant zwar immer wieder ein Budget ein und der Gemeinderat bewilligte eine Machbarkeitsstudie, aber trotzdem ging es nicht richtig voran. Die (noch) nicht erfolgte Realisierung von Seniorenwohnungen scheint demnach weniger eine Frage konfligierender Meinungen als eines noch nicht ausgereiften Plans zu sein und eine Frage der Priorisierung. So wird bereits Geld gebunden durch die Kontingentplätze in einem städtischen Altenheim und mit dem Ankauf einer Zentrumsimmobilie gibt es nun neue räumliche Möglichkeiten.

Bilder von Gemeinschaft

Vergleicht man die dargestellten Entwicklungsprozesse in den Gemeinden Wiesental und Kirchdorf, zeigt sich, dass Kooperationsprozesse im bayerischen Wiesental inklusiver ablaufen. Im Laufe ihres Lebens in den Ort zugewanderte Personen werden dort zwar als solche markiert, aber dennoch in Vergemeinschaftungsprozesse miteinbezogen. Die Gemeindeverwaltung in Wiesental nimmt eine ermöglichende Haltung ein, zieht im Hintergrund die Strippen, gleicht ihr Vorgehen aber immer wieder mit den Bedürfnissen und Vorstellungen der Bürger*innen ab. In Kirchdorf wurde hingegen in erster Linie Verwaltungshandeln rekonstruierbar. Dieses wurde inhaltlich von verschiedenen Bürger*innen kritisiert, aber in seinem Prozedere nur vereinzelt hinterfragt. An den relevanten Entscheidungsprozessen waren ausschließlich kommunale Gremien beteiligt. Im bayerischen Wiesental entschied zwar ebenfalls der Gemeinderat über sämtliche Planungen zu Seniorenwohnungen, doch wurden in entsprechenden Arbeitskreisen und Informationsveranstaltungen die diesbezüglichen Vorstellungen und Bedürfnisse der Bürger*innen diskutiert. Beim Aufbau der Nachbarschaftshilfe nahmen die

Gemeindeverwaltung und der Gemeinderat eine ermöglichende Haltung ein, indem sie für die aus der Bürgerschaft vorgebrachten Ideen entsprechende Förderungen vom Freistaat Bayern einwarben. Im Unterschied zu Wiesental wurden im Südtiroler Kirchdorf in erster Linie „einheimische" Bürger*innen als der Dorfgemeinschaft zugehörig erachtet (vgl. Abschn. 5.4.3). Ebenfalls im Unterschied zu Wiesental erfolgte in Kirchdorf keine nennenswerte Vergemeinschaftung über Impulse oder Handlungen seitens der Gemeindeverwaltung. Der Gemeindenvergleich zeigt: Bilder von Wandel, und welche Gestaltungsspielräume damit assoziiert werden, sind zentral, wenn es um die Gestaltung von Transformationen in Richtung nachhaltigerer Zustände geht. Als vorteilhaft erweisen sich gemeinsame Interaktionsräume und die Kenntnis örtlicher Zusammenhänge.

5.5 Regenerative Energiequellen nutzen

Dieses Kapitel widmet sich dem Umgang mit regenerativen Energiequellen in den jeweiligen Orten. Regenerative Energieerzeugung spielte teilweise bereits in den in vorhergehenden Kapiteln beschriebenen Prozessen eine Rolle. Hier steht sie nun im Zentrum der Betrachtung, da diese Form der Energieerzeugung ganz explizit mit den natürlichen und ökologischen Gegebenheiten vor Ort verknüpft ist und insofern gezielt Einblicke in dieses Themenfeld sozial-ökologischen Wandels liefern kann (vgl. Abschn. 2.2). Darüber hinaus ist regenerative Energieerzeugung keine rein technische Angelegenheit, sondern Gegenstand sozialer Aushandlungsprozesse. Zunächst wird mit Blick auf menschliche wie nichtmenschliche Elemente analysiert, welche Kooperationsprozesse sich in diesem Feld rekonstruieren lassen (Abschn. 5.5.1). Anschließend wird eruiert, welche Bezüge zu sozial-ökologischen Wandlungsprozessen von den jeweiligen Akteuren hergestellt werden (Abschn. 5.5.2). Auf Basis dieser Erkenntnisse lassen sich sodann Schlussfolgerungen über Bilder von Gemeinschaft (Abschn. 5.5.3) und potentielle Vergemeinschaftungsprozesse im bayerischen Wiesental und Südtiroler Kirchdorf ziehen (Abschn. 5.5.4).

In der bayerischen Gemeinde Wiesental gibt es bereits seit den Nachkriegsjahren ein genossenschaftlich geführtes Wasserkraftwerk, an dem auch die Gemeinde Anteile hält. Kommunale Gebäude werden in Wiesental seit einigen Jahren aus einer kommunalen Hackschnitzelanlage mit Wärme versorgt (vgl. INT_F_W: 15–19). Während des Untersuchungszeitraums dieser Studie wurde außerdem von einem Beratungsunternehmen ein alle Mitgliedsgemeinden von NaturKonzept

e. V. übergreifendes regionales Energiekonzept erstellt. Es wurde von Natur-Konzept beauftragt und durch das Programm integrierte ländliche Entwicklung finanziell und beratend unterstützt (vgl. Energiekonzept_NK_W_2013). Aufgrund der so vorliegenden Daten und einer Machbarkeitsstudie bemühte sich der interkommunale Verein NaturKonzept um die Planung eines oder mehrerer Fließgewässerkraftwerke an dem Fluss, welcher durch die Gemeinde beziehungsweise das gesamte Tal fließt (Homepage_NK_W_22.03.13). Es gab kontroverse Debatten über das Vorhaben und bis zum Abschluss der vorliegenden Arbeit wurde keines der angedachten Kraftwerke realisiert. Zum Thema Energie bildete sich in Wiesental außerdem eigens noch ein örtlicher Arbeitskreis aus Mitgliedern der Gemeindeverwaltung und interessierten Bürger*innen, die sich mit Energiefragen befassten (vgl. INT_R_W: 818–822), Unterstützung bekam der Arbeitskreis zudem durch den Geschäftsführer des Vereins NaturKonzept (vgl. INT_M/N_W: 365 ff.). Ein Prozess aus dem Themenfeld regenerative Energieerzeugung wird nachfolgend näher betrachtet, da er als *contested issue* bzw. kontrovers diskutierte Angelegenheit identifiziert werden konnte: die Planung des erwähnten Fließgewässerkraftwerks.

Auch im Südtiroler Kirchdorf reicht die Nutzung regenerativer Energien ebenfalls sehr weit (bis in die 50 er Jahre) zurück. Es gibt ein kommunales und ein genossenschaftlich organisiertes Wasserkraftwerk auf dem Gemeindegebiet. Durch die Einnahmen aus dem kommunalen Elektrizitätswerk nutzt die Gemeinde finanzielle Spielräume, um die Gebühren für Kindergarten und Schule möglichst gering zu halten (vgl. INT_P_K: 192). Ein eigens angefertigtes Energiekonzept für Kirchdorf gibt es nicht. Wenige Jahre vor Beginn der Feldforschung wurde in Kirchdorf ein kommunales Biomasseheizwerk errichtet. In zahlreichen Interviews wurden Bau und Organisation des Werks immer wieder von Dorfbewohner*innen zum Thema gemacht. Zu den jüngsten Entwicklungen im Themenfeld regenerative Energien zählt die Kooperation mit einer Nachbargemeinde in der Stromgewinnung, wozu das bestehende kommunale Wasserkraftwerk entsprechend umgebaut wurde. Überlegungen hierzu waren über Jahre hinweg informell immer wieder innerhalb der Dorfbevölkerung diskutiert worden. Zwei Prozesse in Kirchdorf werden näher betrachtet, da sie als *contested issues* identifiziert werden konnten: das kommunale Biomasseheizwerk und die Kooperation mit einer Nachbargemeinde bei erwähntem Wasserkraftwerk. In Interviews berichten Gesprächspartner*innen in unterschiedlichen Zusammenhängen von dem Heizkraftwerk. Es deutete sich hier bereits an, dass es im Prozess der Planung und Realisierung kontrovers diskutiert wurde und es auch heute noch unterschiedliche Haltungen hierzu gibt. In weiteren Gesprächen wurde daher gezielt nach Erzählungen und Einschätzungen zum Biomasseheizwerk gefragt, wenn es nicht von

5.5 Regenerative Energiequellen nutzen

selbst zur Sprache kam. Ähnliches gilt für die interkommunale Kooperation bei dem Wasserkraftwerk.

5.5.1 Diskussionen um Wasserkraft und Fernwärme

Im bayerischen Wiesental wurde über viele Monate hinweg immer wieder die Idee zum Bau eines oder mehrerer Wasserkraftwerke am nahegelegenen Fluss diskutiert. Der Bürgermeister (und gleichzeitig erster Vorsitzender von Natur-Konzept e. V.) informierte sich zusammen mit Vertreter*innen des Vereins rund ein Jahr lang über geeignete Anlagen (vgl. INT_F_W: 63). Die Geschäftsführerin der Gemeinde Wiesental schildert, dass man auf NaturKonzept als „Partner" setze, der die Impulse für Ideen zu dieser Art der Energiegewinnung aufnehmen könne und auch die zeitlichen Ressourcen habe, Überlegungen weiter voranzutreiben (vgl. INT_T_W: 41). Der Bürgermeister und die Geschäftsführerin der Gemeinde ließen bei Einzelgesprächen keinen Zweifel, dass sie die Energienutzung aus Wasserkraft für einen wichtigen Schritt halten. Sie vertreten die Idee, regional bzw. „weiter [zu] denken" (ebd.) und nicht ‚nur' lokal nach Lösungen zu suchen (vgl. ebd.).

„Und da is natürlich Naturkonzept des des de Partner wo ma sogn muass, da is guad aufghobn, weil die kenna sie damit zeitlich a ausanandersetzn. Und kenna die Impulse aufnemma." (INT_T_W: 41)[124]

Mitarbeiter*innen des Vereins NaturKonzept kümmerten sich darum, dass die Pläne vorangetrieben wurden und wie an Gelder für erste Studien zu kommen sei. Es wurde schließlich eine Machbarkeitsstudie von NaturKonzept e. V. in Auftrag gegeben, die insbesondere die technische Machbarkeit klären sollte, aber auch Fragen der Gewässerökologie und des Naturschutzes bzw. Naturschutzrechtes berücksichtigte und im Frühjahr des Jahres 2013 vorgestellt wurde; die Mittel hierfür brachten die jeweiligen Gemeinden zu 50 Prozent auf, die andere Hälfte steuerte das bayerische Wirtschaftsministerium bei (vgl. Homepage_NK_W_22.03.13). In einer gemeinsamen Gemeinderatssitzung aller an NaturKonzept beteiligten Gemeinden wurde die Studie vorgestellt und die zusammengeschlossenen Gemeinden berieten über die weiteren Schritte (vgl. ebd.). Kritik kam von Gemeinderät*innen, die irreversible Folgen in Flora und Fauna

---

[124] „Und da ist natürlich NaturKonzept das das die Partner wo man sagen muss, da ist es gut aufgehoben, weil die können sich damit zeitlich a auseinandersetzen. Und können die Impulse aufnehmen." (INT_T_W: 41).

befürchteten, ebenso von Bauern in den Reihen der Räte, die sich unter anderem wegen eines möglicherweise steigenden Grundwasserspiegels sorgten (vgl. ebd.; INT_B_W: 188). Verschiedene Gesprächspartner*innen erzählen im Zeitverlauf von Widerstand durch „Naturschützer" (vgl. INT_M/N_W: 358; INT_B_W: 373) – ohne dann aber konkrete Personen aus dem Ort zu benennen oder wie der Widerstand sich genau gestaltet. Im Ort selbst, so die Auskunft auf Nachfrage, gebe es zwar durchaus besorgte Stimmen, aber keine manifesten Proteste oder gar Demonstrationen (vgl. INT_M/N_W: 362). Der bayerische Bund für Naturschutz (BN) gab in Reaktion auf die Pläne der NaturKonzept-Gemeinden eine Erklärung heraus, in der er zahlreiche Gründe liefert, weshalb die Kraftwerke nicht realisiert werden sollten, unter anderen führt er hierbei Veränderungen im Grundwasserspiegel, den aus seiner Sicht unzureichenden Fischschutz und den Eingriff in Naturschutz- und FFH-Gebiete an (vgl. Homepage_BN_W). Das Machbarkeits-Gutachten wurde hinsichtlich der technischen Realisierbarkeit und auf Fragen der Wirtschaftlichkeit hin einer Prüfung durch weitere Experten unterzogen (vgl. Homepage_NK_W_03.05.13). Ein weiteres Gutachten, das sich exemplarisch mit der Grundwasserproblematik an einem der anvisierten Standorte befassen sollte, wurde danach angestrengt; es sollte auch die Sicherheit der Anlagen bei Hochwasser thematisieren. Weitere Gutachten oder Überprüfungen hinsichtlich Fragen von Naturschutz, Biodiversität und Ähnlichem wurden offenbar nicht mehr veranlasst. Folgt man der Argumentation des Bürgermeisters einer Nachbargemeinde, wie sie in der Lokalpresse wiedergegeben wird, so sollte zu aller Erst die generelle Wirtschaftlichkeit solcher Anlagen geprüft werden, erst danach stünden gegebenenfalls weitere Schritte der Prüfung an (vgl. Regionalzeitung_W_16.05.13). Ein Zeitungsartikel zur gemeinsamen Gemeinderatssitzung der NaturKonzept-Gemeinden macht deutlich, dass man die Pläne durchaus weiter vorantreiben wollte und in der Zwischenzeit auf Einwände in Hinblick auf Landwirtschaft und Naturschutz mit der Ankündigung technischer Lösungen in der Planungs- und Realisierungsphase reagierte (vgl. Regionalzeitung_W_22.03.13). So meinte der mit dem Machbarkeitsgutachten betraute Professor, dass die Wissenschaftler und Planer möglicherweise steigende Grundwasserspiegel „sehr genau im Auge" (ebd.) behielten. Schon jetzt seien verschiedene Maßnahmen denkbar, mit denen auf so etwas reagiert werden könne (vgl. ebd.).

Die Wirtschaftlichkeitsprüfung des Machbarkeitsgutachtens ergab, dass man mit weiteren Planungen bzw. Eruierungen fortfahren könne, die Prüfung ging von einem Amortisierungszeitraum von rund 20 Jahren aus (vgl. Regionalzeitung_W_02.05.13). Der Bürgermeister von Wiesental informierte in Versammlungen in der Gemeinde alle interessierten Bürger*innen (vgl. INT_B_W: 184).

5.5 Regenerative Energiequellen nutzen

Bereits in einer frühen Phase, parallel zur Ausarbeitung einer Machbarkeitsstudie, wurden die Bürger*innen in Wiesental zu Informationsveranstaltungen geladen (vgl. INT_B_W:184; Homepage_NK_W_03.05.13). Die Machbarkeitsstudie wurde nach der Diskussion in der gemeinsamen Gemeinderatssitzung der NaturKonzept-Gemeinden in den folgenden Wochen in den Bürgerversammlungen der verschiedenen Gemeinden vorgestellt. Interessanterweise bemängelten Bürger*innen aus einer anderen Gemeinde, dass die Planungen zu den Fließgewässerkraftwerken nicht oder nicht ausreichend in deren kommunalen Gremien diskutiert wurden (vgl. Regionalzeitung_W_16.05.13). Hier deutet sich ein möglicher Unterschied im Modus des Miteinanders in Wiesental und anderen Mitgliedsgemeinden von NaturKonzept an. Die Informationspolitik von NaturKonzept wurde nach Zeitungsberichten von manchen Gemeinderät*innen einer Nachbargemeinde als schlecht bezeichnet; ein weiterer Gemeinderat einer Nachbargemeinde sprach in diesem Zusammenhang von der „NaturKonzept-Regierung" (ebd.). Offen bleibt hierbei, als wessen Versäumnis es betrachtet werden kann, dass das Vorhaben nicht eingehender mit den Bürger*innen der Nachbargemeinden besprochen wurde: von NaturKonzept oder den betreffenden Bürgermeistern. Der mit Wasserbau vertraute Ingenieur, der zum Team der Prüfer des Machbarkeitsgutachtens gehörte, wurde in einem Online-Artikel des Vereins NaturKonzept mit den Worten zitiert, die geplanten Bauwerke entsprächen dem gegenwärtigen Stand des ökologischen Wasserbaus (vgl. Homepage_NK_W_03.05.13). Wenige Wochen, nachdem die Wirtschaftlichkeitsberechnung vorgestellt wurde, kam es in Wiesental und den umliegenden Gemeinden zu einem großen Hochwasserereignis, das manche Gemeinden zeitweise ganz von der Außenwelt abschnitt und mit aufwendigen Aufräumarbeiten einherging (vgl. Abschn. 5.1.1). Bis heute wurde keines der angedachten Kraftwerke realisiert. Nach Aussagen aus dem Frühjahr 2015 von Interviewpartnern, die auch dem Gemeinderat in Wiesental angehören, lägen die Planungen angesichts der letzten Hochwasserereignisse nun brach (vgl. INT_M/N_W: 356–358). Im gemeinsamen Energiekonzept aller dem Verein NaturKonzept angehörenden Gemeinden, welches im Herbst nach dem Hochwasserereignis vorgestellt wurde, wird die Wasserkraftnutzung durch Fließgewässerkraftwerke zwar nach wie vor als Möglichkeit geführt, doch darüber hinaus wird auf weitere Möglichkeiten der Energiegewinnung durch Wasserkraft verwiesen, beispielsweise an Wasserläufen, an denen sogenannte „Altrechte" zur Wassernutzung bestünden, oder in bereits bestehenden Trinkwasserkraftwerken (vgl. Energiekonzept_NK_W_2013: 59). Im Rahmen von NaturKonzept gibt es zudem einen Arbeitskreis Energie, der sich mit aktuellen und zukünftigen Energiefragen der Mitgliedsgemeinden beschäftigt, und in dessen Rahmen auch die Wasserkraftwerke am Fluss diskutiert wurden.

Interviewerin: Mhm. Und das ist äh, koordiniert dann NaturKonzept, weil der Herr Eichinger das jetzt moderiert, oder [haben sich die Bürgermeister zusammengetan?

N: Nein, die sind irgendwo], die sind irgendwo, von den Bürgermeistern wird das wahrscheinlich die Initiative ausgehen und dann wird das gegründet, aber dann sagt man, wär nicht schlecht, wenn der Herr Eichinger dabei wär. [Mhm] Wenn wir uns schon unterhalten, was wir von der kleinen Versorgung äh Rathaus, Schule, Kindergarten, was man da, wo man weiterfahren könnte mit der Nahwärme.

M: So diese Arbeitskreise, über die wir speziell da jetzt grad sprechen, die die bilden sich ja aus aus Freiwilligen, aus Fachleuten, ne, oder auch gut informierten Gemeindebürgern, ja, plus dann letztendlich glaub ich, doch sicherlich zum großen Teil freiwillige Teilnahme von Leuten die hier in Gegend einfach in entsprechenden Positionen auch sind, ne. [Mhm] Und dann einfach auch das Ihre dazu beitragen können. Und NaturKonzept ist einfach so, so populär und wie soll ich sagen, jetzt regionales Bindeglied für so Vieles, dass das so auf jeden Fall auch der Chef des Ganzen dann auch als sein Projekt mitbetrachtet.

Interviewerin: Also jetzt Chef des Ganzen hieße jetzt der Geschäftsführer, in dem Fall der Herr Eichinger.

M: Genau, ja, mhm. (INT_M/N_W: 363–367)

In der Darstellung der beiden Gemeinderäte ist in dem Arbeitskreis Raum für das Engagement verschiedenster Personengruppen: Freiwillige, Fachleute, gut informierte Gemeindebürger. Die Arbeitskreise stehen – so stellen sie es dar – allen Interessierten und Freiwilligen offen.

Ein gesonderter Blick auf die bereits eingeführten nicht-menschlichen Elemente in der Situation macht deutlich: Durch den Zusammenschluss im interkommunalen Verein NaturKonzept und die zeitaufwendigen Bemühungen dessen Mitarbeiter*innen konnten Fördergelder aus dem Wirtschaftsministerium eingeworben und dadurch ein Machbarkeitsgutachten eingeholt werden, das andernfalls möglicherweise zu teuer für die einzelnen Mitgliedgemeinden von NaturKonzept gewesen wäre. Längst wurde bei der Nutzung regenerativer Energien die Arena von Verhandlungen darüber auf mehrere Gemeinden ausgeweitet.

In Kirchdorf geht das kommunale Biomasseheizwerk auf eine Idee des amtierenden Bürgermeisters zurück. Er beschreibt es als langfristiges Planungsprojekt, für das er sich engagiert und um Fördergelder bemüht hatte. Er erwähnt es im Zusammenhang mit weiteren kommunalen Projekten wie etwa dem zum Zeitpunkt des Gesprächs gerade wieder sehr kontrovers diskutierten Bauprojekt Tiefgarage: Die erste Idee zu einem Biomasseheizwerk hatte der amtierende Bürgermeister bereits vor seiner eigenen Amtszeit, konnte, wie er beschreibt, den damaligen Bürgermeister aber nicht von einem solchen Projekt überzeugen (vgl. INT_B_K: 284–290). Als er schließlich selbst Bürgermeister war, fiel nach

5.5 Regenerative Energiequellen nutzen

kontroversen Diskussionen im Gemeinderat die Entscheidung, ein kommunales Biomasseheizwerk zu bauen (vgl. ebd.). Die Gemeinde stellte den Baugrund für das Biomasseheizwerk zur Verfügung und übernahm auch Bau und Betrieb (vgl. INT_L_K: 505). Der gesamte Entscheidungsprozess erfolgte unter Beteiligung ausgewählter Akteure, der Gemeindebaukommission sowie des Gemeinderats. Mit der Planung wurde ein Ingenieurbüro von der Kommune beauftragt, die erstellte Planung schließlich im Gemeinderat abgesegnet. Von der ersten Idee an lag der gesamte Entscheidungsprozess damit in der Hand der Gemeindepolitik und -verwaltung. Über die gefällten Entscheidungen und eingeleiteten Schritte wurde die Dorföffentlichkeit in entsprechenden Bekanntmachungen und der Gemeindezeitung informiert. Durch den Anschluss an das Fernwärmenetz (dort wo es technisch möglich und von den Bewohner*innen gewünscht ist) wurde einer Gruppe von Bürger*innen die Möglichkeit gegeben, vom Betrieb zu profitieren. Verheizt wird im Kraftwerk mittlerweile (infolge eines entsprechenden Gemeinderatsbeschlusses) in erster Linie Holz der örtlichen Waldbesitzer, wie die Gemeinderätin Frau Kofler erzählt: „Uns ist es wichtig gewesen im Gemeinderat, dass auch das Kirchdorfer Holz verwendet wird. [Mhm] Ja, das war uns allen wichtig." (INT_K_W: 179) Ihrem Bekunden nach besitzen die meisten Kirchdorfer Familien Wald (vgl. ebd.: 161). Betrachtet man die nichtmenschlichen Elemente in der Situation, stechen zunächst erhaltene Fördergelder ins Auge. Die Kommune habe nach Auskunft des amtierenden Bürgermeisters „sehr gute Förderungen" (INT_BII_K: 109) von Seiten des Staates für den Bau des Biomasseheizwerks in Anspruch genommen und so den Bau wesentlich erleichtert (vgl. ebd.). Bis heute ist die Kommune die Betreiberin des Werkes, rund 130 Haushalte im Dorfkern bzw. innerhalb eines Radius von wenigen Kilometern um das Biomasseheizwerk sind angeschlossen (INT_D_K: 525–529). Zahlreiche kommunale Gebäude wie beispielsweise das Rathaus, die nahegelegene Schule und verschiedene Vereinshäuser werden mit Fernwärme geheizt. Das Biomasseheizwerk wird nach wie vor als Einrichtung der Kommune aufgeführt, neben Grundschule, Kindergarten, öffentlicher Bibliothek, Recyclinghof und weiteren Strukturen der Daseinsvorsorge. Im Werk arbeiten Gemeindearbeiter*innen (vgl. INT_K_K: 153; INT_L_K: 507), der Bürgermeister ist nach wie vor der zuständige Ansprechpartner (vgl. Homepage der Gemeinde). Während der Feldforschungen wurde außerdem von der Gemeinde Kirchdorf beschlossen, in Kooperation mit einer Gemeinde auf einem gegenübergelegenen Berg ein Wasserkraftwerk an einem bereits bestehenden Leitungssystem zu bauen, welches bisher zur Beregnung von landwirtschaftlichen Flächen der betreffenden Nachbargemeinde mit Wasser aus dem Kirchdorfer Bachlauf genutzt wurde (vgl. Gemeindezeitung_K_12/2014: 7).

5.5.2 Bilder von Wandel im Kontext regenerativer Energieerzeugung

Im bayerischen Wiesental gibt es in der Diskussion um das Wasserkraftwerk am nahegelegenen Fluss unterschiedliche Referenzrahmen, in denen die Überlegungen stattfinden. Ein häufiger Bezugspunkt ist die Energiewende bzw. sind die damit in Einklang stehenden Bestrebungen des interkommunalen Vereins NaturKonzept. Als wiederkehrendes und vergleichsweise starkes Motiv wird zum Beispiel die angestrebte Unabhängigkeit von großen Energiekonzernen und deren Preisgestaltung angeführt. Der amtierende Bürgermeister Wiesentals führt in diesem Zusammenhang aus:

> „Des is – und aa des, wos ma 2020 da Landkreis sich auf de Fahne gschriem hod Energieautarkheit, NaturKonzept, mir han dro, dass ma energiemäßig was macha mächtn, mir mächtn unabhängig wern von de Großkonzerne E.ON, Wattenfall, Ruhrgas, wies oisamt hoasn und mächtn schauen, dass ma uns selbst versorgen kinnan. Mir versuachan ois anzu(.)glanga, ob des auch [[… der nahegelegene Fluß]] oder sonst wos is." (INT_F_W: 53)[125]

Man versuche im Bestreben, sich von den großen Energieversorgern unabhängig zu machen, alles anzufassen, ob es nun der Fluss oder sonst etwas sei. Dabei lässt sich die Frage stellen, ob es ‚nur' um Fragen regenerativer Energieerzeugung geht oder aber um eine sozial-ökologische Erneuerung insgesamt, die auf einem breiten Bewusstsein multipler Krisen der Gegenwartgesellschaft beruht.

Zunächst lässt sich dabei feststellen, dass die deutsche Energiewende für die am Prozess Beteiligten immer wieder unmittelbar oder mittelbar als Referenzfolie und/oder Gelegenheitsfenster fungiert. Bezugnehmend auf den geplanten Umbau des Energiesystems in Deutschland hin zu erneuerbaren Quellen führte der Bürgermeister von Wiesental an, man müsse dann auch konsequent über Alternativen nachdenken, wenn man der Atomkraft eine Absage erteile (vgl. INT_F_W: 63):

---

[125] „Das ist – und auch das, was man 2020 der Landkreis sich auf die Fahne geschrieben hat Energieautarkheit, NaturKonzept, wir sind dran, dass wir energiemäßig was machen möchten, wir möchten unabhängig werden von den Großkonzerne E.ON, Wattenfall, Ruhrgas, wie sie allesamt heißen und möchten schauen, dass wir uns selbst versorgen können. Wir versuchen alles anzu(.)fassen, ob das auch [[… der nahegelegene Fluss]] oder sonst was ist." (INT_F_W: 53).

5.5 Regenerative Energiequellen nutzen

„weil ma aa sogt, man konn ned grod A song, man muas B aa song, wenn ma sogt Atomkraft, nein Danke, dann muas ma aa song wo soi de Energie herkema" (ebd.).[126]

Als Gelegenheitsfenster dient die Energiewende den Akteuren in Wiesental und den NaturKonzept-Gemeinden insofern, als man Unterstützung vom Land Bayern erfuhr: So wurde beispielsweise die Machbarkeitsstudie für die Fließgewässerkraftwerke vom sehr angetanen Wirtschaftsministerium mitfinanziert (vgl. Homepage_NK_W_22.03.13). Zudem wirkt das Landkreisziel, bis 2020 Energieautarkie erreicht zu haben, rahmensetzend (vgl. Regionalzeitung_W_29.11.12; INT_F_W: 53). Weniger prominent erscheint zunächst das Thema Energieeinsparung. Was einerseits darauf zurückzuführen sein könnte, dass Unabhängigkeits- bzw. Autarkiefragen stets im Fokus der Befragten standen und es andererseits meist um das Für und Wider eines Kraftwerkbaus und damit eher um die Art der Energieerzeugung ging. Tatsächlich nahm NaturKonzept mit seinen Mitgliedgemeinden aber explizit an einem Förderprogramm teil, in dem es um Energieeffizienz und Energieeinsparung geht und für das dem NaturKonzept eine Personalstelle bewilligt wurde. Der Geschäftsführer von NaturKonzept legte bei einer Präsentation zu den geplanten Fließgewässerkraftwerken die Position des Modells dar, dass man den CO_2-Verbrauch durch die neuen Kraftwerke deutlich verringern könne und bezifferte den erwarteten Rückgang, den er zudem als zentrale Größe für die Erreichung der gesetzten Ziele im gemeinsamen Energiekonzept sieht (vgl. Homepage_NK_W_22.03.13). Seine Argumentation für die Kraftwerke stützt sich damit auf langfristige monetäre Einsparungen, aber auch auf die Reduktion von CO_2 und die erfolgreiche Umsetzung des gemeindeübergreifenden Energiekonzeptes. Gleichzeitig geht es auch darum, das Landkreisziel zur „Energieautarkie" bzw. Selbstversorgung aus regenerativen Energiequellen einzuhalten. Fragen des Klimaschutzes durch eine derartige regenerative Energieversorgung spielen demnach bei den Planungen und Diskussionen zu den Fließgewässerkraftwerken durchaus eine Rolle, werden aber in der Argumentation eher am Rande bzw. nachrangig behandelt. Die Akteure betonen die lokale und regionale Unabhängigkeit und Wertschöpfung. Gleichzeitig zeigen die ausgewählten Interviewpassagen und Zeitungsartikel aber auf: Ohne die Referenzfolie Energiewende und damit verbundene Fördermittel wäre es für die beteiligten Akteure sehr schwer geworden, die Planungen überhaupt so weit voranzutreiben. Im Widerstreit zu den Kraftwerksplänen stehen teilweise die Motive ökologischer

---

[126] „weil man auch sagt, man kann nicht nur A sagen, man muss auch B sagen, wenn man sagt Atomkraft, nein Danke, dann muss man auch sagen wo soll die Energie herkommen" (ebd.).

Nachhaltigkeit beziehungsweise „ökologischer Orientierung", die der Bürgermeister als einen Kerngedanken von NaturKonzept benannt hatte (vgl. INT_F_W: 63). So zeigten sich Gemeinderäte und Bürger*innen aus den NaturKonzept-Gemeinden durchaus besorgt über eine mögliche Einschränkung der Artenvielfalt durch einen Kraftwerksbau (vgl. Abschn. 5.1.1). Kritische Haltungen zu den Kraftwerksplanungen, die einen steigenden Grundwasserspiegel fürchten, entsprangen nicht in erster Linie ökologischen Bedenken. Betroffene Bauern sorgten sich insbesondere um mögliche Beeinträchtigungen bei der Bewirtschaftung ihrer Wiesen und Felder, die an den Fluss grenzen. Manche Landwirte, die mit ihrem Berufsstand eine wichtige Rolle für den Tourismus und die Kulturlandschaftspflege im Flusstal einnehmen, verliehen ihren Bedenken Ausdruck, dass die landwirtschaftlich nutzbaren Flächen durch steigendes Grundwasser noch mehr verkleinert würden, als dies bereits beispielsweise aufgrund von geschützten FFH-Gebieten[127] der Fall sei (vgl. Regionalzeitung_W_16.05.13). Doch auch nicht alle Bauern teilen diese Bedenken (INT_B_W: 185–188):

> Interviewerin: Und warum sind die anderen Bauern dagegen?
>
> B: Ja, weil die wenn die Grundwasser, die meinen des steigt und die haben ja nebenbei, neben der Arbeit die Felder.
>
> Interviewerin: Und dann, ja. Dann gehts da runter.
>
> B: Ja, und dann wirds nass und wegen der Bewirtschaftung. <u>Aber das glaub ich nicht</u>.

Der Landwirt, der biologisch wirtschaftet, steht Bedenken von Naturschützern insgesamt dennoch eher kritisch gegenüber (INT_B_W: 192):

> „Aber wenn da so ein Käfer da ist, dann darf ich durch des Isental keine Autobahn bauen. Mei des ist leider so. Wenn man sich denkt wie des ist. Dann hätts ja früher keine Eisenbahn gegeben wenn da jeder dagegen ist. Es ist einmal, ich bin ja auch nicht dafür, dass es jetzt (..) Mülldhalde vorm Haus bekomme. Aber Müll produzieren wir trotzdem und des nicht wenig."[128]

Zwar wischt der Landwirt nicht alle Einwände von Naturschützer*innen pauschal vom Tisch, doch verleiht er seiner eher skeptischen Grundhaltung Ausdruck

---

[127] Abkürzung für Flora-Fauna-Habitat-Gebiete.
[128] „Aber wenn da so ein Käfer da ist, dann darf ich durch das Isental keine Autobahn bauen. Mei [[Ausdruck der Ambivalenz]] das ist leider so. Wenn man sich denkt wie das ist. Dann hätte es ja früher keine Eisenbahn gegeben wenn da jeder dagegen ist. Es ist einmal, ich bin ja auch nicht dafür, dass es jetzt (..) Mülldhalde vorm Haus bekomme. Aber Müll produzieren wir trotzdem und das nicht wenig." (INT_B_W: 192).

5.5 Regenerative Energiequellen nutzen

und versucht durch Beispiele zu untermalen, dass Argumente des Naturschutzes für ihn oft negativ konnotiert sind und er sie teilweise als fortschrittshinderlich empfindet.

Wirtschaftliche Erwägungen aus der Perspektive unterschiedlicher Akteursgruppen spielen, wie beispielsweise mit den Sorgen des Bauern bereits angedeutet, eine tragende Rolle. Die Geschäftsführerin der Gemeinde Wiesental führt aus:

> „Und äh Energie muss unbedingt sei! Mir ham so viel Wasser. Es konn ned sei, dass ma da ned no mehrer Nutzen rausziehen kann [Mhm]. Äh, da muss ma schaun." (INT_T_W: 41)[129]

Sie propagiert damit die Haltung, dass man Nutzen aus lokal vorhandenen Potentialen ziehen müsse. Dass die lokalen und regionalen Bemühungen um regenerative Energieerzeugung aber in der Reflexion darüber keineswegs in diesem Rahmen verbleiben, zeigt die Einschätzung eines Gemeinderates:

> „[M]an weiß halt immer, die Wertschöpfung muss regional passieren, weil wir müssen uns ja insgesamt gegen die Verwerfungen in der EU wehren. Dass da bei uns plötzlich irgendein freier französischer Unternehmer die Wasserversorgung übernimmt. [Mhm] Wir müssen selber stark sein, damit wir sagen können, wir haben schon, Danke." (INT_M/N_W: 387)

Die Aussage des Gemeinderats gibt außerdem den Blick dafür frei: Wirtschaftlichkeitsfragen sind für ihn eng verzahnt mit den bereits angesprochenen Unabhängigkeitsbestrebungen. Man blickt durchaus über den Tellerrand hinaus, über den Landkreis und das Autarkieziel, auch über die Landesgrenzen und auf europaweite Dynamiken. Der Bürgermeister Wiesentals führt aus:

> „Und des is des ois mitanand, Wasser, de ganze Situation, Wasser, Solar, wie i gsagt hab, Wind und auch äh Grüngut äh des han de großen Energiefavoriten des 21. Jahrhunderts und da mächtn mir im kleinen [[… Tal]] wieder schauen, dass ma da vorn mit dabei han." (INT_F_W: 55)[130]

---

[129] „Und äh Energie muss unbedingt sein! Wir haben so viel Wasser. Es kann nicht sein, dass man da nicht noch mehr Nutzen rausziehen kann [Mhm]. Äh, da muss man schauen." (INT_T_W: 41).

[130] „Und das ist das alles miteinander, Wasser, die ganze Situation, Wasser, Solar, wie ich gesagt habe, Wind und auch äh Grüngut äh das sind die großen Energiefavoriten des 21. Jahrhunderts und da möchten wir im kleinen [[… Tal]] wieder schauen, dass wir da vorn mit dabei sind." (INT_F_W: 55).

Als Strategie im zuvor beschriebenen internationalen Wettbewerb setzt man in Wiesental also auf Konkurrenzfähigkeit durch interkommunale Kooperation. Der Bürgermeister bezieht sich bei seinen Erläuterungen auf ein „Wir" im „Tal" und nicht nur auf seine Gemeinde als Akteurin. Zugleich deutet er mit dem Wort „wieder" an, dass man sich im Gemeindenverbund von NaturKonzept bereits in der Vergangenheit mit innovativen Ideen hervorgetan habe und „vorn" mit dabei war.

Im Südtiroler Kirchdorf nehmen ökonomische Wandlungsprozesse eine zentrale Stellung in den Reflexionen der Bürger*innen auf die regenerative Energieerzeugung im Ort ein. Der Bürgermeister etwa betont, dass es für den Bau des Biomasseheizwerks sehr wichtig war, ein Gelegenheitsfenster angesichts der immer rigideren Sparpolitik des Zentralstaats Italien zu nutzen. Dadurch adressiert er zudem politisch-institutionelle Wandlungsdynamiken, die er antizipiert habe. In der Rückschau sieht sich der amtierende Bürgermeister in seiner Ansicht bestätigt, dass es wichtig gewesen sei „diese Zeit zu nutzen" (INT_BII_K: 111) und meint damit die Zeit vergleichsweise großzügiger staatlicher Förderungen. Auf die Frage nach den Motiven der Gemeinde, weshalb ein Biomasseheizwerk gebaut wurde und ob Zusammenhänge mit dem Klimawandel hierfür handlungsleitend waren, schildert die Gemeinderätin Frau Kofler die von ihr wahrgenommene Argumentation in den Gremiensitzungen:

> „Mehr war die Argumentation, wir haben hier viel Holz. [Mhm] Und das war vom Bürgermeister eben so vorangetrieben worden oder der hatte die Meinung, wir wollen unabhängig sein vom Erdöl. Also wir wollen unsere Unabhängigkeit vorantreiben. Wir haben hier in Kirchdorf viel Holz und können unabhängig sein vom Erdöl der Saudis @oder so@. [Mhm] Das war mehr das Ziel. Klimawandel nicht. Also, das war nicht so das Thema. Mehr die Unabhängigkeit vom Erdöl. Mhm. Aber nicht das, das Schonen der Umwelt. Nein, das glaub ich war nicht so das Thema m-m." (INT_K_K: 157)

Der Erzählung nach war ein Beweggrund, eine gewisse (auch wirtschaftliche) Unabhängigkeit vom weltweiten Energie- und Rohstoffmarkt zu erreichen unter Nutzung örtlicher Potentiale, wie dem in großem Maße vorhandenen Holz. Als positiven Effekt des Baus des Biomasseheizwerks führt der Bürgermeister an, dass ein Reihenhaus oder eine Wohnung mit rund 110 Quadratmetern heute seiner Ansicht nach durch die Fernwärme rund 30 Prozent geringere Energiekosten habe; außerdem bleibe die Wertschöpfung durch den lokalen Holzankauf im Tal (vgl. INT_B_K: 265–267). Die Wertschöpfung vor Ort zu halten, ist damit ein weiteres Motiv, das durch kommunale Beschlüsse zum Holzankauf nochmals

5.5 Regenerative Energiequellen nutzen

bestärkt wurde (vgl. Gemeindezeitung_K_12/2010: 15). Die Frage, ob Klimaschutz ein ausschlaggebendes Motiv für den Bau des Biomasseheizkraftwerks gewesen sei, verneint der Bürgermeister:

> „I glab, dass leschtendlich (..) dr Idealismus da wieder aufheart, es konn a Motivation mear sein, Klima (.), also wenni auch Umweltschutz betrocht, Klimaschutz, i glab ober zu 90% isch es wirtschoftliches Interesse, wirtschoftlich muases sein, also eine günstige Energie (.) [Mhm] Und Wertschöpfung (.) lossn, vielleicht dr Hintergedonke, ober fir die Betreiber, dei verdianen nichts drbei, a Genossenschoft, dei orbeitet jo aa lei (..) jo, dei wearn wos gezohlt kriagn, als Gremium und olls, und teilweise aa a poor Stunden gezohlt kriagn, ober es geat olm fir die Mitglieder, und wenn mochn sies olm nou damit sie a günstige Energie herbrengen, dassn sie Geld sporn (..) der Klimagedonke (.) sem muas men a Idealist sein." (INT_B_K: 346)[131]

Letztendlich sei Klimaschutz möglicherweise eine Motivation mehr, sich an das Biomasseheizwerk anschließen zu lassen, zu 90 Prozent seien seines Erachtens aber wirtschaftliche Interessen dafür ausschlaggebend. Selbst bei Energiegenossenschaften sei die Hauptmotivation, günstige Energie zu erhalten und Geld zu sparen. Gedanken ums Klima machten sich eher Idealisten.

Betrachtet man alle explizit benannten Motive, die mit dem Bau des Biomasseheizwerks in Kirchdorf assoziiert werden, geht es in erster Linie um die Sicherung lokaler Interessen. Wirtschaftliche Gründe und das Streben nach (wirtschaftlicher) Unabhängigkeit stehen hierbei im Zentrum. Der Schutz der Umwelt und der Umgang mit dem Klimawandel gehören nicht zu den zentralen Motiven, sind aus der Perspektive der Gesprächspartner*innen gleichwohl aber einhergehende Effekte. Das vom ehemaligen Landeshauptmann propagierte Ziel, „Klimaland" zu werden (vgl. Abschn. 5.1.2), wird zwar nicht als explizites Motiv angegeben, man nimmt aber durchaus Bezug darauf, wie die Überlegung des Unternehmers Herr Mittermair (INT_M_K: 280–282) nahelegt:

---

[131] „Ich glaube, dass letztendlich (..) der Idealismus da wieder aufhört, es kann eine Motivation mehr sein, Klima (.), also wenn ich auch Umweltschutz betrachte, Klimaschutz, ich glaub aber zu 90 % ist es wirtschaftliches Interesse, wirtschaftlich muss es sein, also eine günstige Energie (.) [Mhm] Und Wertschöpfung (.) lassen, vielleicht der Hintergedanke, aber für die Betreiber, die verdienen nichts dabei, eine Genossenschaft, die arbeitet ja auch nur (..) ja, die werden was gezahlt kriegen, als Gremium und alles, und teilweise auch ein paar Stunden gezahlt kriegen, aber es geht immer für die Mitglieder, und wenn machen sie es immer nur damit sie eine günstige Energie herbringen, damit sie Geld sparen (..) der Klimagedanke (.) da muss man ein Idealist sein." (INT_B_K: 346).

M: [[...]] Umweltfreundlicher und auch, net. War ja auch a Schritt fürs Klimaland, net.

Interviewerin: Mhm. Des Biomasseheizwerk.

M: Ja.[132]

Vor diesem Hintergrund lässt sich auch die Aussage eines Ehepaars einordnen, das anmerkt, dass die Propagierung und Nutzung des Biomasseheizwerks seiner Meinung nach nicht per se mit einer bestimmten Umwelteinstellung korrespondiere: So verheizten manche Bürger*innen trotz ihres Anschlusses an das Fernwärmenetz Haushaltsabfälle, wie z. B. Milchtüten, in ihren Öfen und trügen dazu bei, dass im Winter mitunter „eine so schlechte Luftqualität [[... herrsche]] wie sie etwa in Berlin in den 70er Jahren war" (INT_E1/E2_K: 37).

Es lassen sich dennoch explizite Bezüge zu einem Leitbild nachhaltiger Entwicklung und damit zur Gestaltung umfassenderer sozial-ökologischer Wandlungsprozesse rekonstruieren. Der Gemeinderatsbeschluss, beim Ankauf von Brennmaterial für das Biomasseheizwerk örtliches Holz zu bevorzugen, stehe „im Sinne der Nachhaltigkeit und der Gesunderhaltung der Wälder. Die Aufrechterhaltung der kleinen Kreisläufe stellt sicher, dass die Wertschöpfung im Tal bleibt und langfristig eine geringere Abhängigkeit von Zukäufen besteht" (vgl. Gemeindezeitung_K_12/2010: 15), war hierzu in einer Mitteilung in der Gemeindezeitung zu lesen. Es kommt hier von Seiten der Gemeinde damit zu einer expliziten Bezugnahme auf den Begriff Nachhaltigkeit, allerdings in einem begrenzten Rahmen: Man fokussiert sich auf ökonomische und ökologische Aspekte. Das Schlagwort „Kleine Kreisläufe", das hier zunächst im Zusammenhang mit der lokalen Holzbeschaffung gebraucht wird, fällt auch in anderen Zusammenhängen in Gesprächen über Kirchdorf. Der ortsansässige Touristiker Herr Agreiter beschreibt beispielsweise, dass die Landwirte im Ort gezielt versuchten, sich durch „kleine Kreisläufe" dem Konkurrenzdruck auf dem Lebensmittelmarkt zu entziehen, beispielsweise indem sie ihre Milch in die Molkerei der nahegelegenen Stadt verkauften und deren Produkte in die örtlichen Hotels zurückkehrten (vgl. A: 17):

---

[132] M: [[...]] Umweltfreundlicher und auch, nicht wahr. War ja auch a Schritt fürs Klimaland, nicht wahr.
Interviewerin: Mhm. Das Biomasseheizwerk.
M: Ja.

5.5 Regenerative Energiequellen nutzen

„Und dieser Kreislauf macht insgesamt quer durch alle verschiedensten Branchen vom Architekten bis im Endeffekt zum Lehrer alle äh, äh, äh, äh songma sicherer, wohlhabender und das und, und, und Südtirol als Wirtschaftsland natürlich auch stabiler in der ganzen Konstellation." (Ebd.)[133]

Die Zusammenarbeit mit der Nachbargemeinde in der Stromerzeugung folgte in erster Linie einem wirtschaftlichen Kalkül – die Zusammenarbeit sei „sowas von rentabel" erklärt der amtierende Bürgermeister (vgl. INT_B_K: 312). Eher am Rande merkt er an anderer Stelle an, dass sie „auch umweltmäßig eigentlich (wirklich) keinen Nachteil von jemand (fördern)" würde (INT_BII_K: 129).

Die Diskussionen um das Biomasseheizwerk innerhalb der Bevölkerung in Kirchdorf, so soll insbesondere das folgende Abschnitt 5.5.3 aufzeigen, kreisten neben ökonomischen, vor allem um soziale Aspekte und mittelbar auch um Fragen sozialen Wandels: Es geht um nicht weniger als die Frage eines gerecht verteilten Nutzens und wie er auf Dauer zu gewährleisten ist. In Wiesental werden ähnliche Diskussionen geführt.

5.5.3 Bilder von Gemeinschaft in der Diskussion um Eigentümerschaft und Naturschutz

Im bayerischen Wiesental erklärt der Bürgermeister in einer sehr frühen Phase der Projektierung von Fließgewässerkraftwerken auf die Nachfrage zu sich möglicherweise anbahnenden Konflikten, dass ihm Bürgerbeteiligung und ein guter Kontakt zu Einrichtungen des Naturschutzes sehr wichtig seien (vgl. INT_F_W: 63):

„Äh man muss dabei richtig is a große Bürgerbeteiligung und mein Gedankengut wär dabei so, dass ma so etwas wie Bürgerkraftwerke macht, dass ma letztendlich des ois wie ähnlich einst die Genossenschaft auch mit äh Genossenschaftsanteilen, also Bürgeranteilen, dass jeder dafür äh seine Einlagen einbringt. Bringt mehr Akzeptanz in der Bevölkerung". (Ebd.)[134]

---

[133] „Und dieser Kreislauf macht insgesamt quer durch alle verschiedensten Branchen vom Architekten bis im Endeffekt zum Lehrer alle äh, äh, äh, äh sagen wir sicherer, wohlhabender und das und, und, und Südtirol als Wirtschaftsland natürlich auch stabiler in der ganzen Konstellation." (Ebd.).
[134] „Äh man muss dabei richtig ist eine große Bürgerbeteiligung und mein Gedankengut wäre dabei so, dass man so etwas wie Bürgerkraftwerke macht, dass man letztendlich das

Der Bürgermeister hegte zu diesem Zeitpunkt die Hoffnung, dass die Bürger*innen einem Fließgewässerkraftwerk aufgeschlossen gegenüberstünden, wenn sie beispielsweise im Rahmen von Bürgerkraftwerken auch ökonomisch beteiligt würden. Ähnlich argumentiert ein Gemeinderat:

> N: [[...]] Und da sind wir allerweil immer wieder am finden, machen wir eine Bürgergesellschaft für PV-Anlagen und so weiter. Und letztendlich bräuchte man eigentlich blos Wasserrechte, damit wir Wasserkraft machen können.
>
> Interviewerin: Das hab ich auch so ein bissl in der Vergangenheit äh verfolgt. Wegen dem Fließwasserkraftwerk, das mal angedacht war.
>
> N: Das ist jetzt wieder still. Weil mit den Überschwemmungen. [Mhm] Da wo man sagt, da wären die Anlagen auch wieder kaputt. [Mhm] Und da hat man halt auch enorme Widerstände von den Naturschützern. (INT_M/N_W: 356–358)

Die potentielle Gefahr einer Beschädigung der Kraftwerke durch erneute Hochwasser wird von dem Gesprächspartner als zentrales Argument angeführt, dass es bisher nicht zum Kraftwerksbau kam – nicht etwa widerstreitende Stimmen innerhalb der Gemeinde und des Gemeindenzusammenschlusses bei NaturKonzept. Gleichzeitig räumt Gemeinderat Niederhuber ein, dass der Naturschutz bzw. Naturschutzbelange eine große Hürde für die Realisierung darstellten. Auf die Nachfrage nach kritischen Stimmen zu den Fließgewässerkraftwerken finden Gesprächspartner wie Herr Niederhuber eher relativierende Worte:

> N: [[...]] Und da hat man halt auch enorme Widerstände von den Naturschützern.
>
> Interviewerin: Mhm. Auch aus dem Ort Naturschützer?
>
> N: Ja, gibt's auch, freilich.
>
> Interviewerin: Auch, ja.
>
> N: Aber es ist halt ned eine Protestaktion, irgendeine Demo. Sondern man weiß halt auch, dass man gehört wird. [Mhm] Und dann auch eine Antwort kriegt und vielleicht auch diese Antwort, dass man sagt, die Mehrheit ist aber dafür. (INT_M/N_W: 358–362)

Prinzipielle Fragen der Beteiligung begleiteten alle Phasen der Überlegungen zu den Kraftwerken. Eine Lokalzeitung zitiert den Bürgermeister von Wiesental im Jahr 2012 als die Machbarkeitsstudie bekannt gemacht wurde, mit der Aussage, mindestens 51 Prozent der Fließgewässerkraftwerke müssten seines Erachtens in

---

alles wie ähnlich einst die Genossenschaft auch mit äh Genossenschaftsanteilen, also Bürgeranteilen, dass jeder dafür äh seine Einlagen einbringt. Bringt mehr Akzeptanz in der Bevölkerung". (Ebd.).

5.5 Regenerative Energiequellen nutzen

den Händen der Gemeinde(n) liegen, „um Spekulationen zu verhindern", (Regionalzeitung_W_29.11.12). Ob die Idee von „Bürgerkraftwerke[n]" (INT_F_W: 63) neben den damit verknüpften Hoffnungen auch wegen der im vorhergehenden Zitat angedeuteten Ungleichheits- bzw. Machtaspekte weiter diskutiert wurde, lässt sich aber weder aus den geführten Interviews noch aus den verschiedenen Zeitungsartikeln zu den geplanten Kraftwerken lesen. Kritiker*innen, so stellt es Gemeinderat Niederhuber dar, würden gehört und bekämen eine Antwort. Allerdings kann die Antwort auch sein, dass die Mehrheit für das umstrittene Projekt sei.

Im Südtiroler Kirchdorf zeigt sich in den Diskussionen um das örtliche Heizwerk, wie Gemeinschaft und Vergemeinschaftung von einzelnen Akteuren verhandelt werden. In den geführten Gesprächen über das Biomasseheizwerk stand die Diskussion, wer die Profiteure des Heizwerks sind und wer die finanziellen Risiken zu tragen hat, stets im Mittelpunkt der Erzählungen. Bereits im Gemeinderat wurde das Projekt kontrovers auf die Frage hin diskutiert, wer von dem Bau profitiere und wer nicht (vgl. INT_B_K: 425). Auf Nachfrage erzählt die Gemeinderätin und Vertreterin der (vom amtierenden wie auch vorhergehenden Bürgermeister als Opposition bezeichneten) Bürgerliste, Frau Kofler, dass sie die Realisierung durch die Gemeinde zwar nach anfänglichem Widerstand letztlich befürwortete, aber sich vehement dafür aussprach, dass das Biomasseheizwerk sich selbst tragen müsse und nach der Fertigstellung nicht von der Gemeinde subventioniert würde:

> „Wir haben gesagt, das werden wir nicht akzeptieren, wir wollen nicht akzeptieren, dass andere für die einen zahlen, weil nicht alle einen Nutzen davon haben, sondern nur ganz gewisse, die im Dorf [[gemeint ist der Ortskern]] sind und angeschlossen sind. Aber deswegen sind wir dafür, dass das Biomasseheizwerk gebaut wird, auf-, dass die Gemeinde es baut. Aber es muss sich dann selbst tragen. Also es kann nicht sein, dass wir da dauernd bezuschussen müssen seitens der Gemeinde, also dass die Gemeinde, dass die gesamte Bevölkerung dauernd da genau, wenn sie in die roten Zahlen kommen, dass wir da ähm, was weiß ich, Geld reinschießen. Das kann nicht sein. Das muss sich selbst tragen und es ist jetzt auch so. [Mhm] Es trägt sich selbst. Das hat der Bürgermeister dann auch so (.) durchgesetzt. Also wir haben das so eingebracht und es wurde dann im Laufe der Zeit zu ihrem. [Mhm] Das ist ja oft so, dass man was einbringt und dann wirds plötzlich zu ihrem. Das ist ja auch okey. @Also wir haben nichts dagegen@ Ganz gleich. Hauptsache, ja ganz Wurst, Hauptsache es dient der (.), dem Ganzen. Ja. Und das ist jetzt schon so geregelt, dass es eben, wir sind, ich könnte jetzt nicht mehr dagegen sein." (INT_K_K: 145)

Ihr sei wichtig gewesen, dass die Gemeinde und damit letztlich alle Steuerzahler*innen im Ort nicht kompensierend dafür einstehen müssten, wenn das

Werk rote Zahlen schreibe, sagt Frau Kofler. Diese Forderung sei denn auch bei der Realisierung des Werkes übernommen worden (vgl. ebd.). Frau Kofler schildert die Diskussionen um das Biomasseheizwerk damit vor allem als Konflikt über den Nutzen des Heizwerkes bzw. über die Frage, wer von dem Werk profitiert: So wollte Frau Kofler zunächst nicht, dass die Gemeinde für ein Biomasseheizwerk Steuergelder verwendet, wenn letztlich nicht alle Gemeindebewohner*innen im gleichen Maße profitieren (vgl. ebd.). Ähnlich argumentiert der Altbürgermeister (vgl. INT_L_K: 505–507). Er spricht davon, dass durch die Gemeindearbeiter, die im Biomasseheizwerk tätig seien, das Werk indirekt von der Gemeinde Kirchdorf „subventioniert" (ebd.: 507) werde – ein Punkt, den auch die oben zitierte Gemeinderätin kritisch sieht: „Ja, die Gemeindearbeiter werden von der Gemeinde bezahlt. Es dient aber eigentlich nicht der ganzen Öffentlichkeit, also nicht allen Kirchdorfern" (INT_K_K: 153). Der amtierende Bürgermeister erzählt, dass es schwer gewesen sei, Bürger*innen von der Idee einer Genossenschaft zu überzeugen und beschreibt Stimmen, die befürchteten, dass dann Einzelne aus der Dorfgemeinschaft Gewinne absahnten: „[D]o hots khoasn ‚Naa, wenns die Genossnschoft mocht, nor wearn a poor, a poor Geld verdian und dia sanen ou'" (INT_B_K: 299).[135] Auch gibt der Bürgermeister zu bedenken, dass durch den hohen Energiebedarf von Gewerbebetrieben, die den Bau als finanzkräftige Genossenschafter*innen leichter als Einzelhaushalte hätten finanzieren können, der Energiebedarf am Werk durch diese Unternehmen und somit auch der Preis insgesamt für alle Einzelverbraucher nach oben geschnellt wäre (vgl. ebd.). Der Altbürgermeister, zur Zeit von Planung und Bau des Werks schon nicht mehr im Amt, erwähnt das Biomasseheizwerk, als er nach dem Zusammenspiel unterschiedlicher Akteursgruppen gefragt wird, was Entwicklungsprojekte in der Gemeinde betrifft (INT_L_K: 502–505). Nach seiner Darstellung sei der Bau eines solchen Werks von vielen Bewohner*innen befürwortet und als notwendig empfunden worden, letztlich habe sich aber niemand aus der Bevölkerung bei der Planung und Realisierung eingebracht – ein Umstand, der den Altbürgermeister sehr gestört hat (vgl. INT_L_K: 505). Er wollte lange Zeit nicht, dass die Gemeinde das Werk baut und betreibt, da er der Meinung war, „dass das ja praktisch nur einen gewissen Kreis betrifft und dass es, wie es in Südtirol zu 90 Prozent üblich ist, eine Genossenschaft sein soll." (ebd.). Die Bürgerschaft aber sei verwöhnt durch das Engagement der Gemeindeverwaltung und finde kaum zu Eigeninitiative (vgl. ebd.: 503–505). Gleichzeitig

---

[135] „[D]a hat es geheißen ‚Nein, wenn es die Genossenschaft macht, dann werden ein paar, ein paar Geld verdienen und die sahnen ab'" (INT_B_K: 299).

5.5 Regenerative Energiequellen nutzen

ist er nun mit der Lösung einverstanden, da auch örtliche Gebäude von öffentlichem Nutzen indirekt durch die günstige Heizwärme gefördert würden (vgl. ebd.: 505–513). Sowohl der Alt- als auch der amtierende Bürgermeister sind sich bewusst und merken ohne dahingehende Nachfragen der Interviewerin an, dass in den meisten anderen Gemeinden in Südtirol derartige Kraftwerke in der Hand von Genossenschaften lägen (vgl. INT_L_K: 505; INT_B_K: 297).

In den Rationalisierungen der Gesprächspartner*innen werden Gemeinnützigkeit und Partikularinteressen gegeneinander abgewogen. Bevor Partikularinteressen von Bürger*innen bedient würden, soll besser die Gemeindeverwaltung das Biomasseheizwerk betreiben. Ursprünglich eher gegen den Betrieb durch die Gemeinde eingestellten Bürger*innen sehen dies nun als Einigung zur Güte: Solange sichergestellt ist, dass der laufende Betrieb nicht unmittelbar von der Gemeinde finanziell unterstützt wird und das Werk nicht den Haushalt belastet, wird es toleriert. Der amtierende Bürgermeister betont – sicher auch angesichts der wirkmächtigen Schuldendiskussion, die in Kirchdorf kontinuierlich aktualisiert wird (vgl. Abschn. 5.2.4) – dass die Raten für das benötigte Fremdkapital zum Bau des Werks von den Einnahmen bzw. dem Verkauf der Energie getilgt würden, so dass man damit nicht den kommunalen Haushalt belaste (vgl. INT_B_K: 20).

Neben Fragen nach Zuständigkeit und Profiteuren gab es in Kirchdorf auch Diskussionen um die Dimensionierung des Werkes, die letztlich auch wieder die Frage tangiert, welche bzw. wie viele Haushalte an das Fernwärmenetz angeschlossen werden können. So ist ein Gemeinderat auch heute noch skeptisch, da seines Erachtens die Anlage zu groß und die damit verbundenen Pumpspesen zu hoch seien (vgl. INT_F_K: 289). Er hätte eine kleinere Anlage zu niedrigeren Kosten befürwortet, da seiner Meinung nach kein so großer Bedarf von Seiten der Haushalte bestehe (vgl. ebd.). Welche Haushalte oder Unternehmen angeschlossen werden konnten, wurde damals durch einen Radius festgelegt, den man um das Biomasseheizwerk legte. Nach den Erzählungen eines örtlichen Unternehmers hätten manche Bürger*innen, die darüber hinaus noch angeschlossen werden wollten, ihre Forderung zurückgezogen, da sie in diesem Fall eine große Summe von mehreren tausend Euro für den Anschluss hätten zahlen müssen (vgl. INT_M_K: 280). Für die höher gelegenen Ortsteile sei, so erzählt ein ehemaliger Gemeinderat, ein Anschluss aus wirtschaftlichen Gründen schlichtweg nicht in Frage gekommen. Der finanzielle Aufwand für die zu betreibenden Pumpen wurde ihm zufolge vom Bürgermeister als nicht wirtschaftlich beurteilt; zu den Hauptabnehmern der Fernwärme zählten das Rathausgebäude sowie die Schule und Vereinshäuser, insgesamt gebe es rund 130 Abnehmer. (INT_D_K: 525–529) Ein Handwerker, der seinen etwas weiter entfernten Gewerbebetrieb gerne an das

Netz anschließen würde, aber hierzu nicht aktiv Informationen einholte und sich auf die Aussagen anderer Interessenten stützt (vgl. INT_M_K: 273–280), beklagt:

> M: [[…]] dass net die Möglichkeit do is, dass alle a bissl in den Genuss von dem kemman, wos Interesse hättn. I zum Beispiel war gern angschlossn, net.
>
> Interviewerin: Mhm. Und warum is es net gmacht wordn?
>
> M: Weils Ihnen zu teurig wird sein, die Leitungen so teurig sind, nachad woas I net wieviel I dann miassad effektiv zahln fürn Anschluss. [Mhm] (unverständlich: Wie mir gsehn wern) Song mer, mir kimmt vor für an Handwerker is des net uninteressant. Wobei heid noch aa viel sagen, machen ihre Privatpelletlager. Aber wenn scho oans oben is, kannt ma a bissl schaun. (INT_M_K: 266–268)[136]

Er stört sich also daran, dass nicht alle interessierten Dorfbewohner*innen an das Biomasseheizwerk angeschlossen werden konnten. Das wird durchaus von einzelnen Bürger*innen problematisiert und kritisiert. Trotz seines Interesses hat Herr Mittermair sich aber nicht aus erster Hand über die Möglichkeit eines Anschlusses informiert. Er beruft sich auf die Aussagen anderer und nimmt es als gegeben hin, dass ein Anschluss nicht für ihn in Frage kommt. Trotzdem äußert er sachte Kritik, indem er anmerkt: Wenn das Biomasseheizwerk nun schon einmal bestehe, müsse man ein bisschen „schaun", also darauf achten, dass alle Interessierten auch in „den Genuss" (ebd.: 266) von Fernwärme kommen könnten. Er sieht hier die Kommune als Trägerin bzw. Betreiberin in der Verantwortung und schreibt ihr auch zu, dass sie aus Kostengründen davor zurückschrecke „[w]eils ihnen zu teurig wird sein" (ebd.: 268).

Einblicke in potenzielle Vergemeinschaftungsprozesse (insbesondere damit verbundene Aspekte der Abgrenzung) gibt auch die lange Jahre diskutierte und schließlich von der Gemeindeverwaltung in die Wege geleitete Kooperation bei der Stromerzeugung mit einer Nachbargemeinde. Letztere nutzte bisher das Wasser aus dem durch Kirchdorf laufenden Bach zur Beregnung von Anbauflächen. Das Wasserkraftwerk mit der Nachbargemeinde sehen einige Bürger*innen kritisch, letztlich gibt es aber keine offene Ablehnung aus der Bürgerschaft. Ein Gesprächspartner teilte seine Sicht auf den Entscheidungsprozess mit:

---

[136] M: [[…]] „dass nicht die Möglichkeit da ist, dass alle ein bisschen in den Genuss von dem kommen, die Interesse hätten. Ich zum Beispiel wäre gern angeschlossen, nicht wahr.
Interviewerin: Mhm. Und warum ist es nicht gemacht worden?
M: Weils Ihnen zu teuer sein wird, die Leitungen so teuer sind, dann weiß ich nicht wieviel ich dann effektiv zahlen müsste für den Anschluss. [Mhm] (unverständlich: Wie wir gesehen werden) Sagen wir, mir kommt es so vor, für einen Handwerker ist das nicht uninteressant. Wobei heute noch auch viele sagen, machen ihre Privatpelletlager. Aber wenn schon eines oben ist, könnte man ein bisschen schauen. (INT_M_K: 266–268).

5.5 Regenerative Energiequellen nutzen

> „Naa, naa. Des entscheidens, [Ja] mir ham da nix zum sogn. Da kann man aa nichts tian, net. Da is man begrenzt, net, des isch meine persönliche Meinung." (INT_M_K: 310)[137]

So habe die Kooperation mit der Nachbargemeinde der Gemeinderat entschieden, als einfache Bürger*in könne man auf solche Entscheidungen keinen Einfluss nehmen. Herr Mittermair beschreibt seine Beobachtung gar als Südtiroler Wesenszug:

> „Sogn mer beim Antrag is des glei eingeschränkt. [Mhm, mhm.] Sogn mer des isch Südtiroler Mentalität. [Mhm] Mir machen und frogn net lang. Wir arbeiten oanfach. Vielleicht is bei den (unverständlich) a bissl. Es gleiche wia jetzt do, man hat koa Macht net. Man akzeptiert halt das, was de mit unsere Gelder machen, net." (Ebd.: 324)[138]

Herr Mittermair beschreibt außerdem ein Muster in der Gemeinde bzw. unter Bürgern, dass es wohl Ablehnung von kommunalen Entscheidungen gebe, letztlich sage das aber niemand laut. In der Konsequenz verändere sich auch nichts, denn als Einzelner könne man wenig bewirken (vgl. INT_M_K: 330–333). Gleichzeitig wird die lange Zeit betriebene Abgrenzung der Kirchdorfer Bürger*innen und der damaligen Kirchdorfer Gemeindeverwaltung gegenüber der Gemeinde deutlich, mit der man nun zur Stromerzeugung kooperiert:

> „Das (war eben) lang politisch nicht gewollt, wir da-n-d und ja (vor allem) wollte den [[… Bürger*innen der benachbarten Gemeinde]] das nicht gönnen, die haben gesagt, ihr habt schon das Wasser, was wollt ihr noch." (INT_BII_K: 129).

Das Projekt sei lange politisch nicht gewollt gewesen und die Kirchdorfer Bevölkerung habe der Bevölkerung der Nachbargemeinde nicht gegönnt, dass sie bereits über das Wasser aus dem Bachlauf aus Kirchdorf für die Beregnung ihrer Obstplantagen verfügen kann. Dabei müsse man allerdings wissen, dass das Wasser nun einmal nicht der Gemeinde, sondern dem Land Südtirol gehöre, genauer gesagt, dass dieses die Konzessionen für die Wassernutzung vergebe, merkt

---

[137] „Nein, nein. Das entscheiden sie, [Ja] wir haben da nichts zu sagen. Da kann man auch nichts tun, nicht wahr. Da ist man begrenzt, nicht wahr, das ist meine persönliche Meinung." (INT_M_K: 310).

[138] „Sagen wir beim Antrag ist das gleich eingeschränkt. [Mhm, mhm.] Sagen wir das ist Südtiroler Mentalität. [Mhm] Wir machen und fragen nicht lang. Wir arbeiten einfach. Vielleicht ist bei den (unverständlich) ein bisschen. Das gleiche wie jetzt da, man hat keine Macht nicht. Man akzeptiert halt das, was die mit unseren Geldern machen, nicht wahr." (Ebd.: 324).

der Bürgermeister an (vgl. ebd.: 133). Typische Rationalisierungen, beschreibt er, seien damals gewesen: „[[…]] liabr wia mitnonder wos mochn, tiamr nix" (INT_B_K: 312)[139] oder die Gemeinde Kirchdorf lasse sich über den Tisch ziehen von den Bürger*innen der Nachbargemeinde (vgl. INT_B_K: 318). Die Kirchdorfer Bürger*innen und die damalige Verwaltung grenzten sich also lange Zeit scharf gegen die Nachbargemeinde ab, betrachteten das Wasser aus dem örtlichen Bach als ihr Gemeinschaftseigentum, das nur ihnen zustünde und pochten als Dorfgemeinschaft auf ihr „moralisches Recht" (INT_BII_K: 133) zur Wassernutzung. Letztlich genehmigte der Gemeinderat dann die Kooperation, ohne dass nach Aussagen des Bürgermeisters noch große Überzeugungsarbeit notwendig gewesen sei (vgl. ebd.: 135). Die Besinnung auf örtliche Potentiale wie das vorhandene Wasser einte die Dorfbevölkerung lange in ihrem Selbstverständnis als Gemeinschaft und in ihrer Ablehnung einer Kooperation mit der Nachbargemeinde. Obwohl die Investitionen im Vergleich zur Wertschöpfung gering seien (ein Argument, mit dem der Bürgermeister schließlich die Zustimmung des Gemeinderates erhielt), habe es bis zur Realisierung sehr lange gedauert: „[[A]]ber manchmal wenn die Köpfe nicht wollen lass mar das das weiße Gold hinausfließen" (INT_BII_K: 129).[140] Das Wasser des örtlichen Baches, auf das die Dorfbewohner*innen lange Zeit exklusive Rechte erhoben, wird vom Bürgermeister als weißes Gold bezeichnet und als besonders wertvolle Ressource markiert.

5.5.4 Vergemeinschaftungsprozesse angesichts konfligierender Interessen

Ähnlich wie im Prozess zum Dorfladen in Wiesental sind kritische Stimmen zu geplanten Fließgewässerkraftwerken nur schwer zu lokalisieren. Sichtbar werden auch hier in erster Linie Befürworter*innen. Rekonstruierbar wird lediglich, dass es aus Gründen des Naturschutzes Bedenken gegen die Fließgewässerkraftwerke gab und dass sich nicht alle Talbewohner*innen gleich gut über die Planungen informiert fühlten. Denn über die Kraftwerksplanungen wurde nicht nur innerhalb der Gemeinde Wiesental diskutiert, sondern im Rahmen des Gemeindenzusammenschlusses in dem Verein NaturKonzept. Einen Rahmen für

---

[139] „lieber als miteinander etwas machen, tun wir nichts". (INT_B_K: 312).
[140] „[[A]]ber manchmal wenn die Köpfe nicht wollen lass wir das das weiße Gold hinausfließen" (INT_BII_K: 129).

5.5 Regenerative Energiequellen nutzen

die Diskussion setzte auch das während des Planungs- bzw. Eruierungsprozesses vorgestellte Energiekonzept der NaturKonzept-Gemeinden. Die jeweiligen Gemeinden suchten nicht allein nach einer Lösung, sondern sahen den Schlüssel in interkommunaler Kooperation. Der Bürgermeister von Wiesental rekurriert bei seinen Überlegungen zur Wasserkraftnutzung auf Erfahrungen aus dem übergemeindlichen Verein NaturKonzept, sein Credo hierbei: Auch mal etwas wagen, alles einmal andenken, keine Angst vor einem möglichen Scheitern haben (vgl. INT_F_W: 55):

> „Weil uns des einfach selber, für uns selber voranbringt, weil da selbst wieder die Selbstschätzung höher is für sich selber, wenn ma sagt da jetz hat ma wos o-, obackt, wo se andere, wo se oft ned trauen, weils Angst ham. Und mir song einfach, ned probieren, des gibts ned, man muas amoi, bis zu am bestimmten Punkt hi kann ma ois probieren bevors ins ganz finanziell nicht mehr Überschaubare higeht. Und des is eigentlich genau der Weg, der wo seit [[...Ende der 90er, Vergröberung durch Anonymisierung]] im NaturKonzept oder [[... Mitte der 90er, Vergröberung durch Anonymisierung]] in Wiesental immer aso vorantriem werd." (INT_F_W: 55)[141]

Der Bürgermeister spricht von der „Selbstschätzung", die steige, weil man etwas angepackt habe, wovor andere aus Angst oft zurückschreckten und beruft sich auf das symbolhaft hierfür stehende NaturKonzept, das in Wiesental seinen Ursprung hat. Das gemeinschaftliche Handeln führt demnach zu einer Selbstvergewisserung als Gemeinschaft, die sich dadurch auszeichnet, keine Angst vor einem möglichen Scheitern zu haben. Der Bürgermeister liefert damit sowohl ein erprobtes Erfolgsrezept als auch eine Erklärung für die starke Symbolwirkung von NaturKonzept auf viele Bürger*innen in Wiesental. Die Gemeinderäte Meier und Niederhuber sehen die Popularität (und möglicherweise auch die Symbolkraft) von NaturKonzept als positiven Einflussfaktor auf die Entwicklungen im Energiebereich, auch wenn die Fließgewässerkraftwerke aktuell nicht realisiert werden (vgl. INT_M/N_W: 365). Die Geschäftsführerin der Gemeinde Wiesental verweist zudem auf die finanziellen und personellen Ressourcen von NaturKonzept,

---

[141] „Weil uns das einfach selber, für uns selbst voranbringt, weil da selbst wieder die Selbstschätzung höher ist für sich selbst, wenn man sagt da jetzt hat man was an-, angepackt, wo sich andere oft nicht trauen, weil sie Angst haben. Und wir sagen einfach, nicht probieren, das gibts nicht, man muss einmal, bis zu einem bestimmten Punkt hin kann man alles probieren bevor es ins ganz finanziell nicht mehr Überschaubare higeht. Und das ist eigentlich genau der Weg, der seit [[...Ende der 90er, Vergröberung durch Anonymisierung]] in NaturKonzept oder [[... Mitte der 90er, Vergröberung durch Anonymisierung]] in Wiesental immer so vorangetrieben wird." (INT_F_W: 55).

die weitergehende Planungen und Erkundigungen ermöglichten. Hier wird gleichsam ein Raum geöffnet, den jede Gemeinde allein für sich so wahrscheinlich nicht hätte, weil man zusammen Gelder einwerben und poolen kann, Personalstellen bei NaturKonzept für zeitintensive Recherchen und Antragsarbeit zur Verfügung stehen.

Ob man die Diskussionen im Südtiroler Kirchdorf über das Biomasseheizwerk als konfliktbehafteten Prozess bezeichnen kann, ist insofern fraglich, als es nie eine offene Auseinandersetzung jenseits kommunaler Gremien gab. Was zunächst als Leerstelle begriffen werden muss, lässt sich aber in der Zusammenschau bisher betrachteter Entwicklungsprozesse in Kirchdorf plausibilisieren. Dorfbewohner*innen äußerten ihre Kritik an Belangen des Biomasseheizwerks eher informell. Auch beim Bau der örtlichen Tiefgarage zeigte sich das Muster, dass es unter den Bürger*innen Einwände gegen das Entwicklungsprojekt gab, eine öffentliche Auseinandersetzung aber nicht (vgl. Abschn. 5.3.3). Gleichwohl geben die Erzählungen der Dorfbewohner*innen einen Einblick in den Modus des Miteinanders in den Entscheidungsprozessen. Die Notwendigkeit des Baus erscheint in den Darstellungen meiner Gesprächspartner*innen stets als unumstritten, der Wärmebedarf und auch ein Interesse an niedrigeren Heizkosten waren demnach wichtige Gründe für die Befürwortung des Baus. Durchaus unterschiedliche Positionen zeigten sich aber bei der Frage nach Zuständigkeiten bei Planung und Realisierung, Nutznießern bzw. Profiteuren und der Dimensionierung des Werks. Dem oft vorgebrachten Argument, vom Biomasseheizwerk profitierten nicht alle Dorfbewohner*innen, setzte die Kommune die Strategie bzw. den Versuch entgegen, lokale Waldbesitzer*innen mit einzubinden. Der Gemeinderat beschloss rund zwei Jahre nach der Fertigstellung des Werkes, „bevorzugt einheimisches Holz" (vgl. Gemeindezeitung_K_12/2010: 15) einzukaufen und legte hierfür einen Preis fest, der im Laufe der Jahre angepasst wurde (vgl. Gemeindezeitung_K_12/2014: 7); Ein expliziter Gedanke dahinter war, so auch Bewohner*innen vom Betrieb des Heizwerkes profitieren zu lassen, für die ein Anschluss an das Netz aus Entfernungsgründen nicht in Frage kommt, wie der Gemeinderat und Vizebürgermeister Herr Christanell erzählt – in vielen Fällen sind dies die weit verstreuten Bauernhöfe:

„Und des is wichtig! Ned dass jetzt der, der, der Kilowattpreis im Dorf drüben eine 0,00 Kommastelle höher oder nieder is, da, da, da macht, das macht fürn Einzelnen vielleicht im Jahr fünf Euro aus. Und das is aber der soziale Frieden is wichtig mir persönlich vor allem, weil es interessiert mich nicht, wenn die ganze Landwirtschaft äh über mich dann herzieht, ich schaffs ned einen gerechten Preis hier zu bekommen und im Dorf heizen sie gratis dann, ne. Und das soll nicht sein, ne. Es sollte für beide

5.5 Regenerative Energiequellen nutzen

ein Geschäft sein. [hm] Und des is des Ziel und des hama jetz gut laufen und i hoff, dass wird aa in nächster Zeit so sein." (INT_C_W: 78)[142]

Auch Herr Christanell benennt als zentrale Konfliktlinie in der Diskussion um das Biomasseheizwerk die wahrgenommene Diskrepanz zwischen Nichtbeteiligten und beteiligten Akteuren beziehungsweise Profiteuren. Dieses Spannungsverhältnis wahrnehmend, fokussiert der Vizebürgermeister auf den von ihm so genannten „soziale[n] Frieden" (ebd.) im Dorf. Als Zuständigkeit und Ziel der Kommune sieht er es, Verwerfungen in der Dorfgemeinschaft möglichst zu verhindern. Aus dieser Aussage und weiteren in diesem Kapitel zitierten Interviewausschnitten lässt sich rekonstruieren, dass der soziale Aspekt von nachhaltiger Entwicklung, in Gestalt eines möglichst breit und gleich verteilten Nutzens des Werks und der Erhalt des „sozialen Friedens" eine tragende Rolle in der Vorstellung einer zukunftsträchtigen Entwicklung spielt. Anhand der Kooperation mit der Nachbargemeinde bei einem Wasserkraftwerk wird deutlich, dass Interessenskonflikte mit der Nachbargemeinde lange Zeit dazu beitrugen, dass sich die Dorfgemeinschaft nach Innen hin als solche identifizierte, weil sie exklusive Besitzansprüche auf das Wasser aus dem örtlichen Bach, das weiße Gold, erhob. Der amtierende Bürgermeister erzählt davon, dass er keine weitere Initiative für ein Biomasseheizwerk ergriff, bis er selbst zum Bürgermeister gewählt wurde. Er begründet dies damit, dass seiner Wahrnehmung nach Vorschläge von „außen" beim damaligen Bürgermeister, den er als „Dorfkaiser" (ebd.: 292) bezeichnet „nit amol ganz willkommen"[143] gewesen seien (ebd.).

In beiden Gemeinden – Wiesental wie Kirchdorf – ist Unabhängigkeit von großen Energieerzeugern ein Motiv für ihre Bemühungen im Bereich regenerativer Energieerzeugung. Im Südtiroler Kirchdorf werden noch stärker als ökonomische Aspekte Fragen von Gemeinwohl und Partikularinteressen verhandelt. Die Anstrengungen um regenerative Energieerzeugung können so auch als Strategien der Selbstbehauptung und Selbstvergewisserung einer Dorfgemeinschaft gelesen werden.

---

[142] „Und das ist wichtig! Nicht dass jetzt der, der, der Kilowattpreis im Dorf drüben eine 0,00 Kommastelle höher oder niedriger ist, da, da, da macht, das macht für den Einzelnen vielleicht im Jahr fünf Euro aus. Und das ist aber der soziale Frieden ist wichtig mir persönlich vor allem, weil es interessiert mich nicht, wenn die ganze Landwirtschaft äh über mich dann herzieht, ich schaffe es nicht einen gerechten Preis hier zu bekommen und im Dorf heizen sie gratis dann, ne. Und das soll nicht sein, ne. Es sollte für beide ein Geschäft sein. [hm] Und das ist das Ziel und das haben wir jetzt gut laufen und ich hoffe, dass wird auch in nächster Zeit so sein." (INT_C_W: 78).

[143] „nicht einmal ganz willkommen".

Aushandlung nachhaltiger Entwicklung als Prozesse konflikthafter Vergemeinschaftung

6

Blicken wir zurück auf die Fragen, welche in dieser Studie verhandelt wurden: Unter welchen Bedingungen kann kollektives Handeln in ländlichen Alpengemeinden nachhaltige Entwicklung (aus der Perspektive der dort lebenden Akteure betrachtet) befördern? Und was kann dies möglicherweise behindern? Welche Rolle spielen hierbei Prozesse konflikthafter Vergemeinschaftung?

Die beiden Gemeinden, in welchen geforscht wurde, ähneln sich auf den ersten Blick in vielerlei Hinsicht: Sie sind mit deutlich weniger als 3.000 Einwohner*innen vergleichsweise klein, das Landschaftsbild ist geprägt von landwirtschaftlichen Betrieben und einer idyllischen Bergkulisse. In beiden Orten gibt es zahlreiche Handwerksbetriebe. Beide Gemeinden haben sich einem „sanften", also naturnahen Tourismus verschrieben, der beispielsweise ohne große Skiliftanlagen auskommt. Und beide Verwaltungsgemeinden haben in der Vergangenheit kommunale Energieinfrastrukturen eingerichtet, die aus lokalen regenerativen Quellen gespeist werden. Viele Dorfbewohner*innen sind hier wie dort mehrfach in den zahlreich vorhandenen Vereinen engagiert. Sowohl im bayerischen Wiesental als auch im Südtiroler Kirchdorf werden vor Ort wirkende Dynamiken sozial-ökologischen Wandels von den Bewohner*innen wahrgenommen und thematisiert. In einer Hinsicht unterscheiden sich die beiden Gemeinden allerdings: im Modus, wie sie die genannten Wandlungsprozesse bearbeiten.

Mit dem Begriff des sozial-ökologischen Wandels verknüpfe ich als Autorin dieser Studie bestimmte, in den genannten Gemeinden gleichzeitig auftretende Wandlungsdynamiken, die sowohl ökologische als auch ökonomische und soziale Aspekte des Lebens vor Ort tangieren. Die Bürger*innen beschäftigten besonders die Gestaltungsherausforderungen durch den demografischen Wandel, sozio-ökonomische Veränderungsprozesse, wahrgenommene Umweltveränderungen, die auch mit dem Klimawandel assoziiert wurden, sowie Entwicklungen, die mit Bemühungen um eine Energiewende verknüpft sind. Dabei warfen sie Fragen auf wie etwa: Wie kann gewährleistet werden, dass Menschen, die immer älter und zum Teil auch pflegebedürftig werden, im Dorf wohnen bleiben können? Ist die Errichtung entsprechender Seniorenwohnungen eine Lösung? Wirtschaftliche und soziale Veränderungsprozesse spiegelten sich in den folgenden Zukunftssorgen der Bürger*innen wider: 1.) abnehmende Zahl von Arbeitsplätzen in der lokalen Landwirtschaft sowie im örtlichen Handwerk und in der Industrie, da Beschäftigungsmöglichkeiten zunehmend im Dienstleistungssektor zu finden sind, 2.) die Abwanderung junger, gut ausgebildeter Dorfbewohner*innen, 3.) ein „Sterben" der seit Generationen bestehenden örtlichen Bauernhöfe, nicht zuletzt wegen des starken Preis- und Konkurrenzdrucks aus der industriellen Landwirtschaft, 4.) die Veränderung der Kulturlandschaft, wenn die Landschaftspflege durch kleinstrukturierte landwirtschaftliche Betriebe sukzessive zurückgeht. Außerdem beschäftigte die Forschungsteilnehmer*innen neben der möglichen Veränderung oder gar Zerstörung der Kulturlandschaft (also jener Landschaft, die erst durch die landwirtschaftliche Nutzung entsteht, etwa Almflächen) auch die sich insgesamt verändernde Umwelt und Natur. Hierzu sei bemerkt, dass aus (sozial-)wissenschaftlicher Perspektive „[d]ie einstige Vorstellung, dass menschliche Gesellschaften vor dem Hintergrund einer relativ stabilen Natur ihre Geschichte unabhängig von der Naturgeschichte schreiben, [...] schwerlich zu halten" ist (Adloff/Neckel 2020: 10). „Umwelt" ist also keineswegs etwas Gegebenes, sondern etwas, das produziert wird (vgl. ebd.; Dalby 2017). Eine unabhängig vom Menschen existierende „Natur" kann man ebenso wenig annehmen (vgl. Becker/Hummel/Jahn 2006: 182). In vielen Fällen wurden die von Feldteilnehmer*innen angesprochenen Umweltveränderungen tatsächlich auch dem menschengemachten Klimawandel zugeschrieben, beispielsweise die Zunahme von Extremwetterereignissen oder steigende Temperaturen, die unter anderem zu schneeärmeren Wintern beitrügen.

Die Bewohner*innen in beiden Gemeinden beschäftigte die große Frage, wie sich ihr Dorf den angesprochenen Veränderungsdynamiken stellen könnte und dennoch ein Dorf sein (oder bleiben) kann, in dem sie gerne leben. Aus der Sicht zahlreicher Interviewpartner*innen wäre dies beispielsweise ein Dorf mit einer ausgewogenen Altersstruktur, einem Miteinander von Jung und Alt sowie einer identitätsstiftenden und „schönen" Kulturlandschaft, die auch zahlende Tourist*innen anzieht, und das darüber hinaus noch weitere lokale Erwerbsmöglichkeiten bietet.

Die Art und Weise der Bearbeitung der beschriebenen Dynamiken sozialökologischen Wandels unterschied sich wie gesagt zwischen den Gemeinden: Dies zeigt sich insbesondere an unterschiedlichen Mustern kollektiven Handelns. So dominierte im bayerischen Wiesental ein Modus kooperativer Zielfindung und

-realisierung durch Partizipation der Zivilgesellschaft im gesamten Prozessverlauf, wohingegen im Südtiroler Kirchdorf in erster Linie Verwaltungshandeln mit punktueller Beteiligung der Zivilgesellschaft anzutreffen war (vgl. Abschn. 6.2). Mit Zivilgesellschaft werden in der Analyse all jene Dorfbewohner*innen, genauer gesagt im Dorf lebende Bürger*innen bezeichnet, die entweder kein Amt in der Gemeindepolitik oder -verwaltung bekleiden oder nicht in ihrer Funktion als Amtsträger*in in die Entscheidungsprozesse involviert sind.

Innerhalb beiden Gemeinden konnten unterschiedliche „soziale Welten" in Bezug auf die Einschätzung und Bearbeitung sozial-ökologischen Wandels rekonstruiert werden. Soziale Welten sind nach Adele Clarke „groups with certain commitments to certain activities, sharing resources of many kinds to achieve their goals, and building shared ideologies about how to go about their business" (Clarke 1991: 131). An anderer Stelle hebt Clarke hervor, soziale Welten seien „meaning making worlds that organize people's commitments to action" (Clarke/Keller 2014: 25). Innerhalb der Gemeinden Wiesental und Kirchdorf pflegte jede soziale Welt beziehungsweise jede als solche bezeichnete Gruppe von Akteuren ihre eigenen Bilder oder Auffassungen von sozial-ökologischem Wandel. Dies bedeutet nicht nur, dass die Dorfbewohner*innen sozial-ökologische Wandlungsdynamiken in spezifischer Weise einschätzten, sondern auch, dass sie sich ihren je eigenen Reim darauf machten, wie man mit den gleichzeitig auftretenden Dynamiken sozio-ökonomischer Strukturwandel, demografischer Wandel, Umweltveränderungen – auch im Zuge des Klimawandels – und den Herausforderungen der Energiewende umgehen sollte. Mit den rekonstruierten sozialen Welten ließen sich keine bereits zuvor bestehenden Gruppen verbinden. So gab es beispielsweise keine soziale Welt, in der „die" Landwirte verortet werden konnten. Wachstumskritische Perspektiven beispielsweise wurden in Kirchdorf von im Ort informell als „oppositionell" bezeichneten Gemeinderät*innen, verschiedenen Touristiker*innen und mehreren Landwirt*innen vertreten. Folgende soziale Welten wurden anhand ihrer Commitments und geteilten Positionen sichtbar: In beiden Gemeinden gab es Dorfbewohner*innen, die sich in erster Linie auf ökologische Ziele und den Schutz von Natur- und Kulturlandschaft bezogen. Des Weiteren konnte eine soziale Welt derjenigen herausgearbeitet werden, die den Fokus auf eine Entwicklung legten, die ökonomische Vorteile generiert, zugleich aber so begrenzt bleiben solle, dass sie die Attraktivität und Schönheit der Natur und Kulturlandschaft nicht schmälert. Für die Entwicklung von Wiesental erwies es sich als vorteilhaft, dass Akteure aus der Gemeindepolitik und -verwaltung mehrdimensionale, integrative Nachhaltigkeitsvorstellungen verfolgten und dabei ökonomische, soziale und ökologische Aspekte als gleichrangig und nicht als wechselseitig substituierbar begriffen. Während im bayerischen Wiesental also eine soziale Welt rekonstruiert wurde, in der auch Vertreter*innen der Gemeindeverwaltung integrative Nachhaltigkeitsvorstellungen teilten, wurde für Kirchdorf eine soziale Welt herausgearbeitet, die der Gestaltbarkeit der lokalen Entwicklung enge Grenzen gesetzt sah, da sie durch (welt-)wirtschaftliche Dynamiken dominiert werde. Prominentester Akteur dieser sozialen Welt ist in Kirchdorf der Bürgermeister als Verwaltungschef. Doch auch in Kirchdorf wurde von Seiten der Gemeindeverwaltung, also dem Bürgermeister und seinen Mitarbeiter*innen, beispielsweise im Fall (inter-)kommunaler Energieinfrastrukturen mit Blick auf integrative Nachhaltigkeitsvorstellungen immer wieder argumentiert, dass die jeweiligen Anlagen wirtschaftlich rentabel, ökologisch von Vorteil und der Nutzen sozial gerecht verteilt sein sollten. Und in Kirchdorf wurden, beispielsweise in der Leitbilddiskussion, mehrdimensionale Vorstellungen von Nachhaltigkeit artikuliert. Der Kirchdorfer Bürgermeister, der sich engagiert für Umweltbelange in der Gemeinde einsetzt, verstand die lokale Entwicklung dennoch in erster Linie als ein wirtschaftliches Problem, als eine Frage des Engagements und des wirtschaftlichen Erfolgs Einzelner. Zudem argumentierte er mit organisatorischen und rechtlichen Verwaltungsstrukturen, die Handlungsspielräumen enge Grenzen setzten. Andere Gemeinderatsmitglieder und Bürger*innen, die keine Funktionsträger*innen waren, stellten diese Lesart durchaus in Frage, scheuten aber eine offene Austragung dieses Konflikts und eine öffentliche Artikulation ihrer divergierenden Meinungen, die über quasi-öffentliche Settings wie Diskussionen an der Wirtshaustheke hinausgegangen wären.

Konflikte zwischen sozialen Welten wurden in erster Linie als konfligierende Positionen sichtbar, die in Bezug auf Entwicklungsperspektiven der Gemeinden eingenommen wurden. Doch auch Konflikte im Sinne von offen ausgetragenen Auseinandersetzungen spielten eine Rolle für den jeweiligen Umgang mit sozial-ökologischen Wandlungsprozessen, insbesondere Konflikte aus der Vergangenheit, die nach wie vor Relevanz besaßen. Erfahrungen der Uneinigkeit wurden in beiden Gemeinden von Gesprächspartner*innen als heute noch prägend angeführt und verantwortlich gemacht für die vielfach verinnerlichte Haltung, eine Dorfgemeinschaft solle sich nicht entzweien (lassen).

Außerdem konnte in jeder Gemeinde – trotz verschiedener sozialer Welten innerhalb der Dorfbevölkerung – das Streben nach nachhaltiger Entwicklung als kollektives Ziel rekonstruiert werden (vgl. Abschn. 6.1). Letzteres ließ sich weder von Instanzen außerhalb des betreffenden Dorfes aufoktroyieren, noch hatte es wie von Zauberhand als konsensuelles Bestreben seit jeher Bestand. Vielmehr ist das gemeinschaftliche Streben nach nachhaltiger Entwicklung das Ergebnis durchaus konfliktbehafteter Aushandlungsprozesse, bei denen die Verhandlung von Zielen und Interessen potenziell unabgeschlossen ist. Inwiefern Pfade nachhaltiger Entwicklung beschritten wurden, ist aus der Forscherinnenperspektive dennoch schwer zu beurteilen, weil die Studie bewusst nicht auf ein Abprüfen einer normativen Nachhaltigkeitsvorstellung seitens der Autorin angelegt war und sich zudem im Zuge der Analyse gezeigt hat, dass Nachhaltigkeit oder nachhaltige Entwicklung als ein „boundary object" (Star/Griesemer 1989) fungierte. Es ermöglichte kollektives Handeln, auch wenn weiterhin konfligierende Positionen bei den sozialen Welten existierten, wie eine nachhaltige Entwicklung im Detail ausgestaltet werden sollte. Die jeweiligen Vorstellungen von nachhaltiger Entwicklung rieben oder widersprachen sich teilweise, wie bereits beschrieben und ähnlich wie dies für mehrdimensionale Nachhaltigkeitskonzepte in Abschnitt 2.1.3 gezeigt wurde. Aus diesem Grund wird Nachhaltigkeit als „boundary object" (ebd.) betrachtet – als ein Konzept oder eine Art vage Arbeitsdefinition, welche je nach sozialer Welt unterschiedlich präzisiert wurde, sozusagen „ill defined" ist und es ermöglicht, kollektiv handlungsfähig zu bleiben, auch wenn es nach wie vor Dissens zwischen den sozialen Welten über die genaue Ausgestaltung der lokalen Entwicklung gibt (vgl. Star 2010: 602). Die polyvalente Form des „boundary objects" Nachhaltigkeit oder nachhaltige Entwicklung macht es also anschlussfähig und ermöglicht Kooperation trotz Dissens. Ähnliches zeigt Andrea Bührmann (2015) für Diversity-Management in Organisationen. Zwar werde dieses zum Teil sehr unterschiedlich interpretiert, doch enthalte es einen programmatischen Kern, „über und auf den sich die relevanten Beteiligten einigen" könnten, „in welcher Weise auch immer – erstens soziale Vielfalt anerkannt wird und zweitens versucht wird, diese konstruktiv zu bearbeiten" (ebd.: 111). Die genauen Ziele, Begriffe und relevanten Kategorien müssten aber bei der Implementierung derartiger Management-Konzepte immer wieder aufs Neue ausgehandelt werden (vgl. ebd.). Angela Pohlmann (2020) wiederum zeigt das Operieren mit „boundary objects" – die Möglichkeit von Kooperation trotz Dissens – in ihrer Analyse von sozialen Praktiken in einem schottischen Gemeindeprojekt. Dort fungierte beispielsweise das Konzept eines „long-term well-being" der Gemeinde als „boundary object" (ebd.: 79). Gleichzeitig weist Pohlmann darauf hin, dass „boundary objects" nicht immer progressive Veränderungen anstoßen. So könnten sie auch wie Barrikaden wirken oder Verwirrung auslösen (vgl. ebd.: 86; Oswick/Robertson 2009). In jedem Fall aber können durch die Betrachtung von „boundary objects" Konflikte produktiv in die Analyse mit einbezogen werden, statt bereits ex ante als hinderlich für Transformationsprozesse angenommen und deshalb eher randständig behandelt zu werden.

In der vorliegenden Studie stießen Akteure in beiden Alpengemeinden Veränderungsprozesse an, die zur Bewältigung von Dynamiken sozial-ökologischen Wandels vor Ort beitrugen. Dies geschah trotz der Existenz von oder – so meine These – gerade wegen unterschiedlicher Verständnisse von Nachhaltigkeit und davon, welches Handeln als nachhaltig verstanden wird. Allerdings hatte das jeweilige Handeln unterschiedliche Effekte. So stellt sich die Frage, ob das entsprechende Handeln in den Gemeinden anders, möglicherweise besser ist, wenn es kollektiv oder gar partizipativ angelegt ist (vgl. Abschn. 6.2).

Ausgehend von dem interessierenden Phänomen des „kollektiven Handelns" und der sich dahinter verbergenden Frage, wie Akteure in Alpengemeinden überhaupt kollektiv handlungsfähig werden, werden im Folgenden verschiedene *Gelingensbedingungen* eines auf nachhaltige Entwicklung orientierten, kollektiven Handelns aufgezeigt: So gilt es die geschichtliche Gewordenheit der Gemeinde, samt prägender historischer Ereignisse und konfligierender Positionen, zu berücksichtigen. Auch die jeweiligen politisch-institutionellen Gegebenheiten sind dabei einzubeziehen. Ökonomische Aspekte, wie etwa die finanziellen Ressourcen einer Gemeinde, sind ebenfalls wichtig für die Ausgestaltung der lokalen Entwicklung, doch separat betrachtet vergleichsweise wenig aufschlussreich für die Untersuchung des Veränderungspotenzials in einer Gemeinde. Arwen Colell (2019) beispielsweise zeigt in ihrer sehr differenzierten Analyse mehrerer kommunaler Energieprojekte, dass finanzielle Ressourcen für die Entstehung der jeweiligen Projekte zwar wichtig waren, dass sie aber keineswegs den Impuls dafür darstellten (ebd.: 242). Tatsächlich ausschlaggebend waren vielmehr symbolische und organisationale Ressourcen (vgl. ebd.). Letztlich zeigt Colell die erfolgreiche Entstehung von Bürgerenergieprojekten als ein komplexes Zusammenwirken verschiedener Ressourcen-Typen und einer breiten Spanne an notwendigen Aktivitäten (vgl. ebd.). Die in der vorliegenden Studie extrapolierten Zusammenhänge legen außerdem nahe: Es sollten Räume des Austauschs geschaffen werden, welche idealerweise dauerhaft und nicht nur punktuell geöffnet sein sollten.[1] Des Weiteren ist auf eine Einbettung in lokale soziale Welten und geeignete (mitunter bereits bestehende) Organisationsstrukturen zu achten.[2] Vor allem, so die Hauptthese der vorliegenden Studie, ist kollektives Handeln für

---

[1] Stefan Böschen und Kolleg*innen (2014a) weisen außerdem darauf hin, dass man mit Blick auf lokale Klimawandel-Probleme neue, reflexive Formen der Vergemeinschaftung genauer untersuchen sollte, die über bereits bestehende Netzwerke hinausgehen und mit denen möglicherweise auf diese Probleme reagiert wird.

[2] Cordula Kropp machte bereits auf die wichtige Rolle von „bürgerschaftlichen Organisationsroutinen" aufmerksam, innerhalb derer in klimaaktiven Transformationsmilieus neue Ideen diskutiert werden können (vgl. Kropp 2014: 226).

eine nachhaltige Entwicklung eher möglich und erfolgversprechend, wenn Vergemeinschaftungsprozesse stattfinden können, welche durchaus konfliktbehaftet sind, und wenn deren Konflikthaftigkeit auch anerkannt wird. Diese Erkenntnis wurde auf die Formel der „konflikthaften Vergemeinschaftung" gebracht. Sie fungiert in der vorliegenden Analyse als Kernkategorie, weil von ihr ausgehend die aufgeworfenen Forschungsfragen im Zusammenhang erklärt werden können (vgl. Abschn. 6.3). Die Diskussion der Interaktion der unterschiedlichen Aspekte bietet außerdem die Grundlage für ein transformationstheoretisches Argument: So sind Veränderungen in Richtung einer nachhaltigen Entwicklung nur gänzlich zu erfassen und potenziell erfolgreich, wenn (in Anlehnung an Giddens 1984, 1997a) sowohl die Ebene des Handelns als auch die der Struktur berücksichtigt werden. Um das Engagement der Akteure vor Ort theoretisieren zu können, müssen wie bereits dargelegt auch bestehende Institutionen und institutionelle Strukturen, die ökonomische Situation und die (lokale) Geschichte berücksichtigt werden (Abbildung 6.1).

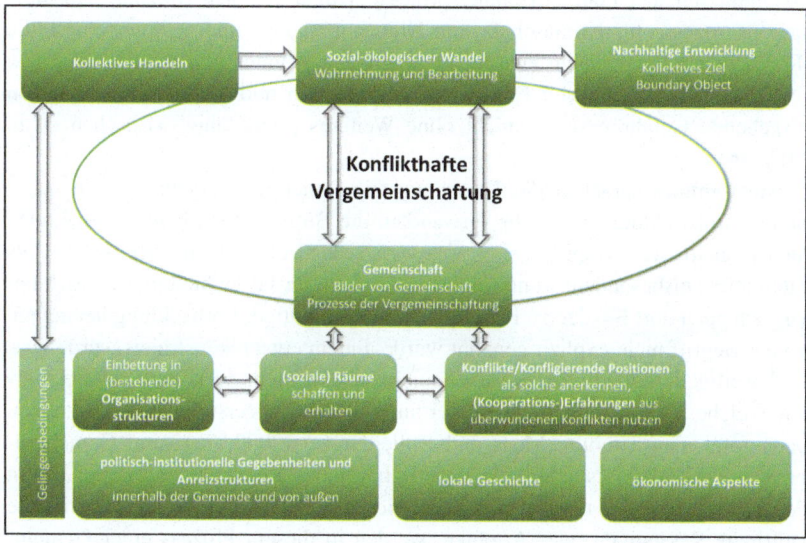

Abbildung 6.1 Visualisierung konzeptioneller Schlussfolgerungen. (Eigene Darstellung)

6.1 Nachhaltige Entwicklung als kollektives Ziel

Obwohl in beiden Gemeinden unter Mitwirkung verschiedener Bürger*innen ein kommunales Leitbild erarbeitet wurde und so ein gewisser Konsens über anzustrebende Entwicklungen hergestellt werden konnte, bedeutet dies nicht, dass es keine widerstreitenden Auffassungen bezüglich nachhaltiger Entwicklung in der jeweiligen Gemeinde gäbe. Wie dargelegt gibt es ganz im Gegenteil in jeder der Gemeinden soziale Welten, die unterschiedliche Positionen zu nachhaltiger Entwicklung einnehmen. In Kirchdorf wurden bereits innerhalb des Leitbildes unterschiedliche und sich mitunter widersprechende Auffassungen artikuliert. Dabei werden der Klimawandel und die durch ihn ausgelösten Umweltveränderungen in beiden Gemeinden im Vergleich zu den übrigen genannten Veränderungsdynamiken vergleichsweise selten als drängende Herausforderung benannt – in den Leitbildern etwa findet sich kein Wort dazu. Dies mag zunächst irritieren, da Alpengemeinden in dieser Hinsicht als besonders vulnerabel beschrieben wurden (vgl. Bundesregierung 2008: 43), doch steht dieser Befund in Einklang mit Erkenntnissen aus dem Forschungsprojekt „Klima regional. Soziale Transformationsprozesse für Klimaschutz und Klimaanpassung" und dessen Folgestudie „Regionales Klimahandeln zwischen Initiativen von unten und Abstimmung von oben": Die Bedeutung von Extremwetterereignissen und möglicherweise davon ausgehende Gefahren seien „nicht ohne Weiteres politikfähig" (Böschen et al. 2015: 46).

Nicht immer sprachen die Forschungsteilnehmer*innen dezidiert von nachhaltiger Entwicklung. Vielmehr verwandten die Bürger*innen beider Gemeinden auch Begriffe wie beispielsweise „Ökologisierung" oder „kleine Kreisläufe" als Alternative, insbesondere wenn sie Entwicklungen für falsch hielten. Dennoch ließen sich auch dort Bezüge zu Konzepten von nachhaltiger Entwicklung herstellen, wo der Begriff nicht explizit genannt wurde, indem etwa rekonstruiert wurde, was die jeweiligen Akteure vor Ort als Gemeingut einstufen. So konnte gezeigt werden, welche Entwicklungen die Bürger*innen jeweils als erstrebenswert erachten. Denn folgt man Timothy Moss und Kolleg*innen (2009: 76), sind Gemeingüter nichts Absolutes, sondern ein gesellschaftliches Konstrukt und damit einem Konstruktionsprozess unterworfen (vgl. hierzu auch Abschn. 3.3.2). Bestimmte natürliche Ressourcen oder Artefakte werden in diesem Prozess einer Gemeinschaft als deren Gemeingut zugeschrieben. Sighard Neckel (2018) zufolge haben sich „Commons" (Helfrich/ Bollier 2015) beziehungsweise Gemeingüter für manche Akteure im Zuge wachstumskritischer Debatten „als alternative Begriffe für Nachhaltigkeit etabliert" (vgl. ebd.: 19 f.). Die Bürger*innen in Kirchdorf hatten unter anderem die Erwartung an Gemeindepolitik und -verwaltung, dass diese die

6.1 Nachhaltige Entwicklung als kollektives Ziel

Schönheit und das Erscheinungsbild des Ortes erhalten sowie sich für den „schonenden Umgang mit der Natur- und Kulturlandschaft" (Leitbild_K: 25) einsetzen sollte. In Wiesental zeigte sich die Einschätzung der von Landwirt*innen gepflegten Landschaft als Gemeingut an der vielzitierten Rede von der Kulturlandschaft als schützenswertem Gut oder „beste[m] Faktor" (INT_Q_W: 129). Ohne es explizit zu sagen, ging man in beiden Gemeinden von einer Interdependenz von Mensch und Natur aus. Den Argumentationen lag also ein Konzept gesellschaftlicher Naturverhältnisse (Becker/Hummel/Jahn 2006: 174; vgl. Abschn. 2.2) zugrunde: die Annahme, dass Gesellschaft und Natur nicht getrennt voneinander existieren und deshalb auch nicht so betrachtet werden können, sondern in vielgestaltigen und dynamischen Beziehungen zueinander stehen. Diese Anerkenntnis wird umso plausibler vor dem Hintergrund, dass zahlreiche Bürger*innen durch die enge Verwobenheit von Landwirtschaft, Handwerk und Tourismus sehr auf die naturräumliche Umwelt und eine „schöne" Landschaft angewiesen sind. Nur selten wurden allerdings ökologische Belange als Motivation für eingeleitete Veränderungsprozesse angegeben. Die Gründung eines Dorfladens in Wiesental immerhin brachten Einzelne mit ökologischen Erwägungen, wie kürzeren Wegen und einer Einsparung von CO_2, in Verbindung. Motive des Bewahrens waren in beiden untersuchten Gemeinden integraler Bestandteil der Leitbilder. In Abschnitt 5.2.2 wurde exemplarisch das Spannungsfeld insbesondere zwischen ökonomischen und ökologischen Aspekten von Nachhaltigkeit, zwischen Weiterentwickeln und Bewahren aufgezeigt und auf die Koexistenz und Vielfältigkeit der Perspektiven hierzu hingewiesen. Als basal für kommunale Entwicklungsprozesse stellte sich das Traditionsbewusstsein der Kirchdorfer*innen heraus. In beiden Gemeinden wird, wie erwähnt, in den Leitbildern die Bewahrung und der Schutz von Natur und Kulturlandschaft gefordert, in Wiesental außerdem der Erhalt der Nutzungsmischung (Wohnen/Arbeiten/Versorgung/Landwirtschaft) im Ort, in Kirchdorf insbesondere die Bewahrung des architektonischen Erscheinungsbildes. In Wiesental wird die Rolle der Landwirtschaft einerseits als Bewahrerin der Kulturlandschaft, andererseits als „Träger [sic] der Dorfkultur" betont. Beiden Leitbildern liegt damit implizit oder explizit das Ziel zugrunde, den bisherigen „Dorfcharakter" zu erhalten. Nachhaltige Entwicklung ist demnach geprägt von einem Streben nach Bewahren. Eine Form des Umgangs mit sozial-ökologischem Wandel kann also auch der Versuch des Erhalts bestimmter Zustände oder Gegebenheiten sein und wird nicht immer automatisch von allen Akteuren mit Veränderung verknüpft. Fasst man zusammen, so wurden folgende schützenswerte Gemeingüter angegeben: die Schönheit des Ortes, die Kulturlandschaft, die Nahversorgung (vor allem in Wiesental) und natürliche Ressourcen, die mit Bedacht zur Energieerzeugung herangezogen werden sollen (z. B. Wasser, welches in Kirchdorf auch als „weißes Gold" bezeichnet wurde). Im Kirchdorfer Leitbild wurden explizit Nachhaltigkeit und nachhaltige Entwicklung eingefordert, in Bezug auf erneuerbare Energien, Mobilität, Siedlungsentwicklung und lokale Wirtschaftsaktivitäten. In Wiesental, dessen Leitbild entstand, bevor Nachhaltigkeit zum gängigen Schlagwort avancierte, wurde an verschiedenen Stellen mit einer ökologischen Ausrichtung der Entwicklung argumentiert. Das Leitbild begann mit dem Statement, dass eine ganzheitliche und ökologische Entwicklung der Gemeinde angestrebt werde. Nachhaltige Entwicklung wurde also trotz widerstreitender Positionen dazu, wie sie im Einzelnen ausgestaltet werden sollte, zu einem kollektiven Ziel.

6.2 Muster kollektiven Handelns

Zunächst sei der Blick auf die Muster kollektiven Handelns in der jeweiligen Gemeinde und auf die konfligierenden Positionen, die darin aufscheinen, gerichtet. Indem zunächst separat je Gemeinde die kollektiven Bemühungen in Bezug auf die weitere Entwicklung des Dorfes analysiert wurden, ließen sich wiederkehrende Handlungsabläufe und Argumentationsschemata rekonstruieren. Die jeweiligen Handlungen und Deutungen konnten schließlich als charakteristische Muster beschrieben werden, insbesondere beim Vergleich der Bewältigungsstrategien beider Gemeinden:

Im bayerischen Wiesental waren immer wieder Kooperationen über verschiedene Akteursgruppen hinweg festzustellen (Muster: Kooperative Zielfindung und -realisierung durch Partizipation der Zivilgesellschaft im gesamtem Prozessverlauf). Im Südtiroler Kirchdorf zeigte sich hingegen Verwaltungshandeln als dominant und weichenstellend für Entwicklungsprozesse: (Muster: Verwaltungshandeln mit punktueller Beteiligung der Zivilgesellschaft). Der Befund für Kirchdorf irritierte zunächst, weil gerade in Südtirol Engagement in bürgergetragenen Genossenschaften eine große Tradition hat und in ganz Italien vom Zentralstaat gefördert wird (vgl. Kiesswetter 2018: 170 f.). Unter Einbezug der historischen Erfahrungen und vorangegangener Konflikte ließ sich dies aber plausibilisieren (vgl. Abschn. 6.3.5): So hatte sich unter Kirchdorfer*innen die Haltung etabliert, dass in erster Linie die Gemeindeverwaltung zum Handeln verpflichtet sei, um Gemeinwohlinteressen zu sichern und für eine gerechte Verteilung von etwaigen Profiten zu sorgen.

Für die folgende Diskussion ist zunächst zu klären, was mit Begriffen wie „Partizipation" und „punktueller Beteiligung" gemeint ist. Allein zum Begriff der politischen Partizipation gibt es mannigfache und durchaus widerstreitende

6.2 Muster kollektiven Handelns

Definitionen (vgl. Radtke 2016: 42–66). Was unter (politischer) Partizipation verstanden wird, hängt nicht zuletzt vom zugrunde liegenden Demokratieverständnis ab (vgl. van Deth 2009: 143), denn „[w]er Demokratie sagt, meint Partizipation" (ebd.: 141). Außerdem bemängeln Forscher*innen, dass es zwar eine Vielfalt an Typologien für partizipative Verfahren gibt, diese aber sehr unterschiedlich und oft mangelhaft theoretisch unterfüttert beziehungsweise reflektiert seien (vgl. Alcántara et al. 2014: 24; Renn 2008: 295). In Wiesental und Kirchdorf ging es, ganz ähnlich wie in den diversen Typologien zu Partizipation, um die Frage, wer woran beteiligt wird: Verfolgen die Verantwortlichen eher Strategien der Beteiligung, die am Ideal einer „Starken Demokratie" (Barber 1984) orientiert sind, favorisieren also die Beteiligung möglichst vieler an möglichst vielen Entscheidungen? Oder aber stehen die politisch Verantwortlichen einer derartigen Partizipation der Vielen eher skeptisch gegenüber und favorisieren allenfalls eine punktuelle Beteiligung der Bevölkerung bei ansonsten dominantem Verwaltungshandeln? Und: Welche Perspektiven bestehen auf Seiten der übrigen Dorfbewohner*innen? Doch, wie es mit allen idealtypischen Einteilungen der Fall ist, würde man mit einer derart pointierten Betrachtung den komplexen Realitäten in den beiden Gemeinden nicht gänzlich gerecht. Immer neue Ideen und Typologien von Partizipationsformen machen indes deutlich, dass die „Abgrenzungen zwischen politischer, sozialer, organisationaler, assoziativer Partizipation sowie bürgerschaftlichem Engagement" immer schwieriger werden (Radtke 2016: 110; Kersting/Woyke 2012). In der Partizipationsforschung wird deshalb die Entstehung „partizipativer Räume [...] und [die] Ausdehnung der politischen Sphäre auch auf soziale – und damit nahezu alle Handlungsräume" (Radtke 2016: 110) diskutiert. Nach Norbert Kersting (2014: 64) lassen sich verschiedene Bereiche politischer Partizipation aufschlüsseln: repräsentative (etwa Wahlen), direkte (beispielsweise Referenden, Petitionen), deliberative (wie etwa Foren, Bürgerversammlungen, Planungszellen) und demonstrative (zum Beispiel Demonstrationen, Leserbriefe, ziviler Ungehorsam). Kersting unterscheidet außerdem zwischen Partizipationsformen, die vom politischen System, also Politik und Verwaltung, angestoßen werden („invited space"), und Partizipation, die „unverfasst, punktuell, individuell und unkonventionell" ist („invented space") (Kersting 2014: 55). Kritische Stimmen zu „invited participation" weisen auf die Entwicklung hin, dass mit zunehmendem Einsatz und steigender Popularität der „invited participation" andere Formen der Partizipation in manchen Fällen als weniger legitim erachtet werden (vgl. Cornwall 2008: 282). Kurzum: Es ist wichtig, klarzustellen: Wer partizipiert (nicht)? Und: Worin wird (nicht) partizipiert? (vgl. Cornwall 2008). Zudem könnte man einer Typologie von Sarah White (1996) folgend fragen, was Partizipation für diejenigen bedeutet, die sie auf institutioneller Seite implementieren wollen, und was auf der Seite derjenigen, die beteiligt werden sollen, und letztlich anhand dessen, wozu die Partizipation gedacht ist (vgl. ebd.: 14; Cornwall 2008: 273). Partizipation kann nach White nominal, instrumentell, repräsentativ oder transformativ sein (vgl. White 1996: 7–9). White entwickelte diese Typologie im Feld der Entwicklungszusammenarbeit. Im Fall nominaler Partizipation geht es denjenigen, die zur Partizipation auffordern, darum zu zeigen, dass sie etwas tun, und denjenigen, die beteiligt werden, darum einbezogen zu werden, um als Gruppe sichtbar und über vorteilhafte Angebote auf dem Laufenden zu bleiben (vgl. ebd.: 8). Instrumentelle Partizipation wird vor allem aus Gründen der Kosteneffizienz eingeführt (vgl. ebd.). Diejenigen, die beteiligt werden, sehen die Beteiligung dagegen als Kosten, im Sinne von Zeit, die sie investieren und die ihnen an anderer Stelle fehlt (vgl. ebd.). Dennoch partizipieren sie, da ohne ihre Beteiligung die fraglichen Projekte wohl nicht zustande kämen, zum Beispiel der Bau einer örtlichen Schule, für welchen nur die Baumaterialien zur Verfügung gestellt wurden (vgl. ebd.). Als repräsentative Partizipation bezeichnet White jene Beteiligung, die von institutioneller Seite deshalb geschieht, weil man Projekte möglichst passgenau zuschneiden und Abhängigkeiten vermeiden will. Denjenigen, die sich beteiligen, geht es meist darum, sich Einfluss zu sichern auf die jeweiligen Projekte und deren Management (vgl. ebd.). Transformative Partizipation hat nach Whites Typologie für beide Seiten „empowerment" zum Ziel, also die Befähigung der Beteiligten, verschiedene Optionen gegeneinander abzuwägen und Entscheidungen zu treffen. Partizipation ist hier dann sowohl Mittel als auch Zweck (vgl. ebd.: 8 f). Letztere Perspektive – Beteiligung beziehungsweise Partizipation als „empowerment" – entspricht auch eher Konzeptionen von Beteiligung, die sich auf Sherry Arnsteins (1969) mittlerweile klassische „ladder of participation"[3] beziehen und diese in ihren Forschungskontexten weiterentwickelt haben. Nach Arnstein ist von echter Bürgerbeteiligung erst dann zu sprechen, wenn es zu einer „redistribution of power", also einer Umverteilung von Macht zugunsten von ihr so genannter „have-not citizens" kommt (vgl. ebd.:16). So sprechen beispielsweise auch Michael T. Wright, Martina Block und Hella von Unger in ihrem neunstufigen Modell der Partizipation erst dann von „Partizipation", wenn die Beteiligten Entscheidungsmacht besitzen, also tatsächlich mitentscheiden können (vgl. von Unger 2012: 28; Wright/von Unger/Block 2010: 42). Die Autor*innen entwickelten ihr Modell für Beteiligung an Maßnahmen der Gesundheitsförderung, Prävention und Qualitätsentwicklung in diesem Bereich in Anlehnung an

---

[3] Arnstein entwickelte ihre analytische Darstellung von Partizipation anhand einer Leiter mit verschiedenen Stufen bereits Ende der 1960er-Jahre im Kontext urbaner Planung.

6.2 Muster kollektiven Handelns

Arnsteins „ladder of participation" und ein Modell von Alf Trojan (2001 [1988]). Werden Personen nur angehört, besitzen aber keine Entscheidungsmacht, werten Wright, von Unger und Block (2010) dies lediglich als Vorstufe von Partizipation, wenn auch eine wichtige (vgl. ebd.: 42). Im Fall Wiesentals ließen sich Indizien finden, die auf ein „empowerment" der Dorfbevölkerung hinweisen, während in Kirchdorf eher eine nominale Partizipation nach White vorherrschte.

Dies wird deutlich, wenn man die im fünften Kapitel dargestellten Entwicklungsprozesse nochmals daraufhin betrachtet, inwiefern hier von kollektivem Handeln gesprochen werden kann. Dafür werden die bereits in Abschnitt 3.3.2 vorgestellten Ausführungen Elinor Ostroms zu kollektivem Handeln angesichts des menschengemachten Klimawandels (vgl. 2009: 11 f.; 2011a: 270) herangezogen. Ostrom führt in Anlehnung an Poteete/Janssen/Ostrom (2010) bestimmte Erfordernisse an, um dem anthropogenen Klimawandel kollektiv handelnd erfolgreich entgegentreten zu können. Etwas verkürzt zusammengefasst sind dies: Konsens, gemeinsame Verantwortung, verlässliche und regelmäßige Information, wiederkehrende Interaktion, Reputation als vertrauenswürdige Transaktionspartner*innen, Mechanismen der informellen Überwachung und Sanktionierung, Sozialkapital und Führungsbereitschaft. Die Kooperationsprozesse werden im Folgenden systematisiert und für jede Gemeinde separat hervorgehoben:

In Wiesental schafften die Bürger*innen es, trotz oder – so meine These – auch wegen mitunter widerstreitender Positionen (vgl. beispielsweise die Diskussionen um den Nutzen eines Dorfladens in Abschn. 5.3.3) einen Konsens darüber herzustellen, dass Veränderungen in der Gemeinde eingeleitet werden sollen (dies zeigen beispielsweise der vollzogene Leitbildprozess und die Gründung des Vereins NaturKonzept an). Ebenso verständigten sich die Bürger*innen, die bei den Entwicklungsvorhaben in der Gemeinde aktiv wurden, darüber, dass sie gemeinsam Verantwortung für die Zukunft des Ortes tragen, sei es, indem sie sich durch die Schaffung eines Dorfladens um die Nahversorgung im Ort kümmerten (vgl. Abschn. 5.3) oder dass sie Ausbauplänen in Richtung umweltverbrauchendem Wintertourismus eine Absage erteilten (vgl. Abschn. 5.1). Konsens erlangten sie auch darüber, dass hierfür Veränderungen im Verhalten notwendig sind. Immer wieder wurde von verschiedensten Seiten betont, dass insbesondere die Kulturlandschaft vor Ort eine Ressource sei, die es langfristig zu erhalten gelte. Bürgerschaftlich getragene Arbeitskreisstrukturen und die Gemeindeverwaltung sorgten zudem für eine verlässliche und regelmäßige Information über die betreffenden Entwicklungsprozesse und auch über die kurz- und langfristigen Kosten und Nutzen der in diesem Rahmen zu ergreifenden Maßnahmen (vgl. beispielsweise die regelmäßige Information über einzelne Arbeitsschritte und Einladungen an alle Bürger*innen zu weiteren Treffen über das kommunale Mitteilungsblatt). Durch die wiederkehrende Interaktion in Arbeitskreisen und Vereinen erwarben die Mitwirkenden eine Reputation als vertrauenswürdige Transaktionspartner*innen. Auch die Sichtbarkeit des/der Einzelnen in vergleichsweise kleinen Dorfstrukturen, in denen man sich untereinander kennt und regelmäßig interagiert, trug nach Einschätzung der Gesprächspartner*innen vielfach zum Gelingen kooperativen Handelns bei. Fehlte Beteiligten ein derartiger Überblick über die sozialen Strukturen im Ort, etwa weil sie erst seit Kurzem dort wohnten, wirkten sich die fehlenden Austauschbeziehungen insgesamt nachteilig auf das Vorankommen von Entwicklungsprojekten aus. Anciennität, also die Wohndauer am Ort (Scotson/Elias 1993 [1965]: 238; vgl. Abschn. 3.3.1) spielte aber nur im Zusammenhang mit der Kenntnis sozialer Zusammenhänge innerhalb der Gemeinde eine Rolle. Wenn zugezogene Bürger*innen sich etablierten Werten verpflichteten und sich diesen entsprechend über einen längeren Zeitraum ehrenamtlich einbrachten, verfügten sie schließlich auch über Kontakte in der Dorfgemeinschaft. Fanden allerdings kein ehrenamtliches Engagement und keine Anpassung an die örtlichen Wertmaßstäbe statt, wurden den zugewanderten Bürger*innen von der übrigen Dorfbevölkerung schlechte Aussichten auf eine Eingliederung in die Dorfgemeinschaft beschieden. Nach Ostrom bedarf es für gelingendes kollektives Handeln darüber hinaus Mechanismen der informellen Überwachung und Sanktionierung und diese sollten von allen Beteiligten als angemessen empfunden werden. Diese These kann nur bedingt gestützt werden. Prozesse der Überwachung (im Sinne einer ständigen Beobachtung) oder gar Sanktionierung eines bestimmten Verhaltens konnten nicht festgestellt werden. Doch erleichtert die genannte Sichtbarkeit von Akteuren in kleinräumigen Dorfstrukturen die Beobachtung ihres Verhaltens. Insbesondere am Beispiel Wiesentals ließ sich rekonstruieren, dass es einen etablierten Werte- und Verhaltenskanon gibt, an den sich Dorfbewohner*innen halten sollten, wenn sie in der Dorfgemeinschaft Gehör finden wollen und damit ihre Äußerungen als legitim eingestuft werden. Dass immer wieder auf erfolgreiches Handeln im Rahmen des Vereins NaturKonzept und andere von Bürger*innen gemeinsam realisierte Projekte verwiesen wird, stützt den Befund von Ostrom und Kolleg*innen (2010), dass bei erfolgreichem kollektivem Handeln aufgrund der erfolgreichen Lösung früherer gemeinsamer Probleme oft bereits Sozialkapital und Führungsbereitschaft vorhanden sei. Außerdem, so lässt sich Ostroms Aufzählung hinzufügen, bestand im Falle Wiesentals als Folge erfolgreicher Kooperationsprozesse in der Vergangenheit auch eine *Kooperations- und Partizipationsbereitschaft.*

Während man in Wiesental durch dieses Erfolgsrezept das Leitbild mittlerweile übererfüllt hat, stellt sich die Situation im Südtiroler Kirchdorf anders

6.2 Muster kollektiven Handelns

dar – wenngleich die Gemeinde insgesamt nicht mit Sorgen in die Zukunft blicken muss. Das Handeln zugunsten von Transformationen in Richtung Nachhaltigkeit verblieb dort oft Verwaltungshandeln, Bürger*innen wurden allenfalls punktuell beteiligt. So bildeten sich in Kirchdorf aus dem Leitbildprozess, an dem unterschiedliche Bürger*innen beteiligt wurden, zwar überwiegend temporäre Arbeitsgruppen, die sich an ausgewählten erarbeiteten Leitzielen orientierten (beispielsweise eine vereineübergreifende Arbeitsgruppe, mit dem Ziel, nachhaltige Produktions- und Konsumkreisläufe im Dorf zu schaffen), doch die Gemeindeverwaltung öffnete insgesamt nur sehr punktuell Räume für die Mitwirkung von Bürger*innen an kommunalen Entwicklungsprozessen. In dem genannten Leitbild wurde durchaus ein Konsens darüber hergestellt, dass in bestimmten Bereichen Veränderungen in der Gemeinde eingeleitet werden sollten, gleichzeitig vieles aus Gründen einer hochgeschätzten Tradition aber beim Alten bleiben sollte. Über bestimmte Entwicklungsvorhaben sowie über Kosten und Nutzen von Maßnahmen wurde in der Gemeinde verlässlich und regelmäßig informiert. Allerdings wurde über Entscheidungsprozesse meist erst dann informiert, wenn wichtige Weichen gestellt und Teilentscheidungen bereits getroffen, genauer gesagt in den entsprechenden Gemeindeausschüssen und im Gemeinderat bewilligt worden waren. Dann allerdings wurden gemäß den Leitlinien der transparenten Verwaltung in Südtirol alle Beschlüsse samt vergebener Aufträge und veranschlagter Summen veröffentlicht. Bei dem Bau der örtlichen Tiefgarage etwa wurden die gefällten Entscheidungen sehr detailliert in der Gemeindezeitung dargelegt. Beteiligen konnten sich die Bürger*innen lediglich in begrenztem Rahmen, beispielsweise als es darum ging, wie das über der Tiefgarage gelegene Erholungsareal gestaltet werden sollte. Dass sich dieses Vorgehen als eine Art Routine in Bezug auf kommunale Entwicklungsprozesse etablieren konnte, liegt auch an der Haltung der Bürgerschaft und ihrem Bestreben, die Durchsetzung von Partikularinteressen durch ein dem Gemeinwohl verpflichtetes Handeln der Gemeindeverwaltung möglichst zu verhindern. Während sich in Wiesental wie beschrieben eine gewisse Kooperations- und Partizipationsbereitschaft etabliert hatte, herrschte in Kirchdorf eher eine *Delegationsbereitschaft* seitens der Bürger*innen vor. In Kirchdorf motivierte seine Wahrnehmung ökonomischer Veränderungsprozesse (weltwirtschaftlicher Abschwung, Veränderungen auf dem Arbeitsmarkt) den Bürgermeister außerdem dazu, mit ökonomischen Pfadabhängigkeiten zu argumentieren. Diese ließen in seiner Perspektive wenig Spielraum für Veränderung und erforderten vorausschauendes Verwaltungshandeln.

Im Vergleich der Gemeinden fiel auf, dass es in Kirchdorf aufgrund des dominanten Verwaltungshandelns ohne langfristige Einbindung der Bürger*innen an Räumen für wiederkehrende Interaktion fehlte, in welchen sich außerdem leichter eine Reputation als vertrauenswürdige Transaktionspartner*innen erwerben lässt. Dieser Befund soll nicht dezidiert als „schlechtere" Bewältigung sozial-ökologischen Wandels gebrandmarkt werden, doch lässt sich das etablierte Vorgehen mindestens als vergebene Chance werten, Potenziale aus der Bürger*innenschaft gewinnbringend und langfristig in den Bewältigungsprozess einzubeziehen (vgl. Brickmann/Türk 2014: 146 f.). Durch die vertrauensvolle Delegation von Verantwortung seitens der Bürger*innen an die Gemeindeverwaltung konnten andererseits Prozesse beschleunigt werden und beispielsweise sich kurzfristig bietende Gelegenheitsfenster im interkommunalen Konkurrenzkampf um Fördermittel des Landes Südtirol genutzt werden. Der Kirchdorfer Bürgermeister etwa beschreibt eine Situation, in der andere Gemeinden zu zögerlich gehandelt hätten, während Kirchdorf die Chance nutzte, um eine hohe Summe für das kommunale Infrastrukturprojekt Tiefgarage sowie ein Naherholungsareal einzuwerben. Bezeichnenderweise wurde ausgerechnet dieses Projekt aber zu einer besonders intensiv und kontrovers diskutierten Unternehmung im Ort. Dies zeigt, dass Verwaltungshandeln, welches die Dorfbewohner*innen mit ihren unterschiedlichen Positionen nicht systematisch berücksichtigt, unter Umständen mit nicht geringen Akzeptanzproblemen konfrontiert sein kann. Umso wichtiger ist es, dass Bürger*innen mit einbezogen werden und prozedurale Gerechtigkeitsnormen erfüllt sehen (vgl. Ceglarz et al. 2017). Gleichwohl gilt es zu bedenken: Auch ein durch deliberative Verfahren erreichter Konsens kann zu Effekten führen, die beispielsweise unter dem Gesichtspunkt ökologischer Nachhaltigkeit nicht positiv eingeschätzt werden können, etwa eine auf diese Weise beschlossene großflächige Energiepflanzen-Monokultur (vgl. von Winterfeld et al. 2012: 16). Hinzukommt, dass wohlüberlegtes Verwaltungshandeln in bestimmten Situationen schneller sein kann als ein langwieriger Abstimmungsprozess mit allen Stakeholder*innen. Mit Blick auf Aspekte, die zum Gelingen von kollektivem Handeln beitragen, konnte in Kirchdorf ähnlich wie in Wiesental eine wechselseitige hohe Sichtbarkeit der Dorfbewohner*innen und ihres Tuns festgestellt werden, nicht aber darauf gerichtete Sanktionsmechanismen. Was sich aber durchaus rekonstruieren ließ, waren Momente des Ein- und Ausschlusses in eine Gemeinschaft beziehungsweise Prozesse der Vergemeinschaftung. Diese fungieren indirekt als Regulationsmechanismen dabei, wer sich bei der Bearbeitung sozial-ökologischer Wandlungsprozesse inwieweit einbringen kann. Die angesprochenen Vergemeinschaftungsprozesse ließen sich ganz ähnlich wie in Wiesental entlang des Commitments zu etablierten Werten nachvollziehen (vgl. Abschn. 6.3.1 und 6.3.2).

6.3 Vergemeinschaftung und nachhaltige Entwicklung

Bei allen untersuchten Entwicklungsprojekten in den Gemeinden konnten Bilder von Gemeinschaft rekonstruiert und vielfach auch Prozesse der Vergemeinschaftung transparent gemacht werden. So rekurrieren Vertreter*innen aller angeführten sozialen Welten und bestehender sozialer Gruppen auf eine Idee von Gemeinschaft – eine Gemeinschaft, der nicht jede*r selbstverständlich angehört. Vergemeinschaftung und Verhandlungen darüber, wer zur Gemeinschaft gehört und wer nicht, vollzogen sich vielmehr anhand von konfligierenden Positionen – also auch zwischen sozialen Welten. Meist ging es darum, wie sozial-ökologische Wandlungsprozesse eingeschätzt werden und wer (legitimerweise) an ihrer Bewältigung mitwirken sollte. Im Folgenden werden die rekonstruierten Ideen von Gemeinschaft sowie Prozesse der Vergemeinschaftung anhand ausgewählter Aspekte diskutiert. Zunächst werden ausschlaggebende Commitments angeführt, auf deren Basis von den Feldteilnehmer*innen die Zugehörigkeit zu einer Gemeinschaft verhandelt wird (Abschn. 6.3.1): die Kenntnis örtlicher Zusammenhänge und Geschehnisse, Erfahrungen erfolgreichen Kooperierens, Traditionsbewusstsein, Nationalität, Anciennität, Vertrauen, Transparenz und Legitimität. Mit dem analytischen Fokus auf Vergemeinschaftungsprozesse wird nochmals verdeutlicht, wie im Ringen um nachhaltige Entwicklung Gruppenabgrenzungen vollzogen wurden. Es wird dargestellt, anhand welcher Interessen und der Verpflichtung zu bestimmten, anerkannten Wertsetzungen einzelnen Positionen Legitimität zu- oder abgesprochen wurde. Darüber hinaus bekommt die Diskussion der artikulierten Ideen von Gemeinwohl als ein prominentes Commitment viel Raum (Abschn. 6.3.2). Im Rahmen einer Diskussion des Gemeinwohlbegriffs wird der Zusammenhang zwischen Vergemeinschaftung und nachhaltiger Entwicklung erklärt (Abschn. 6.3.3): Nachhaltige Entwicklung, so die vertretene These, bedarf der Gemeinwohlorientierung. Darüber hinaus wird gezeigt, welche Rolle ein imaginiertes Selbstbild und die Möglichkeit, eine kollektive Identität zu erschaffen, spielen – dabei zeigt sich auch deutlich, wo potenzielle Konfliktlinien zwischen sozialen Welten verliefen. Ferner wird die Funktionalität einer Repräsentation von Gemeinschaft aufgezeigt (Abschn. 6.3.4). Schließlich wird die Rolle historischer Zusammenhänge und politisch-institutioneller Strukturen für ein Handeln mit dem Ziel nachhaltiger Entwicklung diskutiert. Abschließend werden mit Fokus auf konflikthafte Vergemeinschaftungsprozesse ökonomische Bedingungen als wichtige Triebkräfte sowie politisch-institutionelle Gegebenheiten und Anreizstrukturen als relevante Aspekte für ein Handeln zugunsten einer nachhaltigen Entwicklung herausgearbeitet (Abschn. 6.3.5).

6.3.1 Vergemeinschaftung entlang spezifischer Commitments und konfligierender Positionen

Die Zugehörigkeit zu (oder der Ausschluss aus) einer Gemeinschaft ließ sich anhand bestimmter Aspekte nachvollziehen, die in Abschnitt 6.1 zunächst als „etablierte Werte" eingeführt wurden. Aus situationsanalytischer Perspektive sollen sie verstanden werden als „commitments to action", die durch die sozialen Welten beziehungsweise „meaning making worlds" organisiert werden (Clarke/Keller 2014: 25). Als derartige Commitments konnten die Kenntnis örtlicher Zusammenhänge und Geschehnisse, Erfahrungen erfolgreichen Kooperierens und die Bereitschaft etwas für „die Allgemeinheit" zu tun, also sich gemeinnützig zu engagieren, rekonstruiert werden. Traditionsbewusstsein oder doch zumindest Sensibilität für örtliche Traditionen wurden ebenfalls als wichtige Commitments eingestuft und in den jeweiligen Leitbildprozessen als besonders erstrebenswert herausgestellt. Dennoch soll und kann hier keine Zuordnung der rekonstruierten Vergemeinschaftungsprozesse zu traditionalen oder post-traditionalen Gemeinschaftsformen stattfinden, denn die Übergänge sind fließend. Die Trennung zwischen traditional und post-traditional ist meines Erachtens ähnlich wie die Trennung von Stadt und Land (vgl. Abschn. 3.1.2) eher analytischer Natur und empirisch betrachtet längst obsolet (vgl. Abschn. 3.2).

Im Südtiroler Kirchdorf kam als Kriterium für einen Einschluss in die Dorfgemeinschaft gegenüber dem bayerischen Wiesental die Kenntnis des örtlichen Dialekts hinzu. Außerdem fanden sich in Kirchdorf auch Beschreibungen von Abgrenzungen aufgrund der Nationalität (genauer gesagt der Abstammung aus Südtirol) und der Anciennität (in diesem Fall die bereits lange Zeit andauernde Ansässigkeit am Wohnort). Weitere Kriterien, die von den Feldteilnehmer*innen immer wieder genannt wurden, waren Vertrauen, Transparenz und Legitimität. Transparenz und Legitimität spielen auch in Ansätzen, die das Verhältnis von Partizipation und Nachhaltigkeit beleuchten, eine wichtige Rolle (vgl. Abschn. 2.1.4; v. Braunmühl 2010; Walk 2014; Newig/Kuhn/Heinrichs 2011).

Vertrauen wird in der Fachliteratur als konstitutives Merkmal von traditionalen Gemeinschaften ausgewiesen (vgl. Albrecht 2008: 331), als Gewissheit, dass „Reziprozität jenseits des Tauschprinzips, durch Vertrauen stabilisiert wird" (ebd.). Mit Giddens lässt sich Vertrauen definieren „als Zutrauen zur Zuverlässigkeit einer Person oder eines Systems im Hinblick auf eine gegebene Menge von Ergebnissen oder Ereignissen, wobei dieses Zutrauen einen Glauben an die Redlichkeit oder Zuneigung einer anderen Person bzw. an die Richtigkeit abstrakter Prinzipien (technischen Wissens) zum Ausdruck bringt" (Giddens 1997b: 49). Allerdings merkt Giddens auch an, dass Vertrauen vor allem dort erforderlich ist, wo „vollständige[r] Informationen" (ebd.: 48) fehlen. Vertrauen in die Person des Alt-Bürgermeisters und dessen Ehrlichkeit wurden in Interviews im bayerischen Wiesental gar als zentral für die Etablierung eines grünen Narrativs im Ort angeführt und generell als Eigenschaften, die von den Bürger*innen hoch geschätzt werden. Transparenz, genauer gesagt transparentes Handeln, gilt nach Aussagen der dort beteiligten Bürger*innen als gemeinschaftsstiftend und sichert zudem fortlaufend die Möglichkeit zu weiterer Beteiligung an Entwicklungsprozessen in der Gemeinde. Im Südtiroler Kirchdorf vertrauten die Bürger*innen hingegen lieber auf die Geschicklichkeit der Verwaltung, eine Lösung zu finden, welche die Durchsetzung von Partikularinteressen verhindert. Der amtierende Bürgermeister betonte, dass man die gesetzlichen Bestimmungen zu einer transparenten Verwaltung berücksichtige.

Die Legitimität der Akteure und ihres Handelns zeigte sich in allen beobachteten Fällen als weiteres zentrales Kriterium für Vergemeinschaftungsprozesse und das Vorankommen von Entwicklungsprozessen. Als legitim wurden Entwicklungsbemühungen vor allem dann angesehen, wenn glaubhaft versichert werden konnte, dass sie dem lokalen Gemeinwohl dienten und nicht etwa Partikularinteressen. „Das" Gemeinwohl war überhaupt ein häufig benanntes Motiv von Personen oder Gruppen, die sich in den beiden Alpengemeinden für die Entwicklung der Gemeinde engagierten. Doch was ist „das" Gemeinwohl?

6.3.2 Gemeinwohlorientierung als prominentes Commitment

Der Begriff „Gemeinwohl" ist sehr vage und kann unterschiedlich ausgelegt werden. So wird in der Literatur zum Gemeinwohlbegriff zwischen apriorischen und aposteriorischen Konzeptionen unterschieden. Die normativ-apriorische Konzeption von Gemeinwohl adressiert die Vorstellung eines beispielsweise religiös, sittlich oder naturrechtlich vorgegebenen Gemeinwohls, das an verpflichtend-normative Zwecke wie beispielsweise ein tugendhaftes Leben oder das Streben nach allgemeiner Wohlfahrt anknüpft (vgl. Weidner 2002: 18). Die aposteriorische Auffassung von Gemeinwohl, welche in den Idealen der Aufklärung wurzelt, stützt sich dagegen auf Vertragstheorien und konzipiert das Gemeinwohl als „Ergebnis vernünftiger Einsicht" (ebd.). Dieser auch im deutschen Grundgesetz verankerten Auffassung zufolge ist Gemeinwohl „das Ergebnis eines fairen pluralistischen Interessenausgleichs, bei dem das Interesse des Ganzen dem des einzelnen [sic.] gegenübergestellt wird" (ebd.). In der politischen Theorie gilt Gemeinwohl als bindendes Ergebnis des politischen Prozesses (vgl.

Offe 2002: 73). Es wäre also kein Resultat eines an ihm orientierten Handelns von Bürger*innen, sondern entsteht aus der Dynamik von „ökonomischen, sozialen, politischen und ideologischen Kräfte[n]" und den jeweiligen Kontextbedingungen, welche im öffentlichen Leben eine Rolle spielen (ebd.). Demnach brächten die „Spielregeln der pluralistischen Demokratie" Gemeinwohl hervor (vgl. ebd.). Ein konstitutives Element des politisch verankerten Gemeinwohls ist, dass individuelles Nutzenkalkül hinter Gerechtigkeitsaspekten zurückstehen soll (vgl. Weidner 2002: 19). Dem Staat kommt hierbei die Funktion zu, „öffentliche Güter und Werte" zu schützen oder herzustellen, „weil dies im Rahmen marktvermittelter Interessenverfolgung nur begrenzt geleistet wird" (ebd.). Dies ist eine Auslegung, die sich ganz ähnlich anhand rekonstruierter Positionen in Kirchdorf zeigte. So fordern manche Kirchdorfer*innen zwar einerseits mehr Partizipationsmöglichkeiten von der Gemeindeverwaltung ein (vgl. beispielsweise Abschn. 5.2.), sehen aber andererseits die Gemeinde in der Pflicht, die Durchsetzung von Partikularinteressen zu verhindern. Interessant ist deshalb, vor dem Hintergrund theoretischer Definitionen zu rekonstruieren, was im empirisch-konkreten Fall als „das" Gemeinwohl adressiert wird, oder – in den Worten Helmut Weidners (2002) – danach zu fragen, „wer es wann und wo bestimmt: In den Vordergrund tritt das Verfahren in seinem politisch-räumlich begrenzten Geltungsbereich" (ebd. 19). Doch gibt in der Literatur auch Positionen, welche Grenzen eines prozeduralen Gemeinwohlbegriffs beziehungsweise einer gesellschaftlichen Aushandlung eines Gemeinwohlbegriffs erkennen (vgl. Hasenöhrl 2005, 2009; Kilper/Moss 2009; Moss/Gudermann/Röhring 2009). Als gesellschaftlich gewachsenen Kanon von Gemeinwohlbelangen rekonstruieren Moss und Kolleg*innen Umweltschutz, Wohlstand, Vollbeschäftigung, Bildung, Gesundheit, innerstaatlichen und internationalen Frieden, soziale, militärische und zivile Sicherheit sowie Nachhaltigkeit in der Nutzung natürlicher Ressourcen (vgl. ebd.: 41).

Durch den Vergleich zweier Gemeinden und der dort stattfindenden Aushandlungsprozesse, welche die kommunale Entwicklung betreffen, konnte in der vorliegenden Studie gezeigt werden, wie Gemeinwohl lokal und kontextspezifisch von den Akteuren konstruiert wird. Denn letztlich, so die hier eingenommene Position, lässt sich nur empirisch beziehungsweise von Fall zu Fall bestimmen, was der Bezugspunkt des Gemeinwohls ist, also von „wessen Wohl" (vgl. Offe 2002: 55) die Rede ist. Aus diesem Grund wurde in den Fokus genommen, was und worüber die Akteure im Feld verhandeln, wenn sie von (Dorf-) Gemeinschaft, Zu- oder Zusammengehörigkeit, (Eigen-)Interessen oder einem wie auch immer gearteten „Wir" sprechen. Gemeinschaft wurde in der vorliegenden Studie immer wieder hergestellt, indem sich die Akteure auf schützenswerte

Gemeingüter bezogen und betonten, etwas für das Gemeinwohl, genauer gesagt die Dorfgemeinschaft, tun zu wollen. Dies bedeutete gleichzeitig ein beständiges Abgrenzen, wer aufgrund welcher Kriterien zu dieser Gemeinschaft zählt und wer nicht, sowie die Aushandlung zwischen mitunter konfligierenden Positionen dazu, was wünschenswerte Entwicklungen und legitime Interessen sind.

6.3.3 Zum Verhältnis von Gemeinwohl und nachhaltiger Entwicklung

Für die vorliegende Studie und ihr Interesse an der gemeinschaftlichen Bearbeitung sozial-ökologischer Wandlungsprozesse liegt es nahe zu beleuchten, in welchem Verhältnis Gemeinwohl und Nachhaltigkeit stehen. Der Politikwissenschaftler Helmut Weidner (2002) bringt dies auf folgende Formel: „Kein Gemeinwohl ohne Nachhaltigkeit, keine Nachhaltigkeit ohne Gemeinwohl" (Weidner 2002: 27). Er zeichnet historisch nach, dass in Bestrebungen zu einer nachhaltigen Forstbewirtschaftung im 19. Jahrhundert staatliche Motive zur Sicherung „des" Gemeinwohls zum Tragen kamen (vgl. ebd.: 6). Während dies damals noch obrigkeitsstaatlich bestimmt und gesichert wurde,[4] umfasse heute die „Agenda 21 [...] alle schon im konventionellen Gemeinwohlbegriff enthaltenen Schutz- und Zielwerte (etwa Gesundheit, soziale Gerechtigkeit, sozialer Frieden, Integration)" (ebd.: 17). Zivilgesellschaftliche Partizipation wurde in der Agenda 21 explizit als wichtiger Bestandteil von nachhaltiger Entwicklung hervorgehoben (vgl. auch Abschnitt 2.1.4), während die Idee vom Gemeinwohl sich nach Ansicht Weidners nie gänzlich von ihrem obrigkeitsstaatlichen Ursprung lösen konnte (vgl. Weidner 2002: 6). Sowohl Gemeinwohl als auch Nachhaltigkeit sind ganz explizit normative Begriffe, denn sie haben appellativen Charakter, teilen sie doch Forderungen nach sozialer Gerechtigkeit und Gleichheit (vgl. ebd.: 20).[5] Außerdem sind sie beide inhaltlich nicht eindeutig bestimmt, sondern vielmehr Prozessbegriffe, wie die obigen Ausführungen gezeigt haben. Ein fundamentaler Unterschied beider Konzepte besteht darin, dass Gemeinwohl in seiner historischen Herleitung und so, wie es im Grundgesetz verankert ist,

---

[4] Der Staat regulierte in den Vorjahren der Revolution von 1848/49 quasi von „oben" die Waldbewirtschaftung und verwies auf die Notwendigkeit der dauerhaften Nutzung, die „das" Gemeinwohl sichern sollte; letztlich führte die rigide Politik aber auch zu sozialen Notlagen und zu gewalttätigen Zusammenstößen (vgl. Weidner 2002: 6).

[5] Zur Frage der Normativität von Begriffen, insbesondere in der Nachhaltigkeitsdebatte vgl. auch Abschn. 2.1.4.

eine räumlich begrenzte Bezugsgemeinschaft hat, während der Nachhaltigkeitsgedanke auf potenziell globale Zusammenhänge und (Ungleichheits-)verhältnisse verweist, woraus sich Unvereinbarkeiten ergeben können (vgl. ebd.: 31 f.). Die untersuchten Alpengemeinden als Verwaltungseinheiten und die sich dort formierenden Gemeinschaften stellten deshalb einen Kristallisationspunkt der Interaktion von Gemeinwohl- und Nachhaltigkeitskonzepten dar, weil sich dort genau beobachten ließ, wie Akteure lokal und situationssensibel gemeinsam kommunale Entwicklung gestalteten. Ein empirisches Problem bleibt jedoch bei all der theoretischen Reflexion auf Nachhaltigkeit, Gemeinwohl und zivilgesellschaftliche Partizipation (also Partizipation von Bürger*innen an Entscheidungsprozessen) ganz explizit bestehen: Dass es konfligierende Dynamiken im gesellschaftlichen Streben nach nachhaltiger Entwicklung gibt. Genau dies konnte in der vorliegenden Arbeit anhand der Verflechtung von Bildern von Wandel und Gemeinschaft aus der Perspektive der handelnden Akteure rekonstruiert werden.

6.3.4 Kollektive Identitäten und die Repräsentation einer „starken" Gemeinschaft

Wie bereits in Abschnitt 3.2 hervorgehoben, können sich Vergemeinschaftungsprozesse auch vollziehen, indem sich kollektive Identitäten herausbilden. In beiden Gemeinden konnten solche Fälle rekonstruiert werden. Der Bürgermeister Wiesentals etwa sprach von der „Selbstschätzung" (INT_F_W: 55), die durch gemeinsam mit den Bürger*innen durchgeführte Projekte gestiegen sei, weil man etwas angepackt habe, wovor andere aus Angst zu scheitern zurückschreckten. Er führt als Beispiel und Symbol den in Wiesental gegründeten Verein NaturKonzept an (vgl. Abschn. 5.5.4). Dieser wird auch von anderen Akteuren immer wieder als Symbol für erfolgreiche Kooperationsprozesse der Bürger*innen erwähnt. Auch Gemeinressourcen wie beispielsweise das Wasser eines Kirchdorfer Baches, das unter der Bezeichnung „weiße[s] Gold" (INT_BII_K: 129) zu einem nur den Kirchdorfer*innen zustehenden Gemeingut gemacht wurde, weil man es der Nachbargemeinde nicht gönnen wollte, ermöglichte die Identifikation der Dorfgemeinschaft nach innen und ihre Abgrenzung nach außen, in diesem Fall zum Nachbardorf (vgl. Abschn. 5.5.4). Die Konstruktion einer starken Gemeinschaft sehen die Dorfbewohner*innen im Südtiroler Kirchdorf vor allem als Moment der Selbstvergewisserung und -behauptung, und zwar nicht nur im interkommunalen Konkurrenzkampf, sondern auch in Zeiten knapper werdender staatlicher Mittel und eines allgemeinen wirtschaftlichen Abschwungs. Gleichzeitig störte

6.3 Vergemeinschaftung und nachhaltige Entwicklung

man sich in Kirchdorf aus Perspektive der teilnehmend beobachtenden Forscherin stärker an divergierenden Positionen zur Entwicklung der Gemeinde. Da die Kommunalverwaltung keine Räume für den Meinungsaustausch und die Partizipation an Entscheidungen bereitstellte, wurden die unterschiedlichen Positionen umso leidenschaftlicher beispielsweise an der Theke des Dorfwirtshauses oder bei anderen informellen Zusammenkünften diskutiert. Auf diese Weise verhallten die kritischen Anmerkungen, ohne produktiv in einen Bearbeitungsprozess einfließen zu können.

Dabei wurde längst nicht jede*r allein aufgrund des Wohnorts im Dorf auch der Dorfgemeinschaft zugerechnet und damit als berechtigt angesehen, die eigene Meinung zu äußern – weder in Kirchdorf noch in Wiesental. Erst unter Anerkenntnis und Aneignung lokal etablierter Werte beziehungsweise durch auf diese gerichtete Aktivitäten (commitments to action) wurde es möglich, Teil der (in beiden Leitbildern eingeforderten und immer wieder in Interviews angesprochenen) Dorfgemeinschaft zu werden. Positionen, die als abweichend von der etablierten Haltung einer (imaginierten) Dorfgemeinschaft empfunden wurden, wurden zwar eingehegt, verschwanden aber nicht gänzlich.

Dieser Befund wird auch durch Positionen in der Literatur gestützt, denen zufolge „[g]emeinschaftliche Einheit" nichts Gegebenes ist, sondern stets „konfliktreich permanent hergestellt werden" muss (Fink-Eitel 1993: 309; vgl. Abschn. 3.2). Die Erforschung der Entwicklungsbemühungen in den beiden Alpengemeinden förderte dennoch zu Tage, dass in keiner der beiden Gemeinden die in den Leitbildern gezeichneten Bilder von Wandel und Gemeinschaft öffentlich in Frage gestellt wurden. Man stritt nicht öffentlich über die Priorisierung von Nachhaltigkeitszielen – etwa in der medialen Öffentlichkeit von Regionalzeitungen, die auch außerhalb des Dorfes zugänglich wären. In Wiesental wurden für die Diskussion soziale Räume geöffnet, die potenziell allen Bürger*innen offenstanden und über längere Zeiträume aufrechterhalten wurden, in Kirchdorf gab es solche Räume nicht. Dass konfligierende Positionen in beiden Gemeinden nicht in einer medialen Öffentlichkeit verhandelt wurden, trägt zu der Interpretation bei, dass die Repräsentation von Gemeinschaft aus der Perspektive von deren Mitgliedern als wichtig für die Außenwirkung der jeweiligen Gemeinde erachtet wird – sei es, um bessere Chancen beim Einwerben staatlicher Fördermittel für die kommunale Entwicklung zu haben, sei es um die touristische Attraktivität als traditionelles Bergdorf zu erhöhen oder sei es, um die Gemeinschaft nach innen zu stärken. Dabei werden in beiden Orten Zusammenhalt, Zusammengehörigkeit und Geschlossenheit als Werte an sich verstanden.

6.3.5 Die Rolle historischer Zusammenhänge und politisch-institutioneller Gegebenheiten

Die Wahrung von Einheit und Zusammenhalt konnte insbesondere in Kirchdorf als wichtiges geteiltes Commitment rekonstruiert werden. Immer wieder wurden diese zu schützenden Werte und das daran geknüpfte Commitment in Verbindung gebracht mit der historischen Erfahrung von Uneinigkeit im Zuge der sogenannten „Option": Zu Zeiten der faschistischen Herrschaft mussten sich die Dorfbewohner*innen zwischen dem Verbleib im Ort oder der Auswanderung in deutsches Herrschaftsgebiet entscheiden. Die Folge waren große Verwerfungen im Zusammenleben beider Gruppen, denn die geplante Auswanderung fand aufgrund des weiteren Kriegsverlaufs niemals statt: Es kam zu massiven verbalen und auch tätlichen Auseinandersetzungen. Auch die bayerische Gemeinde Wiesental blickt auf ein entzweiendes Moment in ihrer Dorfgeschichte zurück: Anlässlich einer Bürgermeisterwahl war es zu einer viele Jahre andauernden Spaltung der Bevölkerung in zwei politische Lager gekommen – die Situation wurde als „beinahe Krieg" beschrieben. Aus deren Überwindung zogen zahlreiche Bewohner*innen die Motivation für gemeinschaftliches Handeln.

Zusätzlich zu derartigen politischen Zerwürfnissen ging es in Kirchdorf in der kontroversen Diskussion von Entwicklungsbemühungen immer wieder um die Vergemeinschaftung von Kosten (etwa den Einsatz von Steuermitteln für eine teure Tiefgarage, die nicht allen gleichermaßen nützt, oder analog dazu für ein kommunales Biomasseheizkraftwerk). Zur Bewertung dieses Befundes muss der politisch-institutionelle Hintergrund mit berücksichtigt werden. Denn in Kirchdorf stehen Entwicklungsprozesse vor allem im Zeichen eines lang geplanten Infrastrukturausbaus, der entsprechend den Leitlinien der Landespolitik mit vergleichsweise großzügigen Fördermitteln unterstützt wurde. Das Bemühen des Bürgermeisters führt die bisherige Haltung zu Entwicklungsprozessen in der Gemeindeverwaltung fort und korrespondiert mit der rekonstruierten Haltung vieler Dorfbewohner*innen, Entscheidungen nahezu gänzlich den gewählten Vertreter*innen und der Gemeindeverwaltung zu überlassen. In Wiesental hingegen etablierte sich das Vorgehen, bereits bekannte Förderlinien und Kontakte in staatliche Behörden zu nutzen. Dass Fördergelder aus dem Programm zur „Dorferneuerung" bürgerschaftliches Engagement zur Bedingung machten, festigte in Wiesental den bereits eingeschlagenen Weg der Bürgerbeteiligung, sodass sich das Kooperationsmuster, wonach Bürger*innen bei Entscheidungen und deren praktischer Umsetzung beteiligt werden, etablierte.

Von den Einzelfällen abstrahiert und in Rekurs auf Giddens zeigt sich, dass Veränderungen in Richtung Nachhaltigkeit einerseits durch autoritative und allokative Ressourcen erwirkt werden konnten, wobei ein nicht unerheblicher Teil der allokativen Ressourcen aus staatlichen Förderprogrammen stammte. Andererseits waren auch ein praktisches Bewusstsein und Routinen der Kooperation durch erfolgreich erprobtes Handeln in vorangegangenen Kooperationsprozessen wichtig. Für das Gelingen von Transformationsprozessen hin zu nachhaltigeren Zuständen sind also weder Struktur (im Sinne von Regeln und Ressourcen, z. B. staatliche Förderung oder verwaltungsrechtliche Vorgaben) noch Handeln (als Engagement der Akteure vor Ort) allein ausschlaggebend. Hinzukommen müssen der Veränderungswille und -impetus auf beiden Ebenen.

6.4 Soziale Räume für Aushandlungsprozesse

Um Konflikte auszutragen, ist Raum erforderlich – und zwar begriffen in einer Lefebvreschen Dreiheit (vgl. Abschn. 3.1.2): Benötigt werden sowohl eine räumliche Praxis als auch Räume der Repräsentation und Raumrepräsentationen. Diese These soll keinesfalls den Eindruck erwecken, nachhaltige Entwicklung und die damit in Verbindung stehenden Prozesse seien unabdingbar an physisch-materielle Räume gebunden. Lefebvre wurde unter anderem wegen seines Postulats, dass Räume (auch) sozial konstruiert sind und fortlaufend rekonstruiert werden, als theoretische Referenz gewählt. Für die bayerische Gemeinde Wiesental lässt sich beispielsweise über alle betrachteten Prozesse hinweg feststellen, dass Räume der Kooperation entstanden – allerdings nicht von alleine, sondern aufgrund bestimmter Rahmenbedingungen: So nahmen Bürgermeister und Gemeindeverwaltung eine ermöglichende Haltung ein, welche die Kooperation verschiedener Akteure auf einer praktischen Ebene nicht nur zuließ, sondern sie aktiv förderte. Raumsoziologisch gesprochen ermöglichte die Gemeindeverwaltung, indem sie einen physischen Ort – ein physisch-materielles Substrat (Läpple 1991: 196) – zur Verfügung stellte, dass Bürger*innen sich treffen konnten (Einladungen in das Bürgerheim oder die Schulturnhalle zu Informationstreffen und Bürger*innenarbeitskreisen). Damit schuf sie die Voraussetzung für das Entstehen von sozialen Räumen des Austauschs. An einem Ort, wie etwa dem Bürgerheim, wo wiederkehrende Treffen stattfinden konnten, fand man durch (regelmäßige) Interaktion zu einer Praxis des Austauschs und der Verständigung über gemeinsame Ziele (vgl. beispielsweise Abschnitt 5.2). Die Informations- oder Arbeitskreistreffen folgten meist ähnlichen Abläufen aus (Expert*innen-)Input, anschließender moderierter Diskussion und gegebenenfalls der Bildung von Arbeitsgruppen. Nach Lefebvre (2006: 333) wird hier in Form der stets ähnlich ablaufenden Informationsveranstaltungen und Arbeitskreistreffen räumliche Praxis rekonstruierbar. Gleichzeitig stellt beispielsweise das von der Gemeinde finanzierte, unter ehrenamtlicher Mitarbeit geplante und errichtete Bürgerheim einen Repräsentationsraum dar, einen Raum der die Gemeinschaft und Zusammenarbeit der Bürgerschaft symbolisiert. Diese raumsoziologische Argumentation lässt sich ebenfalls auf die Entwicklungsprojekte Dorfladen und Seniorenwohnungen anwenden, bei denen nach einem ähnlichen Muster verfahren wurde. So wurden beide mit der Unterstützung bürgergetragener Arbeitskreise (im Falle des Dorfladens sogar mit einer eigens gegründeten Bürgergesellschaft) realisiert und es entstanden mit dem Dorfladen und den Seniorenwohnungen Repräsentationsräume, die auch symbolisch die erfolgreiche Bewältigung von Entwicklungsherausforderungen durch gemeinschaftliches Handeln anzeigen. Während soziale Räume, in denen kommunale Entwicklung ausgehandelt wird, in Wiesental auf Dauer gestellt wurden, erwiesen sie sich im Südtiroler Kirchdorf als vergleichsweise flüchtig. Dennoch konnten auch dort persistente soziale Räume rekonstruiert werden, die sich auf die Entwicklung des Dorfes auswirken, wenngleich sie von den Bürger*innen nicht als gleichermaßen symbolträchtig eingestuft wurden, wie eine Vereinsgründung oder der (Um-)Bau eines Hauses. Aushandlungsprozesse liefen in Kirchdorf – abgesehen vom ebenfalls durchlaufenen und professionell moderierten Leitbildprozess – wesentlich informeller ab als in Wiesental. Deshalb waren dort beispielsweise die Kritik an Entscheidungen des Gemeinderats oder die persönlichen Vorstellungen der Bürger*innen von einer wünschenswerten Dorfentwicklung vorwiegend anhand von Einzelinterviews und informeller Gespräche an der Wirtshaustheke oder bei Dorffesten rekonstruierbar. Darüber hinaus wurden die Vereine (von denen viele eigene Vereinsheime und Informationskanäle haben) vielfach als starke Interessenvertretung beschrieben und deren jeweilige Treffen als soziale Räume, innerhalb derer Entwicklungsvisionen besprochen werden. Mittelbar nehmen in Kirchdorf dem Bekunden der Bürger*innen nach denn auch am ehesten die Vereine informell Einfluss auf die Entscheidungen der Gemeindeverwaltung und damit auf die Entwicklung des Ortes. Dennoch wurden in Kirchdorf erste Schritte zu einer von der Gemeindeverwaltung unabhängigen vereinsübergreifenden Kooperation eingeleitet, um eine nachhaltige Entwicklung, im Kirchdorfer Jargon „kleine Kreisläufe", zu befördern (vgl. Abschn. 5.2). „Kleine Kreisläufe" wurde in Kirchdorf zum Schlagwort dafür, dass Produktion und Konsumption in möglichst kleinen lokalen oder regionalen Kreisläufen erfolgen sollten. Diese Wirtschaftsweise mache alle „sicherer [und] wohlhabender" und zugleich werde durch sie „sozialer Frieden" geschaffen und stabilisiert. Als Beispiele wurden etwa die Versorgung des örtlichen Biomasseheizwerks mit lokalem Holz angeführt oder die Belieferung der Hotels im Dorf mit Lebensmitteln aus den ortsansässigen landwirtschaftlichen Betrieben.

6.5 Einbettung in lokale soziale Welten und (bestehende) Organisationsstrukturen

Durch die Analyse von Kooperationsmustern über verschiedene Entwicklungsprozesse hinweg ließ sich zeigen, dass in beiden Gemeinden Wahrnehmungen sozial-ökologischen Wandels mit Kooperationsbestrebungen und (neuen) Möglichkeiten der Vergemeinschaftung sowie der Generierung wirtschaftlicher Vorteile verbunden wurden. In Wiesental wurde beispielsweise ein Verein für Regionalentwicklung gegründet und sukzessive auf die Nachbargemeinden ausgeweitet, man rief außerdem eine Bürgergesellschaft ins Leben, die den örtlichen Dorfladen trägt. In Kirchdorf schuf man zum Beispiel in Kooperation mit der Nachbargemeinde ein Konsortium zur Stromgewinnung aus bereits bestehenden Beregnungsanlagen.

Dennoch: Insbesondere anhand der Entwicklungsprozesse in Kirchdorf ließ sich verdeutlichen, dass ein diskursiv hergestellter Konsens über gewünschte Verhaltensänderungen (hier etwa durch den Leitbildprozess) allein noch keine tatsächliche Veränderung in Kooperationsroutinen herbeiführt. So wünschen sich die Kirchdorfer Bürger*innen beispielsweise, mehr in kommunale Entscheidungsprozesse einbezogen zu werden, was zumindest im Forschungszeitraum effektiv nicht passierte. Entscheidend ist in jedem Fall, wie angestrebte Veränderungsprozesse in die lokalen Geschehnisse eingebettet werden, wie sie an bestehende Organisationsstrukturen (in den beiden Gemeinden sind dies insbesondere die Vereine) anknüpfen können und inwiefern bestehende Konflikte, genauer gesagt konfligierende Positionen, berücksichtigt werden. Dabei spielt es eine wesentliche Rolle, welche Haltung insbesondere die Vertreter*innen der Gemeindepolitik und -verwaltung, aber auch alle übrigen Akteure aufgrund ihrer jeweiligen Bilder von Wandel und Gemeinschaft einnehmen.

6.6 Synthese – Nachhaltige Entwicklung als Prozess konflikthafter Vergemeinschaftung

Es besteht eine spezifische Verbindung zwischen dem Streben nach nachhaltiger Entwicklung und konflikthaften Vergemeinschaftungsprozessen. So wurde gezeigt, dass in Diskussionen über eine nachhaltige Entwicklung stets Gemeinwohlbelange verhandelt werden. Wie diese Belange verstanden und inhaltlich gefüllt werden, ist eng verzahnt mit den Ideen von Gemeinschaft und von Prozessen der Vergemeinschaftung. Wie außerdem gezeigt wurde, spielen Konflikte beziehungsweise konfligierende Positionen eine zentrale Rolle im kollektiven Handeln für nachhaltige Entwicklung: Sie können Entwicklungsbestrebungen hemmen, aber durchaus auch sozialen Wandel befördern (vgl. Abschn. 3.3).

Nach eingehender Analyse und parallel zu dem Argument einer reflexivmodernen Entwicklung nach Beck (2001) lässt sich festhalten: In Richtung Nachhaltigkeit eingeschlagene Prozesse verlaufen nicht linear. Ebenso wenig lässt sich Linearität für Vergemeinschaftungsprozesse behaupten. Dies zeigt ein Blick auf den Umgang mit Konflikten oder widerstreitenden Positionen zu (nachhaltiger) kommunaler Entwicklung. Jede „neue" Auseinandersetzung oder kontroverse Position wird vor dem Hintergrund alter (bewältigter oder weiterhin bestehender) Konflikte ausgetragen oder artikuliert, was insbesondere die Betrachtung im Kontext der jeweiligen Dorfgeschichte sichtbar machte. Gerade in überschaubaren Sozialbezügen, wie in den kleinen Gemeinden Wiesental und Kirchdorf, spielt dieser historische Kontext eine nicht zu unterschätzende Rolle. Dabei wird Historie in Anlehnung an die Situationsanalyse von Adele Clarke in dieser Studie weniger als Kontext, denn als integraler Bestandteil der jeweiligen Situation verstanden. Dies deckt sich zudem mit der These von Elias und Scotson (1993[1965]: 238, vgl. Abschn. 3.4), der zufolge Akteure aufgrund ihrer Anciennität auf eine lange Geschichte des Zusammenlebens in ihrem Dorf zurückblicken – sei sie selbst erlebt oder aber über mündliche Überlieferung weitergegeben und verinnerlicht.

Mit der vorliegenden Studie wird die These vertreten, dass die jeweilige Dorfgeschichte samt bewältigter sowie bestehender oder beständig reaktualisierter Konflikte eminent wichtig ist für der Frage, wie Gemeinden mit sozialökologischen Wandlungsprozessen umgehen und inwieweit sie zu nachhaltigen Entwicklungspfaden finden. Diese auf Zeitlichkeit und Historizität abzielende These ist zudem eng verbunden mit dem oben ausgeführten, raumsoziologisch unterfütterten Argument, dass hierfür entsprechende (soziale) Räume notwendig sind, die nicht nur punktuell, sondern dauerhaft bestehen sollten (vgl. Abschn. 6.4). Um die vielfach von Konflikten durchzogenen Vergemeinschaftungsprozesse trotz ihrer Unterschiedlichkeit (betrachtet wurden so unterschiedliche Prozesse wie etwa die Realisierung einer Tiefgarage oder die Gründung eines Dorfladens) auf eine Formel bringen zu können, wurde der Begriff der „konflikthaften Vergemeinschaftung" gewählt. Analytisch liegt dem die Annahme zugrunde, dass Konflikte allen sozialen Prozessen inhärent sind und nur durch

6.6 Synthese – Nachhaltige Entwicklung ...

die Analyse letzterer sichtbar werden. Unterstützt wird dies von Chantal Mouffes (2007) Idee eines „konfliktualen Konsenses" (ebd.: 69). Konfrontationen zwischen (politischen) Gegnern sollen und müssen demnach möglich sein, um zu einem derartigen Konsens zu gelangen, allerdings sollten sich die Konfliktparteien an „einen gemeinsamen Regelkanon" (ebd.: 70) halten. Man müsse von antagonistischen Konflikten (also der Beziehung zwischen Feinden) zu agonistischen Konflikten (Beziehungen zwischen Gegnern) kommen (vgl. ebd.: 69). Mouffe erläutert ihre Idee unter anderem anhand einer kritischen Diskussion der Theorien von Ulrich Beck und Anthony Giddens. Beide Theoretiker gehen ihrer Meinung nach davon aus, „dass Konflikte [...] durch die ‚Erschließung' vielseitiger öffentlicher Räume befriedet werden [können], in denen Menschen mit sehr unterschiedlichen Interessen ihre Entscheidungen im Dialog treffen" (ebd.: 65) und Beziehungen aufbauen, die von gegenseitiger Toleranz getragen sind (vgl. ebd.). Mit Blick auf die beiden Gemeinden in dieser Studie lässt sich konstatieren: Es gab solche Räume des Austauschs, die Konflikte sind nicht eskaliert. Trotzdem ließen sie sich nicht alle lösen. Gleichzeitig wurde in beiden Orten sorgsam darauf geachtet, dass das Ansehen der Gemeinde etwa durch das Austragen von Konflikten in einer breiteren medialen Öffentlichkeit keinen Schaden nahm. Mouffe weist allerdings darauf hin, dass der „non-konfliktuale politische Ansatz von Beck und Giddens" (ebd.: 68), der nicht mehr von dem Modell einer (politischen) Gegnerschaft ausgehe, nicht in der Lage sei, bestehende Machtverhältnisse zu hinterfragen (vgl. ebd.: 68 f., 73). Abschließend möchte ich deshalb mit einem letzten Befunden aus der vorliegenden Studie argumentieren: Es konnte gezeigt werden, dass Gemeinschaften keineswegs statisch sind, sondern fortlaufend (re-)produziert werden. Kriterien für die Abgrenzung von oder den Einschluss in eine Gemeinschaft variieren über die Zeit, je nach lokalen Gegebenheiten (sozio-historische Hintergründe, inklusive vorangegangener Konflikte und vorherrschende politische Kultur). Umso mehr plädiere ich in Anlehnung an Chantal Mouffe (ebd.: 17, vgl. Abschn. 3.3) dafür, „die pluralistische Natur der Welt des Sozialen" anzuerkennen „samt den Konflikten, die zum Pluralismus gehören".

Fazit und Ausblick 7

7.1 Zusammenfassung

In dieser Studie wurde untersucht, wie Akteure in ländlichen Alpengemeinden sozial-ökologische Wandlungsprozesse erfahren und gestalten und welche Rolle dabei Vorstellungen von nachhaltiger Entwicklung spielen.

Ländliche Gemeinden sind mit Veränderungsdynamiken konfrontiert, die in unterschiedlicher Intensität auch die Bewohner*innen der beiden untersuchten Alpengemeinden beschäftigten: der Rückgang der Erwerbsarbeit und die Ausdünnung der Infrastruktur (bezogen auf die Erreich- bzw. Verfügbarkeit von Einrichtungen für Bildung, Versorgung und Gesundheit) (vgl. Hauss/Land/Willisch 2006: 34 ff.). Hinzu kommen Megatrends wie „Globalisierung, demographischer Wandel, Pluralisierung der Lebensstile, Klimawandel und Energiewende" (Hofmeister/Klee 2015: 77). Diese Studie fokussiert die folgenden vier Wandlungsprozesse: erstens den sozio-ökonomischen Strukturwandel, zweitens den demografischen Wandel und drittens Veränderungen, die mit dem anthropogenen Klimawandel in Verbindung stehen – seien es mit dem Klimawandel assoziierte Umweltveränderungen oder deren Folgen für die lokale Wirtschaft und die Handlungsmotive der Bürger*innen – sowie viertens Bemühungen um regenerative Energieerzeugung im Zeichen der Energiewende. Die genannten Veränderungsdynamiken sind eng miteinander verzahnt und lassen sich am besten unter der Prämisse „gesellschaftliche[r] Naturverhältnisse" (Becker/Jahn/Hummel 2006: 174) betrachten. Gesellschaft und Natur werden dabei als in komplexen Beziehungsmustern verbunden aufgefasst (vgl. ebd.: 182), welche zudem historisch variabel sind (vgl. ebd.: 193).

Die vorliegende Arbeit steht im Kontext der sozialwissenschaftlichen Transformationsforschung. Durch die empirische Analyse konnte gezeigt werden,

© Der/die Autor(en), exklusiv lizenziert an Springer Fachmedien Wiesbaden GmbH, ein Teil von Springer Nature 2022
J. Türk, *Konflikthafte Vergemeinschaftung*,
https://doi.org/10.1007/978-3-658-39684-8_7

dass Transformationsprozesse keineswegs linear verlaufen und angesichts konfligierender Positionen durchaus heterogener und komplexer sind, als dies in zahlreichen Modellen zu Transformationsprozessen suggeriert wird. Während sich die Transformationsforschung in der Vergangenheit häufig auf einzelne gesellschaftliche Bereiche oder Sektoren bezog, die dann überwiegend isoliert betrachtet wurden (vgl. Patterson et al. 2015), war ich in meiner Studie stattdessen an der Frage interessiert, wie Akteure damit umgehen, wenn Dynamiken sozial-ökologischen Wandels örtlich oder zeitlich zusammentreffen und welche Herausforderungen dies mit sich bringt. Dabei fasse ich Transformation, genauer gesagt, „sozial-ökologische Transformationen" (Becker/Hummel/Jahn 2011: 82; Kluge/Hummel 2006) als eine Option auf, wie auf sozial-ökologische Wandlungsdynamiken reagiert werden könnte. Es geht um Transformationen hin zu nachhaltigeren Zuständen, wobei die angestrebten nachhaltigeren Zustände oder Nachhaltigkeitsziele keineswegs determiniert sind und auch nicht von allen geteilt werden.

Wenngleich ich persönlich eine integrative Perspektive auf Nachhaltigkeit befürworte, habe ich die Positionen der Feldteilnehmer*innen nicht daran gemessen. Da Nachhaltigkeit und nachhaltige Entwicklung normative Konzepte sind, die zwischen und innerhalb von Politik, Wirtschaft, Zivilgesellschaft und Wissenschaft kontrovers diskutiert werden, fasse ich Nachhaltigkeit vielmehr als „sozial umkämpfte Kategorie" (Neckel 2018: 14) auf. Das hat den Vorteil, den Blick auf potenziell damit einhergehende soziale Verwerfungen freizugeben: Je nachdem, von wem und wie diese sozial umkämpfte Kategorie inhaltlich gefüllt wird, gehen damit bestimmte Machtrelationen und Ungleichheiten einher (vgl. ebd.: 13–14). Wie Nachhaltigkeit definiert werde und wer darüber bestimme, schreibt Sighard Neckel, sei „ebenso eine Frage sozialer Rangordnungen wie die Konsequenzen von Nachhaltigkeit Probleme sozialer Ungleichheiten aufwerfen können" (ebd.: 14). Und: Ohne entsprechende wohlfahrtsstaatliche Arrangements und Politiken der Umverteilung würden selbst in einer Zukunft, in welcher im Sinne nachhaltiger Entwicklung ökonomische Schrumpfungsprozesse stattfänden „soziale Ungleichheit weiter zunehmen und die Verteilungskämpfe intensiver werden" (vgl. Adloff/Neckel 2019: 177; Muraca 2014: 59 ff.). Gleichzeitig sei nochmals darauf verwiesen, dass die Trennung in gesellschaftliche Sphären – insbesondere in Staat/Politik, Markt/Wirtschaft und Zivilgesellschaft/Bürger*innen – eine analytische ist, denn die Bürger*innen in der vorliegenden Studie sind durch multiple Vereinsmitgliedschaften und ihre Berufe gleichzeitig in mehreren dieser Sphären zu verorten. Dies hat bisweilen auch Einfluss auf ihre Vorstellungen von nachhaltiger Entwicklung. Wie Nachhaltigkeit in den beiden untersuchten Alpengemeinden ausgehandelt wurde und inwiefern sich die Positionen zu dem Thema

7.1 Zusammenfassung

in konkreten Entwicklungsprozessen niederschlugen, war das Ergebnis komplexer Vergemeinschaftungsprozesse.

Zum Zeitpunkt der Entstehung dieser Studie gab es keine Gemeindestudien, die sich im Kontext nachhaltiger Entwicklung auf Alpengemeinden und die dort stattfindenden Vergemeinschaftungsprozesse fokussierten. Anhand der sozialwissenschaftlichen Studien, die sich Alpengemeinden als Entitäten nähern, ließ sich zeigen, dass Forschung zu nachhaltiger Entwicklung dort noch ein sehr junges Feld ist. Aus älteren Studien wie etwa „The Hidden Frontier. Ecology and Ethnicity in an Alpine Village" (Cole/Wolf 1999) konnte der Schluss gezogen werden, dass in der Alpenforschung die (lokale) Geschichte sowie das Verhältnis der Bewohner zu ihrer naturräumlichen Umgebung (oft gleichbedeutend mit der Ausbeutung natürlicher Ressourcen) schon immer eine zentrale Rolle spielten. Ebenso ließ sich daraus ableiten, dass es den Erkenntnisgewinn steigert, auch die politischen und ökonomischen Wandlungsprozesse in den Dörfern zu berücksichtigen (Cole 1977: 370 ff.).

Zwei vergleichsweise aktuelle Forschungsprojekte beschäftigten sich expliziter mit nachhaltiger Entwicklung in Alpengemeinden. So wurden für die österreichische Studie „Zwei Alpentäler im Klimawandel" (Auer et al. 2010) mit natur- und sozialwissenschaftlichen Methoden Zukunftsszenarien für zwei verschiedene Alpengemeinden erarbeitet. Dabei fanden sich allerdings kaum Hinweise zu der für die vorliegende Studie relevanten Frage, wie diese Zukunftsszenarien innerhalb der Bevölkerung diskutiert wurden, noch zum Ablauf der Diskussionen, zu Argumentationsmustern, (impliziten) Normen und Werten, oder dazu, welche Positionen bezogen oder nicht bezogen wurden. In der zweiten für meine Untersuchung relevanten Studie – dem Forschungsprojekt „Klima Regional – soziale Transformationsprozesse für Klimaschutz und Klimaanpassung"[1], an dem ich selbst beteiligt war – wurde herausgearbeitet, dass der Klimawandel in Alpengemeinden nicht als vor Ort drängendes Problem verhandelt wird und deshalb viel stärker kontextualisiert werden muss, um als Problem lokal anschlussfähig zu sein. Im besagten Projekt wurden im Verbund dreier Hochschulen (Institut für Soziologie, LMU München; Hochschule München; Wissenschaftszentrum Umwelt, Universität Augsburg) klimabezogene Transformationsprozesse in sechs Alpengemeinden untersucht (vgl. Universität Augsburg). Ein wichtiges Ergebnis war, dass relevante Prozesse für Klimaschutz und Klimaanpassung nicht durch eine eindimensionale Betrachtung zu erfassen sind, sondern dass vielmehr

---

[1] Gefördert vom Bundesministerium für Bildung und Forschung, Laufzeit 9/2010 bis 12/2013.

„Bereichslogiken und Handlungsmöglichkeiten sowie -barrieren unterschiedlicher Ebenen netzwerkartig" (Kropp 2014: 219) zusammenfließen. Es zeigte sich, dass der Klimawandel die Menschen vor Ort weniger beschäftigte, als dies in Anbetracht von naturwissenschaftlichen Studien zum Alpenraum anzunehmen wäre. Selbst wenn man sich mit dem Klimawandel auseinandersetzte, wurden von den Feldteilnehmer*innen Probleme, die stärker mit dem wirtschaftlichen und demografischen Wandel sowie der Sicherung der Daseinsvorsorge in der Zukunft assoziiert wurden, als weitaus dringlicher erachtet (vgl. Kropp 2014: 222; Brickmann/Türk 2014). Das daraus abgeleitete Forschungsdesiderat, die Gleichzeitigkeit der Dynamiken sozial-ökologischen Wandels, ihre lokale Gewichtung und Priorisierung eingehend zu untersuchen, ist der Ausgangspunkt der vorliegenden Studie. Die zentralen Fragen dabei waren, wie Akteure in den Gemeinden sozial-ökologischen Wandel in seiner Breite wahrnehmen und bewerten und inwiefern sie diesbezüglich zu kollektivem Handeln gelangen.

In der vorliegenden empirischen Studie setzte ich deshalb grundsätzlicher an als die älteren Untersuchungen, und zwar bereits bei den Fragen, wie Akteure in ländlichen Alpengemeinden nachhaltige Entwicklung aushandeln und wie sie mit den mitunter konfligierenden Positionen dazu umgehen. Die gemeinsame Gestaltung kommunaler Entwicklung konnte als *Prozess konflikthafter Vergemeinschaftung* beschrieben werden. Als Ergebnis lässt sich festhalten: Kollektives Handeln für eine nachhaltige Entwicklung ist eher möglich und auch am ehesten erfolgversprechend, wenn in einer Gemeinde potenziell konfliktbehaftete Vergemeinschaftungsprozesse stattfinden können. Während des Prozesses ist es entscheidend, konfligierende Positionen auch als solche anzuerkennen. Ich schließe mich hier Chantal Mouffes Position an: Konflikte seien elementarer Bestandteil von liberalen, demokratischen Gesellschaften (vgl. Mouffe 2015: 28) und Konfliktparteien sollten „die Legitimität ihrer Opponenten anerkennen, auch wenn sie einsehen, dass es für den Konflikt keine rationale Lösung gibt" (dies. 2007: 30). Auf diese Weise ließe sich einer „Apathie und Entfremdung von der politischen Partizipation" (dies. 2015: 29) vorbeugen. Mit Coser (1956) und Simmel (1908) lässt sich außerdem argumentieren, dass Konflikte auch eine integrierende Wirkung haben können.

Die Untersuchungsergebnisse wurden nach den Arenen der Aushandlung der kommunalen Entwicklung gegliedert präsentiert. Arenen existieren nach Anselm Strauss vor allem dort, wo verschiedene soziale Welten aufeinandertreffen und bestimmte Themen – oftmals sehr kontrovers – verhandelt werden (Strauss 1978: 124). Den Auftakt machte die Analyse der in beiden Gemeinden durchgeführten Leitbildprozesse (Abschn. 5.2), gefolgt von der Rekonstruktion der kontroversen Diskussionen um die Gestaltung des jeweiligen Dorfkerns (Abschnitt 5.3), den

7.1 Zusammenfassung

Umgang mit demografischen Wandlungsprozessen (Abschn. 5.4) und schließlich um die Nutzung regenerativer Energiequellen (Abschn. 5.5). Für jede der rekonstruierten Arenen wurden die in ihr vertretenen Positionen analysiert. Im Zuge dieser Analyse wurden sowohl Wahrnehmungen sozial-ökologischer Wandlungsprozesse als auch Positionen zur jeweils angemessenen Bearbeitungsweise herausgearbeitet. Über die Verhandlung verschiedener Interessen und der dabei vertretenen Positionen wurden außerdem explizite und implizite Nachhaltigkeitskonzepte rekonstruiert, ebenso Bilder von Gemeinschaft.

Die Analyse verschiedener Entwicklungsprojekte – Arenen, in welchen die unterschiedlichen Vorstellungen von nachhaltiger Entwicklung verhandelt wurden – führte zu folgendem Ergebnis: Nachhaltige Entwicklung fungiert sowohl als kollektives Ziel als auch als „boundary object" (Star/Griesemer 1989) zwischen sozialen Welten. Es konnte also erklärt werden, dass nachhaltige Entwicklung auch dann als kollektives Ziel fungierte, wenn kein (stabiler) Konsens über die genaue inhaltliche Ausgestaltung und das erforderliche Vorgehen bestand. Mit Dahrendorf (1972) und Coser (1956), die davon ausgehen, dass soziale (also überindividuelle) Konflikte strukturverändernd wirken und zu sozialem Wandel beitragen können, lässt sich außerdem argumentieren, dass Konflikte nicht dinggleich existieren, sondern stattdessen erst über die Rekonstruktion von sozialen Prozessen oder soziale Wechselwirkungen zwischen Akteuren rekonstruierbar werden. In der vorliegenden Arbeit wurden deshalb Konflikte in erster Linie als konfligierende Positionen rekonstruiert. Dies umfasste auch Berichte von Feldteilnehmer*innen über aktuelle und vergangene Auseinandersetzungen zwischen verschiedenen Gruppen.

Die beständige Auseinandersetzung und der konstruktive Umgang mit konfligierenden Positionen können nachhaltige Entwicklung befördern und Vergemeinschaftungsprozesse können davon profitieren. Gleichwohl bedeutet Beteiligung an Entscheidungsprozessen nicht per se, dass die beste Lösung erzielt wird. Je nachdem, wie Nachhaltigkeit in der entsprechenden sozialen Welt verstanden oder welche Schwerpunkte dahingehend gesetzt werden, können die Ergebnisse in den Gemeinden sehr unterschiedlich sein. Wenn nachhaltige Entwicklung aber als „boundary object" anerkannt wird – als vergleichsweise grobe Arbeitsdefinition, die von verschiedenen sozialen Welten geteilt wird, aufgrund ihrer unterschiedlichen Auslegbarkeit aber mit beständigen Aushandlungsprozessen einhergeht –, ist der Weg für einen zielführenden Austausch geebnet.

Durch die eingehendere Betrachtung der Kooperationsprozesse zu den ausgewählten Themen wurde rekonstruiert, wie diese Prozesse abliefen und inwieweit diese als Vergemeinschaftung aufgefasst werden können. Anhand der Analyse mehrerer Arenen in einer Gemeinde und insbesondere des Vergleichs zwischen den Gemeinden konnten die jeweils vorgefundenen Kooperationsprozesse als spezifische Muster beschrieben werden: hier eine kooperative Zielfindung und -realisierung durch Partizipation der Bürger*innen während des gesamten Prozessverlaufs im bayerischen Wiesental, dort ein Verwaltungshandeln mit punktueller Beteiligung der Bürger*innen im Südtiroler Kirchdorf.

Darüber hinaus konnten in beiden Gemeinden Prozesse der Vergemeinschaftung nachvollzogen werden. Dabei sind für ländliche Gemeinden (im Sinne von Siedlungen im ländlichen Raum) keineswegs selbstverständlich traditionale Formen der Vergemeinschaftung anzunehmen, vielmehr wird Gemeinschaft prozesshaft hergestellt. Als konstituierende Elemente von Gemeinschaft wurden folgende Aspekte herausgearbeitet: Abgrenzung (Mechanismen des Ein- und Ausschlusses), Zusammengehörigkeitsgefühl/Kohäsion, geteiltes Interesse, anerkannte Wertsetzungen, gemeinsame Interaktionszeiträume (Kopräsenz/Sichtbarkeit), ein imaginiertes Selbstbild, die Möglichkeit zur Herausbildung kollektiver Identitäten, Vertrauen, Transparenz. Als Mechanismen von Vergemeinschaftung wurden die kollektive Praxis von Gemeinschaften nach innen (also ihre Erlebbarkeit), und ihre Abgrenzung nach außen (also Momente der Grenzziehung) sowie ein mindestens „impliziter Selbstentwurf" (vgl. Gertenbach et al. 2010: 66) hervorgehoben. Die Erlebbarkeit einer Gemeinschaft ist dabei eng geknüpft an wiederkehrende „gemeinschaftliche Zusammenkünfte" (ebd.: 71). Zudem wurde bürgerschaftliches Engagement als eine Möglichkeit zum Anstoß von Vergemeinschaftungsprozessen aufgezeigt. Der Begriff des bürgerschaftlichen Engagements wird der Enquete-Kommission des Deutschen Bundestags zur Zukunft des bürgerschaftlichen Engagements (2002) folgend als eine freiwillige Tätigkeit aufgefasst, die „nicht auf das Erzielen eines persönlichen materiellen Gewinns, [sondern] auf das Gemeinwohl hin" orientiert" ist, im öffentlichen Raum stattfindet und kooperativ ausgeübt wird (Deutscher Bundestag 2002: 40). Zusätzlich zur Gemeinwohlorientierung und der Definition als kooperative Tätigkeit, die keinem individuellen Gewinnstreben dient, wurde auch die für Vergemeinschaftungsprozesse förderliche Bedeutung eines solchen Engagements betont – wenngleich diese Kausalitätsannahme stets im konkreten Fall empirisch zu überprüfen ist. In meiner Studie konnte dieser Zusammenhang hergestellt werden.

Ausgehend von dem Hauptergebnis, dass kollektives Handeln für eine nachhaltige Entwicklung als Prozess konflikthafter Vergemeinschaftung begriffen werden sollte, wurden verschiedene *Gelingensbedingungen* für ein solches Handeln beschrieben. So ist es für die Analyse von lokalen Kooperationsprozessen

7.1 Zusammenfassung

und Bemühungen um nachhaltige Entwicklung unabdingbar, neben den aktuellen sozio-ökonomischen Ausgangsbedingungen auch räumliche, historische und politisch-institutionelle Gegebenheiten einzubeziehen. Ein derart breiter Ansatz ist erforderlich, um das Engagement der Akteure vor Ort umfassend theoretisieren zu können. Die Bewältigung sozial-ökologischer Wandlungsprozesse sollte sinnvollerweise langfristig angelegt sein, weswegen historische Hintergründe samt zurückliegender und oftmals prägender Konflikte berücksichtigt werden sollten. Zugleich bedarf es ebenso langfristig angelegter sozialer Räume des Austausches (auch kontroverser Positionen!) und der Beteiligung.

Im Anschluss an Giddens und dessen Theorie der Strukturierung (ders. 1997a) begreife ich sozial-ökologischen Wandel als durch Handeln gestaltbar (im Sinne von Transformationen zu nachhaltigeren Zuständen), wobei dieses Handeln gleichzeitig eingebettet ist in Strukturen, welche Handlungsspielräume ebenso einhegen wie ermöglichen können. Giddens geht nicht von einem Dualismus – im Sinne eines Gegensatzes von Handeln und Struktur – aus, sondern davon, dass sich beides wechselseitig beeinflusst (vgl. Giddens 1997a: 77). Anhand von Giddens Argument der zeitlichen und räumlichen Einbettung allen Handelns ließ sich erklären, dass raumsoziologische Überlegungen relevant sind, während die notwendige Dimension der Zeitlichkeit bereits der Diskussion von sozial-ökologischem Wandel und Transformationsprozessen implizit ist. Auf Basis dieser theoretischen Überlegungen, die durch die Empirie belegt werden, komme ich zu folgendem Schluss für gelingende Aushandlungsprozesse: Die Bewältigung sozial-ökologischer Wandlungsprozesse sollte langfristig angelegt sein. Da längere Erfahrungsspannen für den Bewältigungsprozess hilfreich sind, sollten historische Hintergründe samt zurückliegender und oftmals prägender Konflikte in der Analyse mitberücksichtigt werden. In Rekurs auf Läpple (1991) beziehungsweise Poulantzas (1978) ließ sich verdeutlichen, dass die jeweilige geschichtliche Gewordenheit einer Gemeinde relevant ist und deshalb prägende Ereignisse und Konflikte in den betreffenden Alpengemeinden rekonstruiert werden sollten. Darüber hinaus bedarf es sozialer Räume des Austausches und der Beteiligung, die langfristig angelegt sind. Anhand der Grundüberlegung Henri Lefevbres (1974), dass Raum sozial konstruiert ist, ließ sich die wichtige Rolle von (sozialen) Räumen für Gemeinschaften und Prozesse der Vergemeinschaftung zeigen. Räume stellen außerdem einen notwendigen Bezugspunkt für kollektives Handeln oder doch zumindest für kollektive Handlungsfähigkeit dar (vgl. Cools/Fürst/Zimmermann 2004: 79). Bei der Analyse von Vergemeinschaftungsprozessen sollte räumlichen Aspekten deshalb unbedingt Aufmerksamkeit geschenkt werden, sowohl deren physisch-materiellen als auch deren sozialen Facetten.

Werden konfligierende Positionen nicht in den gemeinschaftlichen Bearbeitungsprozess sozial-ökologischer Wandlungsdynamiken einbezogen, führt dies mitunter zu Frustration, einer Vertiefung bestehender Meinungsverschiedenheiten und einer schlechteren Akzeptanz der gefällten Entscheidungen. Es sollte deshalb sichergestellt werden, dass durch eine Beteiligung, die über bloßes „Particitainment" (Selle 2011) hinausgeht, möglichst viele Perspektiven und Bedürfnisse von Bürger*innen in den Alpengemeinden einbezogen werden. Als „Particitainment" beschreibt der Planungswissenschaftler Klaus Selle (2011) Beteiligungsprozesse, die zwar öffentlichkeitswirksam inszeniert und bei denen zahlreiche Anregungen gesammelt werden, dann aber aus Sicht der Beteiligten oft wirkungslos bleiben und das Entscheidungsverhalten von Politik und Verwaltung auf lange Sicht kaum verändern (vgl. ebd.: 11 f.). So würden Bürger*innen oftmals zwar zeitlich, sachlich, räumlich und institutionell begrenzt an Planungsverfahren beteiligt, eine „Veränderung der lokalen Kultur im Umgang miteinander" fände aber „nicht nachhaltig" statt (ebd.: 12). Mit der vorliegenden Studie konnte ich zeigen, dass Entscheidungen und Entwicklungsprojekte von Dorfbewohner*innen besser akzeptiert und intensiver unterstützt wurden, wenn sie daran partizipieren konnten. Nur in einer der beiden untersuchten Gemeinden konnten allerdings Effekte festgestellt werden, die tatsächlich für ein Empowerment der Dorfbevölkerung sprechen, im Sinne einer „transformativen Partizipation" (White 1996). Dabei darf das Wort „transformativ" allerdings nicht in die Irre führen, denn auch wenn nachhaltige Entwicklung vielfach mit der Forderung nach Partizipation verknüpft wird, gilt: Aus Partizipation an Entscheidungsprozessen folgt nicht selbstverständlich nachhaltige Entwicklung (vgl. Newig/Kuhn/Heinrichs 2011: 31; Oels 2007).

7.2 Limitationen

Bei der vorliegenden Studie handelt es sich um eine Middle-range-Studie (vgl. Merton 2007 [1949]), das heißt um theoretische Konzeptionen mittlerer Reichweite. Im Unterschied zu manchen klassischen amerikanischen Gemeindestudien, wie etwa „Middletown" (Lynd/Lynd 1956 [1929]) und „Middletown in Transition" (dies. 1965 [1937]), die zum Ziel hatten, durch die möglichst umfassende Untersuchung einer Stadt allgemeingültige Aussagen über das Leben in einer amerikanischen Durchschnitts-Mittelstadt treffen zu können (vgl. Harth et al. 2012: 84), erhebt die vorliegende Arbeit explizit nicht den Anspruch, eine pars-pro-toto-Studie zu sein. Es kann folglich keine pauschale und generalisierende

Übertragung der Erkenntnisse auf andere Gemeinden erfolgen. Dennoch ermöglicht die vorliegende Studie, anhand der herausgearbeiteten Muster den Gewinn wertvoller Erkenntnisse auch für andere ländliche Alpengemeinden und über gesellschaftliche Transformationsprozesse (bzw. die kollektive Gestaltung einer lokalen und gegebenenfalls auch regionalen Entwicklung). Dass eine dahingehende Abstraktion und Generalisierung möglich sind, wurde über die Strategie des theoretischen Samplings sichergestellt (vgl. Corbin 2011; Strübing 2011).

Der Vergleich der Gemeinden ist bewusst nicht wertend angelegt. Es ging niemals darum, ob die eine Gemeinde es besser als die andere macht, im Sinne eines Abprüfens, welches Vorgehen das nachhaltigere sei. Vielmehr sollten unterschiedliche Muster des Umgangs mit sozial-ökologischen Wandlungsprozessen herausgearbeitet werden, indem die Heterogenität und Widersprüchlichkeit der beobachteten Kooperationsprozesse in den Fokus gerückt und die Konflikte im Ringen um nachhaltige Entwicklung aufgezeigt werden, statt sie in allzu glatten Modellannahmen zu neutralisieren. Die Situationsanalyse gibt dabei einen Einblick in die Diskussionen und konflikthaften Aushandlungsprozesse innerhalb und zwischen unterschiedlichen sozialen Welten, der den Leser*innen einer Broschüre oder Chronik über die betreffenden Dörfer völlig verborgen bliebe.

7.3 Praxisimplikationen

Communities sind nicht statisch, sondern veränderbar. Um Veränderungsprozesse anstoßen zu können, bedarf es jedoch eines voraussetzungsreichen Reflexionsprozesses. Dabei gilt es, sich als Erstes bewusst zu machen, was die jeweilige Gemeinschaft überhaupt ausmacht. Vieles, was durch das praktische Bewusstsein (Giddens 1984: 49) den Gemeinschaftsmitgliedern selbstverständlich erscheint, ist nicht nur für andere zunächst undurchschaubar, sondern auch den Mitgliedern selbst nicht unmittelbar zur Reflexion zugänglich. Erst wenn die Gemeinschaftsmitglieder sich bewusst machen, wie sie als Gemeinschaft denken und handeln, können sie auch Veränderungen einleiten. Dabei sollte unbedingt die Dorfgeschichte (samt Konflikten und Kooperationserfahrungen) berücksichtigt werden, ebenso die politisch-institutionellen Gegebenheiten. Man könnte beispielsweise fragen: Welche Förderpolitik wurde bisher betrieben? Was erlaubten oder verhinderten administrative Leitlinien? Wie sah die (übergeordnete) politische Agenda aus? Welche politische Kultur hat sich bisher in der betreffenden Gemeinde etabliert? Außerdem sollten entsprechende Räume geschaffen werden, um Aushandlungs- und Vergemeinschaftungsprozesse zu ermöglichen. Dazu bedarf es dauerhafter sozialer Räume des Austauschs. In der vorliegenden Studie kamen diese im Wesentlichen durch wiederkehrende Abläufe zustande, zum Beispiel die feste Abfolge von ersten Informationstreffen mit professioneller Moderation und Expert*innen-Inputs, der anschließenden Bildung von Arbeitskreisen und gegebenenfalls Vereinsgründungen oder der Bildung anderer organisationaler Strukturen unter Einbindung der Zivilgesellschaft. Auch physisch-materielle Treffpunkte, Artefakte und Repräsentationsräume können hierbei hilfreich sein (beispielsweise ein lokales Bürgerheim).

7.4 Ausblick auf weitere Forschung

Mit heutigem Wissensstand wäre es im Zuge dieser Studie sicherlich soziologisch relevant und gesellschaftlich geboten gewesen, die Zuwanderung von Geflüchteten in die Untersuchung und die Theoretisierung mit einzubeziehen, denn ab Mai 2015 standen viele Gemeinden vor der Herausforderung, in kurzer Zeit viele Menschen aufzunehmen. Bei der Analyse des Zusammenhangs zwischen Vergemeinschaftungsprozessen und dem Streben nach nachhaltiger Entwicklung hätte sich beispielsweise erforschen lassen, wie geflüchtete Personen Zugang zu einer etwaigen Dorfgemeinschaft finden können und welche Auswirkung die Zuwanderung und der Umgang damit auf die Ausgestaltung der kommunalen Entwicklung haben. Die Vermutung liegt nahe, dass Zuwanderung einen Einfluss auf lokale Bilder von Gemeinschaft und möglicherweise auch Prozesse von Vergemeinschaftung hat. In der vorliegenden Arbeit wurde nachgewiesen, dass Prozesse der Vergemeinschaftung beziehungsweise des Ein- und Ausschlusses in eine Gemeinschaft über das Commitment zu lokal etablierten Werten funktionieren.

Doch der Großteil der Datenerhebung war bereits vor Mai 2015 abgeschlossen, sodass kaum empirisches Material für eine tiefgehende Analyse von Fluchtmigration in die betreffenden Alpengemeinden vorlag. Vergleichsweise prompt hat sich das Gemeindenetzwerk „Allianz in den Alpen" mit den Herausforderungen im Zusammenhang mit dieser Zuwanderungsbewegung beschäftigt. In dem Projekt „Zusammenleben in den Alpen"[2] wurde anhand von Praxisbeispielen ein Leitfaden für Alpengemeinden erstellt, wie „Migration" insgesamt zu meistern sei (vgl. Allianz in den Alpen). Die Frage, wie Geflüchtete Zugang in den jeweiligen aufnehmenden Ländern und Kommunen finden können, untersuchten verschiedene Projekte im EU-Förderprogramm „Alpine Space". Das

---

[2] Laufzeit 2015–2016, gefördert vom Vorsitz der Alpenkonvention (BMU, StMUV).

7.4 Ausblick auf weitere Forschung

Projekt „Pluralps"[3] beispielsweise erarbeitete unter anderem ein Sozialplanungs-Instrument für Kommunen zu dem Fragenkomplex, welche Dienstleistungen und Maßnahmen Integrationsprozesse befördern können und wie die Lebensqualität der Menschen vor Ort verbessert werden kann (vgl. Klien/Greussing 2019; Weiß/Psenner/Streifeneder 2018). Soziologische Befunde, die den Nexus von Fluchtmigration, Vergemeinschaftungsprozessen und nachhaltiger Entwicklung in ländlichen Alpengemeinden explorieren, stehen hingegen noch aus.

---

[3] Laufzeit 01.11.2016–31.10.2019.

Literatur und Internetquellen

Literatur

Adloff, Frank (2005): Die Konflikttheorie der Theorie kollektiver Akteure. In: Bonacker, Thorsten (Hg.) *Sozialwissenschaftliche Konflikttheorien. Friedens- und Konfliktforschung.* Wiesbaden: VS Verlag für Sozialwissenschaften, S. 361–378.

Adloff, Frank; Neckel, Sighard (2019): Modernisierung, Transformation oder Kontrolle? Die Zukünfte der Nachhaltigkeit. In: Dörre, Klaus; Rosa, Hartmut; Becker, Karina; Bose, Sophie; Seyd, Benjamin (Hg.) *Große Transformation? Zur Zukunft moderner Gesellschaften.* Wiesbaden: Springer VS, S. 167–180.

Adloff, Frank; Neckel, Sighard (2020): Einleitung: Gesellschaftstheorie im Anthropozän. In: Adloff, Frank; Neckel, Sighard (Hg.) *Gesellschaftstheorie im Anthropozän. Zukünfte der Nachhaltigkeit, Band 1.* New York, Frankfurt: Campus, S. 7–19.

Adloff, Frank; Neckel, Sighard (Hg.) (2020): *Gesellschaftstheorie im Anthropozän. Zukünfte der Nachhaltigkeit, Band 1.* New York, Frankfurt: Campus.

Akademie für Raumforschung und Landesplanung (Hg.) (2005): *Handwörterbuch der Raumordnung.* Hannover: Akademie für Raumforschung und Landesplanung.

AK Postwachstum (Hg.) (2017): *Wachstum – Krise und Kritik. Die Grenzen der kapitalistisch-industriellen Lebensweise.* Frankfurt, New York: Campus.

Albrecht, Clemens (2008): Traditionale und posttraditionale Vergemeinschaftung. In: Hitzler, Ronald; Honer, Anne; Pfadenhauer, Michaela (Hg.) *Posttraditionale Gemeinschaften. Theoretische und ethnografische Erkundungen.* Wiesbaden: VS Verlag für Sozialwissenschaften, S. 329–336.

Alcántara, Sophia; Kuhn, Rainer; Renn, Ortwin; Bach, Nicolas; Böhm, Birgit; Dienel, Hans-Liudger; Ullrich, Peter; Schröder, Carolin; Walk, Heike (2014): DELIKAT – Fachdialoge Deliberative Demokratie: Analyse Partizipativer Verfahren für den Transformationsprozess. Dessau-Roßlau. http://dx.doi.org/10.14279/depositonce-4423 (Zugriff: 14.03.2021).

Alisch, Monika (2008): Von der Gemeinde zur Großstadt und zurück: Methodologische und systematische Traditionen der Analyse sozialer Räume. In: May, Michael (Hg.) *Praxisforschung im Sozialraum. Fallstudien in ländlichen und urbanen sozialen Räumen.* Opladen: Budrich, S. 21–44.

Amann, Klaus; Hirschauer, Stefan (1997): Die Befremdung der eigenen Kultur. Ein Programm. In: Hirschauer, Stefan; Amann, Klaus (Hg.) *Die Befremdung der eigenen Kultur.*

Zur ethnographischen Herausforderung soziologischer Empirie. Frankfurt a. M.: Suhrkamp, S. 7–52.

Anderson, Benedict (1983): *Imagined Communities. Reflections on the Origins and Spread of Nationalism*. London: Verso.

Anderson, Benedict (1996): *Die Erfindung der Nation. Zur Karriere eines folgenreichen Konzepts*. Berlin: Ullstein.

Andreas, Marcus (2015): *Vom neuen guten Leben. Ethnographie eines Ökodorfes*. Bielefeld: transcript Verlag.

Arnstein, Sherry R. (1969): A Ladder Of Citizen Participation. *Journal of the American Institute of Planners* 35 (4), S. 216–224.

Atkinson, Paul A. (1992): *Understanding Ethnographic Texts*. Newbury Park, CA: Sage.

Auer, Ingeborg; Prettenthaler, Franz; Böhm, Reinhard; Proske, Herwig (Hg.) (2010): *Zwei Alpentäler im Klimawandel*. Innsbruck: innsbruck university press.

Autonome Provinz Bozen-Südtirol (2002a): Südtirol-Leitbild 2000. Landesentwicklungs- und Raumordnungsplan. Genehmigt mit Landesgesetz vom 18. Jänner 1995. http://www.provinz.bz.it/natur-umwelt/natur-raum/downloads/lerop95_Ausgabe2002.pdf (Zugriff: 13.03.2021).

Autonome Provinz Bozen-Südtirol (2011): Klimaplan. Energie-Südtirol-2050. Bozen: Landesagentur für Umwelt und Klimaschutz.

Autonome Provinz Bozen-Südtirol (2017): Das Südtirol Handbuch. Bozen: Südtiroler Landesregierung, Agentur für Presse und Information.

Baasch, Stefanie; Bauriedl, Sybille; Hafner, Simone; Weidlich, Sandra (2012): Klimaanpassung auf regionaler Ebene: Herausforderungen einer regionalen Klimawandel-Governance. *Raumforschung und Raumordnung Spatial Research and Planning* 70 (3), S. 191–201.

Bachmann-Medick, Doris (2006): *Cultural Turns. Neuorientierungen in den Kulturwissenschaften*. Reinbek bei Hamburg: Rowohlt Taschenbuch Verlag.

Bachrach, Peter; Baratz, Morton S. (1962): Two Faces of Power. *American Political Science Review* 56 (4), S. 947–952.

Backhouse, Maria; Tittor Anne (2019): Für eine intersektionale Perspektive auf globale sozial-ökologische Ungleichheiten. In: Dörre, Klaus; Rosa, Hartmut; Becker, Karina; Bose, Sophie; Seyd, Benjamin (Hg.) *Große Transformation? Zur Zukunft moderner Gesellschaften*. Wiesbaden: Springer VS, S. 297–309.

Barck, Karlheinz; Gente, Peter; Paris, Heidi; Richter, Stefan (Hg.) (1990): *Aisthesis. Wahrnehmung heute oder Perspektiven einer anderen Ästhetik*. Leipzig: Reclam.

Baszanger, Isabelle; Dodier, Nicolas (1997): Ethnography: Relating the Part to the Whole. In: Silverman, David (Hg.) *Qualitative Research. Theory, Method and Practice*. London: Sage, S. 8–23.

Bätzing, Werner (2015a): *Die Alpen. Geschichte und Zukunft einer europäischen Kulturlandschaft. 4. Auflage*. München: C.H. Beck Verlag.

Bätzing, Werner (2015b): *Zwischen Wildnis und Freizeitpark. Eine Streitschrift zur Zukunft der Alpen*. Zürich: Rotpunktverlag.

Bätzing, Werner (2000): Die Alpen als Vorreiter und Prüfstein einer nachhaltigen Regionalentwicklung im Zeitalter der Globalisierung. *Jahrbuch des Vereins zum Schutz der Bergwelt e. V. München*, S. 199–205.

Baumgartner, Christian; Eser, Torsten; Schausberger, Bernadette (2005): Nachhaltigkeitsstrategien in der Europäischen Union und Möglichkeiten ihrer Verankerung in den nationalen Parlamenten. Wien: Forum Nachhaltiges Österreich. https://www.ams-forschung snetzwerk.at/downloadpub/NStrat_Parlamente_final.pdf (Zugriff: 15.03.2021).

Bayerisches Staatsministerium für Umwelt und Gesundheit (2013): Bayerische Nachhaltigkeitsstrategie. München.

BDS & DGS (2017): Ethik-Kodex der Deutschen Gesellschaft für Soziologie (DGS) und des Berufsverbands Deutscher Soziologinnen und Soziologen (BDS). https://soziologie.de/dgs/ethik/ethik-kodex (Zugriff: 14.03.2021).

Beck, Gerald; Kropp, Cordula (Hg.) (2012): *Gesellschaft innovativ: Wer sind die Akteure?* Wiesbaden: VS Verlag für Sozialwissenschaften.

Beck, Silke; Böschen, Stefan; Kropp, Cordula; Voss, Martin (2014): Aus dem Schatten der Klimamodellierung – Zur Repolitisierung des Klimawandels durch Sozialwissenschaften. In: Böschen, Stefan; Gill, Bernhard; Kropp, Cordula; Vogel, Katrin (Hg.) *Klima von unten. Regionale Governance und gesellschaftlicher Wandel.* Frankfurt am Main: Campus, 35–53.

Beck, Ulrich (1986): *Risikogesellschaft. Auf dem Weg in eine andere Moderne.* Frankfurt a. M.: Suhrkamp.

Beck, Ulrich (1996): Das Zeitalter der Nebenfolgen und die Politisierung der Moderne. In: Beck, Ulrich; Giddens, Anthony; Lash, Scott (Hg.) *Reflexive Modernisierung. Eine Kontroverse.* Frankfurt a. M.: Suhrkamp, S. 19–112.

Beck, Ulrich (2001): Theorie reflexiver Modernisierung – Fragestellungen, Hypothesen, Forschungsprogramme. In: Beck, Ulrich; Bonß, Wolfgang (Hg.) *Die Modernisierung der Moderne.* Frankfurt a. M.: Suhrkamp, S. 11–59.

Beck, Ulrich; Bonß, Wolfgang (Hg.) (2001): *Die Modernisierung der Moderne.* Frankfurt a. M.: Suhrkamp.

Beck, Ulrich; Bonß, Wolfgang; Lau, Christoph (2001): Theorie reflexiver Modernisierung – Fragestellungen, Hypothesen, Forschungsprogramme. In: Beck, Ulrich; Bonß, Wolfgang (Hg.) *Die Modernisierung der Moderne.* Frankfurt a. M.: Suhrkamp, S. 11–59.

Beck, Ulrich; Giddens, Anthony; Lash, Scott (Hg.) (1996): *Reflexive Modernisierung. Eine Kontroverse.* Frankfurt a. M.: Suhrkamp.

Becker, Egon; Hummel, Diana; Jahn, Thomas (2011): Gesellschaftliche Naturverhältnisse als Rahmenkonzept. In: Groß, Matthias (Hg.) *Handbuch Umweltsoziologie.* Wiesbaden: VS Verlag für Sozialwissenschaften, S. 75–96.

Becker, Egon; Jahn, Thomas (Hg.) (1999): *Sustainability And The Social Sciences: A Cross-Disciplinary Approach To Integrating Environmental Considerations Into Theoretical Reorientation.* London, New York: Zed Books.

Becker, Egon; Jahn, Thomas (Hg.) (2006): *Soziale Ökologie. Grundzüge einer Wissenschaft von den gesellschaftlichen Naturverhältnissen.* Frankfurt, New York: Campus Verlag.

Becker, Egon; Jahn, Thomas; Stieß, Immanuel (1999): Exploring Uncommon Ground: Sustainability and the Social Sciences. In: Becker, Egon; Jahn, Thomas (Hg.) *Sustainability And The Social Sciences: A Cross-Disciplinary Approach To Integrating Environmental Considerations Into Theoretical Reorientation.* London, New York: Zed Books, S. 1–22.

Beetz, Stephan; Brauer, Kai; Neu, Claudia (Hg.) (2005): *Handwörterbuch zur ländlichen Gesellschaft in Deutschland.* Wiesbaden: VS Verlag für Sozialwissenschaften.

Beetz, Stephan; Brauer, Kai; Neu, Claudia (2005): Vorwort. In: Beetz, Stephan; Brauer, Kai; Neu, Claudia (Hg.) *Handwörterbuch zur ländlichen Gesellschaft in Deutschland*. Wiesbaden: VS Verlag für Sozialwissenschaften, S. VII–IX.

Beetz, Stephan; Voigt, Alexander; Gasch, Anna-Clara; Rodriguez-Abello, Sarah (2015): Teilprojektbericht: Soziale Unterstützungsstrukturen im Wandel, S. 30–31. https://www.bmel.de/SharedDocs/Downloads/DE/Broschueren/dorfstudie-ergebnisse.pdf;jsessionid=48C1106F861E7D17201A59F6D9E1CB6C.intranet922?__blob=publicationFile&v=5 (Zugriff: 14.03.2021).

Bell, Colin; Newby, Howard (1971): *Community Studies*. London: Allen and Unwin.

Bell, Colin; Newby, Howard (Hg.) (1974): *The Sociology of Community. A Selection of Readings*. London/England, Portland, Oregon/USA: Frank Cass and Company Limited.

Benz, Arthur; Lütz, Susanne; Schimank, Uwe; Simonis, Georg (Hg.) (2007): *Handbuch Governance. Theoretische Grundlagen und empirische Anwendungsfelder*. Wiesbaden: VS Verlag für Sozialwissenschaften.

Bernhardt, Christoph; Kilper, Heiderose; Moss, Timothy (Hg.) (2009): *Im Interesse des Gemeinwohls. Regionale Gemeinschaftsgüter in Geschichte, Politik und Planung*. Frankfurt a. M., New York: Campus.

Biesecker, Adelheid; von Winterfeld, Uta (2013): Alte Rationalitätsmuster und neue Beharrlichkeiten: Impulse zu blinden Flecken der Transformationsdebatte. *GAIA* 22 (3), S. 160–165.

Blatter, Joachim (2007): Governance – theoretische Formen und historische Transformationen. Politische Steuerungs- und Integrationsformen in Metropolregionen der USA (1850–2000). Modernes Regieren, Schriften zu einer neuen Regierungslehre. Baden Baden: Nomos.

Block, Katharina; Brand, Karl-Werner; Henkel, Anna; Barth, Thomas; Böschen, Stephan; Dickel, Sascha; Görgen, Benjamin; Köhrsen, Jens; Pfister, Thomas; Wendt, Björn (2019): Soziologie der Nachhaltigkeit. Zwischen Transformation und Reflexion. *Soziologie und Nachhaltigkeit*. https://doi.org/10.17879/sun-2017-2471.

Blumer, Herbert (1954): What is Wrong with Social Theory? *American Sociological Review* 19 (1), S. 3–10.

Bode, Ingo; Evers, Adalbert; Klein, Ansgar (Hg.) (2008): *Bürgergesellschaft als Projekt. Eine Bestandsaufnahme zu Entwicklung und Förderung zivilgesellschaftlicher Potenziale in Deutschland*. Wiesbaden: Springer VS.

Bohmann, Gerda; Brunner, Karl-Michael; Lueger, Manfred (Hg.) (2016): *Strukturwandel der Soziologie?* Baden-Baden: Nomos.

Bohnsack, Ralf (2010): *Rekonstruktive Sozialforschung. 8. Auflage*. Opladen: UTB, Barbara Budrich.

Bohnsack, Ralf; Marotzki, Winfried; Meuser, Michael (Hg.) (2011): *Hauptbegriffe qualitativer Sozialforschung. 3. Auflage*. Opladen, Farmington Hills: Barbara Budrich Verlag.

Bonacker, Thorsten (Hg.) (2005): *Sozialwissenschaftliche Konflikttheorien. Friedens- und Konfliktforschung*. Wiesbaden: VS Verlag für Sozialwissenschaften.

Böschen, Stefan; Brickmann, Irene; Kropp, Cordula; Elixhauser, Sophie; Türk, Jana; Vogel, Katrin (2014a): "Responsibility for sustainability" – Klimawandel als kollektives Experiment? In: Löw, Martina (Hg.) *Vielfalt und Zusammenhalt. Verhandlungen des 36. Kongresses der Deutschen Gesellschaft für Soziologie*. Frankfurt a. M.: Campus-Verlag, CD-ROM.

Böschen, Stefan; Brickmann, Irene; Kropp, Cordula; Türk, Jana; Vogel, Katrin (2015): Koordiniertes Klimahandeln zwischen „oben" und „unten". *Ökologisches Wirtschaften* 2015 (4), S. 45–50.
Böschen, Stefan; Gill, Bernhard; Kropp, Cordula (2014): Klima von unten – Zur Einführung. In: Böschen, Stefan; Gill, Bernhard; Kropp, Cordula; Vogel, Katrin (Hg.) *Klima von unten. Regionale Governance und gesellschaftlicher Wandel*. Frankfurt am Main: Campus, S. 13–32.
Böschen, Stefan; Gill, Bernhard; Kropp, Cordula; Vogel, Katrin (Hg.) (2014b): *Klima von unten. Regionale Governance und gesellschaftlicher Wandel*. Frankfurt am Main: Campus.
Bowen, Glenn A. (2009): Document Analysis as a Qualitative Research Method. *Qualitative Research Journal* 9 (2), S. 27–40.
Brand, Karl-Werner (2018): Welche Nachhaltigkeit? *Soziologie und Nachhaltigkeit*. doi: https://doi.org/10.17879/sun-2017-2285.
Brand, Ulrich; Welzer, Harald (2019): Alltag und Situation. In: Dörre, Klaus; Rosa, Hartmut; Becker, Karina; Bose, Sophie; Seyd, Benjamin (Hg.) *Große Transformation? Zur Zukunft moderner Gesellschaften*. Wiesbaden: Springer VS, S. 313–332.
Brauer, Kai (2005): *Bowling together. Clan, Clique, Community und die Strukturprinzipien des Sozialkapitals*. Wiesbaden: VS Verlag für Sozialwissenschaften.
Breidenstein, Georg; Hirschauer, Stefan; Kalthoff, Herbert; Nieswand, Boris (2015): *Ethnografie. Die Praxis der Feldforschung*. 2. Auflage. Konstanz: UVK Verlag.
Breuer, Franz (2010): *Reflexive Grounded Theory*. Wiesbaden: VS Verlag für Sozialwissenschaften.
Breuer, Franz; Muckel, Petra; Dieris, Barbara (2018): *Reflexive Grounded Theory. 3. Auflage*. Wiesbaden: Springer VS.
Breuer, Stefan (2002): „Gemeinschaft" in der „deutschen Soziologie". *Zeitschrift für Soziologie* 31 (5), S. 354–372.
Brickmann, Irene; Türk, Jana (2014): Klimawandel im Kontext lokaler und regionaler Entwicklungsprozesse – Eine ethnographische Studie zu Prozessen und Ressourcen in Alpengemeinden. In: Böschen, Stefan; Gill, Bernhard; Kropp, Cordula; Vogel, Katrin (Hg.) *Klima von unten. Regionale Governance und gesellschaftlicher Wandel*. Frankfurt am Main: Campus, S. 129–150.
Brodocz, André; Herrmann, Dietrich; Schmidt, Rainer; Schulz, Daniel; Schulze Wessel, Julia (Hg.) (2014): *Die Verfassung des Politischen*. Wiesbaden: Springer VS.
Brumlik, Micha; Brunkhorst, Hauke (Hg.) (1993): *Gemeinschaft und Gerechtigkeit*. Frankfurt a. M.: Fischer Taschenbuch Verlag.
Brunner, Karl-Michael (2016): Soziologie in der Nachhaltigkeitsforschung – Disziplinäre Möglichkeiten, transdisziplinäre Kooperationen und interdisziplinäre Anschlüsse. In: Bohmann, Gerda; Brunner, Karl-Michael; Lueger, Manfred (Hg.) *Strukturwandel der Soziologie?* Baden-Baden: Nomos, S. 175–200.
Bryant, Antony; Charmaz, Kathy (2007): Introduction: Grounded theory research. Methods and practices. In: Bryant, Antony; Charmaz, Kathy (Hg.) *The Sage handbook of grounded theory*. London: Sage, S. 1–28.
Bryant, Antony; Charmaz, Kathy (Hg.) (2007): *The Sage handbook of grounded theory*. London: Sage.

Bude, Heinz (2011): Einleitung. In: Bude, Heinz; Medicus, Thomas; Willisch, Andreas (Hg.) *ÜberLeben im Umbruch. Am Beispiel Wittenberge: Ansichten einer fragmentierten Gesellschaft.* Hamburg: Hamburger Edition, S. 13–30.

Bude, Heinz; Engler, Wolfgang (2011): Wer spricht? – Vergebliche Avantgarden und trotzige Größen. In: Bude, Heinz; Medicus, Thomas; Willisch, Andreas (Hg.) *ÜberLeben im Umbruch. Am Beispiel Wittenberge: Ansichten einer fragmentierten Gesellschaft.* Hamburg: Hamburger Edition, S. 122–129.

Bude, Heinz; Medicus, Thomas; Willisch, Andreas (Hg.) (2011): *ÜberLeben im Umbruch. Am Beispiel Wittenberge: Ansichten einer fragmentierten Gesellschaft.* Hamburg: Hamburger Edition.

Bührmann, Andrea (2015): Die Bearbeitung von Diversität in Organisationen – Plädoyer zur Erweiterung bisheriger Typologien. In: Hanappi-Egger, Edeltraud; Bendl, Regine (Hg.) *Diversität, Diversifizierung und (Ent)Solidarisierung.* Wiesbaden: Springer VS, S. 109–125.

Bundesministerium für Bildung und Forschung (2000): Rahmenkonzept Sozial-ökologische Forschung. Bonn.

Bundesministerium für Ernährung und Landwirtschaft (2015): Ländliche Lebensverhältnisse im Wandel 1952, 1972, 1993 und 2012. https://www.bmel.de/SharedDocs/Downlo ads/DE/Broschueren/dorfstudie-ergebnisse.pdf;jsessionid=48C1106F861E7D17201A5 9F6D9E1CB6C.intranet922?__blob=publicationFile&v=5 (Zugriff: 14.03.2021).

Bundesministerium für Ernährung, Landwirtschaft und Verbraucherschutz (2010): Nationale Rahmenregelung der Bundesrepublik Deutschland für die Entwicklung ländlicher Räume. Berlin. https://www.bmel.de/DE/themen/laendliche-regionen/foerderung-des-laendlichen-raumes/eu-foerderung/nrr-2014-2020.html (Zugriff: 14.03.2021).

Bundesministerium für Ernährung, Landwirtschaft und Verbraucherschutz (2012): Nationale Rahmenregelung der Bundesrepublik Deutschland für die Entwicklung ländlicher Räume. Berlin. https://www.bmel.de/DE/themen/laendliche-regionen/foerderung-des-laendlichen-raumes/eu-foerderung/nrr-2014-2020.html (Zugriff: 14.03.2021).

Bundesministerium für Umwelt, Naturschutz und nukleare Sicherheit; Umweltbundesamt (1998): Handbuch lokale Agenda 21. Wege zur nachhaltigen Entwicklung in den Kommunen. Bonn. https://www.umweltbundesamt.de/sites/default/files/medien/378/publikati onen/handbuch_lokale_agenda_21_komplett.pdf (Zugriff: 14.03.2021).

Bundesministerium für Umwelt, Naturschutz und Reaktorsicherheit (1992): Konferenz der Vereinten Nationen für Umwelt und Entwicklung im Juni 1992 in Rio de Janeiro. Agenda 21. Bonn: Köllen Druck+Verlag GmbH. https://www.bmu.de/download/age nda-21/ (Zugriff: 14.03.2021).

Callon, Michael (1986): The sociology of an actor-network. In: Callon, Michael; Law, John; Rip, Arie (Hg.) *Mapping the Dynamics of Science and Technology.* London: Palgrave Macmillan, S. 19–34.

Callon, Michael; Latour, Bruno (1981): Unscrewing the big Leviathan: how actors macro-structure reality and how sociologists help them to do so. In: Knorr-Cetina, Karen; Cicourel, Aaron V. (Hg.) *Advances in social theory and methodology: Towards an integration of micro- and macro-sociologies.* Boston, London, Henley: Routledge and Kegan Paul, S. 277–303.

Callon, Michael; Law, John; Rip, Arie (Hg.) (1986): *Mapping the Dynamics of Science and Technology.* London: Palgrave Macmillan.

Carson, Rachel (1962): *Silent Spring.* Boston: Houghton Mifflin.
Ceglarz, Andrzej; Beneking, Andreas; Ellenbeck, Saskia; Battaglini, Antonella (2017): Understanding the role of trust in power line development projects: Evidence from two case studies in Norway. *Energy Policy* 110, S. 570–580.
Charmaz, Kathy (2008): Grounded Theory as an Emergent Method. In: Hesse-Biber, Sharlene Nagy; Leavy, Patricia (Hg.) *Handbook of Emergent Methods.* New York: The Guilford Press, S. 155–170.
Charmaz, Kathy (2014): *Constructing Grounded Theory.* Los Angeles: Sage.
Charmaz, Kathy C. (2011): Den Standpunkt verändern: Methoden der konstruktivistischen Grounded Theory. In: Mey, Günter; Mruck, Katja (Hg.) *Grounded Theory Reader.* Wiesbaden: VS Verlag, S. 181–205.
Child, Michael; Breyer, Christian (2017): Transition and transformation: A review of the concept of change in the progress towards future sustainable energy systems. *Energy Policy* 107, S. 11–26.
Christmann, Gabriela B. (2010): Kommunikative Raumkonstruktionen als (Proto-)Governance. In: Kilper, Heiderose (Hg.) *Governance und Raum.* Baden-Baden: Nomos, S. 27–48.
Clarke, Adele (1991): Social Worlds/Arenas Theory as Organizational Theory. In: Strauss, Anselm L.; Maines, David R. (Hg.) *Social organization and social process. Essays in honor of Anselm Strauss.* New York: Aldine de Gruyter, 119–158.
Clarke, Adele (2003): Situational Analyses: Grounded Theory Mapping After the Postmodern Turn. *Symbolic Interaction* 26 (4), S. 553–576.
Clarke, Adele (2005): *Situational analysis. Grounded theory after the postmodern turn.* Thousand Oaks, CA: Sage.
Clarke, Adele (2009): From Grounded Theory to Situational Analysis. What's New? Why? How? In: Morse, Janice; Stern, Phyllis; Corbin, Juliet; Bowers, Barbara; Charmaz, Kathy; Clarke, Adele (Hg.) *Developing Grounded Theory. The Second Generation.* Walnut Creek, CA: Left Coast Press, S. 194–235.
Clarke, Adele (2012): *Situationsanalyse. Grounded Theory nach dem Postmodern Turn.* Wiesbaden: Springer VS.
Clarke, Adele; Friese, Carrie (2007): Grounded theorizing using situational analysis. In: Bryant, Antony; Charmaz, Kathy (Hg.) *The Sage handbook of grounded theory.* London: Sage, S. 362–397.
Clarke, Adele; Keller, Reiner (2014): Engaging Complexities: Working Against Simplification as an Agenda for Qualitative Research Today. Adele Clarke in Conversation With Reiner Keller. *Forum Qualitative Sozialforschung* 15 (2). http://nbn-resolving.de/urn:nbn:de:0114-fqs140212. (Zugriff: 14.03.2021).
Clarke, Adele; Montini, Theresa (1993): The Many Faces of RU486: Tales of Situated Knowledges and Technological Contestations. *Science, Technology, & Human Values* 18 (1), S. 42–78.
Cole, John W. (1977): Anthropology Comes Part-Way Home: Community Studies in Europe. *Annual Review of Anthropology* 6, S. 349–378.
Cole, John W.; Wolf, Eric (1999): *The Hidden Frontier Ecology and Ethnicity in an Alpine Valley.* Berkeley, Los Angeles, London: University of California Press.
Colell, Arwen (2019): *Alternating Current — Social Innovation in Community Energy.* Dissertationsschrift. München: Technische Hochschule München.

Cools, Marion; Fürst, Dietrich; Zimmermann, Karsten (2004): Place-making und Local Governance: Kollektive Raumgestaltung im Spannungsfeld alltäglicher Konstruktionen, administrativer Steuerung und politischer Machtspiele. In: Scholich, Dietmar (Hg.) *Integrative und sektorale Aspekte der Stadtregion als System.* Frankfurt a. M.: Peter Lang GmbH Europäischer Verlag der Wissenschaften, S. 73–95.

Corbin, Juliet (2011): Grounded Theory. In: Bohnsack, Ralf; Marotzki, Winfried; Meuser, Michael (Hg.) *Hauptbegriffe qualitativer Sozialforschung. 3. Auflage.* Opladen, Farmington Hills: Barbara Budrich Verlag, S. 70–75.

Cornwall, Andrea (2008): Unpacking 'Participation': models, meanings and practices. *Community Development Journal* 43 (3), S. 269–283.

Coser, Lewis A. (1956): *The Functions of Social Conflict.* London: Routledge & Kegan Paul.

Coser, Lewis A. (2009): *Theorie sozialer Konflikte. Klassiker der Sozialwissenschaften.* Wiesbaden: Springer VS [Engl. Orig. 1956].

Council of the European Union (2006): Review of the EU Sustainable Development Strategy (EU SDS) – Renewed Strategy. https://data.consilium.europa.eu/doc/document/ST-10917-2006-INIT/en/pdf (Zugriff: 14.03.2021).

Csáky, Moritz; Leitgeb, Christoph (Hg.) (2009): *Kommunikation – Gedächtnis – Raum. Kulturwissenschaften nach dem „Spatial Turn".* Bielefeld: transcript Verlag.

Dahrendorf, Ralf (1972): *Konflikt und Freiheit. Auf dem Weg zur Dienstklassengesellschaft.* München: Piper.

Dalby, Simon (2017): Anthropocene Formations. Environmental Security, Geopolitics and Disaster. *Theory, Culture & Society* 34 (2–3), S. 233–252.

Dangschat, Jens S.; Frey, Oliver (2005): Stadt- und Regionalsoziologie. In: Kessl, Fabian; Reutlinger, Christian; Maurer, Susanne; Frey, Oliver (Hg.) *Handbuch Sozialraum.* Wiesbaden: VS Verlag, S. 143–164.

Decarli, Peter; Januth, Andreas; Rainer, Hansjörg (2015): Startpaket für Gemeindepolitiker. Ein Leitfaden. https://www.fhgr.ch/fachgebiete/unternehmerisches-handeln/public-entrepreneurship/gemeindefuehrung-und-fusionen/startpaket-fuer-gemeindepolitiker-innen/ (Zugriff: 14.03.2021).

Dehne, Peter (2002): Regionale Entwicklungskonzepte – Begriffsbestimmung und Funktionen. In: Keim, Karl-Dieter; Kühn, Manfred (Hg.) *Regionale Entwicklungskonzepte. Strategien und Steuerungswirkungen.* Hannover: ARL, S. 24–33.

Dehne, Peter (2005): Leitbilder in der räumlichen Entwicklung. In: Akademie für Raumforschung und Landesplanung (Hg.) *Handwörterbuch der Raumordnung.* Hannover: Akademie für Raumforschung und Landesplanung, S. 608–614.

Dellwing, Michael; Prus, Robert (2012): *Einführung in die interaktionistische Ethnografie.* Wiesbaden: VS Verlag für Sozialwissenschaften.

Denzin, Norman K. (Hg.) (1978): *Studies in Symbolic Interaction.* Greenwich, Connecticut: JAI Press Inc.

Deppisch, Sonja (2015): Böschen, Stefan; Gill, Bernhard; Kropp, Cordula; Vogel, Katrin (Hrsg.) (2014): Klima von unten. Regionale Governance und gesellschaftlicher Wandel. Frankfurt am Main – Campus Verlag. 383 S., 21 Abb., Grafiken, Tabellen. *Raumforschung und Raumordnung* 73 (5), S. 371–372.

Derlien, Hans-Ulrich; Gerhardt, Uta; Scharpf, Fritz W. (Hg.) (1994): *Systemrationalität und Partialinteresse: Festschrift für Renate Mayntz.* Baden-Baden: Nomos.

Deutsche Bundesregierung (2002): Perspektiven für Deutschland. Unsere Strategie für eine nachhaltige Entwicklung. Berlin.
Deutsche Bundesregierung (2021): Deutsche Nachhaltigkeitsstrategie. Weiterentwicklung 2021. https://www.bundesregierung.de/resource/blob/998006/1873516/3d3b15cd92d0 261e7a0bcdc8f43b7839/2021-03-10-dns-2021-finale-langfassung-nicht-barrierefrei-data.pdf?download=1 (Zugriff: 20.03.2021).
Deutsche Forschungsgemeinschaft (2012): Climate Engineering: Forschungsfragen einer gesellschaftlichen Herausforderung. https://www.dfg.de/download/pdf/dfg_im_profil/reden_stellungnahmen/2012/stellungnahme_climate_engineering_120403.pdf (Zugriff: 14.03.2021).
Deutscher Bundestag (2002): Bericht der Enquete-Kommission „Zukunft des Bürgerschaftlichen Engagements". Drucksache 14/8900. Berlin.
Dewey, John (1927): *The Public and Its Problems*. New York: Holt.
Die Bundesregierung (2008): Deutsche Anpassungsstrategie an den Klimawandel. Berlin. https://www.bmu.de/fileadmin/bmu-import/files/pdfs/allgemein/application/pdf/das_gesamt_bf.pdf (Zugriff: 14.03.2021).
Dierschke, Thomas; Drucks, Stephan; Grundmann, Matthias; Kunze, Iris (2006): Soziologische Gemeinschaftsforschung: Ein programmatisches Fazit. In: Grundmann, Matthias; Dierschke, Thomas; Drucks, Stephan; Kunze, Iris (Hg.) *Soziale Gemeinschaften. Experimentierfelder für kollektive Lebensformen*. Münster: Lit-Verlag, S. 189–192.
Döring, Jörg; Thielmann, Tristan (2008): Einleitung: Was lesen wir im Raume? Der Spatial Turn und das geheime Wissen der Geographen. In: Döring, Jörg; Thielmann, Tristan (Hg.) *Spatial Turn*. Bielefeld: transcript, S. 7–46.
Döring, Jörg; Thielmann, Tristan (Hg.) (2008): *Spatial Turn*. Bielefeld: transcript.
Dörre, Klaus; Rosa, Hartmut; Becker, Karina; Bose, Sophie; Seyd, Benjamin (Hg.) (2019): *Große Transformation? Zur Zukunft moderner Gesellschaften*. Wiesbaden: Springer VS.
Dresing, Thorsten; Pehl, Thorsten (2015): *Praxisbuch Interview, Transkription & Analyse. Anleitungen und Regelsysteme für qualitativ Forschende*. 6. Auflage. Marburg.
Drilling, Matthias; Schnur, Olaf (Hg.) (2012): *Nachhaltige Quartiersentwicklung: Positionen, Praxisbeispiele und Perspektiven*. Wiesbaden: VS Verlag für Sozialwissenschaften.
Dünne, Jörg; Günzel, Stephan (Hg.) (2006): *Raumtheorie. Grundlagentexte aus Philosophie und Kulturwissenschaften*. Frankfurt a. M.: Suhrkamp.
Eckardt, Frank (Hg.) (2012): *Handbuch Stadtsoziologie*. Wiesbaden: VS Verlag für Sozialwissenschaften.
Elias, Norbert; Scotson, John L. (1993): *Etablierte und Außenseiter*. Frankfurt a. M.: Suhrkamp [Orig. 1965].
Ellwein, Thomas; Zimpel, Gisela (1969): *Fragen an eine Stadt*. München: Juventa.
Ellwein, Thomas; Zoll, Ralf (2003): *Die Wertheim-Studie. Teilreprint von Band 3 (1972) und vollständiger Reprint von Band 9 (1982) der Reihe „Politisches Verhalten". 3. Auflage*. Wiesbaden: VS Verlag für Sozialwissenschaften.
Elsen, Susanne (Hg.) (2011): *Solidarische Ökonomie und die Gestaltung des Gemeinwesens – Perspektiven und Ansätze ökosozialer Transformation von unten*. Neu-Ulm: AG-Spak-Verlag.
Emerson, Robert M.; Fretz, Rachel I.; Shaw, Linda L. (2011): *Writing ethnographic fieldnotes*. Chicago [u. a.]: University of Chicago Press.

Enders, Judith C.; Remig, Moritz (Hg.) (2013): *Perspektiven nachhaltiger Entwicklung. Theorien am Scheideweg.* Marburg: Metropolis Verlag.

Engels, Anita (Hg.) (2011): *Global Transformations towards a Low Carbon Society. Working Paper Series.* Hamburg: University of Hamburg/KlimaCampus.

Engels, Jens Ivo; Janich, Nina; Monstadt, Jochen; Schott, Dieter (Hg.) (2017): *Nachhaltige Stadtentwicklung: Infrastrukturen, Akteure, Diskurse.* Frankfurt: Campus Verlag.

Environmental Council (2009): Contribution of the Council (Environment) to the Spring European Council: Council Conclusions. 19th and 20th March 2009. https://www.consilium.europa.eu/uedocs/cms_data/docs/pressdata/en/envir/106430.pdf (Zugriff: 14.03.2021).

Eschmann, Ernst Wilhelm (1934): Die Stunde der Soziologie. *Die Tat* 25, S. 953–966.

Esguerra, Alejandro; Helmerich, Nicole; Risse, Thomas (Hg.) (2017): *Sustainability Politics and Limited Statehood. Contesting the New Modes of Governance.* Palgrave Macmillan.

Etzioni, Amitai (1997): *Die Verantwortungsgesellschaft. Individualismus und Moral in der heutigen Demokratie.* Frankfurt a. M., New York: Campus.

European Commission (2001): Communication from the Commission. A Sustainable Europe for a Better World. A European Union Strategy for Sustainable Development (Commission's proposal to the Gothenburg European Council). https://eur-lex.europa.eu/legal-content/EN/TXT/PDF/?uri=CELEX:52001DC0264&from=EN (Zugriff: 14.03.2021).

European Union (2017): Sustainable development in the European Union. Monitoring Report on Progress Towards the SDG in an EU Context. Luxembourg: Publications Office of the European Union.

Fink-Eitel, Hinrich (1993): Gemeinschaft als Macht. Zur Kritik der Kommunitarismus. In: Brumlik, Micha; Brunkhorst, Hauke (Hg.) *Gemeinschaft und Gerechtigkeit.* Frankfurt a. M.: Fischer Taschenbuch Verlag, S. 306–322.

Flick, Uwe; Kardorff, Ernst von; Steinke, Ines (Hg.) (2010): *Qualitative Forschung. Ein Handbuch. 8. Auflage.* Reinbek bei Hamburg: Rowohlt.

Flick, Uwe; Kardorff, Ernst von; Steinke, Ines (2010): Was ist qualitative Forschung? Einleitung und Überblick. In: Flick, Uwe; Kardorff, Ernst von; Steinke, Ines (Hg.) *Qualitative Forschung. Ein Handbuch. 8. Auflage.* Reinbek bei Hamburg: Rowohlt, S. 13–29.

Foucault, Michel (1990): Andere Räume. In: Barck, Karlheinz; Gente, Peter; Paris, Heidi; Richter, Stefan (Hg.) *Aisthesis. Wahrnehmung heute oder Perspektiven einer anderen Ästhetik.* Leipzig: Reclam, 34–46.

Freyer, Hans (1935): Gegenwartsaufgaben der Soziologie. *Zeitung für die gesamte Staatswissenschaft* Band 95, S. 116–144.

Friedrich-Ebert-Stiftung (2005): Kommunalpolitik verstehen. Dresden: Friedrich Ebert Stiftung. http://library.fes.de/pdf-files/do/06689.pdf (Zugriff: 14.03.2021).

Fuchs, Gerhard; Hinderer, Nele (2014): Sustainable electricity transitions in Germany in a spatial context: between localism and centralism. *Urban, Planning and Transport Research* 2 (1), S. 354–368.

Gailing, Ludger (2010): Kulturlandschaften als regionale Identitätsräume: Die wechselseitige Strukturierung von Governance und Raum. In: Kilper, Heiderose (Hg.) *Governance und Raum.* Baden-Baden: Nomos, S. 49–72.

Gans, Herbert (1982): *The Urban Villagers: Group and Class in the Life of Italian-Americans.* New York: Free Press [Orig. 1965].

Gebhardt, Winfried (2008): Gemeinschaften ohne Gemeinschaft. Über situative Event-Vergemeinschaftungen. In: Hitzler, Ronald; Honer, Anne; Pfadenhauer, Michaela (Hg.) *Posttraditionale Gemeinschaften. Theoretische und ethnografische Erkundungen.* Wiesbaden: VS Verlag für Sozialwissenschaften, S. 202–213.

Gebhardt, Winfried; Kamphausen, Georg (1994): *Zwei Dörfer in Deutschland. Mentalitatsunterschiede nach der Wiedervereinigung.* Opladen: Leske und Budrich.

Geels, Frank W. (2002): Technological transitions as evolutionary reconfiguration processes. A multilevel perspective and a case-study. *Research Policy* 31, 1257–1274.

Geels, Frank W.; Schot, Johan (2007): Typology of sociotechnical transition pathways. *Research policy: policy, management and economic studies of science, technology and innovation* 36 (3), S. 399–417.

Geertz, Clifford (2003): *Dichte Beschreibung. Beiträge zum Verstehen kultureller Systeme.* Frankfurt a. M.: Suhrkamp.

Gertenbach, Lars; Laux, Henning; Rosa, Hartmut; Strecker, David (Hg.) (2010): *Theorien der Gemeinschaft. Zur Einführung.* Hamburg: Junius Verlag.

Giddens, Anthony (1997a): *Die Konstitution der Gesellschaft. Grundzüge einer Theorie der Strukturierung.* 3. Auflage. Frankfurt a. M., New York: Campus Verlag.

Giddens, Anthony (1997b): *Konsequenzen der Moderne.* 2. Auflage. Frankfurt am Main: Suhrkamp.

Giddens, Anthony (1984): *The Constitution of Society.* Cambridge, England: Polity Press.

Girtler, Roland (1996): *Sommergetreide: vom Untergang der bäuerlichen Kultur.* Wien: Böhlau Verlag.

Glaser, Barney; Strauss, Anselm (1965): *Awareness of Dying.* Chicago: Aldine.

Glaser, Barney; Strauss, Anselm (1967): *The Discovery of Grounded Theory. Strategies for Qualitative Research.* Chicago: Aldine.

Glaser, Barney; Strauss, Anselm (2010): *Grounded Theory. Strategien qualitativer Forschung.* Bern: Hans Huber Verlag [Engl. Original 1967].

Gläser, Jochen (2007): Gemeinschaft. In: Benz, Arthur; Lütz, Susanne; Schimank, Uwe; Simonis, Georg (Hg.) *Handbuch Governance. Theoretische Grundlagen und empirische Anwendungsfelder.* Wiesbaden: VS Verlag für Sozialwissenschaften, S. 82–92.

Görgen, Benjamin (2018): Transformationspotentiale gemeinschaftlicher Wohnprojekte im urbanen Raum. In: Knieling, Jörg (Hg.) *Wege zur großen Transformation. Herausforderungen für eine nachhaltige Stadt- und Regionalentwicklung.* München: Oekom Verlag, S. 121–136.

Görgen, Benjamin; Wendt, Björn (2015): Nachhaltigkeit als Fortschritt denken. *Soziologie und Nachhaltigkeit* 1 (1). https://www.uni-muenster.de/Ejournals/index.php/sun/article/view/1443 (Zugriff: 14.03.2021).

Grin, John; Rotmans, Jan; Schot, Johan; Geels, Frank W. (2010): *Transitions to sustainable development. New directions in the study of long term transformative change.* New York: Routledge.

Grober, Ulrich (2013): Die Entdeckung der Nachhaltigkeit. Zur Genealogie eines Leitbegriffs. In: Enders, Judith C.; Remig, Moritz (Hg.) *Perspektiven nachhaltiger Entwicklung. Theorien am Scheideweg.* Marburg: Metropolis Verlag, S. 13–25.

Groß, Matthias (Hg.) (2011): *Handbuch Umweltsoziologie.* Wiesbaden: VS Verlag für Sozialwissenschaften.

Grundmann, Matthias; Dierschke, Thomas; Drucks, Stephan; Kunze, Iris (Hg.) (2006): *Soziale Gemeinschaften. Experimentierfelder für kollektive Lebensformen.* Münster: Lit-Verlag.

Grunwald, Armin; Kopfmüller, Jürgen (2012): *Nachhaltigkeit: Eine Einführung. 2. Auflage.* Frankfurt, New York: Campus Verlag.

Haasis, Hans-Arthur (1978): *Kommunalpolitik und Machtstruktur. Eine Sekundäranalyse deutscher empirischer Gemeindestudien.* Frankfurt a. M.: Haag und Herchen.

Hahn, Achim; Reuter, Friedrich; Vonderach, Gerd (1987): *Fremdenverkehr in der dörflichen Lebensumwelt. Zum sozialen Wandel in einem Sielhafenort.* Frankfurt, New York: Campus Verlag.

Hahne, Ulf (Hg.) (2014): *Transformation der Gesellschaft für eine resiliente Stadt- und Regionalentwicklung. Ansatzpunkte und Handlungsperspektiven für die regionale Arena.* Detmold: Dorothea Rohn.

Hammerich, Kurt (Hg.) (2006): *Soziologische Studien zu Gruppe und Gemeinde. 15. Auflage.* Wiesbaden: Springer VS.

Hanappi-Egger, Edeltraud; Bendl, Regine (Hg.) (2015): *Diversität, Diversifizierung und (Ent)Solidarisierung.* Wiesbaden: Springer VS.

Haraway, Donna (1988): Situated Knowledges: The Science Question in Feminism and the Privilege of Partial Perspective. *Feminist Studies* 14 (3), S. 575–599.

Hardin, Garrett (1968): The Tragedy of the Commons. *Science* 162, S. 1243–1248.

Harth, Annette; Herlyn, Ulfert; Scheller, Gitta; Tessin, Wulf (2012): *Stadt als lokaler Lebenszusammenhang.* Wiesbaden: VS Verlag für Sozialwissenschaften.

Hasenöhrl, Ute (2005): *Zivilgesellschaft, Gemeinwohl und Kollektivgüter. Discussion Paper Nr. SP IV 2005-401.* Berlin: Wissenschaftszentrum Berlin für Sozialforschung gGmbH.

Hasenöhrl, Ute (2009): Gemeinwohldiskurse in Umweltkonflikten. Zur Rolle von Gemeinschaftsgütern und Zivilgesellschaft am Beispiel Bayerns (1945–1980). In: Bernhardt, Christoph; Kilper, Heiderose; Moss, Timothy (Hg.) *Im Interesse des Gemeinwohls. Regionale Gemeinschaftsgüter in Geschichte, Politik und Planung.* Frankfurt a. M., New York: Campus, S. 331–367.

Hauff, Volker (1987): *Unsere gemeinsame Zukunft. Der Brundtland-Bericht der Weltkommission für Umwelt und Entwicklung.* Greven: Eggenkamp Verlag.

Hauss, Friedrich; Land, Rainer; Willisch, Andreas (2006): Umbruch der Agrarverfassung und Zerfall der ländlichen Gesellschaft. *Aus Politik und Zeitgeschichte* 37/2006, S. 31–38.

Häußermann, Hartmut (1994): Das Erkenntnisinteresse von Gemeindestudien. Zur De- und Re-Thematisierung lokaler und regionaler Kultur. In: Derlien, Hans-Ulrich; Gerhardt, Uta; Scharpf, Fritz W. (Hg.) *Systemrationalität und Partialinteresse: Festschrift für Renate Mayntz.* Baden-Baden: Nomos, S. 223–245.

Häußermann, Hartmut; Ipsen, Detlev; Krämer-Badoni, Thomas; Läpple, Dieter; Rodenstein, Marianne; Siebel, Walter (Hg.) (1991): *Stadt und Raum. Soziologische Analysen.* Pfaffenweiler: Centaurus Verlagsgesellschaft.

Heinrichs, Harald (2011): Soziologie globaler Umwelt- und Nachhaltigkeitspolitik. In: Groß, Matthias (Hg.) *Handbuch Umweltsoziologie.* Wiesbaden: VS Verlag für Sozialwissenschaften, S. 628–650.

Heinrichs, Harald; Kuhn, Katina; Newig, Jens (Hg.) (2011): *Nachhaltige Gesellschaft: Welche Rolle für Partizipation und Kooperation?* Wiesbaden: VS Verlag für Sozialwissenschaften.

Heinrichs Harald; Michelsen, Gerd (Hg.) (2014): *Nachhaltigkeitswissenschaften.* Berlin, Heidelberg: Springer Spektrum.
Helfrich, Silke (2012): Gemeingüter sind nicht, sie werden gemacht. In: Helfrich, Silke; Heinrich-Böll-Stiftung (Hg.) *Commons. Für eine neue Politik jenseits von Markt und Staat.* Bielefeld: transcript Verlag, S. 85–91.
Helfrich, Silke; Bollier, David; Heinrich-Böll-Stiftung (Hg.) (2015): *Die Welt der Commons. Muster gemeinsamen Handelns.* Bielefeld: transcript Verlag.
Helfrich, Silke; Heinrich-Böll-Stiftung (Hg.) (2012): *Commons. Für eine neue Politik jenseits von Markt und Staat.* Bielefeld: transcript Verlag.
Henkel, Anna; Böschen, Stefan; Drews, Nikolai; Firnenburg, Louisa; Görgen, Benjamin; Grundmann, Matthias; Lüdtke, Nico; Pfister, Thomas; Rödder, Simone; Wendt, Björn (2017): Soziologie der Nachhaltigkeit. Herausforderungen und Perspektiven. *Soziologie und Nachhaltigkeit.* https://www.uni-muenster.de/Ejournals/index.php/sun/article/view/2070 (Zugriff: 14.03.2021).
Hesse-Biber, Sharlene Nagy; Leavy, Patricia (Hg.) (2008): *Handbook of Emergent Methods.* New York: The Guilford Press.
Hillebrandt, Frank (2014): *Soziologische Praxistheorien. Eine Einführung.* Wiesbaden: Springer VS.
Hillery, G. H. Jr. (1950): Definitions of Community. Areas of Agreement. *Rural Sociology* XX, 2.
Hirschauer, Stefan (2008): Die Empiriegeladenheit von Theorien und der Erfindungsreichtum der Praxis. In: Kalthoff, Herbert; Hirschauer, Stefan; Lindemann, Gesa (Hg.) *Theoretische Empirie. Zur Relevanz qualitativer Forschung.* Frankfurt a. M.: Suhrkamp, S. 165–187.
Hirschauer, Stefan (2014): Sinn im Archiv? Zum Verhältnis von Nutzen, Kosten und Risiken der Datenarchivierung. *Soziologie* 43 (3), S. 300–312.
Hirschauer, Stefan; Amann, Klaus (Hg.) (1997): *Die Befremdung der eigenen Kultur. Zur ethnographischen Herausforderung soziologischer Empirie.* Frankfurt a. M.: Suhrkamp.
Hitzler, Ronald; Honer, Anne; Pfadenhauer, Michaela (Hg.) (2008): *Posttraditionale Gemeinschaften. Theoretische und ethnografische Erkundungen.* Wiesbaden: VS Verlag für Sozialwissenschaften.
Hitzler, Ronald; Honer, Anne; Pfadenhauer, Michaela (2008): Zur Einleitung: „Ärgerliche" Gesellungsgebilde? In: Hitzler, Ronald; Honer, Anne; Pfadenhauer, Michaela (Hg.) *Posttraditionale Gemeinschaften. Theoretische und ethnografische Erkundungen.* Wiesbaden: VS Verlag für Sozialwissenschaften, S. 9–31.
Hofmeister, Sabine; Klee, Andreas (2015): Regionale StadtLandschaften. *Raumforschung und Raumordnung* 73 (2), S. 77–78.
Hopf, Christel (1978): Die Pseudo-Exploration. Überlegungen zur Technik qualitativer Interviews in der Sozialforschung. *Zeitschrift für Soziologie* 7 (2), S. 97–115.
Howaldt, Jürgen; Schwarz, Michael (2012): Zur Rolle der Sozialwissenschaften in gesellschaftlichen Innovationsprozessen. In: Beck, Gerald; Kropp, Cordula (Hg.) *Gesellschaft innovativ: Wer sind die Akteure?* Wiesbaden: VS Verlag für Sozialwissenschaften, S. 47–64.
International Union for Conservation of Nature and Natural Resources; United Nations Environmental Programme; World Wildlife Fund: *Estrategia mundial para la conservacion.*

La conservación de los recursos vivos para el logro de un desarrollo sostenido. Gland: International Union for Conservation of Nature and Natural Resources.

Jackson, Tim (2009): *Prosperity without Growth – Economics for a Finite Planet.* London: Earthscan.

Jaeggi, Urs (1965): *Berggemeinden im Wandel. Eine empirisch-soziologische Untersuchung in vier Gemeinden des Berner Oberlandes.* Bern: Paul Haupt Verlag.

Jahn, Thomas (2013): Wissenschaft für eine Nachhaltige Entwicklung braucht eine kritische Orientierung. *GAIA* 1, S. 29–33.

Jahoda, Marie; Lazarsfeld, Paul; Zeisel, Hans (1975): *Die Arbeitslosen von Marienthal. Ein soziographischer Versuch.* Frankfurt a. M.: Suhrkamp [Orig. 1933].

Jensen, Olaf; Welzer, Harald (2003): Ein Wort gibt das andere, oder: Selbstreflexivität als Methode [58 Absätze]. *Forum Qualitative Sozialforschung / Forum: Qualitative Social Research* 4(2), Art. 32.

Jerneck, Anne; Olsson, Lennart; Ness, Barry; Anderberg, Stefan; Baier, Matthias; Clark, Eric; Hickler, Thomas; Hornborg, Alf; Kronsell, Annica; Lövbrand, Eva; Persson, Johannes (2011): Structuring sustainability science. *Sustainability Science* 6, S. 69–82.

Joas, Hans (1992): Gemeinschaft und Demokratie in den USA. Die vergessene Vorgeschichte der Kommunitarismus-Diskussion. *Blätter für deutsche und internationale Politik* 37 (2), S. 859–869.

Jonuschat, Helga; Baranek, Elke; Behrendt, Maria; Dietz, Kristina; Schlußmeier, Bianca; Walk, Heike; Zehm, Andreas (Hg.) (2007): *Partizipation und Nachhaltigkeit: Vom Leitbild zur Umsetzung.* München: Oekom Verlag.

Kaina, Viktoria; Römmele, Andrea (Hg.) (2009): *Politische Soziologie.* Wiesbaden: VS Verlag für Sozialwissenschaften.

Kalthoff, Herbert; Hirschauer, Stefan; Lindemann, Gesa (Hg.) (2008): *Theoretische Empirie. Zur Relevanz qualitativer Forschung.* Frankfurt a. M.: Suhrkamp.

Keil, Florian; Hummel, Diana (2006): Nachhaltigkeit und kritische Übergänge. In: Becker, Egon; Jahn, Thomas (Hg.) *Soziale Ökologie. Grundzüge einer Wissenschaft von den gesellschaftlichen Naturverhältnissen.* Frankfurt, New York: Campus Verlag, S. 240–247.

Keim, Karl-Dieter (2002): Steuerungstheoretische Grundlagen für regionale Entwicklungskonzepte. In: Keim, Karl-Dieter; Kühn, Manfred (Hg.) *Regionale Entwicklungskonzepte. Strategien und Steuerungswirkungen.* Hannover: ARL, S. 1–9.

Keim, Karl-Dieter (2006): Peripherisierung ländlicher Räume. *Aus Politik und zeitgeschichte* 37, S. 3–7.

Keim, Karl-Dieter; Kühn, Manfred (Hg.) (2002): *Regionale Entwicklungskonzepte. Strategien und Steuerungswirkungen.* Hannover: ARL.

Keller, Reiner (2008): Welcome to the Pleasuredome? Konstanzen und Flüchtigkeiten der gefühlten Vergemeinschaftung. In: Hitzler, Ronald; Honer, Anne; Pfadenhauer, Michaela (Hg.) *Posttraditionale Gemeinschaften. Theoretische und ethnografische Erkundungen.* Wiesbaden: VS Verlag für Sozialwissenschaften, S. 89–111.

Kersting, Norbert (2014): Online Beteiligung – Elektronische Partizipation – Qualitätskriterien aus Sicht der Politik. In: Voss, Kathrin (Hg.) *Internet und Partizipation. Bürgergesellschaft und Demokratie.* Wiesbaden: Springer VS, S. 53–87.

Kersting, Norbert; Woyke, Wichard (2012): *Vom Musterwähler zum Wutbürger? Politische Beteiligung im Wandel.* Münster: Aschendorff.

Kessl, Fabian; Reutlinger, Christian (Hg.) (2019): *Handbuch Sozialraum. Sozialraumforschung und Sozialraumarbeit.* Wiesbaden: Springer VS.
Kessl, Fabian; Reutlinger, Christian; Maurer, Susanne; Frey, Oliver (Hg.) (2005): *Handbuch Sozialraum.* Wiesbaden: VS Verlag.
Kiesswetter, Oscar (2018): *Genossenschaften Made in Italy. Ein Erfolgsbericht.* Norderstedt: BoD – Books on Demand.
Kilper, Heiderose (Hg.) (2010): *Governance und Raum.* Baden-Baden: Nomos.
Kipfer, Stefan; Saberi, Parastou; Wieditz, Thorben (2012): Henri Lefebvre. In: Eckardt, Frank (Hg.) *Handbuch Stadtsoziologie.* Wiesbaden: VS Verlag für Sozialwissenschaften, S. 167–183.
Klien, Elke; Greussing, Gabriele (2019): Handbook for the Use of the Social Planning Instrument (SPI). https://www.alpine-space.eu/projects/pluralps/social-planning-instrument/19-01-10_pluralps_a.t2.2.2_handbook_en.pdf (Zugriff: 14.03.2021).
Kluge, Thomas; Hummel, Diana (2006): Transformationen. In: Becker, Egon; Jahn, Thomas (Hg.) *Soziale Ökologie. Grundzüge einer Wissenschaft von den gesellschaftlichen Naturverhältnissen.* Frankfurt, New York: Campus Verlag, S. 259–266.
Knieling, Jörg (Hg.) (2018): *Wege zur großen Transformation. Herausforderungen für eine nachhaltige Stadt- und Regionalentwicklung.* München: Oekom Verlag.
Knierim, Andrea; Baasch, Stefanie; Gottschick, Manuel (Hg.) (2013): *Partizipation und Klimawandel. Ansprüche, Konzepte und Umsetzung.* München: Oekom Verlag.
Knoblauch, Hubert (2008): Kommunikationsgemeinschaften. In: Hitzler, Ronald; Honer, Anne; Pfadenhauer, Michaela (Hg.) *Posttraditionale Gemeinschaften. Theoretische und ethnografische Erkundungen.* Wiesbaden: VS Verlag für Sozialwissenschaften, S. 73–88.
Knorr-Cetina, Karen; Cicourel, Aaron V. (Hg.) (1981): *Advances in social theory and methodology: Towards an integration of micro- and macro-sociologies.* Boston, London, Henley: Routledge and Kegan Paul.
Koblauch, Hubert (2001): Fokussierte Ethnographie. *Sozialer Sinn* 1, S. 123–141.
Kollmorgen, Raj; Merkel, Wolfgang; Wagener, Hans-Jürgen (Hg.) (2015): *Handbuch Transformationsforschung.* Wiesbaden: Springer VS.
König, René (1956): Die Gemeinde im Blickfeld der Soziologie. In: Peters, Hans (Hg.) *Handbuch der kommunalen Wissenschaft und Praxis. Band 1 Kommunalverfassung.* Berlin, Göttingen, Heidelberg: Springer, S. 18–50.
König, René (2006): Gemeinde. In: Hammerich, Kurt (Hg.) *Soziologische Studien zu Gruppe und Gemeinde. 15. Auflage.* Wiesbaden: Springer VS, S. 306–309.
König, René (2006): Grundformen der Gesellschaft: Die Gemeinde. In: Hammerich, Kurt (Hg.) *Soziologische Studien zu Gruppe und Gemeinde. 15. Auflage.* Wiesbaden: Springer VS [Orig. 1958], S. 109–305.
König, René; Hammerich, Kurt (2006): Einige Bemerkungen zur Soziologie der Gemeinde. In: Hammerich, Kurt (Hg.) *Soziologische Studien zu Gruppe und Gemeinde. 15. Auflage.* Wiesbaden: Springer VS, S. 310–321.
Kötter, Herbert (1952): *Struktur und Funktion von Landgemeinden im Einflußbereich einer deutschen Mittelstadt.* Darmstadt: Eduard Roether Verlag.
Kraemer, Klaus (2007): Umwelt und soziale Ungleichheit. *Leviathan. Berliner Zeitschrift für Sozialwissenschaft* 35 (3), S. 348–372.
Kraemer, Klaus (2008): *Die soziale Konstitution der Umwelt.* Wiesbaden: VS Verlag für Sozialwissenschaften.

Kronauer, Martin (2002): Die Aktualität von „community studies" für die soziologische Ungleichheitsforschung. *SOFI-Mitteilungen* 2002 (30), S. 135–142.

Kropp, Cordula (2014): Die Logik lokaler Transformationsprozesse im globalen Treibhaus. In: Böschen, Stefan; Gill, Bernhard; Kropp, Cordula; Vogel, Katrin (Hg.) *Klima von unten. Regionale Governance und gesellschaftlicher Wandel.* Frankfurt am Main: Campus, S. 215–243.

Kropp, Cordula (2015): Regionale StadtLandschaften – Muster der lebensweltlichen Erfahrung postindustrieller Raumproduktion zwischen Homogenisierung und Fragmentierung. *Raumforschung und Raumordnung* 73 (2), S. 91–106.

Kropp, Cordula (2017): Infrastrukturen als Gemeinschaftswerk. In: Engels, Jens Ivo; Janich, Nina; Monstadt, Jochen; Schott, Dieter (Hg.) *Nachhaltige Stadtentwicklung: Infrastrukturen, Akteure, Diskurse.* Frankfurt: Campus Verlag, S. 198–219.

Kropp, Cordula; Stinner, Sven (2018): Wie weit reicht die transformative Kraft der urbanen Ernährungsbewegung? *Soziologie und Nachhaltigkeit* 4 (1), S. 26–50. https://www.uni-muenster.de/Ejournals/index.php/sun/article/view/2247 (Zugriff: 14.03.2021).

Kropp, Cordula; Türk, Jana (2017): Bringing Climate Change down to Earth – Climate Change Governance in the Shadow of Hierarchy. In: Esguerra, Alejandro; Helmerich, Nicole; Risse, Thomas (Hg.) *Sustainability Politics and Limited Statehood. Contesting the New Modes of Governance.* Palgrave Macmillan, 179–210.

Kunze, Iris (2003): „Bildet Gemeinschaften –oder geht unter!". Eine Untersuchung selbst-verwalteter, subsistenter Gemeinschaftsprojekte und Ökodörfer in Deutschland – Modelle für eine zukunftsfähige Lebensweise? Münster: Westfälische Wilhelms-Universität Münster.

Kunze, Iris (2009): *Soziale Innovationen für zukunftsfähige Lebensweisen. Gemeinschaften und Ökodörfer als experimentierende Lernfelder für sozial-ökologische Nachhaltigkeit.* Münster: Ecotransfer-Verlag.

Küpper, Patrick; Scheibe, Christian (2015): Steuern oder fördern? Die Sicherung der Nahversorgung in den ländlichen Räumen Deutschlands und Südtirols im Vergleich. *Raumforschung und Raumordnung* 73 (1), S. 45–58.

Lamla, Jörn (2005): Die Konflikttheorie als Gesellschaftstheorie. In: Bonacker, Thorsten (Hg.) *Sozialwissenschaftliche Konflikttheorien. Friedens- und Konfliktforschung.* Wiesbaden: VS Verlag für Sozialwissenschaften, S. 207–229.

Lang, Richard; Roessl, Dietmar (2011): Contextualizing the Governance of Community Cooperatives: Evidence from Austria and Germany. *VOLUNTAS: International Journal of Voluntary and Nonprofit Organizations* 22 (4), S. 706–730.

Lange, Stefan (2007): Auf der Suche nach der guten Gesellschaft — Der Kommunitarismus Amitai Etzionis. In: Schimank, Uwe; Volkmann, Ute (Hg.) *Soziologische Gegenwartsdiagnosen I.* Wiesbaden: VS Verlag für Sozialwissenschaften, S. 257–276.

Läpple, Dieter (1991): Essay über den Raum. In: Häußermann, Hartmut; Ipsen, Detlev; Krämer-Badoni, Thomas; Läpple, Dieter; Rodenstein, Marianne; Siebel, Walter (Hg.) *Stadt und Raum. Soziologische Analysen.* Pfaffenweiler: Centaurus Verlagsgesellschaft, S. 157–207.

Laschewski, Lutz (2005): Rural Sociology. In: Beetz, Stephan; Brauer, Kai; Neu, Claudia (Hg.) *Handwörterbuch zur ländlichen Gesellschaft in Deutschland.* Wiesbaden: VS Verlag für Sozialwissenschaften.

Latif, Mojib (2020): *Heißzeit. Mit Vollgas in die Klimakatastrophe – und wie wir auf die Bremse treten.* Freiburg im Breisgau: Herder Verlag.

Latouche, Serge (2010): Degrowth. *Journal of Cleaner Production* 18 (6), S. 519–522.

Lefebvre, Henri (2006): Die Produktion des Raumes. In: Dünne, Jörg; Günzel, Stephan (Hg.) *Raumtheorie. Grundlagentexte aus Philosophie und Kulturwissenschaften.* Frankfurt a. M.: Suhrkamp, S. 330–342.

Lefebvre, Henrí (1974): La Production de l'Espace. *L'Homme et la société* (31–32), S. 15–32.

Leigh Star, Susan (2010): This is Not a Boundary Object: Reflections on the Origin of a Concept. *Science, Technology, & Human Values* 35 (5), S. 601–617.

Ley, Thomas; Meyhöfer, Frank (2016): *Soziologie des Konflikts.* Hamburg: Verlag Dr. Kovac.

Liebl, Franz; Nicolai, Claudia: Posttraditionale Gemeinschaften in ländlichen Gebieten. In: S. 251–269.

Lindner, Rolf (2004): *Walks on the Wild Side.* Frankfurt, New York: Campus.

Lochner, Barbara (2017): „Kevin kann einfach auch nicht Paul heißen". Methodologische Überlegungen zur Anonymisierung von Namen. *Zeitschrift für Qualitative Forschung* 18 (2), S. 283–296.

Lossau, Julia (2012): Spatial Turn. In: Eckardt, Frank (Hg.) *Handbuch Stadtsoziologie.* Wiesbaden: VS Verlag für Sozialwissenschaften, S. 185–198.

Löw, Martina (2001b): Gemeindestudien heute: Sozialforschung in der Tradition der Chicagoer Schule? *Zeitschrift für qualitative Bildungs-, Beratungs- und Sozialforschung* 2 (1), S. 111–131.

Löw, Martina (2001a): *Raumsoziologie.* Frankfurt a. M.: Suhrkamp.

Löw, Martina (Hg.) (2014): *Vielfalt und Zusammenhalt. Verhandlungen des 36. Kongresses der Deutschen Gesellschaft für Soziologie.* Frankfurt a. M.: Campus-Verlag.

Löw, Martina; Sturm, Gabriele (2019): Raumsoziologie. In: Kessl, Fabian; Reutlinger, Christian (Hg.) *Handbuch Sozialraum. Sozialraumforschung und Sozialraumarbeit.* Wiesbaden: Springer VS, S. 3–21.

Luhmann, Niklas (1991): *Soziologie des Risikos.* Berlin, New York: De Gruyter.

Lutz, Helma; Schiebel, Martina; Tuider, Elisabeth (Hg.) (2018): *Handbuch Biographieforschung.* Wiesbaden: Springer VS.

Lynd, Robert Staughton; Lynd, Helen Merrell (1956): *Middletown. A Study in Modern American Culture.* New York: Harcourt, Brace and Company [Orig. 1929].

Lynd, Robert Staughton; Lynd, Helen Merrell (1965): *Middletown in Transition.* New York: Harvest, HBJ [Orig. 1937].

Mackert, Jürgen (1999): *Kampf um Zugehörigkeit. Nationale Staatsbürgerschaft als Modus sozialer Schließung.* Opladen, Wiesbaden: Westdeutscher Verlag.

Magnani, Natalia; Struffi, Lauro (2009): Translation sociology and social capital in rural development initiatives. A case study from the Italian Alps. *Journal of Rural Studies* 25, S. 231–238.

März, Peter (Hg.) (1997): *Kommunalpolitik in Bayern. Bilanzierungen, Förderungen, Klärungen.* München: Bayerische Landeszentrale für politische Bildungsarbeit.

Massey, Doreen (1994): *Space, Place, and Gender.* Minneapolis: University of Minnesota Press.

Massey, Doreen (2005): *For space.* London: Sage.

Mauch, Christof (2012): Der Mensch als Gast der Dörfer. Rachel Carsons Silent Spring aus historischer Sicht. *GAIA* 21 (3), S. 230–231.

May, Michael (Hg.) (2008): *Praxisforschung im Sozialraum. Fallstudien in ländlichen und urbanen sozialen Räumen*. Opladen: Budrich.
May, Michael; Alisch, Monika (Hg.) (2008): *Praxisforschung im Sozialraum. Fallstudien in ländlichen und urbanen sozialen Räumen. Beiträge zur Sozialraumforschung*. Opladen: Barbara Budrich Verlag.
Mayntz, Renate (1958): *Soziale Schichtung und sozialer Wandel in einer Industriegemeinde. Eine soziologische Untersuchung der Stadt Euskirchen*. Stuttgart: Enke.
Mayntz, Renate (2009): *Über Governance. Institutionen und Prozesse politischer Regelung. Schriften aus dem Max-Planck-Institut für Gesellschaftsforschung, No. 62*. Frankfurt a. M.: Campus.
McIntyre, Alasdair (1987): *Der Verlust der Tugend. Zur moralischen Krise der Gegenwart*. Frankfurt, New York: Campus.
Meadows, Donella H.; Meadows, Dennis L.; Randers, Jorgen (1972): *Limits to Growth. A Report for the Club of Rome*. New York: New American Library.
Merton, Robert K. (2007): On Sociological Theories of the Middle Range. In: Calhoun, Craig J. (Hg.) *Classical sociological theory*. Malden, MA: Blackwell, 448–459 [Orig. 1949].
Merton, Robert K. (2010): Einflussmuster: Lokale und kosmopolitische Einflussreiche. In: Neckel, Sighard; Mijic, Ana; Scheve, Christian von; Titton, Monica (Hg.) *Sternstunden der Soziologie. Wegweisende Theoriemodelle des soziologischen Denkens*. Frankfurt a. M., New York: Campus, 161–198 [1995, engl. Orig. 1949].
Metzner, Richard (1997): Die Kompetenzen der Kommunen in Bayern. In: März, Peter (Hg.) *Kommunalpolitik in Bayern. Bilanzierungen, Förderungen, Klärungen*. München: Bayerische Landeszentrale für politische Bildungsarbeit.
Mey, Günter; Mruck, Katja (Hg.) (2011): *Grounded Theory Reader*. Wiesbaden: VS Verlag.
Michelsen, Gerd; Adomßent, Maik (2014): Nachhaltige Entwicklung: Hintergründe und Zusammenhänge. In: Heinrichs Harald; Michelsen, Gerd (Hg.) *Nachhaltigkeitswissenschaften*. Berlin, Heidelberg: Springer Spektrum, S. 3–59.
Ministero dell'Ambiente e della Tutela del Territorio e del Mare (2017): Strategia d'azione ambientale per lo sviluppo sostenibile. https://www.minambiente.it/sites/default/files/arc hivio_immagini/Galletti/Comunicati/snsvs_ottobre2017.pdf (Zugriff: 20.03.2021).
Ministero dell'Ambiente e della Tutela delTerritorio (2002): Strategia d'azione ambientale per lo sviluppo sostenibile in Italia. https://www.minambiente.it/sites/default/files/arc hivio/allegati/sviluppo_sostenibile/strategia_svs_2002.pdf (Zugriff: 14.03.2021).
Moebius, Stephan; Ploder, Andrea (Hg.) (2018): *Handbuch Geschichte der deutschsprachigen Soziologie. Band 1: Geschichte der Soziologie im deutschsprachigen Raum*. Wiesbaden: Springer VS.
Moebius, Stephan; Reckwitz, Andreas (Hg.) (2008): *Poststrukturalistische Sozialwissenschaften*. Frankfurt a. M.: Suhrkamp.
Moore, Michele-Lee; Tjornbo, Ola; Enfors, Elin; Knapp, Corrie; Hodbod, Jennifer; Baggio, Jacopo A. (2014): Studying the complexity of change: toward an analytical framework for understanding deliberate social-ecological transformations 19 (4): 54. doi: https://doi.org/10.5751/ES-06966-190454.
Morse, Janice; Stern, Phyllis; Corbin, Juliet; Bowers, Barbara; Charmaz, Kath; Clarke, Adele (Hg.) (2009): *Developing Grounded Theory. The Second Generation*. Walnut Creek, CA: Left Coast Press.

Moss, Timothy; Gudermann, Rita; Röhring, Andreas (2009): Zur Renaissance der Gemeinschaftsgut- und Gemeinwohlforschung. In: Bernhardt, Christoph; Kilper, Heiderose; Moss, Timothy (Hg.) *Im Interesse des Gemeinwohls. Regionale Gemeinschaftsgüter in Geschichte, Politik und Planung.* Frankfurt a. M., New York: Campus, S. 31–49.

Mouffe, Chantal (2007): *Über das Politische. Wider die kosmopolitische Illusion.* Frankfurt a. M.: Suhrkamp.

Mouffe, Chantal (2015): *Agonistik: Die Welt politisch denken.* Berlin, Bonn: Suhrkamp.

Münkler, Herfried; Fischer, Karsten (Hg.) (2002): *Gemeinwohl und Gemeinsinn.* Berlin: Akademie Verlag GmbH.

Muraca, Barbara (2014): *Gut leben. Eine Gesellschaft jenseits des Wachstums.* Berlin: Klaus Wagenbach Verlag.

Nancy, Jean-Luc (1988): *Die undarstellbare Gemeinschaft.* Stuttgart: Schwarz.

Neckel, Sighard (1997): Zwischen Robert E. Park und Pierre Bourdieu: Eine dritte „Chicago School"? Soziologische Perspektiven einer amerikanischen Forschungstradition. *Soziale Welt* 48 (1), S. 71–83.

Neckel, Sighard (1999): *Waldleben. Eine ostdeutsche Stadt im Wandel seit 1989.* Frankfurt, New York: Campus.

Neckel, Sighard (2009): Felder, Relationen, Ortseffekte: Sozialer und physischer Raum. In: Csáky, Moritz; Leitgeb, Christoph (Hg.) *Kommunikation – Gedächtnis – Raum. Kulturwissenschaften nach dem „Spatial Turn".* Bielefeld: transcript Verlag, S. 45–55.

Neckel, Sighard (2018): Die Gesellschaft der Nachhaltigkeit. Soziologische Perspektiven. In: Neckel, Sighard; Besedovsky, Natalia; Boddenberg, Moritz; Hasenfratz, Martina; Pritz, Sarah Miriam; Wiegand, Timo (Hg.) *Die Gesellschaft der Nachhaltigkeit. Umrisse eines Forschungsprogramms.* Bielefeld: transcript Verlag, S. 11–23.

Neckel, Sighard; Besedovsky, Natalia; Boddenberg, Moritz; Hasenfratz, Martina; Pritz, Sarah Miriam; Wiegand, Timo (Hg.) (2018): *Die Gesellschaft der Nachhaltigkeit. Umrisse eines Forschungsprogramms.* Bielefeld: transcript Verlag.

Neckel, Sighard; Mijic, Ana; Scheve, Christian von; Titton, Monica (Hg.) (2010): *Sternstunden der Soziologie. Wegweisende Theoriemodelle des soziologischen Denkens.* Frankfurt a. M., New York: Campus.

Newig, Jens; Fritsch, Oliver (2008): Der Beitrag zivilgesellschaftlicher Partizipation zur Effektivitätssteigerung von Governance Eine Analyse umweltpolitischer Beteiligungsverfahren im transatlantischen Vergleich. In: Bode, Ingo; Evers, Adalbert; Klein, Ansgar (Hg.) *Bürgergesellschaft als Projekt. Eine Bestandsaufnahme zu Entwicklung und Förderung zivilgesellschaftlicher Potenziale in Deutschland.* Wiesbaden: Springer VS, S. 214–239.

Newig, Jens; Kuhn, Katina; Heinrichs, Harald (2011): Nachhaltige Entwicklung durch gesellschaftliche Partizipation und Kooperation? – eine kritische Revision zentraler Theorien und Konzepte. In: Heinrichs, Harald; Kuhn, Katina; Newig, Jens (Hg.) *Nachhaltige Gesellschaft: Welche Rolle für Partizipation und Kooperation?* Wiesbaden: VS Verlag für Sozialwissenschaften.

Niederer, Arnold (1956): *Gemeinwerk im Wallis. Bäuerliche Gemeinschaftsarbeit in Vergangenheit und Gegenwart.* Basel: Schweizerische Gesellschaft für Volkskunde.

Nohlen, Dieter (2005): Transitionsforschung. In: Nohlen, Dieter; Schultze, Rainer-Olaf (Hg.) *Lexikon der Politikwissenschaft.* München: Beck, S. 1037–1039.

Nohlen, Dieter; Schultze, Rainer-Olaf (Hg.) (2005): *Lexikon der Politikwissenschaft*. München: Beck.
Norck, Sebastian (2018): Suffizienz als Beitrag zur urbanen Energiewende. In: Knieling, Jörg (Hg.) *Wege zur großen Transformation. Herausforderungen für eine nachhaltige Stadt- und Regionalentwicklung*. München: Oekom Verlag, S. 105–120.
Oels, Angela (2007): Nachhaltigkeit, Partizipation und Macht – oder: Warum Partizipation nicht unbedingt zu Nachhaltigkeit führt. In: Jonuschat, Helga; Baranek, Elke; Behrendt, Maria; Dietz, Kristina; Schlußmeier, Bianca; Walk, Heike; Zehm, Andreas (Hg.) *Partizipation und Nachhaltigkeit: Vom Leitbild zur Umsetzung*. München: Oekom Verlag, S. 28–43.
Offe, Claus (2002): Wessen Wohl ist das Gemeinwohl? In: Münkler, Herfried; Fischer, Karsten (Hg.) *Gemeinwohl und Gemeinsinn*. Berlin: Akademie Verlag GmbH, S. 55–76.
Offenberger, Ursula (2019): Anselm Strauss, Adele Clarke und die feministische Gretchenfrage. Zum Verhältnis von Grounded-Theory-Methodologie und Situationsanalyse. *Forum Qualitative Sozialforschung*, 20(2), Art. 6.
Opielka, Michael (2016): Soziale Nachhaltigkeit aus soziologischer Sicht. *Soziologie* 45 (1), S. 33–46.
Ostrom, Elinor (1990): *Governing the Commons. The Evolution of Institutions for Collective Action*. Cambridge: Cambridge University Press.
Ostrom, Elinor (1999): *Die Verfassung der Allmende. Jenseits von Staat und Markt*. Tübingen: Mohr Siebeck.
Ostrom, Elinor (2009): A Polycentric Approach for Coping with Climate Change. World Bank Policy Research Working Paper Series No. 5095.
Ostrom, Elinor (2011a): Handeln statt Warten: Ein mehrstufiger Ansatz zur Bewältigung des Klimaproblems. *Leviathan* 39 (2), S. 267–278.
Ostrom, Elinor (2011b): *Was mehr wird, wenn wir teilen. Vom gesellschaftlichen Wert der Gemeingüter*. München: Oekom Verlag.
Oswick, Cliff; Robertson, Maxine (2009): Boundary Objects Reconsidered: From Bridges and Anchors to Barricades and Mazes. *Journal of Change Management* 9 (2), S. 179–193.
Pahl, Raymond Edward (1967): The Rural-Urban Continuum: A Reply to Eugen Lupri. *Sociologia Ruralis* 7 (1), S. 21–29.
Park, Robert E. (1925): The City: Suggestions for Investigation of Human Behavior in the Urban Environment. In: Park, Robert E.; Burgess, Ernest W.; McKenzie, Roderick D. (Hg.) *The City*. Chicago, London: The University of Chicago Press, S. 1–46.
Park, Robert E.; Burgess, Ernest W.; McKenzie, Roderick D. (Hg.) (1925): *The City*. Chicago, London: The University of Chicago Press.
Patterson, James; Schulz, Karsten; Vervoort, Joost; Adler, Carolina; Hurlbert, Margot; van der Hel, Sandra; Schmidt, Andreas; Barau, Aliyu; Obani, Pedi; Sethi, Mahendra; Hissen, Nina; Tebboth, Mark; Anderton, Karen; Börner, Susanne; Widerberg, Oscar (2015): 'Transformations towards sustainability'. Emerging approaches, critical reflections, and a research agenda. Earth System Governance Working Paper 33. Lund and Amsterdam: Earth System Governance Project.
Pernthaler, Peter (2007): *Die Identität Tirols in Europa*. Wien: Springer.
Peters, Hans (Hg.) (1956): *Handbuch der kommunalen Wissenschaft und Praxis. Band 1 Kommunalverfassung*. Berlin, Göttingen, Heidelberg: Springer.

Pohlmann, Angela (2011): Local Climate Change Governance. In: Engels, Anita (Hg.) *Global Transformations towards a Low Carbon Society. Working Paper Series.* Hamburg: University of Hamburg/KlimaCampus.

Pohlmann, Angela (2018): *Situating Social Practices in Community Energy Projects. Three Case Studies about the Contextuality of Renewable Energy Production.* Wiesbaden: Springer.

Pohlmann, Angela (2020): Von Praktiken zu Situationen. Situative Aushandlung von sozialen Praktiken in einem schottischen Gemeindeprojekt [90 Absätze]. *Forum Qualitative Sozialforschung / Forum: Qualitative Social Research* 21(3), Art. 4. http://dx.doi.org/10.17169/fqs-21.3.3330 (Zugriff: 14.03.2021).

Polanyi, Karl (1944): *The Great Transformation: The Political and Economic Origins of Our Time.* Boston, MA: Beacon Press.

Poteete, Amy R.; Janssen, Marco A.; Ostrom, Elinor (2010): *Working Together: Collective Action, the Commons and Multiple Methods in Practice.* Princeton, NJ: Princeton University Press.

Poulantzas, Nicos (1978): *Staatstheorie. Politischer Überbau, Ideologie, Autoritärer Etatismus.* Hamburg: VSA.

Powers, Anne (2012): The Rio+ 20 process: Forward movement for the environment? *Transnational Environmental Law,* S. 403–412. http://digitalcommons.pace.edu/lawfaculty/855/ (Zugriff: 14.03.2021).

Przyborski, Aglaja; Wohlrab-Sahr, Monika (2014): *Qualitative Sozialforschung. Ein Arbeitsbuch.* München: Oldenbourg.

Putnam, Robert D. (2001): *Bowling alone. The collapse and revival of American community.* New York, NY: Simon & Schuster.

Radtke, Jörg (2016): *Bürgerenergie in Deutschland. Partizipation zwischen Gemeinwohl und Rendite.* Wiesbaden: Springer VS.

Rat für Nachhaltige Entwicklung (2007): Tätigkeitsbericht Rat für nachhaltige Entwicklung 2001–2007. https://www.nachhaltigkeitsrat.de/wp-content/uploads/migration/documents/RNE-Taetigkeitsbericht_2001-2007_02.pdf (Zugriff: 14.03.2021).

Raworth, Kate (2017): *Doughnut economics. Seven ways to think like a 21st-century economist.* London: Random House.

Rehberg, Karl-Siegbert (1993): Gemeinschaft und Gesellschaft – Tönnies und Wir. In: Brumlik, Micha; Brunkhorst, Hauke (Hg.) *Gemeinschaft und Gerechtigkeit.* Frankfurt a. M.: Fischer Taschenbuch Verlag, S. 19–48.

Renn, Ortwin (2008): *Risk governance. Coping with uncertainty in a complex world.* London, Stearling: Earthscan.

Reusswig, Fritz (2010): Klimawandel und Gesellschaft. Vom Katastrophen- zum Gestaltungsdiskurs im Horizont der postkarbonen Gesellschaft. In: Voss, Martin (Hg.) *Der Klimawandel. Sozialwissenschaftliche Perspektiven.* Wiesbaden: VS Verlag für Sozialwissenschaften, S. 75–97.

Rockström, Johan; Steffen, Will; Noone, Kevin; Persson, Åsa; Chapin, F. Stuart; Lambin, Eric F.; Lenton, Timothy M.; Scheffer, Marten; Folke, Carl; Schellnhuber, Hans Joachim; Nykvist, Björn; Wit, Cynthia A. de; Hughes, Terry; van der Leeuw, Sander; Rodhe, Henning; Sörlin, Sverker; Snyder, Peter K.; Costanza, Robert; Svedin, Uno; Falkenmark,

Malin; Karlberg, Louise; Corell, Robert W.; Fabry, Victoria J.; Hansen, James; Walker, Brian; Liverman, Diana; Richardson, Katherine; Crutzen, Paul; Foley, Jonathan A. (2009): A safe operating space for humanity. *Nature* 461 (7263), S. 472–475.

Rotmans, Jan; Kemp, René; van Asselt, Marjolein (2001): More evolution than revolution: transition management in public policy. *Foresight – The journal of future studies, strategic thinking and policy* 3 (1), S. 15–31.

Rüther, Tobias (10.03.2019): Kolossale Jugend. Über Greta Thunberg, ihre Anhänger und ihre Gegner. *Frankfurter Allgemeine Sonntagszeitung*.

Sachs, Wolfgang (2013): Missdeuteter Vordenker: Karl Polanyi und seine "Great Transformation". *Politische Ökologie* 31 (133), S. 18–23.

Saunders, Benjamin; Kitzinger, Jenny; Kitzinger, Celia (2015): Anonymising interview data: challenges and compromise in practice. *Qualitative Research* 15 (5), 616–632.

Schauer, Alexandra (2018): Soziologie in Deutschland zur Zeit des Nationalsozialismus. In: Moebius, Stephan; Ploder, Andrea (Hg.) *Handbuch Geschichte der deutschsprachigen Soziologie. Band 1: Geschichte der Soziologie im deutschsprachigen Raum*. Wiesbaden: Springer VS, S. 117–148.

Schimank, Uwe; Volkmann, Ute (Hg.) (2007): *Soziologische Gegenwartsdiagnosen I*. Wiesbaden: VS Verlag für Sozialwissenschaften.

Schmidt, Manfred G. (2000): *Demokratietheorien*. Stuttgart: UTB.

Schnapper-Arndt, Gottlieb (1883): *Fünf Dorfgemeinden auf dem Hohen Taunus: eine socialstatistische Untersuchung über Kleinbauernthum, Hausindustrie und Volksleben*. Leipzig: Duncker & Humblot.

Schneidewind, Uwe; Singer-Brodowski, Mandy (2013): *Transformative Wissenschaft: Klimawandel im deutschen Wissenschafts- und Hochschulsystem*. Marburg: Metropolis Verlag.

Scholich, Dietmar (Hg.) (2004): *Integrative und sektorale Aspekte der Stadtregion als System*. Frankfurt a. M.: Peter Lang GmbH Europäischer Verlag der Wissenschaften.

Schroer, Markus (2008): „Bringing space back in". Zur Relevanz des Raums als soziologischer Kategorie. In: Döring, Jörg; Thielmann, Tristan (Hg.) *Spatial Turn*. Bielefeld: transcript, S. 125–148.

Schulz, Karsten; Siriwardane, Rapti (2015): *Depoliticised and technocratic? Normativity and the politics of transformative adaptation*. Lund and Amsterdam: Earth System Governance.

Schwonke, Martin; Herlyn, Ulfert (1967): *Wolfsburg. Soziologische Analyse einer jungen Industriestadt*. Stuttgart: Enke.

Seidl, Irmi; Zahrnt, Angelika (Hg.) (2010): *Postwachstumsgesellschaft – Konzepte für die Zukunft*. Marburg: Metropolis Verlag.

Selle, Klaus (2011): »Participitainment« oder: Beteiligen wir uns zu Tode? *Planung neu denken online* (3). https://publications.rwth-aachen.de/record/140376/files/2011_selle_participitainment.pdf (Zugriff: 14.03.2021).

Selle, Klaus (2013): *Über Bürgerbeteiligung hinaus Stadtentwicklung als Gemeinschaftsaufgabe? Analysen und Konzepte*. Detmold: Dorothea Rohn.

Serageldin, Ismail; Steer, Andrew (Hg.) (1994): *Making Development Sustainable*. Washington, D.C.: World Bank.

Shove, Elizabeth; Walker, Gordon (2007): CAUTION! Transitions ahead: politics, practice, and transition management. *Environment and Planning* 39 (4), S. 763–770.

Silverman, David (Hg.) (1997): *Qualitative Research. Theory, Method and Practice.* London: Sage.

Simmel, Georg (1908): Soziologie: Untersuchungen über die Formen der Vergesellschaftung. https://nbn-resolving.org/urn:nbn:de:0168-ssoar-54620-8 (Zugriff: 19.02.2021).

Simon, Karl-Heinz (2006): Gemeinschaftlich nachhaltig. Welche Vorteile bietet das Leben in Gemeinschaft für die Umsetzung ökologischer Lebenspraktiken? In: Grundmann, Matthias; Dierschke, Thomas; Drucks, Stephan; Kunze, Iris (Hg.) *Soziale Gemeinschaften. Experimentierfelder für kollektive Lebensformen.* Münster: Lit-Verlag, S. 155–170.

Soeffner, Hans-Georg (Hg.) (2010): *Unsichere Zeiten.* Wiesbaden: VS Verlag für Sozialwissenschaften.

Spradley, James P. (1979): *The Ethnographic Interview.* New York: Holt, Rinehart and Winston.

Spradley, James P. (1980): *Participant Observation.* New York: Holt, Rinehart and Winston.

Stacey, Margaret (1960): *Tradition and Change. A Study of Banbury.* Oxford: Ofxord University Press.

Stacey, Margaret; Batstone, Eric; Bell, Colin; Murcott, Anne (1975): *Power, Persistence and Change. A second study of Banbury.* London: Routledge and Kegan Paul.

Star, Susan Leigh; Griesemer, James R. (1989): Institutional Ecology, 'Translations' and Boundary Objects: Amateurs and Professionals in Berkeley's Museum of Vertebrate Zoology, 1907–39. *Social Studies of Science* 19 (3), S. 387–420.

Steininger, Rolf (2003): *Südtirol. Vom Ersten Weltkrieg bis zur Gegenwart.* Innsbruck: Studienverlag Ges.m.b.H.

Steinke, Ines (2010): Gütekriterien qualitativer Forschung. In: Flick, Uwe; Kardorff, Ernst von; Steinke, Ines (Hg.) *Qualitative Forschung. Ein Handbuch. 8. Auflage.* Reinbek bei Hamburg: Rowohlt, S. 319–331.

Steurer, Reinhard; Trattnigg, Rita (Hg.) (2010): *Nachhaltigkeit regieren. Eine Bilanz zu Governance-Prinzipien und -Praktiken.* München: Oekom Verlag.

Strauss, Anselm L. (1978): A Social World Perspective. In: Denzin, Norman K. (Hg.) *Studies in Symbolic Interaction.* Greenwich, Connecticut: JAI Press Inc., S. 119–128.

Strauss, Anselm L. (1991): *Grundlagen qualitativer Sozialforschung.* München: Fink.

Strauss, Anselm L. (2007): Forschung ist harte Arbeit, es ist immer ein Stück Leiden damit verbunden. Deshalb muss es auf der anderen Seite Spaß machen. Anselm Strauss im Interview mit Heiner Legewie und Barbara Schervier-Legewie. *Historical Social Research, Supplement* 19, S. 69–79. https://nbn-resolving.org/urn:nbn:de:0168-ssoar-288374 (Zugriff: 14.03.2021).

Strauss, Anselm L.; Corbin, Juliet (1996): *Grounded Theory. Grundlagen qualitativer Sozialforschung.* Weinheim: Beltz, Psychologie Verlags Union.

Strauss, Anselm L.; Maines, David R. (Hg.) (1991): *Social organization and social process. Essays in honor of Anselm Strauss.* New York: A. de Gruyter.

Strauss, Anselm L.; Schatzman, Leonard; Bucher, Rue; Ehrlich, Danuta; Sabshin, Melvin (Hg.) (1964): *Psychiatric Ideologies and Institutions.* Glencoe, IL: Free Press.

Streifeneder, Thomas; Weiß, Miriam L. (2018): Was können wir tun? Klimaschutz und Klimaanpassung. In: Zebisch Marc; Vaccaro, Roberto; Niedrist, Georg; Schneiderbauer, Stefan; Streifeneder, Thomas; Weiß, Miriam; Troi, Alexandra; Renner, Kathrin; Pedoth, Lydia; Baumgartner, Barbara; Borgonzi, Valentina (Hg.) *Klimareport Südtirol 2018 – Rapporto sul clima Alto Adige 2018.* Bozen: Eurac Research, S. 105–115.

Strohschneider, Peter (2014): Zur Politik der Transformativen Wissenschaft. In: Brodocz, André; Herrmann, Dietrich; Schmidt, Rainer; Schulz, Daniel; Schulze Wessel, Julia (Hg.) *Die Verfassung des Politischen*. Wiesbaden: Springer VS, S. 175–192.

Strübing, Jörg (2008): Pragmatismus als epistemische Praxis. Der Beitrag der Grounded Theory zur Empirie-Theorie-Frage. In: Kalthoff, Herbert; Hirschauer, Stefan; Lindemann, Gesa (Hg.) *Theoretische Empirie. Zur Relevanz qualitativer Forschung*. Frankfurt a. M.: Suhrkamp, S. 279–311.

Strübing, Jörg (2011): Theoretisches Sampling. In: Bohnsack, Ralf; Marotzki, Winfried; Meuser, Michael (Hg.) *Hauptbegriffe qualitativer Sozialforschung. 3. Auflage*. Opladen, Farmington Hills: Barbara Budrich Verlag, S. 154–155.

Strübing, Jörg (2014): *Grounded Theory. Qualitative Sozialforschung. 3. Auflage*. Wiesbaden: VS Verlag für Sozialwissenschaften.

Strübing, Jörg (2018): *Qualitative Sozialforschung. Eine komprimierte Einführung für Studierende. 2. Auflage*. Berlin, Boston: Walter de Gruyter GmbH.

Struff, Richard (1999): *Regionale Lebensverhältnisse, Teil 2: Deutschsprachige Dorf- und Gemeindestudien*. Bonn: Forschungsgesellschaft für Agrarpolitik und Agrarsoziologie.

Taylor, Charles (1996): *Quellen des Selbst. Die Entstehung der neuzeitlichen Identität*. Frankfurt am Main: Suhrkamp.

Thomas, Michael (2012): Vereine oder Wie nimmt man eigentlich Abschied? In: Willisch, Andreas (Hg.) *Wittenberge ist überall. Überleben in schrumpfenden Regionen*. Berlin: CH Links Verlag, S. 95–111.

Tönnies, Ferdinand (1887): *Gemeinschaft und Gesellschaft. Abhandlung des Communismus und des Socialismus als empirischer Culturformen*. Leipzig: Fues.

Tönnies, Ferdinand (2005): *Gemeinschaft und Gesellschaft. Grundbegriffe der reinen Soziologie. 8. Auflage*. Darmstadt: Wissenschaftliche Buchgesellschaft.

Trojan, Alf (2001): Bürgerbeteiligung – Die 12-stufige Leiter der Beteiligung von Bürgern an lokalen Entscheidungsprozessen. In: Trojan, Alf; Legewie, Heiner (Hg.) *Nachhaltige Gesundheit und Entwicklung*. Frankfurt a. M.: Verlag für Akademische Schriften [Orig. 1988].

Trojan, Alf; Legewie, Heiner (Hg.) (2001): *Nachhaltige Gesundheit und Entwicklung*. Frankfurt a. M.: Verlag für Akademische Schriften [Orig. 1988].

UN–Generalversammlung (21.10.2015): Transformation unserer Welt: die Agenda 2030 für nachhaltige Entwicklung. https://www.un.org/Depts/german/gv-70/band1/ar70001.pdf (Zugriff: 14.03.2021).

van Deth, Jan W. (2009): Politische Partizipation. In: Kaina, Viktoria; Römmele, Andrea (Hg.) *Politische Soziologie*. Wiesbaden: VS Verlag für Sozialwissenschaften, S. 141–161.

van Dyk, Silke; Schauer, Alexandra (2010): Vom doppelten Versagen einer Disziplin. Die Stilllegung der DGS, die Entwicklung der Soziologie im Nationalsozialismus und die Geschichte der Aufarbeitung. In: Soeffner, Hans-Georg (Hg.) *Unsichere Zeiten*. Wiesbaden: VS Verlag für Sozialwissenschaften, S. 917–944.

Vetter, Angelika (Hg.) (2008): *Erfolgsbedingungen lokaler Bürgerbeteiligung*. Wiesbaden: VS Verlag für Sozialwissenschaften.

Vetter, Angelika (2008): Lokale Bürgerbeteiligung: Ein wichtiges Thema mit offenen Fragen. In: Vetter, Angelika (Hg.) *Erfolgsbedingungen lokaler Bürgerbeteiligung*. Wiesbaden: VS Verlag für Sozialwissenschaften, S. 9–27.

Vogel, Katrin; Elixhauser, Sophie (2014): Wasserwandel im Klimawandel: Mensch-Wasser-Beziehungen in zwei Gemeinden im Alpenraum. In: Böschen, Stefan; Gill, Bernhard; Kropp, Cordula; Vogel, Katrin (Hg.) *Klima von unten. Regionale Governance und gesellschaftlicher Wandel.* Frankfurt am Main: Campus, S. 359–380.

Vogt, Ludgera; Dörner, Andreas (2008): *Das Geflecht aktiver Bürger. ‚Kohlen' – eine Stadtstudie zur Zivilgesellschaft im Ruhrgebiet.* Wiesbaden: VS Verlag für Sozialwissenschaften.

von Braunmühl, Claudia (2010): Demokratie, gleichberechtigte Bürgerschaft und Partizipation. In: Seidl, Irmi; Zahrnt, Angelika (Hg.) *Postwachstumsgesellschaft – Konzepte für die Zukunft.* Marburg: Metropolis Verlag, S. 189–197.

von Unger, Hella (2012): Partizipative Gesundheitsforschung: Wer partizipiert woran? [79 Absätze]. Forum Qualitative Sozialforschung / Forum: Qualitative Social Research. *Forum Qualitative Sozialforschung / Forum: Qualitative Social Research* 13 (1), Art. 7. http://nbn-resolving.de/urn:nbn:de:0114-fqs120176 (Zugriff: 14.03.2021).

von Unger, Hella (2014): Forschungsethik in der qualitativen Forschung: Grundsätze, Debatten und offene Fragen. In: von Unger, Hella; Narimani, Petra; M'Bayo, Rosaline (Hg.) *Forschungsethik in der qualitativen Forschung: Reflexivität, Perspektiven, Positionen.* Wiesbaden: Springer VS, S. 15–39.

von Unger, Hella (2018): Forschungsethik, digitale Archivierung und biographische Interviews. In: Lutz, Helma; Schiebel, Martina; Tuider, Elisabeth (Hg.) *Handbuch Biographieforschung.* Wiesbaden: Springer VS, S. 681–693.

von Unger, Hella; Gangarova, Tanja; Ouedraogo, Omer; Flohr, Catherine; Spennemann, Nozomi; Wright, Michael T. (2013): Stärkung von Gemeinschaften: Partizipative Forschung zu HIV-Prävention mit Migrant/innen. *Prävention und Gesundheitsförderung* 8 (3), S. 171–180.

von Unger, Hella; Narimani, Petra; M'Bayo, Rosaline (Hg.) (2014): *Forschungsethik in der qualitativen Forschung: Reflexivität, Perspektiven, Positionen.* Wiesbaden: Springer VS.

von Winterfeld, Uta; Biesecker, Adelheid; Katz, Christine; Best, Benjamin (2012): Welche Rolle können Commons in Transformationsprozessen zu Nachhaltigkeit spielen? https://nbn-resolving.org/urn:nbn:de:bsz:wup4-opus-44806 (Zugriff: 14.03.2021).

Vonderach, Gerd (2005): Sozialforschung. In: Beetz, Stephan; Brauer, Kai; Neu, Claudia (Hg.) *Handwörterbuch zur ländlichen Gesellschaft in Deutschland.* Wiesbaden: VS Verlag für Sozialwissenschaften, S. 218–225.

Voss, Kathrin (Hg.) (2014): *Internet und Partizipation. Bürgergesellschaft und Demokratie.* Wiesbaden: Springer VS.

Voss, Martin (Hg.) (2010): *Der Klimawandel. Sozialwissenschaftliche Perspektiven.* Wiesbaden: VS Verlag für Sozialwissenschaften.

Walk, Heike (2007): Partizipation in der Sozial-ökologischen Forschung – Ergebnisse der Querschnittsarbeitsgruppe Partizipation. In: Jonuschat, Helga; Baranek, Elke; Behrendt, Maria; Dietz, Kristina; Schlußmeier, Bianca; Walk, Heike; Zehm, Andreas (Hg.) *Partizipation und Nachhaltigkeit: Vom Leitbild zur Umsetzung.* München: Oekom Verlag, S. 13–27.

Walk, Heike (2014): Klima-Governance. Demokratietheoretische Herausforderungen auf unterschiedlichen Ebenen. In: Böschen, Stefan; Gill, Bernhard; Kropp, Cordula; Vogel, Katrin (Hg.) *Klima von unten. Regionale Governance und gesellschaftlicher Wandel.* Frankfurt am Main: Campus, S. 83–100.

Weber, Max (1904): Die „Objektivität" sozialwissenschaftlicher und sozialpolitischer Erkenntnis. *Archiv für Sozialwissenschaft und Sozialpolitik* 19 (1), S. 22–87. https://nbn-resolving.org/urn:nbn:de:0168-ssoar-50770-8 (Zugriff: 14.03.2021).

Weber, Max (1947): *Grundriss der Sozialökonomik: Wirtschaft und Gesellschaft. Erster Halbband.* Tübigen: Mohr [Orig. 1922].

Weidner, Helmut (2002): Gemeinwohl und Nachhaltigkeit. Ein prekäres Verhältnis. Berlin: Wissenschaftszentrum Berlin für Sozialforschung.

Weiß, Miriam L.; Psenner, Eleonora; Streifeneder, Thomas (2018): Overview report on Social Planning and Welcoming Projects. Deliverable T1.1.2. https://www.alpine-space.eu/projects/pluralps/social-planning-instrument/pluralps_d.t1.1.2_overview-report_soc ial-planning-and-welcoming-projects_final.pdf (Zugriff: 14.03.2021).

Weiss, Richard (1941): *Das Alpwesen Graubündens. Wirtschaft, Sachkultur, Recht, Älplerarbeit und Älplerleben.* Erlenbach-Zürich: Eugen Rentsch.

Wendt, Björn; Böschen, Stefan; Barth, Thomas; Henkel, Anna; Block, Katharina; Dickel, Sascha; Görgen, Benjamin; Köhrsen, Jens; Pfister, Thomas; Rödder, Simone; Schloßberger, Matthias (2018): „Zweite Welle"? Soziologie der Nachhaltigkeit – von der Aufbruchsstimmung zur Krisenreflexion. *Soziologie und Nachhaltigkeit.* https://www.uni-muenster.de/Ejournals/index.php/sun/article/view/2339 (Zugriff: 14.03.2021).

Werlen, Benno (2012): Anthony Giddens. In: Eckardt, Frank (Hg.) *Handbuch Stadtsoziologie.* Wiesbaden: VS Verlag für Sozialwissenschaften, S. 145–166.

Westley, Frances; Olsson, Per; Folke, Carl; Homer-Dixon, Thomas; Vredenburg, Harrie; Loorbach, Derk (2011): Tipping toward sustainability: Emerging pathways of transformation. *AMBIO* 40 (7), S. 762–780.

Wetzel, Dietmar (2003): *Diskurse des Politischen. Zwischen Re- und Dekonstruktion.* München: Fink.

Wetzel, Dietmar (2008): Gemeinschaft: Vom Unteilbaren des geteilten Miteinanders. In: Moebius, Stephan; Reckwitz, Andreas (Hg.) *Poststrukturalistische Sozialwissenschaften.* Frankfurt a. M.: Suhrkamp, S. 43–57.

White, Sarah C. (1996): Depoliticising Development: The Uses and Abuses of Participation. *Development in Practice* 6 (1), S. 6–15.

Willisch, Andreas (Hg.) (2012): *Wittenberge ist überall. Überleben in schrumpfenden Regionen.* Berlin: CH Links Verlag.

Wissenschaftlicher Beirat der Bundesregierung Globale Umweltveränderungen (2011): *Welt im Wandel – Gesellschaftsvertrag für eine Große Transformation.* Berlin: WBGU.

Wolff, Anna; Schubert, Johannes (2014): Steigende Energiepreise und die Betroffenheit der Mittelschicht – Widerborstige Sozialstrukturen und mögliche Konsequenzen für die deutsche Energiewende. In: Böschen, Stefan; Gill, Bernhard; Kropp, Cordula; Vogel, Katrin (Hg.) *Klima von unten. Regionale Governance und gesellschaftlicher Wandel.* Frankfurt am Main: Campus, S. 191–212.

World Commission on Environment and Development (1987): *Our Common Future.* Oxford: WCED.

Wright, Michael T. (Hg.) (2010): *Partizipative Qualitätsentwicklung in der Gesundheitsförderung und Prävention.* Bern: Hans Huber Verlag.

Wright, Michael T.; von Unger, Hella; Block, Martina (2010): Partizipation der Zielgruppe in der Gesundheitsförderung und Prävention. In: Wright, Michael T. (Hg.) *Partizipative*

Qualitätsentwicklung in der Gesundheitsförderung und Prävention. Bern: Hans Huber Verlag, S. 35–52.

Zebisch Marc; Vaccaro, Roberto; Niedrist, Georg; Schneiderbauer, Stefan; Streifeneder, Thomas; Weiß, Miriam; Troi, Alexandra; Renner, Kathrin; Pedoth, Lydia; Baumgartner, Barbara; Bergonzi, Valentina (Hg.) (2018): *Klimareport Südtirol 2018 – Rapporto sul clima Alto Adige 2018.* Bozen: Eurac Research.

Ziegler, Rafael; Ott, Konrad (2011): The quality of sustainability science. A philosophical perspective. *Sustainability: Science, Practice and Policy* 7 (1), S. 31–44.

Zimmer, Annette (2007): *Vereine – Zivilgesellschaft konkret.* Wiesbaden: VS Verlag für Sozialwissenschaften.

Zimmermann, Friedrich M. (Hg.) (2016): *Nachhaltigkeit wofür?* Berlin, Heidelberg: Springer Spektrum.

Zimmermann, Friedrich M. (2016): Nachhaltigkeit wofür? – Einige Gedanken vorweg. In: Zimmermann, Friedrich M. (Hg.) *Nachhaltigkeit wofür?* Berlin, Heidelberg: Springer Spektrum, XIII–XVIII.

Zoll, Ralf (1974): *Wertheim III. Kommunalpolitik und Machtstruktur.* München: Juventa.

Internetquellen

Allianz in den Alpen: Migration meistern. Ein Leitfaden für Alpengemeinden. https://alpenallianz.org/de/projekte/zusammen-leben-in-den-alpen/abschlusspraesentation-migration-meistern-ein-leitfaden-fuer-alpengemeinden (Zugriff: 14.03.2021).

Autonome Provinz Bozen-Südtirol (1959): Landesgesetz vom 07.01.1959, Nr. 2. http://lexbrowser.provinz.bz.it/doc/de/lp-1959-2/landesgesetz_vom_7_j_nner_1959_nr_2.aspx?view=1 (Zugriff: 24.03.2021).

Autonome Provinz Bozen-Südtirol (1966): Landesgesetz vom 25.08.1966, Nr. 9. http://lexbrowser.provinz.bz.it/doc/de/lp-1966-9/landesgesetz_vom_25_august_1966_nr_9.aspx (Zugriff: 24.03.2021).

Autonome Provinz Bozen-Südtirol (1991): Landesgesetz vom 20. März 1991, Nr. 7, Art. 1 (1). http://lexbrowser.provinz.bz.it/doc/de/lp-1991-7/landesgesetz_vom_20_m_rz_1991_nr_7.aspx?view=1 (Zugriff: 24.03.2021).

Autonome Provinz Bozen-Südtirol (1993): Landesgesetz vom 22. Oktober 1993, Nr. 17 1) Regelung des Verwaltungsverfahrens, Art. 28 (1). http://lexbrowser.provinz.bz.it/doc/de/lp-1993-17/landesgesetz_vom_22_oktober_1993_nr_17.aspx?view=1&q=Transparenz&a=1993&n=17&in=- (Zugriff: 24.04.2021).

Autonome Provinz Bozen-Südtirol (2002b): Verwaltungsgericht Bozen – Urteil Nr. 439 vom 30.09.2002. http://lexbrowser.provinz.bz.it/doc/de/4421/verwaltungsgericht_bozen_urteil_nr_439_vom_30_09_2002.aspx (Zugriff: 24.03.2021).

Autonome Provinz Bozen-Südtirol (2007): Dekret des Landeshauptmanns vom 18. Oktober 2007, Nr. 55 1) Verordnung über die Erweiterung gastgewerblicher Betriebe und die Ausweisung von Zonen für touristische Einrichtungen. http://lexbrowser.provinz.bz.it/doc/de/dpgp-2007-55/dekret_des_landeshauptmanns_vom_18_oktober_2007_nr_55.aspx?view=1 (Zugriff: 25.03.2021).

Autonome Provinz Bozen-Südtirol (2018): Landesgesetz vom 3. Dezember 2018, Nr. 22. http://lexbrowser.provinz.bz.it/doc/de/214799/landesgesetz_vom_3_dezember_2018_nr_22.aspx (Zugriff: 24.03.2021).

Bundesministerium für wirtschaftliche Zusammenarbeit und Entwicklung (2015): Rückblick. Der Weg zur Agenda 2030 für nachhaltige Entwicklung. https://www.bmz.de/de/themen/2030_agenda/historie/index.html (Zugriff: 14.03.2021).

Deutscher Bundestag: Grundgesetz für die Bundesrepublik Deutschland. https://www.bundestag.de/gg (Zugriff: 26.03.2021).

European Commission (2016): Next steps for a sustainable European future. European action for sustainability. https://www.eesc.europa.eu/en/agenda/our-events/events/next-steps-sustainable-european-future-reforming-europe-implementing-sdgs (Zugriff: 14.03.2021).

Forum Landschaft, Alpen, Pärke. https://landscape-alps-parks.scnat.ch/de/alps (Zugriff: 23.03.2021).

Gesellschaft für deutsche Sprache (2016): GfdS wählt „postfaktisch" zum Wort des Jahres 2016. https://gfds.de/wort-des-jahres-2016/ (Zugriff: 14.03.2021).

Initiative für mehr Demokratie: Die Initiative in kurzen Sätzen. https://www.dirdemdi.org/index.php/de/die-initiative (Zugriff: 13.03.2021).

Internationale Alpenschutzkommission CIPRA: Wettbewerb „Gemeinde der Zukunft". https://www.cipra.org/de/news/1244 (Zugriff: 14.03.2021).

Internationale Alpenschutzkommission CIPRA (2010): „Klimaland" Südtirol. https://www.cipra.org/de/news/3815 (Zugriff: 13.03.2021).

Interreg Alpine Space: Alpenprogramm. http://www.de.alpine-space.eu/ (Zugriff: 14.03.2021).

Journal of Alpine Research. https://journals.openedition.org/rga/?lang=en (Zugriff: 23.03.2021).

Kolleg Postwachstum: http://www.kolleg-postwachstum.de (Zugriff: 24.03.2021).

Neckel, Sighard (2013): Die Utopie beginnt jetzt. Zwischenruf von Sighard Neckel. http://www.denkwerkzukunft.de/index.php/aktivitaeten/index/13-August (Zugriff: 14.03.2021).

SAD-Nahverkehr AG: Die Geschichte. https://www.sad.it/de/die-geschichte (Zugriff: 13.03.2021).

Ständiges Sekretariat der Alpenkonvention: Protokolle und Deklarationen. https://www.alpconv.org/de/startseite/konvention/protokolle-deklarationen (Zugriff: 23.03.2021).

Ständiges Sekretariat der Alpenkonvention (1991): Alpenkonvention. Rahmenkonvention. https://www.alpconv.org/de/startseite/konvention/rahmenkonvention/ (Zugriff: 23.03.2021).

Universität Augsburg: Klima Regional. https://www.uni-augsburg.de/de/forschung/einrichtungen/institute/wzu/projekte/abgeschlossen/klima-regional/ (Zugriff: 14.03.2021).

Verbraucherzentrale Südtirol (2021): Förderungen im Baubereich in Südtirol. https://www.consumer.bz.it/de/foerderungen-im-baubereich-suedtirol (Zugriff: 13.03.2021).

The manufacturer's authorised representative in the EU is Springer Nature Customer Service Centre GmbH, Europaplatz 3, 69115 Heidelberg, Germany. If you have any concerns regarding our products, please contact ProductSafety@springernature.com

Printed and bound by CPI Group (UK) Ltd, Croydon, CR0 4YY

25/03/2026

02078173-0006